世界昆虫地理

Insect Geography of the World

申效诚等　著

Shen Xiaocheng *et al.*

中原出版传媒集团
中原传媒股份公司

河南科学技术出版社
·郑州·

图书在版编目（CIP）数据

世界昆虫地理 / 申效诚等著. — 郑州：河南科学技术
出版社, 2021.8
ISBN 978-7-5349-9746-4

Ⅰ. ①世… Ⅱ. ①申… Ⅲ. ①昆虫—地理分布—世界
Ⅳ. ①Q968.21

中国版本图书馆CIP数据核字(2020)第107430号

出版发行： 河南科学技术出版社

地址：郑州市郑东新区祥盛街27号　邮编：450016

电话：（0371）65737028　65788613

网址：www.hnstp.cn

总策划人： 周本庆

策划编辑： 陈淑芹

责任编辑： 陈淑芹　申卫娟

责任校对： 韩如月

装帧设计： 张　伟

责任印制： 张艳芳

地图审图号： GS（2021）3556号

地图编制： 湖南地图出版社

印　　刷： 河南瑞之光印刷股份有限公司

经　　销： 全国新华书店

开　　本： 890 mm×1240 mm　1/16　**印张：** 35.5　**字数：** 940千字

版　　次： 2021年8月第1版　2021年8月第1次印刷

定　　价： 680.00元

内 容 简 介

昆虫地理学是昆虫学与地理学的交叉学科，又是生物地理学的分支学科。本书是生物地理系列专著的第二部。书中简要回顾了世界生物地理学的发展成就，比较了多元相似性聚类分析方法与诸多传统方法的区别，用多元相似性聚类分析方法对全世界 31 目 1 205 科 104 344 属 1 033 635 种昆虫的分布进行了定量分析，制订了 7 界 20 亚界的世界昆虫地理区划方案。本书的出版，把生物地理学由定性研究向定量研究发展又推进了一步。

本书采用的分析方法新颖先进，材料丰硕全面，论证周密严谨，结论客观合理，是世界上第一部全面、系统论证昆虫分布规律及地理区划的专著。本书可供高等院校昆虫、生物、地理等专业师生及从事昆虫学、动物学、植物学、地理学、生物地理学研究的科研工作者和自然保护工作人员参考。

Brief Introduction of the Book

Entomogeography is an interdisciplinary subject of entomology and geography as well as a branch subject of biogeography. This book is the second in a series of monographs on biogeography. The book briefly reviews the development achievements of world biogeography and compares the difference between the multivariate similarity clustering analysis (MSCA) and other many traditional methods. The distribution of 1 033 635 species of insects in the 104 344 genera of 1 205 families of 31 orders was quantitatively analysis by MSCA. The first scheme of world insect biogeographical division, 7 kingdoms and 20 subkingdoms, was suggested. The publication of this book advances the development of biogeography from qualitative to quantitative research.

With novel and advanced analysis methods, abundant and comprehensive materials, thorough and rigorous argumentation, objective and reasonable conclusions, this book is the world's first comprehensive and systematic monograph demonstrating the distribution law and geographical division of insect. This book can be used for reference by teachers and students of entomology, biology, geography and other specialties in universities, as well as scientific research workers engaged in entomology, zoology, botany, geography, biogeography and nature conservation workers.

本书编著人员（Authors）

申效诚 Shen Xiaocheng

（郑州大学生命科学学院 School of Life Sciences, Zhengzhou University, Zhengzhou,450001, China; e-mail: shenxiaoc@126. com）

（河南省农业科学院植物保护研究所 Institute of Plant Protection, Henan Academy of Agricultural Sciences, Zhengzhou, 450002, China; e-mail: shenxiaoc@126. com）

全书设计、运算、分析及各编、章的撰写。

任应党 Ren Yingdang

（河南省农业科学院植物保护研究所 Institute of Plant Protection, Henan Academy of Agricultural Sciences, Zhengzhou, 450002, China; e-mail: renyd@126.com）

项目的统筹、运作及支持，农林昆虫资料的统计与分析，审读全文。

刘新涛 Liu Xintao

（河南省农业科学院植物保护研究所 Institute of Plant Protection, Henan Academy of Agricultural Sciences, Zhengzhou, 450002, China; e-mail: lxt. good@163. com）

计算程序的设计，软件制作，全书图的绘制。

申 琪 Shen Qi

（河南中医药大学第一临床医学院 First Clinical College, Henan University of Chinese Medicine, Zhengzhou, 450000, China; e-mail: shenqi 450000@aliyun. com）

基础资料的收集与整理，医学卫生昆虫部分的运算与分析。

游志兴 You Zhixing

（中国科学院数学与系统科学研究院 Academy of Mathematics and Systems Science, Chinese Academy of Sciences, Beijing 100049, China; e-mail: youzhixing16@mails. ucas.ac. cn）

数学分析软件的计算分析。

张书杰 Zhang Shujie

（郑州大学生命科学学院 School of Life Sciences, Zhengzhou University, Zhengzhou, 450001, China; e-mail: zhangshujie@zzu. edu. cn）

基础资料的收集与分析。

薛国喜 Xue Guoxi

（郑州轻工业大学 Zhengzhou University of Light Industry, Zhengzhou, 450002, China; e-mail: xueguoxi 95227@163. com）

基础资料的收集与整理。

孙 浩 Sun Hao

（郑州轻工业大学 Zhengzhou University of Light Industry, Zhengzhou, 450002, China; e-mail: sunhaofirst@126. com）

基础资料的收集与整理。

马晓静 Ma Xiaojing

（河南省农业科学院植物保护研究所 Institute of Plant Protection, Henan Academy of Agricultural Sciences, Zhengzhou, 450002, China; e-mail: maerniu1984@126. com）

基础资料的收集与整理。

梅象信 Mei Xiangxin

（河南省林业科学研究院 Henan Academy of Forestry Sciences, Zhengzhou, 450008, China; e-mail: mxxin 19@163. com）

基础资料的收集与整理。

序

　　《世界昆虫地理》一书是申效诚先生继《中国昆虫地理》出版之后的又一部力作。《中国昆虫地理》定量分析了我国 823 科 17 018 属 93 661 种昆虫的地理分布，提出了中国昆虫属于世界昆虫的东古北界、西古北界和东洋界的 3 界 4 亚界 9 区 20 亚区的地理区划方案。作为姊妹篇，《世界昆虫地理》在总结世界昆虫地理学的研究概况和历史成就的基础上，通过定量分析全世界 31 目、1 205 科、104 344 属 1 033 635 种昆虫的地理分布，制订了 7 界 20 亚界的世界昆虫地理区划方案。

　　昆虫地理学主要研究昆虫在地球表面的分布及其生态地理规律，是保护和合理利用昆虫资源的重要基础性工作。昆虫地理学传统的分析方法，主要是定性描述分布情况。申效诚先生创立的多元相似性聚类分析方法，解决了传统定性方法难以处理点状分布信息和海量数据的缺陷，推动了生物地理学研究的定量化分析工作。

　　《世界昆虫地理》一书，内容丰富、信息量大、学术性强，是系统论证世界昆虫分布规律和地理区划的最新学术成果，它的出版为我国昆虫学、动物学、植物学、地理学和生物地理学科研、教学工作者和学生提供了一部高水平的专业性工具书。

　　申效诚先生是我非常敬重的老一辈昆虫学家，在他的身上始终体现了一种追求真理、勇攀高峰的科学精神，体现了勇于创新、严谨求实的学术风气。十多年前他做了肝移植手术，家人和医生都要求他把身体健康放在第一位，但是他坚持完成了《中国昆虫地理》的编撰工作。面对他历时 4 年精心完成的《世界昆虫地理》，我的心中充满了深深的敬意。

　　祝愿申效诚先生身体健康、万事如意，为我国昆虫学事业的发展做出更大的贡献！

中国农业科学院研究员
中国工程院院士　吴孔明

2019 年 11 月 25 日

PREAMBLE

Insect Geography of the World is another masterpiece of Prof. Xiaocheng Shen after the publication of "Insect Geography of China". In *Insect Geography of China*, the geographical distribution of 93 661 species of insects belonging to 17 018 genera, 823 families in China were quantitatively analyzed. It put forward the geographical division of China's insects belonging to the three kingdoms, four subkingdoms, nine areas and 20 sub regions of the world's insects. As a companion volume, based on the summary of the general situation and historical achievements of the world entomo-geography, "Insect Geography of the World" put forward the world entomo-geography division plan of 7 kindoms and 20 subkindoms, by the quantitative analysis of the geographical distribution of 1 033 635 species of insects in 31 orders, 1 205 families and 104 344 genera in the world.

Entomo-geography mainly studies the distribution of insects on the earth's surface and their eco geographical laws, which is an important basic work for the protection and rational utilization of insect resources. The traditional analysis method of entomo-geography mainly describes the distribution qualitatively. The multivariate similarity clustering analysis method established by Prof. Xiaocheng Shen, which solves the defects of traditional qualitative methods that are difficult to deal with point distribution information and massive data, and promotes the quantitative analysis of biogeography research.

Insect Geography of the World is a book with rich content, large amounts of information and strong academic nature. It is the latest academic achievement to systematically demonstrate the distribution law and geographical division of insects in the world. Its publication provides a high-level professional reference book for Entomology, Zoology, Botany, Geography and Biogeography researcher, teachers and students in China.

Prof. Xiaocheng Shen is an entomologist of the older generation whom I highly respect. He always embodies a scientific spirit of pursuing truth and climbing the summit bravely, as well as the academic atmosphere of being brave in innovation and rigorous in seeking truth. He had a liver transplant more than ten years ago. His family and doctors asked him to put his health first, but he insisted on finishing the compilation of the book "*Insect Geography of China*". Now when I read the *Insect Geography of the World*, on which he spent 4 years of meticulously completed manuscript, my heart is full of deep respect!

I wish Prof. Xiaocheng Shen good health and all the best wish that he can make greater contribution to Entomology in China!

Professor, Chinese Academy of Agricultural Sciences
Academician of Chinese Academy of Engineering **Wu Kongming**

November 25, 2019

前　言

　　自 2013 年《中国昆虫地理》一书交稿之后，经过短暂的休整，感到身体条件还能晃荡几年，于是就迅速蛰伏起来。至今 6 年，没有外出，没有开会，没有发文，没有应酬，全身心地投入到《世界昆虫地理》的写作上来。

　　全世界昆虫种类浩繁，是中国昆虫数量的 10 多倍，接近世界上其他动物、植物、微生物总数。多年来，虽然有昆虫的诸多地方志、类群志的整理编撰出版，但一直没有人对整个昆虫纲这个庞大王国进行系统全面的整理。20 世纪后期，由于对生物多样性的重视及互联网技术的普及，这些种类及分布信息的浩瀚数据才有了整理、交流的可能，才能够实现"秀才不出门，便知天下事"。

　　之所以敢于开始这部专著的编撰，动力有二：一是长期以来，昆虫这一最大生物类群，一直没有反映自身分布规律的地理区划方案，一直借用或套用华莱士（P. Wallace）的哺乳动物地理区划系统，昆虫与哺乳动物既没有进化上的血缘关系，又没有生态上的依从性，更没有哪位前辈学者系统阐释二者具有相同的分布格局。对于严谨自律的自然科学界，岂不是有失风范？自己套在脖子上的枷锁只能自己摘取。昆虫与哺乳动物的分布格局究竟有无差别，或有多大差别，只能由昆虫学界自己解决。二是我们有了多元相似性聚类分析方法，并经过中国昆虫地理区划的分析实践，具备十足的信心及熟练的操作能力，已不存在技术层面上的难关。剩下的只有拼时间、拼毅力，来收集整理那些天南海北的、零散杂乱的昆虫分布资料了。

　　上天眷顾，几年的心血没有白费，终于汇总了全世界 31 目 1 205 科 104 344 属昆虫的分布信息（涵盖 1 033 635 种，不包括化石种类及海洋种类），用多元相似性聚类分析方法对各洲昆虫的各目、主要科等进行 60 多项次的分析，并与主要传统分析方法对比，做出世界昆虫 7 界 20 亚界的地理区划方案。作为一名昆虫学工作者，为有了自己专业的地理区划方案，而且是用定量方法得出的方案，感到高兴。尽管比哺乳动物及植物区划来得晚些，但就其技术层面，也算是应时之作了。

　　其中对卫生医学昆虫的分析引起了我们浓厚的兴趣。原以为这些以吸食哺乳动物血液为生的昆虫应该与哺乳动物具有相同的分布格局，但分析结果却与昆虫整体结果相同，与华莱士（P. Wallace）的结果相去甚远。为什么呢？难道大家沿用了 100 多年的华莱士与恩格勒（Adolf Engler）的区划方案还需要重新审视吗？于是我们把手伸得略长一些，对脊索动物、被子植物、子囊菌做了同样的分析。结果如同预料，哺乳动物以植物为食，分布格局与植物相同；昆虫以植物为食，也与植物相同；真菌要分解植物残体，也与植物相同。大家都聚集在植物这个生命物质来源的庇荫之下，俨然一幅其乐融融的"世界大同"画面。

诚然，展示这个画卷，还需要更全面、更周密的分析与论证，让世界上的动物学家、植物学家、微生物学家们一起努力吧，作为昆虫学工作者，先对昆虫卷做出交代。

借本书问世之际，感谢各级领导、同事们的支持，感谢郑州大学生命科学学院、河南省农业科学院植物保护研究所和河南科学技术出版社的资助与支持；该著作在编写过程中，世界各地学者，如英国伦敦国王学院考克斯（C. Barry Cox）教授，德国哥廷根大学科勒福特（H. Kreft）教授，美国克莱姆森大学摩尔斯（J. C. Morse）教授，美国犹他大学古斯塔逊（Daniel R. Gustafsson）教授，斯洛伐克科学院地理研究所福尔萨斯科（Peter Vrsansky）教授，法国医学院比奥考尔纽（Jean-Claude Beaucournu）教授，英国牛津大学威塔科尔（Robert J. Whittaker）教授，捷克兽医及制药大学纳杰尔（Tomas Najer）教授，法国巴黎大学卡萨尔（Maram Caesar）教授，巴西圣保罗大学瓦利姆（Michel P. Valim）教授，美国加利福尼亚州立大学伍德瓦德（Miklos D. F. Udvardy）教授，德国格赖夫斯瓦尔德大学达嘎玛克（Nikki H.A. Dagamac）教授，爱沙尼亚塔尔图大学特德苏（Leho Tedersoo）教授，美国新墨西哥大学茹德哥尔斯（Jennifer A. Rudgers）教授，德国约翰古登堡大学弗洛里克–讷沃斯克（Janine Fröhlich–Nowoisky）教授，美国加利福尼亚州立大学欧文分校特勒斯德（Kathleen K. Treseder）教授，瑞士洛桑大学龟山（Antoine Guisan）教授，澳大利亚维多利亚博物馆偌伟（Kevin C. Rowe）教授，老挝国立大学萨纳姆赛（Daosavanh Sanamxay）教授，泰国宋卡王子大学索依苏克（Pipat Soisook）教授，巴西戈亚斯联邦大学山萨茹索（M. V. Cianciaruso）教授，匈牙利自然历史博物馆科索芭（Gabor Csorba）教授，巴西帕拉伊巴联邦大学费娇（Anderson Feijó）教授，墨西哥国立大学伊斯卡兰特（Tania Escalante）博士，巴西国立癌症研究所邦威斯诺（Cibele R. Bonvicino）教授，智利康塞普西翁大学宫扎勒兹–阿库那德（Daniel González–Acuñad）教授，以及国内学者中国科学院动物研究所杨星科研究员，中南林业科技大学魏美才教授，南开大学卜文俊教授、李后魂教授，中国农业大学彩万志教授、杨定教授，华南师范大学江海声教授等，或热情鼓励，或赠送文献，或修饰文稿，或提出建议，在此一并感谢。

由于笔者水平有限，书中错误和不妥之处，诚请学界同仁批评指正，以期不断完善。

申效诚
2019 年 6 月 30 日

PREFACE

After submitting the manuscript of the book "Insect Geography of China" in 2013, I took a short rest and felt that my physical condition could still linger for a few more years, so I rapidly went into a "hibernation" state. Up to now six years, I have not gone out, have not held a meeting, have not published article, have not social intercourse, devote oneself to this book *Insect Geography of World*.

The species number of insects in the world is huge, more than 10 times that of China, and close to the total number of other animals, plants and microorganisms in the world. Over the years, although a lot of local and group catalogue of insects were collated and published, but the distribution information of whole kingdom of insects there has been no systematic and comprehensive collation. In the late 20th century, due to the importance of biodiversity and the popularization of internetworking technologies, it was possible to sort out and communicate the vast data of these types and distribution information, so as to realize the possibility of "scholars know the world before they go out."

Dare to begin the compilation of this book, I have two powers. First, for a long time, insect, the largest organism group, there has been no their geographical regionalization scheme, has been to borrow the mammals geographical regionalization scheme by Wallace. Insects and mammals have neither the evolutionary relationships, and ecological compliance, more no any professors demonstrate both have same distribution pattern. Would it not be to lose demeanour for the rigour of natural science? Whether there is any difference in the distribution pattern of insects and mammals, or how much, can only be determined by entomologists themselves. Second, we have the method of multivariate similarity clustering analysis, and through the analysis practice of geographic division of insect in China, we have full confidence and skilled operation ability, and there are no technical difficulties. All that was left was the time and the will to collect and sort out the scattered and disorderly distribution data of insects.

With god's blessing, the efforts of several years were not in vain. Finally, the distribution information of 31 order, 1205 families and 104 344 genera was collected, covering 1 033 635 species (excluding fossil species and marine species). Through more than 60 analysis of different continents, orders and major families, and comparison with main traditional analysis methods, the geographical division plan of 7 kingdoms and 20 subkingdoms of insects in the world was worked out. As an entomologist, I am glad to have own professional geographical division scheme, which is obtained by quantitative method.

Among them, the analysis of medical insects has aroused our keen interest. The insects, which feed on the blood of mammals, were supposed to have the same distribution pattern as mammals, but the analysis showed the same pattern as the phytophagous insects, far from mammals. Why? Does the Wallace and Engler's scheme, which has been used for more than 100 years, need to be re-examined? So we try to make the same analysis of chordates, angiosperms, and ascomycetes. As expected, animals feed on plants and have the same distribution pattern as plants. Insects feed on plants and like plants. Fungi break down plant remains and like plants. Everyone gathered in the shade of the plant that the source of life, like a happy "world together" picture.

To present this picture, of course, required a more comprehensive and thorough analysis and argument. Let the zoologists, botanists and microbiologists of the world work together. As an entomologist, should explain the insect scroll first.

On the occasion of the book's publication, thanks to all levels of leadership and colleagues' support; Thanks for the support of The School of Life Sciences, Zhengzhou University; Institute of Protection, Henan Academy of Agricultural Sciences and Henan Sciences and Technology Publishing House; Thanks to scholars around the world, for example: Professor C. Barry Cox, King's College London, UK; Professor Holger Kreft, University of Gettingen, Germany; Professor John C. Morse, Clemson University, USA; Professor Daniel R. Gustafsson, University of Utah, USA; Professor Peter Vrsansky, Slovak Academy of Sciences, Slovak; Professor Jean-Claude Beaucournu, French Medical College, France; Professor Robert J. Whittaker, University of Oxford, UK; Professor Tomas Najer, University of Veterinary and Pharmaceutical Sciences, Czech; Professor Maram Caesar, Sorbonne University, France; Professor Michel P. Valim, University of Sao Paulo, Brazil; Professor Miklos D.F. Udvardy, California State University, USA; Professor Nikki H.A. Dagamac, University Greifswald, Germany; Professor Leho Tedersoo, University of Tartu, Estonia; Professor Jennifer A. Rudgers, University of New Mexico, USA; Professor Janine Fr hlich-Nowoisky, Johannes Gutenberg University, Germany; Professor Kathleen K. Treseder, University of California Irvine, USA; Professor Antoine Guisan, University of Lausanne, Switzerland; Professor Kevin C. Rowe, Museum Victoria, Australia; Professor Daosavanh Sanamxay, National university of Laos, Laos; Professor Pipatt Soisook, Prince of Songkla University, Thailand; Professor Marcus V. Cianciaruso, Universidade Federal de Goiás, Brazil; Professor Gabor Csorba, Hungarian Natural History Museum, Hungary; Doctor Anderson Feijó, Universidade Federal da Paraíba, Brazil; Doctor Tania Escalante, Universidad Nacional Autonoma de Mexico, Mexico; Professor Cibele R. Bonvicino, National Institute of Cancer Research, Brazil; Professor Daniel González-Acuñad, Universidad de Concepcion, Chile; Professor Wei Meicai, Jiangxi Normal University, Chian; Professor Yang Xingke, Animal Institut, China Acaclamy; Professor Buvienjun and Li Houhun, Nankai University, China; Professor Cai Wanzhi, China Agricultural University, China; Professor Yang Ding, China Agricultiral University, China, and Professor Jang Haisheng, Chinasouth Normal University. They give me enthusiastic encouragement, or presenting references, or embellished manuscript, or submit proposals.

Due to the author's limited level, the book may have many mistakes and improper place, Sincerely hope academic colleagues to criticize and correct, with a view to constantly improve.

Shen Xiaocheng

June 30, 2019

目　录

第五编 世界昆虫地理区划

CONTENTS

Part I   Exordium

Part II   Method

Part III　Continents

Part IV Groups

Part V Biogeographical Division for Insect in the World

第一编
绪论
Part I Exordium

导　言

　　本编简要介绍了大陆漂移、世界地势、气候、河流湖泊及微生物、植物、动物、人类活动与昆虫分布的关系，回顾了世界哺乳动物和植物的地理学发展历史，综合分析了世界昆虫地理学的研究概况及进入 21 世纪以来的成就。认为昆虫作为世界上最大的生物类群，至今还没有反映自身分布规律的地理区划方案是一个很大的缺憾。

Introduction

　　In the first part, the relations of insect distribution with continental drift, Terrain, climate, Rivers and Lakes, Fungi, Plants, Animals, and Activities of Humankind, were briefly introduced. The developments of biogeography of mammal and plant were review. The general situation and important achievements of insect geography were presented.

第一章 世界昆虫分布的环境背景

Chapter 1 The Environment Background of Influence Insect Distribution in the World

第一节　昆虫进化与大陆漂移
Segment 1 Insect Evolution and Continental Drift

　　昆虫是世界上最繁茂的生物类群，种类占总生物种类的 40% 以上，占世界动物种类的 60% 以上，遍布世界的各个角落。一条石缝就是它的全部世界，一粒种子就是它一生的消耗。短暂的生命使它的家族延续了 4 亿多年，柔弱的能力抗拒了世事的变迁，保持着长久的繁荣。它的微不足道的生活轨迹可能是我们研究生物地理的最佳材料。

　　昆虫化石的最早记录是发现于欧洲的 409.1 Ma（Ma 为英文 megaannus 的缩写，是地质学中的年代长度单位，$1 \text{ Ma} = 1 \times 10^{6}$ 年）前的古生代（Paleozoic Era）泥盆纪（Devonian Period）早期的石蛃目 Microcoryphia 昆虫化石，而昆虫起源于志留纪或更早的奥陶纪的说法，尚未得到化石的证实（洪友崇，2003）。

　　石炭纪（Carboniferous Period）从 358.9 Ma 前至 298.9 Ma 前，持续 6 000 万年。这个时期，北方古大陆形成，且气候温暖湿润，以蕨类为主的森林生长繁茂，形成今天丰富的煤炭资源；冈瓦纳古陆则被冰川覆盖，动物以两栖类占统治地位。石炭纪是昆虫家族的发展时期（表 1–1），先后出现了蜻蜓目 Odonata（323.2 Ma 前）、蜚蠊目 Blattodea（323.2 Ma 前）、蜉蝣目 Ephemeroptera（318.1 Ma 前）、蛩蠊目 Grylloblattodea（318.1 Ma 前）、直翅目 Orthoptera（318.1 Ma 前）、长翅目 Mecoptera（318.1 Ma 前）、半翅目 Hemiptera（314.6 Ma 前）、衣鱼目 Zygentoma（314.6 Ma 前）等昆虫。昆虫在这一时期，出现了翅，

表 1-1 生物进化与地球板块变化

宙	代	纪		距今时间（Ma）	持续时间（Ma）	地球板块	昆虫	动物	植物
显生宙	新生代	第四纪	全新世	0.01	0.01			智人出现	
			更新世	2.58	2.57	现代格局形成			
		第三纪	上新世	5.33	2.75	南北美洲连接		偶蹄类、长鼻类	
			中新世	23.0	17.67			现代哺乳类	被子植物繁盛
			渐新世	33.9	10.9	澳大利亚分出			
			始新世	56.0	22.1	印度、亚洲连接	虱目 Anoplura	哺乳类发展	
			古新世	66.0	10.0	欧亚连接		鸟类发展，有蹄类出现	被子植物发展
	中生代	白垩纪		145.0	79.0	非洲大陆与南美洲大陆分开	等翅目 Isoptera、缺翅目 Zoraptera、䗛目 Phasmatodea、食毛目 Mallophaga	恐龙灭绝；哺乳类始盛	被子植物出现
		侏罗纪		201.3	56.3	联合古陆分成冈瓦纳古陆与劳亚古陆，欧亚分开	蛇蛉目 Raphidioptera、革翅目 Dermaptera、捻翅目 Strepsiptera、螳螂目 Mantodea、螳䗛目 Mantophasmatodea、蚤目 Siphonaptera	恐龙兴盛；鸟类出现	裸子植物兴盛
		三叠纪		252.2	50.9	联合古陆时期	啮目 Psocoptera、双翅目 Diptera、鳞翅目 Lepidoptera、膜翅目 Hymenoptera	恐龙始盛	裸子植物始盛
	古生代	二叠纪		298.9	46.7	地壳运动剧烈，形成泛大陆	广翅目 Megaloptera、脉翅目 Neuroptera、鞘翅目 Coleoptera、毛翅目 Trichoptera、缨翅目 Thysanoptera、襀翅目 Plecoptera、纺足目 Embioptera	爬行动物出现	裸子植物发展
		石炭纪		358.9	60.0	北方古陆、冈瓦纳古陆	衣鱼目 Zygentoma、蜉蝣目 Ephemeroptera、蜻蜓目 Odonata、直翅目 Orthoptera、半翅目 Hemiptera、长翅目 Mecoptera、蜚蠊目 Blattodea、蛩蠊目 Grylloblattodea	两栖动物和昆虫繁盛	蕨类大发展，裸子出现
		泥盆纪		419.2	60.3	亚洲、欧美陆地形成	石蛃目 Microcoryphia	两栖动物出现；鱼类发展	陆生植物始盛
		志留纪		443.8	24.6	冈瓦纳古陆		原始鱼类	苔藓、裸蕨出现
		奥陶纪		485.4	41.6			有壳动物	藻类为主
		寒武纪		540.00	54.6			三叶虫	藻类为主
隐生宙	元古代	震旦纪		665.00	125	出现古陆		原生动物	红藻褐藻
		其余7纪		2 500.00	1 835		动植物分化；蓝藻		
	太古代	共4纪		4 000.00	1 500		细菌		
冥生宙					800		生命孕育		

注：本表根据国际地质年表（2015）、彩万志等（2009）、武吉华等（2004）、GBIF（2017）综合绘制。

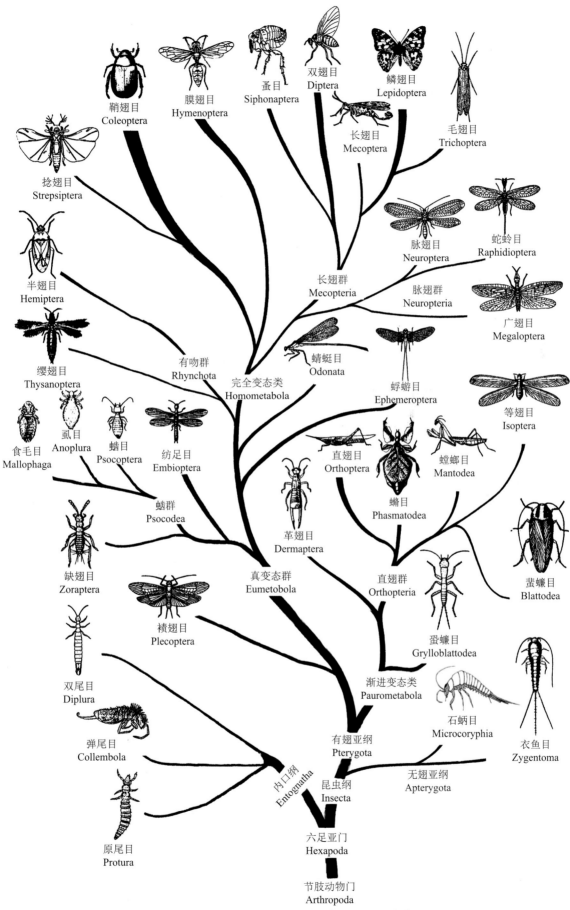

图 1-1　昆虫进化关系树（仿《周尧昆虫图集》，2001）

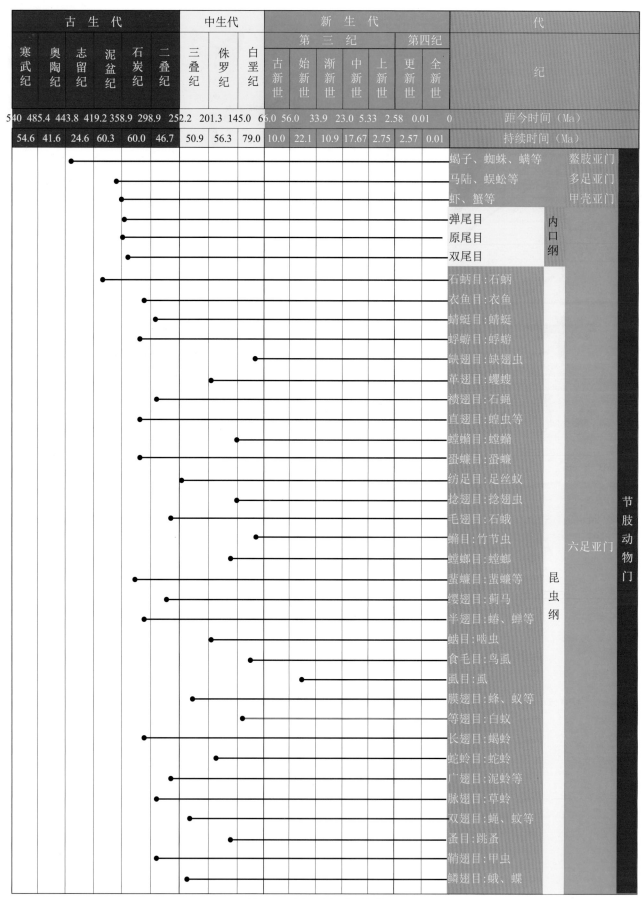

古 生 代						中生代			新 生 代							代
									第 三 纪					第四纪		
寒武纪	奥陶纪	志留纪	泥盆纪	石炭纪	二叠纪	三叠纪	侏罗纪	白垩纪	古新世	始新世	渐新世	中新世	上新世	更新世	全新世	纪
540	485.4	443.8	419.2	358.9	298.9	252.2	201.3	145.0	66.0	56.0	33.9	23.0	5.33	2.58	0.01	0	距今时间（Ma）
54.6	41.6	24.6	60.3	60.0	46.7	50.9	56.3	79.0	10.0	22.1	10.9	17.67	2.75	2.57	0.01	持续时间（Ma）

蝎子、蜘蛛、螨等　螯肢亚门
马陆、蜈蚣等　多足亚门
虾、蟹等　甲壳亚门

弹尾目
原尾目　内口纲
双尾目

石蛃目：石蛃
衣鱼目：衣鱼
蜻蜓目：蜻蜓
蜉蝣目：蜉蝣
缺翅目：缺翅虫
革翅目：蠼螋
襀翅目：石蝇
直翅目：蝗虫等
螳䗛目：螳䗛
蜚蠊目：蜚蠊
纺足目：足丝蚁
捻翅目：捻翅虫
毛翅目：石蛾
䗛目：竹节虫
螳螂目：螳螂
等蠊目：蜚蠊等
缨翅目：蓟马
半翅目：蝽、蝉等
啮目：啮虫
食毛目：鸟虱
虱目：虱
膜翅目：蜂、蚁等
等翅目：白蚁
长翅目：蝎蛉
蛇蛉目：蛇蛉
广翅目：泥蛉等
脉翅目：草蛉
双翅目：蝇、蚊等
蚤目：跳蚤
鞘翅目：甲虫
鳞翅目：蛾、蝶

昆虫纲　六足亚门　节肢动物门

图 1-2　昆虫演化地质年代图

获得了飞行能力，扩大了适生环境及分布范围，已形成几个重要支系。

二叠纪（Permian Period）从 298.9 Ma 前至 252.2 Ma 前，持续 4 670 万年。这个时期，地壳活动剧烈，各个古大陆板块逐渐连接成一个泛大陆。动物以两栖动物为主，爬行动物出现并发展。植物以蕨类为主，晚期出现裸子植物。二叠纪是昆虫家族的繁茂时期，先后出现了鞘翅目 Coleoptera（298.9 Ma 前）、脉翅目 Neuroptera（295.9 Ma 前）、襀翅目 Plecoptera（290.1 Ma 前）、缨翅目 Thysanoptera（279.3 Ma 前）、毛翅目 Trichoptera（279.3 Ma 前）、广翅目 Megaloptera（279.3 Ma 前）、纺足目 Embioptera（259.9 Ma 前）等昆虫。这一时期，完全变态昆虫已逐渐发展壮大。

中生代（Mesozoic Era）的三叠纪（Triassic Period）从 252.2 Ma 前至 201.3 Ma 前，持续 5 090 万年。这个时期地球上只有一个大陆和一个海洋，沿海陆地多雨湿润，内陆则是干旱少雨的浩瀚沙漠。爬行动物开始发展，恐龙开始兴盛，原始哺乳类动物出现。裸子植物逐渐发展，晚期则成为大陆植物的统治者。三叠纪是昆虫家族的鼎盛时期，先后出现了双翅目 Diptera（249.2 Ma 前）、鳞翅目 Lepidoptera（247.1 Ma 前）、膜翅目 Hymenoptera（237.0 Ma 前）、啮目 Psocoptera（201.3 Ma 前）等昆虫。昆虫的主要类群已完全涌现。

侏罗纪（Jurassic Period）从 201.3 Ma 前至 145.0 Ma 前，持续 5 630 万年。这一时期，统一的泛大陆首先分成冈瓦纳古陆与劳亚古陆，它们又各自分分合合，非洲古陆和印度古陆从冈瓦纳古陆分出后，向北移动。劳亚古大陆由鄂毕海分成欧、亚两块。由于大陆的分裂，沙漠消退，气候变得温润、均一。恐龙占据动物的统治地位，鸟类出现。三叠纪出现的原始哺乳类动物已经灭绝，又出现了另一类的古兽类。裸子植物的统治地位没有动摇，与蕨类植物一起形成大片的森林。昆虫也迅猛发展，先后出现了革翅目 Dermaptera（201.3 Ma 前）、蛇蛉目 Raphidioptera（196.5 Ma 前）、蚤目 Siphonaptera（166.1 Ma 前）、螳䗛目 Mantophasmatodea（166.1 Ma 前）、螳螂目 Mantodea（152.1 Ma 前）、捻翅目 Strepsiptera（150.3 Ma 前）等昆虫。

白垩纪（Cretaceous Period）从 145.0 Ma 前至 66.0 Ma 前，持续 7 900 万年。这一时期，南美洲大陆与非洲大陆被南大西洋分开，欧洲大陆被北大西洋分成欧洲与北美洲。气候温暖，没有冰川覆盖，大部分地区降水量充沛。以裸子植物为主的森林繁茂，被子植物出现，并迅速发展，至晚期已达统治地位。陆生动物仍以恐龙为主，但鸟类及哺乳类动物开始分化发展。昆虫在这一时期继续发展完善，先后出现了等翅目 Isoptera（136.2 Ma 前）、食毛目 Mallophaga（125.0 Ma 前）、缺翅目 Zoraptera（113.0 Ma 前）、䗛目 Phasmatodea（99.6 Ma 前）等昆虫。至此，昆虫纲 Insecta 现生目级类群除虱目 Anoplura 没有出现外，都已形成自己的独特世系，并发展至今。虱目 Anoplura 昆虫直到 48.6 Ma 前的新生代（Cenozoic Era）第三纪（Tertiary Period）的始新世（Eocene Epoch）才出现。

白垩纪末期的生物大灭绝终结了具有中生代特征生物的盛行，爬行动物、裸子植物失去了统治地位，代之以哺乳动物、鸟类、被子植物，预示着一个新的生物演化阶段，即新生代的来临。而昆虫似乎未遭受灭顶之灾，各个目昆虫都完好地生存下来，加入到新生代生物大合唱的行列中来，并成为最繁茂的一员（图 1-1，图 1-2）。

图1-3　世界地势图

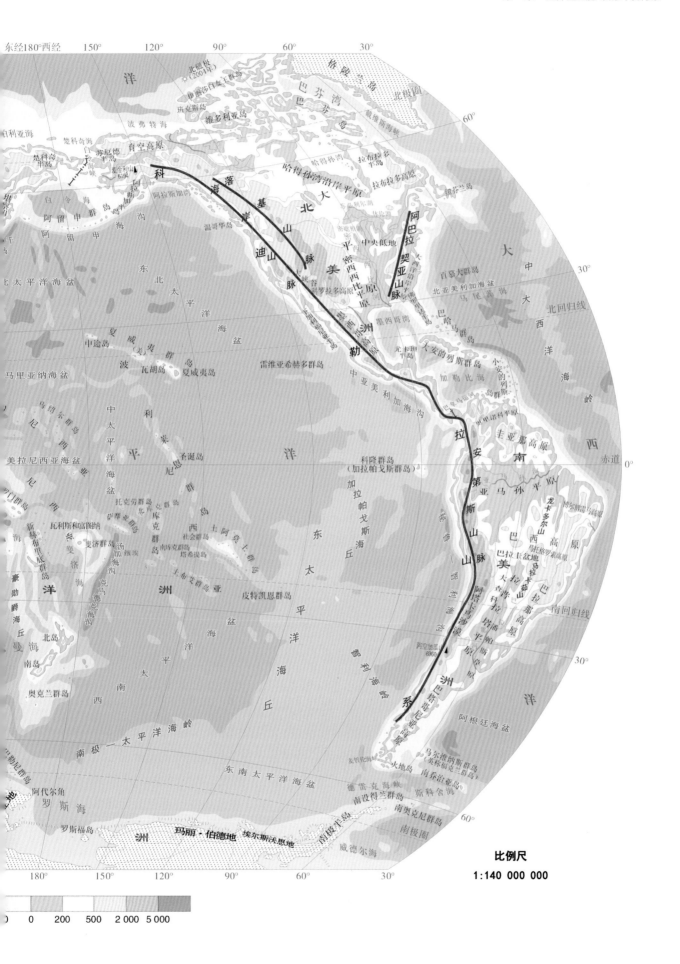

比例尺
1:140 000 000

第二节　世界地势
Segment 2　The Terrain in the World

世界陆地面积共 1.49 亿 km^2，占全球总面积的 29%。陆地表面形态各异，高低悬殊，平均海拔 875 m，最高为喜马拉雅山脉主峰，海拔高度约为 8 848 m，最低为约旦死海海面，海拔高度为 − 392 m。大体分为山地、高原、丘陵、平原、盆地、沙漠、岛屿等（图 1–3）。

山地是指海拔 500 m 以上的低山、海拔 1 000 m 以上的中山、海拔 3 500 m 以上的高山所分布区域的总称。山地大多由于地壳剧烈活动而形成。世界上山地主要分布于两个地带，一是环太平洋的南北走向的山脉，主要有纵贯南、北美洲的科迪勒拉山脉，亚洲及大洋洲太平洋沿岸的山脉等，二是横贯亚洲、欧洲南部、非洲北部的东、西走向的山脉，如喜马拉雅山脉、阿尔卑斯山脉、阿特拉斯山脉等。山地是生物多样性的宝库，对昆虫的种系保存及延续发展具有关键性的作用。

高原是指高度较高、起伏较小、边缘常以崖壁为界的地区。世界最高的高原是青藏高原，平均海拔为 4 000 m 以上，最大高原是除南极高原以外的巴西高原，500 多万 km^2，其他如中西伯利亚高原、蒙古高原、云贵高原、帕米尔高原、伊朗高原、埃塞俄比亚高原、南非高原等。高原自然条件各异，高寒及沙漠地区生物多样性低下，如青藏高原、蒙古高原，而南非高原、云贵高原、巴西高原等则是昆虫的重要产地。

丘陵一般是高度小、坡度缓、连绵不断的低矮山丘。如欧洲东部的中俄罗斯高地、伏尔加河沿岸高地、中国东南的江南丘陵等。丘陵地带生态多样性比平原地区复杂，也是昆虫多样性丰富的地区。

平原是指海拔 200 m 以下的宽阔平坦或略有起伏的地域。世界上最大的平原是亚马孙平原，面积约 560 万 km^2，其他如欧洲平原、西西伯利亚平原、中国东北平原、中国黄淮海平原、印度恒河平原、美国密西西比河平原等。平原是人类密集区，自然生态环境条件变得单一而脆弱，对昆虫多样性影响较大。人口密度较小的亚马孙平原仍是昆虫丰富度较大的地区。

盆地是指四周有高地环绕、中部低平的区域。世界最大的盆地是刚果盆地，面积约 337 万 km^2，其他如中国的四川盆地、准噶尔盆地、塔里木盆地、柴达木盆地等。前二者为富庶的平原地区，有适宜昆虫生存的条件；后三者为沙漠地区，生物生存条件恶劣，昆虫多样性较低。

沙漠的生物多样性贫乏。世界上最大的沙漠是撒哈拉沙漠，面积约 966 万 km^2，其他如阿拉伯沙漠、维多利亚大沙漠、印度大沙漠、内蒙古沙漠等。除两极外，沙漠是昆虫多样性最低的地区。

岛屿是周围环水，涨潮时高出水面，自然形成的，散布在海洋、河流、湖泊中的小块陆地。全世界岛屿有 50 000 多个，总面积为 970 多万 km^2，约占陆地总面积的 7%。按岛屿成因可分为大陆岛、海洋岛（火山岛及珊瑚岛）、冲积岛，分布在各个大洲外围海域或各个大洋中。世界上最大岛屿是格陵兰岛，面积约为 217 万 km^2，其次为新几内亚岛、加里曼丹岛、马达加斯加岛、巴芬岛、苏门答腊岛、本州岛、大不列颠岛、维多利亚岛、埃尔斯米尔岛、苏拉威西岛（17.9万 km^2）。除位于纬度较高的岛屿外，如格陵兰岛、巴芬岛、维多利亚岛、冰岛、火地岛、亚历山大岛等，绝大多数岛屿都是昆虫的天堂，不仅多样性丰富，而且特有性突出。

总之，地势对昆虫分布的影响是多方面的，它不仅能通过自身的复杂小生境为昆虫提供合适的生存场所，更能够通过自身形成的气候条件与生物条件为昆虫提供生存环境与食物来源。

第三节　世界气候
Segment 3　The Climate in the World

气候（climate）是大气物理特征的长期平均状态，如气温、降水、季风等。影响气候的主要因素有纬度、海陆位置、地形、洋流等，从而形成不同的气候类型（图1–4）。不同的气候类型下有不同的代表性生物类群。

（一）热带雨林气候

热带雨林气候主要分布在赤道附近，如马来群岛、印度尼西亚、新几内亚岛、太平洋岛屿、亚马孙平原、中美东部、刚果盆地和几内亚湾沿岸、马达加斯加岛东部等地区。其特点为常年高温多雨，气温年较差小，各月平均气温为25～28 ℃，年降水量大多在2 000 mm以上，全年分配比较均匀（图1–5，图1–6）。

热带雨林气候区是重要的生物基因库，分化程度达到高峰。植被复杂，乔木高大，附生植物茂盛，缠绕甚至绞杀乔木，依其树干向上延伸，争取阳光。其代表性的是兰科 Orchidaceae、天南星科 Araceae、凤梨科 Bromeliaceae、棕榈科 Arecaceae、肉豆蔻科 Myristicaceae、玉蕊科 Barringtoniaceae、桃金娘科 Myrtaceae、芸香科 Rutaceae、楝科 Meliaceae、樟科 Lauraceae、夹竹桃科 Apocynaceae 等植物。植物的主要代表树种有亚马孙棕榈 Euterpe precatoria、王莲 Victoria regia、红木 Pterocarpus sp.、香桃木 Myrtus communis、月桂 Laurus nobilis、金合欢 Acacia spp.、黄檀木 Dalbergia hupeana、巴西果 Passiflora caerulea、橡胶树 Hevea brasiliensis、桃花心木 Swietenia mahagoni 等。动物主要有狨鼠 Hapalomys longicaudatus、卷尾猴 Cebus capucinus、树懒 Bradypus spp.、小食蚁兽 Tamandua spp.、南美貘 Tapirus terrestris、麝雉 Opisthocomus hoazin、倭河马 Choeropsis liberiensis、眼镜猴 Philippine tarsier、巨松鼠 Ratufa bicolor、蟒蛇 Python molurus、亚马孙森蚺 Eunectes murinus、美洲虎 Panthera onca、巴西貘 Tapirus terrestris、水豚 Hydrochoerus hydrochaeris、巨蜥 Varanus spp.、树蛙 Rhacophorus spp.、树袋鼠 Dendrolagus spp.、袋貂 Phalanger sp. 等。昆虫种类更为丰富，印度尼西亚有特有属1 074属，亚马孙河流域有1 704属，刚果盆地及几内亚湾沿岸有718属，新几内亚岛有595属，中美地区有1 676属。

（二）热带草原气候

热带草原气候主要分布在热带雨林气候区南北两侧，主要有巴西高原、委内瑞拉、墨西哥大部分地区、澳大利亚北部、非洲中南大部分地区等。其特点是年平均气温高，但气温年较差略大于热带雨林气候，年降水量为400～1 500 mm，有明显的干、湿季之分，离赤道越远，降水量越少，干季越长。

热带草原气候区由于降水较少，植被以高草为主，树木较少，分布稀疏，季节变化明显，干季树木落叶，一片枯黄，湿季则郁郁葱葱。动物则有穴居、地栖、快跑、群集等特点，主要有土豚 Orycteropus afer、疣猪 Phacochoerus spp.、跳兔 Pedetes capensis、转角牛羚 Damaliscus lunatus、斑马 Equus spp.、狒狒 Papio spp.、长颈鹿 Giraffa camelopardalis、鸵鸟 Struthio camelus、猎豹 Acinonyx jubatus、非洲狮

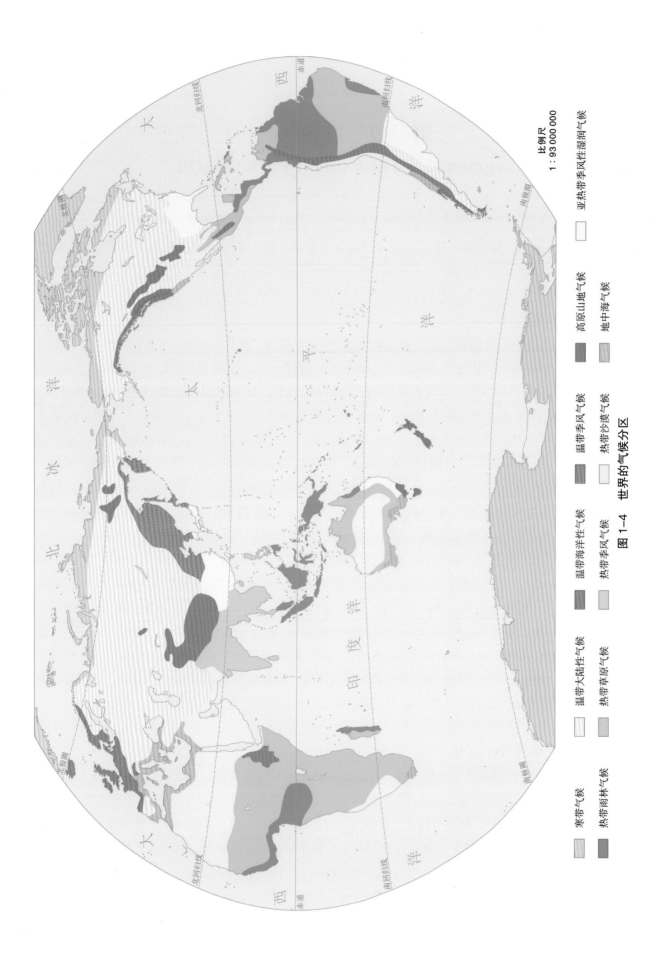

比例尺
1：93 000 000

图1-4 世界的气候分区

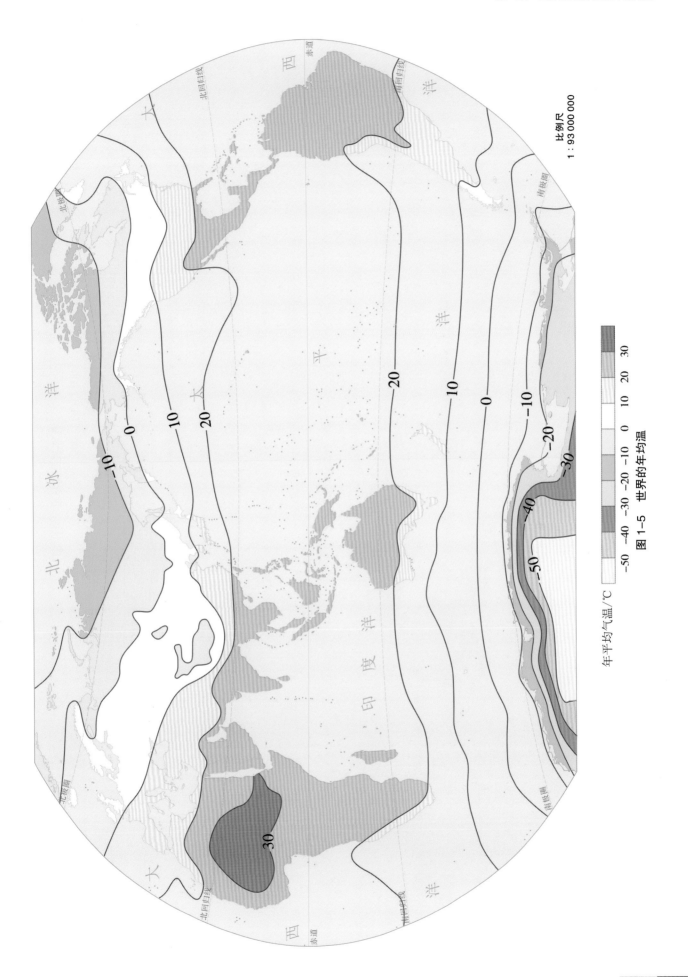

比例尺
1 : 93 000 000

年平均气温/℃

-50 -40 -30 -20 -10 0 10 20 30

图1-5 世界的年均温

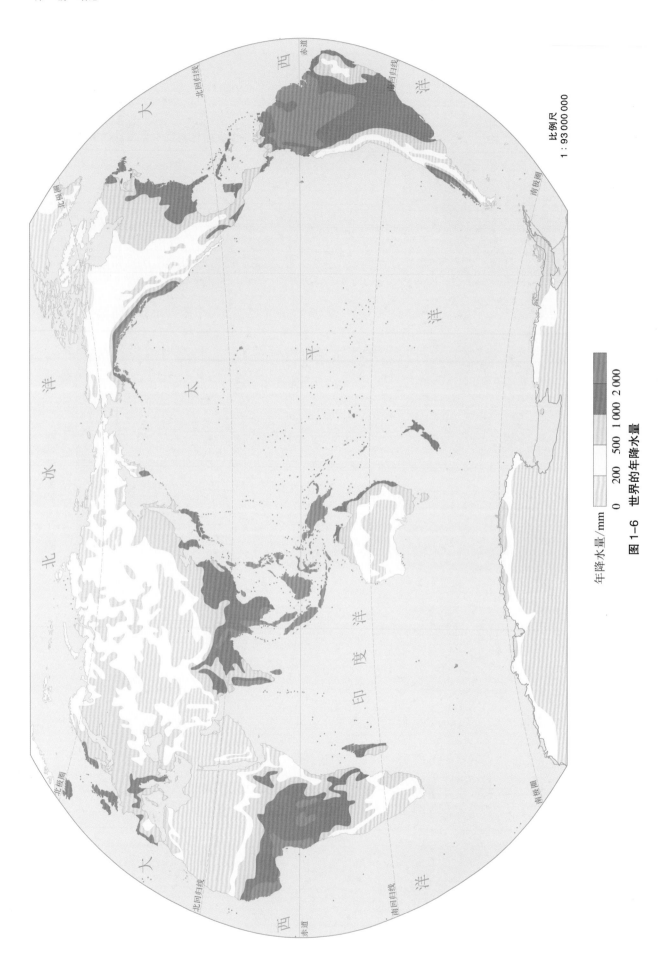

比例尺
1 : 93 000 000

年降水量/mm

0	200	500	1 000	2 000

图1-6 世界的年降水量

Panthera leo、非洲草原象 *Loxodonta africana*、河马 *Hippopotamus amphibius*、犀牛 *Dicerorhinus* spp. 等。非洲的热带草原气候区昆虫特有属至少有 1 005 属，澳大利亚有 1 031 属，北美有 710 属，南美有 817 属。

（三）热带季风气候

热带季风气候主要分布在南亚、中南半岛、中国华南、菲律宾北部等地，是亚洲特有气候类型，其特点为全年高温，年平均气温在 20 ℃以上，最冷月平均气温也在 18 ℃以上，降水与风向有密切关系，冬季盛行来自大陆的东北风，降水少，夏季盛行来自印度洋的西南风，降水丰沛，年降水量大部分地区为 1 500 ～ 2 000 mm，多集中于雨季。

热带季风气候下的植被为热带季雨林，由较耐旱的热带常绿树种和落叶阔叶树种组成，比热带雨林植被矮，树种简单，附生植物少，优势种明显。又分为常绿、半落叶、落叶热带季雨林。热带季雨林生物生产量低于热带雨林。优良用材树种有龙眼 *Dimocarpus longan*、石梓 *Gmelina chinensis*、铁刀木 *Cassia siamea*、擎天树 *Parashorea chinensis* var. *kwangsiensis*、金丝李 *Garcinia chevalieri*、麻楝 *Chukrasia tabularis* 和海南榄仁 *Terminalia hainanensis* 等。含油脂丰富的树种有降香黄檀 *Dalbergia odorifera*、油楠 *Sindora glabra*、大叶山楝 *Aphanamixis grandifolia* 等。林内珍稀动物有云豹 *Neofelis nebulosa*、坡鹿 *Cervus eldii*、红斑羚 *Naemorhedus cranbrooki*、白臀叶猴 *Pygathrix nemaeus*、孔雀 *Pavo* spp.、白鹇 *Lophura nycthemera* 等。昆虫特有属南亚有 667 属，中南半岛有 380 属，中国华南有 361 属。

（四）热带沙漠气候

热带沙漠气候分布在南北回归线附近的大陆内部或大陆西岸，主要有撒哈拉沙漠、阿拉伯沙漠、澳大利亚沙漠、印度大沙漠，以及非洲西南部沙漠、北美的加利福尼亚沙漠、南美西海岸的沙漠地带。其特点为年平均温度高，年温差较大，日温差更大；降水稀少，年降水量普遍在 250 mm 以下，许多地区只有数十毫米，甚至数毫米，降水变率很大，常常连续数年不下雨；日照强烈，极度干燥。

热带沙漠气候下的自然景观为热带荒漠，植物种类很少，且为深根、小叶、蜡质厚的耐旱植物，如红柳 *Tamarix ramosissima*、梭梭 *Haloxylon ammodendron*、碱蓬 *Suaeda glauca*、盐爪爪 *Kalidium foliatum* 等。动物主要有大耳狐 *Otocyon megalotis*、沙漠蝰蛇 *Cerastes cerastes*、黄羊 *Procapra gutturosa*、沙蟒 *Eryx colubrinus*、草原蝰 *Vipera ursinii*、响尾蛇 *Crotalus* spp.、美洲大毒蜥蜴 *Heloderma suspectum*、敏狐 *Vulpes macrotis*、草原狼 *Canis lupus campestris* 等。昆虫种类同样很少，如阿拉伯沙漠特有属只有 61 属。

（五）亚热带季风气候

亚热带季风气候分布在南北纬 22º ～ 35º 的亚热带大陆东岸，这里冬季不冷，温和湿润，1 月平均气温普遍在 0℃以上，夏季高温多雨，7 月平均气温一般为 25 ℃左右，冬夏风向有明显变化，年降水量一般在 1 000 mm 以上，主要集中在夏季，冬季较少。这类气候以中国东南部最为典型。其他还有日本大部、澳大利亚东南部、美国东南部、南美洲东南部等，这些地区，由于冬季也有相当数量的降水，冬夏干湿差别不大，因此被称为亚热带季风性湿润气候。

亚热带季风气候下的植被为常绿阔叶林，壳斗科 Fagaceae、樟科 Lauraceae、山茶科 Theaceae、木兰科 Magnoliaceae 和金缕梅科 Hamamelidaceae 等是常绿阔叶林中的主要树种。主要动物有亚洲象 *Elephas maximus*、野牛 *Bos gaurus*、白掌长臂猿 *Hylobates lar*、白眉长臂猿 *Hylobates hoolock*、平顶猴 *Macaca leonina*、扭角羚 *Budorcas taxicolor*、黑麝 *Moschus fuscus*、扬子鳄 *Alligator sinensis*、金丝猴 *Rhinopithecus* spp.、原鸡 *Gallus gallus*、红腹锦鸡 *Chrysolophus pictus*、白腹锦鸡 *Chrysolophus amherstiae*、黑颈长尾雉 *Syrmaticus humiae*、红腹角雉 *Tragopan temminckii*、白马鸡 *Crossoptilon crossoptilon* 等。昆虫种类丰富，如中国亚热带季风气候区有特有属 2 068 属，日本有 401 属，澳大利亚有 542 属，美国有 432 属，南美洲有 268 属等。

（六）地中海气候

地中海气候由西风带与副热带高气压带交替控制形成，分布在大陆西岸的亚热带地区，以地中海沿岸地区最为典型，其他还有非洲南端、澳大利亚西南角、美国加利福尼亚西海岸、智利中部西海岸等小面积区域。这类气候的特点是冬季温和多雨，夏季炎热干燥，降水主要集中在冬季，夏季干旱，因此又称为亚热带夏干气候。

植被为亚热带常绿硬叶林，也有干旱灌木丛与硬叶草地。多为圣栎 *Quercus ilex*、栓皮栎 *Quercus variabilis*、阿勒颇松 *Pinus halepensis*、野茉莉 *Styrax japonicus*、桧 *Juniperus* spp.、假叶树 *Ruscus aculeatus*、黄杨木 *Buxus* spp.、油橄榄 *Olea europaea*、椰枣 *Phoenix dactylifera* 等，在其他地区还有山龙眼科 Proteaceae、马鞭草科 Verbenaceae、茜草科 Rubiaceae、蔷薇科 Rosaceae、鼠李科 Rhamnaceae 等植物。由于夏季干旱，形成夏季休眠、秋季栽植的花卉分布中心，主要有水仙 *Narcissus* spp.、郁金香 *Tulipa* spp.、风信子 *Hyacinthus* spp.、花毛茛 *Ranunculus* spp.、小苍兰 *Freesia hybrida*、唐菖蒲 *Gladiolus* spp.、网球花 *Haemanthus multiflorus*、葡萄风信子 *Muscari botryoides*、鸢尾 *Iris* spp.、雪滴花 *Leucojum* spp.、地中海蓝钟花 *Scilla peruviana*、银莲花 *Anemone* spp. 等植物。典型动物有阿尔卑斯山羊 *Capra pyrenaica* 和黇鹿 *Dama dama*，还有猕猴 *Macaca mulatta*、摩弗仑羊 *Ovis musimon*、火烈鸟 *Phoenicopterus ruber* 等。地中海沿岸昆虫的特有属有 1 273 属。

（七）温带海洋性气候

温带海洋性气候分布在温带地区的大陆西岸，纬度为 40°～65°，主要分布于欧洲西部，还有北美西海岸、智利南部西海岸、澳大利亚东南角及塔斯马尼亚、新西兰等地。其特点为全年温和潮湿，冬季不冷，1 月平均气温在 0 ℃以上；夏季不热，7 月平均气温在 22 ℃以下。全年都有降水，年降水量一般在 1 000 mm 左右，在地形有利的地方可达 2 000 mm 以上。终年盛行偏西风，但澳大利亚东南部则盛行东南信风。

温带海洋性气候下的植被是温带落叶阔叶林，主要树种有栎 *Quercus* spp.、山毛榉 *Fagus* spp.、山楂 *Crataegus pinnatifida*、槭 *Acer* spp.、梣 *Fraxinus* spp.、椴 *Tilia* spp.、桦 *Betula* spp.、桉 *Eucalyptus* spp.、法桐 *Platanus orientalis*、海岸松 *Pinus pinaster*、贝壳杉 *Agathis dammara* 等。季相变化十分鲜明。动物有松鼠 *Sciurus vulgaris*、鹿 *Cervus axis*、狐 *Vulpes* spp.、狼 *Canis lupus*、熊 *Ursus* spp.、斑嘴巨䴙䴘 *Podilymbus podiceps*、欧绒鸭 *Somateria mollissima*、鸮鹦鹉 *Strigops habroptila*、啄羊鹦鹉 *Nestor notabilis*、吸蜜鸟科 Meliphagidae、黑鹊 *Pyrrhoplectes* spp.、红颈沙袋鼠 *Macropus. rufogriseus*、帚尾袋貂 *Trichosurus vulpecula*、环尾袋貂 *Pseudocheirus peregrinus*、袋鼬 Dasyuridae、塔斯马尼亚袋獾 *Sarcophilus harrisii*、毛鼻袋熊 *Lasiorhinus latifrons*、鸭嘴兽 *Ornithorhynchus anatinus*、针鼹 *Tachyglossus aculeatus* 等。温带海洋性气候的昆虫特有属欧洲有 174 属，澳大利亚有 516 属，新西兰有 627 属。

（八）温带季风气候

温带季风气候分布在中国的华北、东北，朝鲜和日本的北部，以及西伯利亚东部沿海地区。其特点为夏季温暖，7月平均气温 13～23 ℃；冬季较冷，1月平均气温 –6 ℃。年降水量 500～1 000 mm，主要集中在夏季，四季分明，天气多变，冬夏温差由南向北增大，降水量由南向北减少。

温带季风气候下的植被是温带落叶阔叶林，树木种类比西欧的温带海洋性气候的落叶阔叶林复杂，还有蒙古栎 *Quercus mongolica*、辽东栎 *Quercus liaotungensis*、杨 *Populus* spp.、柳 *Salix* spp.、油松 *Pinus tabuliformis*、侧柏 *Platycladus orientalis*，以及枣 *Ziziphus jujuba*、柿 *Diospyros kaki*、核桃 *Juglans regia*、猕猴桃 *Actinidia chinensis*、乌苏里瓦韦 *Lepisorus ussuriensis*、乌苏里鼠李 *Rhamnus ussuriensis*、朝鲜崖柏 *Thuja koraiensis* 等。动物主要有大熊猫 *Ailuropoda melanoleuca*、黑熊 *Ursus thibetanus*、东北虎 *Panthera tigris altaica*、金钱豹 *Panthera pardus*、猞猁 *Lynx lynx*、貉 *Nyctereutes procyonoides*、貂 *Martes* spp.、金雕 *Aquila chrysaetos*、丹顶鹤 *Grus japonensis*、黑鹳 *Ciconia nigra*、朱鹮 *Nipponia nippon*、褐马鸡 *Crossoptilon mantchuricum* 等。这一地区的昆虫特有属有 273 属。

（九）温带大陆性气候

温带大陆性气候分布在亚欧大陆和北美大陆内部及南美南部，包括中国（西北、内蒙古）、蒙古国、俄罗斯、中亚、西亚、东欧、加拿大（大部分地区）、美国（东北部、阿拉斯加州）、阿根廷（南部）。由于全年在大陆气团控制下，冬冷夏热，气温年较差大，降水少，年降水量都在 500 mm 以下，从南向北逐渐增加，在大陆中部形成干燥或半干燥气候；而大陆北部，则由于纬度偏高，冬季寒冷、漫长，夏季温凉、短促，蒸发不旺，降水虽少，但不干旱，形成特殊的亚寒带针叶林气候。

温带大陆性气候下的植被从南向北依次是温带荒漠、温带草原、亚寒带针叶林。以冷杉属 *Abies*、云杉属 *Picea*、松属 *Pinus*、落叶松属 *Larix* 等针叶树，以及桦木属 *Betula* 阔叶树为主体，如沙柳 *Salix psammophila*、胡杨 *Populus euphratica*、青海云杉 *Picea crassifolia*、新疆云杉 *Picea obovata*、冷杉 *Abies fabri*、垂枝桦 *Betula pendula*、夏栎 *Quercus robur*、复叶槭 *Acer negundo*、大叶榆 *Ulmus laevis*、天山花楸 *Sorbus tianschanica*、西伯利亚冰草 *Agropyron sibiricum*、西伯利亚鸢尾 *Iris sibirica*、羊柴 *Hedysarum laeve*、油蒿 *Artemisia ordosica*、五叶地锦 *Parthenocissus quinquefolia*、沼泽乳草 *Asclepias incarnata*。动物主要有黄羊 *Procapra gutturosa*、北山羊 *Capra ibex*、旱獭 *Marmota marmota*、双峰驼 *Camelus bactrianus*、棕熊 *Ursus arctos*、狼獾 *Gulo gulo*、西伯利亚平原狼 *Canis lupus campestris*、野马 *Equus przewalskii*、子午沙鼠 *Meriones meridianus*、草原兔尾鼠 *Lagurus lagurus*、阿尔泰雪鸡 *Tetraogallus altaicus*、红尾鸲 *Phyacornis phoenicurus*、疣鼻天鹅 *Cygnus olor* 等。这里的昆虫特有属，西伯利亚有 72 属，中亚有 263 属，蒙古国有 13 属，中国新疆有 59 属，加拿大有 216 属。

（十）高山高原气候

高山高原气候这种气候类型可能出现在任何纬度，主要有青藏高原、帕米尔高原、埃塞俄比亚高原、落基山脉、安第斯山脉等地。其特点是气温和降水都有垂直变化，气温随高度的增加而降低，降水在一定高度范围内随高度增加而增加，超过这一高度则随高度的增加而减少。

高山高原气候下的植被从下往上逐渐是针阔叶混交林带、针叶林带、高山灌丛带、高山草甸带。植物主要有青海云杉 *Picea crassifolia*、紫果云杉 *Picea purpurea*、祁连圆柏 *Juniperus przewalskii*、昆仑圆柏 *Juniperus centrasiatica*、青扦 *Picea wilsonii*、桦 *Betula platyphylla*、杨 *Populus davidiana*、西藏沙棘 *Hippophae thibetana*、冰川棘豆 *Oxytropis microphylla*、帕米尔棘豆 *Oxytropis poncinsii*、帕米尔黄芪 *Astragalus kuschakevitschii*、羌塘雪兔子 *Saussurea wellbyi*、匍匐水柏枝 *Myricaria prostrata*、紫花针茅

Stipa purpurea、高山蒿草 *Kobresia pygmaea* 等。动物主要有西藏裸趾虎 *Cyrtodactylus tibetanus*、拉萨岩蜥 *Laudakia sacra*、青海沙蜥 *Phrynocephalus vlangalii*、西藏毛腿沙鸡 *Syrrhaptes tibetanus*、雪豹 *Panthera uncia*、藏野驴 *Equus kiang*、藏羚 *Pantholops hodgsonii*、白唇鹿 *Cervus albirostris*、盘羊 *Ovis ammon*、野牦牛 *Bos mutus*、喜马拉雅旱獭 *Marmota himalayana*、高原高山䶄 *Alticola stoliczkanus*、白尾松田鼠 *Pitymys leucurus*、青海田鼠 *Lasiopodomys fuscus* 等。昆虫的特有属约有 275 属。

第四节　世界河流湖泊
Segment 4　Rivers and Lakes in the World

河流、湖泊等淡水水体不仅为水生昆虫提供了生活环境，还能通过对气候的调节来影响陆生昆虫的生活。河流的长期冲积作用形成三角洲或平原，为昆虫增加了分布区域。

世界上的河流主要有尼罗河、亚马孙河、长江、密西西比河、黄河、鄂毕河、湄公河、刚果河等，长度都在 4 300 km 以上。淡水湖主要有美国五大湖、维多利亚湖、坦噶尼喀湖、贝加尔湖、大熊湖、马拉维湖，面积都在 30 000 km² 以上。

尼罗河位于非洲东北部，约长 6 671 km，其上游有世界第二大淡水湖维多利亚湖，流经卢旺达、布隆迪、坦桑尼亚、肯尼亚、乌干达、苏丹、埃塞俄比亚、埃及等国家，注入地中海。流域面积约 287.5 万 km²。本流域有昆虫 4 400 余属，其中特有属 750 属。

亚马孙河位于南美洲北部，约长 6 480 km，源自秘鲁，流经秘鲁、哥伦比亚、厄瓜多尔、委内瑞拉、巴西，注入大西洋，流域面积约 705 万 km²。本流域有昆虫 7 483 属，其中特有属 1 378 属。

长江是中国第一大河流，约长 6 300 km，源自青海，流经青海、西藏、云南、四川、重庆、湖北、湖南、江西、安徽、江苏、上海共 11 个省（区）市，注入东海。流域面积约 180.85 万 km²。本流域有昆虫约 5 600 属，其中特有属 330 属。

密西西比河位于北美洲中南部，是美国第一大河流，约长 6 262 km。源自加拿大，流经美国中部，注入墨西哥湾。流域面积约 322 万 km²。本流域有昆虫 4 700 属，其中特有属 280 属。

黄河是中国第二大河流，约长 5 464 km，源自青海，流经青海、四川、甘肃、宁夏、内蒙古、陕西、山西、河南、山东，注入渤海，流域面积约 75.24 万 km²。本流域有昆虫约 3 920 属，其中特有属约 210 属。

鄂毕河位于西西伯利亚，是俄罗斯第一大河流，约长 5 410 km，源自中国新疆富蕴县，向西流经哈萨克斯坦、俄罗斯，注入北冰洋的喀拉海。流域面积约 299 万 km²。本流域有昆虫约 1 500 属，其中特有属 20 属。

湄公河位于亚洲大陆东南部，约长 4 350 km，源自中国青海杂多县，流经中国、缅甸、老挝、泰国、柬埔寨、越南，注入南海。流域面积约 81 万 km²。本流域有昆虫约 5 200 属，其中特有属 330 属。

刚果河位于非洲中部，约长 4 640 km，源自赞比亚，流经赞比亚、扎伊尔、刚果（金）、刚果（布）、中非、喀麦隆、安哥拉等国家，注入大西洋。流域面积约 376 万 km²。本流域有昆虫约 3 500 属，其中特有属约 810 属。

五大湖是位于美国、加拿大交界处的苏必利尔湖、密歇根湖、休伦湖、伊利湖和安大略湖的总称，是世界最大淡水湖群。总面积 245 660 km²。五湖相互连通，并由东端的圣劳伦斯河注入大西洋。五大湖及其周边的 300 条河流、众多小湖，形成一个相对独立的水系。该地区约有昆虫 2 600 属，其中特有属 110 属。

据比利时学者统计，这些淡水水体中的水生动物共有 125 500 余种，其中昆虫占 60% 以上（Balian, et al., 2008）。昆虫种类虽然不多，不到世界总种类的 1/10，但以水体面积占陆地面积的比例，水生昆虫的种类多样性比陆地有过之而无不及（表 1–2）。

表 1–2　世界淡水水域的昆虫多样性

昆虫目名称	科数	属数	种数	资料来源
蜉蝣目 Ephemeroptera	42	405	3 046	Barber-James et al., 2008
蜻蜓目 Odonata	31	642	5 680	Kalkman et al., 2008
襀翅目 Plecoptera	16	308	3 585	Fochetti et al., 2008
直翅目 Orthoptera	3	50	188	Amedegnato et al., 2008, 等
半翅目 Hemiptera	21	326	4 656	Polhemus et al., 2008
广翅目 Megaloptera	3	31	328	Cover et al., 2008
脉翅目 Neuroptera	3	14	73	Cover et al., 2008
长翅目 Mecoptera	1	2	7	Ferrington, 2008a
鞘翅目 Coleoptera	32	761	12 604	Jach et al., 2008
双翅目 Diptera	26	1 530	42 267	Jong et al., 2008; Wagner et al., 2008; Currie et al., 2008; Ruede, 2008; Ferrington, 2008b
毛翅目 Trichoptera	46	658	14 229	Morse, 2008, 2011
鳞翅目 Lepidoptera	2	53	740	Mey et al., 2008
膜翅目 Hymenoptera	11	51	150	Bennett, 2008
合计　13	237	4 831	87 553	

注：根据 Balian et al., 2008 及 Morse, 2008 等综合整理。

第五节　世界微生物
Segment 5　Microorganism in the World

在世界的各类自然空间及自然介质中，生存着个体微小但数量巨大的各类微生物。生物学家将它们分为病毒、古细菌、细菌、原生动物、藻及真菌共 6 个界（表 1–3）。

表 1–3　世界的微生物

生物界名称	门数	纲数	目数	科数	属数	种数
1. 病毒界 Viruses	0	0	7	137	875	5 225
2. 古细菌界 Archaea	2	9	15	35	134	528
3. 细菌界 Bacteria	29	49	113	443	2 893	16 636
4. 原生动物界 Protozoa	11	43	80	295	831	4 809
5. 藻界 Chromista	13	67	290	1 279	5 577	79 122
6. 真菌界 Fungi	9	47	210	855	10 454	208 207
合计　6	64	215	715	3 044	20 764	314 527

病毒 Viruses 是一类没有细胞结构的生物，没有细胞壁，只有蛋白质外壳，其内有遗传物质；不能独立生存，只能寄生于其他生物的细胞内；一旦离开活细胞，往往形成结晶体，有机会侵入新的活细胞，

生命活动就会重新开始；病毒以自我复制的方式进行繁殖，依靠自身的遗传信息，利用寄主细胞的营养物质，制造出新的病毒个体，再去感染新的活细胞。

古细菌 Archaea 和细菌 Bacteria 是具有原始核结构的单细胞生物，无核膜和核仁，核物质裸露或分散，细胞器也很少，称为原核生物。营养方式有自养和异养，特别是营异养的腐生细菌是大自然碳循环的重要参与者。细菌多以二分裂方式进行繁殖。与其他生物相比，分布最为广泛，个体数量最大。

藻类 Chromista 和原生动物 Protozoa 为具有正常细胞结构的真核生物。单细胞或多细胞，多为水生，也能生活于湿地或土壤中，多具叶绿体，能进行光合作用，但不具有根、茎、叶的分化。分布范围广，对环境条件要求不严，适应性强。繁殖方式既能营养繁殖，又能无性繁殖，特殊条件下还能进行有性繁殖。

真菌 Fungi 也是一类具有细胞壁、细胞核的真核生物，不能进行光合作用，属于异养的寄生或腐生生物（表 1–4）。它们从动物、植物的活体、死体和它们的排泄物，以及断枝、落叶和土壤腐殖质中吸收

表 1–4 世界的陆生真菌

真菌门名称	纲数	目数	科数	属数	种数
子囊菌门Ascomycota	19	116	516	7 552	138 140
担子菌门Basidiomycota	18	68	253	2 400	66 330
芽枝霉门Blastocladiomycota	1	1	5	18	255
壶菌门Chytridiomycota	2	9	36	175	1 181
虫霉菌门Entmophthoromycota	1	1	5	24	365
球囊菌门Glomeromycota	1	4	11	39	326
毛霉菌门Mucoromycota	2	2	15	72	847
新丽鞭毛菌门Neocallimastigomycota	1	1	1	10	31
捕虫霉菌门Zoopagomycota	2	8	13	119	667
未分门	0	0	0	45	65
合计 9	47	210	855	10 454	208 207

和分解其中的有机物，作为自己的营养。真菌由孢子进行繁殖。细胞壁内以几丁质为主要成分，是与植物、动物、细菌的区别特征。

昆虫与微生物之间有着密切的关系。不少类群的微生物中都有一些种类能够侵染昆虫，更有一些昆虫，如缨翅目 Thysanoptera、蛄目 Psocoptera、半翅目 Hemiptera、鞘翅目 Coleoptera 等一些种类取食真菌或藻类，等翅目 Isoptera 大都能够在自己巢内建立菌圃培养多种真菌供自己食用。

第六节　世界植物
Segment 6　Plants in the World

植物是一群能够进行光合作用，把无机物质制造成有机物质和氧气，供自身和其他生物消耗的生物。它的生产量极大，足够供整个生物界享用。可分为苔藓植物、藻类植物、蕨类植物、裸子植物、被子植物（表 1–5）。

表 1-5　世界的陆生植物

类群	门数	纲数	目数	科数	属数	种数
1. 苔藓植物 bryophytes	3	8	42	219	1 883	41 602
2. 藻类植物 thallophytes	4	25	87	265	1 389	10 082
3. 蕨类植物 fern	4	6	14	51	372	19 367
4. 裸子植物 gymnosperm	4	4	6	14	90	2 553
5. 被子植物 angiosperm	2	2	66	454	13 792	471 283
合计 5	17	45	215	1 003	17 526	544 887

注：不包括各类群的海洋种类和化石种类。

苔藓植物（bryophytes）是植物由水生向陆地发展的先锋，是高等植物的原始类群。植株小，绿色，有茎叶的分化，但无根及维管束，由孢子繁殖，适宜于阴湿环境，一般生长在潮湿的森林、沼泽地或石壁上。苔藓植物分为角苔门 Anthocerotophyta、苔藓门 Bryophyta 和地钱门 Marchantiophyta，共有约40 000 种，世界各地分布广泛。石蛃目 Microcoryphia、襀翅目 Plecoptera、蛩蠊目 Grylloblattodea、纺足目 Embioptera、半翅目 Hemiptera、长翅目 Mecoptera 等昆虫取食苔藓植物。

藻类植物（thallophytes）是植物的原始类型，大都生活于海水或淡水中，个别种类可以生活在潮湿的土壤、树皮、石块上，没有真正的根茎叶的分化，能进行光合作用，营自养方式。包括红藻（Rhodophyta）、绿藻（Chlorophyta）、轮藻（Charophyta）等门。人们经常食用的海带（*Laminaria japonica*）、裙带菜（*Undaria pinnatifida*）、紫菜（*Porphyra* sp.）、石莼（*Ulva lactula*）、石花菜（*Gelidium amansii*）和发菜（*Nostoc commune* var. *flagelliforme*）都是藻类植物。昆虫中的石蛃目、襀翅目、蜻目、半翅目以及鞘翅目的藻食亚目等都可取食藻类。

蕨类植物（fern）是维管束植物的原始类群，已具有根及维管束，由孢子繁殖，多为小型草本植物，也有高大乔木，广泛分布于热带与温带。蕨类植物分为裸蕨门 Psilotophyta、木贼门 Equisetophyta、石松门 Lycopodiophyta、真蕨门 Filicophyta，世界上目前约有近 20 000 种。蕨类植物出现于古生代的志留纪，石炭纪及二叠纪是蕨类植物的统治时代。这一时期，已出现了石蛃目 Microcoryphia、衣鱼目 Zygentoma、蜻蜓目 Odonata、直翅目 Orthoptera、半翅目 Hemiptera、长翅目 Mecoptera、蜚蠊目 Blattodea、蛩蠊目 Grylloblattodea、蜉蝣目 Ephemeroptera、广翅目 Megaloptera、脉翅目 Neuroptera、鞘翅目 Coleoptera、毛翅目 Trichoptera、缨翅目 Thysanoptera、襀翅目 Plecoptera、纺足目 Embioptera 等植食性及捕食性昆虫类群。蕨类植物为它们的发展提供了物质基础。

裸子植物 (gymnosperm) 是种子植物的低等类群，由种子繁殖是显著的进化特征，多为高大乔木，少数为灌木或藤本。多分布于北半球的寒温带或亚热带的中、高山区。分为苏铁门 Cycadophyta、银杏门 Ginkgoophyta、买麻藤门 Gnetophyta、松柏门 Pinophyta。全世界目前约有 2 500 种。裸子植物出现于古生代石炭纪，由于气候湿热，竞争不过蕨类植物，到二叠纪晚期，气候转为干冷，裸子植物得到发展，成为中生代的统治者。这一时期，也是昆虫纲 Insecta 的繁盛时期，现存各目除虱目 Anoplura 外，都已出现。

被子植物 (angiosperm) 是植物界的最高等类群，它与裸子植物的区别是具有生殖器官的花，是目前世界上分布最广、种类最多的植物。被子植物形态各异，从小草到高大乔木；大多直立生长，也有匍匐、缠绕生长；大多营自养方式，但也有腐生或寄生，甚至食肉；多为异花授粉，也有自花授粉。被子植物分为百合植物门 Liliophyta 和木兰植物门 Magnoliophyta，共有近 50 万种。被子植物出现在中生代白垩纪初期，在白垩纪末期的中生代大灭绝之后，裸子植物退出中心地位，被子植物得到迅速发展，成为新生代的生物主导类群，供养着包括昆虫在内的几乎所有生物的需求。

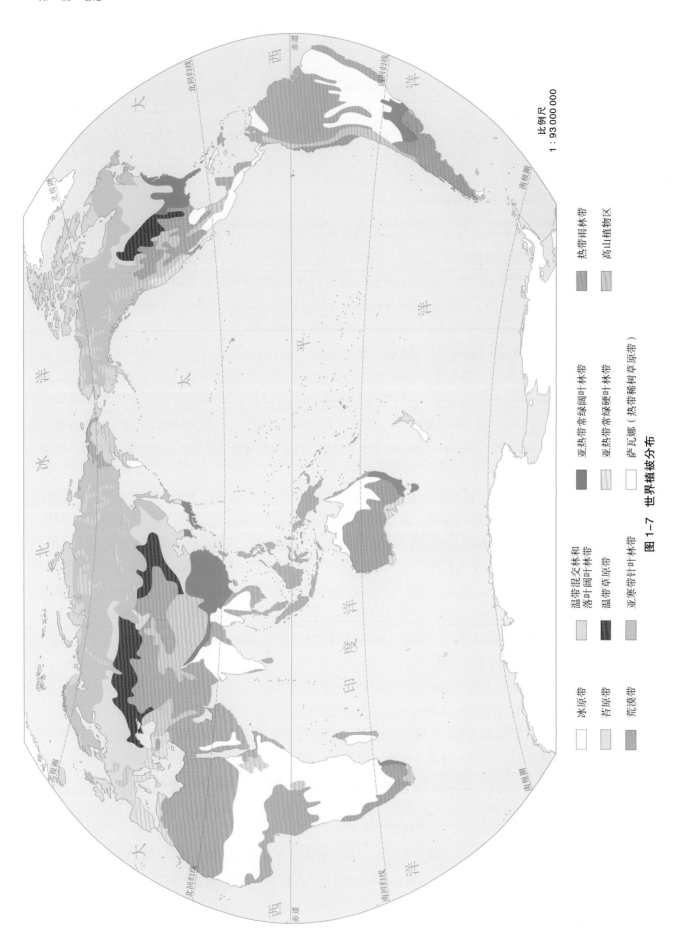

比例尺
1:93 000 000

图1-7 世界植被分布

热带雨林带
高山植物区

亚热带常绿阔叶林带
亚热带常绿硬叶林带
萨瓦娜（热带稀树草原带）

温带混交林和
落叶阔叶林带
温带草原带
亚寒带针叶林带

冰原带
苔原带
荒漠带

昆虫与植物的关系十分密切，昆虫并不仅仅是取食于植物，它的取食与活动有助于植物的传粉，进而与植物的传播、进化有着密切的关系。它的取食对于抑制某些植物在某些时期的过度生长、保持生态平衡也有一定作用。

植被（vegetation）是覆盖某一地理区域，具有一定密度、一定层次、一定功能的众多植物的总称。受地形、气候等环境条件的影响，形成不同的植被类型（图1-7）。不同的植被类型，养育着不同的昆虫群落。昆虫群落的发展与变化，也在一定程度上影响植被的结构、层次、密度的改变，形成一个不断变化着的又相对稳定着的生物集群。

第七节　世界动物
Segment 7　Animals in the World

动物是多细胞真核生命体的另一大类群，它自己不能够制造有机物质，而是以有机物质为食物，通过自己一系列的呼吸、感觉、运动、摄食、消化、吸收、循环、排泄、交配等生物行为、生理生化过程来发展自己。无光合作用，能够自主运动。

动物界有近 40 个门，多数门的动物生活在海洋中，但种类不多。虽然能够生活在陆地及淡水中的门数不多，但种类很多（表 1-6）。通常分为脊椎动物及无脊椎动物。

无脊椎动物 (invertebrate) 的特征是，没有内骨骼及脊椎骨；神经系统呈索状，位于消化管的腹面；心脏位于消化管的背面。生活在陆地及淡水的无脊椎动物有棘头动物门 Acanthocephala、环节动物门 Annelida、节肢动物门 Arthropoda（不包括昆虫纲 Insecta）、软体动物门 Mollusca、线虫动物门 Nematoda、线形动物门 Nematomorpha、有爪动物门 Onychophora、扁形动物门 Platyhelminthes 等 8 门 32 纲 179 目，220 000 多种。昆虫与这些无脊椎动物存在许多取食与被取食的关系，如缨翅目 Thysanoptera、半翅目 Hemiptera、鞘翅目 Coleoptera、膜翅目 Hymenoptera 的不少种类能够捕食或寄生螨类和蜘蛛，毛翅目 Trichoptera 幼虫能够捕食水生无脊椎动物，龙虱幼虫捕食水生软体动物，猎蝽能够捕食多足类，蜉蝣目幼虫可以捕食水虱、蚂蟥、鳌虾、涡虫等。反之，许多蜘蛛、螨类可以捕食或寄生昆虫。

表 1-6　世界的陆生动物

动物门名称	纲数	目数	科数	属数	种数
1. 棘头动物门 Acanthocephala	4	10	25	153	1 406
2. 环节动物门 Annelida	2	18	145	2 105	16 602
3. 节肢动物门 Arthropoda	10	52	991	16 035	133 575
4. 脊索动物门 Chordata	5	77	613	6 890	48 881
5. 软体动物门 Mollusca	7	41	361	3 372	30 388
6. 线虫动物门 Nematoda	2	14	180	1 982	16 302
7. 线形动物门 Nematomorpha	2	2	3	22	620
8. 有爪动物门 Onychophora	1	1	2	52	175
9. 扁形动物门 Platyhelminthes	4	41	423	3 894	24 894
合计 9	37	256	2 743	34 505	272 843

注：节肢动物一栏内不包括昆虫纲 Insecta，各类群不包括海洋种类及化石种类。

脊椎动物 (vertebrate) 的特征是，具有内骨骼及脊椎骨；神经系统为管状，位于消化管的背面；心脏位于消化管的腹面。属于脊索动物门 Chordata 的一个亚门。生活在陆地及淡水中的脊椎动物包括硬骨鱼纲 Actinopterygii、两栖纲 Amphibian、爬行纲 Reptilia、鸟纲 Aves 及哺乳纲 Mammalia 等，现生种类不足 50 000 种，占动物界的 4% 左右。各纲都有很多种类为兼性或专性捕食昆虫；而昆虫只有很少部分类群能够侵袭脊椎动物，如蚤目 Siphonaptera、虱目 Anoplura 以及双翅目 Diptera 的蚊、蚋、蠓、虻，半翅目 Hemiptera 的臭蝽科等昆虫能够吸食人、兽、鸟类的血液，食毛目 Mallophaga 取食鸟类的羽毛或兽类的毛，一些水生昆虫能够捕食小鱼、蝌蚪等。

第八节　人类活动
Segment 8　Activities of Humankind

人 Homo sapiens 是生物世界的最后来客，也是最高进化水平的生物。人类为了生存与发展，必须与自然界发生各种联系，这些联系，长期以来还算是和谐的，但也存在一些不和谐的音符。

一、人类和昆虫的朴素关系

人类从出现到进入农耕时代，经历了数万年的漫长探索与适应过程。人类徒手或使用简单的工具采摘、狩猎或捕鱼养活自己。7 000 多年前，西方人已经熟练掌握采集蜂蜜的方法。5 500 年前，中国人已具备较高的养蚕缫丝及织造技术。人们在生产过程中，欣赏蝴蝶的美丽，聆听蟋蟀的歌唱，呈现出一幅朴素和谐的自然画面。

进入奴隶社会，有了铜制工具，生产力水平有了提高。但铜制工具并未武装农业生产，主要用于手工业生产、武器以及奴隶主阶层的生活用品。农业主要还是依靠石器，不会对生态环境造成破坏。人类还是处于接受自然的馈赠阶段，未到达索取阶段。

二、人类经济开发活动对昆虫生存环境的干扰与破坏

铁制工具对农业生产的武装，使农业收入的比重大为提高，人类从此进入农耕时代。土地成为重要生产资料，草原被开垦，森林被砍伐，自然生态环境被破坏。人类对自然进入索取阶段，而且日甚一日。尤其是 18 世纪中期，蒸汽机的发明，标志着人类进入工业时代，生产效率的提高及科学技术的发展，使人类改造自然的能力与手段日新月异。人类在自然面前变得恣意妄为，意图主宰一切。人类对资源的利用进入掠夺阶段。动植物的适生环境被大幅压缩，逐渐陷入濒危，甚至灭绝。

英国生态学和水文学研究中心报告（2013），英国野生动物在过去 40 年中，鸟类种类减少了 54%，野生植物种类减少了 28%，蝴蝶的种类更是惊人地减少了 71%。

据相关统计，脊椎动物灭绝的速度是每种 50 ～ 100 年，但在最近的 400 年里，有 151 种高等脊椎动物灭绝，灭绝的速度已经加快为每种 2.7 年。今天，1/8 的鸟类、1/4 的哺乳类和 1/3 的两栖类动物受到了灭绝威胁。

中国物种红色名录统计，无脊椎动物"受威胁"的比例为 34.74%，"近危"的比例为 12.44%；脊椎

动物"受威胁"的比例为 35.92%，"近危"的比例为 8.47%；裸子植物"受威胁"的比例为 69.91%，"近危"的比例为 21.23%；被子植物"受威胁"的比例为 86.63%，"近危"的比例为 7.22%；蝶类"受威胁"的比例为 12.8%，"近危"的比例为 20.10%（汪松等，2004）。

三、人类环境意识的觉醒

正当人类陶醉于征服大自然的辉煌成就时，正当人类信心满满地认为可以主宰世界时，1962 年美国一位海洋生物学家蕾切尔·卡逊（Rachel Carson）出版了《寂静的春天》（Silent spring），这位瘦弱、身患癌症的女学者第一次对这一人类意识的绝对正确性提出了质疑。该书出版两年之后，她心力交瘁，与世长辞。作为一个学者与作家，卡逊所遭受的诋毁和攻击是空前的，但她所坚持的思想终于为人类环境意识的启蒙点燃了一盏明亮的灯，逐渐引发了社会公众对环境问题的注意，促使环境保护问题被提到了各国政府面前，各种环境保护组织纷纷成立。联合国于 1972 年 6 月 12 日在斯德哥尔摩召开了"人类环境大会"，并由各国签署了《人类环境宣言》，开始了环境保护事业。

人们已经意识到，如果说地球前五次生物大灭绝是由于自然原因，那么目前地球已经进入的第六次灭绝，主要是由人类自身各种活动造成的。如大面积森林遭到采伐，草地被过度放牧和垦殖，动植物的适生环境大量丧失，保留下来的生境也支离破碎；对生物物种的过度捕猎和采集等，使其难以正常繁衍；工业化和城市化的发展，占用了大面积土地，破坏了大量天然植被，并造成大面积污染；外来物种的大量引入或侵入，改变了原有的生态系统，使原生的物种受到严重威胁；无控制的旅游，使一些尚未受到人类影响的自然生态系统受到破坏；土壤、水和空气污染，危害了森林，特别是对相对封闭的水生生态系统带来毁灭性影响。尤其是，各种破坏和干扰累加起来，对生物物种造成更为严重的影响。

正如哈佛大学威尔逊（E. O. Wilson）教授所说，在人类这个物种起源时，地球上的生物多样性比以前地球历史进程中曾拥有的都丰富。人类这个物种的出现和文明的发展，对世界生物的分布明确地有过并将继续有深刻的影响。从生物多样性的角度看，人类的进化是某种灾难，很少有物种能够逃脱人类活动的影响。因此，我们人类应该把对自然界的负面影响降到最小，我们自己也是众多物种中的一个。我们对周围生物界了解得越多，我们就越能正确评价我们自己在生物秩序中的地位（Wilson, et al., 1988）。

历史的与现实的各种环境条件从各个不同角度影响着昆虫的存在与发展。这些或轻或重的，或局部或全部的，或暂时或长久的，或减缓或叠加的环境影响，是昆虫自身适应与进化的能力综合的结果，形成了目前的昆虫分布格局。虽然我们不可能分清各种因素各自发挥多大作用，也不可能用局部地域的、局部类群的分布状态来推断昆虫整体的分布规律、形成机制及地理区划，但我们必须也完全可以用现在的分布格局来解析自然界综合作用的结果，否则，将会陷入无穷无尽的争论当中。

第二章 生物地理学的历史成就

Chapter 2　The Achievement of Biogeography

第一节　植物地理学与动物地理学
Segment 1　Plant Biogeography and Zoogeography

生物地理学是生物学与地理学的交叉学科，它的任务是研究生物的分布规律、形成机制及地理区划。

拉开生物地理学序幕的人是法国博物学家乔治·布丰（Georges Buffon，1708—1788），他是认识到世界不同地区包含不同的生物集群的第一人，该理论被后人称之为布丰定律（Buffon's law）。从1761年到逝世的1788年，18年间共出版了36卷《自然史》（*Histoire Naturelle*），他识别了世界生物地理学的许多特征，并且提出了可能的解释。根据观察到的现象，提出大陆可以侧向移动和海洋能够侵袭大陆，这是18世纪后期真正值得注意的和敢于幻想的推论。

一、植物地理学

德国植物学家福斯特（Johann Reinhold Forster）在1772—1775年的环球航行中，采集了数千种植物标本。他发现布丰定律不仅适用于动物，同样也适用于植物，并且也适用于世界上其他被地理或气候隔离的任何地区（Forster, 1778）。

国际上通常认为德国人洪堡（Alexander von Humboldt）是植物地理学的奠基人，福斯特对洪堡的成长影响很大，他鼓励洪堡成为一位探险家和植物学家。洪堡由于1799—1804年在南美洲的植物考察而成名。他攀登海拔5 800 m的钦博拉索（Chimborazo）火山的世界登高纪录保持了30年。他观察到山上

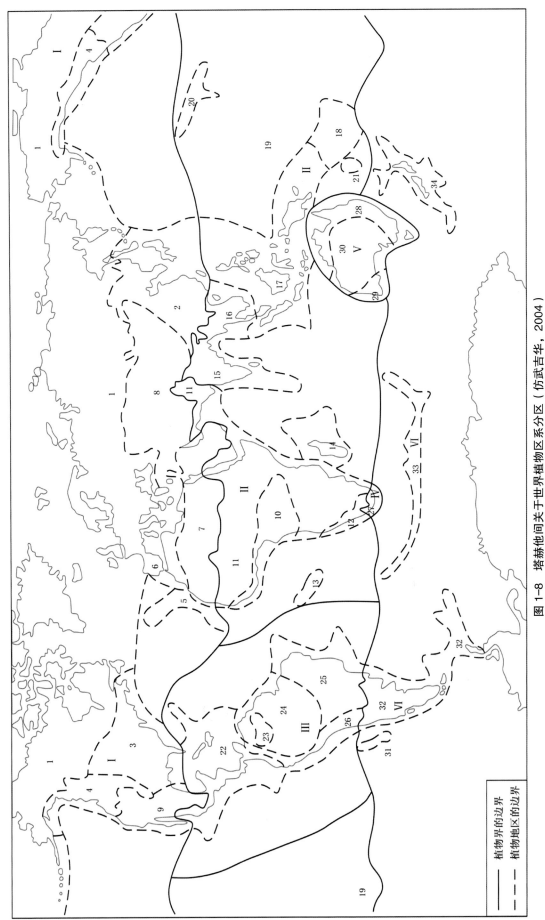

图 1-8 塔赫他间关于世界植物区系分区（仿武吉华，2004）

植物界的边界 ——

植物地区的边界 -----

泛北极界：1.环北方植物地区 2.东亚植物地区 3.大西洋北美植物地区 4.落基山植物地区 5.羊运岛植物地区 6.地中海植物地区 7.撒哈拉—阿拉伯植物地区 8.伊朗—吐兰植物地区 9.马德雷（索诺拉）植物地区 10.卡鲁—纳米布植物地区 11.苏丹—赞比亚植物地区 12.卡鲁—纳米布植物地区 13.阿森松—圣赫勒拿植物地区 14.马达加斯加植物地区 15.印度植物地区 16.中南半岛植物地区 17.马来西亚植物地区 18.斐济植物地区 19.波利尼西亚植物地区 20.夏威夷植物地区 21.新喀里多尼亚植物地区 22.加勒比植物地区 23.亚马孙植物地区 24.亚马那斯植物地区 25.巴西植物地区 26.安第斯植物地区 27.好望角植物地区 28.东北澳大利亚植物地区 29.西南澳大利亚植物地区 30.中部澳大利亚植物地区 31.胡安—费尔南德斯植物地区 32.智利—巴塔哥尼亚植物地区 33.亚南极岛屿植物地区 34.新西兰植物地区

Ⅰ.泛北极界：Ⅱ.古热带界：Ⅲ.新热带界：Ⅳ.好望角界：Ⅴ.澳洲界：Ⅵ.泛南极界：

的植物依照高度不同而分成不同的植物带。他相信世界分成许多个自然地区，各有它们自己独特的动植物集群。他于 1805 年开始出版 30 卷的系列专著，详细介绍了他在南美洲的植物学观察（Humboldt, *et al*., 1805）。

瑞士植物学家德康多勒（Augustin de Candolle）迅速发展了洪堡的理论，他认为植物由于风、水或动物的携带而扩散，直到海洋、高山、沙漠的阻隔而停止，也可能由于与其竞争的其他植物的存在而停止扩散。不同的自然区域有自己的特有植物类群。他拟就了一个新词"endemic"（特有的），并界定了 20 个这样的地区，包括 18 个大陆地区，2 个岛屿组群（Candolle, 1820）。

半个多世纪后，德国的植物学家恩格勒（Adolf Engler）用地图详细界定了 4 个植物"界"（Kingdom）的边界，"北方热带外界"包括整个北温带、北寒带；"古热带界"从非洲一直延伸到太平洋岛屿；"南美洲界"包括中美地区及南美洲；"古大洋洲界"包括澳大利亚大部分地区、新西兰南部、非洲南端及南美洲南端（Engler, 1879）。后来又经狄尔斯（Diels, 1895, 1908)、德茹德（Drude, 1902）、古德（Good, 1947)、塔赫他间（Takhtajan, 1978) 等学者的修改，将古大洋洲界分作澳洲界、好望角界、南极界（图 1–8）。2001 年英国学者考克斯（C. Barry Cox）提出新的意见，撤掉好望角界及南极界，有关地区归入自己所属大陆；将古热带界分成非洲界及印度—太平洋界（C. Barry Cox, 2001）。至此，全球植物区系分作 5 个界：泛北极界（Panarctic Kingdom）、非洲界（Afrotropical Kingdom）、印度—太平洋界（Indo–Pacific Kingdom）、澳洲界（Australian Kingdom）、新热带界（Neotropical Kingdom）。

中国学者在世界植物地理学领域也发出自己的声音。中山大学张宏达教授（1914—2016）提出，世界植物区系可以划分为劳亚植物界、华夏植物界、澳大利亚植物界、非洲植物界、南美植物界、南极植物界、热带红树植物界（张宏达, 1994）。中国科学院昆明植物研究所吴征镒院士（1916—2013）于 2011 年提出，设立东亚植物界（Eastern Asiatic Kingdom）和古地中海植物界（Tethys Kingdom）。中国植物区系分区为 4 界 7 亚界 24 地区 49 个亚地区（吴征镒等，2011）。

二、动物地理学

动物地理学的发展历程比较简单。动物地理学的研究材料主要是哺乳动物与鸟类，它们是温血动物，对小环境条件的依赖性不像植物那么大。早期的动物地理学家不太关心局部生态条件对动物分布的影响。只是识别了与大陆对应的 6 个大区（Prichard, 1824; Swainson, 1844）。

首先做出贡献的是英国鸟类学家斯克莱特（Philip Sclater），他在鸟类分布特别是对雀形目鸟类分布的基础上做出他自己的系统（Sclater, 1858）。他认为，所有物种都在它们今天见到的区域内产生，不同地方鸟类区系的比较可以鉴定哪里是产生中心。他给予了鉴定的 6 个大陆区域的经典名称，列出了每个区域包含的地区，但没有画出任何地图来表明他的观点。

英国动物学家华莱士[P. Wallace (1823—1913)]接受了斯克莱特的方案以及区域名称。华莱士在印度尼西亚旅行，以采集鸟、蝴蝶、甲虫卖给博物馆为生。他的旅行与采集使他对动物的分布很感兴趣，并扩大了斯克莱特的系统，包括了哺乳动物和其他脊椎动物，甚至还有一些甲虫及蝶类。他主要以有袋类动物的分布边界，在印度尼西亚的加里曼丹岛与苏拉威西岛之间画上一条南北走向的线作为东洋界与澳洲界的分界线。他的地图以及以他的名字命名的这条线，被大家所接受。他的《动物的地理分布》（Wallace, 1876）被推崇为动物地理学的奠基之作，书中把全世界划分为 6 界 24 个亚界，即古北界（Palaearctic Realm）、东洋界（Oriental Realm）、非洲界（Afrotropical Realm）、澳洲界（Australian Realm）、新北界（Nearctic Realm）、新热带界（Neotropical Realm），每界包括 4 个亚界（图1–9）。以后除有人做过微小的修改外（Darlington，1957），一直沿用至今。

人们的普遍接受并长期使用，自然说明它的合理内核，但也无须讳言，由定性方法得到的这些结论不可避免地在划分标准及分界线的确定上存在失衡之处。整个20世纪，一方面，人们讨论早期学者们的历史功绩及存在问题（Weber，1902；Mayr，1944；Simpson，1977）。豪洛威等（J. D. Holloway *et al.*，1968）学者认为新几内亚岛应属于东洋界而不属于澳洲界。鲍利安（R. Paulian，1961）强调，生物地理学家的缺点之一是将早期工作者的观点接受为事实，盲目接受已发表的观点，会阻碍对这些基本问题的重新评价。另一方面，许多学者积极尝试用定量分析的方法装备生物地理学（Jaccard，1901；Czekanowski，1913；Szymkiewicz，1934；Simpson，1943；Sørensen，1948；Socal，1958；Ward，1963；Kruskal，1964；Mantel，1967；Udvardy，1975）。人们逐渐形成共识，数学的介入与支撑应是生物地理学发展的不可回避或逾越的重要途径，否则它是不可能真正成熟的（Committee on Mathematical Sciences Research for DOE's Computational Biology *et al.*，2005）。

进入21世纪，人们对动物地理区划的关注开始复苏并迅速高涨起来，用不同的方法对不同的生物类群分别提出形形色色的、各不相同的地理区划方案（Olson，2001；Proches，2005，2012；Kreft *et al.*，2010；Rueda *et al.*，2013；Whittaker *et al.*，2013；Holt *et al.*，2013；Peixoto *et al.*，2017）。南非斯泰伦博斯（Stellenbosch）大学普罗彻斯（S. Proches）教授对世界蝙蝠的分布进行聚类分析，将世界分作11个地理区，并认为还适用于动物地理和植物地理。德国哥廷根（Gottingen）大学科勒福特（H. Kreft，2010）教授用Simpson公式及UPGMA法将世界分为7个界，与华莱士方案相比，除新设马达加斯加界以外，其他界的分界线也有所变动，如北非、近东、阿拉伯半岛划归非洲界，中国的华北、朝鲜等地划归东洋界，墨西哥大部归于新北界，东洋界与澳洲界的分界线向东移动等。丹麦哥本哈根大学霍尔特（B. C. Holt）教授率领他的团队在"Science"上发表研究报告，他们用系统发育分支长度、Simpson距离公式、UPGMA聚类方法对陆生哺乳动物、两栖动物、非海洋鸟类共20 000多个物种进行分析（Holt *et al.*，2013），把全世界分成11个界，即除原来6界外，又增加撒哈拉—阿拉伯界（Sahara–Arabian Realm）、马达加斯加界（Madagascan Realm）、中国—日本界（Sino–Japanese Realm）、大洋洲界（Oceanian Realm）、巴拿马界（Panamanian Realm）。而美国加利福尼亚大学茹依达（Marta. Rueda，2013）教授同样对这些动物进行分析，认为不必修改华莱士的方案。

第二节　昆虫地理学的发展成就
Segment 2　The Achievement of Insect Biogeography

植物地理区划及动物地理区划都是以高等类群作为分析材料的。植物中高等类群所占比例很大，所作区划代表整个植物界也不为过。动物中的高等类群所占比例很低，难以代表整个动物界的分布状况，完全有必要讨论低等动物，尤其是昆虫的分布格局。

昆虫是世界上生物多样性最为突出的生物类群，种类数几乎相当于其他所有生物的种类总和。昆虫出现在4亿年前的古生代，大都为植食性。与哺乳动物既无进化上的血缘关系，又无生态上的依赖关系，没有理由证明昆虫分布格局与哺乳动物相同，更没有理由证明借用或套用哺乳动物的区划方案的合理性。因此，一直没有

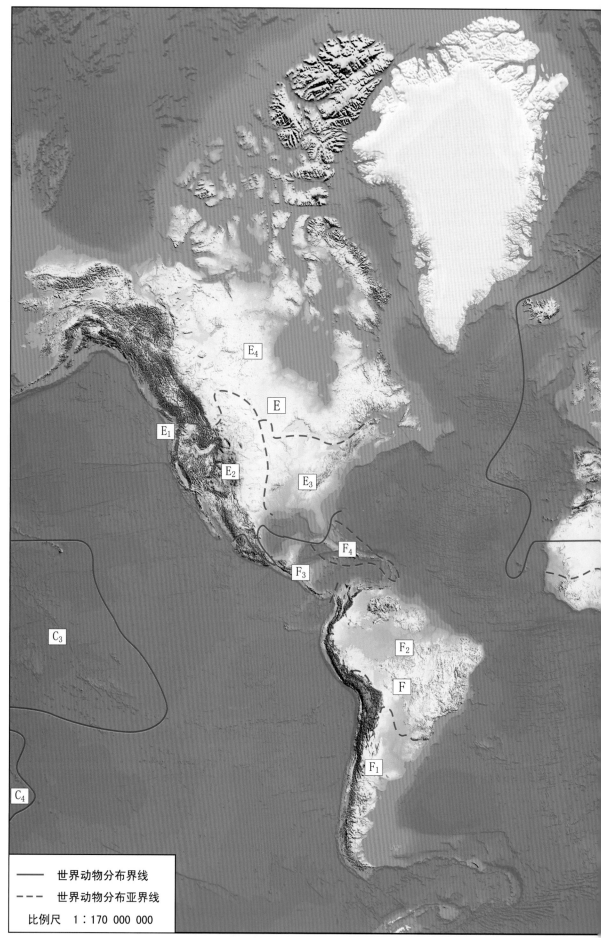

世界动物分布界线

世界动物分布亚界线

比例尺 1：170 000 000

图 1-9 华莱士 (P. Wallace) 的世界动物地理区划图（Wallace,1876）

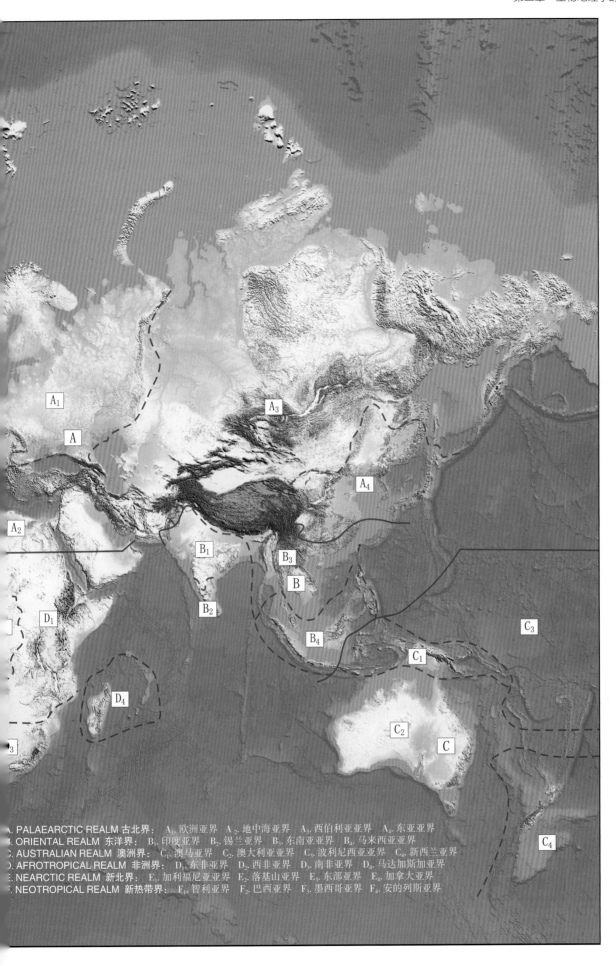

A. PALAEARCTIC REALM 古北界： A₁.欧洲亚界 A₂.地中海亚界 A₃.西伯利亚亚界 A₄.东亚亚界
B. ORIENTAL REALM 东洋界： B₁.印度亚界 B₂.锡兰亚界 B₃.东南亚亚界 B₄.马来西亚亚界
C. AUSTRALIAN REALM 澳洲界： C₁.澳马亚界 C₂.澳大利亚亚界 C₃.波利尼西亚亚界 C₄.新西兰亚界
D. AFROTROPICAL REALM 非洲界： D₁.东非亚界 D₂.西非亚界 D₃.南非亚界 D₄.马达加斯加亚界
E. NEARCTIC REALM 新北界： E₁.加利福尼亚亚界 E₂.落基山亚界 E₃.东部亚界 E₄.加拿大亚界
F. NEOTROPICAL REALM 新热带界： F₁.智利亚界 F₂.巴西亚界 F₃.墨西哥亚界 F₄.安的列斯亚界

人提出世界昆虫地理区划方案实在是昆虫学界很大的缺憾。

事实上，昆虫学家也在一直探索与解析昆虫的分布格局。只是昆虫种类数量巨大，个体较小，公众认知度低，对整体把握的难度较大，进度较为缓慢。但长久持续的努力也已形成昆虫地理学这一生物地理学的分支学科。如瑞典昆虫学家布伦丁（Lars Brundin）首先认识到德国维利·亨尼希（Willi Hennig）的分支学方法可以作为生物地理学的工具，他于1966年研究了分布于南半球的摇蚊3个亚科的分布（Brundin，1988）。他首先得出进化关系的分支图，再把每个物种的位置置换为所分布的区域，将一个进化分支图转换为地域分支图。布伦丁把他的方法称为分支生物地理学。后来的应用证明是有相当局限性的。

昆虫学家对昆虫地理学的发展进行过3次总结（Gressitt，1958，1974；Munroe，1965），对数百篇昆虫地理文献进行讨论。这些文献涉及昆虫地理学的各个方面，从热带雨林到极地苔原，从火山岛屿到黑暗洞穴，从板块结构到陆桥地峡，从高空迁飞到深层化石，从欧亚大陆到珊瑚岛礁，从理论方法到实际区划，都有或深或浅的论述与分析。很多学者认为华莱士线对哺乳动物可能是现实的，但昆虫和植物在不同时期从"线"的西方自由地进入，给新几内亚岛和附近的岛屿带来的东洋界成分比澳洲界成分要占优势。玛克拉斯（Mackerras，1962）总结了昆虫生物地理学的一般原则。论述比较集中的方面有：昆虫区系（Hopkins，1953；Zimmevman，1958；Chillcott，1960；Brown，1960；Atkins，1963；Balthasar，1963；Dirsh，1963；Usinger，*et al.*，1966；Maa，1966；Mackerras，1968，1970；Fennah，1969；Brindle，1970，1972；Marttins，1971；Abdul，1976；Zhuzhikov，1979；Curtis，2011），昆虫发生与演化（Dalington，1961；Mackerras，1962；Popham，1963；Peters，*et al.*，1970；Austin，*et al.*，2000；Grimaldi，*et al.*，2005），昆虫类群分布（Alexander，1958；Mattingly，1962；Wiltshire，1963；Common，1965；Samuelson，1967；Miller，1968；Maa，1969；Reinert，1970；Edmunds，1972），地域昆虫分布（Evans，1959；Paulian，1961；Gressitt，1964—1970；Pena，1966；Ross，1966；Savilov，1967；Kurentzov，1968；Munroe，1968；Pont，1969；Townes，1969；Oldroyd，1970；Mound，1970；Holdgate，1970；Rapoport，1971；Thornton，1973；Johnson，2001；Sarnat，2011），水生环境昆虫（Cambell，1981；Moor，2008；Morse，2009），扩散机制（Holzapfel，1968；Johnson，1969；Watts，1971），生物地理理论（Dansereau，1957；MacArthur，1963，1967；Whitehead，1969；Wilson，*et al.*，1969；Udvardy，1969），生物地理方法（Fleming，1962；Kimoto，1966；Holloway，*et al.*，1968，1970；Vaisanen，1991；Morrone，2014；Cabrero–Sañudo，*et al.*，2017），区域划分（Hubbs，1959；Keast，*et al.*，1959；Belyschev，1961；Kryzhanovskii，1961；Foley，2007），古昆虫地理（Durante，1976；Jell，2004；Shcherbakov，2008；Cabrero-Sañudo，*et al.*，2009；Cabrero-Sañudo，*et al.*，2009）等。

遗憾的是直到20世纪末，还没有人能够提出昆虫的世界地理区划意见。

计算机的普及与互联网技术的应用，使浩如烟海的昆虫资料有了系统整理与交流的可能性。科以上的高级阶元的区系组成以及大地理区域的昆虫分布信息有了整体比较分析的可能性。为昆虫生物地理学的发展提供了历史舞台。

一、隐翅虫科 Staphylinidae 的地理区划

鞘翅目 Coleoptera 隐翅虫科 Staphylinidae 是一个大科。美国昆虫学家、美国自然博物馆无脊椎动物馆馆长赫尔曼（Lee H. Herman）于 2001 年出版 4 200 多页的巨著，系统总结了 1758—1999 年世界所报道的隐翅虫种类。他将隐翅虫的分布归纳为 9 个界（Herman，*et al.*，2001）。与华莱士 (P. Wallace) 的动物地理区划相比，不同点如下。

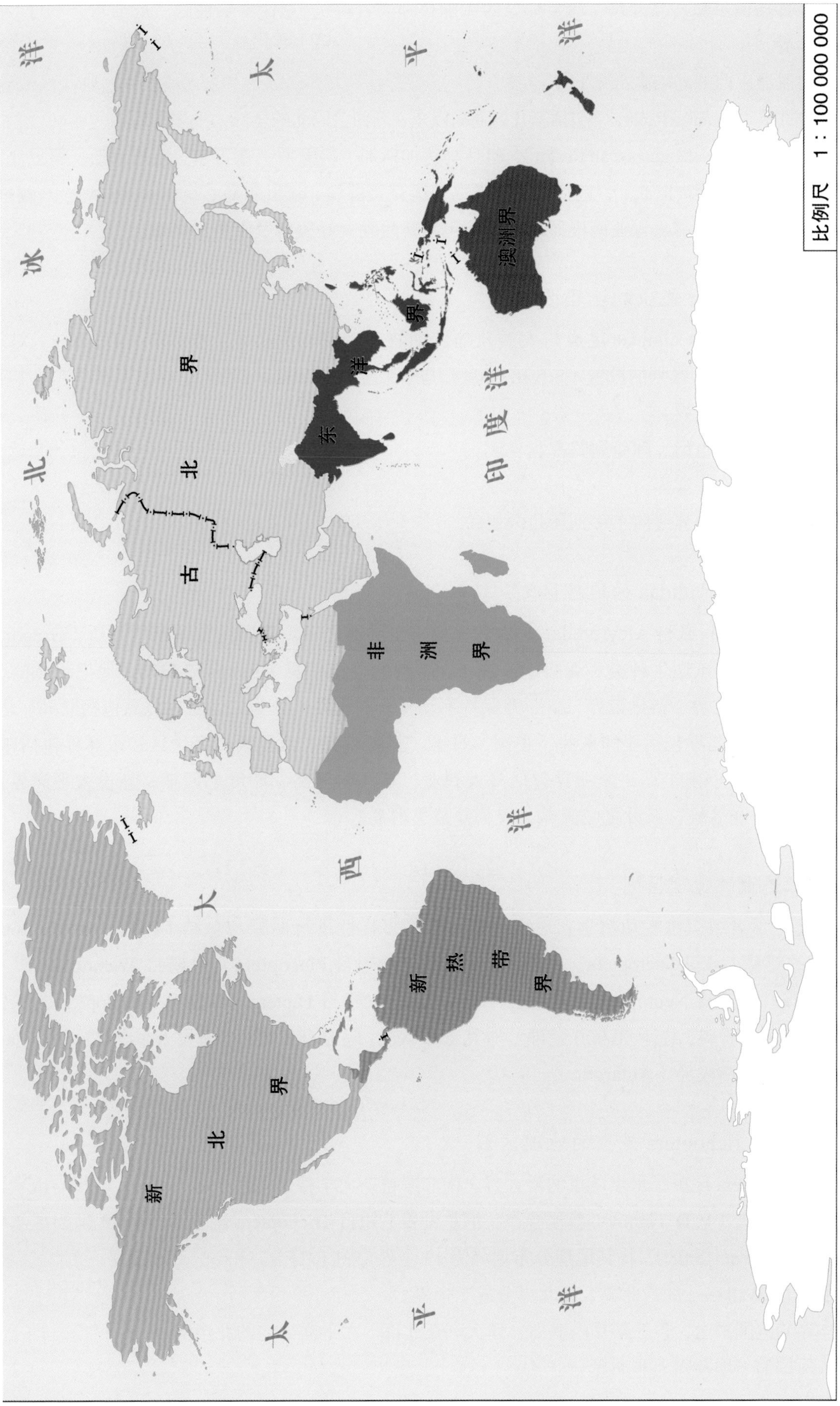

比例尺　1 : 100 000 000

图 1-10　Silver 2004 对蚊科 Culinidae 昆虫的地理区划设置

将印度（喜马偕尔邦、北方邦、锡金邦、西孟加拉邦大吉岭）、克什米尔地区、尼泊尔、不丹、中国全境划归古北界。

将新几内亚岛以西的岛屿全部划归东洋界。

新设大洋洲界（Oceanian Realm），包括新几内亚岛以东、新西兰以北的全部太平洋岛屿。

新设马达加斯加界（Madagascan Realm），包括马达加斯加、科摩罗、塞舌尔、毛里求斯、留尼汪等。

新设南极界（Antarctic Realm），包括南乔治亚岛、奥克兰群岛、坎贝尔岛、凯尔盖朗群岛、马阔里岛、爱德华王子群岛、克罗泽群岛等亚南极岛屿，但不包括新西兰、好望角及南美洲南端。

二、蚊科 Culinidae 昆虫的地理区划

双翅目 Diptera 蚊科 Culinidae 昆虫与人类及哺乳动物有着密切的关系。斯尔沃（J. Silver）对蚊科 Culinidae 昆虫分布的地理区划的设置（Silver, 2004），与华莱士 (P. Wallace) 的区划有如下不同（图1-10）。

墨西哥全境划归新北界。

阿拉伯半岛南端的也门、阿曼划归古北界。

中国仅留台湾岛在东洋界。

东洋界与澳洲界的分界线向东移到新几内亚岛。

三、粉虱科 Aleyrodidae 的地理区划

半翅目 Hemiptera 粉虱科 Aleyrodidae 是农业重要害虫类群之一。美国昆虫学家伊万斯（Gregory A. Evans）总结了世界粉虱现生种类 3 亚科 166 属 1 551 种的分布信息（Evans, 2007）。他把粉虱的分布划分为 9 个界，除新北界、新热带界、非洲界保持不动外，古北界一分为二，西古北界包括欧洲、北非、中东、俄罗斯；东古北界包括亚洲东部、中国、日本、朝鲜半岛、俄罗斯滨海地区；东洋界包括印度、巴基斯坦、菲律宾、中南半岛；澳洲界包括澳大利亚、新几内亚岛、印度尼西亚；新设太平洋界，包括新西兰及南太平洋岛屿；新设夏威夷界，仅为夏威夷群岛。

四、淡水昆虫的地理区划

比利时几位学者组织水生动物学家对世界淡水动物多样性进行回顾与总结（Balian, et al., 2008），涉及昆虫纲的蜉蝣目 Ephemeroptera、蜻蜓目 Odonata、襀翅目 Plecoptera、毛翅目 Trichoptera 以及半翅目 Hemiptera、脉翅目 Neuroptera、鞘翅目 Coleoptera、双翅目 Diptera、鳞翅目 Lepidoptera、膜翅目 Hymenoptera 的一些种类，共计 80 000 余种。对其分布状况，除原有 6 界外，新设太平洋岛屿界（Pacific Oceanic Islands）和南极界（Antarctic）。

五、毛翅目 Trichoptera 昆虫的地理区划

毛翅目 Trichoptera 昆虫是水生昆虫的最大目。南非罗德斯大学穆尔（F. C. de Moor）教授与俄罗斯圣彼得堡大学伊万诺夫（V. D. Ivanov）教授合作，汇总世界毛翅目 Trichoptera 昆虫 46 科 619 属 11 532 种的分布资料（Moor, et al., 2008），将其地理分布划分为 13 个界（图1-11）。

将华莱士 (P. Wallace) 的古北界、新北界分成 7 个界。

将东洋界的范围扩大，包括新几内亚岛、澳大利亚北部、太平洋岛屿的北半部。

将沙特阿拉伯、埃及归入非洲界。

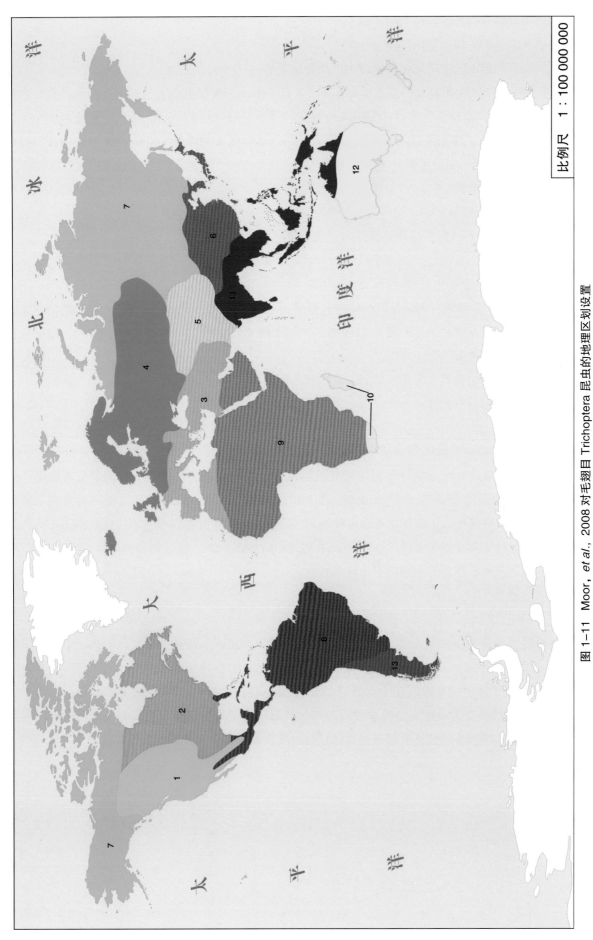

比例尺 1：100 000 000

图 1-11 Moor, *et al.*, 2008 对毛翅目 Trichoptera 昆虫的地理区划设置

1. 西新北界 2. 东新北界 3. 西古北界 4. 北古北界 5. 南古北界 6. 东古北界 7. 白令界 8. 新热带界 9. 非洲界 10. 南非界 11. 东洋界 12. 澳洲界 13. 巴塔哥尼亚界

将马达加斯加及南非的开普敦设为南非界。

将美国的佛罗里达半岛划入新热带界。

将智利及阿根廷南部的巴塔哥尼亚高原设为巴塔哥尼亚界。

3 年后，美国南卡罗来纳州克莱姆森大学摩尔斯（J. C. Morse）教授集合了包括上述两位教授在内的世界主要毛翅目学家共同汇总了毛翅目 Trichoptera 昆虫种类，共计 49 科 616 属 14 548 种现生种类及 12 科 125 属 685 种化石种类。将毛翅目 Trichoptera 地理区划变动幅度大为降低（Morse, et al., 2011）。与华莱士 (P. Wallace) 方案相比，主要区别是（图 1-12）：

古北界分为东、西两个界。

也门、阿曼划归西古北界。

东洋界与澳洲界的分界线向东移动到新几内亚岛西侧。

六、膜翅目 Hymenoptera 广腰亚目 Symphyta 的地理区划

广腰亚目 Symphyta 是膜翅目 Hymenoptera 中较低等的植食性类群，共计 7 总科 14 科。塔格尔（A. Taeger）等 3 位德国学者系统总结了广腰亚目种类，计 803 属 8 353 种（Taeger, et al., 2010）。根据分布信息，将地理区划做如下处理（图 1-13）。

将东洋界与澳洲界的分界线向东移动到新几内亚岛西侧。

将也门、阿曼等划归古北界。

七、蚤目 Siphonaptera 的地理区划

蚤目 Siphonaptera 是又一类与哺乳动物密切相关的昆虫，应该与哺乳动物具有相同的分布格局。俄罗斯科学院动物研究所瓦舍科诺克（V. Vashchonok）和梅德韦杰夫（S. Medvedev）研究员建立了世界蚤目 Siphonaptera 昆虫数据库，汇总了 2 000 多种蚤目 Siphonaptera 昆虫的分布资料（Vashchonok, et al., 2013），划分为 7 界 31 亚界（图 1-14）。与华莱士 (P. Wallace) 方案比较，界级划分的差异是：

将新几内亚岛以及太平洋岛屿全部归于东洋界；

将新西兰独立设界。

以上是各地昆虫学家对一些昆虫类群所做的地理区域划分，其进步是昆虫学家已不满足于原来借用或套用的哺乳动物区划系统，开始规划自己的区划方案，最集中的意见是对华莱士线的质疑，认为对昆虫及植物根本不存在华莱士线及附近其他类似的"线"（Simpson, 1977）。其次是古北界的划分、太平洋岛屿的独立设界、南极及亚南极地区是否单独设界等。其不足是，均为定性分析，脊椎动物学界已使用的聚类分析方法还没有应用，因此没有数量的具体比较；其次涵盖类群太少，代表性不强。

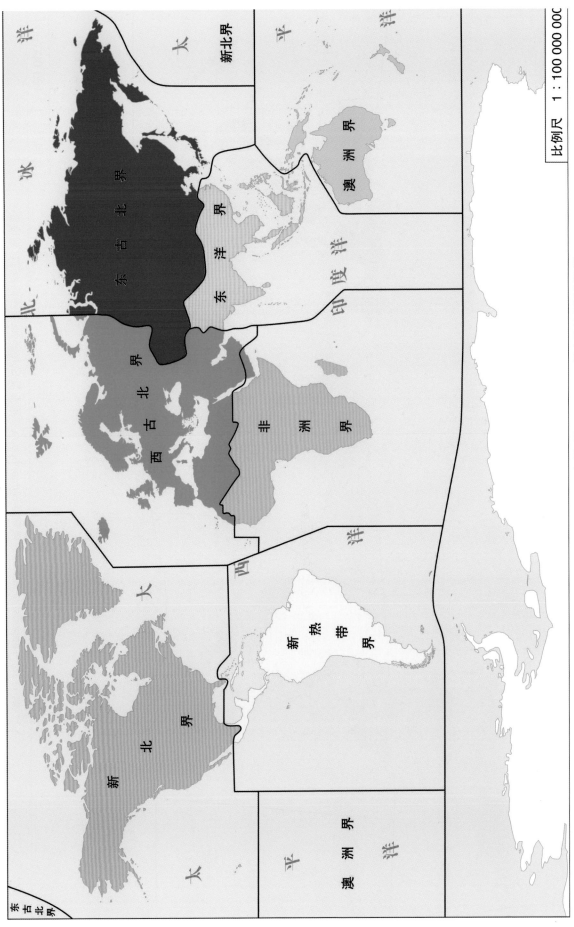

图 1-12 Morse, *et al.*,2011 对毛翅目 Trichoptera 昆虫的地理区划设置

比例尺 1:100 000 000

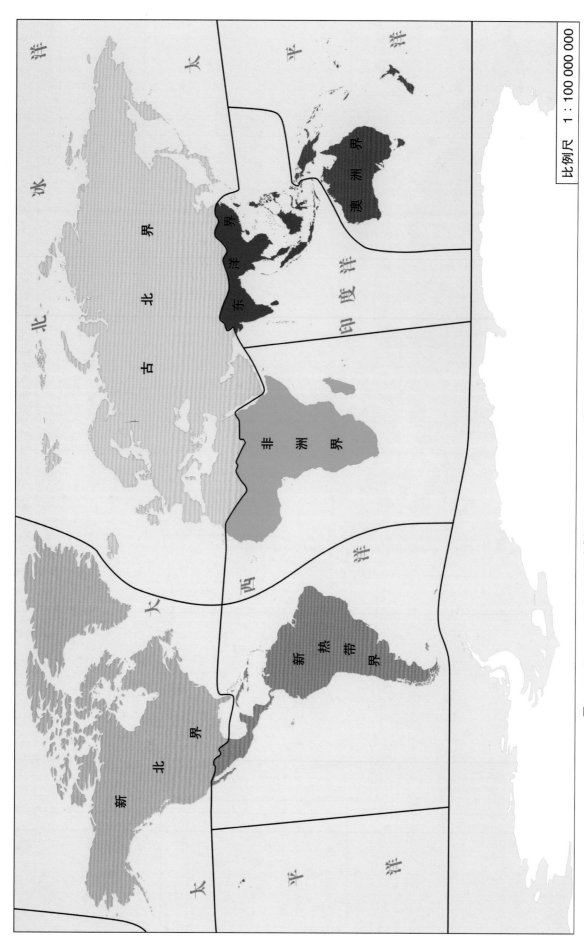

比例尺　1 : 100 000 000

图1-13　Taeger *et al.*, 2010 对膜翅目 Hymenoptera 广腰亚目 Symphyta 昆虫的地理区划设置

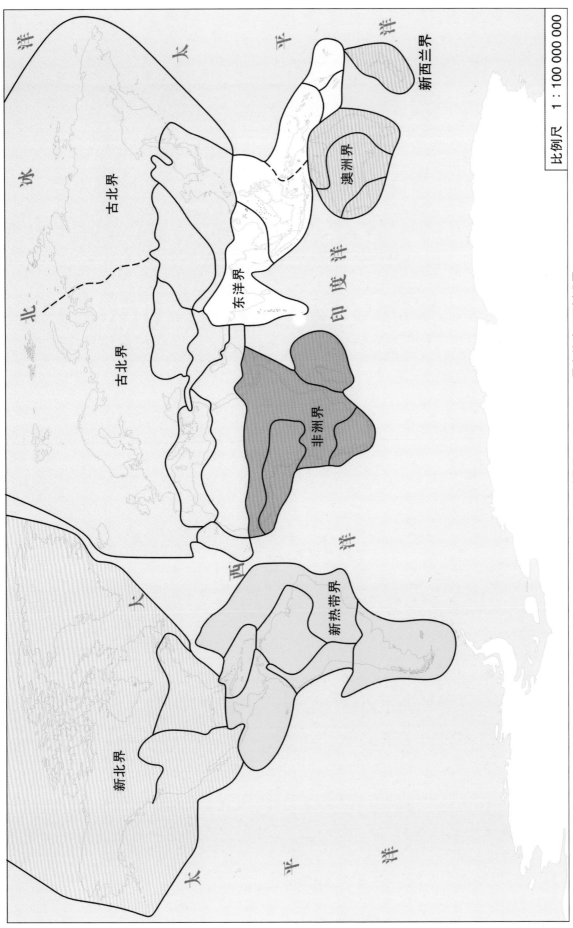

图 1-14　Vashchonok, *et al.*, 2013 对蚤目 Siphonaptera 昆虫的地理区划设置

比例尺　1：100 000 000

古北界

古北界

东洋界

新西兰界

澳洲界

非洲界

新热带界

新北界

冰

洋

北

太 平 洋

印 度 洋

西 洋

大

大 平 洋

第二编
方法

Part II　Method

导 言

第二编介绍了本研究所使用的方法。第一章是世界昆虫分布资料的收集与整理，体现基础材料的全面性与准确性；第二章是基础地理单元设置的原则与方法，体现材料处理的合理性；第三章介绍地理区划的传统方法，特别是几个主要相似性公式的产生及几种主要聚类方法的局限性；第四章介绍多元相似性聚类分析方法（MSCA）的特点及与传统方法的比较，显示 MSCA 方法灵敏的、准确的数据挖掘能力。

Introduction

In the part, a similarity general formula (SGF) and a multivariate similarity clustering analysis (MSCA) are introduced. They are developed in recent years by the first author. Their chief characters are direct calculation of the similarity coefficient of multi-region and to throw away old merged links. Analysis results that accord with statistically, geographically, ecologically, and biologically logical can be gained quickly. Especially, the capability treating typical point-forms and vast amounts of distribution information is incomparable. So, the door of bio-geographical quantitative analysis will be opening perfectly.

第一章
世界昆虫区系
及分布信息

Chapter 1　The Information of Insect Fauna and Distribution in the World

第一节　世界昆虫区系分布资料的收集与整理
Segment 1　The Collection and Arrangement for Insect Fauna and Distribution Data in the World

昆虫区系（insect fauna）是一个特定地区昆虫种类的总体，它的基础是昆虫分类学，只有分类学家才能准确掌握昆虫种类信息。但由于昆虫种类繁多，一个分类学家一般只能开展一个小目或一个中等大小的科，甚至只是一个大属的分类工作。在纸质媒体时代，想收集世界范围的昆虫区系信息，只能是天方夜谭。

昆虫分布资料是伴随昆虫分类学家开展分类工作时产生的信息，分类论文对分布地点的报道，尤其是早期的工作，是没有一定规格要求的，有的非常笼统，如"China""Australia"，有的又异常具体，具体到只能查看采集日记才能确定。而分布范围虽不是分类学家工作的具体目标，但又必须经过他的鉴定才能确认。

对某个地区进行昆虫调查是了解昆虫区系的重要途径，但必须组织众多分类学家，并且多次进行才能取得显著效果。而组织非专业的技术人员进行普查，又涉及采集深度、标本制作保存、专家鉴定等问题，往往事倍功半，不了了之。本书作者为探讨河南省昆虫区系，组织众多分类学家连续进行13年的河南昆虫考察，才有了从3 850种到9 272种的提升（申效诚，1993；申效诚等，2014）。

有了计算机技术，有了互联网，有了社会对生物多样性的认知与诉求，收集世界昆虫区系分布资料才有了可能。这也可能是自生物地理学诞生200多年来，一直没有昆虫地理区划方案的重要原因之一。

我们收集昆虫区系分布资料的主要途径是：

一、分类学专著

昆虫分类学专著，是分类学家对一个类群长期工作的系统总结，有的是世界性的，有的是局域性的，有的是志书，有的是名录。对昆虫地理工作者来说，其具有准确、系统、稳定的优点。如 *Lepidopterum catalogus Fas.* 118 *Noctuidae* (Poole, 1989), *A synonymic catalogue of grasshoppers and their allies of the World* (Yin, 1996), *World catalog of Dolichodidae* (Yang, *et al.*, 2006),《中国动物志 昆虫纲》系列,《日本产野生生物目录 无脊椎动物编Ⅱ》（环境厅，1995）, *Phymatidae or ambush bugs of the World* (Froeschner, *et al.*,1989), *Sphecid wasps of the World* (Bohart, *et al.*,1976), *A catalogue of Lygaeidae of the World* (Slater, *et al.*,1995), 等等。缺点是有的分布地点比较笼统，特别是分布广泛的种类，笼统到洲，有的甚至只标出大分布区，这是不能够使用的。

二、分类学专业期刊

在分类学专业期刊上，每年都刊载大量分类学论文，发表新的类群或新的分布地，或厘定已有类群。如 *Zootaxa*, *Zookeys*, *Aquatic Insects*, *Entomological News*, *SHILAP Revta. Lepd.*, *Orientalis Insects*, *European Journal of Entomology*, *Entomologische Zeitschrift*, *Zoologica Scripta*, *Entomological Fennica*, *Insect Science*, *Proc. Entomol. Soc. Wash.*, *Transaction of the American Entomological Society*, *Entomotaxonomia*, *Systematic Entomology*, *Journal of Biogeography*, 等等，更有汇总这些新信息的 *Zoological Record*。对于昆虫地理工作，这些资料的优点是新颖、具体、原始，可以直接使用，缺点是资料分散，收集难度大。因此要较多注意 Catalog, Checklist, Review, Revision 等体裁的长篇论文。

三、昆虫分类及多样性专业网站

互联网大幅度提高了信息传播的速度与数量，降低了传播成本。众多的昆虫分类及多样性专业网站令人目不暇接，有的是全球范围的，有的是一洲或一国的；有的是全生物界的，有的是一个科的；有的是偏重分类学的，有的是偏重多样性的。它们对分布信息的表达有图有文，有简有繁，有准确有模糊，有笼统有具体；有的类似具体而实际模糊，有的看似形象而实际失准，有的是专业单位筹办的网站而实际内容不具备专业水平。因为都不是生物地理专业网站，必须仔细比较，认真遴选。最后确定以丹麦的一个国际网站"Global Biodiversity Information Facility"作为主要资料来源，它基础资料广泛，生物类群全面，信息更新快，分布信息具体，表达直观，易于信息转换。另有一些网站可以作为补充或核对。

四、昆虫多样性专著

人类对环境问题的觉醒促进了对生物多样性的关注。昆虫地理工作者浏览这类文献主要是掌握昆虫各个类群的已知实际大小，以比较所收集信息的丰盈程度，如 *Insect Biodiversity*：*Science and Society* (Foottii & Adler, 2009)、*Freshwater Animal Diversity Assessment*（Balian, 2008）等。

第二节 世界昆虫种类数量
Segment 2 The Number of Insect Species in the World

与高等植物、高等动物相比，昆虫分类还处于物种描述阶段，每年都有大量新种涌现，要求统计一个准确的种类数量是难以达到的。

经过数年的收集、整理、补充、修正，终于形成了下列数据库规模，共计31目1 205科104 344属，涵盖1 033 635种（表2-1）。可以认为是相对完整的准确轮廓了。

表2-1 世界昆虫区系几个资料来源的比较

编号	名称	Species 2000[①] 科数	属数	种数	GBIF[②]（全球生物多样性信息网络）科数	属数	种数	Insect Biodiversity, 2009 种数	本书 科数	属数	种数	主要资料来源
01	石蛃目 Microcoryphia	2	14	33	4	75	528	504	2	66	492	GBIF，2011
02	衣鱼目 Zygentoma	3	17	24	7	138	596	527	6	132	580	GBIF，2011
03	蜉蝣目 Ephemeroptera	42	442	3 341	73	655	4 088	3 046	45	542	4 035	Barber-James, et al.,2013
04	蜻蜓目 Odonata	29	662	5 912	157	1 547	7 270	5 680	35	794	6 398	Schom, 2013
05	襀翅目 Plecoptera	16	302	3 624	33	438	4 161	3 497	16	308	3 585	Schlitz, 1973
06	蜚蠊目 Blattodea	8	503	4 649	104	991	7 161	4 565	8	490	4 428	Beccdloni, 2014
07	等翅目 Isoptera	4	26	96	8	325	3 362	2 864	9	284	2 932	Krishna, et al., 2013
08	螳螂目 Mantodea	16	424	2 483	26	468	2 795	2 384	16	459	2 873	Otte, et al., 2014
09	蛩蠊目 Grylloblattodea	1	5	33	46	318	718	39	1	5	37	Eadea, 2014
10	螳䗛目 Mantophasmatodea	1	13	19	4	17	25		1	13	19	Eadea, 2014
11	革翅目 Dermaptera	11	206	1 893	25	302	2 045	1 967	12	219	1 911	Deem, 2014
12	直翅目 Orthoptera	42	4 993	2 6781	117	5 714	28 661	23 616	55	4 630	25 769	Yin, 1996; Eadea, et al.,2014
13	䗛目 Phasmatodea	13	385	3 141	13	511	3 227	2 853	13	465	3 071	Brock, et al., 2014
14	纺足目 Embioptera	13	85	397	16	99	421	458	13	88	402	Maehr, et al., 2014
15	缺翅目 Zoraptera	1	1	40	1	10	59	34	1	1	40	Hubbaed, 1990
16	啮目 Psocoptera	47	691	9 428	49	552	6 283	5 574	40	482	6 111	Johnson, et al.,2014

（续表 2-1）

昆虫目		*Species* 2000[①]			GBIF[②]（全球生物多样性信息网络）			*Insect Biodiversity*, 2009	本书			
编号	名称	科数	属数	种数	科数	属数	种数	种数	科数	属数	种数	主要资料来源
17	食毛目 Mallophaga	6	37	101	9	291	4 808	5 024	9	285	4 565	Piekering, 2014
18	虱目 Anoplura	14	45	526	14	47	581		14	46	553	Durden, *et al*.,1994
19	缨翅目 Thysanoptera	8	202	893	17	1 050	4 188	5 749	9	782	6 038	Lehtinen, *et al*.,2014
20	半翅目 Hemiptera	133	11 548	81 004	353	20 927	96 314	100 428	161	13 251	79 719	McKamey, 2000; Evans, 2007; Usinger, 1966; Schun, 2013；Webb, *et al*.,2014; GBIF, 2014; Shen, 2015
21	广翅目 Megaloptera	2	35	373	7	72	417	337	2	33	366	Oswald, 2014
22	蛇蛉目 Raphidioptera	2	33	248	10	94	370	225	2	33	251	Oswald, 2014
23	脉翅目 Neuroptera	15	604	5 803	61	1 505	6 693	5 704	16	598	5 539	Oswald, 2014
24	鞘翅目 Coleoptera	163	20 416	242 348	330	43 103	329 595	359 891	208	38 537	308 315	Herman, 2001; Nilsson, 2013; Roguet, 2014; Alonso-Zarazaga, 1999; Iwan, 2002; Staines, 2012; GBIF, 2014; Shen, 2015
25	捻翅目 Strepsiptera	10	44	607	16	57	709	603	11	49	603	Kathirithamby, 2003
26	长翅目 Mecoptera	7	37	684	62	300	1 412	681	9	36	669	CAS, 2005
27	双翅目 Diptera	159	9 142	154 157	310	18 257	176 316	152 244	176	14 002	181 994	Gagne, 2010; Knight, *et al*.,1977; Borkent, 2014; Adler, *et al*., 2014; Spring, 2013; Evenhuis, *et al*.,2003; Yang, *et al*., 2006,2007; Rohacek, *et al*.,2001; GBIF, 2014; Shen, 2015
28	蚤目 Siphonaptera	18	241	2 047	24	383	2 250	2 048	20	241	2 099	Vashehonok, *et al*., 2013
29	毛翅目 Trichoptera	45	623	11 513	64	1 215	13 523	12 868	46	658	14 229	Moese, *et al*., 2013
30	鳞翅目 Lepidoptera	129	16 729	149 405	208	25 932	271 111	156 793	144	18 051	238 948	Sobezyk,2011; Prins, *et al*.2005; Brown,2005; Kitching, *et al*.,2000; Poole,1989; Pelham, 2012; GBIF,2014; Shen, 2015
31	膜翅目 Hymenoptera	79	6 703	115 414	207	16 892	147 881	144 695	105	8 764	127 064	Bolton,1995; Ascher, *et al*.,2014; Noort, *et al*., 2010; GBIF,2014; Shen, 2015
	合计	1 039	75 208	827 017	2 375	142 285	1 127 568	1 004 898	1 205	104 344	1 033 635	

①Roskov Y.,Abucay L.,Orrell T.,eds. 2017.Species 2000 & ITIS Catalogue of Life,29th May 2017.http://www.catalogueoflife.org/col.Species 2000: Naturalis,Leiden,the Netherlands.

②GBIF数据中包括化石种类。

第二章
世界昆虫分布的基础地理单元

Chapter 2 The Basic Geographical Unit of Insect Distribution in the World

第一节 基础地理单元的划分方法
Segment 1 The Method for Dividing Basic Geographical Unit of Insect Distribution

从事昆虫地理研究，必须划分出一定数量的基础地理单元（basic geographical unit，BGU）才能进行比较。划分 BGU 的数量，原则上是越细，分析结果的精细度越高，但必须与分布资料的精细度相匹配。由于不同类群、不同时期、不同专家习惯、不同类型文献等对分布地记载的精细度不一致，划分越细，可利用的昆虫资料越少，信息损失量越大。因此，掌握恰当的"度"至为重要。目前基础地理单元的划分大致有 3 种方法：

以国、省等行政区域为单位。这种方法最省事，因为昆虫分布记录基本都是行政区域，无须进行昆虫分布的资料转换。但效果不好，因为国的地理范围差别很大，生态环境复杂，影响分析的精确度。州、县的地理范围虽然不大，但往往昆虫分布记录不足以应用。

以地理栅格为单位。以经纬线或等距离划分方格，作为基础地理单元。这种方法的优点是保证地理单元面积相等，能够使昆虫种类的密度更为直观；缺点是昆虫分布资料需要转换，方格的大小不易掌握，过小则容易和分布资料不匹配，过大又使方格内的自然环境复杂，改善不了分析的质量。目前大都倾向使用这种方法，要想使用效果好，必须注意两点：一是生物分布资料能否与栅格匹配，即能否精确到栅格一级；二是能否保证各个栅格的生物种类大体与实际种类相当，即每个栅格的调查都有相当的深度。

以自然景观为单位，划分面积不等的生态区作为基础地理单元。优点是保证单元内环境条件一致，单元间的差异明显，分析质量会明显提高。缺点是需要进行资料转换。

本研究大致以自然景观为依据，将世界陆地（除南极洲）划分为 67 个基础地理单元（BGU）（图 2-1，表 2-2），其中以平原为主的 BGU 有 11 个，以丘陵为主的 10 个，以山地为主的 16 个，以高原为主的 17 个，以荒漠为主的 6 个，岛屿型的 7 个。地处热带的 BGU 有 27 个，地处温带的 34 个，地域跨入寒带的 6 个。

表 2-2　世界昆虫分布的基础地理单元及其地理范围

基础地理单元	地理范围
01 北欧	挪威、瑞典、芬兰、丹麦、冰岛及北部岛屿等
02 西欧	英国、爱尔兰、比利时、荷兰、法国中北部等
03 中欧	德国、匈牙利、奥地利、捷克、斯洛伐克、波兰、瑞士等
04 南欧	葡萄牙、西班牙、法国南部、意大利、斯洛文尼亚、克罗地亚、波黑、马其顿、塞尔维亚、阿尔巴尼亚、希腊、保加利亚、罗马尼亚、亚速尔群岛等
05 东欧	爱沙尼亚、拉脱维亚、立陶宛、白俄罗斯、乌克兰、摩尔多瓦等
06 俄罗斯欧洲部分	俄罗斯鄂毕河以西部分
11 中东地区	塞浦路斯、以色列、约旦、黎巴嫩、巴勒斯坦、叙利亚、土耳其、亚美尼亚、阿塞拜疆、格鲁吉亚
12 阿拉伯沙漠	沙特阿拉伯、伊拉克、科威特、阿拉伯联合酋长国、卡塔尔、巴林
13 阿拉伯半岛南端	阿曼、也门、索科特拉岛
14 伊朗高原	伊朗、阿富汗、巴基斯坦
15 中亚地区	哈萨克斯坦、土库曼斯坦、乌兹别克斯坦
16 西西伯利亚平原	俄罗斯鄂毕河以东、叶尼塞河以西的平原地区
17 东西伯利亚高原	俄罗斯叶尼塞河以东的高原、山地
18 乌苏里地区	俄罗斯东南部乌苏里地区、萨哈林岛
19 蒙古高原	蒙古全境
20 帕米尔高原	吉尔吉斯斯坦、塔吉克斯坦、克什米尔地区、中国新疆喀什地区
21 中国东北	中国黑龙江、吉林、辽宁、内蒙古、宁夏中北部、甘肃西北部
22 中国西北	中国新疆昆仑山以北的沙漠、山地
23 中国青藏高原	中国青海、西藏（除去东部及东南地区）
24 中国西南	中国四川西部、云南西北部、西藏东部与东南部
25 中国南部	中国广东、香港、海南、广西、云南南部
26 中国中东部	中国河北、北京、天津、山东、山西、陕西、宁夏南部、甘肃中南部、河南、安徽、江苏、上海、湖北、湖南、四川中东部、重庆、云南中部与东北部、贵州、江西、浙江、福建
27 中国台湾	中国台湾及周边岛屿
28 朝鲜半岛	朝鲜、韩国
29 日本	日本全境
30 喜马拉雅地区	尼泊尔、不丹、印度（喜马偕尔邦、旁遮普邦、阿萨姆邦、锡金邦）
31 印度半岛	印度中南部、孟加拉国、斯里兰卡、马尔代夫
32 缅甸地区	缅甸及印度的安达曼群岛、尼科巴群岛
33 中南半岛	柬埔寨、老挝、越南、泰国（除去马来半岛部分）
34 菲律宾	菲律宾群岛
35 印度尼西亚地区	马来西亚、新加坡、文莱、东帝汶、印度尼西亚（除去新几内亚岛）
41 北非	埃及、利比亚、突尼斯、阿尔及利亚、摩洛哥、加纳利群岛、马德拉群岛等
42 西非	阿拉伯撒哈拉民主共和国、毛里塔尼亚、马里、冈比亚、塞内加尔、几内亚比绍、几内亚、佛得角、塞拉利昂、利比里亚、科特迪瓦、布基纳法索、加纳、多哥、贝宁、尼日尔、尼日利亚

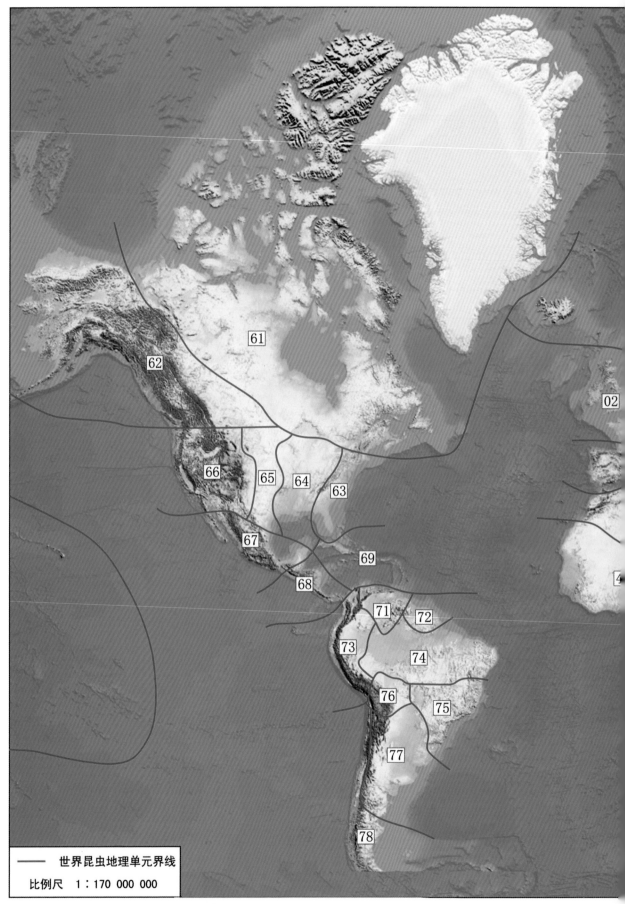

图 2-1　世界昆虫基础地理单元的划分（图中地理单元代号 01 ~ 78 见表 2-2）

世界昆虫地理单元界线

比例尺　1：170 000 000

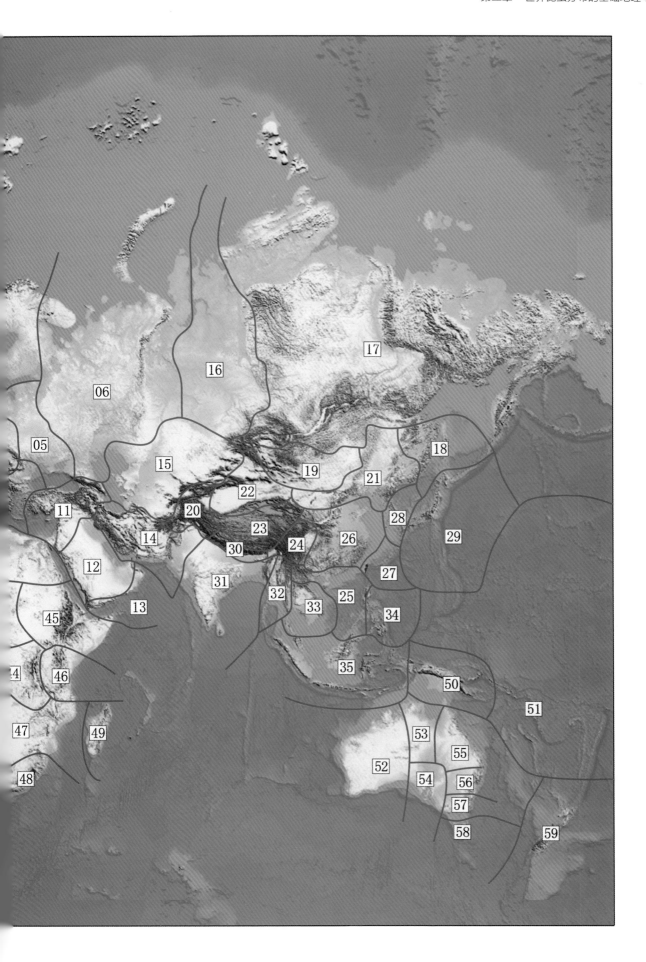

（续表2-2）

基础地理单元	地理范围
43 中非	喀麦隆、中非、乍得
44 刚果河流域	扎伊尔、刚果、加蓬、赤道几内亚、圣多美和普林西比
45 东北非	埃塞俄比亚、索马里、吉布提、厄立特里亚、苏丹、南苏丹
46 东非	布隆迪、肯尼亚、卢旺达、坦桑尼亚、乌干达
47 中南非	安哥拉、纳米比亚、博茨瓦纳、津巴布韦、赞比亚、莫桑比克、马拉维、圣赫勒拿岛、阿森松岛
48 南非	南非、莱索托、斯威士兰
49 马达加斯加地区	马达加斯加、毛里求斯、塞舌尔、科摩罗、留尼汪岛
50 新几内亚	新几内亚岛、俾斯麦群岛
51 太平洋岛屿	美拉尼西亚、密克罗尼西亚、波利尼西亚三大岛群
52 西澳大利亚	西澳大利亚州
53 北澳大利亚	澳大利亚北部地区
54 南澳大利亚	南澳大利亚州
55 昆士兰	昆士兰州
56 新南威尔士	新南威尔士州、首都直辖区、豪勋爵岛
57 维多利亚	维多利亚州
58 塔斯马尼亚	塔斯马尼亚州
59 新西兰	新西兰、诺福克岛
61 加拿大东部	加拿大的纽芬兰省、魁北克省、马尼托巴省、西北地区以及格陵兰岛
62 加拿大西部	加拿大的萨斯喀彻温省、艾伯塔省、不列颠哥伦比亚省、育空地区以及美国的阿拉斯加州
63 美国东部山区	美国佛罗里达州、佐治亚州、南卡罗来纳州、北卡罗来纳州、弗吉尼亚州、西弗吉尼亚州、新泽西州、宾夕法尼亚州、纽约州、缅因州、新罕布什尔州、佛蒙特州、康涅狄格州、马萨诸塞州、罗德岛州、马里兰州、特拉华州以及百慕大群岛
64 美国中部平原	美国亚拉巴马州、路易斯安那州、阿肯色州、密西西比州、田纳西州、肯塔基州、密苏里州、伊利诺伊州、印第安纳州、俄亥俄州、密歇根州、威斯康星州
65 美国中部丘陵	美国德克萨斯州、俄克拉荷马州、堪萨斯州、内布拉斯加州、艾奥瓦州、明尼苏达州、南达科他州、北达科他州
66 美国西部山区	美国西部落基山脉
67 墨西哥	墨西哥全境
68 中美地区	危地马拉、伯利兹、洪都拉斯、萨尔瓦多、尼加拉瓜、哥斯达黎加、巴拿马
69 加勒比海岛屿	古巴、巴哈马、牙买加、海地、多米尼加、波多黎各、向风群岛
71 奥里诺科河流域	委内瑞拉及其附近岛屿
72 圭亚那高原	圭亚那、苏里南、法属圭亚那
73 安第斯山脉北段	哥伦比亚、厄瓜多尔、秘鲁、科隆群岛
74 亚马孙平原	巴西北部亚马孙河流域
75 巴西高原	巴西南部高原地区
76 玻利维亚	玻利维亚全境
77 南美温带草原	阿根廷中北部、巴拉圭、乌拉圭
78 安第斯山脉南段	智利、阿根廷南部以及马尔维纳斯群岛

第二节　数据库构建与数据录入
Segment 2　Design Databank and Record Data

使用微软 Access 数据库软件，建立世界昆虫分布数据库。以 BGU 号为字段名，作为各列，以昆虫属作为各行，将分布信息录入相应 BGU 内，有分布记 "1"，无分布不记。

所有属录入完毕，检查无误后，分别统计各科的分布信息，以备作科的分析时使用。也可以横向统计各大洲的昆虫分布记录，也可以预留几个空白列，按不同食性、不同生活环境、不同抽样方式等分别标记，以便进行各种分析。

具体操作已在《中国昆虫地理》(河南科学技术出版社，2015) 中详细述及。

第三章
传统分析方法

Chapter 3　Traditional Analysis Methods

第一节　定性分析方法
Segment 1　Qualitative Analysis Method

　　目前人们仍在使用的世界哺乳动物地理区划及有花植物地理区划，都是用定性分析方法得到的结果。所谓"定性分析方法"，就是对研究对象进行质的方面的分析，运用归纳和演绎，分析和综合以及抽象与概括等方法，对获得的各种材料进行思维加工，从而揭示事物内在规律。这是从事定量分析的后人对前人所使用方法的统称，并没有定型的工作程序。大体工作内容是：

一、分布资料

　　生物分布资料是分类学的"终端产品"，是生物地理学的"始端原料"。拥有分布资料，分类学家占有天时地利的独特优势。不是分类学家的人要从事生物地理工作，也必须补上这一环节。所以，英国学者考克斯 (C. Barry Cox) 说，世界上最好的生物地理学家，就是分类学家。

二、比较分布型

　　对生物的分类及区系调查，逐渐明确了一个种、一个属或一个科的分布范围，对这些类群分布范围的比较、归纳，形成了分布型。分布型必须与地理区域相联系，在没有地理区划的情况下，大都以行政区域或生态区域标示，如中—日型、喜马拉雅—横断山区型等，对这些分布型的分析与比较，是进行地理区划的重要依据。

三、特有类群

特有类群是指发生在某地而不在世界其他地区出现的生物类群，它是这个地区区别于其他地区的重要依据，因此，也是地理区划的重要依据。一般认为一个大区必须有一定数量的特有科，一个亚区要有一定数量的特有属，再次一级区域要有一定比例的特有种。

四、绘制种类分布地图

将一个物种的分布范围画在一张地图上，将许多张地图重叠在一起，分布边界线最密的地方就是地理区划的分界线。这个名为"内插法"的方法，吴征镒先生最后一部著作《中国种子植物区系地理》（2011）中仍在使用。这个方法不能保证所有类群参与分析，因为特有种及全布种是绘不出地图的。

五、制定区划方案

面对浩繁的基础资料，制订方案将是一个艰难的过程，因为没有可以遵循的比较方法，只能凭着对分布格局认识的深厚积累与分析归纳，凭着对生物地理概念的理解与领悟，凭着对区域差异的敏感与判断，凭着对科学的执着与献身精神。先将世界分作界，再将界分作亚界，或者再进一步划分为区与亚区，形成一个个地理区划层级。这样的区划系统，有世界的，如华莱士（P. Wallace）的世界动物地理区划及恩格勒（Adolf Engler）的世界植物区划，也有地方的，如吴征镒的中国植物区系区划及张荣祖的中国动物地理区划。在只有纸与笔的年代，哪一个数据的获得都会弄得人头晕眼花的，如亚马孙地区有 500 个特有属、3 000 个特有种植物，马达加斯加地区有 450 个特有属、5 000 个特有种植物。

生物地理学的前辈们制订的区划方案，其特点是，具有合理内核，有说服力，是生物地理发展史上的重要成就。其功绩是，这些方案除个别修改以外，一直沿用至今，配合了有关学科的同步发展，同时也积累了一系列正确有用的理念与方法。

无须讳言，由于没有数量比较的方法，在不同地区的关系对比及区划层级上难免有失偏颇，需要定量分析予以修正，同时，其合理内核也需要定量方法来解释或支撑。

第二节　定量分析方法
Segment 2　Quantitative Analysis Method

19 世纪中期，植物学界提出了相似性（similarity）的概念（Lorentz, 1858），1901 年，瑞士植物学家保罗·贾卡德（Paul Jaccard）提出了一个计算两个地区间相似性的公式，使得相似性由概念进入数学表达阶段。由于计算简单，含义明确，引起了人们的兴趣，前前后后的出现 40 余个相似性公式。又由于这些公式都是只能计算两个地区的相似性系数，为了解决多地区间的相似性问题，又出现了 10 余种聚类分析方法。由此生物地理学的定量分析问题似乎能够迎刃而解了。但遗憾的是，人们等待了 100 多年，没有看到有人对前人的地理区划系统进行数学的解释与支持，也没有看到有人提出由定量方法制订的令人信服的区划方案。专家们探索各种分析方法，分辩它们的优劣，热烈争论，甚至情绪激昂。但不论谁对谁错，至今没有拿出人们认可的结果是不争的事实。

一、几种主要相似性系数计算公式

自贾卡德（Paul Jaccard）以后，众多学者陆续提出 40 多个相似性系数公式（formulas of similarity coefficient）（张镱锂，1998）。但大多数是昙花一现，很少应用。最常用的有下列 3 个：

1. Jaccard 公式（1901）：

$$SI = C / (A + B - C) \quad\text{------------------------------------}\quad 1$$

贾卡德在植物区系比较中建立了这个最早、最经典的相似性系数公式，式中，SI 是相似性系数，A、B 分别是两个地区的种类数，C 是两个地区的共有种类数。

2. Czekanowski 公式（1913）：

$$SI = 2C / (A + B) \quad\text{------------------------------------}\quad 2$$

科泽卡诺斯克（Jan Czekanowski）（1882—1965）是波兰人类学家、统计学家与语言学家。他于 1913 年在人类学研究中创立了这个公式。公式字母含义同上。对同一组数据，比 Jaccard 公式的值高，在相似性水平较低的数据比较时，较高的系数可以改善比较时的感觉。

斯夫仁森（T. Sprensen）在 1948 年对 Jaccard 公式进行修正，推导出一个相似性系数公式，与上式完全相同。他认为该公式更符合概率论，比 Jaccard 公式更科学。可我们觉得并非如此，证明在下面。后来人们使用时称作 Sprensen 公式，实际上是个错误。

3. Szymkiewicz 公式（1934）：

$$SI = C / \min(A, B) \quad\text{------------------------------------}\quad 3$$

斯泽姆科维克兹（D. Szymkiewicz）是波兰植物地理学家。他创立这个公式来比较两个地区植物属的数量，认为当共有属数（扣除世界广布属）超过数量较小的地区属数 50%，表明两个地区亲缘关系密切，低于 50% 时，表明关系疏远（D. Szymkiewicz, 1934）。

美国古生物学家、进化学家辛普森（George Gaylord Simpson，1902—1984）在 1936 年第一次使用一个"区系相似性系数公式"比较了佛罗里达州与新墨西哥州的现生哺乳动物，1943 年再次使用这个公式计算了现生哺乳动物属数的相似性，俄亥俄州与内布拉斯加州的相似性系数是 82%，佛罗里达州与新墨西哥州是 67%，法国与中国是 64%，新墨西哥州与委内瑞拉是 24%，与此相比，欧洲与北美的始新世早期是 45%，上新世是 15%，北美与南美的上新世早期是 0，三叠纪的爬行动物是 8%，由此他不能完全相信大陆漂移学说。到 1947 年，他第一次正式说明他使用的公式是两个地区的共有种类数除以较少地区的种类数，再乘以 100，得到相似性系数。这与 Szymkiewicz 公式完全相同。是不谋而合或是引用，我们这里不予追究，但后来人们引用时大都说成是 Simpson 公式，是有失公正的。

这些公式的创立者在使用他们的公式时，都是用于两两地区比较，结果也都无可挑剔。同一组数据，三个公式的值，前者最小，后者最大。它们是否都具有同样的严谨性与科学性呢？我们不妨做下面的检验。

首先比较三个公式的各自极端值。表 2–3 表示 6 个地区共有 10 个物种，各个地区的物种种类及数量不尽相同。

对于地区 1 与地区 5，三个公式的值都是 0。

对于地区 1 与地区 2，三个公式的值都是 1。

表 2-3　几个地区物种分布举例

地区	物种										物种数量
	物种1	物种2	物种3	物种4	物种5	物种6	物种7	物种8	物种9	物种10	
1	1	1	1	1	1	1					6
2	1	1	1	1	1	1					6
3				1	1	1					3
4				1	1	1	1	1	1	1	7
5							1	1	1	1	4
6	1	1	1	1	1	1					6

对于地区 2 与地区 3，公式 1 的值是 0.50；公式 2 的值是 0.667，公式 3 的值是 1。

就公式 1 与公式 2，地区 1 与地区 2 的系数是 1，地区 1 与地区 6 的系数也是 1，那么地区 2 与地区 6 必然也是 1。

就公式 3，地区 3 与地区 2 的系数是 1，地区 3 与地区 4 也是 1，而地区 2 与地区 4 不一定是 1。

因此，我们说公式 3 是"单向"的，只能说"地区 3 的种类全部与地区 2 相同"，而不能反过来说成"地区 2 的种类全部与地区 3 相同"。即使说"这两个地区的相似性系数是 1"也是不准确的。所以，公式 3 的应用是有局限性的。

这些公式都是两个地区进行比较，但实际工作不一定都是二元比较，当遇到多元比较时，要用聚类分析方法来解决。在讨论聚类方法之前，我们尝试用这些公式的定义来拓展一下比较的范围。

把公式 1 做如下演变，定义为被比较地区的共有种类的平均数占总种类的比例：

$$SI = C / (A + B - C) = (C + C) / 2 / (A + B - C) \quad\text{————————————————} \quad 4$$

同样把公式 2 做如下演变，定义为被比较地区的共有种类的和占各地区种类的和的比例。

$$SI = 2C / (A + B) = (C + C) / (A + B) \quad\text{————————————————————} \quad 5$$

表 2-3 中 6 个地区共拥有 10 种生物，地区之间不尽相同，但每个物种都不是某个地区独有。假设我们认为 6 个地区都必须拥有这 10 种生物，才能使相似性系数达到 1，那么，

公式 1 的计算结果是：

$$SI = (6+6+3+7+4+6)/6/10 = 0.533$$

公式 2 的计算结果是：

$$SI = (6+6+3+7+4+6)/(6+6+3+7+4+6) = 1$$

显然，公式 2 的结果是不能认可的，即不论地区间的差别如何大，只要没有独有种类，相似性系数就都是 1，怎么能说这个公式更符合概率论呢？尽管在二元比较时，两个公式值的范围没有多少差别，在多元比较时，公式 2 的潜在缺陷就暴露出来了。

所以我们认为三个公式中，公式 1 最严谨，公式 2 欠严谨，公式 3 最具局限性。可为什么目前公式 3 最受推崇呢？也许下面的论证能够回答这个疑问。

二、几种主要系统聚类方法

聚类分析是数学界多元统计分析的三大分析方法之一（回归分析、判别分析、聚类分析）。它是根据事物本身的特性研究群体的一种方法，目的在于将相似的事物归类。它的原则是同一类中的个体有较大的相似性，不同类的个体相似性较小。这种方法有三个特征：一是适用于没有先验知识的分类，只要设

定比较完善的分类特征，就可以得到较为科学合理的类别；二是可以处理多个变量决定的分类；三是聚类分析法是一种探索性分析方法，能够分析事物的内在特点和规律，并根据相似性原则对事物进行分组，是数据挖掘中常用的一种技术。

聚类分析计算方法主要有如下类别：分裂法（partitioning method）、层次法（hierarchical method）、密度法（density-based method）、网格法（grid-based method）、模型法（model-based method）。也可分为系统聚类法、K-均值法、模糊聚类法、动态聚类法、有序聚类法。用于生物地理研究的是系统聚类法，即层次聚类法。

系统聚类法（hierarchical clustering method）又有多种方法，最常用的有下列 3 种：

1. **单链法（single linkage method）**：单链法又称最短距离法（nearest neighbor method）。先将被比较各个地区的两两相似性系数计算出来，选择系数最大的两个地区，将其合并为一个新地区，计算新地区与其余地区的相似性系数，再次选择与合并，直至合并完毕。将合并过程绘成聚类图。如表 2–3，以 Jaccard 公式计算相似性系数，先将地区 1、地区 2、地区 6 以 1.000 的相似性水平合并为新地区 1，再将地区 4、地区 5 以相似性系数 0.571 的水平合并为新地区 2，再将新地区 1 与地区 3 以相似性系数 0.500 的水平合并为新地区 3，最后将新地区 3 与新地区 2 以相似性系数 0.300 的水平合并。

2. **类平均法（average group linkage method）**：类平均法又称无加权双组平均法（unweighted pair group means algorithm, UPGMA）。它与单链法的区别有两点：一是"半合并"，两个相似性系数最大的地区不是合并成新地区，而是聚成"类"或"群"；二是"类"与"类"之间的相似性系数是两类成员之间的相似性系数平方和的平均数再开方，"类"内成员间的关系不再考虑（表 2–3）。仍以 Jaccard 公式计算相似性系数，地区 1、地区 2、地区 6 以相似性系数 1.000 聚成类 1，地区 4、地区 5 以相似性系数 0.571 聚成类 2，地区 3 与类 1 的相似性系数是地区 3 与地区 1、地区 2、地区 6 的 3 个相似性系数平方和的平均数再开方，为 0.500，不再考虑类 1 内 3 个成员的关系，聚成类 3，最后类 2 与类 3 的相似性系数是类 2 的 2 个成员与类 3 的 4 个成员间共 8 个相似性系数平方和的平均数再开方，为 0.238，聚类结束。也有文献介绍，直接用相似性系数计算平均数即可，不必先平方再开方。就本例，结果为 0.166，相差不大，省事不少。

3. **离差平方和法（sum of squares method）**：离差平方和法又称 Ward's method，是由加拿大生物学家瓦德（J. H. Ward）教授于 1963 年提出的一个聚类方法，是应用最小平方和误差函数极小化原理进行聚类。它与类平均法的差别是，在计算类间相似性系数时，进一步考虑了类内各成员间的关系，结果似乎应该更客观一些。

这些方法在处理较少地区的数据时，例如 7 个地区以下，结果一般差别不大，孰优孰劣也难以判断，随着处理对象的增加，差异逐渐显现。而生物地理的研究处理对象一般都比较多，下节我们选择一个比较简单的实例予以检验。

第三节　传统聚类方法的比较
Segment 3　Comparison Between Traditional Clustering Methods

河南省位于中国中部偏东，简称豫，地处第三阶梯向第二阶梯的过渡带。豫西北为太行山脉的东南

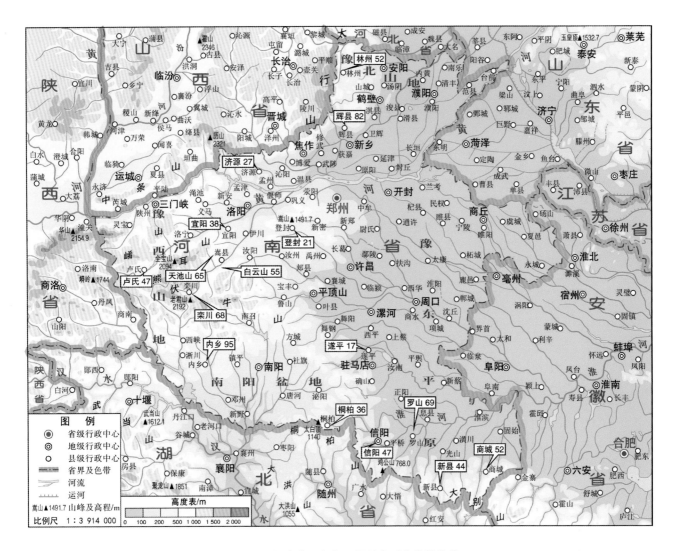

图 2-2 河南省 5 年间不同地点采集蜘蛛种类

部； 豫西为伏牛山脉，是秦岭山脉的东段； 豫南为大别山脉的西北部。这三条山脉在中国自然地理中都不属于同一类地区。

2002—2006 年，河北大学朱明生教授和他的博士生、硕士生在河南省 16 个自然保护区采集蜘蛛，每次采集的月份、天数、地点、参加人员都不相同，各地采集结果如图 2-2，共计 36 科 142 属 273 种。

这些采集不是以生物地理为目的的考察活动，各地的采集深度也不可能相同。如果采集深度能够反映当地的区系特征，聚类结果应该聚为3群，$X_1 \sim X_3$ 为太行山区，$X_4 \sim X_{10}$ 为伏牛山区，$X_{11} \sim X_{16}$ 为大别山区，我们可以以此为标准比较聚类方法的效果。如果聚类结果都不明晰，说明采集只是浮光掠影，有待深入调查。

把这些比较简单的、小地理尺度的数据用上述 3 个公式和 3 种聚类方法进行分析，比较 9 种结果的差异。9 个聚类图都是用 SPSS 计算并生成的图，横坐标是距离数。

一、对 Jaccard 公式相似性系数的分析

用 Jaccard 公式对 16 个地点采集结果计算两两之间的相似性系数（表 2-4），表中对角线的加粗数字是各地点的采集种类数。下面用 3 种聚类方法进行聚类分析。

1. **单链法**：单链法的结果如图 2-3。图中，X_{11}、X_4 为游离状态，其余分作 3 群，大别山群（群 3）

已经形成且独立，太行山群（群 1）已经形成但不独立，伏牛山群（群 2）没有形成，没有统一的相似性水平线。

表 2-4　各采集点间的共有种类数（上三角）和 Jaccard 相似性系数（下三角）

地点	林州	辉县	济源	登封	宜阳	卢氏	栾川	天池山	白云山	内乡	遂平	桐柏	信阳	罗山	新县	商城
代号	X_1	X_2	X_3	X_4	X_5	X_6	X_7	X_8	X_9	X_{10}	X_{11}	X_{12}	X_{13}	X_{14}	X_{15}	X_{16}
林州	52	35	18	9	14	16	19	18	11	20	7	11	12	14	8	9
辉县	0.354	82	21	14	20	24	31	30	21	33	7	16	20	26	14	18
济源	0.295	0.239	27	7	12	15	16	16	9	13	3	6	7	9	6	9
登封	0.141	0.157	0.171	21	5	6	8	8	4	9	2	7	11	10	5	6
宜阳	0.184	0.200	0.226	0.093	38	17	17	17	13	22	3	10	12	13	7	7
卢氏	0.193	0.229	0.254	0.097	0.250	47	22	21	13	21	4	8	9	8	5	8
栾川	0.188	0.261	0.203	0.099	0.191	0.237	68	33	29	35	5	17	18	19	10	14
天池山	0.182	0.256	0.211	0.103	0.198	0.231	0.330	65	22	27	5	12	17	17	9	13
白云山	0.115	0.181	0.123	0.056	0.163	0.146	0.309	0.224	55	31	2	7	9	11	3	8
内乡	0.157	0.229	0.119	0.084	0.198	0.174	0.273	0.203	0.261	95	3	17	19	24	14	18
遂平	0.113	0.076	0.073	0.056	0.058	0.067	0.063	0.065	0.029	0.028	17	6	2	2	1	2
桐柏	0.143	0.157	0.105	0.140	0.156	0.107	0.195	0.135	0.083	0.149	0.128	36	17	15	8	13
信阳	0.138	0.183	0.104	0.193	0.164	0.106	0.186	0.179	0.097	0.154	0.032	0.258	47	31	20	24
罗山	0.131	0.208	0.103	0.125	0.138	0.074	0.161	0.145	0.097	0.171	0.024	0.167	0.365	69	33	31
新县	0.091	0.125	0.092	0.083	0.093	0.058	0.098	0.090	0.031	0.112	0.017	0.111	0.282	0.413	44	25
商城	0.095	0.155	0.129	0.090	0.084	0.088	0.132	0.125	0.081	0.140	0.030	0.173	0.320	0.344	0.352	52

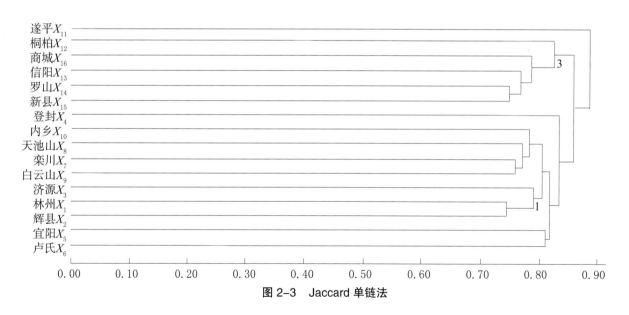

图 2-3　Jaccard 单链法

2. **类平均法**：类平均法的结果如图 2-4。图中，X_{11}、X_4 为游离状态，群 3 形成且独立，群 1 形成但不独立，与 X_5、X_6 聚在一起，群 2 的骨干已经形成，没有把自己的成员全部聚来。

3. **离差平方和法**：该法的结果如图 2-5。图中，没有常被称作"噪音"的游离状态，在距离为 0.96 的水平上 16 个地点聚成 4 群，X_4、X_{11}、X_{12} 聚成不符合地理学逻辑的群，群 3 骨干形成，群 1 虽形成但仍与 X_5、X_6 混在一起，群 2 仍只剩下骨干。

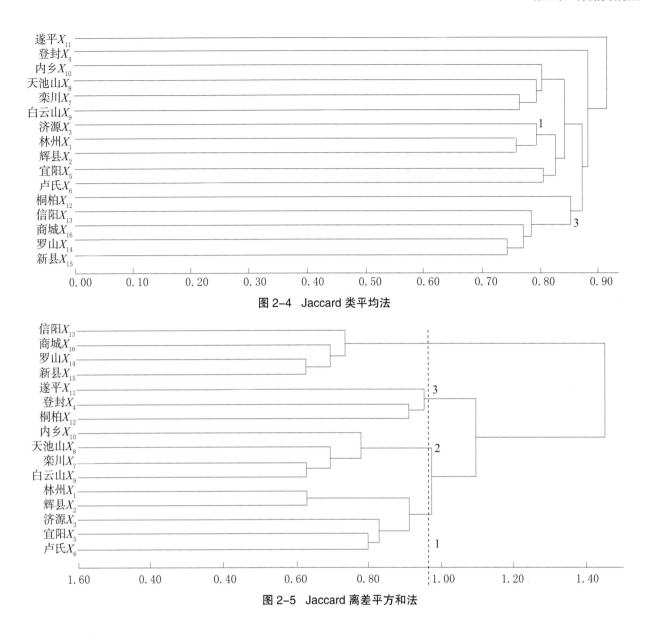

图2-4　Jaccard 类平均法

图2-5　Jaccard 离差平方和法

二、对 Czekanowski 公式相似性系数的分析

用 Czekanowski 公式对 16 地采集结果计算两两之间的相似性系数，都比 Jaccard 公式系数有所提高（表 2-5），用 3 种聚类方法进行聚类分析。

表 2-5　各采集点间的共有种类数（上三角）和 Czekanowski 相似性系数（下三角）

地点	林州	辉县	济源	登封	宜阳	卢氏	栾川	天池山	白云山	内乡	遂平	桐柏	信阳	罗山	新县	商城
代号	X_1	X_2	X_3	X_4	X_5	X_6	X_7	X_8	X_9	X_{10}	X_{11}	X_{12}	X_{13}	X_{14}	X_{15}	X_{16}
林州	52	35	18	9	14	16	19	18	11	20	7	11	12	14	8	9
辉县	0.522	82	21	14	20	24	31	30	21	33	7	16	20	26	14	18
济源	0.456	0.385	27	7	12	15	16	16	9	13	3	6	7	9	6	9
登封	0.247	0.272	0.292	21	5	6	8	8	4	9	2	7	11	10	5	6
宜阳	0.311	0.333	0.369	0.169	38	17	17	17	13	22	3	10	12	13	7	7
卢氏	0.323	0.372	0.405	0.176	0.400	47	22	21	13	21	4	8	9	8	5	8
栾川	0.317	0.413	0.337	0.180	0.321	0.383	68	33	29	35	5	17	18	19	10	14

（续表2-5）

地点	林州	辉县	济源	登封	宜阳	卢氏	栾川	天池山	白云山	内乡	遂平	桐柏	信阳	罗山	新县	商城
代号	X_1	X_2	X_3	X_4	X_5	X_6	X_7	X_8	X_9	X_{10}	X_{11}	X_{12}	X_{13}	X_{14}	X_{15}	X_{16}
天池山	0.308	0.408	0.348	0.186	0.330	0.375	0.496	65	22	27	5	12	17	17	9	13
白云山	0.206	0.307	0.220	0.105	0.280	0.255	0.472	0.367	55	31	2	7	9	11	3	8
内乡	0.272	0.373	0.213	0.155	0.331	0.296	0.429	0.338	0.413	95	3	17	19	24	14	18
遂平	0.203	0.141	0.136	0.105	0.109	0.125	0.118	0.122	0.056	0.054	17	6	2	2	1	2
桐柏	0.250	0.271	0.190	0.246	0.270	0.193	0.327	0.238	0.154	0.260	0.226	36	17	15	8	13
信阳	0.242	0.310	0.189	0.324	0.282	0.191	0.313	0.304	0.176	0.268	0.063	0.410	47	31	20	24
罗山	0.231	0.344	0.188	0.222	0.243	0.138	0.277	0.254	0.177	0.293	0.047	0.286	0.534	69	33	31
新县	0.167	0.222	0.169	0.154	0.171	0.110	0.179	0.165	0.061	0.201	0.033	0.200	0.440	0.584	44	25
商城	0.173	0.269	0.228	0.164	0.156	0.162	0.233	0.222	0.150	0.245	0.058	0.295	0.485	0.512	0.521	52

1. **单链法**：结果如图 2-6。图的结构及聚类顺序与图 2-3 完全相同，几乎看不出任何差别，只是从横坐标上看到相似性程度有所提高，即距离近了一些。

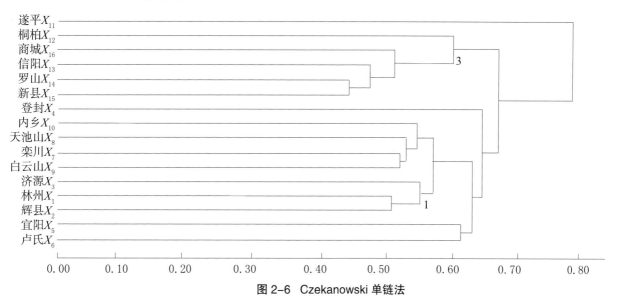

图 2-6　Czekanowski 单链法

2. **类平均法**：结果如图 2-7。图的结构及聚类顺序与图 2-4 完全相同，几乎看不出任何差别，只是从横坐标上看到相似性程度有所提高，即距离近了一些。

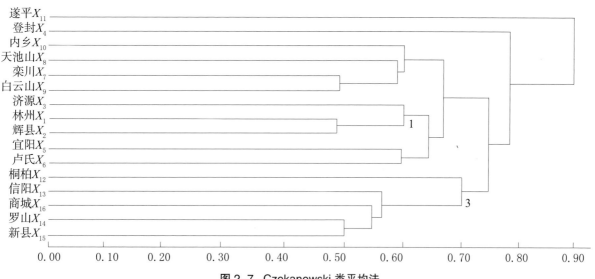

图 2-7　Czekanowski 类平均法

3. 离差平方和法：结果如图 2-8。图的结构及聚类顺序与图 2-5 大致相同，群 1 已经形成但未独立，相似性程度在低层次有所提高，高层次有所降低。

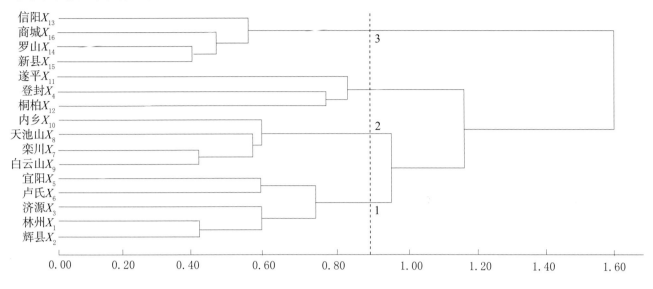

图 2-8　Czekanowski 离差平方和法

三、对 Szymkiewicz 公式相似性系数的分析

用 Szymkiewicz 公式对 16 地采集结果计算两两之间的相似性系数（表 2-6），用 3 种聚类方法进行聚类分析。

表 2-6　各采集点间的共有种类数（上三角）和 Szymkiewicz 公式相似性系数（下三角）

地点	林州	辉县	济源	登封	宜阳	卢氏	栾川	天池山	白云山	内乡	遂平	桐柏	信阳	罗山	新县	商城
代号	X_1	X_2	X_3	X_4	X_5	X_6	X_7	X_8	X_9	X_{10}	X_{11}	X_{12}	X_{13}	X_{14}	X_{15}	X_{16}
林州	52	35	18	9	14	16	19	18	11	20	7	11	12	14	8	9
辉县	0.673	82	21	14	20	24	31	30	21	33	7	16	20	26	14	18
济源	0.667	0.778	27	7	12	15	16	16	9	13	3	6	7	9	6	9
登封	0.429	0.667	0.333	21	5	6	8	8	4	9	2	7	11	10	5	6
宜阳	0.368	0.526	0.444	0.238	38	17	17	17	13	22	3	10	12	13	7	7
卢氏	0.340	0.511	0.556	0.286	0.447	47	22	21	13	21	4	8	9	8	5	8
栾川	0.365	0.456	0.593	0.381	0.447	0.468	68	33	29	35	5	17	18	19	10	14
天池山	0.346	0.462	0.593	0.381	0.447	0.447	0.508	65	22	27	5	12	17	17	9	13
白云山	0.212	0.382	0.333	0.190	0.342	0.277	0.527	0.400	55	31	2	7	9	11	3	8
内乡	0.385	0.402	0.481	0.429	0.579	0.447	0.515	0.415	0.564	95	3	17	19	24	14	18
遂平	0.412	0.412	0.176	0.118	0.176	0.235	0.294	0.294	0.118	0.175	17	6	2	2	1	2
桐柏	0.306	0.444	0.222	0.333	0.278	0.222	0.472	0.333	0.194	0.472	0.353	36	17	15	8	13
信阳	0.255	0.426	0.259	0.524	0.316	0.191	0.383	0.362	0.191	0.404	0.118	0.472	47	31	20	24
罗山	0.269	0.377	0.333	0.476	0.342	0.170	0.279	0.262	0.200	0.348	0.118	0.417	0.660	69	33	31
新县	0.182	0.318	0.222	0.238	0.184	0.114	0.227	0.205	0.068	0.318	0.059	0.222	0.455	0.750	44	25
商城	0.173	0.346	0.333	0.286	0.184	0.170	0.269	0.250	0.154	0.346	0.118	0.361	0.511	0.596	0.568	52

1. **单链法**：结果如图 2-9。X_{11}、X_{12} 为游离状态，群 3 形成且独立，群 1 形成但不独立，群 2 没有形成且较分散，相似性程度进一步提高。

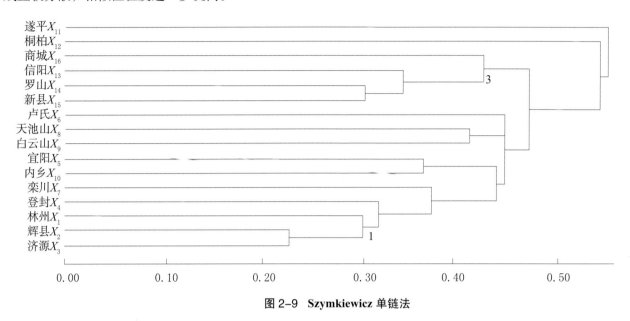

图 2-9 Szymkiewicz 单链法

2. **类平均法**：结果如图 2-10。X_{11} 为游离状态，群 3 虽然形成但"混进"了 X_4，群 1 形成但未独立，群 2 骨干形成，相似性程度进一步提高。

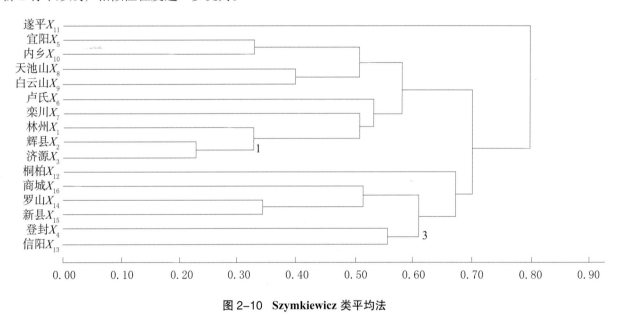

图 2-10 Szymkiewicz 类平均法

3. **离差平方和法**：结果如图 2-11。没有"噪音"，16 个地点聚为 3 群，但群 1 混进了 X_{11}，群 3 混进了 X_4，群 2 首次这么完整。

综观 9 个聚类图，3 个公式中，公式 2 与公式 1 结果差别不大，可以只取其一，公式 3 引起聚类结果的变化，但不是向合理的方向改变；3 个聚类方法中，方法 2 比方法 1 有消除"噪音"的作用，但不显著，聚类的合理性也略好，方法 3 的消除"噪音"显著，聚类结构也比较清晰，但有不符合地理学逻辑的缺憾。

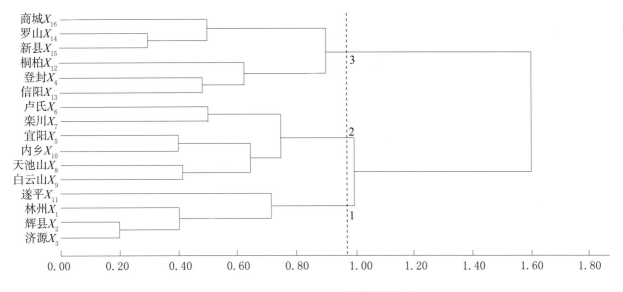

图 2-11 Szymkiewicz 离差平方和法

这是在较少地点、较少变量、较小地理尺度的一个实例。本书还要用更多地区、更多变量、更大地理尺度的实例进行比较，但方法的组合要少。

第四节　生物学家对传统聚类方法的评价与使用
Segment 4　The Use and Evaluation of Traditional Methods by Biologists

生物学家大概都希望能够有人对现有地理区划系统进行定量的解析，也盼望自己使用定量分析方法来分析所从事生物类群的分布规律，但发展的进程并不乐观。除个别地域的、个别类群的、小地理尺度的数学分析外，大多是分析方法的论证及分布格局形成原因的阐释，比较宏观的分析少之又少。这里举两个具有普遍意义的例子。

丹麦学者霍尔特（B. C. Holt）等人 2013 年在《科学》（*Science*）上发表《华莱士的世界动物地理区的修订》（*An update of Wallace's zoogeographic regions of the world*）。他用系统发育及聚类分析的方法对世界上共 20 000 多种陆生哺乳动物、两栖动物、非海洋性鸟类的分布进行分析。根据分析结果，把世界分成 11 个界（Holt, *et al.*, 2013a），比华莱士（P. Wallace）的 6 界系统几乎翻了 1 倍。他们这篇文章立即受到德国人科勒福特(H. Kreft)和美国人杰特兹（Jetz）的质疑，认为他们的分析结果不能够支持他们的主张，存在概念上的瑕疵（Kreft, *et al.*, 2013）。霍尔特又回答了他们的质疑（Holt, *et al.*, 2013b）。

我们认为，霍尔特等人的工作的主要问题：一是研究方法是根据研究目的而设定，作者要划分世界的动物分布大区，根本不必要按 2º × 2º 划分地理栅格，栅格法的缺点是需要分布资料的匹配，因为分布资料大都是分类学家积累下来的，不是按生物地理学的要求形成的，划分越细，越容易增大生态上的差异，导致聚类结果的偏差。即使分布资料能够匹配每个栅格的实际种类，全世界至少应划有 4 000 多个栅格，完全可以形成一个多层次的聚类树，不应该是论文给出的那么简单。二是作者使用 Simpson 公式是个根本性的失误。这个公式的应用具有很大的局限性，因为它能够抹杀掉带有根本性的差异，如表 2–3，即使地区 3 只有 1 种，与地区 2 的关系也是 1，差别如此巨大的地区却以最亲密的关系聚类，岂非怪事。该公式目前被推崇的原因是它在聚类过程中能够减少"噪音"的出现，但是却把关系不密切的优先聚在一起，实际上违背了聚类分析的目的。

另一个例子是一篇《中国生物地理区划研究》的文章，是数学家导师指导的博士生论文。作者用 Sprensen 的相似性公式及 Ward 的离差平方和法分析中国 124 个自然地理小区的动植物分布格局，试图建立中国生物地理区划系统。分析方法及地理单元的确定在当时是无可挑剔的。关键是基础分布资料出现了不应有的疏忽。

该论文作者手边掌握着几乎全国所有的 540 种哺乳动物的分布资料，只选择了 171 种，占 31.6%；中国有种子植物 30 000 余种，只选择了 509 种，占 1.7%。作者"严格"的选择原则包括剔除广布种和只分布在 1 个地理单元的狭窄分布的种，认为广布种不能提供单元之间的差别信息，狭窄分布的种不能提供单元之间的相似性信息。植物地理的鼻祖德康多勒（Augustin de Candolle）早在 1820 年就指出特有物种在地理区划中的作用，即便不记得这个学界"祖训"，可难道不认为广布种能够提供单元之间的相似性信息，狭窄分布的种能够提供单元之间的差别信息吗？这样"严格"的人为操作能够反映自然的真实差别吗？

在所制订的地理区划方案中，从哪里与世界地理区划衔接呢？

这两个实例说明，在生物地理研究中，分析方法与使用材料同等重要，生物学家容易在方法上出偏差，数学家容易在材料方面失严谨。这都是应该竭力避免的。

考克斯（C. Barry Cox）是英国伦敦国王学院生命科学部首席学者，著作颇丰，涉猎广泛。在他与穆勒（P. D. Moore）合著的教科书《生物地理学：生态与进化方法》（第七版）[*Biogeography：An ecological and evolutionary approach*（Seventh edition）]（2005）中，对当前主要分析方法进行了全面评价。

德国的分类学家维利·亨尼希（Willi Hennig）用 1950 年提出的支序法来分析生物类群内成员间的系统发育关系，至今应用广泛。1966 年，瑞典的昆虫学家拉尔斯·布伦丁（Lars Brundin）把支序法作为生物地理学分析的工具，称作系系发生生物地理学。考克斯等评价说，"虽然分支学提供了一种新的、比较严格的生物学关系分析途径，但是这一技术对于所有的系统学（或者生物地理学）问题不是简单的万应灵丹"（Cox，2005）。

英国古生物学家科林·帕特森（Colin Patterson）1981 年提出的后来被称为区域支序学的方法。在一定的生物类群内，"生物学和地质学事件的比较似乎表明一种满意的和令人信服的平行"，但"分支技术的使用往往表明"这种"平行的假设是不正确的"（Cox，2005）。

英国的古生物学家布莱恩·罗森（Brian R. Rosen）于 1988 年提出的特有性简约分析（Parsimony Analysis of Endemicity, PAE），利用一个地理区域内的特有生物的分布资料，来分析这一区域内的生物分布区（Rosen, 1988）。然而，PAE 和上述方法"共有许多前述缺点，却没有它的……优点，因此，新近受到了有力的批评"（Cox，2005）。

意大利的植物学者利昂·克洛伊扎特（Leon Croizat）（1894—1982）在 1958 年出版了他的代表作《泛生物地理学》（*Panbiogeography*），提出了一些正确的甚至领先的概念，但后来又走向另一个极端，同样得到批判性的评论（Cox, 1998）。

由于这些方法未能解决生物地理的实际问题，生物学家们谨慎地表示出排斥的态度，这是他们的热情期望长期受挫的结果。目前的状态是数学家及生物学家都应该反思的问题。双方不应该互相等待，互相指责，一定要亲密携起手来，共同突破目前所处的瓶颈期。这是一个时代的要求，或者说是一个大发展前的阵痛期。

第五节　数学对生物地理学的支撑
Segment 5　The Support of Mathematics to Biogeography

现代科学技术的特点之一是数学的融入，任何一门学科没有数学的融入，是不可能真正成熟的。

美国能源部计算生物学项目数学科学研究委员会（Committee on Mathematic Sciences Research for DOE's Computational Biology）与美国国家学术院国家研究委员会（National Research Council the National Academies）在 2005 年提出一份《数学与 21 世纪生物学》(*Mathematics and 21 st Century Biology*) 的报告，该报告全面总结了近些年来数学生物学的研究发展动态，前瞻性地提出了数学与生物学的交叉学科前沿的发展趋势与未来方向。该报告提出了交叉与融合中的两个主题。

一、生物学的首要地位

从事数学与生物学交叉领域的研究人员的首要目标是解决特定的生物学问题，不是为了在生命系统的数学描述上完成特别的壮举。也许一个数学模型的建立是研究中所需要的一部分，但它也不应该是研究的核心目标，而应该遵循生物学的目标。通过对生物学目标所做的任何建模的深入耦合，生物学进步与数学进步均可能被优化。在这个交叉与融合的过程中，数学家应该深刻了解生物学家要达到的目标，实现这个目标是从现有数学知识库中寻找，或者另辟蹊径。生物学家需要主动向数学家介绍生物学的特点以及自己要实现的目标。这样才能够实现双赢，都得到进步与发展；而互相远离，都到达不了胜利的终点。

二、生物学的模糊性、离散性与稳健性

现代数学大部分是通过与物理科学和工程学长达 4 个世纪的密切互动而形成的。生物学与物理学的特征具有很大不同。从整体上，生命现象的表现是多维度的，界线是明确的，组分是有联系且相互作用的，过程是稳健的。但研究触及的生命对象，无论微观或宏观，则是有限维度的、界线模糊的、数据离散的、远离平稳状态的。数学发展的机遇就在于对那些日益增长的、巨大数量的、看似矛盾实则统一的数据的管理与解析上，就在对生物学与物理学不同特性的理解与探求中。因此数学与生物学的结合，前景是乐观的，过程与方法将是高度不确定性的。围绕这个研究领域的兴奋源自机遇与不可预测性的融合。这种融合，将塑造未来数学与生物学的关系，将推动双方各自的发展。

数学与生物学结合的最佳方式也许是培养具有两方面专业知识，或两种科学素养的科学家，要么是具有数学灵感的生物学家，要么是具有生物学兴趣的数学家。

第四章
多元相似性
聚类分析法

Chapter 4　Multivariate Similarity Clustering Analysis

多元相似性聚类分析法（Multivariate similarity clustering analysis method，MSCA）是我们近年来创建的一套聚类分析技术（申效诚等，2008a，2008b），它包括一个相似性通用公式（similarity general formula，SGF）和一个与之配套的聚类方法。近 10 年来，经过多种生物类群、多种地理区域的应用（申效诚等，2010 a，2010 b，2013a，2013b；申效诚，2015），证明是一个准确、灵敏、简便的数据挖掘方法。

第一节　MSCA 的方法及原则
Segment 1　The Method and Principle of MSCA

我们的 SGF 定义是：任意多个地区的相似性系数是它们各自共有种类的平均数占总种类数的比例。

$$SI = \sum H_i / nS = \sum (S_i - T_i) / nS \text{---} 6$$

式中：

SI——n 个地理单元的相似性系数；

S_i，H_i，T_i——分别是 i 地区的种类数、共有种类数、独有种类数，满足公式 $S_i = H_i + T_i$；

S——n 个地理单元的总种类数。

公式 6 的前部分是用于定义的，后部分是用于计算的，因为 S_i，T_i 在计算机上比 H_i 更好提取。

SGF 与以前的公式不同之处是，本公式是直接计算多个地区的相似性系数。在一项相似性分析项目中，每个相似性系数都是独立的，不存在上、下的依赖关系，也不存在前、后的顺序关系，任何时候都可以计算任何层级的相似性系数。

SGF 和 Jaccard 公式比较，后者是前者当 $n = 2$ 时的一个特例，前式包含、覆盖后式，后式不能代替前式。也即在相似性计算中，Jaccard 公式揭示了 n 为 2 时的特殊规律，SGF 则表达了任意多个地区间的普遍规律。

MSCA 是与 SGF 配套的聚类法，不能够使用其他相似性公式。它与其他聚类法不同之处，一是摒弃合并环节，避免由于合并引起的一系列畸形变化，二是在计量"类"间关系时的方法不同，假设类 1 由 5 个单元组成，类 2 由 6 个单元组成，单链法计算合并后的两个新地区的二元相似性系数，类平均法计算 5 个单元与 6 个单元之间共 30 个距离的平均数，离差平方和法再增加一些类内的关系。而 MSCA 不考虑类 1、类 2 形成时的数值，也不依靠单元间或类间已经形成的关系数据，直接用 11 个单元的原始数据计算相似性系数，这比一道道数据加工更简便、更准确。

MSCA 的原则是：全员参与 、适度设区、摒弃合并、等距划分。

一、全员参与

无论所作项目的地理区域大小、昆虫类群大小，尽量保证昆虫类群的所有已知成员参与分析。有意无意地舍弃部分种类，很难认定分析结果的客观性和准确性。尤其不能有意将具有某类分布特征的种类排斥在外。诚然，合理的取样方法可以从部分种类中得到能代表全体的信息，但前提是必须保证取样方法合理。

还有学者认为，由于每个物种在区系中的作用和地位是不等的，应该对重要物种增加权重，对指示性物种的信息更应加重。其实，不同物种的作用不等确实是客观存在，但对"重要"物种的认定、对不同物种的加权赋值以及对指示物种信息的依赖等，都带有浓重的人为主观因素。实际上，全员参与，各个物种都以自己的分布信息参与比较，能在 10 个单元分布的物种比只分布于 2 个单元的物种的作用已经大了 4 倍，已经受到足够的尊重，已经得到自然的体现，完全无须对其额外关注。

二、适度设区

按照生态地理条件设置基础地理单元，设置的数量、划分的粗细程度同样决定着分析的质量或成败。因为再完整的分布资料都和实际分布状态有着或大或小的差距，设置适量的地理单元就是要与分布资料相匹配，最大程度发挥现有资料的代表功能，又最细致体现地域的差异，得到最接近实际状态的科学结果。例如，《中国木本植物分布图集》(方精云，等，2009) 是我国目前种类、分布资料最完整、最详尽的基础资料，11 405 种木本植物在 2 408 个县的 11 405 张分布图，这也不能表示进行木本植物分布的聚类分析能够以县作为地理单元，因为 11 405 张分布图所表示的某县的物种数和该县的实际数可能还有一定距离。

过粗地设置地理单元，虽然使分析过程变得简单，但分析结果不能挖掘出尽量多的有用信息，浪费了信息资源。

因此，恰当地、适度地设置基础地理单元是保证成败的重要环节，有时甚至需要反复试验比较，才能确定。

三、摒弃合并

"合并降阶"是单链法产生偏差和错误的根源，摒弃合并则是 MSCA 的核心。同一套数据多种方法的分析结果的对比，将在第二节中讨论。

四、等距划分

聚类分析的结果得出之后，如果还要进一步进行地理区划分析，应该依据等距划分的原则，其目的是使类内的关系大于类间的关系。选择适当的相似性水平，得到恰当数量的分布区。使分布区的数量、大小、物种数量、亲缘关系等都得到相应的和谐与统一。

第二节 MSCA 的特点
Segment 2 The Characteristics of MSCA

MSCA 的具体计算流程已在《中国昆虫地理》一书详细介绍，本节将以中国昆虫为例，比较在较大地理尺度上，MSCA 与上述 3 个算法的结果，以显示 MSCA 的特点。

首先，图 2-12 是第三章河南蜘蛛的分析实例使用 MSCA 的分析结果，不仅没有游离的"噪音"，16 个地点聚为 3 群，群 3 由 6 个地点组成，全部是大别山地区，群 2 由 6 个地点组成，全部是伏牛山区，群 1 聚了 4 个地点，除太行山的 3 个外，还有 X_4 登封，它处于伏牛山余脉，可能因为调查时间短，种类少，与 X_2 有了较多的共有种类所致。尽管如此，还是可以看出，图 2-12 比图 2-3 至图 2-11 都要合理。

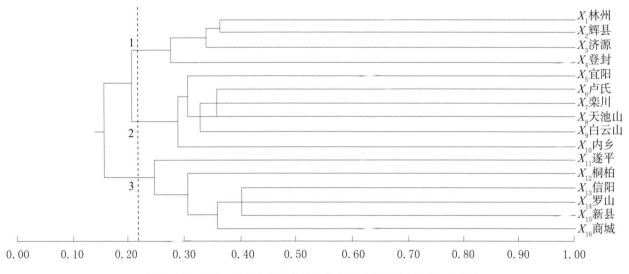

图 2-12 河南省 16 个自然保护区蜘蛛采集记录的 MSCA 聚类图

这仅是一个小地理尺度的，并已知应有结果的检验实例。让我们用进一步扩大地理尺度且未知结果的实例进行比较。

截至 2006 年，中国有昆虫 823 科 17 018 属 93 661 种（申效诚，2015），分作 64 个基础地理单元（图 2-13），分别对各个分类阶元进行 MSCA 分析，并与第三章几种传统聚类方法在准确性、灵敏性、稳定性等方面进行比较。

一、准确性

能够准确聚类是聚类分析的首要标准，看能否分层次地把各个地区聚在生态条件差异鲜明的不同区域内。

中国昆虫 17 018 个属级阶元的 MSCA 结果如图 2-14。64 个 BGU 的总相似性系数为 0.115，在 0.285 的水平上聚成 9 个大单元群，依次命名为西北区、东北区、华北区、青藏区、江淮区、华中区、西南区、华东区和

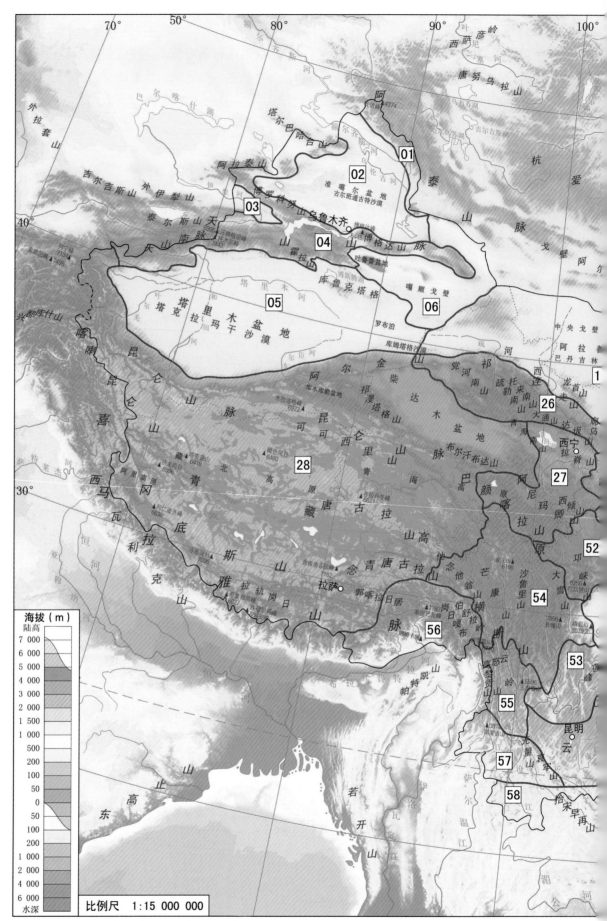

图 2-13　中国昆虫基础地理单元的划分（单元名称见图 2-14）

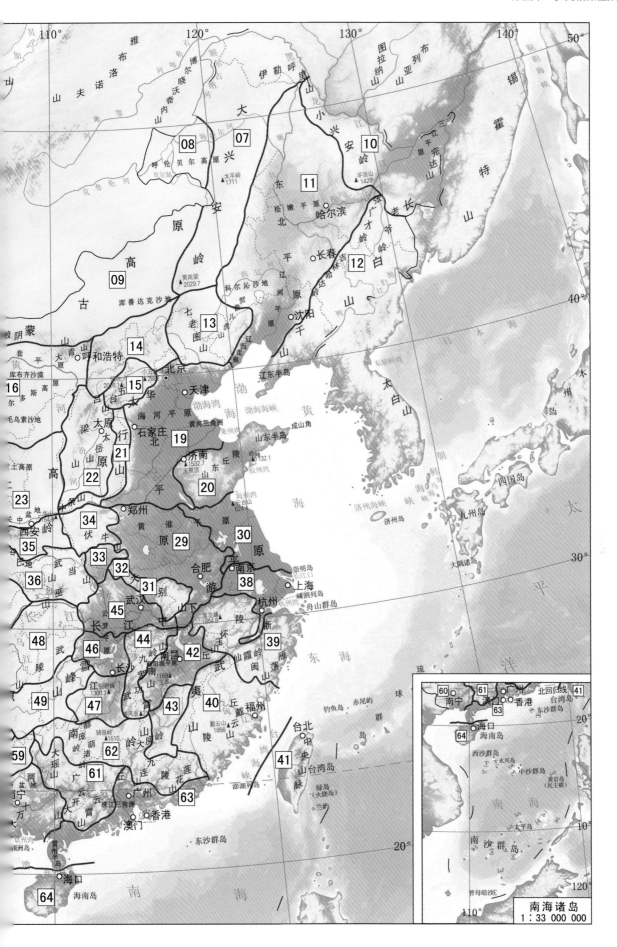

华南区。

在统一使用 Jaccard 公式的前提下，使用单链法、类平均法、Ward 法的结果分别是图 2–15 至图 2–17。

单链法的结果是典型的"爬山式"结构（图 2–15）。上端的几个 BGU 是聚不了类的"噪音"，除下端的 01 ～ 06 号 BGU 聚成西北区外，再也找不到有意义的单元群。

类平均法的结果比单链法有了改进，已由不同层次的单元群形成。"噪音"没有消除完毕，整体结构仍未摆脱爬山式（图 2–16）。按单元相连的原则，可以分辨出 5 个大小不等的单元群，但都不在一个水平线上，而且还有若干个单元聚不了类，属于"噪音"。

Ward 法的结果已没有"噪音"出现（图 2–17），并基本突破爬山式，形成"并列式"。大小单元群的层次分明，已有一些与 MSCA 结果相同或接近相同的群，基本上可以在距离为 1 的水平上，分辨出 9 个单元群，但还有 10 号单元，48 号单元所在的两个群内的组成不都是地理上相邻相连的单元，这有违地理学逻辑。

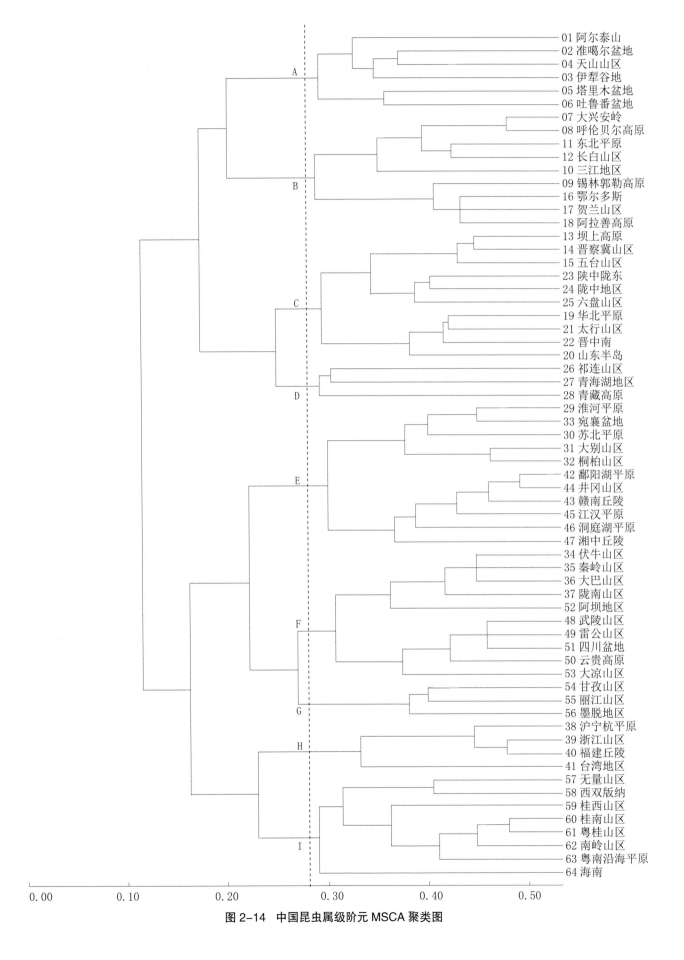

图 2-14　中国昆虫属级阶元 MSCA 聚类图

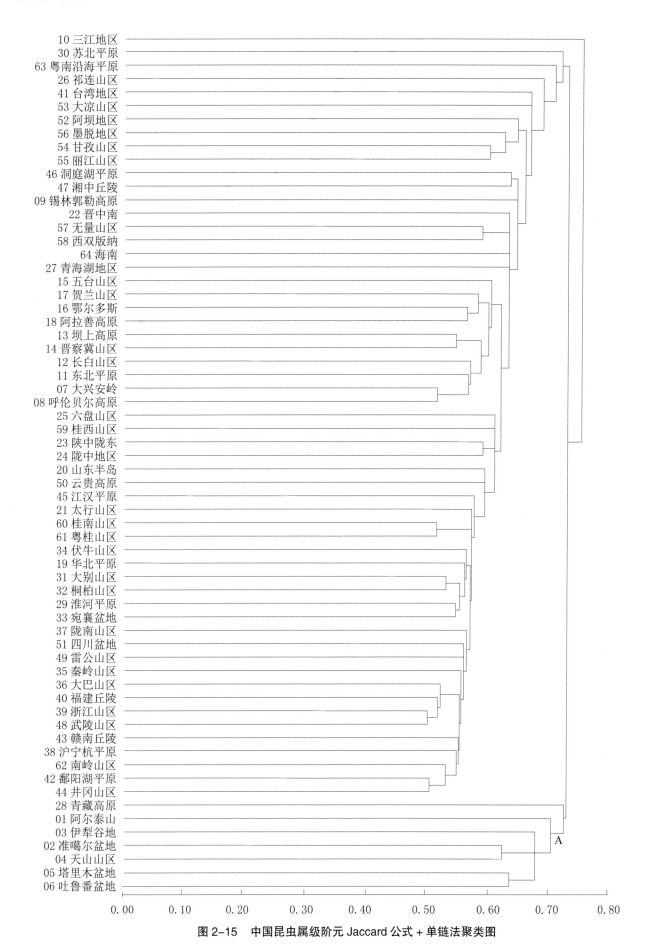

图 2-15 中国昆虫属级阶元 Jaccard 公式 + 单链法聚类图

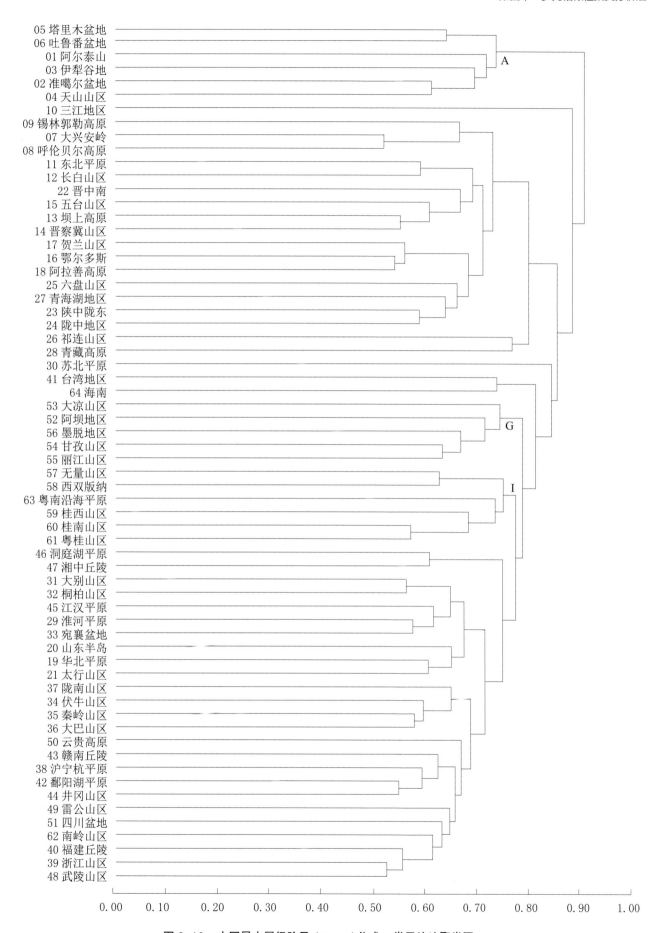

图2-16 中国昆虫属级阶元 Jaccard 公式 + 类平均法聚类图

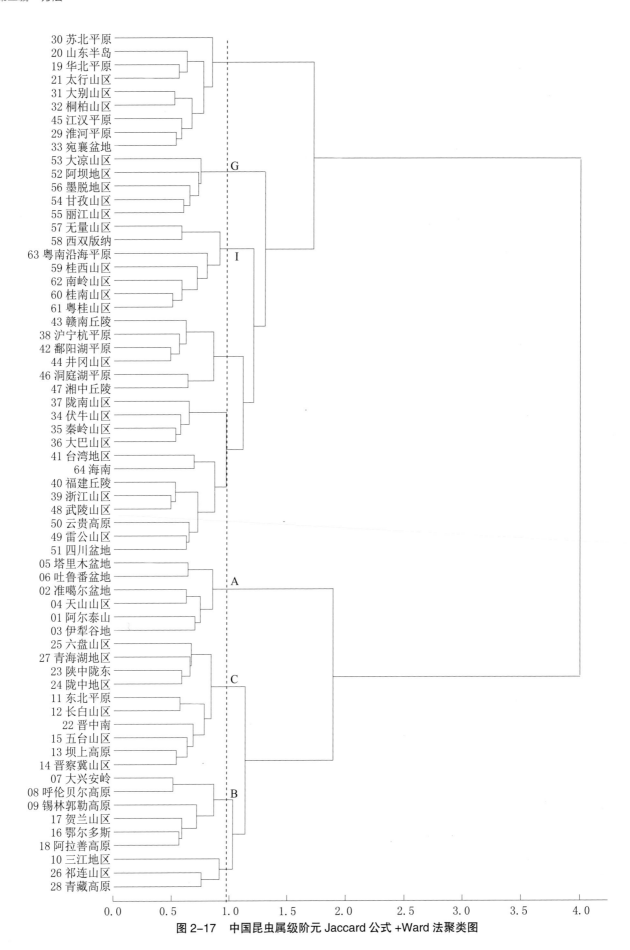

图 2-17 中国昆虫属级阶元 Jaccard 公式 +Ward 法聚类图

二、灵敏性

灵敏性表现在同样的数据中能够挖掘更多信息，这也是衡量分析方法优劣程度的一个重要方面。

中国昆虫 93 661 个种级阶元 MSCA 结果如图 2–18 所示，64 个 BGU 的总相似性系数为 0.039，平均每种分布域为 3.09 个 BGU。在 0.140 的相似性水平上聚为 9 个大单元群，其组成与属级阶元相同；在 0.180 的水平上聚为 20 个小单元群，可以依次定名为西北区的北疆亚区、南疆亚区，东北区的关东亚区、内蒙古亚区，华北区的冀晋鲁亚区、黄土高原亚区，青藏区的青海湖亚区、羌塘亚区，江淮区的黄淮亚区、长江中游亚区，华中区的秦巴亚区、云贵高原亚区，西南区的甘孜亚区、丽江亚区、墨脱亚区，华东区的浙闽亚区、台湾亚区，华南区的滇南亚区、粤桂亚区、海南亚区。

使用 Czekanowski 公式，三种聚类方法的结果是：由于种级阶元比属级分布资料具体、明晰，所以单链法（图 2–19）和类平均法（图 2–20）的结果比上项分析，层次分明了一些，但聚类树的结构没有改观，单元群的形成也没有改善，难以划分地理区。按单元相连的原则，类平均法可以分辨出 12 个大小不等的单元群，但都不在一个水平线上，而且还有一些地理单元属于"噪音"。

Ward 法的结果（图 2–21）比上项有明显改善，不合理的飞地现象已不存在，在距离大约为 1.20 的水平上可以分辨出 7 个大群，但不能够再向下细分，例如，在 1.00 处虽然可以分出 10 个大单元群，但有一个大群的组成单元不是完全相连的，有违地理学逻辑。这 7 个大群从上至下依次是华北区、华中区、西南区、华南区、疆藏区、东北区、内蒙古黄土高原区。与张荣祖先生的 7 个分布区相比，西南、华南、东北基本相同，原华中区让出江汉平原给华北区，华北区让出黄土高原与内蒙古高原组成新区，蒙新区让出内蒙古却与西藏结合一起。仔细衡量生态条件，除新疆、西藏结合有所勉强外，其他都还难以挑剔。

三、稳定性

对稳定性的要求是保障聚类结果不是偶然性的结果，稳定性高的方法更能够揭示内在的客观规律。

我们可以选用多种方式进行分析，以衡量结果的变化程度，如不同分类阶元、不同类群、不同区系成分、不同食性、不同研究领域、多次抽样等。这里我们选择数据库昆虫种类编号尾数为 5 进行 1/10 抽样，抽样昆虫种类为 9 373 种。聚类结果（图 2–22）显示，64 个 BGU 的总相似性系数为 0.039，平均每种分布域为 3.09，与整体结果出奇的相同。在相似性水平为 0.130 时，聚为 9 个大单元群，各群的组成与整体结果也完全相同，在 0.195 时，聚成 20 个小单元群，其组成也与整体结果相同。

对此抽样数据，使用 Szymkiewicz 公式，三种聚类方法的结果是：

单链法结果（图 2–23）及类平均法结果（图 2–24）与上项相比，除单元间的聚类顺序互不相同外，整体结构没有改变，同样难以划分开有意义的分布区。只是按单元相连的原则，类平均法可以分辨出 9 个单元群，但都不在一个水平线上，还有处在边境的 10 号、12 号、57 号、58 号共 4 个单元聚不了类。

Ward 法结果（图 2–25）也表现不俗，在距离为 1.2 时，可以区别开 8 个分布区，各个分布区与上项比较，组成有同有异。但有一个分布区的组成单元间地理上是不连接的。

综合比较 3 个数据库、3 个公式、3 种聚类方法的结果，单链法效果最差，完全是爬山式的聚类结构，基本分辨不出几个有意义的分布区，存在不少聚不了类的"噪音"。类平均法效果中等，比单链法有了改进，但未摆脱爬山式结构；有消除"噪音"的能力，但没有完全清除；能够分辨出具有意义的分布区，但不在一个水平线上。Ward 法较好，已摆脱爬山式结构，已消除"噪音"，已能够在一条水平线上划分分布区，但还有个别分布区存在"飞地"现象，还不能够进行更细层次的划分。

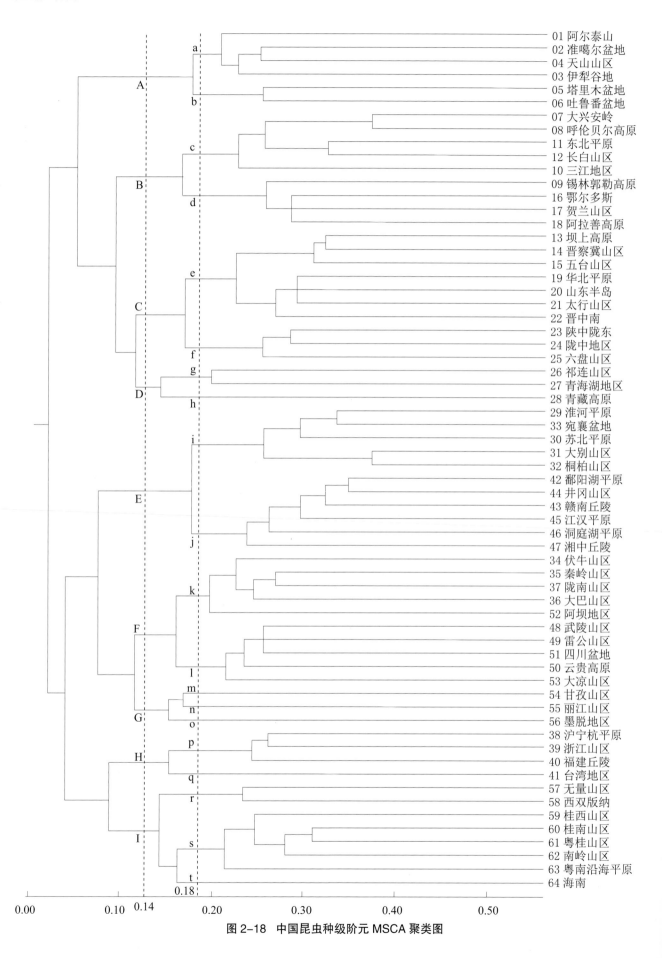

图 2-18 中国昆虫种级阶元 MSCA 聚类图

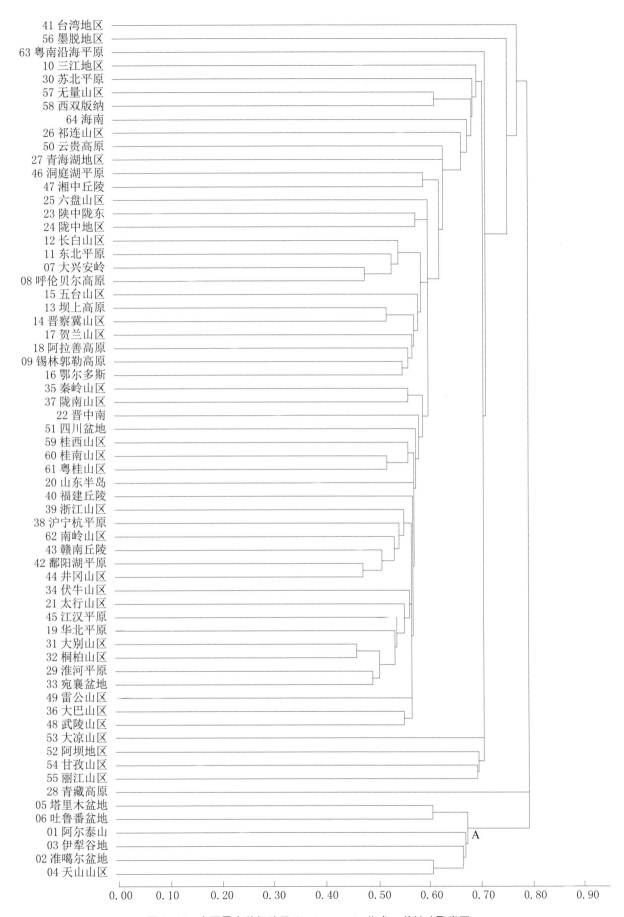

图 2-19 中国昆虫种级阶元 Czekanowski 公式 + 单链法聚类图

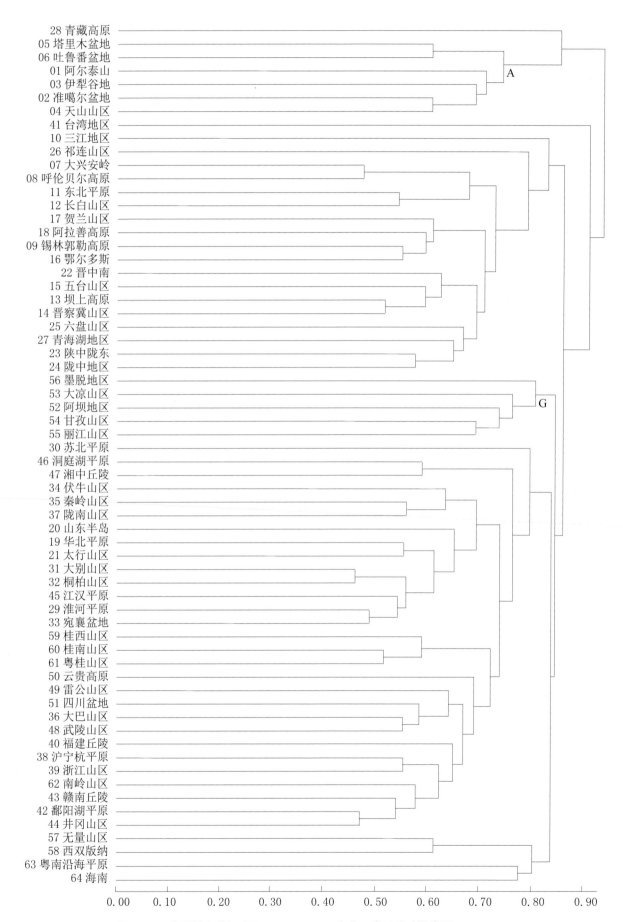

图 2-20　中国昆虫种级阶元 Czekanowski 公式 + 类平均法聚类图

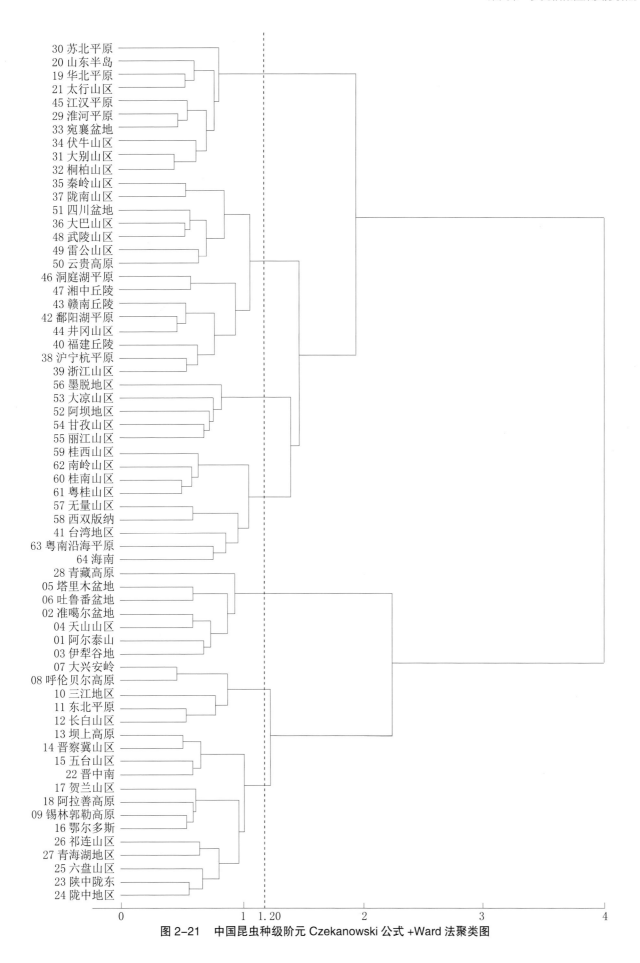

图 2-21　中国昆虫种级阶元 Czekanowski 公式 +Ward 法聚类图

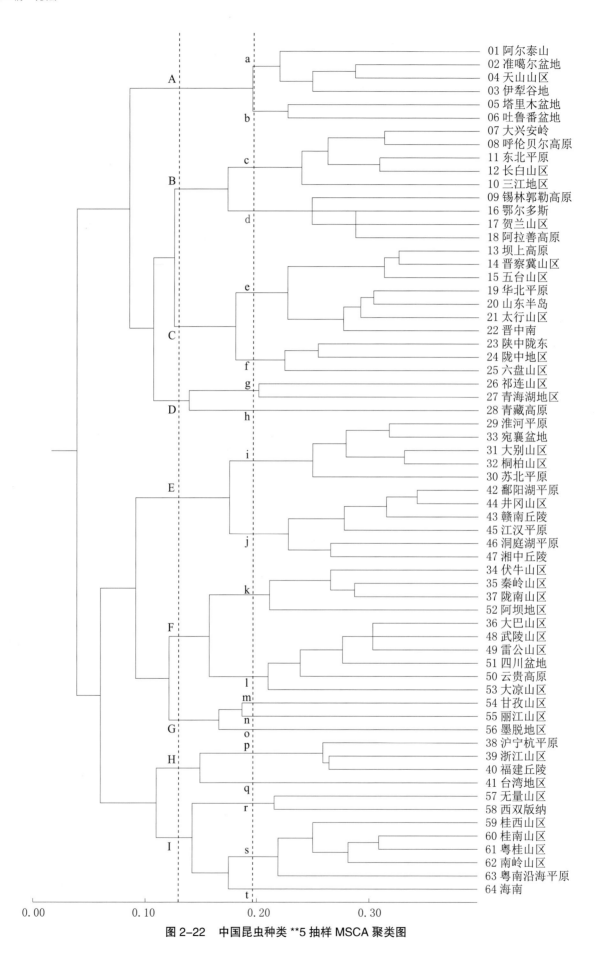

图 2-22　中国昆虫种类 **5 抽样 MSCA 聚类图

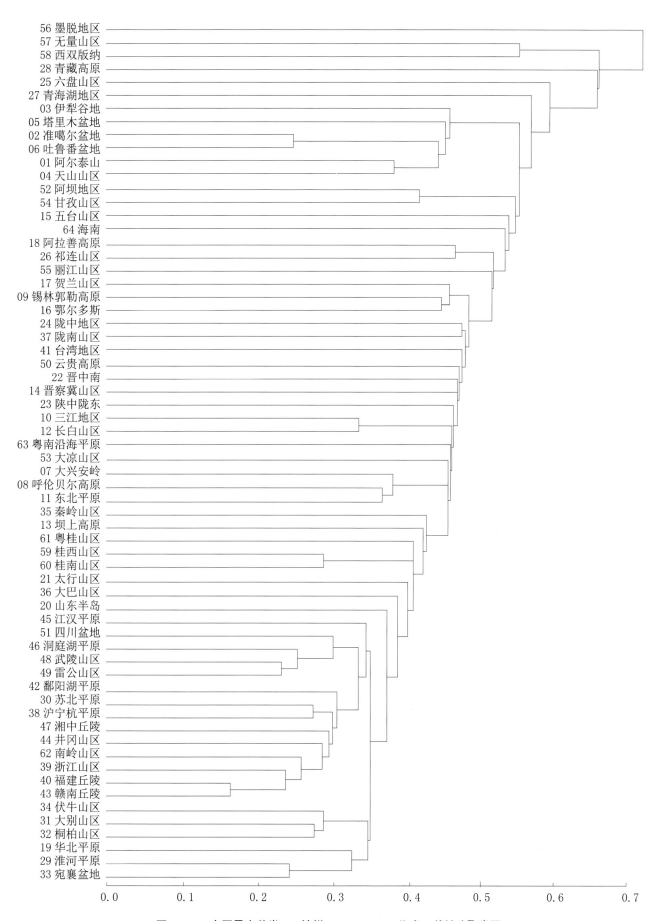

图 2-23　中国昆虫种类 **5 抽样 Szymkiewicz 公式 + 单链法聚类图

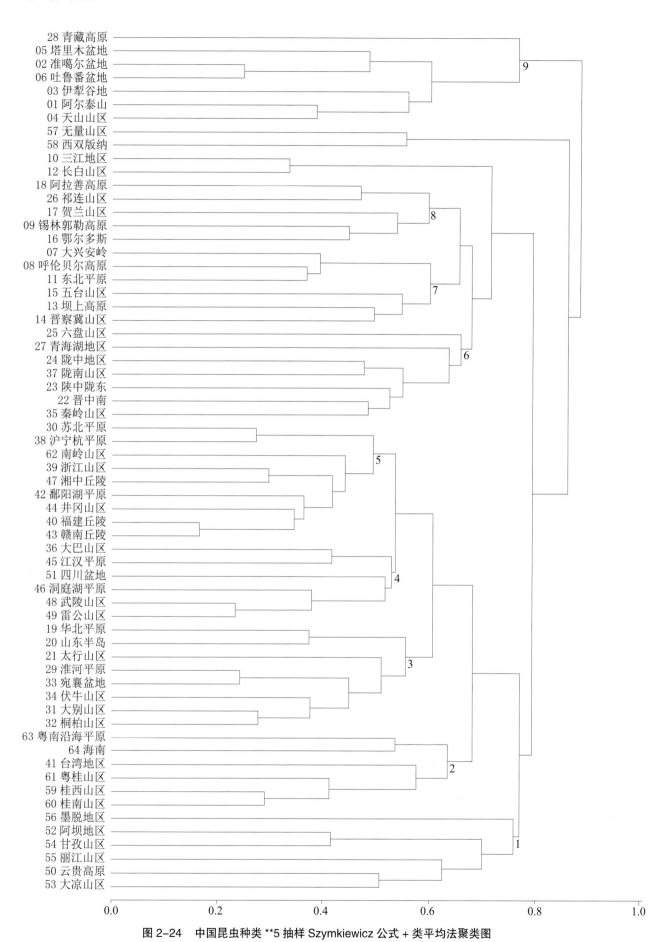

图 2-24　中国昆虫种类 **5 抽样 Szymkiewicz 公式 + 类平均法聚类图

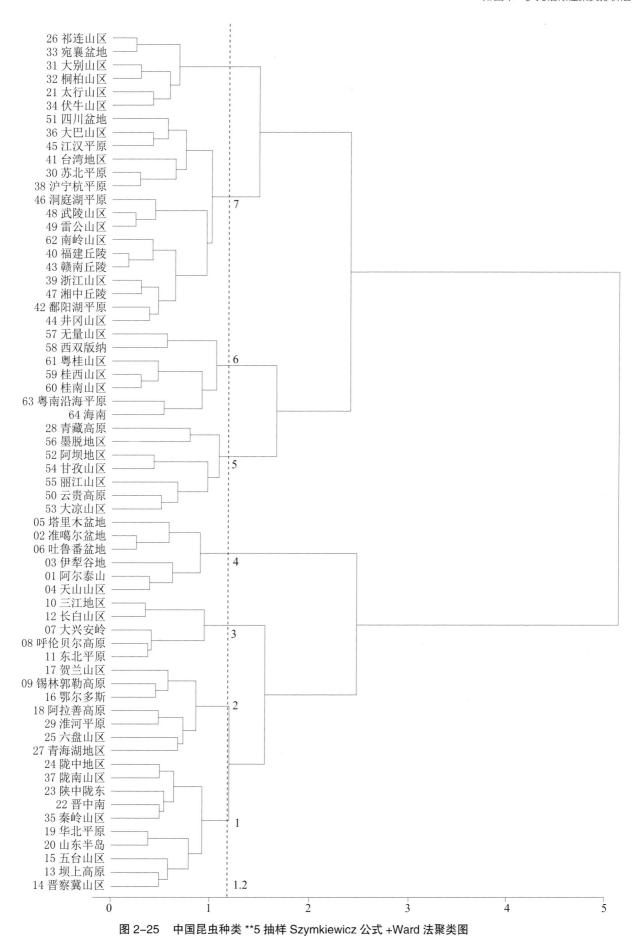

图 2-25　中国昆虫种类 **5 抽样 Szymkiewicz 公式 +Ward 法聚类图

就 3 个公式比较，Jaccard 公式与 Czekanowski 公式的聚类效果基本相同，仅在相似性水平上略有提高。而 Szymkiewicz 公式（即 Simpson 公式）仅在消除"噪音"能力上有所贡献，但对没有"噪音"困惑的 Ward 法，该公式不具备傲人的能力。

所以，这些目前主流的相似性公式及主流的聚类方法无论怎样组合，其结果都与 MSCA 的分析结果相去甚远。

四、便捷性

便捷性似乎不应该是一个问题，因为使用计算软件操作，都是分分秒秒的事，谈不上谁更节省时间。我们对 MSCA 也编有计算程序，运算也相当便捷。但坦率地说，直到目前，我们所有有关 MSCA 的正式运算，还都是使用手工计算。因为：一是同样使用手工计算，MSCA 比其他方法便捷，如中国昆虫属级阶元的聚类（图 2–14），从计算二元相似性系数开始到聚类结束，MSCA 用 1 个工作日，单链法用 4 个工作日，类平均法用 7 个工作日，Ward 法需时更多；二是目前所有计算软件都没有解决聚不了类的"噪音"或聚类不合理的问题，如图 2–14 最上方的 6 个 BGU 以及图 2–10 中的 X_{11} 与 X_4。计算结果都需要进行仔细检查并给予解决，而 MSCA 手工计算不存在检查修正问题，因此，软件计算加上检查时间，就不会比 MSCA 的手工计算少用时间了；三是手工计算过程是一个体验过程，体验聚类过程中的规律，进而了解生物分布特征的过程，如一个单元为什么总是与地理上相邻的单元先行聚类？为什么不同类群的昆虫聚类结果大体一致？个别单元为什么会沦为"噪音"？如此等等，都是在具体计算过程中，逐步发现、明晰并予以解释的。

MSCA 为什么会比其他方法快捷呢？一是聚类过程开始阶段，在建立相似性系数矩阵时，例如，表 2–4，MSCA 法不必把 120 个共有种类数全部列出，更不必把 120 个相似性系数全部计算出来，只需把地理上相邻单元间的共有种类数及相似性系数列出即可，只是 20 ～ 30 个，实在不放心，也可把共有种类数多列出一些，相似性系数可少计算一些，实际有用的只有 3 个，而单链法、类平均法及 Ward 法都必须把表的所有空格全部填满；二是聚类过程中间阶段，当一个由 3 个单元聚成的单元群，要寻找一个新单元作为聚类伙伴时，只需要从相邻单元中寻找，而且直接计算 4 个单元的相似性系数即可，单链法需要先计算合并出来的新单元与其余单元的相似性系数，再挑选聚类伙伴，这个伙伴不一定是地理上相邻的单元，类平均法及 Ward 法在单元群较小时，还不太费时，随着单元群的不断扩大，所需时间越来越多；三是聚类过程最后阶段，例如，图 2–22，MSCA 法直接计算 64 个 BGU 的相似性系数即可，而单链法计算合并到最后的北方、南方两个地区的相似性系数，倒也简单，但时间费在合并时段，类平均法要计算 28 个单元与 36 个单元组成的两大群间共 1 008 个相似性系数的平方、求和、平均、再开方，Ward 法比类平均法更复杂，当然这样复杂的计算过程可由计算机来完成，但最后结果能否被生物学家接受，计算机就无能为力了。

第三节 对聚类结果的检查
Segment 3 The Examination of MSCA Results

当一项多元相似性分析题目完成后，必须对分析结果进行仔细检查，看其是否符合统计学逻辑、地理学逻辑、生态学逻辑、生物学逻辑。统计学逻辑主要检查是否完全按照相似性系数大小进行聚类，是否符合群内相似性程度高，群间相似性程度低的原则；地理学逻辑主要检查聚类的不同层次单元群内，各组成单元是否都相邻相连，有没有"飞地"出现；生态学逻辑主要检查单元群内，生态学环境是否大致相同，有没有共同特征；生物学逻辑主要检查单元群内，区系成分是否基本一致，差异是否过大。四个逻辑之间是互相联系的，"一损俱损""一荣俱荣"的情况很常见。

计算机是严格按数学逻辑执行的，由于在昆虫区系原始调查、地理单元设置、基础数据采集等环节中的不足或欠缺，当计算机程序分析出结果后，出现这种不能同时满足多学科逻辑的现象是不足为奇的。注意审查是否有面积较小、昆虫种类较少的地理单元，会被地理距离很远、相似性系数较高的单元群"吸引"过去，出现违背地理学、生态学逻辑的"飞地"现象。还会有个别单元由于种类显著比其他单元多，也容易被边缘化而使相似性关系出现偏差，必须进行适当调整。

调整的方法主要是考虑将有偏差的单元或单元群的撤并或拆分，防止畸形单元出现。例如，对东洋种类的相似性分析，新疆各单元种类极少，不宜参与其中。

如果采取手工计算分析，会同时考虑多学科的要求，前期较多考虑统计学要求，后期注意地理学和生物学要求，若连同适当调整的时间在内，手工计算并不比程序计算多费时间。当然，前期准备工作做得合理、充分，后期就不会出现麻烦。

第四节 聚类分析中的约束性
Segment 4 The Restriction of Clustering Analysis

作为生物学家，最理想的情况就是我拿来数据，软件拿出我期望的最佳结果，非常简单。这种愿望，完全可以理解，数学界完全有责任实现这种期望。相信 MSCA 已比传统聚类方法前进了一大步，但还需要使生物学家理解，并告知数学家的是聚类条件的约束性（restriction）。

在聚类分析的实际应用中，约束条件是经常遇到的，例如，对地层划分的聚类分析必须遵循从上到下的顺序性，邮政快递路线聚类分析中的河流、山头的障碍问题，军事保障物资供应中的道路节点问题……忽略这种约束条件，往往会影响聚类结果的合理性，令使用者不能够接受。而附加这种约束条件，又是功能强大的计算软件，如 SPSS，所无法实现的。因此，带约束的聚类（restrictive clustering）或称条件系统聚类（conditional hierarchical clustering）是当前带有挑战性的，又非常活跃的研究热点。

其实，附加约束条件所带来的不仅不是"麻烦"，更是一种重要的背景信息，这种先验性的知识能够为聚类分析这一无监督的分析过程给以启发性提示，从而减少搜索过程中的盲目性，提高算法效率和聚类质量，帮助我们获得具有特定性质的期望结果。这是聚类分析从理论走向实用的一个必然过程。

由于一个地理区域的昆虫区系只与邻近地区关系最密切，地理距离愈远，关系愈疏远，这个特征是生物地理的基础，是地理区划的基本逻辑，也是生物学家容易忘记告知数学家的一个基本要求。因此生物地理的聚类分析应是一种带约束的聚类，不是人们想象或期望中的"自由聚类"。因此，如何把"不能有飞地"的要求放进 MSCA 的程序当中，是一个有待时日以解决的问题。

这个问题并不影响 MSCA 的使用，虽然它为软件分析带来限制和麻烦，但为手工计算带来便利，可以节省 90% 的无效劳动时间。即便使用现有软件分析，只要你的分析材料合理充分，"飞地"的现象是很少出现的，即便出现，也很容易调整，不必视为畏途。而单链法"飞地"现象普遍，根本无从调整，类平均法虽然能在很大程度上消除"噪音"，但聚类结果很难为使用者接受也是一个不争的事实。

第三编

各洲

Part Ⅲ Continents

导　言

本编分别介绍了世界7大洲的自然环境条件，汇总了各洲的昆虫区系及其分布信息。对洲内各个基础地理单元之间以及与周边邻近地理单元之间的区系相似性关系进行了分析。

Introduction

In the part, natural environment conditions of 7 continents were introduced. The similarity between basic geographical units (BGU) of every continent and neighboring BGU were analyzed.

第一章 欧洲

Chapter 1 Europe

第一节 自然地理特征
Segment 1 Natural Character

一、地理位置

欧洲位于欧亚大陆的西部，北临北冰洋，西临大西洋，南临地中海。欧洲最东点经度为 71 °E，最西点经度为 28 °W，最南点纬度为 36 °N，最北点纬度为 71°N。除南极洲外，纬度最高。陆地总面积约 1 千万 km^2，其中半岛和岛屿面积约占 1/3，在各大洲中面积仅略大于大洋洲（图 3-1）。

二、地形

欧洲地势低平，平均海拔仅 300 m。平原面积广大，所占比例居各大洲第一。主要山脉有阿尔卑斯山脉和乌拉尔山脉。阿尔卑斯山脉横亘欧洲中南部，主峰勃朗峰海拔 4 810 m。乌拉尔山脉位于欧洲东部，是欧亚两洲的分界。其他还有比利牛斯山脉、喀尔巴阡山脉。根据自然地理特征欧洲分为 5 个大区和 14 个副区：北欧大区（斯堪的纳维亚区、冰岛区），西欧大区（不列颠群岛区、法兰西平原丘陵区、北海低地区），中欧大区（德波平原区、中欧海西山地区、阿尔卑斯区、喀尔巴阡区），南欧大区（伊比利亚半岛区、亚平宁半岛区、巴尔干半岛区）和东欧大区（东欧平原区、乌拉尔山地区）

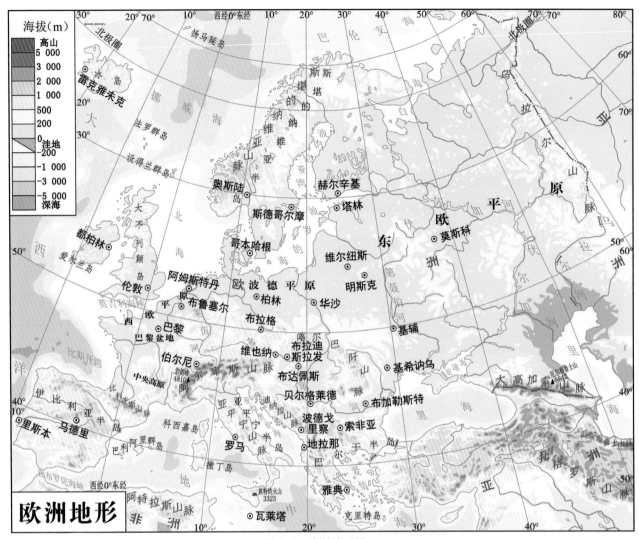

图 3-1　欧洲地形图

三、气候

气候温润是欧洲气候的显著特征，属温带海洋性气候，夏季不热，冬季不冷。7月份平均气温一般在 15 ～ 20 ℃，仅有很少地方超过 25 ℃。北部高纬度地带冬季也在 –15 ℃以上，乌拉尔北部虽然可达 –20 ℃，也比同纬度的亚洲地区温度高。全欧洲降水量年均 800 mm 左右，分布均匀，无明显干湿季之分。仅南部地中海地区冬湿夏干对比强烈，形成典型的地中海气候。

西风带和北大西洋暖流是形成欧洲上述气候特点的原因。欧洲地处西风带，山脉又大多为东西走向，对气团运行阻挡作用很小。因此，大西洋对欧洲湿度的影响和北大西洋暖流对欧洲气温的影响能够抵达大陆深处的乌拉尔西麓。

欧洲气候可分为极地冰原气候区、极地长寒气候区、亚寒带大陆性气候区、温带海洋性气候区、温带大陆性气候区和地中海气候区。

四、河流湖泊

欧洲河流的特点是河网密度大、水量丰富、通航里程长。北部和西部河流注入北冰洋和大西洋，南部河流大多注入地中海、黑海、里海。主要河流有莱茵河、多瑙河、伏尔加河、第聂伯河、顿河等。莱茵河发源于瑞士阿尔卑斯山脉，注入北海，干流全长 1 360 km，流域面积 22.4 万 km²。多瑙河源头与莱茵河相近，东流注入黑海，干流全长 2 860 km，流域面积 81.7 万 km²。伏尔加河发源于东欧平原西部的瓦尔代丘陵，蜿蜒于东欧平原，向南注入里海，干流全长 3 350 km，流域面积 136 万 km²。第聂伯河源头与伏尔加河相近，一直南行注入黑海，干流全长 2 200 km，流域面积 50.4 万 km²。

欧洲湖泊众多，但分布不均匀，以北欧和南欧为多。欧洲湖泊成因多与冰川有关。

五、植物

欧洲的植物在地理区划上属于泛北极界的四个亚界：北极亚界、欧洲—西伯利亚亚界、中亚亚界和地中海亚界。植被则分为 7 个类型：苔原带、针叶林带、针叶—阔叶混交林带、阔叶林带、草原带、荒漠—半荒漠带、硬叶常绿林带。

据本书统计，欧洲的植物（不包括海洋植物和化石植物，下同）有 17 门 40 纲 190 目 613 科 5 636 属（表 3–1），占世界总属数的 32.16%。除南极洲外，在各洲中为最少。

表 3–1　欧洲的植物

类群	门数	纲数	目数	科数	属数
1. 苔藓植物bryophytes	3	7	37	46	587
2. 藻类植物thallophytes	4	23	77	211	809
3. 蕨类植物fern	4	4	14	43	176
4. 裸子植物gymnosperm	4	4	6	14	66
5. 被子植物angiosperm	2	2	56	299	3 998
合计 5	17	40	190	613	5 636

注：不包括各类群的海洋种类和化石种类。

六、动物

欧洲动物区系的主要特点是种类贫乏和乡土性弱，这是冰川作用的结果。第四纪冰川覆盖面积大，原有动物大部分灭绝。冰期过后，外地物种陆续渗入。按照高等动物地理区划，欧洲属于古北界的一部分，大部分地区属于欧洲亚界，南部为地中海亚界。欧洲动物区系分为四种类型：

1. **苔原动物**：主要有驯鹿、雪兔、北极狐、旅鼠、北极鸮、白鸮、柳雪鸟、雷鸟等。

2. **温带森林动物**：针叶林中主要有麋鹿、熊、狐、狼、山猫、獾、鼬鼠、野兔、麝鼠、鹫、野鸭、松鸡等。混交林中主要有野猪、鹿、狐、獾、野羊、小羚羊、土拨鼠等。

3. **草原动物**：主要有黄鼠、跳鼠、草原鸨、灰山鹑等。

4. **亚热带森林动物**：主要有阿尔卑斯山羊、比利牛斯山羊、摩弗伦羊、扁角鹿、无尾猴、蓝鹊、萨丁莺、西班牙雀、兀鹰等。

据本书统计，欧洲的动物（不包括海洋动物和化石动物，也不包括昆虫，下同）有 8 门 33 纲 198 目 1 333 科 5 786 属，占世界总属数的 16.77%。除南极洲外，在各洲中为最少（表 3–2）。

表 3-2　欧洲的动物

门名	纲数	目数	科数	属数
1. 棘头动物门 Acanthocephala	3	4	6	9
2. 环节动物门 Annelida	3	16	108	774
3. 节肢动物门 Arthropoda	8	37	450	1 943
4. 脊索动物门 Chordata	5	54	213	786
5. 软体动物门 Mollusca	7	36	240	1 048
6. 线虫动物门 Nematoda	2	13	71	262
7. 线形动物门 Nematomorpha	1	1	2	3
8. 有爪动物门 Onychophora				
9. 扁形动物门 Platyhelminthes	4	37	243	961
合计 8	33	198	1 333	5 786

注：节肢动物一栏内不包括昆虫纲 Insecta，各类群不包括海洋种类及化石种类。

第二节　昆虫类群
Segment 2　Insect Groups

欧洲面积小，动物、植物类群在各大洲中是最少的，昆虫也具有同样特点。

一、昆虫基础地理单元

为进行定量分析，根据自然条件和生态条件，把世界陆地分为 67 个基础地理单元（basic geographical unit, BGU），并给以全书统一编号。欧洲分为下列 6 个 BGU（图 3-2）。

01 北欧：包括挪威、瑞典、芬兰、丹麦、冰岛以及北部岛屿等。

02 西欧：包括英国、爱尔兰、荷兰、比利时、法国中北部等。

03 中欧：包括德国、波兰、捷克、斯洛伐克、瑞士、奥地利、匈牙利等。

04 南欧：包括葡萄牙、西班牙、法国南部、意大利、斯洛文尼亚、克罗地亚、波黑、马其顿、塞尔维亚、阿尔巴尼亚、希腊、保加利亚、罗马尼亚、亚速尔群岛等。

05 东欧：包括爱沙尼亚、拉脱维亚、立陶宛、白俄罗斯、乌克兰、摩尔多瓦等。

06 俄罗斯欧洲部分：俄罗斯的鄂毕河以西部分。

二、昆虫类群

世界昆虫 31 目中，欧洲缺少蛩蠊目 Grylloblattodea、螳䗛目 Mantophasmatodea、缺翅目 Zoraptera，共有昆虫 28 目 688 科 9 919 属（表 3-3），占世界昆虫科的 56.95%，昆虫属的 9.51%，其中特有科 22 科，占全洲科数的 3.20%，特有属 2 054 属，占全洲属数的 20.71%。无论丰富度或特有性，以 04 号单元南欧最为突出。

表 3-3　欧洲昆虫区系

昆虫目名称	科数	属数	昆虫目名称	科数	属数
1. 石蛃目 Microcoryphia	1	5	17. 食毛目 Mallophaga	5	54

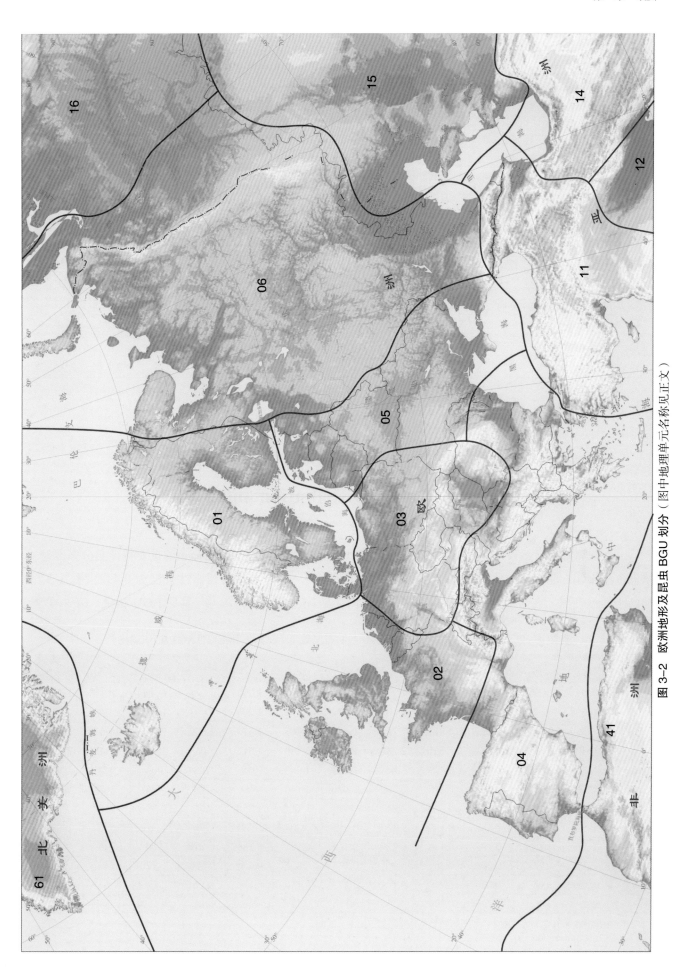

图 3-2　欧洲地形及昆虫 BGU 划分（图中地理单元名称见正文）

（续表3-3）

昆虫目名称	科数	属数	昆虫目名称	科数	属数
2. 衣鱼目 Zygentoma	3	6	18. 虱目 Anoplura	7	12
3. 蜉蝣目 Ephemeroptera	14	42	19. 缨翅目 Thysanoptera	7	110
4. 蜻蜓目 Odonata	15	51	20. 半翅目 Hemiptera	82	1 041
5. 襀翅目 Plecoptera	7	44	21. 广翅目 Megaloptera	1	1
6. 蜚蠊目 Blattodea	5	14	22. 蛇蛉目 Raphidioptera	2	22
7. 等翅目 Isoptera	2	3	23. 脉翅目 Neuroptera	12	67
8. 螳螂目 Mantodea	4	11	24. 鞘翅目 Coleoptera	144	2 645
9. 蛩蠊目 Grylloblattodea			25. 捻翅目 Strepsiptera	7	10
10. 革翅目 Dermaptera	4	13	26. 长翅目 Mecoptera	3	5
11. 直翅目 Orthoptera	20	246	27. 双翅目 Diptera	120	2 059
12. 蟾目 Phasmatodea	4	7	28. 蚤目 Siphonaptera	8	41
13. 螳蟾目 Mantophasmatodea			29. 毛翅目 Trichoptera	22	127
14. 纺足目 Embioptera	1	1	30. 鳞翅目 Lepidoptera	88	1627
15. 缺翅目 Zoraptera			31. 膜翅目 Hymenoptera	74	1 592
16. 蛄目 Psocoptera	26	63	合计	688	9 919

第三节　昆虫分布及 MSCA 分析
Segment 3　Insect Distribution and MSCA

　　由于欧洲各地自然条件差异不大，基础调查又比较详尽，所以欧洲昆虫分布的重要特征是分布普遍。欧洲 6 个 BGU 的平均昆虫类群数量为 4 843 属（表 3-4），它们之间的相似性程度为 0.438（图 3-3），都高于其他各洲。在诸多 MSCA 分析实践中，它们都是首先聚在一起，再与其他 BGU 相聚。表 3-4 是

表 3-4　欧洲昆虫 BGU 与邻近昆虫 BGU 的共有属数（上三角）及相似性系数（下三角）

BGU	01	02	03	04	05	06	11	15	16	41	61	63
01	5 116	4 262	3 988	3 979	1 993	1 484	1 357	1 095	1 034	1 187	2 019	2 037
02	0.618	6 047	4 634	4 668	2 107	1 590	1 685	1 286	1 063	1 555	2 068	2 222
03	0.569	0.635	5 882	4 813	2 225	1 617	1 765	1 310	1 080	1 511	1 947	2 169
04	0.460	0.525	0.561	7 515	2 252	1 658	2 248	1 513	1 060	2 110	1 946	2 315
05	0.356	0.328	0.363	0.291	2 469	1 262	1 083	918	703	902	944	1 130
06	0.262	0.245	0.257	0.210	0.390	2 030	1 130	899	786	906	868	878
11	0.201	0.229	0.248	0.272	0.247	0.290	3 002	1 258	671	1 768	818	986
15	0.171	0.180	0.188	0.180	0.233	0.255	0.304	2 391	796	1 062	696	802
16	0.189	0.167	0.175	0.135	0.224	0.300	0.181	0.268	1 378	560	736	695
41	0.173	0.210	0.207	0.253	0.201	0.224	0.426	0.250	0.150	2 920	740	953
61	0.298	0.270	0.256	0.210	0.181	0.179	0.140	0.130	0.170	0.126	3 677	2 627
63	0.229	0.230	0.227	0.210	0.158	0.126	0.126	0.108	0.107	0.122	0.382	5 830

注：BGU的粗体数字为本洲BGU，非粗体数字为其他洲邻近BGU，下同。

欧洲各个昆虫 BGU 与邻近昆虫 BGU 之间的共有属数及其相似性系数，其中邻近昆虫 BGU 的名称及地理范围请见第二编第二章或本编以后各章。在传统聚类分析中，该表是必不可少的环节，而在 MSCA 分析中，只需要几个大的相似性系数，可以节省 90% 以上的时间。本编中，我们还是全部罗列出来，以供兴趣广泛的读者使用其他算法时参考。

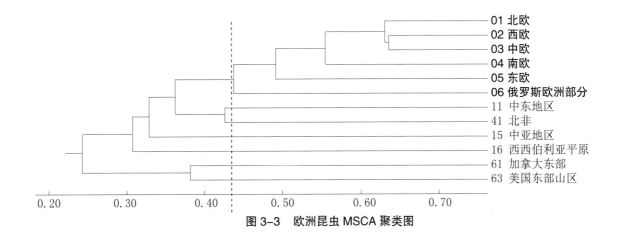

图 3-3　欧洲昆虫 MSCA 聚类图

第二章 亚洲

Chapter 2 Asia

第一节 自然地理特征
Segment 1 Natural Character

一、地理位置

亚洲位于东半球的东北部,是世界最大陆块欧亚大陆的主体部分。亚洲的北、东、南三面环绕有北冰洋、太平洋和印度洋,西南部濒临地中海和黑海,西部以乌拉尔山脉、乌拉尔河、里海、高加索山脉与欧洲为界。亚洲最北点为北地群岛,纬度约81ºN,最南点为罗地岛,纬度约11ºS,最东点为俄罗斯的杰日尼奥夫角,经度约170ºE,最西点为土耳其的巴巴角,经度约26ºW。亚洲总面积4.4千万 km²,约占全球陆地面积的1/3,为世界第一大洲(图3-4)。其中半岛面积为1千万 km²,主要有阿拉伯半岛、印度半岛、中南半岛、小亚细亚半岛、朝鲜半岛等。岛屿面积约270万 km²,马来群岛是世界最大群岛。

亚洲地理环境的特点:一是世界最大的陆地自然综合体;二是地理环境各组成要素具有多样性、极端性、典型性;三是地理环境结构具有纬向地带性、非纬向地带性和垂直地带性的错综复杂性;四是自然资源的丰富性。

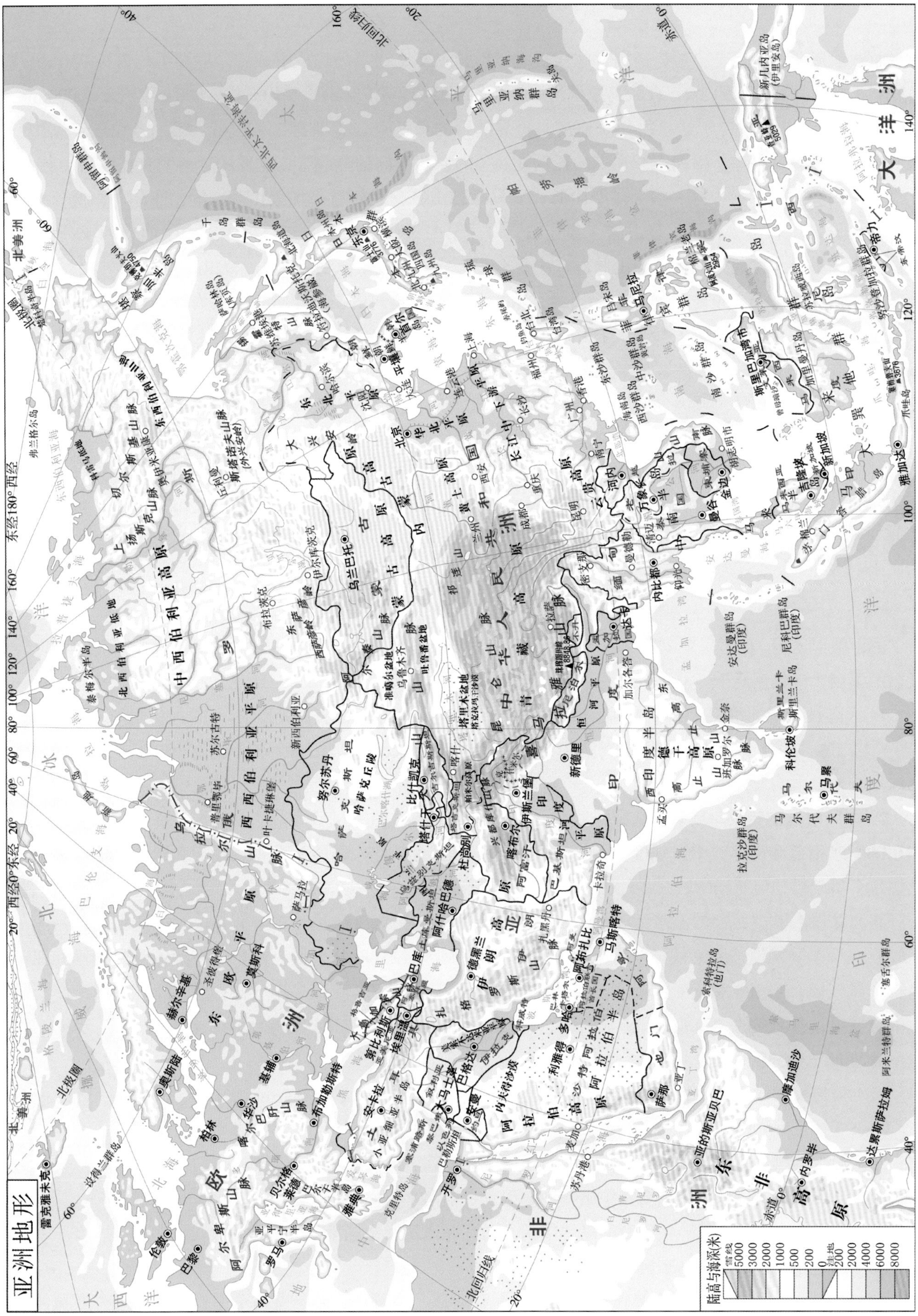

亚洲地形图

图 3-4 亚洲地形图

亚洲地形

雷克雅末克

陆高与海深米
雪线
5000
3000
2000
1000
500
0
0
200
2000
4000
6000
8000
盆地
北回归线

二、地形

亚洲地形总的特征是：地势最高、起伏极端、山脉纵横交错、岛屿成群成带。亚洲平均海拔950 m，高原和山地占全洲面积的3/4，青藏高原平均海拔4 500 m，喜马拉雅山脉平均海拔6 000 m以上，8 000 m以上的高峰有12座。位于约旦的死海地沟是世界陆地的最低点。全洲有3条山带，第一条位于亚洲中西部，为连接青藏高原、伊朗高原和安纳托利亚高原的东西方向的隆起带，主要山脉南侧有托罗斯山脉、扎格罗斯山脉、苏莱曼山脉、喀喇昆仑山脉、喜马拉雅山脉，北侧有高加索山脉、厄尔布尔士山脉、兴都库什山脉、昆仑山脉、阿尔金山脉、祁连山脉等。第二条位于亚洲中东部，为夹持于西伯利亚高原、蒙古高原、塔里木盆地之间的弧形山脉群，主要有萨彦岭、杭爱山、阿尔泰山、天山、阴山、外兴安岭、雅布洛诺夫山等。第三条位于亚洲东部边缘，由东北—西南走向的山脉组成，主要有锡霍特山脉、朱格朱尔山脉、长白山脉、大兴安岭、太行山、巫山、雪峰山等。在亚洲大陆东缘，有一条略呈南北走向的弧形岛屿群，主要有千岛群岛、日本群岛、琉球群岛、菲律宾群岛和马来群岛等。

根据自然地理条件，亚洲分为6大区21副区：北亚区（西西伯利亚平原区、中西伯利亚高原区、俄罗斯远东山地区），中亚区（哈萨克丘陵区、帕米尔高原区、蒙古高原区、新疆高原区、青藏高原区），东亚区（中国东部季风区、朝鲜半岛区、日本群岛区），东南亚区（中南半岛区、东南亚岛屿区），南亚区（印度半岛区、斯里兰卡区），西南亚区（伊朗高原区、阿拉伯半岛区、美索不达米亚平原区、地中海东海岸区、小亚细亚高原区、高加索山地区）。

三、气候

由于疆土辽阔、地形复杂以及濒临大洋，所以亚洲气候的特点是：大陆性气候强烈，季风性气候典型，气候带俱全，气候型复杂。

1. 大陆性气候的特点：冬冷夏热，春秋短促，气温年较差大，降水季节集中。在西伯利亚的东北部，1月平均气温–50 ℃，7月平均气温15.7 ℃，年较差超过65 ℃，极端纪录年较差达到100 ℃以上，成为全球年较差最大的地方。

2. 季风气候的特征：夏季风从海洋吹向陆地，暖热多雨，冬季风从大陆吹向海洋，冷凉干燥。在亚洲东部、东南部和南部，季风强度以及影响范围之广，远为其他大陆所不及，如南、北回归线地区多为亚热带干旱气候，但亚洲的回归线地区仍有湿润的雨季。

亚洲除没有欧洲西部的温带海洋性气候外，世界上其他主要气候类型都有分布。北冰洋岛屿上是冰原气候，沿岸是寒带苔原气候，以南是横贯西伯利亚的亚寒带针叶林气候；在东亚有温带季风气候和亚热带季风气候；东南亚和南亚主要为热带季风气候；马来群岛等是赤道多雨气候；西南亚地中海沿岸为地中海气候；西南亚的大部地区和亚洲大陆内部，分别是热带、亚热带和温带干旱、半干旱气候。

3. 亚洲气候分区：

（1）极地长寒气候区：北冰洋沿岸及岛屿。

（2）亚寒带大陆性气候区：主要是西西伯利亚中北部、东西伯利亚、堪察加半岛等。

（3）温带季风气候区：主要是中国东北、中国华北、朝鲜半岛、日本北半部。

（4）亚热带季风气候区：主要是中国华中地区及日本南半部。

（5）热带季风气候区：包括印度半岛、中南半岛、菲律宾及中国南岭以南地区。

（6）赤道多雨气候区：马来群岛及马来半岛南部。

（7）温带大陆性半干旱气候区：包括西西伯利亚南部、哈萨克丘陵、蒙古草原、中国内蒙古及黄河中游地区。

（8）温带大陆性干旱气候区：包括中亚的图兰平原、中国西北的内陆盆地、内蒙古西部、蒙古东南部。

（9）亚热带干旱半干旱气候区：从阿拉伯半岛到印度大沙漠的广大地区。

（10）热带干旱半干旱气候区：位于阿拉伯半岛南端和伊朗高原的南缘。

（11）亚热带夏干气候区：小亚细亚半岛及地中海沿岸区域。

（12）高山气候区：包括青藏高原、帕米尔高原及各高山地带。

四、河流湖泊

亚洲水资源丰富，径流总量占世界 1/3，水力资源占世界 1/4。在亚洲中部有大约 30% 的面积为内流流域，河流短小，水量不大，注入内陆湖泊，或没入沙漠。如阿姆河、伊犁河、塔里木河等。外流流域注入北冰洋的有鄂毕河、叶尼塞河和勒拿河，注入太平洋的有黑龙江、黄河、长江、珠江、湄公河等，注入印度洋的有印度河、恒河、布拉马普特拉河、萨尔温江、伊洛瓦底江，注入波斯湾的有幼发拉底河和底格里斯河。亚洲湖泊主要有里海、贝加尔湖、咸海、巴尔喀什湖等。

五、植物

亚洲植物种类丰富，分属于泛北极界和古热带界。自然植被可以分为 10 个类型区：寒带苔原区、亚寒带针叶林区、温带针叶阔叶林区、亚热带常绿阔叶林区、热带季风林区、热带雨林区、温带草原区、温带荒漠区、热带亚热带荒漠区和干燥亚热带森林区。

亚洲有植物 17 门 39 纲 192 目 755 科 7 755 属（表 3-5），占世界总属数的 44.25%，在各洲中仅次于北美洲。

表 3-5　亚洲的植物

类群	门数	纲数	目数	科数	属数
1. 苔藓植物 bryophytes	3	7	37	163	962
2. 藻类植物 thallophytes	4	22	74	190	653
3. 蕨类植物 fern	4	4	14	46	268
4. 裸子植物 gymnosperm	4	4	5	13	63
5. 被子植物 angiosperm	2	2	62	343	5 809
合计 5	17	39	192	755	7 755

注：不包括各类群的海洋种类和化石种类。

六、动物

亚洲动物种类多，数量也多，分属于古北界、东洋界、澳洲界的 8 个亚界：地中海亚界、西伯利亚亚界、东亚亚界、印度亚界、斯里兰卡亚界、东南亚亚界、马来西亚亚界、澳马亚界。亚洲北部和欧洲、北美洲联系密切，南部则和大洋洲密切。

亚洲有动物 9 门 33 纲 206 目 1 412 科 7 833 属（表 3-6），占世界总属数的 22.70%，在各洲中仅次于北美洲。

表 3-6 亚洲的动物

门名	纲数	目数	科数	属数
1. 棘头动物门Acanthocephala	3	7	11	21
2. 环节动物门Annelida	2	15	109	741
3. 节肢动物门Arthropoda	8	38	408	2 210
4. 脊索动物门Chordata	5	61	312	2 213
5. 软体动物门Mollusca	7	35	240	1 434
6. 线虫动物门Nematoda	2	9	58	109
7. 线形动物门Nematomorpha	1	1	1	2
8. 有爪动物门Onychophora	1	1	1	2
9. 扁形动物门Platyhelminthes	4	39	272	1 101
合计 9	33	206	1 412	7 833

注：节肢动物一栏内不包括昆虫纲Insecta，各类群不包括海洋种类及化石种类。

第二节 昆虫类群
Segment 2 Insect Groups

亚洲地理跨度大，自然条件的复杂性、极致性极为突出，昆虫更比动物和植物种类丰富。

一、昆虫基础地理单元

按照自然地理及生态条件，将亚洲分成 25 个基础地理单元，并给以统一编号（图 3–5）：

11. 中东地区：包括塞浦路斯、以色列、约旦、黎巴嫩、巴勒斯坦、叙利亚、土耳其、亚美尼亚、阿塞拜疆、格鲁吉亚。

12. 阿拉伯沙漠：包括沙特阿拉伯、伊拉克、科威特、阿拉伯联合酋长国、卡塔尔、巴林。

13. 阿拉伯半岛南端：包括也门、阿曼、索科特拉岛。

14. 伊朗高原：包括伊朗、阿富汗、巴基斯坦。

15. 中亚地区：包括哈萨克斯坦、土库曼斯坦、乌兹别克斯坦。

16. 西西伯利亚平原：俄罗斯鄂毕河以东、叶尼塞河以西的平原地区。

17. 东西伯利亚高原：俄罗斯叶尼塞河以东的高原、山地。

18. 乌苏里地区：俄罗斯东南部的乌苏里地区及萨哈林岛。

19. 蒙古高原：蒙古全境。

20. 帕米尔高原：包括吉尔吉斯斯坦、塔吉克斯坦、克什米尔地区、中国新疆喀什地区。

21. 中国东北：包括中国的黑龙江、吉林、辽宁、内蒙古、宁夏中北部、甘肃西北部。

22. 中国西北：中国新疆的昆仑山以北的沙漠、山地。

23. 中国青藏高原：包括中国新疆的昆仑山区、青海、西藏（除去东南部）。

24. 中国西南：包括中国四川西部、云南西北部、西藏东部与东南部。

25. 中国南部：包括云南南部、广西、广东、海南、香港。

26. 中国中东部：包括中国河北、北京、天津、山东、山西、陕西、宁夏南部、甘肃中南部、河南、安徽、

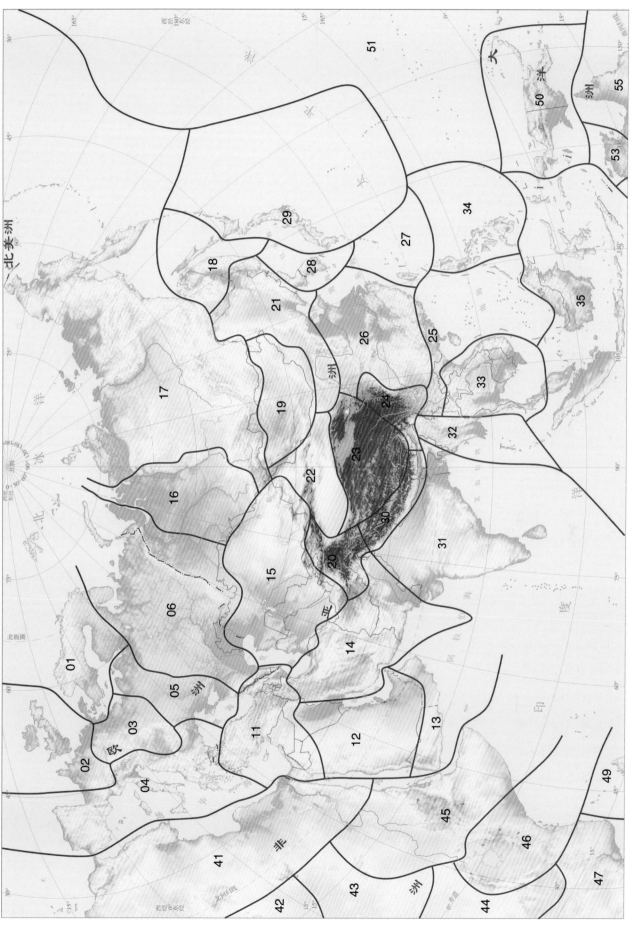

图 3-5 亚洲昆虫 BGU 的划分（图中地理单元名称见正文）

江苏、上海、湖北、湖南、四川中东部、重庆、云南中部与东北部、贵州、江西、浙江、福建。

27. 中国台湾：中国台湾及周边岛屿。

28. 朝鲜半岛：包括朝鲜、韩国。

29. 日本：日本全境。

30. 喜马拉雅地区：包括尼泊尔、不丹及印度北部（喜马偕尔邦、旁遮普邦、阿萨姆邦、锡金邦）。

31. 印度半岛：包括印度中南部、孟加拉国、斯里兰卡、马尔代夫。

32. 缅甸地区：包括缅甸及印度的安达曼群岛、尼科巴群岛。

33. 中南半岛：包括越南、老挝、柬埔寨、泰国（除去马来半岛部分）。

34. 菲律宾：菲律宾群岛。

35. 印度尼西亚地区：包括马来西亚、新加坡、文莱、东帝汶、印度尼西亚（除去新几内亚岛上的领土）。

二、昆虫类群

除没有螳䗛目 Mantophasmatodea 的分布外，共有 30 目 811 科 24 087 属（表 3–7）。科数占世界的 67.14%，属数占世界的 23.08%，居各洲之冠。其中特有科 43 科，占全洲科数的 5.30%，特有属 12 715 属，占全洲属数的 52.79%，丰富度最高，特有性中等。

表 3–7　亚洲的昆虫区系

昆虫目名称	科数	属数	昆虫目名称	科数	属数
1. 石蛃目 Microcoryphia	1	9	17. 食毛目 Mallophaga	6	132
2. 衣鱼目 Zygentoma	3	14	18. 虱目 Anoplura	10	24
3. 蜉蝣目 Ephemeroptera	15	70	19. 缨翅目 Thysanoptera	8	393
4. 蜻蜓目 Odonata	24	227	20. 半翅目 Hemiptera	110	3 085
5. 襀翅目 Plecoptera	11	128	21. 广翅目 Megaloptera	2	13
6. 蜚蠊目 Blattodea	7	148	22. 蛇蛉目 Raphidioptera	2	16
7. 等翅目 Isoptera	6	89	23. 脉翅目 Neuroptera	16	245
8. 螳螂目 Mantodea	12	70	24. 鞘翅目 Coleoptera	150	7 318
9. 蛩蠊目 Grylloblattodea	1	4	25. 捻翅目 Strepsiptera	8	27
10. 革翅目 Dermaptera	10	68	26. 长翅目 Mecoptera	4	8
11. 直翅目 Orthoptera	37	1 568	27. 双翅目 Diptera	108	2 673
12. 䗛目 Phasmatodea	8	213	28. 蚤目 Siphonaptera	13	90
13. 螳䗛目 Mantophasmatodea			29. 毛翅目 Trichoptera	30	258
14. 纺足目 Embioptera	6	16	30. 鳞翅目 Lepidoptera	92	4 869
15. 缺翅目 Zoraptera	1	1	31. 膜翅目 Hymenoptera	80	2 055
16. 啮目 Psocoptera	30	256	合计	811	24 087

第三节　昆虫分布及 MSCA 分析
Segment 3　Insect Distribution and MSCA

亚洲昆虫分布的特点有四：

一、不均衡性

由于自然条件的多样性与极致性。昆虫分布不像欧洲那样均匀。全世界昆虫丰富度最高、最低的单元都在亚洲（表 3-8）。

表 3-8　亚洲及邻近地区各 BGU 的昆虫属数

亚洲昆虫BGU	属数	邻近地区昆虫BGU	属数
11. 中东地区	3 002	04. 南欧	7 515
12. 阿拉伯沙漠	956	06. 俄罗斯欧洲部分	2 030
13. 阿拉伯半岛南端	956	41. 北非	2 920
14. 伊朗高原	2 508	45. 东北非	1 559
15. 中亚地区	2 391	46. 东非	3 796
16. 西西伯利亚平原	1 378	62. 加拿大西部	4 328
17. 东西伯利亚高原	3 920	66. 美国西部山地	6 238
18. 乌苏里地区	2 535	50. 新几内亚	3 379
19. 蒙古高原	1 164	52. 西澳大利亚	2 825
20. 帕米尔高原	1 142	53. 北澳大利亚	2 009
21. 中国东北	3 923		
22. 中国西北	1 827		
23. 中国青藏高原	2 223		
24. 中国西南	5 340		
25. 中国南部	7 058		
26. 中国中东部	9 567		
27. 中国台湾	7 477		
28. 朝鲜半岛	1 404		
29. 日本	5 213		
30. 喜马拉雅地区	2 379		
31. 印度半岛	4 911		
32. 缅甸	3 179		
33. 中南半岛	5 256		
34. 菲律宾	2 817		
35. 印度尼西亚地区	6 168		

二、多极性

中亚和西亚形成干旱沙漠型昆虫区，北亚形成寒带、寒温带昆虫区，东亚形成温带季风型昆虫区，是世界重要发生与分化中心之一，南亚与东南亚形成热带、热带雨林昆虫区。

三、过渡性

由于亚洲与欧洲都有陆地的连接，与北美洲、非洲、大洋洲距离很近，昆虫的交流扩散比其他洲间突出，与周边 BGU 的关系超过洲内的关系。

四、独立性

亚洲昆虫以显著高于其他洲的特有属为标志，形成两个以 26 号单元及 35 号单元为核心的分布区。

亚洲昆虫 BGU 较多，不能罗列全部的共有类群及其相似性系数，只能显示各个昆虫 BGU 的昆虫属数（表 3–8）。

亚洲各个昆虫 BGU 与邻近地区的聚类关系（图 3–6）显示，亚洲不像欧洲那样关系密切，而是明显分作几个大单元群，中亚及西亚几个昆虫 BGU 与南欧、北非聚在一起；北亚 4 个昆虫 BGU 与欧洲的 06 号单元、北美的 61 号、62 号单元聚在一起；东亚 8 个昆虫 BGU 没有与洲外发生联系；南亚、东南亚 6 个昆虫 BGU 与大洋洲北部的昆虫 BGU 聚在一起。

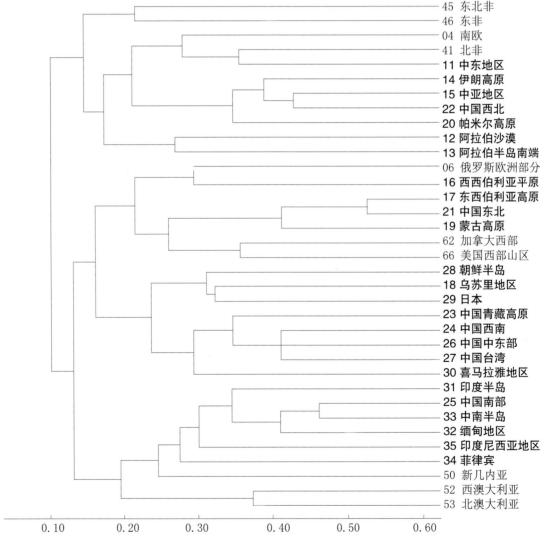

图 3–6　亚洲昆虫聚类图

第三章 非洲

Chapter 3 Africa

第一节 自然地理特征
Segment 1 Natural Character

一、地理位置

非洲位于欧洲南方，亚洲西南方，东临印度洋，西临大西洋，北隔地中海与欧洲相望，东北以苏伊士运河和红海与亚洲相邻（图 3–7）。最北点纬度约 37ºN，最南点纬度约 35ºS，最东点是马斯克林群岛，经度约 55ºE，最西点是佛得角群岛，经度约 25ºW。赤道及南、北回归线均横贯非洲大陆。非洲总面积约 3 千万 km²，占世界陆地面积的 20.2%，为世界第二大洲。

二、地形

非洲地形的特征，其一是高原占绝对优势，平原及山地很少，全洲平均海拔 650 m，仅次于亚洲，但高原面积之大，冠于各洲；其二是断裂地形广泛发育，尤其是东非大裂谷带纵贯东部。全洲地形分为：阿特拉斯山区，北非高原，几内亚高原，刚果盆地，埃塞俄比亚高原，东非高原，南非高原和马达加斯加。

三、气候

非洲气候的特征是干燥、暖热、气候带南北对称，全洲大致分为：赤道热带多雨气候区，热带干湿季气候区，热带干燥气候区，地中海气候区，热带高原气候区，亚热带湿润气候区，亚热带半干燥气候区。

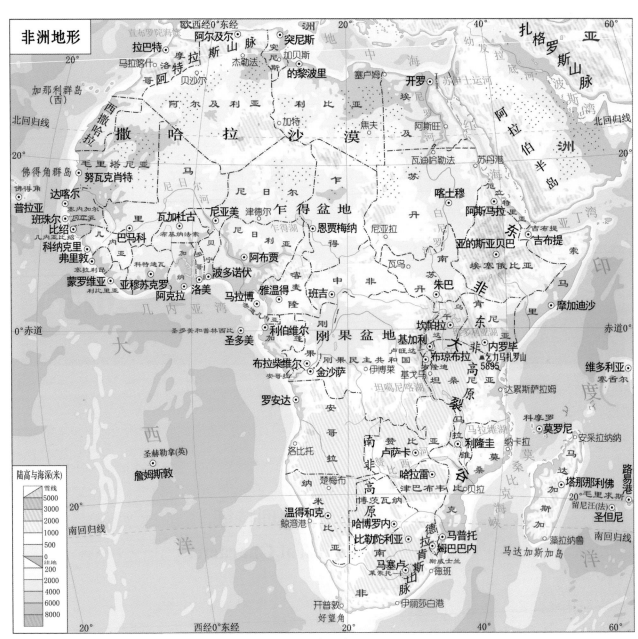

图 3-7　非洲地形图

四、河流湖泊

非洲内流区域面积占 31%，外流区域面积占 69%。主要河流有：尼罗河发源于东非高原，一路向北注入地中海，全长 6 600 km，流域面积 280 万 km²；刚果河发源于东非高原，向西注入大西洋，全长 4 370 km，流域面积 369 万 km²；尼日尔河发源于几内亚高原，向东北流经大沙漠边缘折向东南，在尼日利亚境内注入几内亚湾，全长 4 160 km，流域面积 209 万 km²；源自安哥拉的赞比西河向东注入印度洋，全长 2 660 km，流域面积 133 万 km²。

非洲的湖泊主要分布在东非，主要有维多利亚湖，面积 6.9 万 km²，为非洲第一、世界第二大淡水湖；坦噶尼喀湖，面积 3.29 万 km²；马拉维湖，面积 3.08 万 km²。

五、植物

非洲植物分属于泛北极界、古热带界和开普界。撒哈拉沙漠以北地区属于泛北极界，这里的植物和南欧及西南亚有着密切的联系。非洲的南端，奥兰治河以南地区，苏联植物学家塔赫他间（Takhtajan）于1978年设立为开普界，因为这里有3 000种以上的特有种类植物，但这个只有几十万平方千米的地块能否独立为全世界六大界之一，实难令人信服，2001年，英国学者考克斯（C. Barry Cox）已建议将其撤销，同时把古热带界分为非洲界和印度—太平洋界。非洲的植被分为：赤道热带雨林区、热带落叶阔叶林区、热带稀树草原区、热带亚热带荒漠半荒漠植被区、亚热带常绿硬叶林区、山地植被区。

非洲有植物17门34纲176目673科7 016属，占世界总属数的40.03%（表3–9）。

表3–9　非洲的植物

类群	门数	纲数	目数	科数	属数
1. 苔藓植物bryophytes	3	6	32	133	660
2. 藻类植物thallophytes	4	18	64	148	511
3. 蕨类植物fern	4	4	14	42	201
4. 裸子植物gymnosperm	4	4	6	12	42
5. 被子植物angiosperm	2	2	60	338	5 602
合计5	17	34	176	673	7 016

注：不包括各类群的海洋种类和化石种类。

六、动物

非洲动物区划分属于古北界和非洲界。最近有人提议将马达加斯加独立设为一级区划单位，尚未得到一致认可。非洲动物区系可分为：赤道热带森林动物、热带草原动物、热带荒漠动物、亚热带森林动物、马达加斯加动物。

非洲有动物9门31纲203目1 181科5 727属，占世界总属数的16.60%（表3–10）

表3–10　非洲的动物

门名	纲数	目数	科数	属数
1. 棘头动物门Acanthocephala	4	8	10	11
2. 环节动物门Annelida	2	15	92	621
3. 节肢动物门Arthropoda	6	40	337	1 601
4. 脊索动物门Chordata	5	57	271	1 735
5. 软体动物门Mollusca	6	36	223	1 044
6. 线虫动物门Nematoda	2	11	40	69
7. 线形动物门Nematomorpha	1	1	2	3
8. 有爪动物门Onychophora	1	1	2	3
9. 扁形动物门Platyhelminthes	4	34	204	640
合计9	31	203	1 181	5 727

注：节肢动物一栏内不包括昆虫纲Insecta，各类群不包括海洋种类及化石种类。

第二节　昆虫类群
Segment 2　Insect Groups

一、昆虫基础地理单元

根据自然地理条件及生态条件，将非洲分为下列 9 个基础地理单元（图 3–8）。

41. 北非：包括埃及、利比亚、突尼斯、阿尔及利亚、摩洛哥、加纳利群岛、马德拉群岛等。

42. 西非：包括西撒哈拉、毛里塔尼亚、马里、冈比亚、塞内加尔、几内亚比绍、几内亚、佛得角、塞拉利昂、利比里亚、科拉迪瓦、布基纳法索、加纳、多哥、贝宁、尼日尔、尼日利亚。

43. 中非：包括喀麦隆、中非、乍得。

44. 刚果河流域：包括扎伊尔、刚果、加蓬、赤道几内亚、圣多美和普林西比。

45. 东北非：包括苏丹、南苏丹、埃塞俄比亚、索马里、吉布提、厄立特里亚。

46. 东非：包括布隆迪、肯尼亚、卢旺达、坦桑尼亚、乌干达。

47. 中南非：包括安哥拉、纳米比亚、博茨瓦纳、津巴布韦、赞比亚、莫桑比克、马拉维、圣赫勒拿岛、阿森松岛。

48. 南非：包括南非、莱索托、斯威士兰。

49. 马达加斯加地区：包括马达加斯加、毛里求斯、塞舌尔、科摩罗、留尼汪岛。

二、昆虫类群

非洲没有蛩蠊目 Blattodea 的分布，共有昆虫 30 目 654 科 12 284 属（表 3–11），科数占世界科的 54.14%，属数占世界的 11.77%。丰富度在各洲中偏低，特有性偏高，螳螂目是非洲的特有目，全洲共有特有科 29 科，占全洲科数的 4.43%，有特有属 6 530 属，占全洲的 53.16%。

表 3–11　非洲昆虫区系

昆虫目名称	科数	属数	昆虫目名称	科数	属数
1. 石蛃目 Microcoryphia	1	1	17. 食毛目 Mallophaga	5	22
2. 衣鱼目 Zygentoma	1	1	18. 虱目 Anoplura	12	25
3. 蜉蝣目 Ephemeroptera	14	60	19. 缨翅目 Thysanoptera	8	226
4. 蜻蜓目 Odonata	16	106	20. 半翅目 Hemiptera	80	1 121
5. 襀翅目 Plecoptera	8	38	21. 广翅目 Megaloptera	2	8
6. 蜚蠊目 Blattodea	5	150	22. 蛇蛉目 Raphidioptera	2	4
7. 等翅目 Isoptera	5	123	23. 脉翅目 Neuroptera	14	243
8. 螳螂目 Mantodea	12	54	24. 鞘翅目 Coleoptera	114	3 870
9. 蛩蠊目 Grylloblattodea	0	0	25. 捻翅目 Strepsiptera	7	20
10. 革翅目 Dermaptera	9	16	26. 长翅目 Mecoptera	1	2
11. 直翅目 Orthoptera	40	1 289	27. 双翅目 Diptera	92	1 226

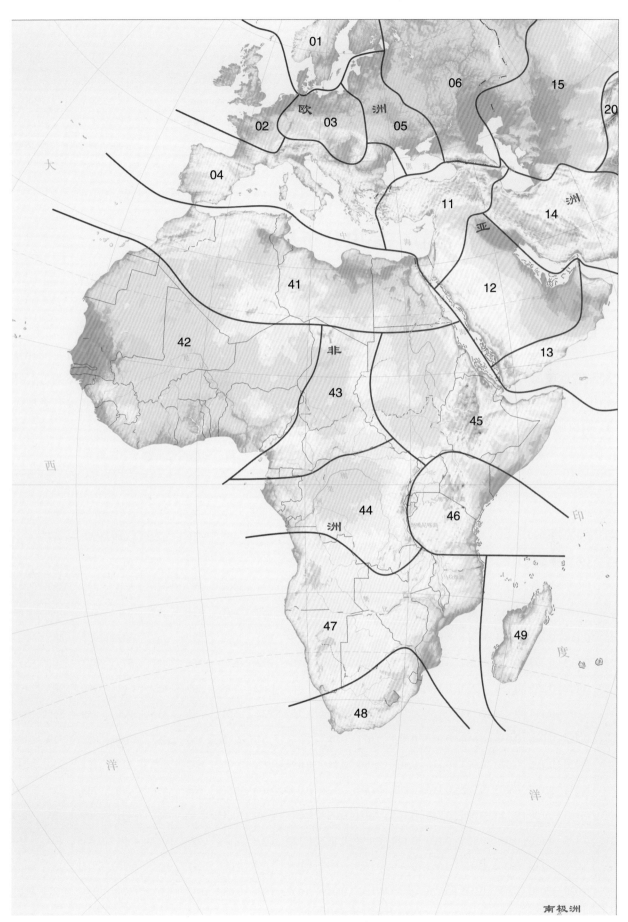

图 3-8 非洲昆虫 BGU 的划分

（续表3-11）

昆虫目名称	科数	属数	昆虫目名称	科数	属数
12. 䗛目Phasmatodea	7	56	28. 蚤目Siphonaptera	11	43
13. 螳䗛目Mantophasmatodea	1	13	29. 毛翅目Trichoptera	26	103
14. 纺足目Embioptera	3	12	30. 鳞翅目Lepidoptera	58	2 340
15. 缺翅目Zoraptera	1	1	31. 膜翅目Hymenoptera	71	977
16. 啮目Psocoptera	28	134	合计	654	12 284

第三节　昆虫分布及 MSCA 分析
Segment 3　Insect Distribution and MSCA

非洲昆虫分布的特点：一是多样性偏低，每单元平均属数不足 3 000 属（表 3–12），居各洲之末；二是独立性强，与外界交流少。非洲是一个相对独立的大陆，仅东北角隔着苏伊士运河和红海与亚洲相望，北部隔着地中海与欧洲相望，使得除北非与欧洲密切相关外，其余地区均相互聚在一起（图 3–9），与隔洋相望的亚洲、南美洲联系微弱。特别是 49 号单元马达加斯加，特有属数仅次于 68 号单元中美地区，特有属比例仅次于 59 号单元新西兰。

表 3–12　非洲昆虫 BGU 及邻近昆虫 BGU 的共有类群（上三角）和相似性系数（下三角）

BGU	41	42	43	44	45	46	47	48	49	04	11	12	13	31	35	74	75
41	2 920	686	379	525	547	708	629	805	539	2 110	1 768	595	484	870	617	264	263
42	0.129	3 090	1 402	1 672	970	1 568	1 469	1 362	943	653	585	416	459	1 080	940	347	293
42	0.085	0.389	1 915	1 292	705	1032	938	826	600	315	322	272	308	613	528	188	141
44	0.098	0.381	0.359	2 976	813	1 607	1 392	1 258	815	534	462	299	346	874	811	297	241
45	0.139	0.264	0.255	0.218	1 559	1 025	856	872	517	450	481	416	445	638	476	158	161
46	0.118	0.295	0.221	0.311	0.237	3 796	1 743	1 732	1 032	883	658	399	457	1 093	952	345	323
47	0.112	0.297	0.218	0.284	0.213	0.324	3 324	2 219	916	722	571	366	421	974	827	301	312
48	0.127	0.229	0.156	0.212	0.178	0.276	0.417	4 210	1 011	1043	745	597	459	1 126	936	383	400
49	0.097	0.178	0.134	0.153	0.123	0.174	0.165	0.159	3 159	731	501	280	315	900	839	365	324
04	0.253	0.066	0.035	0.054	0.052	0.085	0.071	0.098	0.074	7 515	2 248	561	487	1 063	852	399	498
11	0.426	0.106	0.070	0.084	0.118	0.107	0.099	0.115	0.089	0.272	3 002	602	502	812	571	236	247
12	0.181	0.115	0.105	0.082	0.196	0.092	0.094	0.131	0.073	0.071	0.179	956	498	430	288	126	109
13	0.143	0.128	0.120	0.096	0.215	0.106	0.109	0.083	0.061	0.145	0.352	956	431	309	126	109
31	0.125	0.156	0.099	0.125	0.109	0.144	0.134	0.153	0.126	0.094	0.114	0.079	0.079	4 911	2 445	404	354
35	0.073	0.113	0.070	0.097	0.062	0.106	0.095	0.099	0.099	0.066	0.066	0.042	0.045	0.283	6 168	466	407
74	0.038	0.050	0.032	0.043	0.028	0.045	0.042	0.048	0.052	0.035	0.034	0.025	0.025	0.046	0.047	4 220	2 104
75	0.037	0.040	0.022	0.033	0.027	0.041	0.042	0.048	0.044	0.043	0.034	0.020	0.020	0.039	0.040	0.318	4 502

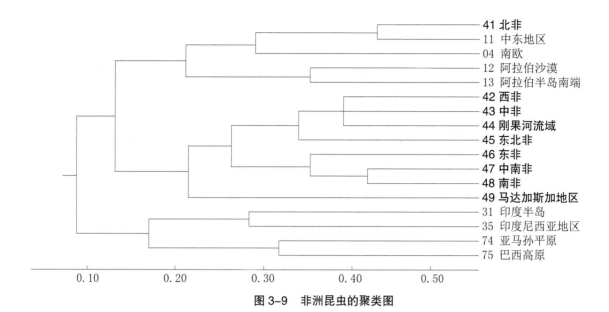

图 3-9　非洲昆虫的聚类图

第四章　大洋洲

Chapter 4　Oceania

第一节　自然地理特征
Segment 1　Natural Character

一、地理位置

大洋洲位于太平洋的中南部，由澳大利亚、新西兰、新几内亚岛三大块陆地及美拉尼西亚、密克罗尼西亚、波利尼西亚三大岛群组成（图3-10）。最东点经度约130°W，最西点经度约113°E，最南点纬度约50°S，最北点纬度为30°N。全洲陆地总面积897万km²，约占全球陆地总面积的6%，是世界最小的一个洲。澳大利亚面积约769万km²，占全洲的85.64%；新几内亚岛面积78.5万km²，占全洲的8.75%；新西兰面积26.81万km²，占全洲的2.99%；美拉尼西亚位于180°经线以西，赤道与南回归线之间，陆地总面积15.5万km²；密克罗尼西亚群岛位于4°S～22°N、130°E～177°E，陆地总面积2 700 km²；波利尼西亚群岛位于180°经线以东，30°S与30°N之间，陆地总面积2.6万km²。

二、地形

大洋洲地形总特征是地势低缓。澳大利亚西部是海拔200～500 m的高原，大部分为沙漠或半沙漠，面积占澳大利亚的35%，也有一些海拔超过1 000 m的山脉；东部是纵贯南北海拔800～1 000 m的山地，其南端的科西阿斯科山海拔2 228 m；中部是海拔200 m以下的平原，是世界最大的自流盆地。新几内亚岛及新西兰是大陆岛，平原狭小，多海拔2 000 m的高山，新几内亚岛的查亚峰海拔5 030 m，是全洲

图 3-10　大洋洲地形图

最高点，新西兰的库克峰海拔 3 764 m；美拉尼西亚的岛屿多数为大陆型，是大陆山脉的延续部分，各岛多山，火山地震活动频繁；密克罗尼西亚和波利尼西亚岛群所属岛屿多为珊瑚礁型，面积小，地势低平，也有少量岛屿由火山喷发物质堆积而成，山高险峻。

三、气候

大洋洲气候总特点是干、热，大部分地区属热带、亚热带气候，南部少部分地区为温带气候。除澳大利亚内陆地区属于大陆性气候外，其他均属海洋性气候。大部分地区年平均气温 25 ~ 28 ℃，由最南端的 50ºS 向北到赤道逐步递增，最凉月平均气温为 6 ~ 25 ℃，新西兰南部山区可达 0 ℃以下，最热月为 12 ~ 32 ℃，极端最高气温可达 53 ℃。除澳大利亚中西部沙漠地区年降水量不足 250 mm 外，热带地区多为 1 000 ~ 5 000mm，温带地区为 750 ~ 2 000 mm，夏威夷的考爱岛年平均降水量可达到 12 000 mm。

四、河流湖泊

大洋洲河流稀少短小，水量较少，雨季暴涨，旱季甚至断流。内流区占总面积的 52%，分布在澳大利亚的中西部；外流区占 48%，墨累河与达令河是两条主要河流。大洋洲湖泊较少，澳大利亚境内的北艾尔湖面积为 7 200 km²，为大洋洲最大湖泊。除构造湖外，新西兰还有一些堰塞湖，夏威夷还有火山湖，不少岛屿上还有珊瑚礁围起来的礁湖。

五、植物

大洋洲的植物区系特点是：古老且独特，特有种类达 75%；多旱生植物，以适应干旱少雨的沙漠、荒漠环境；森林植被稀少，仅占陆地面积的 5%；大陆植被类型呈半环状分布，边缘多雨湿润地带为森林，向内陆过渡区是广阔的干草原，中央是荒漠。

大洋洲的植物共有 17 门 48 纲 193 目 688 科 6 557 属，占世界的 37.41%（表 3–13）。按最新的植物区划，新几内亚岛及太平洋岛屿属印度—太平洋界，澳大利亚及新西兰属澳洲界（Cox, 2001）。

表 3–13 大洋洲的植物

类群	门数	纲数	目数	科数	属数
1. 苔藓植物bryophytes	3	7	37	89	864
2. 藻类植物thallophytes	4	23	76	201	801
3. 蕨类植物fern	4	4	14	46	250
4. 裸子植物gymnosperm	4	4	5	13	75
5. 被子植物angiosperm	2	2	61	339	4 567
合计 5	17	40	193	688	6 557

注：不包括各类群的海洋种类和化石种类。

六、动物

古老与特有同样是动物区系的特征，如原兽亚纲的鸭嘴兽、针鼹，后兽亚纲的有袋类等都是其他洲缺乏的原始类群。约有 87% 的哺乳动物种类和 93% 的爬行动物种类是特有的，按华莱士（P. Wallace）动物区划，均属于澳洲界。

大洋洲的动物共有 9 门 34 纲 206 目 1 307 科 6 814 属，占世界的 19.75%（表 3–14），丰富度中等，高于欧洲和非洲。

表 3–14 大洋洲的动物

门名	纲数	目数	科数	属数
1. 棘头动物门Acanthocephala	3	6	15	27
2. 环节动物门Annelida	2	16	106	860
3. 节肢动物门Arthropoda	8	40	354	1 881
4. 脊索动物门Chordata	5	53	230	1 159
5. 软体动物门Mollusca	7	36	239	1 474
6. 线虫动物门Nematoda	2	14	93	298
7. 线形动物门Nematomorpha	2	2	3	8
8. 有爪动物门Onychophora	1	1	2	34
9. 扁形动物门Platyhelminthes	4	38	265	1 073
合计 9	34	206	1 307	6 814

注：节肢动物一栏内不包括昆虫纲Insecta，各类群不包括海洋种类及化石种类。

第二节　昆虫类群
Segment 2　Insect Groups

大洋洲与其他洲没有陆地上的接触，只与东南亚地理距离相近，昆虫区系除与东南亚有较为密切的关系外，其他像非洲一样，保持较高的独立性。

一、昆虫基础地理单元

根据生态条件和地理方位，将大洋洲分作 10 个基础地理单元（图 3-11）：

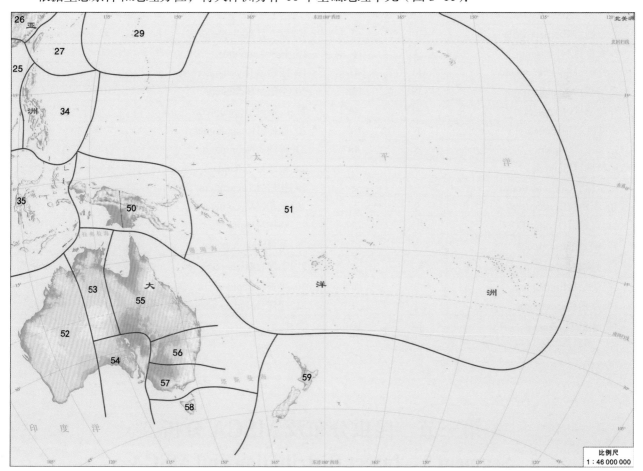

图 3-11　大洋洲昆虫 BGU 的划分（图中地理单元名称见表 2-2）

50. 新几内亚：新几内亚岛、俾斯麦群岛。

51. 太平洋岛屿：包括美拉尼西亚岛群、密克罗尼西亚岛群、波利尼西亚岛群。

52. 西澳大利亚：西澳大利亚州。

53. 北澳大利亚：澳大利亚北部地区。

54. 南澳大利亚：南澳大利亚州。

55. 昆士兰：昆士兰州。

56. 新南威尔士：新南威尔士州、首都直辖区、豪勋爵岛。

57. 维多利亚：维多利亚州。

58. 塔斯马尼亚：塔斯马尼亚州。

59. 新西兰：新西兰、诺福克岛。

二、昆虫类群

大洋洲没有蛩蠊目 Grylloblattodea、螳䗛目 Mantophasmatodea、蛇蛉目 Raphidioptera 的分布记录，全洲共有昆虫 28 目 733 科 13 509 属（表 3–15）。科数占世界的 60.68%，属数占世界的 12.95%。丰富度在各洲中居于中等。其中特有科 60 科，特有属 7495 属，分别占全洲的 8.19% 与 55.49%，特有性居各洲之冠。

表 3–15　大洋洲昆虫区系

昆虫目名称	科数	属数	昆虫目名称	科数	属数
1. 石蛃目 Microcoryphia	1	3	17. 食毛目 Mallophaga	6	63
2. 衣鱼目 Zygentoma	3	6	18. 虱目 Anoplura	3	3
3. 蜉蝣目 Ephemeroptera	11	41	19. 缨翅目 Thysanoptera	6	251
4. 蜻蜓目 Odonata	19	138	20. 半翅目 Hemiptera	101	1 539
5. 襀翅目 Plecoptera	6	46	21. 广翅目 Megaloptera	2	6
6. 蜚蠊目 Blattodea	6	102	22. 蛇蛉目 Raphidioptera		
7. 等翅目 Isoptera	5	48	23. 脉翅目 Neuroptera	14	157
8. 螳螂目 Mantodea	5	25	24. 鞘翅目 Coleoptera	139	4 648
9. 蛩蠊目 Grylloblattodea			25. 捻翅目 Strepsiptera	7	23
10. 革翅目 Dermaptera	9	24	26. 长翅目 Mecoptera	5	12
11. 直翅目 Orthoptera	31	757	27. 双翅目 Diptera	112	1 383
12. 䗛目 Phasmatodea	6	121	28. 蚤目 Siphonaptera	11	35
13. 螳䗛目 Mantophasmatodea			29. 毛翅目 Trichoptera	30	169
14. 纺足目 Embioptera	3	4	30. 鳞翅目 Lepidoptera	91	2 716
15. 缺翅目 Zoraptera	1	1	31. 膜翅目 Hymenoptera	76	1 084
16. 啮目 Psocoptera	24	104	合计	733	13 509

第三节　昆虫分布及 MSCA 分析
Segment 3　Insect Distribution and MSCA

大洋洲的昆虫区系比非洲更具独立性。大陆地区气候干热的总特点决定了其地处热带却有别于热带的区系特点，西部地区区系贫乏，主要集中在东部地区，以昆士兰地区为核心，向南逐渐减少（表 3–16）。新西兰与马达加斯加相似，与大陆没有地质关系，却与大陆地理距离较近，产生了物种交流，形成难以分割的区系联系。新几内亚岛与昆士兰距离也很近，与大陆的交流也高于新西兰，但它与印度尼西亚地区的关系更密切。三大岛群与新几内亚的关系密切于与澳大利亚大陆的关系，因此在 MSCA 分析中，大陆分作两个小单元群聚在一起，再与新西兰相聚（图 3-12），而新几内亚岛及太平洋岛屿与印度尼西亚地区聚在一起，都与隔海相望的非洲及南美洲距离甚远。

表 3-16　大洋洲与邻近 BGU 的共有类群（上三角）及相似性系数（下三角）

BGU	52	53	54	55	56	57	58	59	50	51	35	46	49	73	78
52	2 825	1 152	1 134	1 719	1 714	1 485	870	308	510	429	534	345	312	257	122
53	0.313	2 009	803	1 327	1 246	966	521	191	605	412	626	367	313	238	76
54	0.345	0.286	1 599	1 120	1 172	1 093	696	233	367	299	346	239	202	193	82
55	0.253	0.208	0.182	5 689	3 120	1 985	1 062	434	1 167	845	1 251	696	601	507	174
56	0.280	0.216	0.216	0.412	5 004	2 611	1 388	500	761	643	820	537	459	444	175
57	0.312	0.217	0.279	0.279	0.449	3 417	1 369	390	486	417	500	343	271	322	140
58	0.225	0.153	0.247	0.122	0.251	0.345	1 919	342	283	279	291	204	162	210	117
59	0.075	0.056	0.078	0.063	0.082	0.084	0.107	1 610	226	327	301	225	205	218	163
50	0.090	0.126	0.080	0.148	0.100	0.077	0.056	0.047	3 379	1 059	1 949	591	540	396	136
51	0.087	0.099	0.077	0.114	0.093	0.075	0.066	0.085	0.217	2 560	1 192	519	552	431	174
35	0.063	0.083	0.047	0.118	0.079	0.055	0.037	0.040	0.257	0.158	6 168	952	839	552	187
46	0.055	0.067	0.046	0.079	0.065	0.050	0.037	0.043	0.090	0.089	0.106	3 796	1 032	473	180
49	0.055	0.064	0.044	0.073	0.060	0.043	0.033	0.045	0.090	0.107	0.099	0.174	3 159	474	153
73	0.030	0.031	0.026	0.045	0.042	0.035	0.027	0.029	0.044	0.053	0.047	0.051	0.054	6 015	612
78	0.028	0.021	0.026	0.024	0.027	0.028	0.034	0.052	0.028	0.043	0.024	0.035	0.033	0.087	1 669

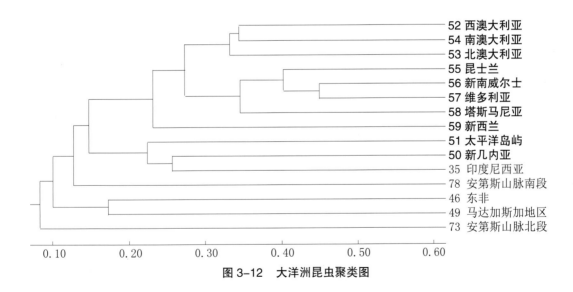

图 3-12　大洋洲昆虫聚类图

第五章　北美洲

Chapter 5　North America

第一节　自然地理特征
Segment 1　Natural Character

一、地理位置

北美洲位于西半球和北半球，北濒北冰洋，南濒墨西哥湾，东临大西洋，西临太平洋。隔白令海峡和格陵兰海，分别与亚洲、欧洲相望（图 3–13）。东极点为格陵兰东岸，经度约 10°E，西极点为阿留申群岛西端，经度约 172°W，北极点为格陵兰北端，纬度约 83°N，南极点为巴拿马南端，纬度约 7°N。总面积 2 423 万 km²，占世界陆地的 16.2%，为世界第三大州。北美洲岛屿很多，北部有格陵兰岛和加拿大北极群岛，南部有西印度群岛，东、西两侧有阿留申群岛、亚历山大群岛、温哥华岛、纽芬兰岛等，岛屿总面积约 386 万 km²，为世界上岛屿面积最大的洲。

二、地形

北美洲地形的显著特点是它的纵带性，沿东海岸为南北走向的阿巴拉契亚山脉，沿西海岸为科迪勒拉山脉。两条山脉之间是纵向的宽阔平原。因此，北美洲自然地理分区为：极地岛屿区（格陵兰岛区、北极群岛区），东部地区（苔原带沿海平原区、北中部针叶林区、大湖区、阿巴拉契亚山地区、大平原区、墨西哥湾沿岸平原区），西部地区（亚寒带科迪勒拉区、温带科迪勒拉区、亚热带科迪勒拉区、热带科迪勒拉区），中美区（中美地峡区、西印度群岛区）。

北美洲地形图

图 3-13 北美洲地形图

三、气候

北美洲气候是以温带大陆性气候为主，但大陆性没有亚洲极端。气候类型有：极地冰原气候区、极地长寒气候区、亚寒带大陆性气候区、温带大陆性湿润气候区、温带大陆性干旱半干旱气候区、温带海洋性气候区、亚热带湿润气候区、亚热带大陆性干旱半干旱气候区、地中海气候区、热带干旱半干旱气候区、热带海洋性气候区、热带干湿季气候区、高山气候区。

四、河流湖泊

北美洲几乎全为外流区，内流区仅占12%。西部的落基山脉以西的河流注入太平洋，以东的河流分别向南、向北注入墨西哥湾、哈得逊湾和北冰洋；东部的阿巴拉契亚山脉以东的河流注入大西洋，以西的河流汇入密西西比河；中部还有一个东西走向、低于500 m的小分水岭，以北的河流注入北冰洋、哈得逊湾，以南的河流注入墨西哥湾。

密西西比河是北美第一、世界第四长河，全长6 262 km，流域面积322.2万 km²，航行价值很大，水力资源和水利资源均丰富；马更些河是北美第二长河，发源于加拿大落基山脉的东坡，注入北冰洋的波弗特海，全长4 241 km，流域面积180.5万 km²；科罗拉多河发源于美国落基山脉西坡，向南注入加利福尼亚湾，全长2 190 km，流域面积59万 km²；圣劳伦斯河是五大湖的出水道，从安大略湖流出，向东北注入大西洋，航运及水力资源得到深度开发。

北美洲湖泊数量多、面积大，而且除大盐湖外，全为淡水湖，面积总计达40万 km²，其中著名的五大湖总面积约为24.5万 km²，总蓄水量2.29万 km³，是世界最大淡水湖群。

五、植物

北美洲植物区系分属泛北极界的4个亚界和新热带界的2个亚界：北极植物亚界、北美大西洋植物亚界、北美干草原植物亚界、北美太平洋植物亚界、中美干燥植物亚界、西印度群岛热带植物亚界。植被类型分区有苔原植被区、针叶林区、针阔叶混交林区、落叶阔叶林区、温带草原区、亚热带硬叶常绿林区、亚热带荒漠半荒漠植被区、热带常绿林区、热带稀树草原区。

北美洲的植物类群共有17门41纲119目792科8 889属，占世界总属数的46.72%（表3–17），居各洲之冠。

表 3–17 北美洲的植物

类群	门数	纲数	目数	科数	属数
1. 苔藓植物bryophytes	3	8	40	164	918
2. 藻类植物thallophytes	4	23	76	209	856
3. 蕨类植物fern	4	4	14	47	250
4. 裸子植物gymnosperm	4	4	6	14	84
5. 被子植物angiosperm	2	2	63	358	6 081
合计5	17	41	199	792	8 189

注：不包括各类群的海洋种类和化石种类。

六、动物

北美洲的动物区系分属新北界的 4 个亚界和新热带界的 2 个亚界：加拿大亚界、加利福尼亚亚界、落基山亚界、东部亚界、墨西哥亚界、安的列斯亚界。

北美洲的动物类群有 9 门 36 纲 231 目 1 736 科 9 028 属，占世界总属数的 26.16%（表 3–18），为各洲最多。

表 3–18 北美洲的动物

门名	纲数	目数	科数	属数
1. 棘头动物门 Acanthocephala	3	7	16	49
2. 环节动物门 Annelida	2	15	114	1 061
3. 节肢动物门 Arthropoda	10	46	547	2 392
4. 脊索动物门 Chordata	5	70	370	2 126
5. 软体动物门 Mollusca	7	36	255	1 423
6. 线虫动物门 Nematoda	2	14	119	387
7. 线形动物门 Nematomorpha	2	2	3	7
8. 有爪动物门 Onychophora	1	1	1	5
9. 扁形动物门 Platyhelminthes	4	40	311	1 578
合计 9	36	231	1 736	9 028

注：节肢动物一栏内不包括昆虫纲 Insecta，各类群不包括海洋种类及化石种类。

第二节 昆虫类群
Segment 2 Insect Groups

一、昆虫基础地理单元

根据北美洲的自然地理条件和生态条件，将其分为下列 9 个基础地理单元（图 3–14）。

61. 加拿大东部：包括加拿大的纽芬兰省、魁北克省、安大略省、马尼托巴省、西北地区，以及格陵兰岛。

62. 加拿大西部：包括加拿大的萨斯喀彻温省、艾伯塔省、不列颠哥伦比亚省、育空地区，以及美国的阿拉斯加州。

63. 美国东部山区：包括佛罗里达州、佐治亚州、南卡罗来纳州、北卡罗来纳州、弗吉尼亚州、西弗吉尼亚州、新泽西州、宾夕法尼亚州、纽约州、缅因州、新罕布什尔州、佛蒙特州、康涅狄格州、马萨诸塞州、罗德岛州、马里兰州、特拉华州以及百慕大群岛。

64. 美国中部平原：包括亚拉巴马州、路易斯安那州、阿肯色州、密西西比州、田纳西州、肯塔基州、密苏里州、伊利诺伊州、印第安纳州、俄亥俄州、密歇根州、威斯康星州。

65. 美国中部丘陵：包括德克萨斯州、俄克拉荷马州、堪萨斯州、内布拉斯加州、艾奥瓦州、明尼苏达州、南达科他州、北达科他州。

66. 美国西部山区：包括新墨西哥州、亚利桑那州、科罗拉多州、犹他州、内华达州、加利福尼亚州、

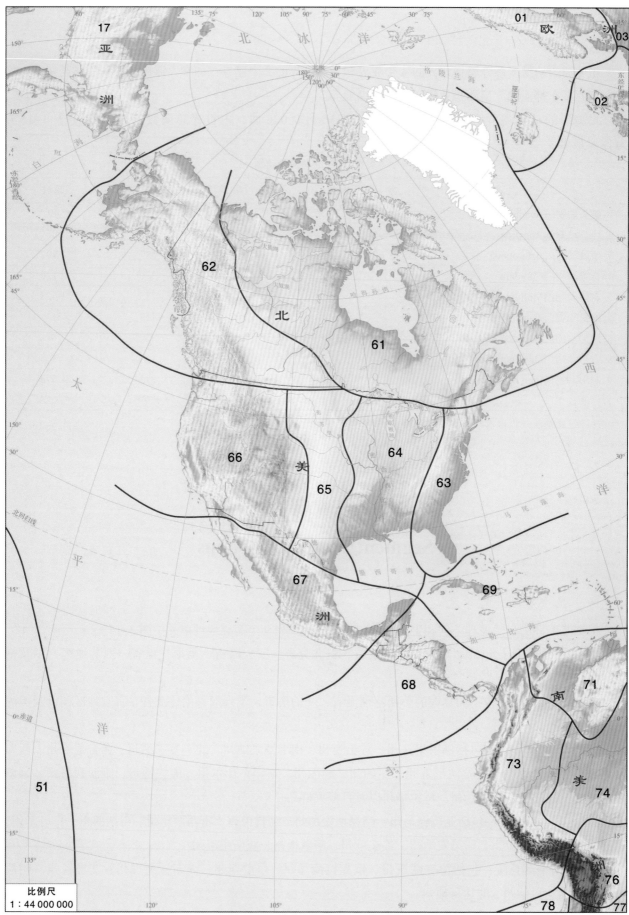

图 3-14 北美洲昆虫 BGU 的划分

俄勒冈州、爱达荷州、怀俄明州、蒙大拿州、华盛顿州。

67.墨西哥：墨西哥全境。

68.中美地区：包括危地马拉、伯利兹、洪都拉斯、萨尔瓦多、尼加拉瓜、哥斯达黎加、巴拿马。

69.加勒比海岛屿：包括古巴、巴哈马、牙买加、海地、多米尼加、波多黎各、向风群岛。

二、昆虫类群

北美洲昆虫没有螳䗛目 Mantophasmatodea 的分布，共有 30 目 823 科 17 683 属（表 3–19）。科数占世界的 68.13%，居各洲第一，属数占世界的 16.95%，居各洲第二。共有特有科 45 科，特有属 7 053 属，分别占本洲的 5.45% 和 39.89%，丰富度较高，特有性偏差。

表 3–19　北美洲昆虫区系

昆虫目名称	科数	属数	昆虫目名称	科数	属数
1. 石蛃目 Microcoryphia	2	9	17. 食毛目 Mallophaga	6	63
2. 衣鱼目 Zygentoma	3	6	18. 虱目 Anoplura	7	15
3. 蜉蝣目 Ephemeroptera	19	105	19. 缨翅目 Thysanoptera	8	215
4. 蜻蜓目 Odonata	19	128	20. 半翅目 Hemiptera	99	1 914
5. 襀翅目 Plecoptera	9	92	21. 广翅目 Megaloptera	2	11
6. 蜚蠊目 Blattodea	6	99	22. 蛇蛉目 Raphidioptera	2	4
7. 等翅目 Isoptera	4	46	23. 脉翅目 Neuroptera	10	98
8. 螳螂目 Mantodea	8	40	24. 鞘翅目 Coleoptera	159	5 237
9. 蛩蠊目 Grylloblattodea	1	1	25. 捻翅目 Strepsiptera	8	12
10. 革翅目 Dermaptera	7	24	26. 长翅目 Mecoptera	5	15
11. 直翅目 Orthoptera	35	657	27. 双翅目 Diptera	130	2 630
12. 䗛目 Phasmatodea	6	66	28. 蚤目 Siphonaptera	10	73
13. 螳䗛目 Mantophasmatodea			29. 毛翅目 Trichoptera	30	204
14. 纺足目 Embioptera	6	17	30. 鳞翅目 Lepidoptera	97	3 590
15. 缺翅目 Zoraptera	1	1	31. 膜翅目 Hymenoptera	87	2 182
16. 啮目 Psocoptera	37	129	合计	823	17 683

第三节　昆虫分布及 MSCA 分析
Segment 3　Insect Distribution and MSCA

北美洲是世界昆虫区系的又一高地，不仅丰富度高，区系调查也比较全面彻底，9 个 BGU 平均 5 263 属，居各洲之冠。

北美洲昆虫区系的又一特点是横带性与纵带性的结合（图 3–14），前者由气候带决定，后者由地形及植被决定，因此从北向南，丰富度逐渐上升，东部的阿巴拉契亚山脉与西部的科迪勒拉山脉丰富度比中部纵向的平原、丘陵地区丰富度高（表 3–20）。在 MSCA 结果中，北部地区的两个 BGU 与同纬度的东、西两侧的欧洲、亚洲相邻的 BGU 发生联系，中部地区的 4 个 BGU 聚在一起后，与西侧的太平洋岛屿产生联系，南部 3 个 BGU 成为与南美洲交流的大陆桥（图 3–15）。

表3-20　北美洲昆虫BGU与邻近昆虫BGU的共有类群（上三角）及相似性系数（下三角）

BGU	61	62	63	64	65	66	67	68	69	01	02	17	26	29	51	71	72	73
61	3 677	2 582	2 627	2 335	1 757	2 232	1 586	1 304	554	2 19	2 068	1 502	1 558	1 168	314	431	301	753
62	0.476	4 328	2 333	2 210	1 733	2 780	1 664	1 245	462	2 390	2 467	1 719	1 750	1 217	315	384	256	735
63	0.382	0.298	5 830	3 574	2 934	3 158	2 920	2 440	1 168	2 037	2 222	1 429	1 897	1 534	590	925	687	1 485
64	0.398	0.332	0.527	4 529	2 777	2 749	2 405	1 906	830	1 755	1 922	1 292	1 659	1 191	405	692	503	1 164
65	0.286	0.254	0.412	0.464	4 229	2 819	2 586	1 914	840	1 334	1 441	971	1 278	1 049	399	734	560	1 186
66	0.291	0.357	0.354	0.343	0.369	6 238	3 175	2 056	945	2 029	2 166	1 484	1 819	1 359	483	763	551	1 283
67	0.165	0.163	0.280	0.249	0.282	0.300	7 518	4 633	1 502	1 246	1 406	911	1 371	1 002	558	1 653	1 322	2 789
68	0.118	0.106	0.203	0.169	0.174	0.160	0.401	8 656	1 637	1 047	1 191	729	1 173	876	556	2 006	1 726	3 621
69	0.101	0.074	0.166	0.137	0.146	0.123	0.179	0.175	2 360	377	451	281	476	439	418	965	783	1 248
01	0.332	0.339	0.229	0.222	0.167	0.218	0.109	0.082	0.080	5 116	4 262	2 222	2 387	1 729	360	286	199	600
02	0.270	0.312	0.230	0.222	0.163	0.213	0.116	0.088	0.057	0.618	6 047	2 273	2 633	1 870	462	350	237	716
17	0.246	0.263	0.172	0.181	0.135	0.171	0.087	0.062	0.047	0.326	0.295	3 920	2 844	1 928	308	200	143	418
26	0.133	0.144	0.141	0.133	0.102	0.130	0.087	0.069	0.042	0.194	0.203	0.267	9 567	3 208	743	361	268	710
29	0.151	0.146	0.161	0.139	0.125	0.135	0.085	0.067	0.062	0.201	0.199	0.268	0.277	5 213	734	328	252	588
51	0.053	0.048	0.076	0.061	0.062	0.058	0.059	0.052	0.093	0.049	0.057	0.050	0.065	0.104	2 560	310	239	431
71	0.073	0.058	0.122	0.106	0.119	0.094	0.194	0.215	0.238	0.038	0.042	0.031	0.030	0.043	0.063	2 666	1 276	2 009
72	0.051	0.039	0.089	0.077	0.090	0.067	0.151	0.182	0.190	0.027	0.028	0.023	0.023	0.036	0.049	0.324	2 544	1 871
74	0.084	0.076	0.143	0.124	0.131	0.117	0.260	0.328	0.175	0.057	0.063	0.044	0.048	0.055	0.053	0.301	0.280	6 015

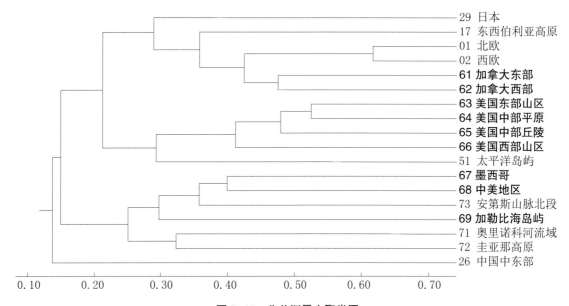

图3-15　北美洲昆虫聚类图

第六章　南美洲

Chapter 6　South America

第一节　自然地理特征
Segment 1　Natural Character

一、地理位置

南美洲位于西半球南部，除西北通过巴拿马地峡与北美洲相连外，四周均为海洋环抱，北有加勒比海，东有大西洋，西有太平洋，南有德雷克海峡与南极洲相望。南美洲的北极点纬度约12ºN，南极点纬度约56ºS，东极点经度约34ºW，西极点经度约92ºW。全洲总面积1792万km²，占全球陆地面积的12%，岛屿较少，面积不及总面积的1%（图3–16）。

二、地形

南美洲地形的基本特征：西部有安第斯山脉纵贯南北，东部为平原和高原相间。安第斯山脉是世界上最长的山脉，近9000 km，纵贯西部太平洋岸。山脉宽300～800 km，高度大都在3000 m以上，6000 m以上的山峰有50多座，最高峰汉科乌马山海拔7010 m，是西半球最高峰。安第斯山脉以东，地域宽阔，自北向南分别是奥里诺科平原、圭亚那高原、亚马孙平原、巴西高原、拉普拉塔平原和巴塔哥尼亚高原。平原海拔一般在300 m以下，高原海拔300～1500 m。全洲自然地理分区为：奥里诺科平原区、圭亚那高原区、亚马孙平原区、巴西高原区、格兰查科平原区、潘帕斯平原区、科迪勒拉前山和干盆地区、巴塔哥尼亚高原区、北段安第斯山区、中段安第斯山区、南段安第斯山区、西岸热带荒漠区。

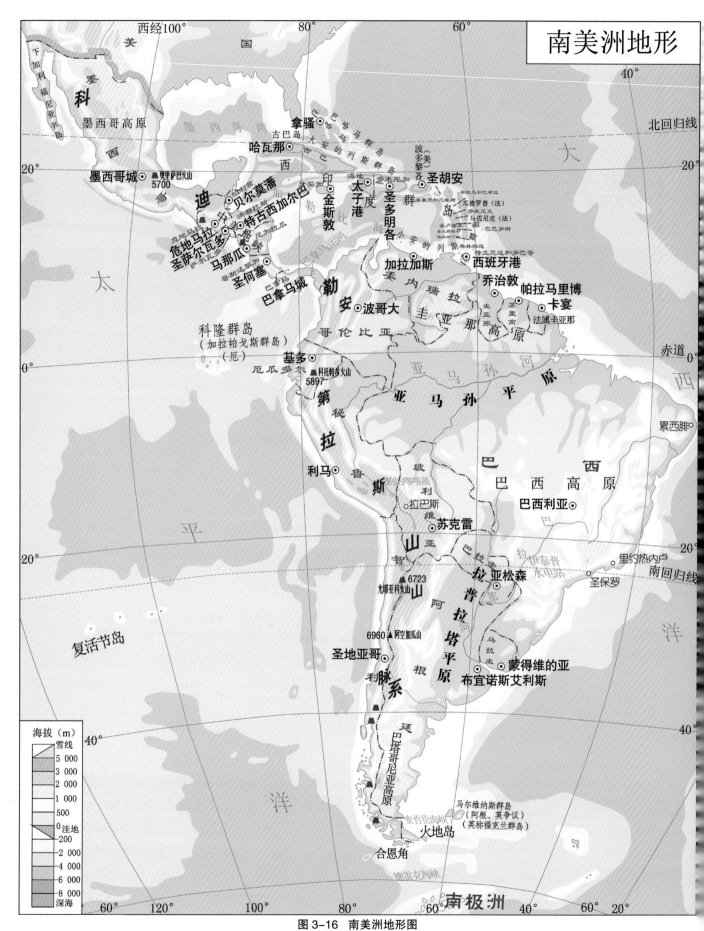

南美洲地形

图 3-16　南美洲地形图

三、气候

南美洲气候温暖湿润，冬季不冷，夏季不热，大陆性不强，不同于欧洲的温凉和非洲、大洋洲的炎热，也不同于亚洲、北美洲冬夏气温的剧烈变化，年较差不大。全洲降水丰富，70% 的地区年降水量在 1 000 mm 以上，南温带地区降雨较少，尤其是热带西岸降水量更少，甚至无雨，而温带西岸又是多雨地区。全洲气候类型分区为：赤道多雨气候区、热带干湿季气候区、热带干旱气候区、热带海洋性气候区、亚热带湿润气候区、地中海气候区、亚热带大陆性半干旱气候区、温带海洋性气候区、温带干旱半干旱气候区、高山气候区。

四、河流湖泊

南美洲河流主要分布在安第斯山脉以东，有亚马孙、巴拉那、奥里诺科三大水系。亚马孙水系以亚马孙河为主干，发源于安第斯山，其河网密度、流域面积和水量均居世界首位，全长约 6 400 km，仅次于非洲的尼罗河，流域面积 705 万 km²，占南美大陆面积的 40%，每年注入大西洋的水量约 6 600 km³，占世界河流注入大洋水量的 14%。巴拉那水系以巴拉那河为主干，发源于巴西高原的东南边缘，全长 5 607 km，流域面积 320 万 km²。奥里诺科水系以奥里诺科河为主干，发源于圭亚那高原西南边缘，向东注入大西洋，全长 2 060 km，流域面积 88 万 km²。南美洲的湖泊较少，面积在 8 000 km² 以上的湖泊仅有 3 个。

五、植物

南美洲的植物区系分属新热带植物界和南极植物界，40°S 以北地区为新热带植物界，又以安第斯山为界，以东的广大地区为热带植物亚界，以西为安第斯山植物亚界。而 40°S 以南为南极植物界，2001 年，英国学者考克斯（C. Barry Cox）教授建议撤销南极植物界，该地区仍归属于新热带植物界。南美洲的植被类型分区为：热带常绿雨林区、热带半落叶林区、热带稀树草原区、热带干燥森林和荒漠疏林区、热带荒漠区、亚热带湿润森林区、亚热带草原区、亚热带干燥森林区、亚热带灌木半荒漠区、温带灌木半荒漠区、温带湿润森林区、安第斯山地植被区。

南美洲植物区系极其丰富繁多，特有类群也非常突出，和北美洲及非洲的联系比较密切。其植物类群共有 17 门 39 纲 184 目 622 科 7 213 属，占世界总属数的 41.16%（表 3–21）。

表 3–21　南美洲的植物

类群	门数	纲数	目数	科数	属数
1. 苔藓植物bryophytes	3	8	38	89	966
2. 藻类植物thallophytes	4	21	68	155	618
3. 蕨类植物fern	4	4	14	44	232
4. 裸子植物gymnosperm	4	4	5	11	44
5. 被子植物angiosperm	2	2	59	323	5 353
合计 5	17	39	184	622	7 213

注：不包括各类群的海洋种类和化石种类。

六、动物

南美洲的动物属于新热带界，有多样性、特有性和原始性等区系特点。其主要动物类群有 9 门 34 纲 193 目 1 145 科 6 278 属，占世界总属数的 18.19%（表 3-22）。

表 3-22　南美洲的动物

门名	纲数	目数	科数	属数
1. 棘头动物门 Acanthocephala	4	8	13	18
2. 环节动物门 Annelida	2	14	91	624
3. 节肢动物门 Arthropoda	8	31	310	1 596
4. 脊索动物门 Chordata	5	55	274	2 359
5. 软体动物门 Mollusca	7	37	210	857
6. 线虫动物门 Nematoda	2	12	38	79
7. 线形动物门 Nematomorpha	1	1	2	2
8. 有爪动物门 Onychophora	1	1	2	5
9. 扁形动物门 Platyhelminthes	4	34	205	738
合计 9	34	193	1 145	6 278

注：节肢动物一栏内不包括昆虫纲 Insecta，各类群不包括海洋种类及化石种类。

第二节　昆虫类群
Segment 2　Insect Groups

一、昆虫基础地理单元

根据南美洲的自然地理条件及生态条件，将其分成下列 8 个基础地理单元（图 3-17）：

71. 奥里诺科河流域：包括委内瑞拉及其附近岛屿。

72. 圭亚那高原：包括圭亚那、苏里南、法属圭亚那。

73. 安第斯山脉北段：包括哥伦比亚、厄瓜多尔、秘鲁及科隆群岛。

74. 亚马孙平原：巴西北部亚马孙河流域。

75. 巴西高原：巴西南部高原地区。

76. 玻利维亚：玻利维亚全境。

77. 南美温带草原：包括阿根廷中北部、巴拉圭、乌拉圭。

78. 安第斯山脉南段：包括智利、阿根廷南部、马尔维纳斯群岛。

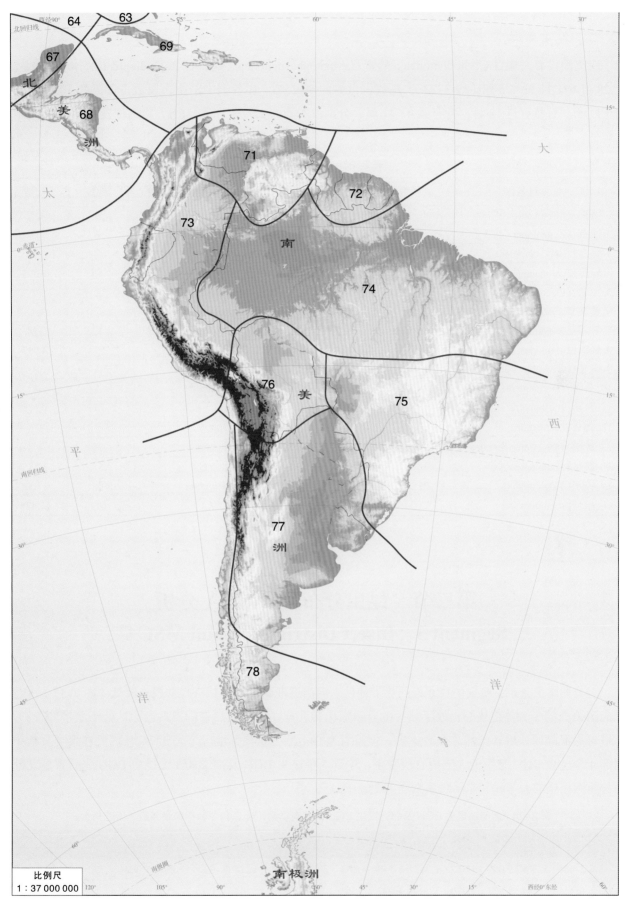

图 3-17　南美洲昆虫 BGU 的划分

二、昆虫类群

南美洲没有蛩蠊目 Grylloblattodea、螳䗛目 Mantophasmatodea、蛇蛉目 Raphidioptera 的分布记录，共有 28 目 611 科 11 475 属（表 3-23），科数占世界的 50.25%，在各洲中最少，属数占世界的 10.99%，仅高于欧洲。有特有科 18 科，特有属 4 741 属，分别占本洲的 2.97% 和 41.36%，丰富度及特有性在各洲中均较低。

表 3-23　南美洲昆虫区系

昆虫目名称	科数	属数	昆虫目名称	科数	属数
1. 石蛃目 Microcoryphia	1	1	17. 食毛目 Mallophaga	6	29
2. 衣鱼目 Zygentoma	1	1	18. 虱目 Anoplura	6	14
3. 蜉蝣目 Ephemeroptera	11	61	19. 缨翅目 Thysanoptera	7	155
4. 蜻蜓目 Odonata	19	135	20. 半翅目 Hemiptera	65	1 094
5. 襀翅目 Plecoptera	8	50	21. 广翅目 Megaloptera	2	7
6. 蜚蠊目 Blattodea	5	151	22. 蛇蛉目 Raphidioptera		
7. 等翅目 Isoptera	5	81	23. 脉翅目 Neuroptera	12	124
8. 螳螂目 Mantodea	6	37	24. 鞘翅目 Coleoptera	130	3 637
9. 蛩蠊目 Grylloblattodea			25. 捻翅目 Strepsiptera	5	9
10. 革翅目 Dermaptera	7	16	26. 长翅目 Mecoptera	4	8
11. 直翅目 Orthoptera	30	999	27. 双翅目 Diptera	82	1 128
12. 䗛目 Phasmatodea	6	116	28. 蚤目 Siphonaptera	9	21
13. 螳䗛目 Mantophasmatodea			29. 毛翅目 Trichoptera	25	145
14. 纺足目 Embioptera	6	21	30. 鳞翅目 Lepidoptera	52	2 245
15. 缺翅目 Zoraptera	1	1	31. 膜翅目 Hymenoptera	68	1 052
16. 蛄目 Psocoptera	32	137	合计	611	11 475

第三节　昆虫分布及 MSCA 分析
Segment 3　Insect Distribution and MSCA

南美洲昆虫分布主要集中在北部的热带地区，向南逐渐减少，但特有性并没有降低（图 3-17）。因此形成南美洲的 3 个分布核心，处于热带的安第斯山脉北段，处于亚热带的巴西高原，处于温带的智利及巴塔哥尼亚高原，后者虽然总属数不多，但特有属并不低于亚马孙地区（表 3-24）。因此在聚类分析中，北部 4 个昆虫 BGU 与中美大陆桥有所联系，中部 3 个昆虫 BGU 及南端的 1 个昆虫 BGU 先后聚向北部，而与隔海相望的大洋洲、非洲联系微弱（图 3-18）。

表 3-24　南美洲昆虫 BGU 及邻近昆虫 BGU 的共有类群（上三角）和相似性系数（下三角）

BGU	71	72	73	74	75	76	77	78	51	42	44	47	48	59	68	69
71	2 666	1 276	2 009	1 562	1 342	1 144	1 154	357	310	274	234	354	304	132	2 006	965
72	0.324	2 544	1 871	1 779	1 200	1 122	1 053	289	239	244	201	212	246	92	1 726	783
73	0.301	0.280	6 015	2 752	2 280	1 842	1 750	612	431	406	353	407	539	218	3 621	1 248

（续表 3-24）

BGU	71	72	73	74	75	76	77	78	51	42	44	47	48	59	68	69
74	0.293	0.357	0.368	4 220	2 104	1 465	1 447	459	332	347	297	301	383	149	2 351	1 008
75	0.230	0.205	0.277	0.318	4 502	1 410	1 599	382	301	293	241	312	400	139	2 351	928
76	0.283	0.285	0.275	0.278	0.252	2 514	1 373	436	186	187	153	183	212	78	1 583	679
77	0.246	0.226	0.235	0.243	0.263	0.318	3 176	784	331	304	269	297	382	191	1 708	860
78	0.090	0.074	0.087	0.085	0.066	0.116	0.193	1 669	174	158	136	149	201	163	511	322
51	0.063	0.049	0.053	0.051	0.045	0.038	0.061	0.043	2 560	520	443	450	551	327	556	418
42	0.050	0.045	0.047	0.050	0.040	0.035	0.051	0.034	0.101	3 090	1 672	1 469	1 362	173	473	391
44	0.043	0.038	0.041	0.043	0.033	0.029	0.046	0.030	0.087	0.381	2976	1 392	1 258	167	428	327
47	0.063	0.037	0.046	0.042	0.042	0.032	0.079	0.031	0.083	0.297	0.284	3 324	2 219	165	460	354
48	0.046	0.038	0.056	0.048	0.048	0.033	0.055	0.035	0.086	0.229	0.212	0.417	4 210	251	653	445
59	0.032	0.023	0.029	0.026	0.023	0.019	0.042	0.052	0.085	0.038	0.038	0.035	0.045	1 610	275	171
68	0.215	0.182	0.328	0.223	0.218	0.165	0.169	0.052	0.052	0.042	0.038	0.040	0.053	0.028	8 656	1 637
69	0.238	0.190	0.175	0.181	0.156	0.162	0.184	0.087	0.093	0.077	0.065	0.066	0.073	0.021	0.175	2 360

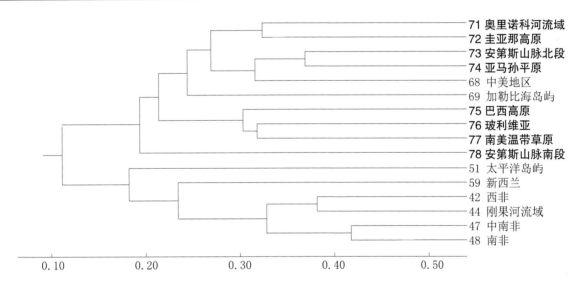

图 3-18　南美洲 MSCA 聚类图

第七章 南极洲

Chapter 7 Antarctica

第一节 自然地理特征
Segment 1 Natural Character

一、地理位置与地形

南极洲,亦称"第七大陆",围绕南极的大陆。位于地球南端,四周为太平洋、印度洋和大西洋所包围,边缘有别林斯高晋海、罗斯海、阿蒙森海和威德尔海等(图3–19)。包括大陆、陆缘冰和岛屿,总面积1 405万 km²,约占世界陆地总面积的9.4%。全境为平均海拔2 350 m 的大高原,是世界上平均海拔最高的洲。主要岛屿有南设得兰群岛、南乔治亚岛、南桑维奇群岛、麦夸里岛、坎贝尔岛、凯尔盖朗岛、克罗泽群岛、爱德华王子群岛等。

大陆几乎全被冰川覆盖,占全球现代冰被面积的80%以上。大陆冰川从中央延伸到海上,形成巨大的罗斯冰障,周围的海上漂浮着冰山。

二、气候

整个大陆气候酷寒,极端最低气温曾达–89.2 ℃(1983年)。风速一般为17～18 m/s,最大可达90 m/s以上,为世界上最冷和风暴最多、风力最大的陆地。全洲年平均降水量为55 mm,极点附近几乎无降水,空气非常干燥,有"白色荒漠"之称。全洲只有2%的地方无长年冰雪覆盖,动植物能够生存。

在南极圈内暖季有连续的极昼,寒季则有连续的极夜,并有绚丽的弧形极光出现。动物有企鹅、海象、

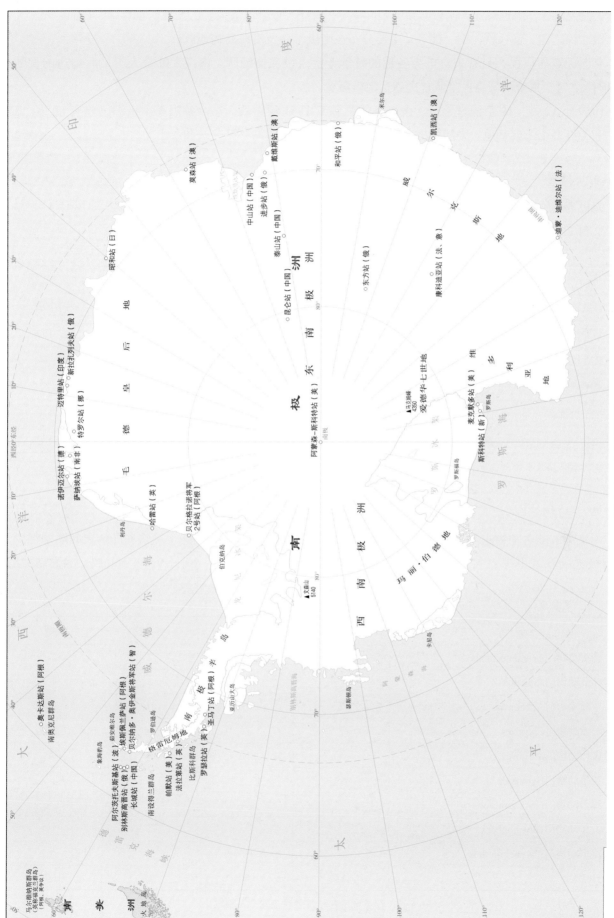

图 3-19 南极洲地图

海狮、信天翁等。附近海洋产南极鳕鱼、大口鱼等，磷虾产量全球最大。已发现矿物有煤、石油、天然气、金、银、镍、钼、锰、铁、铜、铀等，主要分布在南极半岛及沿海岛屿地区。

全洲无定居居民，只有来自世界各地的科学考察人员和捕鲸队。南极大陆是人类最后到达的大陆。1911 年 12 月，挪威阿蒙森探险队首次到达南极极点。

1959 年 12 月，12 个国家签订《南极条约》并于 1961 年生效。迄今各国在南极洲已建有 60 多个观测站和 100 多个考察基地。中国南极考察队建有长城站、中山站、昆仑站和泰山站。

三、植物

南极洲植物虽然门数不少，但多属于低等类群，植株矮小，且多分布于亚南极岛屿上，共计 13 门 30 纲 122 目 253 科 583 属，占世界总属数的 3.33%（表 3–25）。

表 3–25　南极洲的植物

类群	门数	纲数	目数	科数	属数
1. 苔藓植物bryophytes	2	6	26	85	226
2. 藻类植物thallophytes	3	16	51	83	157
3. 蕨类植物fern	4	4	14	24	54
4. 裸子植物gymnosperm	2	2	3	6	17
5. 被子植物angiosperm	2	2	28	55	129
合计 5	13	30	122	253	583

注：不包括各类群的海洋种类和化石种类。

四、动物

南极洲的陆生动物主要为节肢动物与脊索动物，主要分布在亚南极岛屿上。这些岛屿之间联系很少，与南极大陆联系更少，大多与邻近的其他大陆联系，共计 5 门 11 纲 40 目 95 科 160 属，为总属数的 0.46%（表 3–26）。

表 3–26　南极洲的动物

门名	纲数	目数	科数	属数
1. 棘头动物门Acanthocephala	1	2	2	2
2. 环节动物门Annelida	1	3	3	4
3. 节肢动物门Arthropoda	2	6	16	20
4. 脊索动物门Chordata	2	16	24	34
5. 软体动物门Mollusca	5	13	50	100
6. 线虫动物门Nematoda				
7. 线形动物门Nematomorpha				
8. 有爪动物门Onychophora				
9. 扁形动物门Platyhelminthes				
合计 5	11	40	95	160

注：节肢动物一栏内不包括昆虫纲Insecta，各类群不包括海洋种类及化石种类。

第二节 昆虫类群
Segment 2 Insect Groups

南极洲昆虫记录只有 12 目 47 科 74 属（表 3-27），大多分布在大陆边缘以及亚南极岛屿上（Gressitt, 1991；Crown, *et al.*, 2016），而且多与大洋洲、非洲、南美洲的南端有联系，但互相之间联系微弱，能够标志南极区域的特有类群更是微乎其微。没有办法将其与其他大陆放在一起进行定量分析。只能暂时搁置，待条件成熟时再予讨论。

表 3-27 南极洲的昆虫区系

昆虫目名称	科数	属数	昆虫目名称	科数	属数
1. 石蛃目 Microcoryphia			17. 食毛目 Mallophaga	2	17
2. 衣鱼目 Zygentoma	1	1	18. 虱目 Anoplura	2	2
3. 蜉蝣目 Ephemeroptera			19. 缨翅目 Thysanoptera	1	2
4. 蜻蜓目 Odonata			20. 半翅目 Hemiptera		
5. 襀翅目 Plecoptera			21. 广翅目 Megaloptera		
6. 蜚蠊目 Blattodea			22. 蛇蛉目 Raphidioptera		
7. 等翅目 Isoptera			23. 脉翅目 Neuroptera	1	1
8. 螳螂目 Mantodea			24. 鞘翅目 Coleoptera	10	18
9. 蛩蠊目 Grylloblattodea			25. 捻翅目 Strepsiptera		
10. 革翅目 Dermaptera			26. 长翅目 Mecoptera		
11. 直翅目 Orthoptera			27. 双翅目 Diptera	13	14
12. 䗛目 Phasmatodea			28. 蚤目 Siphonaptera	4	4
13. 螳䗛目 Mantophasmatodea			29. 毛翅目 Trichoptera	2	3
14. 纺足目 Embioptera			30. 鳞翅目 Lepidoptera	5	6
15. 缺翅目 Zoraptera			31. 膜翅目 Hymenoptera	2	2
16. 啮目 Psocoptera	4	4	合计	47	74

在我们罗列了各大洲的生物资源后，有必要比较各洲之间的关系，以便对以后的分析先有一个粗略的认识（表 3-28 ～表 3-30）。

无论植物、动物或昆虫，各洲之间有下列特征：

生物多样性以南极洲最为贫乏，以至于不能与其他各洲进行定量比较。其余 6 洲中，以亚洲和北美洲最为丰富，欧洲最少。

各洲之间，南美洲与北美洲关系最为密切，亚洲与欧洲最为密切，非洲和大洋洲较为中立，非洲与欧洲较为密切，大洋洲与亚洲较为密切。

6 大洲的相似性以植物最高，即分布最广泛，总相似性系数为 0.343。动物为 0.221。昆虫为 0.139。

对相似性的贡献率以北美洲和亚洲最高,非洲最低。对相异性的贡献率,植物、动物、昆虫分别以非洲、大洋洲、亚洲最高,均以欧洲最低。

上述特征在以后的定量分析中,更能得到具体的阐释和证明。

表 3-28　各大洲之间陆生植物的共有属数(上三角)及相似性(下三角)

	欧洲	亚洲	非洲	大洋洲	北美洲	南美洲	南极洲
欧洲	**5 636**	3913	3 320	3 369	4 311	3 140	436
亚洲	0.413	**7755**	3 890	4 404	4 424	3 367	451
非洲	0.356	0.358	**7 016**	3 604	3 961	3 270	405
大洋洲	0.382	0.444	0.361	**6 558**	4 115	3 436	520
北美洲	0.453	0.384	0.352	0.387	**8 189**	5 001	466
南美洲	0.323	0.290	0.298	0.332	0.481	**7 213**	494
南极洲	0.075	0.057	0.056	0.079	0.056	0.068	**583**

表 3-29　各大洲之间陆生动物的共有属数(上三角)及相似性(下三角)

	欧洲	亚洲	非洲	大洋洲	北美洲	南美洲	南极洲
欧洲	**5 786**	3 226	2 536	2 341	3 491	1 908	68
亚洲	0.310	**7 833**	2 969	3 219	3 460	2 024	60
非洲	0.282	0.280	**5 727**	2 265	2 565	1 823	51
大洋洲	0.228	0.282	0.220	**6 814**	2 891	1 911	68
北美洲	0.308	0.258	0.210	0.223	**9 028**	3 551	60
南美洲	0.188	0.167	0.179	0.171	0.302	**6 278**	71
南极洲	0.012	0.007	0.009	0.010	0.007	0.011	**160**

表 3-30　各大洲之间陆生昆虫的共有属数(上三角)及相似性(下三角)

	欧洲	亚洲	非洲	大洋洲	北美洲	南美洲	南极洲
欧洲	**9 919**	6 315	3 295	2 085	4 931	1 488	18
亚洲	0.228	**24 087**	4 954	5 092	5 792	1 950	25
非洲	0.174	0.158	**12 284**	2 355	2 637	1 486	20
大洋洲	0.098	0.157	0.100	**13 509**	2 489	1 508	30
北美洲	0.218	0.142	0.096	0.087	**17 683**	6 010	22
南美洲	0.075	0.058	0.067	0.057	0.260	**11 475**	31
南极洲	0.002	0.001	0.002	0.002	0.001	0.003	**74**

第四编
类群

Part IV　Groups

导　言

本编分别统计各目昆虫在各 BGU 的分布情况，并对各目进行 MSCA 尝试，除几个种类少、分布狭窄的目不能够进行外，对 22 个目及 20 个大科均用 MSCA 法进行分析。虽然结果互有差别，但各类群的各个单元群的构成都是符合统计学、地理学、生物学逻辑的，而且可以得到几个比较稳定构成的单元群。这些单元群将在第五编世界昆虫总体的分析中得到印证。

Introduction

In the part, the distributions of 31 orders of Insecta in every basic geographical unit were reported. Every order was attempted by MSCA to produce trees mostly. 7 great unit groups and even more small unit groups were clustered stably.

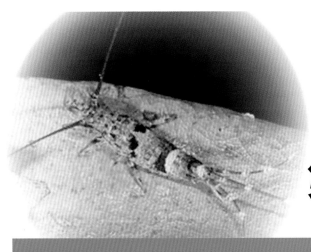

第一章　石蛃目

Chapter 1　Order Microcoryphia

石蛃俗称 bristletail，为中小型昆虫，体长不超过 20 mm，身体纺锤形，胸部较粗且背侧拱起，向后渐细。体表通常密被鳞片，具金属光泽，体色灰褐色到棕褐色。头部有 1 对发达的复眼，复眼下方有 1 对单眼。额两侧有 1 对细长分节的丝状触角。口器咀嚼式、下口式，下颚须和下唇须较长。胸部 3 节，有胸足 3 对，无翅。腹部 11 节，腹末有 1 对侧尾须及 1 根中尾丝。

主要栖息于阴暗潮湿处，如苔藓、地衣上，石缝中石块凹陷处，枯枝落叶中。植食性，取食藻类、苔藓、地衣、菌类以及腐败的植物等。能快速爬行，更善跳跃。行两性生殖，体外受精。表变态。

第一节　区系组成及特点

Segment 1　Fauna and Character

石蛃目 Microcoryphia 是昆虫纲 Insecta 中最原始类群，也是地球上出现最早的昆虫类群，化石记录是 409.1 Ma 前的早泥盆纪。

现生石蛃目 Microcoryphia 昆虫共有 2 科 66 属 492 种（表 4–1），是昆虫纲 Insecta 中少于 500 种的 5 小目之一。石蛃个体小，无翅，扩散能力弱，但适应能力强，从海滨到高原，从寒带到热带都有其分布。

表 4-1 石蛃目 Microcoryphia 昆虫的区系组成

昆虫科名称	属数	种数	各洲属数							备注
			欧洲	亚洲	非洲	大洋洲	北美洲	南美洲	南极洲	
1. 石蛃科 Machilidae	46	371	5	9	1		6			
2. 光角蛃科 Meinertellidae	20	121				3	3	1		
合计	66	492	5	9	1	3	9	1		

第二节 分布地理
Segment 2 Geographical Distribution

石蛃目 Microcoryphia 昆虫虽然个体活动范围狭窄，扩散能力弱，但作为目级阶元，却是广泛分布的类群。各个大洲都有分布。科级阶元受到局限，石蛃科主要分布于北半球，而光角蛃科主要分布于南半球和西半球，属级阶元的分布进一步狭窄。

石蛃目 Microcoryphia 昆虫分布资料比较零散，本研究共收集 23 属的分布信息。其中欧洲、亚洲、北美洲相对丰富，非洲、南美洲相对薄弱。23 属石蛃共在 23 个 BGU 中有 49 属·单元的分布记录（表 4-2）。

由于种类少，分布记录也少，目前不能够进行 MSCA 分析。

表 4-2 石蛃目 Microcoryphia 昆虫在各 BGU 的分布

地理单元	属数	地理单元	属数	地理单元	属数
01 北欧	2	28 朝鲜半岛	1	56 新南威尔士	1
02 西欧	3	29 日本	4	57 维多利亚	
03 中欧	4	30 喜马拉雅地区	1	58 塔斯马尼亚	2
04 南欧	2	31 印度半岛		59 新西兰	1
05 东欧		32 缅甸地区		61 加拿大东部	
06 俄罗斯欧洲部分		33 中南半岛		62 加拿大西部	5
11 中东地区		34 菲律宾		63 美国东部山区	1
12 阿拉伯沙漠		35 印度尼西亚地区		64 美国中部平原	2
13 阿拉伯半岛南端		41 北非	1	65 美国中部丘陵	3
14 伊朗高原		42 西非		66 美国西部山区	3
15 中亚地区		43 中非		67 墨西哥	1
16 西西伯利亚平原		44 刚果河流域		68 中美地区	
17 东西伯利亚高原		45 东北非		69 加勒比海岛屿	
18 乌苏里地区		46 东非		71 奥里诺科河流域	
19 蒙古高原		47 中南非		72 圭亚那高原	
20 帕米尔高原		48 南非		73 安第斯山脉北段	1
21 中国东北		49 马达加斯加地区		74 亚马孙平原	
22 中国西北		50 新几内亚		75 巴西高原	
23 中国青藏高原		51 太平洋岛屿		76 玻利维亚	
24 中国西南	2	52 西澳大利亚		77 南美温带草原	
25 中国南部	1	53 北澳大利亚		78 安第斯山脉南段	
26 中国中东部	6	54 南澳大利亚		合计（属·单元）	49
27 中国台湾	1	55 昆士兰	1	全世界	66

第二章 衣鱼目

Chapter 2 Order Zygentoma

衣鱼目 Zygentoma 也称缨尾目 Thysanura，该目昆虫俗称衣鱼（silverfish）。体长 0.5 ～ 2.0 cm。身体呈纺锤形，背部扁平，不似石蛃目 Microcoryphia 的隆起。体表多数密被鳞片，有金属光泽，褐色、银灰色或白色。生活于室内或野外。野外种类栖息于黑暗潮湿的土壤、砖、石缝或蚁巢内，室内种类对衣物、书籍等有一定危害性。

衣鱼头部有 1 对丝状长触角，有 1 对退化的复眼，通常无单眼。腹部 11 节，末节背板向后延长成中尾丝，其两侧生有 1 对尾须。两性生殖，体外受精。

衣鱼目 Zygentoma 起源于 314.6 Ma 前的石炭纪后期。

第一节 区系组成及特点
Segment 1　Fauna and Character

衣鱼目 Zygentoma 昆虫和石蛃目 Microcoryphia 昆虫同属原始的无翅类群，种类也同样极其有限。

衣鱼目 Zygentoma 现生种类有 6 科 132 属 580 种（表 4-3）。主要有衣鱼科、土衣鱼科和蠹衣鱼科，另外 3 科种类很少。衣鱼个体小，无翅，性喜黑暗，因此个体活动范围极为有限，种群扩散能力也较弱，但适应能力强，衣鱼科不仅在 6 大洲都有分布，向南可一直到达南极洲附近的凯尔盖朗群岛。各大洲分布不均匀，亚洲最多，非洲和南美洲很少。

表 4-3　衣鱼目 Zygentoma 昆虫的区系组成

昆虫科名称	属数	种数	各洲属数							备注
			欧洲	亚洲	非洲	大洋洲	北美洲	南美洲	南极洲	
1. 螱衣鱼科 Ateluridae	59	112	1	4		1	1			
2. 毛衣鱼科 Lepidotrichidae	2	2					1			
3. 衣鱼科 Lepismatidae	41	299	3	6	1	3	4	1	1	
4. 光衣鱼科 Maindroniidae	1	2								
5. 土衣鱼科 Nicoletiidae	26	159	2	4		2				
6. Protrinemuridae	3	6								
合计	132	580	6	14	1	6	6	1	1	

第二节　分布地理
Segment 2　Geographical Distribution

　　衣鱼作为目级阶元，是全世界广泛分布的类群，科级阶元分布范围也比石蛃目 Microcoryphia 有所扩大，属级阶元相对受限，大多数属局限在一个洲内，但也有个别属分布广泛，如衣鱼科 Lepismatidae 的栉衣鱼属 *Ctenolepisma* 分布于 5 个洲的 21 个地理单元。

　　本研究共收集 23 属衣鱼在 34 单元的分布资料，共有 90 属·单元的记录（表 4-4）。分布较多的单元有中国中东部、日本、中欧、南欧、美国西部山地等。由于多数单元没有分布记录，目前不能进行全球性的数量分析。

表 4-4　衣鱼目 Zygentoma 昆虫在各 BGU 的分布

地理单元	属数	地理单元	属数	地理单元	属数
01 北欧	3	28 朝鲜半岛	1	56 新南威尔士	3
02 西欧	2	29 日本	7	57 维多利亚	1
03 中欧	5	30 喜马拉雅地区		58 塔斯马尼亚	3
04 南欧	5	31 印度半岛	1	59 新西兰	
05 东欧		32 缅甸地区	3	61 加拿大东部	1
06 俄罗斯欧洲部分		33 中南半岛	4	62 加拿大西部	3
11 中东地区	1	34 菲律宾		63 美国东部山区	3
12 阿拉伯沙漠		35 印度尼西亚地区	3	64 美国中部平原	2
13 阿拉伯半岛南端		41 北非	1	65 美国中部丘陵	3
14 伊朗高原		42 西非		66 美国西部山区	5
15 中亚地区		43 中非		67 墨西哥	3
16 西西伯利亚平原		44 刚果河流域		68 中美地区	1
17 东西伯利亚高原	2	45 东北非		69 加勒比海岛屿	
18 乌苏里地区	1	46 东非		71 奥里诺科河流域	
19 蒙古高原		47 中南非		72 圭亚那高原	
20 帕米尔高原		48 南非		73 安第斯山脉北段	1
21 中国东北	1	49 马达加斯加地区		74 亚马孙平原	
22 中国西北		50 新几内亚		75 巴西高原	

（续表 4-4）

地理单元	属数	地理单元	属数	地理单元	属数
23 中国青藏高原		51 太平洋岛屿		76 玻利维亚	
24 中国西南	1	52 西澳大利亚		77 南美温带草原	1
25 中国南部	4	53 北澳大利亚	2	78 安第斯山脉南段	
26 中国中东部	7	54 南澳大利亚		合计（属·单元）	90
27 中国台湾	2	55 昆士兰	4	全世界	132

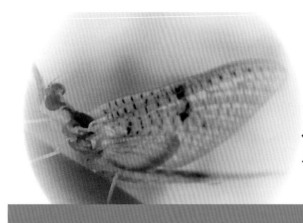

第三章 蜉蝣目

Chapter 3 Order Ephemeroptera

蜉蝣目 Ephemeroptera 昆虫起源于 318.1 Ma 前的古生代石炭纪，是起源最早的有翅昆虫类群之一。成虫中文俗称蜉蝣，通称"蜉"，英文名为 mayfly。

蜉蝣成虫体小至中等，体态轻盈，不取食，寿命只有几小时到几天，交配产卵后即死亡。卵和稚虫阶段都在水中。稚虫捕食在水中生活的无脊椎动物，也被鱼类等取食。是水质监测的指示生物之一。

成虫头部有发达的复眼、单眼和触角，口器退化。胸部 3 节。前胸小，具前足，雄虫的前足发达，有很长的胫节和跗节。中胸强壮坚硬，后胸小。膜质翅 2 对，前翅大，三角形；后翅小，卵圆形，翅不能折叠，静止时竖立在背上，翅脉原始。

第一节　区系组成及特点
Segment 1　Fauna and Character

蜉蝣目 Ephemeroptera 昆虫全世界共有 45 科 542 属 4 035 种。广泛且较均匀地分布于除南极洲外的其余 6 个大洲（表 4–5）。45 个科中，除 14 科没有分布记录外，有 11 科局限于 1 个大洲内，其余 20 科均为跨大洲分布，尤其是四节蜉科 Baetidae、细蜉科 Caenidae、扁蜉科 Heptageniidae、细裳蜉科 Leptophlebiidae 4 个科在 6 个大洲都有分布。各大洲拥有的科数和属数也比较均匀，北美洲最多，有 19

科 105 属，大洋洲最少，有 11 科 41 属。

蜉蝣目 Ephemeroptera 昆虫翅的出现，无疑使昆虫的活动方式发生革命性的变化，但由于成虫寿命短，飞行还不能成为种群扩散的主要方式。稚虫能够随水流漂浮，是种群扩散的主要动力。

表 4-5　蜉蝣目 Ephemeroptera 昆虫的区系组成

昆虫科名称	属数	种数	各洲属数						
			欧洲	亚洲	非洲	大洋洲	北美洲	南美洲	南极洲
1. Acanthametropodidae	2	3					2		
2. Ameletidae	2	63	2	1				1	1
3. Ameletopsidae	4	7				2			
4. 巨跗蜉科 Ametripodidae	3	5			1		1		
5. Arthropleidae	1	1							
6. Australiphemeridae	3	3							
7. Austremerellidae	1	1							
8. 四节蜉科 Baetidae	115	1 058	9	10	27	5	22	15	
9. 圆裳蜉科 Baetiscidae	1	15					1		
10. 平脉蜉科 Behningiidae	4	8							
11. 细蜉科 Caenidae	26	237	2	3	4	1	6	4	
12. Chromarcyidae	1	1							
13. Coloburiscidae	3	8				2			
14. Coryphoridae	1	1							
15. Dicercomyzidae	1	4			1				
16. Dipteromimidae	1	2							
17. 蜉蝣科 Ephemeridae	12	109	1	2	2		5	1	
18. Ephemerythidae	2	8			1				
19. 小蜉科 Ephenerellidae	32	242	3	12			1	13	
20. 直蜉科 Euthyplociidae	6	15			2			2	
21. 扁蜉科 Heptageniidae	45	799	9	14	5	2	18	1	
22. Ichthybotidae	1	2				1			
23. 等蜉科 Isonychiidae	1	53		1			1		
24. Leptohyphidae	19	177					7	8	
25. 细裳蜉科 Leptophlebiidae	155	739	6	13	8	21	14	24	
26. Machadorythidae	1	1			1				
27. Melanemerellidae	1	1							
28. 长跗蜉科 Metretopodidae	3	15	1				2		
29. 新蜉科 Neoephemeridae	4	17		1			1		
30. Nesameletidae	4	8				1		1	
31. 寡脉蜉科 Oligoneuriidae	16	66	2		2		2	2	
32. Oniscigastridae	3	10				3			
33. 褶缘蜉科 Palingeniidae	7	36	1						
34. 多脉蜉科 Polymitarcyidae	11	98	1	3			3	2	
35. 河花蜉科 Potamanthidae	7	54	1	5			1		

（续表 4-5）

昆虫科名称	属数	种数	各洲属数						
			欧洲	亚洲	非洲	大洋洲	北美洲	南美洲	南极洲
36. 鲎蜉科 Prosopistomatidae	1	25	1		1		1		
37. Rallidentidae	1	2							
38. Sharephemeridae	1	1							
39. Siphlaenigmatidae	1	1							
40. 短丝蜉科 Siphlonuridae	22	69	3	2			2	4	
41. Siphluriscidae	1	1							
42. Teloganellidae	1	1							
43. Teloganodidae	8	26		1	3				
44. 毛蜉科 Tricorythidae	5	37			1				
45. Vietnamellidae	1	3							
46. 未细分	1	2		1					
合计	542	4 035	42	70	60	41	105	61	
各洲科数			14	15	14	11	19	11	

第二节　分布地理及 MSCA 分析
Segment 2　Geographical Distribution and MSCA

由于蜉蝣主要靠水流扩散，在缺少溪流的沙漠和高原，蜉蝣还难以到达。在有分布记录的 251 属中，共在 54 个 BGU 有 1 025 属·单元的记录（表 4-6），类群丰富地区有北美洲、非洲南部、欧洲，以及中国等。其中局限于单个 BGU 的有 73 属，分布于 2～5 个 BGU 的有 83 属，分布于 6～9 个 BGU 的有 73 属，有 22 属分布于 10 个以上 BGU，分布最广的 2 个属各分布于 27 个 BGU。平均每属分布域为 4.08 单元，平均每个单元有 19 属蜉蝣。除个别记录较少的单元外，已具备了数量分析的条件。尝试对拥有 5 属以上的 BGU 进行聚类分析（图 4-1）。

表 4-6　蜉蝣目 Ephemeroptera 昆虫在各 BGU 的分布

地理单元	属数	地理单元	属数	地理单元	属数
01 北欧	27	28 朝鲜半岛	7	56 新南威尔士	11
02 西欧	27	29 日本	19	57 维多利亚	18
03 中欧	32	30 喜马拉雅地区	2	58 塔斯马尼亚	6
04 南欧	26	31 印度半岛	2	59 新西兰	10
05 东欧	5	32 缅甸地区	9	61 加拿大东部	57
06 俄罗斯欧洲部分	1	33 中南半岛	18	62 加拿大西部	49
11 中东地区	1	34 菲律宾		63 美国东部山区	52
12 阿拉伯沙漠		35 印度尼西亚地区	8	64 美国中部平原	58
13 阿拉伯半岛南端		41 北非	2	65 美国中部丘陵	51
14 伊朗高原		42 西非	16	66 美国西部山区	50
15 中亚地区		43 中非		67 墨西哥	20

（续表 4-6）

地理单元	属数	地理单元	属数	地理单元	属数
16 西西伯利亚平原		44 刚果河流域	2	68 中美地区	27
17 东西伯利亚高原	22	45 东北非	12	69 加勒比海岛屿	
18 乌苏里地区	14	46 东非	5	71 奥里诺科河流域	21
19 蒙古高原		47 中南非	40	72 圭亚那高原	
20 帕米尔高原		48 南非	55	73 安第斯山脉北段	43
21 中国东北	26	49 马达加斯加地区	2	74 亚马孙平原	9
22 中国西北	2	50 新几内亚	1	75 巴西高原	33
23 中国青藏高原		51 太平洋岛屿	1	76 玻利维亚	5
24 中国西南	16	52 西澳大利亚	4	77 南美温带草原	6
25 中国南部	28	53 北澳大利亚	4	78 安第斯山脉南段	
26 中国中东部	41	54 南澳大利亚	4	合计（属·单元）	1 025
27 中国台湾	16	55 昆士兰	3	全世界	541

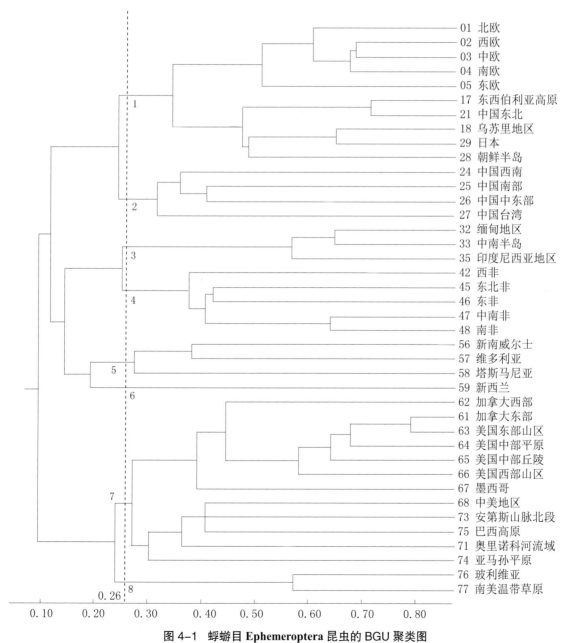

图 4-1　蜉蝣目 Ephemeroptera 昆虫的 BGU 聚类图

图 4–1 显示，40 个 BGU 的总相似性系数是 0.093，在相似性系数为 0.260 的水平时，这些 BGU 聚成 8 个单元群：

1 欧亚单元群：涉及欧洲及亚洲北部的 10 个 BGU，共 55 属。

2 中国单元群：涉及中国的 4 个 BGU，共 58 属。

3 东南亚单元群：涉及东南亚的 3 个 BGU，共 23 属。

4 非洲单元群：涉及非洲的 5 个 BGU，共 60 属。

5 澳大利亚单元群：涉及澳大利亚的 3 个 BGU，共 31 属。

6 新西兰单元：仅 1 个 BGU，共 10 属。

7 美洲单元群：涉及北美洲、南美洲的 12 个 BGU，共 134 属。

8 阿根廷单元群：涉及南美洲南端 2 个 BGU，仅 7 属。

这些单元群的组成单元在地理上都相邻相连，各群之间具有相对独立性。暂时以阿拉伯数字编号，以备与各目的分析结果进行比较。

第四章　蜻蜓目

Chapter 4　Order Odonata

蜻蜓目 Odonata 昆虫俗称"蜻蜓""豆娘"，统称"蜻""蜓""蟌"，英文名为 dragonfly。虫体中到大型，体形细长，圆筒形，一般体长 30～90 mm，最大 150 mm，最小 20 mm。头部有发达的复眼和 3 只单眼，触角短，刚毛状。口器下口式、咀嚼式，上颚发达。胸部有翅 2 对，膜质透明，翅脉网状，翅室众多，不能折叠，静止时平伸于两侧或竖立在背上，前后翅之间没有连接构造。腹部长圆筒形，雄虫第 2、3 腹节腹板形成副生殖器官，因此蜻蜓目 Odonata 昆虫交尾姿态特别。

蜻蜓目 Odonata 起源于古生代石炭纪中期，距今约 323.2 Ma。化石约有 100 科之多。

蜻蜓目 Odonata 昆虫成虫陆生，幼虫水生，均为捕食性。

第一节　区系组成及特点
Segment 1　Fauna and Character

世界现生蜻蜓目 Odonata 昆虫有 35 科 794 属 6 398 种（表 4–7）。分为差翅、均翅、间翅 3 个亚目，差翅亚目有 7 科 415 属 3 160 种，分别是"蜻""蜓"；均翅亚目有 27 科 378 属 3 225 种，统称"蟌"；间翅亚目只有 1 科 1 属 2 种，称为"蟌蟌"。

由于蜻蜓目 Odonata 昆虫成虫寿命比蜉蝣目 Ephemeroptera 昆虫成虫长，身体粗壮，飞翔力强，有报告说蜻蜓还有占领地域的习性，这都为种群扩散创造了条件，所以蜻蜓的分布范围比蜉蝣目 Ephemeroptera 昆虫更广。35 科中，除 4 个科没有分布记录外，局限于 1 个大洲内有 6 个科，其余 25 科都是跨大洲分布，尤其是蜓科 Aeshnidae、春蜓科 Gomphidae、蜻科 Libellulidae、伪蜻科 Corduliidae、蟌科 Coenagrionidae、色蟌科 Calopterygidae、丝蟌科 Lestidae 7 个科都分布在除南极洲外的 6 个大洲。各大洲蜻蜓类群也较均匀，亚洲最多，有 24 科 227 属，欧洲最少，有 15 科 51 属，其余 4 个大洲相差无几。

表 4-7 蜻蜓目 Odonata 昆虫的区系组成

昆虫科名称	属数	种数	各洲属数						
			欧洲	亚洲	非洲	大洋洲	北美洲	南美洲	南极洲
1. Aeschnidae	12	12	1	2		1			
2. 蜓科 Aeshnidae	54	513	8	19	6	15	15	12	
3. Allopetaliidae	1	2		1	1		1		
4. 丽蟌科 Amphipterygidae	5	12	1	1			1	1	
5. Austropetaliidae	4	11				2		2	
6. 色蟌科 Calopterygidae	27	198	2	11	3	1	2	4	
7. 犀蟌科 Chlorocyphidae	20	162	1	8	3	1	1		
8. 蟌科 Coenagrionidae	109	1 233	8	26	11	19	19	23	
9. Cordulegasteridae	1	1	1	1					
10. 大蜓科 Cordulegastridae	10	107	1	9			1		
11. Cordulephyidae	1	1							
12. 伪蜻科 Corduliidae	54	412	4	8	4	14	11	5	
13. Dicteriadidae	2	2						1	
14. 蟌蜓科 Epiophlebiidae	1	2		1					
15. 溪蟌科 Euphaeidae	16	79	1	10					
16. 春蜓科 Gomphidae	107	1 036	7	41	15	8	20	19	
17. Heliocharitidae	2	2							
18. 歧蟌科 Hemiphlebiidae	2	2							
19. Isostictidae	14	49				11			
20. 丝蟌科 Lestidae	9	157	2	6	1	3	2	2	
21. 拟丝蟌科 Lestoideidae	3	13		1		2			
22. 蜻科 Libellulidae	182	1 072	12	46	43	34	37	36	
23. 大蜻科 Macromiidae	1	20		1					
24. 山蟌科 Megapodagrionidae	44	330		9	3	7	5	9	
25. Neopetaliidae	1	1							
26. Perilestidae	3	19			1		1	2	
27. 古蜓科 Petaluridae	7	13	1	3		2	2	1	
28. 扇蟌科 Platycnemididae	31	227	1	8	7	5		1	
29. 扁蟌科 Platystictidae	7	229		5	1	1	1	1	
30. 美蟌科 Polythoridae	8	60					2	4	
31. 原蟌科 Protoneuridae	29	288		5	4	1	3	6	
32. 伪丝蟌科 Pseudolestidae	3	14		3					
33. 畸痣蟌科 Pseudostigmatidae	7	18					3	4	
34. 综蟌科 Synlestidae	9	50		2	2	3	1	2	
35. Synthemistidae	8	51				8			
合计	794	6 398	51	227	106	138	128	135	
各洲科数			15	24	16	19	19	19	

第二节　分布地理及 MSCA 分析
Segment 2　Geographical Distribution and MSCA

　　蜻蜓目 Odonata 昆虫不同于前 3 目昆虫的是，它分布到了所有 BGU 中（表 4–8）。除 273 属没有分布记录外，521 属在 67 个 BGU 中共有 2 887 属·单元的分布记录，其中局限在单个 BGU 中的有 134 属，分布于 2～10 个 BGU 的有 318 属，分布于 11～20 个 BGU 的有 49 属，分布于 20 个以上 BGU 的有 21 属，最多的属分布到 53 个 BGU。平均每属分布域为 5.52 个 BGU，平均每个 BGU 分布有 43 属。诚然，各个 BGU 之间，分布属数是不均匀的，有 3 个 BGU 在 5 属以下，有 8 个 BGU 拥有 80 属以上。对 5 属以上的 64 个 BGU 进行 MSCA 分析，结果如图 4–2。

　　图 4–2 聚类结果显示，总相似性系数为 0.086，在相似性系数为 0.260 的水平上，聚成 7 个大单元群：

　　1 欧洲、中亚单元群：由欧洲及中亚、北非共 12 个 BGU 聚成，共有 62 属，其中特有属 13 属，占 20.63%。

　　2 东亚单元群：由北亚、东亚共 12 个 BGU 组成，共 182 属，其中特有属 38 属，占 20.88%。

表 4-8　蜻蜓目 Odonata 昆虫在各 BGU 的分布

地理单元	属数	地理单元	属数	地理单元	属数
01 北欧	26	28 朝鲜半岛	21	56 新南威尔士	73
02 西欧	30	29 日本	65	57 维多利亚	52
03 中欧	32	30 喜马拉雅地区	7	58 塔斯马尼亚	17
04 南欧	48	31 印度半岛	50	59 新西兰	12
05 东欧	20	32 缅甸地区	84	61 加拿大东部	49
06 俄罗斯欧洲部分	4	33 中南半岛	104	62 加拿大西部	27
11 中东地区	25	34 菲律宾	12	63 美国东部山区	72
12 阿拉伯沙漠	3	35 印度尼西亚地区	82	64 美国中部平原	59
13 阿拉伯半岛南端	17	41 北非	13	65 美国中部丘陵	71
14 伊朗高原	5	42 西非	56	66 美国西部山区	51
15 中亚地区	11	43 中非	22	67 墨西哥	77
16 西西伯利亚平原	1	44 刚果河流域	82	68 中美地区	69
17 东西伯利亚高原	25	45 东北非	8	69 加勒比海岛屿	36
18 乌苏里地区	29	46 东非	13	71 奥里诺科河流域	65
19 蒙古高原	6	47 中南非	58	72 圭亚那高原	59
20 帕米尔高原	5	48 南非	56	73 安第斯山脉北段	96
21 中国东北	44	49 马达加斯加地区	27	74 亚马孙平原	59
22 中国西北	17	50 新几内亚	40	75 巴西高原	31
23 中国青藏高原	13	51 太平洋岛屿	18	76 玻利维亚	33
24 中国西南	91	52 西澳大利亚	44	77 南美温带草原	33
25 中国南部	129	53 北澳大利亚	59	78 安第斯山脉南段	13
26 中国中东部	132	54 南澳大利亚	17	合计（属·单元）	2 887
27 中国台湾	88	55 昆士兰	94	全世界	794

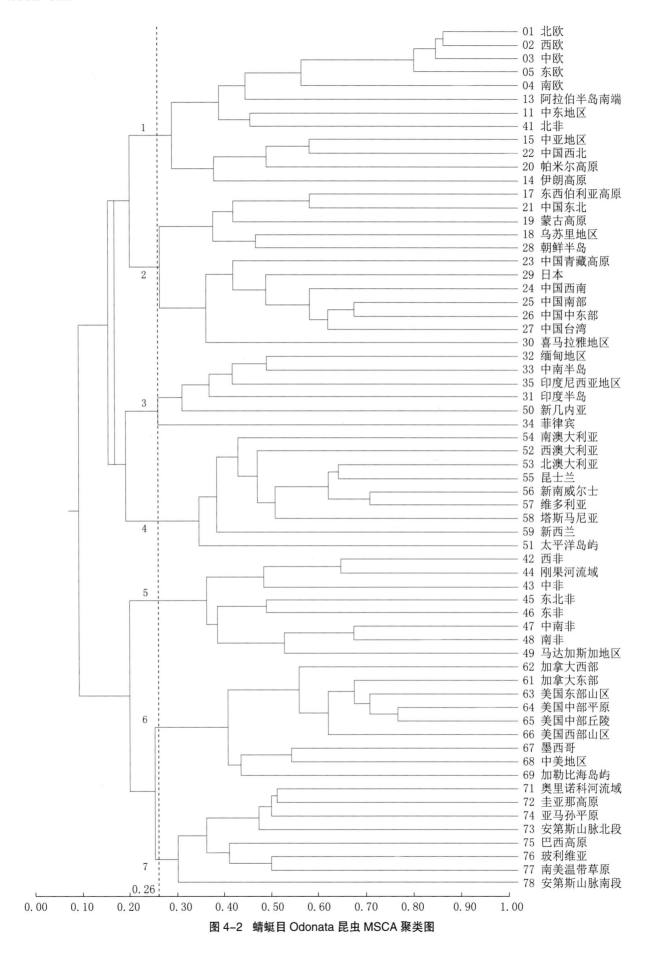

图 4-2　蜻蜓目 Odonata 昆虫 MSCA 聚类图

3 东南亚单元群：由南亚、东南亚及新几内亚岛共 6 个 BGU 组成，共 167 属，其中特有属 32 属，占 19.16%。

4 非洲单元群：由北非以外的非洲各 BGU 组成，共 106 属，其中特有属 53 属，占 50.00%。

5 大洋洲单元群：由新几内亚岛以外的大洋洲各 BGU 组成，共 122 属，其中特有属 74 属，占 60.66%。

6 北美单元群：由北美共 9 个 BGU 组成，共 128 属，其中特有属 33 属，占 25.78%。

7 南美单元群：由南美共 8 个 BGU 组成，共 135 属，其中特有属 56 属，占 41.48%。

第五章 襀翅目

Chapter 5 Order Plecoptera

襀翅目 Plecoptera 昆虫俗称石蝇，统称 "襀"，英文名为 stonefly。虫体小型至中型，扁平，体软。头部宽阔，复眼发达，单眼有或无，触角丝状多节，口器咀嚼式。胸部发达，有翅 2 对，膜质，后翅臀区大，翅脉多，静止时可以折叠于体背。

成虫多数不取食，少数能取食植物，飞翔能力弱，很少远离水边，一般在溪水旁的树木、草丛或石头上活动栖息。稚虫多生活于鲜活水域中，取食水中的藻类、植物碎片或小型动物，也为鱼类所捕食，是淡水生态食物链的重要环节。

第一节 区系组成及特点
Segment 1 Fauna and Character

襀翅目 Plecoptera 昆虫起源于 290.1 Ma 前的古生代二叠纪早期，遍布于南极洲以外的各大洲（Illies，1965）。

全世界现生襀翅目昆虫 16 科 308 属 3 585 种（表 4–9），分为南襀亚目 Antaretoperlaria 和北襀亚目 Aretoperlaria，南襀亚目 Antaretoperlaria 有 4 科 71 属 334 种，分布于大洋洲和南美洲；北襀亚目 Aretoperlaria 除分布于北半球外，也有分布于南半球的。襀科 Perlidae、黑襀科 Capniidae 在各洲都有分布。

各大洲中，以亚洲最为丰富，有 11 科 128 属；北美洲次之，有 9 科 92 属；非洲最少，有 8 科 30 属。各科中，始襀科 Diamphipnoidae 仅分布于南美洲，裸襀科 Scopuridae 和刺襀科 Styloperlidae 仅分布于亚洲，有 5 个科分布于 2 个大洲，其余 8 个科分别分布于 3 ～ 6 个大洲。

表 4-9　襀翅目 Plecoptera 昆虫的区系组成

昆虫科名称	属数	种数	各洲属数						
			欧洲	亚洲	非洲	大洋洲	北美洲	南美洲	南极洲
1. 澳襀科Austroperlidae	9	12				7		2	
2. 黑襀科Capniidae	28	252	4	11	7	4	8	4	
3. 绿襀科Chloroperlidae	17	111	4	13	1		9		
4. 始襀科Diamphipnoidae	2	5						2	
5. 原襀科Eustheniidae	7	24				5		2	
6. 纬襀科 Gripopterygidae	53	293				17		22	
7. 卷襀科Leuctridae	12	368	4	4	3		7		
8. 叉襀科Nemouridae	19	696	7	10	3		12		
9. 背襀科Notonemouridae	24	124			7	12		4	
10. 扁襀科Peltoperlidae	12	68		9			4		
11. 襀科Perlidae	54	1 156	5	37	5	1	17	13	
12. 网襀科Perlodidae	53	336	14	30	3		26	1	
13. 大襀科Pteronarcidae	3	13		1			3		
14. 裸襀科Scopuridae	1	1		1					
15. 刺襀科Styloperlidae	2	10		2					
16. 带襀科Taeniopterygidae	12	116	6	9	1		6		
合计	308	3 585	44	128	30	46	92	50	
各洲科数			7	11	8	6	9	8	

第二节　分布地理及 MSCA 分析
Segment 2　Geographical Distribution and MSCA

　　襀翅目 Plecoptera 昆虫由于成虫飞行能力较弱，且不远离水边，其种群扩散能力大受限制，分布范围略广于蜉蝣目，远窄于蜻蜓目 Odonata。在 67 个 BGU 中，大陆性干旱地区及沙漠地区种类较少甚至没有，这一特点是可以理解的。另一个特点是温带地区丰富，热带地区种类比较贫乏，如非洲主要分布于北非和南非，大洋洲主要分布于塔斯马尼亚和新西兰，南美洲主要分布于阿根廷南部，中美地区一反常态，种类极其有限，东南亚虽有一些类群，其数量也低于温带地区。

　　在有分布记录的 290 属中，局限于 1 个 BGU 的有 92 属，占 32.4%；分布于 2 ～ 5 个 BGU 的有 151 属，占 51.5%；其余 47 属分布在 6 个 BGU 以上，其中 5 属分布在 20 以上的 BGU 中（表4-10）。67 个 BGU 中，5 个 BGU 没有襀翅目 Plecoptera 昆虫分布，18 个 BGU 在 5 属以下。290 属在 62 个 BGU 中

表 4-10 襀翅目 Plecoptera 昆虫在各 BGU 中的分布

地理单元	属数	地理单元	属数	地理单元	属数
01 北欧	21	28 朝鲜半岛	11	56 新南威尔士	20
02 西欧	23	29 日本	51	57 维多利亚	19
03 中欧	26	30 喜马拉雅地区	22	58 塔斯马尼亚	22
04 南欧	34	31 印度半岛	13	59 新西兰	18
05 东欧	7	32 缅甸地区	2	61 加拿大东部	46
06 俄罗斯欧洲部分	19	33 中南半岛	19	62 加拿大西部	57
11 中东地区	22	34 菲律宾	3	63 美国东部山区	47
12 阿拉伯沙漠	1	35 印度尼西亚地区	14	64 美国中部平原	41
13 阿拉伯半岛南端	1	41 北非	23	65 美国中部丘陵	29
14 伊朗高原	12	42 西非	1	66 美国西部山区	69
15 中亚地区	17	43 中非	1	67 墨西哥	2
16 西西伯利亚平原	4	44 刚果河流域		68 中美地区	2
17 东西伯利亚高原	31	45 东北非		69 加勒比海岛屿	1
18 乌苏里地区	21	46 东非		71 奥里诺科河流域	4
19 蒙古高原	22	47 中南非	1	72 圭亚那高原	2
20 帕米尔高原	5	48 南非	11	73 安第斯山脉北段	6
21 中国东北	20	49 马达加斯加地区	3	74 亚马孙平原	3
22 中国西北	5	50 新几内亚		75 巴西高原	11
23 中国青藏高原	13	51 太平洋岛屿		76 玻利维亚	14
24 中国西南	17	52 西澳大利亚	2	77 南美温带草原	22
25 中国南部	28	53 北澳大利亚	1	78 安第斯山脉南段	35
26 中国中东部	42	54 南澳大利亚	4	合计（属·单元）	1 071
27 中国台湾	22	55 昆士兰	6	全世界	308

共有 1 071 属·单元记录，平均属分布域为 3.69 个 BGU，平均每个 BGU 有 17 属。除去 5 个没有分布和 2 个不与别单元发生联系的单元外，对 60 个 BGU 进行 MSCA 分析，结果如图 4-3 所示。

图 4-3 显示，总相似性系数为 0.057，在相似性系数为 0.170 的水平上，60 个 BGU 聚为 8 个单元群：

1 欧洲中亚单元群：涉及欧洲及中亚共 14 个 BGU，共有 57 属。

2 东亚单元群：涉及北亚、东亚的共 13 个 BGU，共有 111 属。

3 东南亚单元群：涉及南亚、东南亚等共 6 个 BGU，共有 29 属。

4 非洲单元群：仅 2 个 BGU，只有 1 属。

5 南非单元：只有 1 个 BGU，共有 11 属。

6 大洋洲单元群：涉及大洋洲除北澳大利亚以外的 7 个 BGU，共有 45 属。

7 北美洲单元群：涉及北美、中美、南美北部的共 13 个 BGU，共有 99 属。

8 南美洲单元群：涉及南美洲南部的 4 个 BGU，共有 47 属。

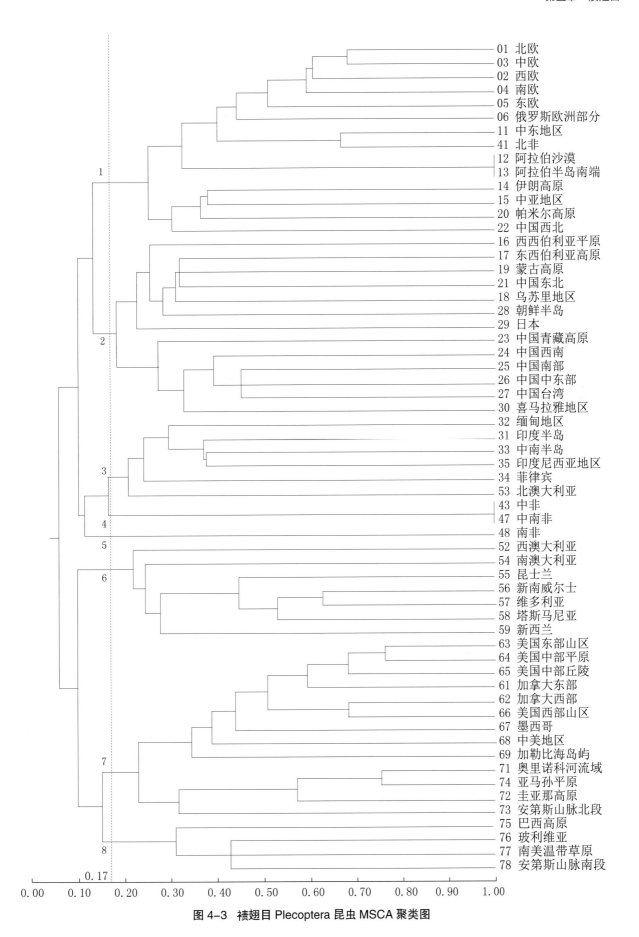

图 4-3　襀翅目 Plecoptera 昆虫 MSCA 聚类图

第六章　蜚蠊目

Chapter 6　Order Blattodea

蜚蠊目 Blattodea 昆虫俗称"蟑螂""土鳖"等，统称"蠊"，英文名为 cockroach。体长 2 ～ 100 mm，体扁平，卵圆形，触角丝状，复眼肾形，口器咀嚼式。一般有翅 2 对，有些种类翅退化或无翅，也有些种类前翅角质。两性生殖，偶有孤雌生殖现象。

蜚蠊目 Blattodea 昆虫起源于 323.2 Ma 前的石炭纪，适应性强，生活范围广。一般生活于石块、树皮、枯枝落叶、垃圾堆、朽木、洞穴、暖气管隧道内，也有些种类生活于人类居室内。食性杂，喜好糖和淀粉物质，能污染食物，传播病菌和寄生虫，属于卫生害虫。有些种类能够作为中药材，也有些种类为害树木和栽培植物。

第一节　区系组成及特点
Segment 1　Fauna and Character

蜚蠊目 Blattodea 昆虫世界共有 8 科 490 属 4 428 种（表 4–11）。除南极洲外，6 个大洲都有分布。其中硕蠊科 Blaberidae、姬蠊科 Blattellidae、蜚蠊科 Blattidae、地鳖蠊科 Polyphagidae 4 个科世界性分布，辉蠊科 Lamproblattidae 和工蠊科 Tryonicidae 2 个科分布于 2 个大洲，隐尾蠊科 Cryptocercidae 和螱蠊科 Noeticolidae 2 个科分布于 3 个大洲。

6 个大洲中欧洲最少，只有 5 科 14 属；大洋洲和北美洲几乎相等，亚洲、非洲、南美洲几乎相等。

表 4-11 蜚蠊目 Blattodea 昆虫的区系组成

昆虫科名称	属数	种数	各洲属数						
			欧洲	亚洲	非洲	大洋洲	北美洲	南美洲	南极洲
1. 硕蠊科 Blaberidae	165	1 211	2	41	54	21	24	55	
2. 姬蠊科 Blattellidae	220	2 295	7	60	67	45	53	72	
3. 蜚蠊科 Blattidae	46	615	2	22	12	24	8	7	
4. 隐尾蠊科 Cryptocercidae	1	12	1	1			1		
5. 辉蠊科 Lamproblattidae	3	10					1	3	
6. 蟗蠊科 Nocticolidae	9	32		6	4	2			
7. 地鳖蠊科 Polyphagidae	39	221	2	17	12	4	12	14	
8. 工蠊科 Tryonicidae	7	32		1		6			
合计	490	4 428	14	148	149	102	99	151	
各洲科数			5	7	5	6	6	5	

第二节 分布地理及 MSCA 分析
Segment 2 Geographical Distribution and MSCA

蜚蠊目 Blattodea 昆虫虽然适应性强，分布范围广，但从表 4-12 可以看出，与襀翅目 Plecoptera 相反，蜚蠊目 Blattodea 昆虫喜好热带和亚热带气候，欧洲、北亚、北美北部的 BGU 属数显著偏少，主要集中分布在热带雨林地区。

490 属中，只有 8 个属没有分布记录，有分布记录的 482 属中，局限于单个 BGU 的有 153 属，分布在 2～5 个 BGU 的有 204 属，分布在 6～10 个 BGU 的有 82 属，分布在 11～20 个 BGU 的有 34 属，其余 9 属都分布在 20 个 BGU 以上，最广的达到 35 个 BGU。

67 个 BGU 中，有 2 个 BGU 没有分布记录，分布属数在 5 属以下的共有 7 个。482 属在 65 个 BGU 共有 2 090 属·单元记录，平均每个 BGU 分布有 32 属，平均每属分布域为 4.33 单元。对分布有 5 属以上的 58 个 BGU 进行 MSCA 计算，结果如图 4-4 所示。

表 4-12 蜚蠊目 Blattodea 昆虫在各 BGU 的分布

地理单元	属数	地理单元	属数	地理单元	属数
01 北欧	3	28 朝鲜半岛	4	56 新南威尔士	46
02 西欧	6	29 日本	16	57 维多利亚	42
03 中欧	3	30 喜马拉雅地区	6	58 塔斯马尼亚	29
04 南欧	8	31 印度半岛	59	59 新西兰	10
05 东欧	7	32 缅甸地区	44	61 加拿大东部	1
06 俄罗斯欧洲部分	6	33 中南半岛	46	62 加拿大西部	
11 中东地区	12	34 菲律宾	53	63 美国东部山区	28

（续表 4–12）

地理单元	属数	地理单元	属数	地理单元	属数
12 阿拉伯沙漠	10	35 印度尼西亚地区	90	64 美国中部平原	20
13 阿拉伯半岛南端	7	41 北非	20	65 美国中部丘陵	27
14 伊朗高原	16	42 西非	56	66 美国西部山区	23
15 中亚地区	10	43 中非	52	67 墨西哥	44
16 西西伯利亚平原	1	44 刚果河流域	54	68 中美地区	62
17 东西伯利亚高原	2	45 东北非	32	69 加勒比海岛屿	36
18 乌苏里地区	2	46 东非	53	71 奥里诺科河流域	42
19 蒙古高原		47 中南非	59	72 圭亚那高原	57
20 帕米尔高原	6	48 南非	44	73 安第斯山脉北段	65
21 中国东北	27	49 马达加斯加地区	45	74 亚马孙平原	91
22 中国西北	23	50 新几内亚	36	75 巴西高原	89
23 中国青藏高原	27	51 太平洋岛屿	32	76 玻利维亚	14
24 中国西南	41	52 西澳大利亚	48	77 南美温带草原	40
25 中国南部	47	53 北澳大利亚	39	78 安第斯山脉南段	5
26 中国中东部	40	54 南澳大利亚	42	合计（属·单元）	2 090
27 中国台湾	29	55 昆士兰	56	全世界	490

图 4–4 显示，58 个 BGU 的总相似性系数为 0.070，在相似性系数为 0.250 的水平上，聚成下列 7 个单元群：

1 欧洲、地中海单元群：涉及欧洲及地中海沿岸的 8 个 BGU，共有 30 属，其中特有属 6 属，占 20.00%。

2 中亚、东亚单元群：涉及中亚、东亚共 12 个 BGU，共有 74 属，其中特有属 13 属，占 17.57%。

3 东南亚单元群：涉及东南亚、新几内亚共 6 个 BGU，共有 133 属，其中特有属 58 属，占 43.61%。

4 大洋洲单元群：涉及除新几内亚岛以外的大洋洲 9 个 BGU，共有 89 属，其中特有属 48 属，占 53.93%。

5 非洲单元群：涉及除北非以外的非洲 8 个 BGU，共有 139 属，其中特有属 105 属，占 75.54%。

6 北美洲单元群：涉及北美洲 7 个 BGU，共有 99 属，其中特有属 26 属，占 26.26%。

7 南美洲单元群：涉及南美洲 8 个 BGU，共有 151 属，其中特有属 84 属，占 55.63%。

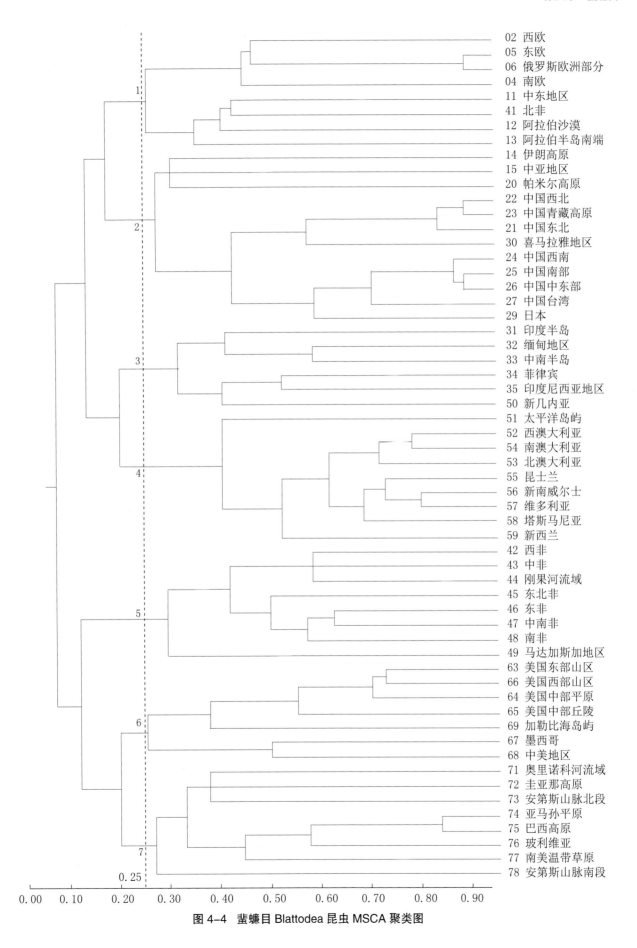

图 4-4 蜚蠊目 Blattodea 昆虫 MSCA 聚类图

第七章　等翅目

Chapter 7　Order Isoptera

等翅目 Isoptera 昆虫俗称"白蚁"，英文名为 termite，为多形态的社会性昆虫，有蚁王、蚁后、工蚁、兵蚁等严密的品级、地位和分工。分工不同，形态与习性也不相同。有翅成虫有 2 对翅，翅的形状几乎相同，大小几乎相等，故名等翅目。翅平叠于腹背，远长过腹部末端。工蚁无翅，担负着筑巢、供食、清洁、开路、搬运、照料幼蚁等维持群体生活的繁重任务。兵蚁有强大的上颚，负责保卫任务。

白蚁在地下、木材内、树木内，甚至地面上构筑蚁巢，蚁巢是白蚁群体生活的大本营，蚁巢的大小与结构各不相同，对林木、建筑、家具、堤坝安全危害甚大。

第一节　区系组成及特点
Segment 1　Fauna and Character

白蚁起源于 136.2 Ma 前的中生代白垩纪。现生种类共 9 科 284 属 2 932 种（表 4–13），遍布于除南极洲以外的 6 个大洲，其中木白蚁科 Kalotermitidae、鼻白蚁科 Rhinotermitidae 广布 6 个大洲，白蚁科 Termitidae 分布于除欧洲以外的 5 个大洲，印白蚁科 Indotermitidae 只分布在亚洲，澳白蚁科 Mastotermitidae 只分布于大洋洲，齿白蚁科 Serritermitidae 只分布在南美洲。

白蚁喜好生活于低纬度、低海拔的原始森林地区，也有种类能够生活于 2 000 m 的山地。因此，主要集中在南北回归线之间的热带、亚热带地区，欧洲、北亚、北美洲北部较少。

表 4-13 等翅目 Isoptera 昆虫的区系组成

昆虫科名称	属数	种数	各洲属数						
			欧洲	亚洲	非洲	大洋洲	北美洲	南美洲	南极洲
1. 草白蚁科Hodotermitidae	3	21		2	3				
2. 印白蚁科Indotermitidae	1	45		1					
3. 木白蚁科Kalotermitidae	21	456	2	10	10	9	13	11	
4. 澳白蚁科Mastotermitidae	1	1				1			
5. 鼻白蚁科Rhinotermitidae	12	315	1	9	6	7	6	6	
6. 齿白蚁科Serritermitidae	2	3						2	
7. 木鼻白蚁科Stylotermitidae	3	6		2				1	
8. 白蚁科Termitidae	239	2 075		65	102	29	26	61	
9. 原白蚁科Termopsidae	2	10			2	2		1	
合计	284	2 932	3	89	123	48	46	81	
各洲科数			2	6	5	5	4	5	

第二节 分布地理及 MSCA 分析
Segment 2 Geographical Distribution and MSCA

等翅目 Isoptera 昆虫在 67 个 BGU 中分布是不均匀的，主要集中在热带和亚热带区域。284 属中，局限在单个 BGU 的有 77 属，分布在 2～5 个 BGU 的有 136 属，分布在 6～10 个 BGU 的有 45 属，有 15 属分布在 11～20 个 BGU，其余 10 属分布在 20 个 BGU 以上，最多 1 属的分布域为 46 个 BGU。

67 个 BGU 中（表 4-14），没有白蚁分布的有 5 个，5 属以下的有 12 个。284 属共在 62 个 BGU 中有 1 437 属·单元的分布记录，平均每单元分布有 23 属白蚁，平均每属分布域为 5.05 个 BGU。对分布有 5 属以上的 50 个 BGU 进行 MSCA 计算，聚类结果如图 4-5 所示。

表 4-14 等翅目 Isoptera 昆虫在各 BGU 的分布

地理单元	属数	地理单元	属数	地理单元	属数
01 北欧		28 朝鲜半岛	1	56 新南威尔士	22
02 西欧	2	29 日本	10	57 维多利亚	18
03 中欧	1	30 喜马拉雅地区	28	58 塔斯马尼亚	5
04 南欧	3	31 印度半岛	52	59 新西兰	4
05 东欧	1	32 缅甸地区	25	61 加拿大东部	3
06 俄罗斯欧洲部分	1	33 中南半岛	36	62 加拿大西部	2
11 中东地区	9	34 菲律宾	16	63 美国东部山区	12
12 阿拉伯沙漠	11	35 印度尼西亚地区	51	64 美国中部平原	7
13 阿拉伯半岛南端	17	41 北非	11	65 美国中部丘陵	14
14 伊朗高原	19	42 西非	75	66 美国西部山区	12

（续表 4-14）

地理单元	属数	地理单元	属数	地理单元	属数
15 中亚地区	3	43 中非	61	67 墨西哥	22
16 西西伯利亚平原		44 刚果河流域	78	68 中美地区	36
17 东西伯利亚高原	1	45 东北非	30	69 加勒比海岛屿	21
18 乌苏里地区		46 东非	49	71 奥里诺科河流域	32
19 蒙古高原		47 中南非	69	72 圭亚那高原	47
20 帕米尔高原	9	48 南非	37	73 安第斯山脉北段	34
21 中国东北	1	49 马达加斯加地区	23	74 亚马孙平原	51
22 中国西北		50 新几内亚	22	75 巴西高原	57
23 中国青藏高原	6	51 太平洋岛屿	13	76 玻利维亚	33
24 中国西南	14	52 西澳大利亚	28	77 南美温带草原	34
25 中国南部	37	53 北澳大利亚	26	78 安第斯山脉南段	7
26 中国中东部	22	54 南澳大利亚	18	合计（属·单元）	1 437
27 中国台湾	12	55 昆士兰	36	全世界	284

聚类图 4-5 显示，50 个 BGU 的总相似性系数为 0.093，在相似性系数为 0.350 的水平上，聚成下列 7 个单元群：

1 地中海、中亚单元群：涉及地中海、中亚地区的 6 个 BGU，共有 24 属，其中特有属 1 属，占 4.17%。

2 东亚单元群：涉及中国、日本 5 个 BGU，共有 24 属，其中特有属 3 属，占 12.50%。

3 东南亚单元群：涉及中国及东南亚 7 个 BGU，共有 82 属，其中特有属 39 属，占 46.43%。

4 大洋洲单元群：涉及大洋洲的 9 个 BGU，共有 48 属，其中特有属 24 属，占 50.00%。

5 非洲单元群：涉及除北非以外的非洲 8 个 BGU，共有 122 属，其中特有属 92 属，占 76.23%。

6 北美洲单元群：涉及北美及中美地区的 6 个 BGU，共有 30 属，其中特有属 8 属，占 26.67%。

7 南美洲单元群：涉及中美地区、南美洲的 9 个 BGU，共有 87 属，其中特有属 51 属，占 58.62%。

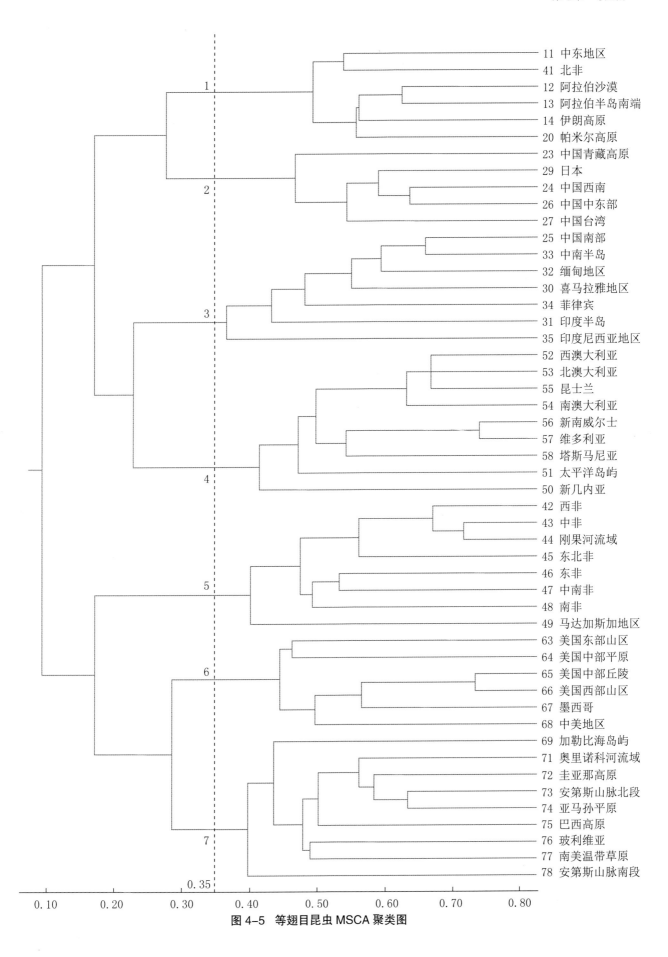

图 4-5 等翅目昆虫 MSCA 聚类图

第八章 螳螂目

Chapter 8 Order Mantodea

螳螂目 Mantodea 昆虫俗称"螳螂""砍刀"，统称"螳"，英文名为 mantis。体形中等至大型，体长10 ～ 110 mm。体色绿或褐、灰，有的有金属色或花斑。体细长，或圆筒形，或扁平呈叶状。头部三角形，能活动。复眼发达，较突出、光滑。单眼3个，三角形排列。触角多节，丝状，或念珠状，或栉状。咀嚼式口器，上颚发达。前胸极度延长成细颈状。前翅为覆翅，后翅膜质，臀域发达，扇状，静止时折叠于腹背。飞翔力不强，雌虫后翅常退化。前足为捕捉足，基节甚长，腿节腹面有凹槽，胫节可折嵌于槽内，腿节和胫节具强刺，利于捕捉猎物。中后足细长，适于步行。

螳螂成虫和若虫营自由生活，均为捕食性，以其他昆虫或小动物为食，也为其他寄生性或捕食性昆虫所攻击，或被两栖类、爬行类、鸟类所吞食。螳螂卵俗名"螵蛸"，可入药。

第一节 区系组成及特点
Segment 1 Fauna and Character

螳螂目 Mantodea 昆虫起源于 152.1 Ma 前的中生代侏罗纪。世界现生种类共 16 科 459 属 2 873 种（Otte, *et al.*, 2014; GBIF, 2016）。除南极洲外，6 个大洲都有螳螂目 Mantodea 昆虫的分布，但科的分布大多有一定局限性，仅螳科能够分布在 6 个大洲，金螳科 Metallyticidae 只分布在亚洲，巫螳科 Sibyllidae 和

Galinthiadidae 只分布在非洲，其余 12 科分别分布在 2～5 个大洲内。各大洲中，以亚洲最多，有 12 科 70 属；欧洲最少，仅 4 科 11 属（表 4–15）。

表 4–15　螳螂目 Mantodea 昆虫的区系组成

昆虫科名称	属数	种数	各洲属数						
			欧洲	亚洲	非洲	大洋洲	北美洲	南美洲	南极洲
1. Acanthopidae	13	96			1		5	5	
2. 怪足螳科 Amorphoscelidae	17	115	1	1	6	5			
3. 缺爪螳科 Chaeteessidae	1	9					1	1	
4. 锥头螳科 Empusidae	10	55	1	3	4				
5. 方额螳科 Eremiaphilidae	2	83		1	1				
6. Galinthiadidae	4	25			3				
7. 花螳科 Hymenopodidae	48	328		14	4		2		
8. 虹翅螳科 Iridopterygidae	45	159		8	6	5			
9. 乳螳科 Liturgusidae	17	89		3	3	3	3	3	
10. 螳科 Mantidae	204	1 343	8	30	14	11	17	15	
11. 类螳科 Mantoididae	1	11					1	1	
12. 金螳科 Metallyticidae	1	5		1					
13. 巫螳科 Sibyllidae	3	21			1				
14. Terachodidae	32	261	1	5	6	1			
15. 细足螳科 Thespidae	44	217		1	2		10	12	
16. 扁尾螳科 Toxoderidae	17	56		2	1				
合计	459	2 873	11	70	51	25	40	37	
各洲科数			4	12	12	5	8	6	

第二节　分布地理及 MSCA 分析
Segment 2　Geographical Distribution and MSCA

螳螂目 Mantodea 昆虫白天活动，又能捕食害虫，是人们熟悉的天敌昆虫类群，但人们对它们的分布记录却相当薄弱。459 属中有 280 属没有分布记录，有记录的 179 属中，局限在单个 BGU 内的有 81 属，分布在 2～5 个 BGU 内的有 74 属，分布在 6～10 个 BGU 内的有 21 属，仅有 3 属分布在 10 个 BGU 以上。

67 个 BGU 中，有 7 个没有螳螂分布，不足 5 属的 BGU 有 28 个，拥有 30 属以上的 BGU 只有中国南部、中国中东部、中南半岛、印度尼西亚地区、中美地区 5 个（表 4–16）。尝试对 2 属以上的 50 个 BGU 进行 MSCA 计算，结果如图 4–6 所示。

表 4–16　螳螂目 Mantodea 昆虫在各 BGU 的分布

地理单元	属数	地理单元	属数	地理单元	属数
01 北欧		28 朝鲜半岛	2	56 新南威尔士	5
02 西欧	2	29 日本	7	57 维多利亚	2

（续表 4-16）

地理单元	属数	地理单元	属数	地理单元	属数
03 中欧	1	30 喜马拉雅地区	4	58 塔斯马尼亚	3
04 南欧	11	31 印度半岛	6	59 新西兰	2
05 东欧		32 缅甸地区	16	61 加拿大东部	1
06 俄罗斯欧洲部分		33 中南半岛	32	62 加拿大西部	1
11 中东地区	8	34 菲律宾	4	63 美国东部山区	8
12 阿拉伯沙漠	1	35 印度尼西亚地区	30	64 美国中部平原	5
13 阿拉伯半岛南端	4	41 北非	8	65 美国中部丘陵	8
14 伊朗高原	3	42 西非	25	66 美国西部山区	8
15 中亚地区	2	43 中非	5	67 墨西哥	17
16 西西伯利亚平原		44 刚果河流域	6	68 中美地区	30
17 东西伯利亚高原	2	45 东北非	1	69 加勒比海岛屿	4
18 乌苏里地区	1	46 东非	8	71 委内瑞拉	8
19 蒙古高原		47 中南非	5	72 奥里诺科河流域	1
20 帕米尔高原		48 南非	11	73 安第斯山脉北段	29
21 中国东北	4	49 马达加斯加地区	7	74 亚马孙平原	13
22 中国西北	4	50 新几内亚	4	75 巴西高原	6
23 中国青藏高原		51 太平洋岛屿	2	76 玻利维亚	2
24 中国西南	27	52 西澳大利亚	4	77 南美温带草原	7
25 中国南部	36	53 北澳大利亚	1	78 安第斯山脉南段	1
26 中国中东部	35	54 南澳大利亚	1	合计（属·单元）	518
27 中国台湾	12	55 昆士兰	15	全世界	459

图 4-6 可以看出，虽然该目分布狭窄，资料又少，但聚类结果和前面几个目结果差别不大，除了相似性水平稍低外，所聚各类的组成基本相同。总相似性系数为 0.048，在相似性系数为 0.170 的水平上，50个 BGU 聚为 7 个单元群：

1 欧洲、地中海、中亚单元群：涉及这些地区共 8 个 BGU，共有 17 属，其中特有属 9 属，占 52.94%。

2 北亚、东亚单元群：涉及这些地区共 8 个 BGU，共有 43 属，其中特有属 9 属，占 20.93%。

3 东南亚单元群：包括昆士兰地区在内的东南亚共 9 个 BGU，共有 63 属，其中特有属 21 属，占 33.33%。

4 大洋洲单元群：除昆士兰以外的大洋洲共 5 个单元群，共有 12 属，其中特有属 5 属，占 41.67%。

5 非洲单元群：除北非以外的非洲 7 个 BGU，共有 47 属，其中特有属 38 属，占 80.85%。

6 北美洲单元群：涉及北美洲 5 个 BGU，共有 16 属，其中特有属 8 属，占 50.00%。

7 南美洲单元群：涉及南美洲及中美地区的 8 个 BGU，共有 51 属，其中特有属 17 属，占 33.33%。

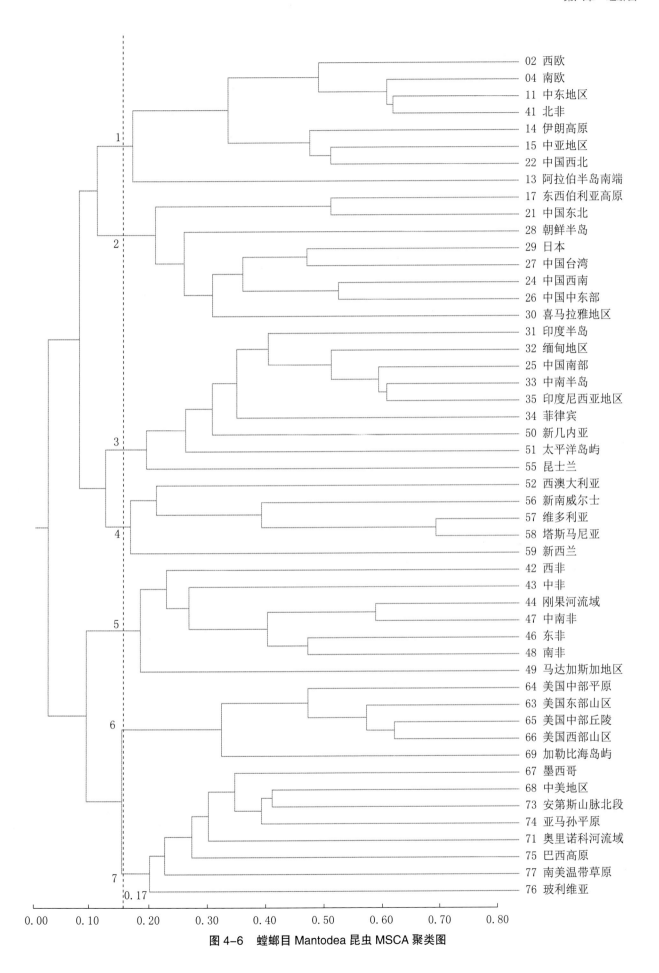

图 4-6　螳螂目 Mantodea 昆虫 MSCA 聚类图

第九章　蛩蠊目

Chapter 9　Order Grylloblattodea

第一节　区系组成及特点
Segment 1　Fauna and Character

蛩蠊目 Grylloblattodea 昆虫是一个小目。它起源于 318.1 Ma 前的古生代石炭纪后期，二叠纪是其繁荣时期，遍布各大洲，目前发现的蛩蠊目 Grylloblattodea 化石有 46 科 320 属 700 种。进入中生代后，蛩蠊目 Grylloblattodea 昆虫逐渐衰落。现生种类只有 1 科——蛩蠊科 Grylloblattidae，共 5 属 37 种（表 4–17）。

表 4-17　蛩蠊目 Grylloblattodea 昆虫的区系组成

昆虫属名称	属数	种数	各洲属数						
			欧洲	亚洲	非洲	大洋洲	北美洲	南美洲	南极洲
1. 格氏蛩蠊属 Galloisiana	1	14		1					
2. 蛩蠊属 Grylloblatta	1	17					1		
3. 西蛩蠊属 Grylloblattella	1	3		1					
4. 东蛩蠊属 Grylloblattina	1	1		1					
5. 纳蛩蠊属 Namkumgia	1	2		1					
合计	5	37		4			1		
各洲科数				1			1		

蛩蠊目 Grylloblattodea 昆虫特征原始，成虫无翅，体表被细毛；复眼有或无，无单眼；触角细长丝状，27～50节；前口式，咀嚼式口器，上颚发达；3个胸节背板形状相似，能自由活动；3对足细长，相似，跗节5节；腹部10节，腹末有丝状尾须1对。

蛩蠊目 Grylloblattodea 昆虫生活于冰河边缘、湖沼周围、冰雪表面以及林地腐木、碎石下或洞穴中。适宜气温为0℃，超过16℃死亡率显著增加。生长发育缓慢，生活周期长，完成1个世代需要7～8年，仅幼虫期就需要5年。成、幼虫营隐蔽生活，喜夜出，不喜群集，互相残杀，杂食性。

第二节　分布地理
Segment 2 Geographical Distribution

虽然古生蛩蠊目 Grylloblattodea 昆虫分布广泛，但现生种类仅生活于33°N～60°N的地带。由于无翅，不喜温暖，生长发育缓慢，使得属种的分布地域非常狭窄（表4-18）。蛩蠊属 *Grylloblatta* 的分布区域仅局限在北美洲落基山以西地区；格氏蛩蠊属 *Galloisiana* 分布区域限于亚洲东北部的中国东北、乌苏里地

表4-18　蛩蠊目 Grylloblattodea 昆虫在各 BGU 的分布

地理单元	属数	地理单元	属数	地理单元	属数
01 北欧		28 朝鲜半岛	2	56 新南威尔士	
02 西欧		29 日本	1	57 维多利亚	
03 中欧		30 喜马拉雅地区		58 塔斯马尼亚	
04 南欧		31 印度半岛		59 新西兰	
05 东欧		32 缅甸地区		61 加拿大东部	
06 俄罗斯欧洲部分		33 中南半岛		62 加拿大西部	1
11 中东地区		34 菲律宾		63 美国东部山区	
12 阿拉伯沙漠		35 印度尼西亚地区		64 美国中部平原	
13 阿拉伯半岛南端		41 北非		65 美国中部丘陵	
14 伊朗高原		42 西非		66 美国西部山区	1
15 中亚地区		43 中非		67 墨西哥	
16 西西伯利亚平原		44 刚果河流域		68 中美地区	
17 东西伯利亚高原	1	45 东北非		69 加勒比海岛屿	
18 乌苏里地区	2	46 东非		71 奥里诺科河流域	
19 蒙古高原		47 中南非		72 圭亚那高原	
20 帕米尔高原		48 南非		73 安第斯山脉北段	
21 中国东北	1	49 马达加斯加地区		74 亚马孙平原	
22 中国西北	1	50 新几内亚		75 巴西高原	
23 中国青藏高原		51 太平洋岛屿		76 玻利维亚	
24 中国西南		52 西澳大利亚		77 南美温带草原	
25 中国南部		53 北澳大利亚		78 安第斯山脉南段	
26 中国中东部		54 南澳大利亚		合计（属·单元）	10
27 中国台湾		55 昆士兰		全世界	5

区、朝鲜半岛、日本；纳蛩蠊属 *Namkumgia* 分布于韩国；东蛩蠊属 *Grylloblattina* 局限于乌苏里地区；西蛩蠊属 *Grylloblattella* 分布在西伯利亚西南部的萨彦岭和中国西北部的阿尔泰山。有资料显示后两属可以分布到欧洲，但未见具体地点的报告。

由于蛩蠊目 Grylloblattodea 昆虫种类少，且仅分布在几个孤立的地区，互相没有联系，不予进行 MSCA 分析。

第十章 革翅目

Chapter 10 Order Dermaptera

革翅目 Dermaptera 昆虫俗称"蠼螋""马铗子",统称"螋",英文名为 earwig。身体狭长且扁平,头部通常为前口式咀嚼口器,触角丝状,复眼圆形,个别类群有退化现象,单眼退化或缺少。前胸背板四方形,前翅革质,无翅脉,后翅膜质,翅脉放射状。足缺刺,跗节 3 节,具爪。腹末有坚硬的尾铗。不完全变态。

革翅目 Dermaptera 昆虫起源于 201.3 Ma 前的中生代侏罗纪初期。盛产于热带和亚热带。喜好夜间活动,白天隐藏在垃圾、土壤、石块下等阴暗处。食性杂,一般以植物花粉、嫩叶以及动物的腐败物质为食,也有取食小昆虫的肉食性种类。

第一节 区系组成及特点
Segment 1 Fauna and Character

现生革翅目 Dermaptera 昆虫有 12 科 219 属 1 911 种(表 4–19)。除南极洲外,6 个大洲都有分布。肥螋科 Anisolabididae 和球螋科 Forficulidae 分布于 6 个大洲,卡螋科 Karschiellidae 目前暂无分布记录,鼠螋科 Hemimeridae 仅局限在非洲,其余各科分布在 2 ～ 5 个大洲内。

各洲中以亚洲最丰富,有 10 科 68 属,南美洲最贫乏,仅 3 科 5 属。

表 4-19 革翅目 Dermaptera 昆虫的区系组成

昆虫科名称	属数	种数	各洲属数						
			欧洲	亚洲	非洲	大洋洲	北美洲	南美洲	南极洲
1. 肥螋科 Anisolabididae	38	388	2	9	2	5	3	2	
2. 臀螋科 Apachyidae	2	15		1	1	1			
3. 蝠螋科 Arixeniidae	2	5		2		1			
4. 螯螋科 Chelisochidae	15	96		8		2			
5. 丝尾螋科 Diplatyidae	8	143		5	1		1		
6. 球螋科 Forficulidae	68	463	8	26	4	3	8	2	
7. 鼠螋科 Hemimeridae	2	11			1				
8. 卡螋科 Karschiellidae	2	12							
9. 蠼螋科 Labeduridae	11	88	1	3	3	2	2		
10. 姬螋科 Labiidae	8	164	2	4		3	5		
11. 大尾螋科 Pygidicranidae	27	183		4	2	3	3	1	
12. 绵螋科 Spongiphoridae	36	343		6	1	4	2		
合计	219	1 911	13	68	16	24	24	5	
各洲科数			4	10	9	9	7	3	

第二节 分布地理及 MSCA 分析
Segment 2 Geographical Distribution and MSCA

革翅目 Dermaptera 昆虫的分布记录同螳螂目 Mantodea 一样较为薄弱。219 属中，没有分布记录的有 128 属，有分布记录的 91 属中，局限在单个 BGU 的有 33 属，分布在 2～5 个 BGU 的有 24 属，分布在 6～10 个 BGU 的有 23 属，仅有 6 属分布域在 10 个 BGU 以上，分布最广的属分布于 32 个 BGU。

67 个 BGU 中，没有革翅目 Dermaptera 昆虫的有 15 个，分布有 5 属以下的有 24 个（表 4-20），对分布有 5 属以上的 28 个 BGU 进行 MSCA 分析，结果如图 4-7 所示。

表 4-20 革翅目 Dermaptera 昆虫在各 BGU 中的分布

地理单元	属数	地理单元	属数	地理单元	属数
01 北欧	4	28 朝鲜半岛	6	56 新南威尔士	5
02 西欧	9	29 日本	7	57 维多利亚	7
03 中欧	8	30 喜马拉雅地区		58 塔斯马尼亚	5
04 南欧	13	31 印度半岛	3	59 新西兰	6
05 东欧	2	32 缅甸地区	26	61 加拿大东部	1
06 俄罗斯欧洲部分	1	33 中南半岛	40	62 加拿大西部	4
11 中东地区	2	34 菲律宾		63 美国东部山区	8
12 阿拉伯沙漠		35 印度尼西亚地区	13	64 美国中部平原	3
13 阿拉伯半岛南端	1	41 北非	6	65 美国中部丘陵	7
14 伊朗高原	1	42 西非	7	66 美国西部山区	7
15 中亚地区	3	43 中非	1	67 墨西哥	4

（续表 4-20）

地理单元	属数	地理单元	属数	地理单元	属数
16 西西伯利亚平原		44 刚果河流域	4	68 中美地区	18
17 东西伯利亚高原	6	45 东北非	2	69 加勒比海岛屿	
18 乌苏里地区	4	46 东非	2	71 奥里诺科河流域	
19 蒙古高原	2	47 中南非	1	72 圭亚那高原	
20 帕米尔高原		48 南非		73 安第斯山脉北段	
21 中国东北	9	49 马达加斯加地区		74 亚马孙平原	
22 中国西北	5	50 新几内亚	1	75 巴西高原	
23 中国青藏高原	5	51 太平洋岛屿	7	76 玻利维亚	1
24 中国西南	35	52 西澳大利亚		77 南美温带草原	3
25 中国南部	42	53 北澳大利亚	1	78 安第斯山脉南段	1
26 中国中东部	42	54 南澳大利亚		合计（属·单元）	430
27 中国台湾	20	55 昆士兰	8	全世界	219

聚类图 4-7 显示，28 个 BGU 的总相似性系数为 0.127，在相似性系数为 0.260 的水平上，聚为 5 个单元群：

1 欧洲单元群：涉及欧洲、非洲的 5 个 BGU，共有 19 属。

2 北亚单元群：涉及北亚、东北亚共 5 个 BGU，共有 13 属。

3 中国单元群：涉及中国的共 4 个 BGU，有 44 个属。

4 东南亚、大洋洲单元群：涉及东南亚及大洋洲的共 10 个 BGU，共有 43 属。

5 北美洲单元群：涉及北美的 4 个 BGU，共有 15 属。

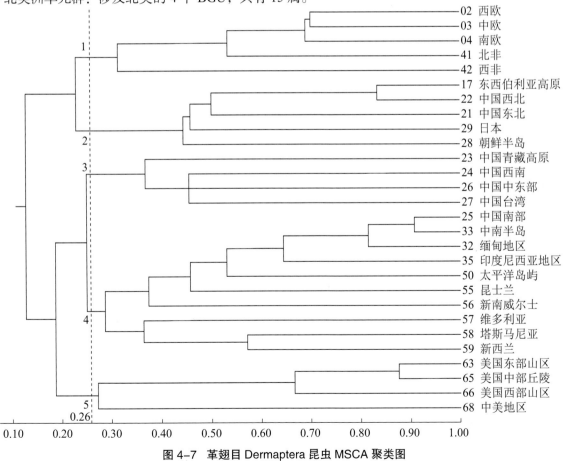

图 4-7　革翅目 Dermaptera 昆虫 MSCA 聚类图

第十一章　直翅目

Chapter 11　Order Orthoptera

　　直翅目 Orthoptera 是昆虫纲 Insecta 中的大目之一，也是人们常见的一类昆虫，包括螽斯、蟋蟀、蝼蛄及蝗虫等。虫体中型至大型，也有少数类群为小型。体形一般为圆筒形，少数种类侧扁或扁平。外骨骼较坚韧。头部圆形或卵圆形，一般为下口式，个别种类为前口式；复眼大，卵形，单眼一般为 3 个，有些种类消失；触角较长而多节，丝状，少数为剑状或槌状；口器为典型的咀嚼式。胸部 3 对足为爬行足，后足强壮适于跳跃，或者前足特化为开掘足；2 对翅发达，前翅一般狭长，较硬，称为覆翅，后翅宽阔，膜质，臀区发达，纵折于前翅之下。腹部末端产卵器发达，锥状、剑状、镰刀状或针状，用以插入土壤或植物组织内产卵。多数种类具有发音器和听器。

　　直翅目 Orthoptera 昆虫多为陆生散居，个别种类能聚居，栖息方式有植栖、土栖或洞栖。白天活动或夜间活动，少数种类昼夜均可活动。绝大多数为植食性，有的成为农林业重要害虫。很少种类为肉食性或杂食性，没有寄生性种类。

　　直翅目 Orthoptera 昆虫均为两性生殖，个别种类在特殊情况下可以孤雌生殖。不完全变态，1年 1 代或多代。

　　由于直翅目 Orthoptera 昆虫种类多、数量大，成为重要生物资源，常为鸟类、两栖类、爬行类等脊椎动物的捕食对象，也常为蚁类、蜘蛛等节肢动物侵袭的目标。有些种类也能被人们食用或作为宠物饲养。

第一节 区系组成及特点
Segment 1 Fauna and Character

直翅目 Orthoptera 昆虫起源于 318.1 Ma 前的古生代石炭纪，3 亿多年的进化使其成为一个庞大的生物群体，遍布于除南极洲以外的世界各地。

直翅目 Orthoptera 昆虫现生种类共有 55 科 4 630 属 25 769 种（表 4–21）。其中蝗科 Acrididae、露螽科 Phaneropteridae、蚱科 Tetrigidae、螽斯科 Tettigoniidae 等 17 个大、中型科遍布 6 个大洲，而蝼螽科 Cooloolidae、蜢螽科 Phasmodidae、大腹蝗科 Pneumoridae 等 14 个小、中型科仅局限于 1 个大洲内，这 14 个"洲特有科"中，非洲 7 个，亚洲、大洋洲、北美洲各 2 个，南美洲 1 个。欧洲没有特有科。

各大洲中，亚洲、非洲最为丰富，欧洲最少。

表 4–21 直翅目 Orthoptera 昆虫的区系组成

昆虫科名称	属数	种数	各洲属数						
			欧洲	亚洲	非洲	大洋洲	北美洲	南美洲	南极洲
1. 蝗科 Acrididae	1 396	6 666	80	479	424	160	200	270	
2. 丑螽科 Anostostomatidae	41	206		6	13	14	7	8	
3. 硕螽科 Bradyporidae	31	306	2	23	2	9	1	2	
4. 脊蜢科 Choroetypidae	43	161		41	1	5			
5. 草螽科 Conocephalidae	148	1 168	3	25	46	18	35	63	
6. 蝼螽科 Cooloolidae	1	4				1			
7. 筒蝼科 Cyclindrachetidae	3	16				1			
8. Dericorythidae	16	163	1	14	4				
9. 蛄蟋科 Encopteridae	101	645	8	28	1	28	39	3	
10. 枕蜢科 Episactidae	18	67		1	6		11		
11. 蜢科 Eumastacidae	51	240		14	1		6	31	
12. Euschmidtiidae	60	241			60				
13. 蟋螽科 Gryllacrididae	102	763	1	51	17	46	5	10	
14. 蟋蟀科 Gryllidae	321	2 457	23	144	109	65	38	43	
15. 貌蟋科 Gryllomorphidae	34	376	4	12	12	12	6	6	
16. 蝼蛄科 Gryllotalpidae	9	86	1	1	1	2	2	2	
17. Lathiceridae	3	4			3				
18. Lentulidae	38	165			38				
19. Lithidiidae	3	26			3				
20. 穴螽科 Macropathidae	20	59				9	10	1	8
21. Mastacideidae	2	8			2				
22. 蛩螽科 Meconematidae	36	375	2	26	7	7	4	3	
23. 纺织娘科 Mecopodidae	126	307		38	45	16	10	26	
24. 癞蟋科 Mogoplistidae	30	224		4	1	3	13	12	
25. Morabidae	42	119		1		42			
26. 蚁蟋科 Myrmecophilidae	6	73	1	1	1	1	1		

（续表 4–21）

昆虫科名称	属数	种数	各洲属数						
			欧洲	亚洲	非洲	大洋洲	北美洲	南美洲	南极洲
27. Ommexechidae	13	33						13	
28. 癞蝗科Pamphagidae	95	465	17	52	43				
29. Pamphagodidae	4	5			4				
30. 蛛蟋科Phalangopsidae	161	923		38	13	18	35	73	
31. 露螽科Phaneropteridae	302	1 694	27	100	78	67	31	68	
32. 蛸螽科Phasmodidae	5	30				5			
33. 叶螽科Phyllophoridae	13	69		4	5	5			
34. 大腹蝗科Pneumoridae	9	18			9				
35. 鸣螽科Prophalangopsidae	5	8		4			1		
36. 蛸蜢科Proscopiidae	29	170					2	29	
37. 拟叶螽科Pseudophyllidae	262	1 088		49	36	28	63	125	
38. 瓣蟋科Pteroplistidae	9	72	3	8	3	2	1	2	
39. Pyrgacrididae	1	2			1				
40. 锥头蝗科Pyrgomorphidae	150	485	2	49	72	32	9	3	
41. 驼螽科Rhaphidophoridae	81	598	12	40	13	15	5	16	
42. Ripipterygidae	2	74					2	2	
43. Romaleidae	108	454					35	88	
44. 双齿蝼蛄科Scapteriscidae	2	29		1			1	1	
45. 裂趾螽科Schizodactylidae	2	15		1	1				
46. 沙螽科Stenopelmatidae	6	39		2	1		4		
47. Tanaoceridae	2	3					2		
48. 蚱科Tetrigidae	263	1 869	2	134	65	52	32	32	
49. 螽斯科Tettigoniidae	224	1 231	50	103	46	30	28	12	
50. Thericleidae	57	220		1	57				
51. 蚤蝼科Tridactylidae	12	184	1	4	5	3	5	6	
52. 蛉蟋科Trigonidiidae	107	1 017	6	28	27	58	19	24	
53. 三角翅蜢科Trigonopterygidae	5	20		5					
54. Tristiridae	18	25					1	18	
55. Xyronotidae	2	4					1		
合计	4 630	25 769	246	1 534	1 283	755	656	999	
各洲科数			20	37	40	30	35	30	

第二节　分布地理及 MSCA 分析

Segment 2　Geographical Distribution and MSCA

直翅目 Orthoptera 昆虫比以前讨论过的 10 个目分布都要广泛，各个 BGU 都有多属分布（表 4–22）。4 630 属中，除 55 属没有分布记录外，有 2 363 属分别局限在单个 BGU 内，成为“单元特有属”，占总属数的 51.04%，其中马达加斯加、安第斯山北段、印度尼西亚地区、印度半岛等 BGU 最丰富，特有属数都在 120 属以上，也有欧洲、亚洲、北美洲的个别 BGU 没有特有属。分布于 2 ～ 5 个 BGU 的有 1 676 属，

表 4-22　直翅目 Orthoptera 昆虫在各 BGU 的分布

地理单元	属数	地理单元	属数	地理单元	属数
01 北欧	25	28 朝鲜半岛	122	56 新南威尔士	141
02 西欧	89	29 日本	145	57 维多利亚	98
03 中欧	76	30 喜马拉雅地区	207	58 塔斯马尼亚	90
04 南欧	207	31 印度半岛	435	59 新西兰	50
05 东欧	80	32 缅甸地区	226	61 加拿大东部	42
06 俄罗斯欧洲部分	99	33 中南半岛	352	62 加拿大西部	28
11 中东地区	194	34 菲律宾	378	63 美国东部山区	105
12 阿拉伯沙漠	78	35 印度尼西亚地区	555	64 美国中部平原	93
13 阿拉伯半岛南端	101	41 北非	171	65 美国中部丘陵	125
14 伊朗高原	256	42 西非	346	66 美国西部山区	190
15 中亚地区	137	43 中非	288	67 墨西哥	296
16 西西伯利亚平原	31	44 刚果河流域	318	68 中美地区	292
17 东西伯利亚高原	71	45 东北非	210	69 加勒比海岛屿	136
18 乌苏里地区	58	46 东非	336	71 奥里诺科河流域	134
19 蒙古高原	68	47 中南非	393	72 圭亚那高原	208
20 帕米尔高原	128	48 南非	286	73 安第斯山脉北段	596
21 中国东北	119	49 马达加斯加地区	328	74 亚马孙平原	382
22 中国西北	88	50 新几内亚	247	75 巴西高原	414
23 中国青藏高原	150	51 太平洋岛屿	191	76 玻利维亚	182
24 中国西南	247	52 西澳大利亚	185	77 南美温带草原	188
25 中国南部	324	53 北澳大利亚	162	78 安第斯山脉南段	104
26 中国中东部	316	54 南澳大利亚	133	合计（属·单元）	13 237
27 中国台湾	138	55 昆士兰	249	全世界	4 630

占 36.19%，分布于 6 ～ 10 个 BGU 的有 346 属，分布于 11 ～ 20 个 BGU 的有 144 属，分布于 20 个 BGU 以上的有 44 属，分布最广的属为 58 个 BGU，为典型的右偏分布类型。

　　67 个 BGU 中，北欧、西西伯利亚平原、加拿大西部 3 个 BGU 最少，都在 50 属以下；安第斯山脉北段和印度尼西亚地区最多，都在 550 属以上。4 575 属在 67 个 BGU 共有 13 237 属·单元的分布记录，平均每个 BGU 分布有 1985 属，平均每属的分布域为 2.86 个 BGU。对各个 BGU 进行 MSCA 计算分析，结果如图 4-8。

　　图 4-8 显示，67 个 BGU 的总相似性系数为 0.035，在相似性系数为 0.150 的水平时，聚成 7 个大单元群，每个大单元群还分别由 2 ～ 3 个小单元群构成，只是这 20 个小单元群还没有处在同一个相似性系数水平线上。

　　1 欧洲、中亚单元群：涉及欧洲、地中海、中亚共 14 个 BGU，分布有 595 属，其中特有属 300 属，占 50.42%。

　　2 北亚、东亚单元群：涉及北亚、东北亚、东亚共 12 个 BGU，分布有 597 属，其中特有属 220 属，占 36.85%。

　　3 南亚、东南亚单元群：涉及亚洲南部、新几内亚及太平洋岛屿共 8 个 BGU，分布有 1 204 属，其中特有属 776 属，占 64.45%。

　　4 大洋洲单元群：涉及除新几内亚、太平洋岛屿以外的大洋洲共 8 个 BGU，分布有 465 属，其中特

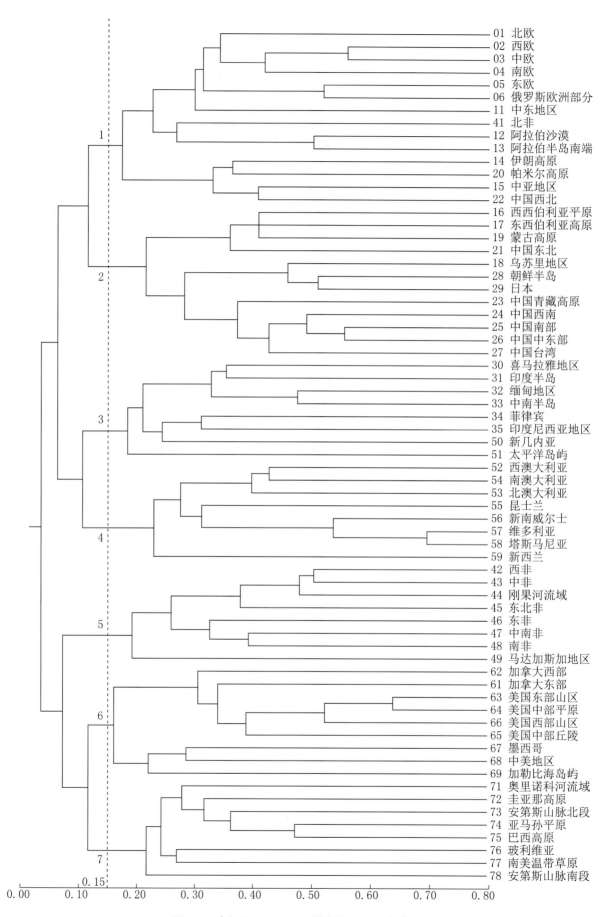

图 4-8 直翅目 Orthoptera 昆虫的 MSCA 聚类图

有属 351 属，占 75.48%。

    5 非洲单元群：涉及除北非以外的非洲共 8 个 BGU，分布有 1 202 属，其中特有属 1 085 属，占 90.27%。

    6 北美洲单元群：共 9 个 BGU，分布有 656 属，其中特有属 338 属，占 51.52%。

    7 南美洲单元群：共 8 个 BGU，分布有 1 000 属，其中特有属 754 属，占 75.40%。

第三节 蝗总科
Segment 3 Acridoidea

    蝗虫是一个较大类群，公众认知度较高。国际上蝗虫分类的高级阶元变动较大，与目前国内使用的分类系统也不一致。评价这些分类系统的优劣是非，已超出本书范围，好在本研究主要依靠的属级阶元变动不大。

    鉴于大腹蝗科 Pneumorida 和锥头蝗科 Pyrgomorphidae 已单独成立总科，本节所讨论的蝗总科 Acridoidea 包括蝗科 Acrididae，Dericorythidae，Lathiceridae，Lentulidae，Lithidiidae，Ommexechidae，癞蝗科 Pamphagidae，Pamphagodidae，Pyrgacrididae，Romaleidae 和 Tristiridae 共 11 科 1 695 属 8 008 种。其中只有蝗科最大，有 1 396 属 6 666 种，分布于 6 个大洲，其余 10 科都较小，且局域分布，癞蝗科 Pamphagidae 和 Dericorythidae 分布于欧、亚、非 3 个大洲，Romaleidae 和 Tristiridae 分布于南、北美洲，Ommexechidae 仅分布于南美洲，其余 5 科只分布于非洲。

    67 个 BGU 都有蝗虫分布（表 4-23），热带、亚热带较多，寒带较少。1 695 属中，6 属没有分布记录，

表 4-23　蝗总科 Acridoidea 在各 BGU 的分布

地理单元	属数	地理单元	属数	地理单元	属数
01 北欧	13	28 朝鲜半岛	42	56 新南威尔士	34
02 西欧	32	29 日本	33	57 维多利亚	16
03 中欧	31	30 喜马拉雅地区	66	58 塔斯马尼亚	13
04 南欧	81	31 印度半岛	137	59 新西兰	4
05 东欧	39	32 缅甸地区	39	61 加拿大东部	16
06 俄罗斯欧洲部分	49	33 中南半岛	77	62 加拿大西部	13
11 中东地区	94	34 菲律宾	36	63 美国东部山区	39
12 阿拉伯沙漠	31	35 印度尼西亚地区	101	64 美国中部平原	33
13 阿拉伯半岛南端	44	41 北非	76	65 美国中部丘陵	69
14 伊朗高原	133	42 西非	165	66 美国西部山区	95
15 中亚地区	75	43 中非	125	67 墨西哥	117
16 西西伯利亚平原	22	44 刚果河流域	128	68 中美地区	91
17 东西伯利亚高原	44	45 东北非	122	69 加勒比海岛屿	21
18 乌苏里地区	26	46 东非	147	71 奥里诺科河流域	51
19 蒙古高原	39	47 中南非	200	72 圭亚那高原	57
20 帕米尔高原	58	48 南非	141	73 安第斯山脉北段	228

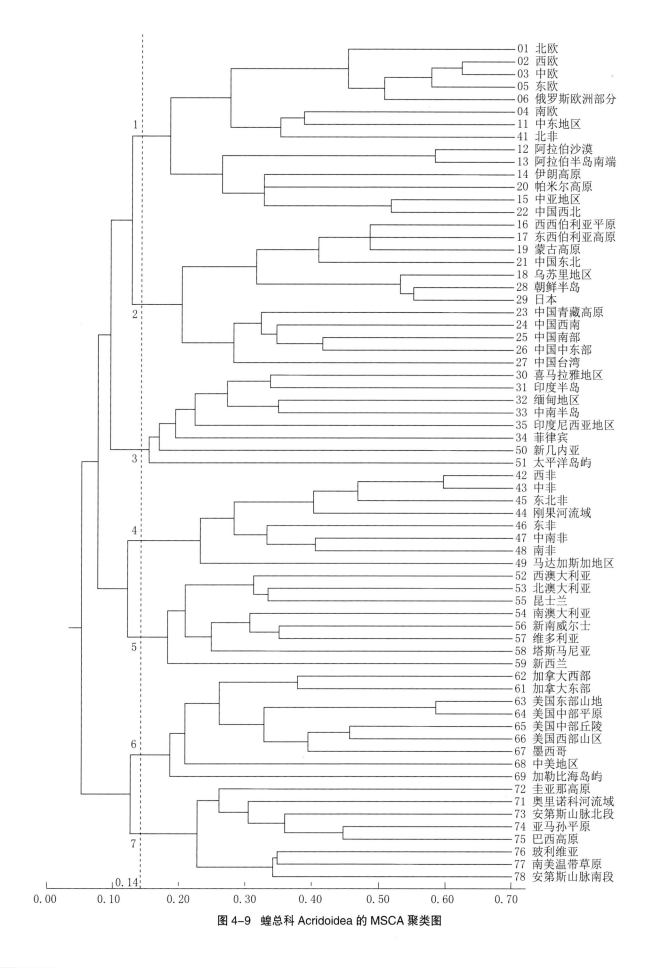

01 北欧
02 西欧
03 中欧
05 东欧
06 俄罗斯欧洲部分
04 南欧
11 中东地区
41 北非
12 阿拉伯沙漠
13 阿拉伯半岛南端
14 伊朗高原
20 帕米尔高原
15 中亚地区
22 中国西北
16 西西伯利亚平原
17 东西伯利亚高原
19 蒙古高原
21 中国东北
18 乌苏里地区
28 朝鲜半岛
29 日本
23 中国青藏高原
24 中国西南
25 中国南部
26 中国中东部
27 中国台湾
30 喜马拉雅地区
31 印度半岛
32 缅甸地区
33 中南半岛
35 印度尼西亚地区
34 菲律宾
50 新几内亚
51 太平洋岛屿
42 西非
43 中非
45 东北非
44 刚果河流域
46 东非
47 中南非
48 南非
49 马达加斯加地区
52 西澳大利亚
53 北澳大利亚
55 昆士兰
54 南澳大利亚
56 新南威尔士
57 维多利亚
58 塔斯马尼亚
59 新西兰
62 加拿大西部
61 加拿大东部
63 美国东部山地
64 美国中部平原
65 美国中部丘陵
66 美国西部山区
67 墨西哥
68 中美地区
69 加勒比海岛屿
72 圭亚那高原
71 奥里诺科河流域
73 安第斯山脉北段
74 亚马孙平原
75 巴西高原
76 玻利维亚
77 南美温带草原
78 安第斯山脉南段

图 4-9　蝗总科 Acridoidea 的 MSCA 聚类图

（续表 4-23）

地理单元	属数	地理单元	属数	地理单元	属数
21 中国东北	25	49 马达加斯加地区	87	74 亚马孙平原	139
22 中国西北	11	50 新几内亚	23	75 巴西高原	149
23 中国青藏高原	68	51 太平洋岛屿	17	76 玻利维亚	81
24 中国西南	87	52 西澳大利亚	57	77 南美温带草原	93
25 中国南部	86	53 北澳大利亚	43	78 安第斯山脉南段	56
26 中国中东部	110	54 南澳大利亚	37	合计（属·单元）	4 722
27 中国台湾	40	55 昆士兰	57	全世界	1 695

有 877 属是各个 BGU 的特有属，以安第斯山脉北段、马达加斯加和中南非地区最为丰富，特有属都在 50 属以上，而欧洲、北亚、北美的 13 个 BGU 没有特有属。1 695 属在 67 个 BGU 中共有 4 722 属·单元的分布记录，平均每单元有 70 属，平均每属分布域为 2.79 个 BGU，MSCA 结果如图 4-9 所示。

图 4-9 显示，总相似性系数为 0.034，在相似性系数为 0.140 的水平上，聚为 7 个单元群，各个单元群的构成单元与直翅目 Orthoptera 完全相同，仅群内的聚类顺序稍有差异。

第四节　螽斯总科
Segment 4　Tettigonioidea

螽斯总科 Tettigonioidea 是直翅目 Orthoptera 中又一大类群，含有 17 科 1 405 属 7 960 种。其中蟋螽科 Gryllacrididae、驼螽科 Rhaphidophoridae、蛩螽科 Meconematidae、草螽科 Conocephalidae、露螽科 Phaneropteridae、硕螽科 Bradyporidae 和螽斯科 Tettigoniidae 7 科 6 个大洲都有分布，纺织娘科 Mecopodidae 和拟叶螽科 Pseudophyllidae 分布于欧洲以外的 5 大洲，只有蝼螽科 Cooloolidae 和蜢螽科 Phasmodidae 局限于大洋洲，其余 6 科分别在 2～4 个大洲内分布。

67 个 BGU 都有螽斯分布（表 4-24），而且比蝗总科 Acridoidea 均匀。1 405 属中，20 属没有分布记录，局限于各个 BGU 内的特有属共 612 属，以印度尼西亚地区、安第斯山脉北段、马达加斯加地区和新几内亚最为丰富，特有属都在 40 属以上，而欧洲、北亚、北美的 16 个 BGU 没有特有属。有分布记录的 1 385 属在 67 个 BGU 中共有 3 987 属·单元的分布记录，平均每单元有 60 属，平均每属分布域为 2.88 个 BGU，对 67 个 BGU 进行 MSCA 分析的结果如图 4-10 所示。

表 4-24　螽斯总科 Tettigonioidea 在各 BGU 的分布

地理单元	属数	地理单元	属数	地理单元	属数
01 北欧	8	28 朝鲜半岛	39	56 新南威尔士	49
02 西欧	35	29 日本	48	57 维多利亚	40
03 中欧	27	30 喜马拉雅地区	50	58 塔斯马尼亚	36
04 南欧	77	31 印度半岛	117	59 新西兰	22
05 东欧	27	32 缅甸地区	89	61 加拿大东部	11
06 俄罗斯欧洲部分	39	33 中南半岛	124	62 加拿大西部	9
11 中东地区	67	34 菲律宾	106	63 美国东部山区	25

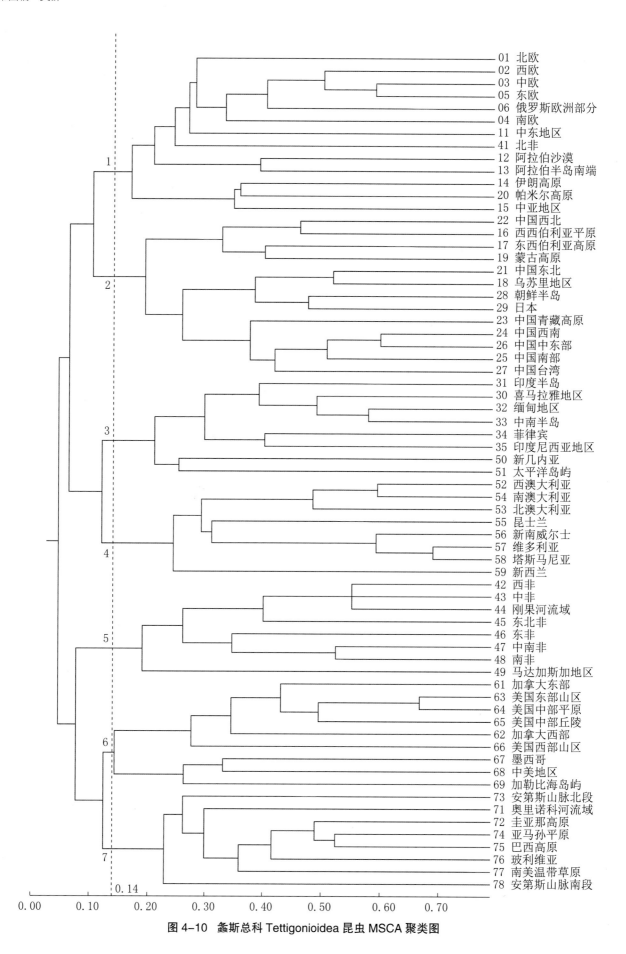

图 4-10 螽斯总科 Tettigonioidea 昆虫 MSCA 聚类图

（续表 4-24）

地理单元	属数	地理单元	属数	地理单元	属数
12 阿拉伯沙漠	16	35 印度尼西亚地区	219	64 美国中部平原	20
13 阿拉伯半岛南端	16	41 北非	39	65 美国中部丘陵	22
14 伊朗高原	64	42 西非	85	66 美国西部山区	42
15 中亚地区	35	43 中非	97	67 墨西哥	86
16 西西伯利亚平原	8	44 刚果河流域	90	68 中美地区	107
17 东西伯利亚高原	21	45 东北非	27	69 加勒比海岛屿	40
18 乌苏里地区	19	46 东非	85	71 奥里诺科河流域	49
19 蒙古高原	21	47 中南非	67	72 圭亚那高原	88
20 帕米尔高原	31	48 南非	61	73 安第斯山脉北段	213
21 中国东北	25	49 马达加斯加地区	78	74 亚马孙平原	139
22 中国西北	11	50 新几内亚	112	75 巴西高原	149
23 中国青藏高原	24	51 太平洋岛屿	76	76 玻利维亚	61
24 中国西南	65	52 西澳大利亚	55	77 南美温带草原	54
25 中国南部	106	53 北澳大利亚	42	78 安第斯山脉南段	29
26 中国中东部	90	54 南澳大利亚	36	合计（属·单元）	3 987
27 中国台湾	31	55 昆士兰	91	全世界	1 405

图 4-10 可以看出，总相似性系数为 0.036，在相似性系数为 0.140 的水平上，聚为 7 个单元群，和直翅目 Orthoptera 及蝗总科 Acridoidea 分析结果相比，各单元群的组成仅 22 号单元从 1 单元群移到 2 单元群，其他完全相同。

第五节　蟋蟀总科
Segment 5　Grylloidea

蟋蟀总科 Grylloidea 包括 8 科：蛣蟋科 Encopteridae、蟋蟀科 Gryllidae、貌蟋科 Gryllomorphidae、癞蟋科 Mogoplistidae、蚁蟋科 Myrmecophilidae、蛛蟋科 Phalangopsidae、瓣蟋科 Pteroplistidae、蛉蟋科 Trigonidiidae，共 769 属 5 787 种。其中除癞蟋科 Mogoplistidae、蛛蟋科 Phalangopsidae 分布于除欧洲以外的 5 个大洲，其余 6 科均遍及 6 个大洲。亚洲丰富度最高，有 8 科 263 属，欧洲最少，6 科 45 属，其余 4 个大洲相差无几。

769 属蟋蟀在除 16 号单元以外的 66 个 BGU 都有分布（表 4-25），超过 60 属的 BGU 有 11 个，不足 10 属的 BGU 有 7 个，平均每个 BGU 有蟋蟀 37 属。

769 属中，有 28 属没有分布记录，有 410 属是局限于单个 BGU 的特有属，能够分布于 30 个以上 BGU 的有 6 属，平均每属分布域为 3.32 个 BGU。

对表 4-25 数据进行 MSCA 分析，结果如图 4-11 所示。66 个 BGU 的总相似性系数为 0.042，在相似性系数为 0.160 的水平时，聚为 7 个单元群。与直翅目 Orthoptera 整体分析结果相比，除 22 号单元从 1 单元群移到 2 单元群，51 号单元从 3 单元群移到 4 单元群外，其余完全相同。

表 4-25 蟋蟀总科 Grylloidea 昆虫在各 BGU 的分布

地理单元	属数	地理单元	属数	地理单元	属数
01 北欧	2	28 朝鲜半岛	32	56 新南威尔士	40
02 西欧	18	29 日本	49	57 维多利亚	30
03 中欧	13	30 喜马拉雅地区	52	58 塔斯马尼亚	30
04 南欧	43	31 印度半岛	100	59 新西兰	21
05 东欧	11	32 缅甸地区	61	61 加拿大东部	10
06 俄罗斯欧洲部分	9	33 中南半岛	93	62 加拿大西部	4
11 中东地区	24	34 菲律宾	55	63 美国东部山区	31
12 阿拉伯沙漠	17	35 印度尼西亚地区	138	64 美国中部平原	29
13 阿拉伯半岛南端	11	41 北非	40	65 美国中部丘陵	29
14 伊朗高原	31	42 西非	49	66 美国西部山区	41
15 中亚地区	18	43 中非	25	67 墨西哥	60
16 西西伯利亚平原		44 刚果河流域	44	68 中美地区	65
17 东西伯利亚高原	5	45 东北非	27	69 加勒比海岛屿	50
18 乌苏里地区	9	46 东非	42	71 奥里诺科河流域	20
19 蒙古高原	5	47 中南非	48	72 圭亚那高原	35
20 帕米尔高原	16	48 南非	31	73 安第斯山脉北段	84
21 中国东北	12	49 马达加斯加地区	53	74 亚马孙平原	50
22 中国西北	7	50 新几内亚	49	75 巴西高原	69
23 中国青藏高原	14	51 太平洋岛屿	80	76 玻利维亚	16
24 中国西南	33	52 西澳大利亚	48	77 南美温带草原	20
25 中国南部	60	53 北澳大利亚	49	78 安第斯山脉南段	10
26 中国中东部	50	54 南澳大利亚	40	合计（属·单元）	2 461
27 中国台湾	41	55 昆士兰	63	全世界	769

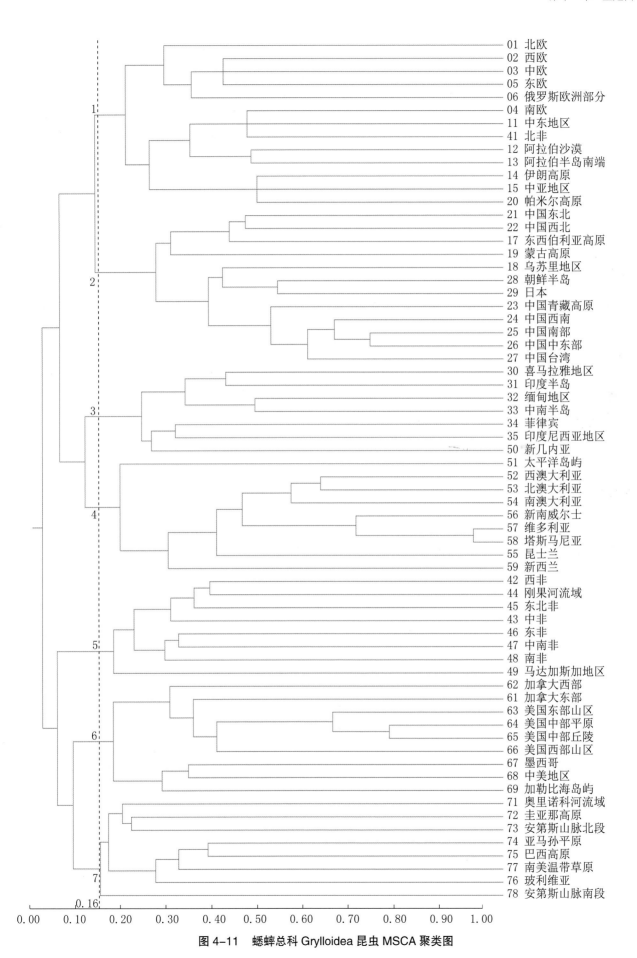

图 4-11 蟋蟀总科 Grylloidea 昆虫 MSCA 聚类图

第十二章 蛷目

Chapter 12 Order Phasmatodea

蛷目 Phasmatodea 昆虫俗称"竹节虫"，统称"蛷"，英文名为 walking stick。该目昆虫体形较大，最长者超过 30 cm，身体圆筒形似竹节或扁平似叶片。咀嚼式口器，前口式；复眼常有，单眼有或无，触角丝状或念珠状，长短各异。成虫有翅或无翅，前翅甚短，革质，后翅常发达。

蛷目 Phasmatodea 昆虫行两性生殖，孤雌生殖也很常见，有的种类完全实行孤雌生殖，没有发现雄虫。全部植食性，多数生活于树木或灌木上，有时造成森林树木的严重危害，也有生活在地面上或草丛中，多数夜间活动。卵散产，滚落在地面上或黏着在寄主植物上，也有种类把卵产在土中并掩埋。

蛷目 Phasmatodea 昆虫起源于 99.6 Ma 前的中生代白垩纪，主要发生在热带和亚热带，温带和寒带较少。

第一节　区系组成及特点
Segment 1　Fauna and Character

蛷目 Phasmatodea 昆虫现生种类共有 13 科 465 属 3 071 种（表 4–26）。除南极洲外的 6 个大洲都有分布，但不均匀，欧洲只有 4 科 7 属，亚洲最多，有 8 科 210 属，大洋洲和南美洲相差无几，均比非洲和北美洲要多出 1 倍。

13 个科中，蛷科 Phasmatidae 和 Diapheromeridae 2 个大科在各大洲都广布，而 Aschiphasmatidae、Anisacanthidae 等 5 个科各自局限在 1 个大洲内，其余 6 科宽窄不等地分布在 2～5 个大洲内。

表 4-26　䗛目 Phasmatodea 昆虫的区系组成

昆虫科名称	属数	种数	各洲属数						
			欧洲	亚洲	非洲	大洋洲	北美洲	南美洲	南极洲
1. Agathemeridae	1	8						1	
2. Anisacanthidae	10	31			10				
3. Aschiphasmatidae	16	95		16					
4. 杆䗛科 Bacillidae	19	50	2	1	17	1			
5. Damasippoididae	2	6				2			
6. Diapheromeridae	146	1 250	3	79	13	32	23	34	
7. 异䗛科 Heteronemiidae	13	80				1	4	12	
8. 异翅䗛科 Heteropterygidae	28	107		25		3			
9. 䗛科 Phasmatidae	157	984	1	79	12	80	6	16	
10. 叶䗛科 Phylliidae	5	51		3	4				
11. Prisopodidae	7	53		3		1	3	5	
12. 拟䗛科 Pseudophasmatidae	60	335	1	4		1	29	48	
13. 新䗛科 Timematidae	1	21					1		
合计	465	3 071	7	210	56	121	66	116	
各洲科数			4	8	7	6	6	6	

第二节　分布地理及 MSCA 分析
Segment 2　Geographical Distribution and MSCA

　　䗛目 Phasmatodea 昆虫在各 BGU 的分布比已经讨论过的同等大小的目，还算是比较广泛的，67 个 BGU 都有该目昆虫分布记录（表 4-27）。

　　465 属中，有 6 个属没有分布记录，有 218 属为局限在单个 BGU 内的特有属，占总属数的 46.88%，这些特有属大多分布在热带和亚热带的 BGU 内，欧洲、北亚、北美的 BGU 内没有或很少，印度尼西亚地区及马达加斯加 2 个 BGU 几乎占 1/3，分别有 40 属和 30 属。

表 4-27　䗛目 Phasmatodea 昆虫在各 BGU 的分布

地理单元	属数	地理单元	属数	地理单元	属数
01 北欧	2	28 朝鲜半岛	2	56 新南威尔士	22
02 西欧	3	29 日本	7	57 维多利亚	10
03 中欧	2	30 喜马拉雅地区	11	58 塔斯马尼亚	9
04 南欧	6	31 印度半岛	63	59 新西兰	11
05 东欧	2	32 缅甸地区	27	61 加拿大东部	6
06 俄罗斯欧洲部分	3	33 中南半岛	49	62 加拿大西部	6
11 中东地区	3	34 菲律宾	79	63 美国东部山区	7
12 阿拉伯沙漠	3	35 印度尼西亚地区	129	64 美国中部平原	7
13 阿拉伯半岛南端	6	41 北非	7	65 美国中部丘陵	6

（续表 4-27）

地理单元	属数	地理单元	属数	地理单元	属数
14 伊朗高原	16	42 西非	5	66 美国西部山区	7
15 中亚地区	3	43 中非	6	67 墨西哥	21
16 西西伯利亚平原	1	44 刚果河流域	7	68 中美地区	43
17 东西伯利亚高原	2	45 东北非	5	69 加勒比海岛屿	33
18 乌苏里地区	2	46 东非	9	71 奥里诺科河流域	25
19 蒙古高原	1	47 中南非	10	72 圭亚那高原	28
20 帕米尔高原	12	48 南非	13	73 安第斯山脉北段	69
21 中国东北	2	49 马达加斯加地区	40	74 亚马孙平原	57
22 中国西北	3	50 新几内亚	62	75 巴西高原	47
23 中国青藏高原	2	51 太平洋岛屿	38	76 玻利维亚	24
24 中国西南	23	52 西澳大利亚	21	77 南美温带草原	22
25 中国南部	45	53 北澳大利亚	15	78 安第斯山脉南段	19
26 中国中东部	22	54 南澳大利亚	18	合计（属·单元）	1 313
27 中国台湾	10	55 昆士兰	37	全世界	465

分布于 2 ～ 5 个 BGU 的共有 190 属，占总数的 40.86%。分布于 6 ～ 10 个 BGU 的有 38 属，分布于 10 个以上 BGU 的只有 13 属，分布最广的 2 个属也只有 18 个 BGU。

67 个 BGU 中，有 10 个 BGU 只有 1 ～ 2 属，主要在欧洲及北亚。最丰富的是印度尼西亚地区，拥有 129 属。459 属在 67 个 BGU 共有 1 313 属·单元的分布记录，平均每单元有 20 属，平均每属分布域为 2.85 个 BGU。对具有 3 属以上的 57 个 BGU 进行 MSCA 分析，结果如图 4-12 所示。

从图 4-12 看出，57 个 BGU 的总相似性系数为 0.041，在相似性系数为 0.170 的水平上，聚为 8 个单元群。各单元群的构成是：

1 欧洲、中亚单元群：涉及欧洲、地中海、中亚及喜马拉雅地区共 12 个 BGU，包括该区域内其他未参与分析的 BGU 在内，共有 29 属，其中特有属 4 属，占 13.79%。

2 东亚单元群：涉及中国、日本的共 4 个 BGU，包括该区域内其他未参与分析的 BGU 在内，共有 36 属，其中特有属 13 属，占 44.44%。

3 东南亚单元群：涉及中国华南、南亚、东南亚、太平洋岛屿的 8 个 BGU，共有 237 属，其中特有属 72 属，占 30.38%。

4 大洋洲单元群：涉及澳大利亚及新西兰的 8 个 BGU，共有 56 属，其中特有属 34 属，占 60.71%。

5 非洲单元群：涉及除北非、马达加斯加以外的非洲 7 个 BGU，共有 20 属，其中特有属 10 属，占 50.00%。

6 马达加斯加单元：仅 1 个 BGU，有 40 属，其中特有属 30 属，占 75.00%。

7 北美洲单元群：涉及北美洲除中美地区、加勒比海岛屿以外的 7 个 BGU，有 22 属，其中特有属 6 属，占 27.27%。

8 南美洲单元群：涉及南美洲及中美地区、加勒比海岛屿共 10 个 BGU。有 136 属，其中特有属 103 属，占 75.74%。

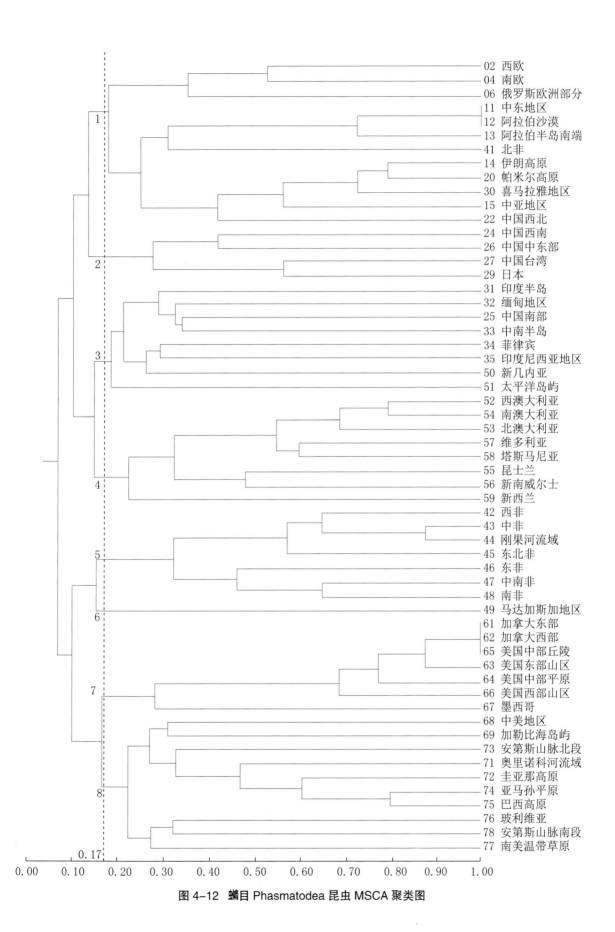

图 4-12　䗛目 Phasmatodea 昆虫 MSCA 聚类图

第十三章 螳䗛目

Chapter 13 Order Mantophasmatodea

第一节 区系组成及特点
Segment 1 Fauna and Character

螳䗛目 Mantophasmatodea 是昆虫纲 Insecta 中的一个小目，也是人们发现最晚的目，由于身体既像螳螂又像䗛（竹节虫），故名螳䗛目 Mantophasmatodea，其实它与蛩蠊目 Grylloblattodea 的关系较为亲近。英文名为 heelwalkers 或 gladiators。它起源于 166.1 Ma 前的中生代侏罗纪。目前仅有一个化石科和一个现生科——螳䗛科 Mantophasmatidae。

螳䗛目 Mantophasmatodea 昆虫体小型，体长 20 mm 左右，头部触角长，丝状；复眼发达，无单眼，口器咀嚼式、下口式，下颚须 5 节。胸部 3 节不像䗛目 Phasmatodea 昆虫那样延长，前足不像螳螂目 Mantodea 昆虫那样特化为捕捉足，而是前足和中足变厚具短刺，行使捕捉功能。雌雄均无翅。

螳䗛目 Mantophasmatodea 昆虫 1 年 1 代，肉食性，取食死昆虫或活昆虫。

螳䗛目 Mantophasmatodea 昆虫现生种类有 1 科 13 属 19 种（表 4–28），另有化石种类 1 科 4 属 6 种。

表 4–28　螳䗛目 Mantophasmatodea 昆虫的区系组成

昆虫属名称	种数	各洲属数						
		欧洲	亚洲	非洲	大洋洲	北美洲	南美洲	南极洲
1. *Austrophasma*	3			1				

（续表 4-28）

昆虫属名称	种数	各洲属数						
		欧洲	亚洲	非洲	大洋洲	北美洲	南美洲	南极洲
2. *Hemilobophasma*	1			1				
3. *Karoophasma*	2			1				
4. *Lobatophasma*	1			1				
5.螳蟋属*Mantophasma*	4			1				
6. *Namaquaphasma*	1			1				
7. *Pachyphasma*	1			1				
8. *Praedatophasma*	1			1				
9. *Sclerophasma*	1			1				
10. *Striatophasma*	1			1				
11. *Tanzaniophsma*	1			1				
12. *Tyrannophasma*	1			1				
13. *Viridiphasma*	1			1				
合计	19			13				

第二节 分布地理
Segment 2 Geographical Distribution

现生种类全部产自非洲，6 属分布于南非，6 属分布于纳米比亚，1 属分布于坦桑尼亚（表 4-29）。各属的分布相互独立，各分布区域之间没有共有种类。

表 4-29 螳蟋目 Mantophasmatodea 昆虫在各 BGU 的分布

地理单元	属数	地理单元	属数	地理单元	属数
01 北欧		28 朝鲜半岛		56 新南威尔士	
02 西欧		29 日本		57 维多利亚	
03 中欧		30 喜马拉雅地区		58 塔斯马尼亚	
04 南欧		31 印度半岛		59 新西兰	
05 东欧		32 缅甸地区		61 加拿大东部	
06 俄罗斯欧洲部分		33 中南半岛		62 加拿大西部	
11 中东地区		34 菲律宾		63 美国东部山区	
12 阿拉伯沙漠		35 印度尼西亚地区		64 美国中部平原	
13 阿拉伯半岛南端		41 北非		65 美国中部丘陵	
14 伊朗高原		42 西非		66 美国西部山区	
15 中亚地区		43 中非		67 墨西哥	
16 西西伯利亚平原		44 刚果河流域		68 中美地区	
17 东西伯利亚高原		45 东北非		69 加勒比海岛屿	
18 乌苏里地区		46 东非	1	71 奥里诺科河流域	

（续表 4-29）

地理单元	属数	地理单元	属数	地理单元	属数
19 蒙古高原		47 中南非	6	72 圭亚那高原	
20 帕米尔高原		48 南非	6	73 安第斯山脉北段	
21 中国东北		49 马达加斯加地区		74 亚马孙平原	
22 中国西北		50 新几内亚		75 巴西高原	
23 中国青藏高原		51 太平洋岛屿		76 玻利维亚	
24 中国西南		52 西澳大利亚		77 南美温带草原	
25 中国南部		53 北澳大利亚		78 安第斯山脉南段	
26 中国中东部		54 南澳大利亚		合计（属·单元）	13
27 中国台湾		55 昆士兰		全世界	13

第十四章 纺足目

Chapter 14 Order Embioptera

纺足目 Embioptera 昆虫俗称"足丝蚁"，由于其成虫、幼虫阶段都能够由前足的基跗节分泌丝质来织造隧道，一生居在其中而得名。虫体小型到中型，烟黑色或栗褐色，头部近圆形，咀嚼式口器强而有力，前口式；触角丝状，12～32节。胸部3对足较短，跗节3节，前足基跗节由于具有丝腺而膨大；雌虫无翅，雄虫有翅或无翅，翅狭长，前后翅形状相似，前翅大于后翅。

纺足目 Embioptera 昆虫不完全变态。植食性，能取食树木的枯外皮、枯落叶、苔藓以及地衣等。通常在林中树皮下或其他缝隙中织造隧道，取食、活动于其中。除有翅成虫能外出扑向灯光外，一般不外出。因此不为人们所常见。

第一节 区系组成及特点
Segment 1 Fauna and Character

纺足目 Embioptera 昆虫起源于 259.9 Ma 前的古生代二叠纪晚期。至今全世界共有 13 科 88 属 402 种（表 4-30）。目级阶元的分布是广泛的，除南极洲外，6 个大洲都有分布。

由于纺足目 Embioptera 昆虫一生都在隧道内活动，种群扩散能力很弱，作为科级阶元，分布范围就非常狭窄，没有 1 个科广布于 6 个大洲。除 Embonychidae 没有分布记录外，Andesembiidae 仅分布于南美洲，澳丝蚁科 Australembiidae 仅分布于大洋洲，Paedembiidae 和 Ptilocerembiidae 仅分布于亚洲，其余 8 科分别分布于 2～4 个大洲内。

　　纺足目 Embioptera 昆虫和等翅目、革翅目一样，分布区域都以热带地区为主，温带地区种类不多。分布最北界为 45°N，最南界为 43°S。因此 6 个大洲中，南美洲最为丰富，欧洲最贫乏。

表 4-30　纺足目 Embioptera 昆虫的区系组成

昆虫科名称	属数	种数	各洲属数						
			欧洲	亚洲	非洲	大洋洲	北美洲	南美洲	南极洲
1. Andesembiidae	2	7						2	
2. 缺丝蚁科Anisembiidae	24	107					7	6	
3. Archembiidae	2	12					1	2	
4. 澳丝蚁科Australembiidae	1	18				1			
5. 正尾丝蚁科Clothodidae	4	16					1	4	
6. 丝蚁科Embiidae	23	89	1	6	10				
7. Embonychidae	1	1							
8. 异尾丝蚁科Notoligotomidae	1	2		1		1			
9. 等尾丝蚁科Oligotomidae	6	46		5	1	2	2		
10. Paedembiidae	2	2		2					
11. Ptilocerembiidae	1	5		1					
12. Scelembiidae	16	49			1			3	4
13. 奇丝蚁科Teratembiidae	5	48						3	3
合计	88	402	1	15	12	4	17	21	
各洲科数			1	5	3	3	6	6	

第二节　分布地理及 MSCA 分析
Segment 2　Geographical Distribution and MSCA

　　在 67 个 BGU 中，有 23 个没有纺足目 Embioptera 昆虫的分布，有 21 个仅有 1～2 属，最丰富的安第斯山脉北段有 12 属。

　　88 个属，有 31 属没有分布记录，占总属数的 35.22%；有 29 属是局限于 1 个 BGU 的特有属，占总属数的 32.95%，其余 7 属分别分布于 6～20 个 BGU 内。57 属在 44 个 BGU 内共有 154 属·单元的分布记录（表 4-31），平均每单元有 3 属，平均每属分布域为 2.70 个 BGU。尝试对所有有分布记录的 44 个 BGU 进行 MSCA 计算分析，其结果如图 4-13 所示。

表 4-31　纺足目 Embioptera 昆虫在各 BGU 的分布

地理单元	属数	地理单元	属数	地理单元	属数
01 北欧		28 朝鲜半岛		56 新南威尔士	3
02 西欧		29 日本		57 维多利亚	2
03 中欧		30 喜马拉雅地区	4	58 塔斯马尼亚	2
04 南欧	1	31 印度半岛	7	59 新西兰	

（续表 4-31）

地理单元	属数	地理单元	属数	地理单元	属数
05 东欧		32 缅甸地区	3	61 加拿大东部	
06 俄罗斯欧洲部分		33 中南半岛	6	62 加拿大西部	
11 中东地区		34 菲律宾		63 美国东部山区	2
12 阿拉伯沙漠		35 印度尼西亚地区	2	64 美国中部平原	
13 阿拉伯半岛南端	3	41 北非	2	65 美国中部丘陵	3
14 伊朗高原	4	42 西非	2	66 美国西部山区	4
15 中亚地区	2	43 中非	5	67 墨西哥	10
16 西西伯利亚平原		44 刚果河流域	2	68 中美地区	7
17 东西伯利亚高原		45 东北非	5	69 加勒比海岛屿	5
18 乌苏里地区		46 东非	3	71 奥里诺科河流域	5
19 蒙古高原		47 中南非	1	72 圭亚那高原	3
20 帕米尔高原	1	48 南非	1	73 安第斯山脉北段	12
21 中国东北		49 马达加斯加地区		74 亚马孙平原	9
22 中国西北		50 新几内亚	1	75 巴西高原	8
23 中国青藏高原		51 太平洋岛屿	1	76 玻利维亚	4
24 中国西南		52 西澳大利亚	1	77 南美温带草原	6
25 中国南部	2	53 北澳大利亚	1	78 安第斯山脉南段	2
26 中国中东部	2	54 南澳大利亚	1	合计（属·单元）	154
27 中国台湾	1	55 昆士兰	3	全世界	88

聚类结果出乎预料，这么微量而且零散的分布状况居然也能聚类出比较有意义的结果来（图 4-13）。44 个 BGU 的总相似性系数为 0.049，在相似性系数为 0.160 的水平上聚为 6 个单元群，各群的组成和已分析过的结果相比，差异不明显。

1 地中海、中亚单元群：共 4 个 BGU，有丝蚁 4 属。

2 东南亚、东亚单元群：共 10 个 BGU，有丝蚁 14 属。

3 大洋洲单元群：共 9 个 BGU，有丝蚁 4 属。

4 非洲单元群：共 7 个 BGU，有丝蚁 11 属。

5 北美洲单元群：共 6 个 BGU，有丝蚁 16 属。

6 南美洲单元群：共 8 个 BGU，有丝蚁 21 属。

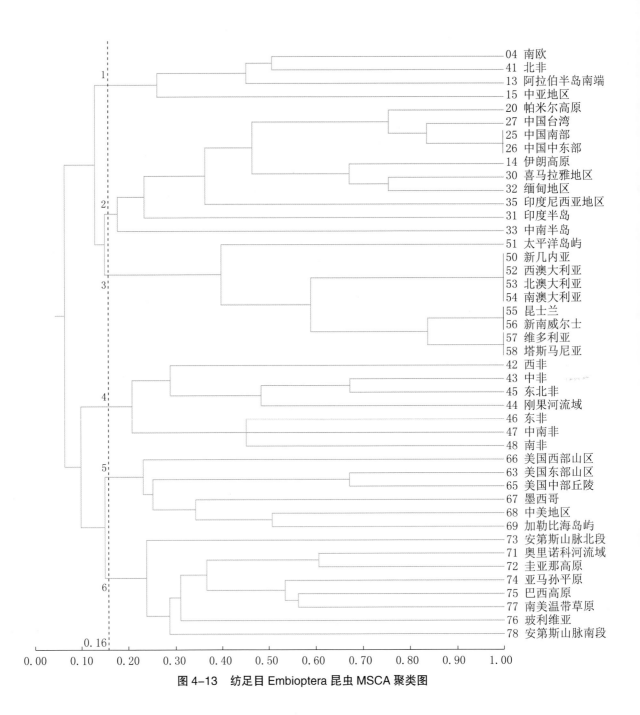

图 4-13　纺足目 Embioptera 昆虫 MSCA 聚类图

第十五章 缺翅目

Chapter 15 Order Zoraptera

缺翅目 Zoraptera 是 1913 年由意大利人 Silvestri 建立，在 2002 年螳䗛目 Mantophasmatodea 建立之前，一直是昆虫纲 Insecta 中最小的目，目前它的种类已超过螳䗛目 Mantophasmatodea 和蛩蠊目 Grylloblattodea，成为第 3 小目。

缺翅目 Zoraptera 成虫有缺翅型和有翅型两类。体长 2.5～4.0 mm，缺翅型比有翅型略小。体色深褐色至暗黑色，触角念珠状，9 节，长约 2 mm；口器咀嚼式；复眼圆形，深黑色，单眼 3 个。2 对翅狭长，翅面密布短细毛，前翅长于后翅，翅脉简单。

缺翅目 Zoraptera 昆虫多生活于常绿阔叶林地倒折木的树皮下，成虫和幼虫聚集在一起生活。不完全变态，植食性。

第一节 区系组成及特点
Segment 1 Fauna and Character

缺翅目 Zoraptera 昆虫起源于 113.0 Ma 前的中生代白垩纪中期。目前仅 1 科 1 属 40 种，分布于除南极洲、欧洲以外的 5 个大洲（表 4–32）。主要集中在热带地区，中国的墨脱缺翅虫 Zorotypus medoensis 和中华缺翅虫 Zorotypus sinensis 是分布最北的种类，最南分布在马达加斯加。就属级而言，分布是广泛的，但种的分布是极其狭窄的。

表 4-32 缺翅目 Zoraptera 昆虫的区系组成

昆虫科名称	属数	种数	各洲属数						
			欧洲	亚洲	非洲	大洋洲	北美洲	南美洲	南极洲
缺翅科 Zorotypidae	1	40		1	1	1	1	1	

第二节　分布地理
Segment 2　Geographical Distribution

由于缺翅目 Zoraptera 只有 1 科 1 属，因此属的分布是相当广泛的，在 67 个 BGU 中，有 24 个拥有分布记录（表 4-33），属分布域远大于已分析过的各目。由于只有 1 属，不能够进行 MSCA 分析。

表 4-33 缺翅目 Zoraptera 昆虫在各 BGU 的分布

地理单元	属数	地理单元	属数	地理单元	属数
01 北欧		28 朝鲜半岛		56 新南威尔士	
02 西欧		29 日本		57 维多利亚	
03 中欧		30 喜马拉雅地区		58 塔斯马尼亚	
04 南欧		31 印度半岛	1	59 新西兰	
05 东欧		32 缅甸地区		61 加拿大东部	
06 俄罗斯欧洲部分		33 中南半岛	1	62 加拿大西部	
11 中东地区		34 菲律宾	1	63 美国东部山区	1
12 阿拉伯沙漠		35 印度尼西亚地区	1	64 美国中部平原	1
13 阿拉伯半岛南端		41 北非		65 美国中部丘陵	1
14 伊朗高原		42 西非	1	66 美国西部山区	
15 中亚地区		43 中非		67 墨西哥	1
16 西西伯利亚平原		44 刚果河流域	1	68 中美地区	1
17 东西伯利亚高原		45 东北非		69 加勒比海岛屿	1
18 乌苏里地区		46 东非		71 奥里诺科河流域	1
19 蒙古高原		47 中南非	1	72 圭亚那高原	1
20 帕米尔高原		48 南非		73 安第斯山脉北段	1
21 中国东北		49 马达加斯加地区	1	74 亚马孙平原	1
22 中国西北		50 新几内亚	1	75 巴西高原	
23 中国青藏高原		51 太平洋岛屿	1	76 玻利维亚	1
24 中国西南	1	52 西澳大利亚		77 南美温带草原	
25 中国南部	1	53 北澳大利亚		78 安第斯山脉南段	
26 中国中东部		54 南澳大利亚		合计（属·单元）	24
27 中国台湾	1	55 昆士兰		全世界	1

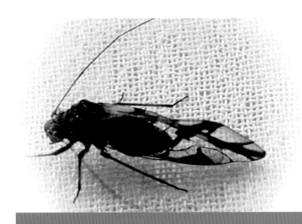

第十六章　啮目

Chapter 16　Order Psocoptera

啮目 Psocoptera 昆虫俗称啮虫，统称"啮"，英文名为 psocids。小型，体长 1 ～ 10 mm。头大，活动灵活。有 1 对复眼，雄性大雌性小。3 只单眼，远离或集聚，个别种类无单眼。口器咀嚼式。触角线状，一般 13 节，多者可达 50 节。大部分种类有翅 2 对，长三角形，有翅痣，翅脉简单，后翅小于前翅。短翅型和小翅型种类，后翅严重退化或缺失。

啮目 Psocoptera 昆虫生活环境特殊，而又多样性。它们生活于树叶和枝干上或树皮下、草丛、灌木丛、落叶层、土壤表层、石块表面、洞穴内、居室内，甚至生活于鸟巢、白蚁巢内等。多数种类植食性或菌食性，取食所栖息的植物和其他物体上的有机物碎屑或菌类，如谷粒碎屑、面粉、植物花粉、中草药、烟草、纸张、皮毛、昆虫标本、真菌菌丝和孢子、地衣、藻类等，个别种类具有肉食性或粪食性。

啮目 Psocoptera 昆虫多数营散居性生活，少数种类为群居性生活。1 年发生多代。渐变态。多数种类为两性生殖，也有不少种类孤雌生殖，个别种类胎生。

第一节　区系组成及特点
Segment 1　Fauna and Character

啮目 Psocoptera 昆虫起源于 201.3 Ma 前的中生代三叠纪末期。目前全世界共有 40 科 482 属 6 111 种（表 4–34）。世界 7 个大洲都有分布。40 个科中，有 19 个科遍布于 6 个大洲，其中又有 4 个科能够延伸至南极洲；有 3 个小科是局限于 1 个大洲内的特有科，其余 18 科分别分布在 2～5 个大洲内。

7 个大洲中，除南极洲只有 4 科 4 属外，亚洲物种最为丰富，有 30 科 256 属，欧洲最少，有 26 科 63 属，其余各洲相差不大。分布区域以热带、亚热带及温带的林区为多。

表 4-34　啮目 Psocoptera 昆虫的区系组成

昆虫科名称	属数	种数	各洲属数						
			欧洲	亚洲	非洲	大洋洲	北美洲	南美洲	南极洲
1. 重啮科Amphientomidae	25	156	2	20	7	1	4	4	
2. 双啮科Amphipsocidae	22	285	2	11	12	1	3	3	
3. 古啮科Archipsocidae	5	81		1	2		4	4	
4. 亚啮科Asiopsocidae	3	16	1	1			2		
5. 单啮科Caeciliusidae	42	808	6	25	11	10	5	5	1
6. 枝啮科Cladiopsocidae	1	26			1		1	1	
7. 同啮科Compsocidae	2	2					2		
8. 离啮科Dasydemellidae	3	49		2			1	1	
9. 斧啮科Dolabellopsocidae	4	39		2			2	2	
10. 外啮科Ectopsocidae	7	230	2	5	3	2	3	2	
11. Electrentomidae	4	8			1		1	2	
12. 沼啮科Elipsocidae	34	151	5	7	5	17	4	9	1
13. 上啮科Epipsocidae	23	207	1	12	3	3	6	9	
14. 半啮科Hemipsocidae	4	40		3	2	1	1	1	
15. 分啮科Lachesillidae	20	354	1	7	1	1	7	11	1
16. 鳞啮科Lepidopsocidae	20	214	3	13	10	9	8	7	
17. Lesneiidae	1	4				1			
18. 虱啮科Liposcelididae	10	198	2	3	7	2	4	7	
19. 羚啮科Mesopsocidae	16	104	3	9	9		1	1	
20. 耗啮科Musapsocidae	2	9					1	2	
21. 鼠啮科Myopsocidae	10	195	1	8	3	5	3	2	
22. 厚啮科Pachytroctidae	11	92	3	7	8	3	4	5	
23. Paracaeciliidae	5	109	1	2		2	1		
24. 围啮科Peripsocidae	12	345	1	11	1	2	2	2	
25. 美啮科Philotarsidae	7	141	2	3	3	4	4	4	
26. 锯啮科Prionoglarididae	5	13	1	2	3		1		
27. Protroctopsocidae	4	5	2	2			1		
28. 叉啮科Pseudocaeciliidae	37	427	1	20	6	16	5	4	
29. 裸啮科Psilopsocidae	1	8		1		1			
30. 啮科Psocidae	88	1 317	12	60	20	12	21	27	1
31. 圆啮科Psoquillidae	8	31	2	3	4	3	5	2	
32. 跳啮科Psyllipsocidae	6	70	2	4	3	2	4	2	
33. 羽啮科Ptiloneuridae	11	61					5	8	
34. Sabulopsocidae	2	2				2			

（续表 4–34）

昆虫科名称	属数	种数	各洲属数						
			欧洲	亚洲	非洲	大洋洲	北美洲	南美洲	南极洲
35. 球蜡科Sphaeropsocidae	4	19	1		1		3	2	
36. Spurostigmatidae	1	13					1	1	
37. 狭蜡科Stenopsocidae	4	194	2	4	1	1	1	1	
38. 毛蜡科Trichopsocidae	1	9	1		1	1	1	1	
39. 窃蜡科Trogiidae	10	55	3	5	5	3	4	3	
40. 粉蜡科Troctopsocidae	7	24		3			3	2	
合计	482	6 111	63	256	134	104	129	137	4
各洲科数			26	30	28	24	37	32	4

第二节　分布地理及 MSCA 分析
Segment 2　Geographical Distribution and MSCA

由于蜡目 Psocoptera 昆虫生活环境特殊，扩散能力弱，因此虽然科的分布较广，属的分布则相对零散，67 个 BGU 中有 11 个分布的属数在 5 属以下（表 4–35）。以中国南部、中国中东部、墨西哥、印度尼西亚等地区最丰富，都在 90 属以上。

表 4–35　蜡目 Psocoptera 昆虫在各 BGU 的分布

地理单元	属数	地理单元	属数	地理单元	属数
01 北欧	32	28 朝鲜半岛	5	56 新南威尔士	20
02 西欧	42	29 日本	49	57 维多利亚	5
03 中欧	37	30 喜马拉雅地区	25	58 塔斯马尼亚	27
04 南欧	50	31 印度半岛	69	59 新西兰	37
05 东欧	24	32 缅甸地区	2	61 加拿大东部	13
06 俄罗斯欧洲部分	28	33 中南半岛	20	62 加拿大西部	17
11 中东地区	30	34 菲律宾	23	63 美国东部山区	14
12 阿拉伯沙漠	8	35 印度尼西亚地区	90	64 美国中部平原	2
13 阿拉伯半岛南端	7	41 北非	40	65 美国中部丘陵	8
14 伊朗高原	4	42 西非	39	66 美国西部山区	38
15 中亚地区	2	43 中非	6	67 墨西哥	94
16 西西伯利亚平原		44 刚果河流域	42	68 中美地区	62
17 东西伯利亚高原	10	45 东北非	7	69 加勒比海岛屿	50
18 乌苏里地区	9	46 东非	48	71 奥里诺科河流域	43
19 蒙古高原	21	47 中南非	74	72 圭亚那高原	8

（续表 4-35）

地理单元	属数	地理单元	属数	地理单元	属数
20 帕米尔高原	1	48 南非	32	73 安第斯山脉北段	72
21 中国东北	27	49 马达加斯加地区	49	74 亚马孙平原	69
22 中国西北	2	50 新几内亚	34	75 巴西高原	25
23 中国青藏高原	18	51 太平洋岛屿	50	76 玻利维亚	22
24 中国西南	48	52 西澳大利亚	2	77 南美温带草原	32
25 中国南部	127	53 北澳大利亚		78 安第斯山脉南段	34
26 中国中东部	117	54 南澳大利亚	1	合计（属·单元）	2 109
27 中国台湾	62	55 昆士兰	4	全世界	482

482 属中，有 23 属没有分布记录，局限于 1 个 BGU 的特有属有 191 个，占总属数的 39.63%，分布于 2 ～ 5 个 BGU 的属有 163 个，占 33.82%，分布于 6 ～ 10 个 BGU 的属有 53 个，其余 50 属分布在 10 个以上的 BGU 中，最广的属分布于 34 个 BGU。

459 属在 65 个 BGU 中共有 2 109 属·单元的分布记录，平均每单元有 32 属，平均每属分布在 4.59 个 BGU。对分布有啮虫的 65 个 BGU 进行 MSCA 分析，聚类结果如图 4-14 所示。

图 4-14 显示，65 个 BGU 的总相似性系数为 0.064，在相似性系数为 0.180 的水平上，聚成 8 个单元群：

1 欧洲、中亚单元群：涉及欧洲、地中海、中亚共 14 个 BGU，有啮虫 73 属，其中特有属 19 属，占 26.03%。

2 北亚、东亚单元群：涉及北亚、东北亚、东亚共 11 个 BGU，有啮虫 197 属，其中特有属 98 属，占 49.75%。

3 东南亚单元群：涉及南亚、东南亚、太平洋岛屿共 8 个 BGU，有啮虫 145 属，其中特有属 40 属，占 27.59%。

4 澳大利亚西北部单元群：包括西部、北部 3 个 BGU，有啮虫 5 属，没有特有属。

5 大洋洲东南部单元群：包括澳大利亚东南部、新西兰 4 个 BGU，有啮虫 60 属，其中特有属 25 属，占 41.67%。

6 非洲单元群：涉及除北非以外的非洲 8 个 BGU，有啮虫 121 属，其中特有属 35 属，占 28.93%。

7 北美洲单元群：共 9 个 BGU，有啮虫 129 属，其中特有属 30 属，占 23.26%。

8 南美洲单元群：共 8 个 BGU，有啮虫 137 属，其中特有属 43 属，占 31.39%。

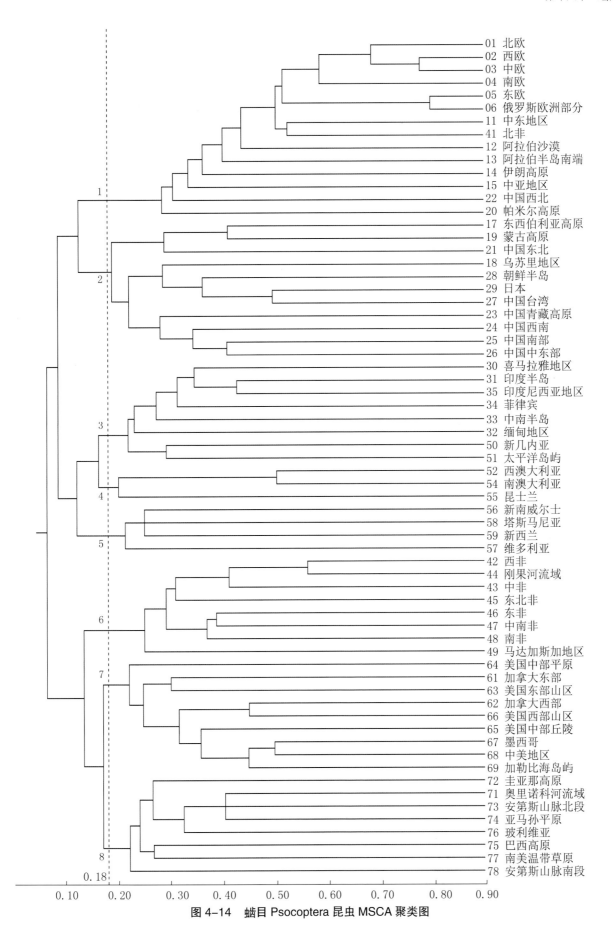

图 4-14　蜡目 Psocoptera 昆虫 MSCA 聚类图

第十七章 食毛目

Chapter 17 Order Mallophaga

食毛目 Mallophaga 昆虫俗称鸟虱或嗜虱，英文名为 bird lice，biting lice 或 chewing lice，鸟虱体小，一般体长 0.5 ～ 6.0 mm。背腹扁平，卵圆形、椭圆形或长形，体壁强烈几丁质化。头大且扁，能活动。触角短小，3 ～ 5 节。复眼小或退化，无单眼。口器为特化的咀嚼式，上颚发达，强烈几丁质化，其端部有齿。胸部 3 节，无翅，前胸发达，与中胸分离。3 对足短粗，基节远离，跗节 1 节或 2 节，一般有 2 爪。腹部 11 节，可见 8 ～ 9 节。无尾须。

鸟虱寄生于鸟类、哺乳类体外，营外寄生生活，不侵袭人类。除少数类群取食寄主血液外，绝大多数类群以寄主的羽毛、毛或皮肤分泌物为食。鸟虱渐变态，生命周期短粗，卵期一般 2 ～ 4 天，若虫期约 3 周，成虫期 1 个月左右，因此 1 年多代、世代重叠现象突出。鸟虱由于无翅，又不能够离开寄主太久，因此自主扩散能力几乎为零，其传布基本是通过寄主直接接触来实现。鸟虱不仅对寄主有严格的选择，在寄主体上的寄生部位也有严格的选择，同一寄主身体的不同部位，寄生的鸟虱种类不同，形态、习性也有差异。鸟虱对寄主的生存依赖以及二者之间的协同进化关系，对探讨高级阶元间的亲缘关系及地理分布格局有重要意义，如我们既可以通过对鸟类的分布状况来推断鸟虱的分布，也能够通过对鸟虱的分布格局的分析来佐证鸟类的分布。

食毛目 Mallophaga 昆虫起源于 125.0 Ma 前的中生代白垩纪，与啮目 Psocoptera、虱目 Anoplura 昆虫关系密切。

第一节 区系组成及特点
Segment 1 Fauna and Character

食毛目 Mallophaga 昆虫全世界共有 9 科 285 属 4 565 种。分布于全世界各个大洲（表 4–36），其中长角鸟虱科 Philopteridae 和短角鸟虱科 Menoponidae 遍及 7 洲，鸟虱科 Ricinidae 及兽鸟虱科 Trichodectidae 分布于除南极洲以外的 6 个大洲，袋鼠鸟虱科 Boopiidae 及毛鸟虱科 Trimenoponidae 分别是大洋洲及南美洲的特有科，其余 3 科为局域分布。

7 个大洲中，南极洲是种类最少的，除南极洲外，科级阶元的分布是平均的，每个大洲分别有 5 ~ 6 科，属级阶元的分布有所差异，亚洲最丰富，有 132 属，欧洲、大洋洲、北美洲基本相同，非洲与南美洲较为贫乏。

表 4–36 食毛目 Mallophaga 昆虫的区系组成

昆虫科名称	属数	种数	各洲属数						
			欧洲	亚洲	非洲	大洋洲	北美洲	南美洲	南极洲
1. 袋鼠鸟虱科 Boopiidae	6	48				6			
2. 鼠鸟虱科 Gyropidae	8	90						1	4
3. 象虱科 Haematomyzidae	1	3		1	1				
4. 水鸟虱科 Laemobothriidae	1	23	1	1			1	1	
5. 短角鸟虱科 Menoponidae	76	1 210	15	36	10	17	21	9	4
6. 长角鸟虱科 Philopteridae	169	2 801	32	85	8	37	31	13	13
7. 鸟虱科 Ricinidae	3	44	1	1	1	1	1	1	
8. 兽鸟虱科 Trichodectidae	20	345	5	8	2	1	8	1	
9. 毛鸟虱科 Trimenoponidae	1	1						1	
合计	285	4 565	54	132	22	63	63	29	17
各洲科数			5	6	5	6	6	6	2

第二节 分布地理及 MSCA 分析
Segment 2 Geographical Distribution and MSCA

由于食毛目 Mallophaga 昆虫终生在寄主体上生活，生活环境条件相对稳定，外界自然条件对其影响远不及寄主对它的影响，因此，分布广泛是食毛目 Mallophaga 昆虫的显著特点，虽然是一个小目，却能遍及世界（表 4–37）。67 个 BGU 中，只有 4 个 BGU 没有毛翅目 Mallophaga 昆虫分布的记载，63 个 BGU 都数量不等地拥有鸟虱分布记录。其中以中国的 7 个 BGU 最多，有 71 ~ 105 属，其次，塔斯马尼亚、日本、西欧、东西伯利亚、印度等 BGU 都在 30 属以上，有 14 个 BGU 在 3 属以下。可以推断，食毛目 Mallophaga 的分布资料较欠平衡，可能会影响数量分析。

表 4-37　食毛目 Mallophaga 昆虫在各 BGU 的分布

地理单元	属数	地理单元	属数	地理单元	属数
01 北欧	21	28 朝鲜半岛	25	56 新南威尔士	2
02 西欧	39	29 日本	46	57 维多利亚	3
03 中欧	3	30 喜马拉雅地区	23	58 塔斯马尼亚	59
04 南欧	4	31 印度半岛	36	59 新西兰	12
05 东欧		32 缅甸地区	19	61 加拿大东部	3
06 俄罗斯欧洲部分		33 中南半岛	15	62 加拿大西部	19
11 中东地区	7	34 菲律宾	12	63 美国东部山区	17
12 阿拉伯沙漠	5	35 印度尼西亚地区	23	64 美国中部平原	15
13 阿拉伯半岛南端	4	41 北非	6	65 美国中部丘陵	26
14 伊朗高原	14	42 西非	6	66 美国西部山区	34
15 中亚地区	8	43 中非	1	67 墨西哥	17
16 西西伯利亚平原		44 刚果河流域	3	68 中美地区	9
17 东西伯利亚高原	38	45 东北非	1	69 加勒比海岛屿	4
18 乌苏里地区		46 东非	3	71 奥里诺科河流域	4
19 蒙古高原	7	47 中南非	9	72 圭亚那高原	1
20 帕米尔高原	27	48 南非	10	73 安第斯山脉北段	19
21 中国东北	85	49 马达加斯加地区	2	74 亚马孙平原	5
22 中国西北	81	50 新几内亚	3	75 巴西高原	3
23 中国青藏高原	74	51 太平洋岛屿	14	76 玻利维亚	6
24 中国西南	71	52 西澳大利亚	2	77 南美温带草原	7
25 中国南部	92	53 北澳大利亚	1	78 安第斯山脉南段	4
26 中国中东部	105	54 南澳大利亚	5	合计（属·单元）	1 296
27 中国台湾	73	55 昆士兰	4	全世界	285

　　285 属中，有 114 属没有分布记录。有分布记录的 171 属中，局限于单个 BGU 的有 25 属，占 14.62%；分布于 2～5 个 BGU 的有 56 属，占 32.75%；分布于 6～10 个 BGU 的有 40 属，占 23.39%；分布于 11～20 个 BGU 的有 45 属，占 26.32%；有 4 属分布在 20 个以上的 BGU 中，最广的一属分布在 43 个 BGU。

　　171 属鸟虱在 63 个 BGU 共有 1 296 属·单元记录，平均每个 BGU 有 21 属鸟虱，每属分布域为 7.58 个 BGU。

　　对拥有 4 属以上鸟虱的 49 个 BGU 进行 MSCA 分析，结果如图 4-15 所示。

　　图 4-15 中可以看出，49 个 BGU 的总相似性系数为 0.148，在相似性系数为 0.260 的水平时，聚成 4 个单元群。与已分析过的类群相比，一是欧亚大陆没有分开，以中国的几个 BGU 为核心，聚成一个大群，二是大洋洲及南美洲的 BGU 没有聚类，因为它们的核心 BGU 没有发挥聚类作用。聚成的 4 个单元群是：

　　1 欧亚单元群：涉及欧洲、亚洲等的 24 个 BGU，有鸟虱 136 属。

　　2 东南亚单元群：涉及亚洲东南部共 4 个 BGU，有鸟虱 41 属。

　　3 非洲单元群：涉及 3 个 BGU，有鸟虱 18 属。

　　4 北美单元群：涉及 8 个 BGU，有鸟虱 64 属。

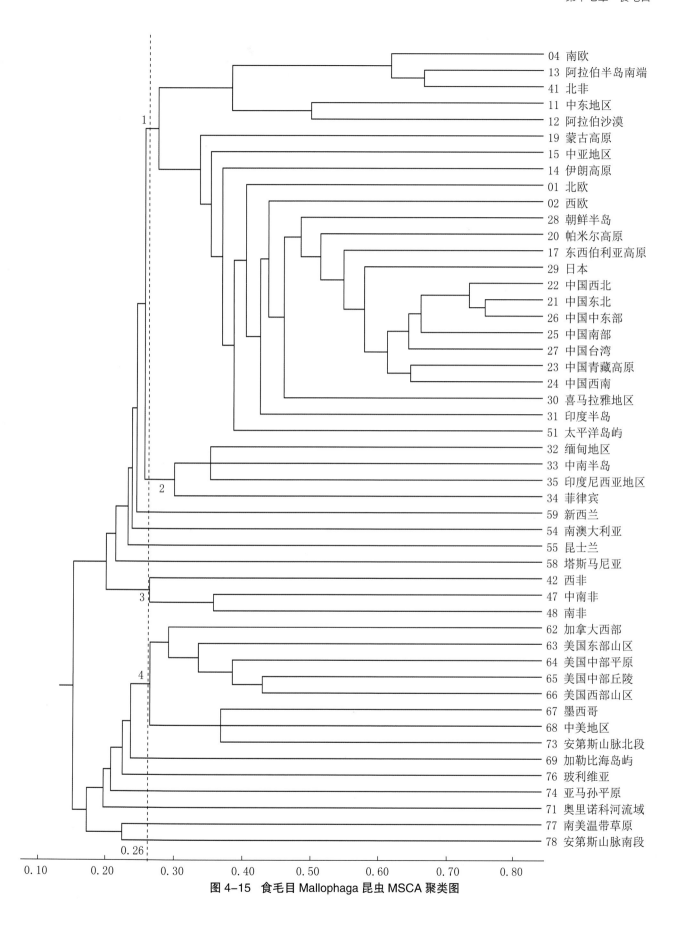

图 4-15　食毛目 Mallophaga 昆虫 MSCA 聚类图

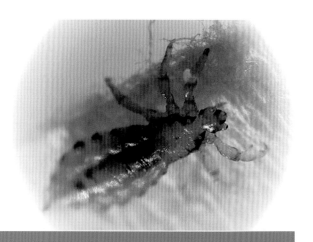

第十八章 虱目

Chapter 18 Order Anoplura

虱目 Anoplura 昆虫俗称虱子，统称"虱"，英文名为 sucking lice，是人类、兽类的专性寄生物。该目的高级分类阶元尚不统一，有将其和食毛目 Mallophaga 作为一个目，更有将其作为啮目 Psocoptera 的一个亚目处理。本书遵从单独作为 1 个目。

虱目 Anoplura 昆虫体型微小，体长 1～6 mm，扁平，无翅，灰白色或黄褐色。头部小，向前突出，窄于前胸；触角短，丝状，3 节或 5 节；口器特化的刺吸式；复眼退化，无单眼。3 对足短粗，适于攀缘。腹部 9 节，可见 7 节，无尾须。

虱目 Anoplura 昆虫寄生于人或哺乳动物体外，刺吸寄主血液。两性生殖，渐变态。整个生活周期都在寄主体上完成。

第一节 区系组成及特点
Segment 1 Fauna and Character

虱目 Anoplura 昆虫起源于 48.6 Ma 前的新生代第三纪始新世的早期，是昆虫纲 Insecta 中最晚出现的一个目。现生种类共 14 科 46 属 553 种（不包括寄生海洋哺乳动物的海兽虱科）。

虱目 Anoplura 昆虫由于终生在温血动物的寄主身体上生活，其分布范围受寄主的分布影响较大，受自然环境的影响较小。在包括南极洲在内的 7 个大洲都有虱目 Anoplura 昆虫的分布（表 4–38）。14 个科内，有 4 个科是分别局限在 1 个大洲内的洲特有科，有 4 个科能够分布到 6 个大洲，其余 6 个科分别分布在 2～5 个大洲内。7 个大洲内，非洲丰富度最高，有 12 科 25 属，亚洲次之，有 10 科 24 属，大洋洲只有 3 科 3 属。南极洲大陆及周边岛屿共有 2 科 2 属。

表 4–38　虱目 Anoplura 昆虫的区系组成

昆虫科名称	属数	种数	各洲属数						
			欧洲	亚洲	非洲	大洋洲	北美洲	南美洲	南极洲
1. 恩兰虱科Enderleinellidae	5	52	1	3	2		2	1	
2. 血虱科Haematopinidae	1	30	1	1	1				
3. Hamophthiriidae	1	1			1				
4. 甲协虱科Hoplopleuridae	6	157	2	4	2	1	3	2	
5. Hybophthiridae	1	1			1				
6. 颚虱科Linognathidae	5	76	3	3	3	1	2	1	
7. Microthoraciidae	1	4		1	1			1	1
8. 鼹虱科Neolinognathidae	1	2			1				
9. Pacaroecidae	1	1						1	
10. 猴虱科Pedicinidae	1	16			1			1	
11. 虱科Pediculidae	1	18	1	1	1	1	1	1	
12. 阴虱科Pthiridae	1	2	1	1	1				
13. 多板虱科Polyplacidae	20	190	3	8	10		5	8	1
14. 马虱科Ratemiidae	1	3		1	1				
合计	46	553	12	24	25	3	15	14	2
各洲科数			7	10	12	3	7	6	2

第二节　分布地理及 MSCA 分析
Segment 2　Geographical Distribution and MSCA

虱目 Anoplura 昆虫在 67 个 BGU 都有分布，而且比较均匀，不像已讨论过的类群大多集中在热带或亚热带。拥有 2 属以下的 BGU 有 14 个，有热带的，也有温带的；10 属以上的 BGU 有 12 个，有热带的，也有寒温带的。

46 属虱目 Anoplura 昆虫中，除 2 属没有分布记录外，44 属中局限于 1 个 BGU 的"单元特有属"为 8 属，占 18.18%；分布于 2～5 个 BGU 的有 16 属，占 36.36%；分布于 6～10 个 BGU 的有 9 属，占 20.45%；分布于 11～20 个 BGU 的有 5 属，占 11.36%；有 6 属分布在 20 个以上 BGU。广而均匀的特点再次得以彰显。

44 属虱目 Anoplura 昆虫共在 67 个 BGU 中有 438 属·单元的分布记录（表 4–39），平均每个 BGU 有近 7 属，平均每属分布在 9.95 个 BGU。除澳大利亚等 12 个较少的 BGU 不参加分析外，对其余 55 个 BGU 进行 MSCA 计算分析，结果如图 4–16 所示。

从图 4–16 看出，55 个 BGU 的总相似性系数为 0.170，在相似性系数为 0.340 的水平时，聚为 6 个

表 4-39　虱目 Anoplura 昆虫在各 BGU 的分布

地理单元	属数	地理单元	属数	地理单元	属数
01 北欧	8	28 朝鲜半岛	3	56 新南威尔士	2
02 西欧	7	29 日本	4	57 维多利亚	2
03 中欧	8	30 喜马拉雅地区	7	58 塔斯马尼亚	2
04 南欧	6	31 印度半岛	10	59 新西兰	2
05 东欧	6	32 缅甸地区	4	61 加拿大东部	4
06 俄罗斯欧洲部分	4	33 中南半岛	7	62 加拿大西部	7
11 中东地区	6	34 菲律宾	5	63 美国东部山区	7
12 阿拉伯沙漠	8	35 印度尼西亚地区	11	64 美国中部平原	6
13 阿拉伯半岛南端	1	41 北非	11	65 美国中部丘陵	11
14 伊朗高原	6	42 西非	13	66 美国西部山区	12
15 中亚地区	7	43 中非	5	67 墨西哥	8
16 西西伯利亚平原	7	44 刚果河流域	15	68 中美地区	8
17 东西伯利亚高原	9	45 东北非	10	69 加勒比海岛屿	1
18 乌苏里地区	3	46 东非	19	71 奥里诺科河流域	6
19 蒙古高原	4	47 中南非	17	72 圭亚那高原	1
20 帕米尔高原	8	48 南非	18	73 安第斯山脉北段	8
21 中国东北	4	49 马达加斯加地区	7	74 亚马孙平原	5
22 中国西北	4	50 新几内亚	1	75 巴西高原	5
23 中国青藏高原	3	51 太平洋岛屿	2	76 玻利维亚	9
24 中国西南	6	52 西澳大利亚	1	77 南美温带草原	9
25 中国南部	8	53 北澳大利亚	1	78 安第斯山脉南段	2
26 中国中东部	14	54 南澳大利亚	2	合计（属·单元）	438
27 中国台湾	9	55 昆士兰	2	全世界	46

单元群：

　　1 欧亚单元群：涉及欧洲、中亚、北亚共 17 个 BGU，共有虱目 Anoplura 昆虫 17 属。

　　2 东亚单元群：涉及东北亚、中国等共 7 个 BGU，有 15 属。

　　3 东南亚单元群：涉及东南亚、太平洋岛屿共 8 个 BGU，有 16 属。

　　4 非洲单元群：涉及除北非以外的非洲共 8 个 BGU，有 24 属。

　　5 北美单元群：共 9 个 BGU，有 15 属。

　　6 南美单元群：共 6 个 BGU，有 13 属。

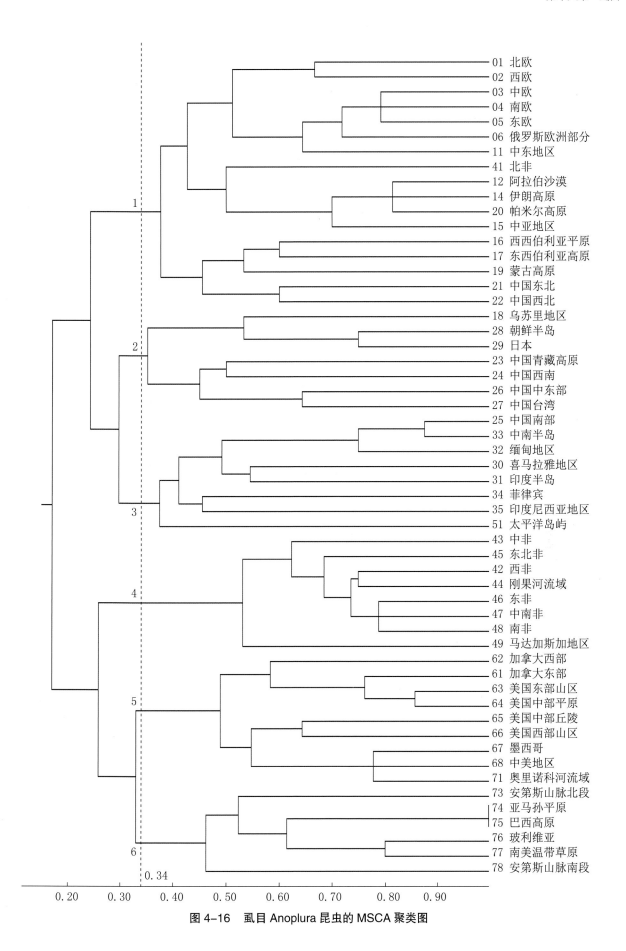

01 北欧
02 西欧
03 中欧
04 南欧
05 东欧
06 俄罗斯欧洲部分
11 中东地区
41 北非
12 阿拉伯沙漠
14 伊朗高原
20 帕米尔高原
15 中亚地区
16 西西伯利亚平原
17 东西伯利亚高原
19 蒙古高原
21 中国东北
22 中国西北
18 乌苏里地区
28 朝鲜半岛
29 日本
23 中国青藏高原
24 中国西南
26 中国中东部
27 中国台湾
25 中国南部
33 中南半岛
32 缅甸地区
30 喜马拉雅地区
31 印度半岛
34 菲律宾
35 印度尼西亚地区
51 太平洋岛屿
43 中非
45 东北非
42 西非
44 刚果河流域
46 东非
47 中南非
48 南非
49 马达加斯加地区
62 加拿大西部
61 加拿大东部
63 美国东部山区
64 美国中部平原
65 美国中部丘陵
66 美国西部山区
67 墨西哥
68 中美地区
71 奥里诺科河流域
73 安第斯山脉北段
74 亚马孙平原
75 巴西高原
76 玻利维亚
77 南美温带草原
78 安第斯山脉南段

0.34

0.20　0.30　0.40　0.50　0.60　0.70　0.80　0.90

图 4-16　虱目 Anoplura 昆虫的 MSCA 聚类图

第十九章　缨翅目

Chapter 19　Order Thysanoptera

缨翅目 Thysanoptera 昆虫统称蓟马，英文名为 thrips，体小型，一般体长 0.5 ～ 7.0 mm，少数种类可达 8.0 ～ 10.0 mm。触角 6 ～ 8 节；口器为锉吸式，下口式；复眼 1 对，单眼 3 只或退化。2 对翅狭长，形状相似，翅脉简单或消失，翅缘具长绒毛，有些种类为短翅型或无翅型；3 对足，跗节 1 ～ 2 节，爪单一或成对，跗节端部有显著突出的端泡。腹部可见 10 节，尾须消失。

缨翅目 Thysanoptera 昆虫多数为植食性，栖息于植物嫩梢、叶片或果实，有不少种类危害农作物、花卉、林木、果树，也有大量种类为菌食性或腐食性，生活于林木的枯枝、树皮下，或落叶层中，或草丛根际间，取食孢子、菌丝或腐殖质。还有少数种类为捕食性，捕食蚜虫、粉虱、蚧虫、螨类。

缨翅目 Thysanoptera 昆虫的变态是由渐变态向全变态的过渡状态，即在若虫期的最后阶段，有一个不食少动的称作"前蛹期""蛹期"的阶段。

第一节　区系组成及特点
Segment 1　Fauna and Character

缨翅目 Thysanoptera 昆虫起源于 279.3 Ma 前的古生代二叠纪，现生世界共有 9 科 782 属 6 038 种（表 4–40）。7 个大洲都有分布。亚洲种类最丰富，有 8 科 393 属，欧洲最少，有 7 科 110 属。

9 个科中，5 个科遍布于 6 个大洲，有 3 个小科分别分布于 4 个大洲内，分布最窄的异蓟马科 Thripidae 也分布在西半球内，没有大洲特有科。

表 4-40　缨翅目 Thysanoptera 昆虫的区系组成

昆虫科名称	属数	种数	各洲属数						
			欧洲	亚洲	非洲	大洋洲	北美洲	南美洲	南极洲
1. 纹蓟马科 Aeolothripidae	23	206	3	9	8	10	6	7	
2. Fauriellidae	4	5	1	1	2		1		
3. 异蓟马科 Heterothripidae	4	89					2	4	
4. Melanthripidae	4	67	2	2	3	2	2	1	
5. 大腿蓟马科 Merothripidae	3	15	1	2	2	2	1	2	
6. 管蓟马科 Phlaeothripidae	452	3 592	39	225	121	159	117	92	
7. Stenurotiripidae	3	6	1	1	1		2		
8. 蓟马科 Thripidae	288	2 057	63	152	88	77	84	48	2
9. Uzelothripidae	1	1	1	1	1		1		
合计	782	6 038	110	393	226	251	215	155	2
各洲科数			7	8	8	6	8	7	1

第二节　分布地理及 MSCA 分析
Segment 2　Geographical Distribution and MSCA

所有 BGU 都有蓟马的分布记录，分布也比较均匀（表 4-41），少于 5 属的只有 4 个 BGU，而印度和印度尼西亚、昆士兰、日本、南非 5 个单元都在 100 属以上。

782 属中有 2 属没有分布记录，局限在单个 BGU 的单元特有属 350 属，占总属数的 44.75%，分布在 2～5 个 BGU 的有 273 属，占 34.91%，分布于 6～10 个 BGU 的有 88 属，占 11.25%，其余 65 属分布域在 10 个以上 BGU，最广的为 60 个 BGU。

780 属在 67 个 BGU 内共有 3 214 属·单元的分布记录，平均每个 BGU 有 48 属，平均每属分布域为 4.12 个 BGU。对所有 BGU 进行 MSCA 分析，结果如图 4-17 所示。

表 4-41　缨翅目 Thysanoptera 昆虫在各 BGU 的分布

地理单元	属数	地理单元	属数	地理单元	属数
01 北欧	35	28 朝鲜半岛	13	56 新南威尔士	90
02 西欧	58	29 日本	110	57 维多利亚	30
03 中欧	71	30 喜马拉雅地区	31	58 塔斯马尼亚	9
04 南欧	56	31 印度半岛	230	59 新西兰	42
05 东欧	11	32 缅甸地区	8	61 加拿大东部	11
06 俄罗斯欧洲部分	10	33 中南半岛	69	62 加拿大西部	9
11 中东地区	34	34 菲律宾	69	63 美国东部山区	90
12 阿拉伯沙漠	12	35 印度尼西亚地区	166	64 美国中部平原	43

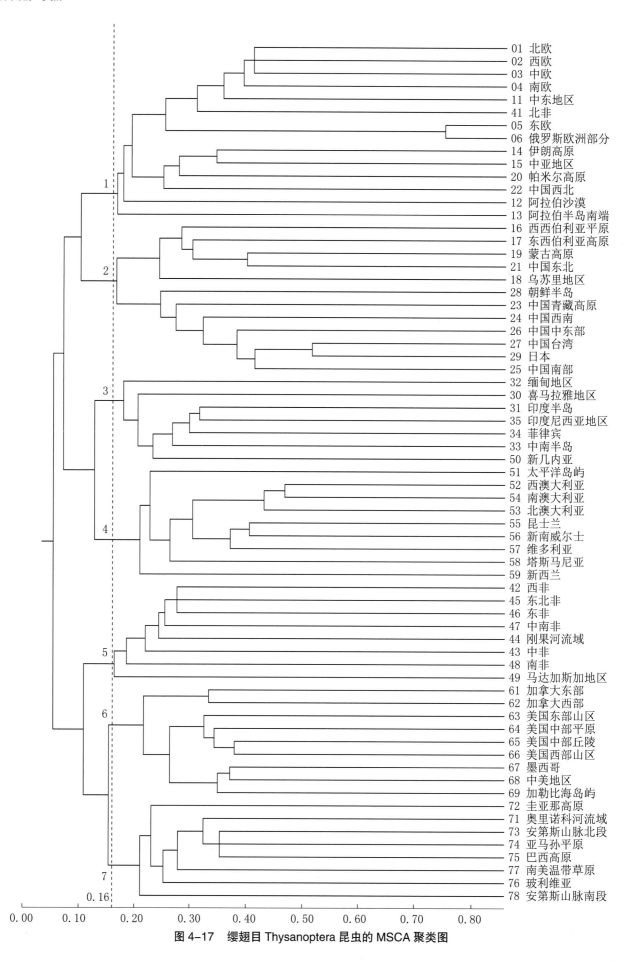

图 4-17 缨翅目 Thysanoptera 昆虫的 MSCA 聚类图

地理单元	属数	地理单元	属数	地理单元	属数
13 阿拉伯半岛南端	10	41 北非	70	65 美国中部丘陵	48
14 伊朗高原	18	42 西非	61	66 美国西部山区	73
15 中亚地区	18	43 中非	17	67 墨西哥	82
16 西西伯利亚平原	3	44 刚果河流域	40	68 中美地区	99
17 东西伯利亚高原	7	45 东北非	36	69 加勒比海岛屿	55
18 乌苏里地区	2	46 东非	47	71 奥利诺科河流域	56
19 蒙古高原	19	47 中南非	41	72 圭亚那高原	14
20 帕米尔高原	10	48 南非	107	73 安第斯山脉北段	48
21 中国东北	11	49 马达加斯加地区	42	74 亚马孙平原	51
22 中国西北	4	50 新几内亚	45	75 巴西高原	93
23 中国青藏高原	10	51 太平洋岛屿	98	76 玻利维亚	22
24 中国西南	23	52 西澳大利亚	66	77 南美温带草原	42
25 中国南部	57	53 北澳大利亚	56	78 安第斯山脉南段	12
26 中国中东部	44	54 南澳大利亚	51	合计（属·单元）	3 214
27 中国台湾	80	55 昆士兰	119	全世界	782

67 个 BGU 的总相似性系数为 0.054，在相似性系数为 0.160 的水平上，聚为 7 个单元群（图 4–17）：

1 欧洲、中亚单元群：涉及欧洲、地中海、中亚共 14 个 BGU，共有蓟马 148 属，其中群特有属 48 属，占 32.43%。

2 北亚、东亚单元群：涉及北亚、东北亚、东亚共 12 个 BGU，共有蓟马 161 属，22 属为该群特有，占 13.66%。

3 东南亚单元群：涉及东南亚、新几内亚共 7 个 BGU，共有蓟马 338 属，其中特有属 146 属，占 43.20%。

4 大洋洲单元群：涉及除新几内亚以外的大洋洲 9 个 BGU，共有蓟马 238 属，其中特有属 110 属，占 46.22%。

5 非洲单元群：涉及除北非以外的非洲 8 个 BGU，共有蓟马 202 属，其中特有属 70 属，占 34.65%。

6 北美洲单元群：北美洲的 9 个 BGU，共有蓟马 215 属，其中特有属 53 属，24.65%。

7 南美洲单元群：南美洲的 8 个 BGU，共有蓟马 155 属，其中特有属 36 属，占 23.23%。

第三节　蓟马科
Segment 3　Thripidae

蓟马科 Thripidae 昆虫是缨翅目 Thysanoptera 中第二大科，共有 288 属 2 057 种。广泛分布于 7 个大洲，也广泛地分布于除塔斯马尼亚以外的 66 个 BGU 内，其中有 6 个 BGU 不足 5 属，有 13 个 BGU 在 30 属以上。

288 属蓟马都有分布记录，其中局限于单个 BGU 的有 123 属，占总属数的 42.71%；分布于 2～5 个

BGU 的有 110 属，占 38.19%；分布于 6 ~ 10 个 BGU 的有 28 属，占 9.72%；分布于 11 ~ 20 个 BGU 的有 18 属，占 6.25%；有 9 属分布在 20 个以上 BGU，最广的一属分布在 60 个 BGU。

288 属在 66 个 BGU 有 1 221 属·单元记录（表 4–42），平均每个 BGU 拥有 19 属蓟马，每属蓟马分布域为 4.24 个 BGU。对 66 个 BGU 进行 MSCA，结果如图 4–18。

表 4–42 蓟马科 Thripidae 昆虫在各 BGU 的分布

地理单元	属数	地理单元	属数	地理单元	属数
01 北欧	20	28 朝鲜半岛	5	56 新南威尔士	20
02 西欧	34	29 日本	39	57 维多利亚	6
03 中欧	44	30 喜马拉雅地区	15	58 塔斯马尼亚	
04 南欧	26	31 印度半岛	88	59 新西兰	12
05 东欧	5	32 缅甸地区	4	61 加拿大东部	9
06 俄罗斯欧洲部分	6	33 中南半岛	26	62 加拿大西部	6
11 中东地区	20	34 菲律宾	27	63 美国东部山区	34
12 阿拉伯沙漠	3	35 印度尼西亚地区	58	64 美国中部平原	14
13 阿拉伯半岛南端	5	41 北非	39	65 美国中部丘陵	19
14 伊朗高原	11	42 西非	27	66 美国西部山区	31
15 中亚地区	11	43 中非	5	67 墨西哥	28
16 西西伯利亚平原	1	44 刚果河流域	13	68 中美地区	35
17 东西伯利亚高原	4	45 东北非	16	69 加勒比海岛屿	21
18 乌苏里地区	1	46 东非	16	71 奥里诺科河流域	18
19 蒙古高原	10	47 中南非	19	72 圭亚那高原	5
20 帕米尔高原	7	48 南非	35	73 安第斯山脉北段	9
21 中国东北	9	49 马达加斯加地区	14	74 亚马孙平原	9
22 中国西北	3	50 新几内亚	18	75 巴西高原	22
23 中国青藏高原	8	51 太平洋岛屿	33	76 玻利维亚	6
24 中国西南	16	52 西澳大利亚	13	77 南美温带草原	13
25 中国南部	26	53 北澳大利亚	17	78 安第斯山脉南段	7
26 中国中东部	24	54 南澳大利亚	7	合计（属·单元）	1 221
27 中国台湾	37	55 昆士兰	32	全世界	288

从图 4–18 看出，66 个 BGU 的总相似性系数为 0.058，在相似性系数为 0.160 的水平时，聚成 7 个单元群：

1 欧洲、中亚单元群：包括欧洲、地中海、中亚共 13 个 BGU，有蓟马 85 属。

2 东亚单元群：包括北亚、东北亚、东亚共 14 个 BGU，有蓟马 72 属。

3 东南亚单元群：包括南亚、东南亚、太平洋岛屿共 7 个 BGU，有蓟马 129 属。

4 澳大利亚单元群：包括澳大利亚、新西兰共 7 个 BGU，有蓟马 59 属。

5 非洲单元群：包括除北非以外的非洲 8 个 BGU，有蓟马 70 属。

6 北美单元群：包括北美洲的 9 个 BGU，有蓟马 84 属。

7 南美单元群：包括南美洲的 8 个 BGU，有蓟马 48 属。

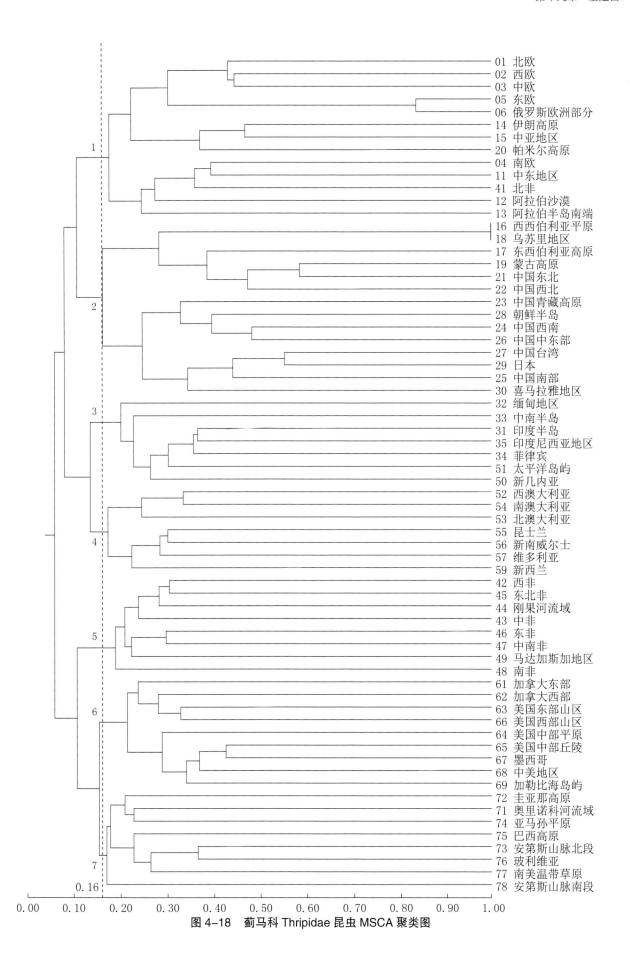

01 北欧
02 西欧
03 中欧
05 东欧
06 俄罗斯欧洲部分
14 伊朗高原
15 中亚地区
20 帕米尔高原
04 南欧
11 中东地区
41 北非
12 阿拉伯沙漠
13 阿拉伯半岛南端
16 西西伯利亚平原
18 乌苏里地区
17 东西伯利亚高原
19 蒙古高原
21 中国东北
22 中国西北
23 中国青藏高原
28 朝鲜半岛
24 中国西南
26 中国中东部
27 中国台湾
29 日本
25 中国南部
30 喜马拉雅地区
32 缅甸地区
33 中南半岛
31 印度半岛
35 印度尼西亚地区
34 菲律宾
51 太平洋岛屿
50 新几内亚
52 西澳大利亚
54 南澳大利亚
53 北澳大利亚
55 昆士兰
56 新南威尔士
57 维多利亚
59 新西兰
42 西非
45 东北非
44 刚果河流域
43 中非
46 东非
47 中南非
49 马达加斯加地区
48 南非
61 加拿大东部
62 加拿大西部
63 美国东部山区
66 美国西部山区
64 美国中部平原
65 美国中部丘陵
67 墨西哥
68 中美地区
69 加勒比海岛屿
72 圭亚那高原
71 奥里诺科河流域
74 亚马孙平原
75 巴西高原
73 安第斯山脉北段
76 玻利维亚
77 南美温带草原
78 安第斯山脉南段

图 4-18　蓟马科 Thripidae 昆虫 MSCA 聚类图

第二十章　半翅目

Chapter 20　Order Hemiptera

　　半翅目 Hemiptera 是渐变态昆虫中的最大类群，也是昆虫纲 Insecta 中的大类群之一。包括同翅类和异翅类，同翅类昆虫有蚜、蝉、蚧、粉虱、木虱等，异翅类昆虫包括各种蝽类。两类昆虫的共同特征是均为刺吸式口器，刺吸寄主的汁液、体液或血液。其区别是，同翅类昆虫前翅质地均一，口器从头部腹面后方生出；异翅类昆虫前翅基半部加厚成革质，端半部膜质，口器从头部前端生出。

　　半翅目 Hemiptera 昆虫小型到大型，形态多样。绝大多数种类为渐变态，少数为过渐变态；大多数为两性生殖，少部分孤雌生殖。同翅类昆虫多群集生活于植物幼嫩部位，有的生活于地下，全为植食性；异翅类昆虫生活场所与生活方式多样化，既有陆生，又有水生；既有植食性，又有捕食性。营陆生生活的种类，既有生活于植物体上，又有生活于地面上下、树洞、蚁穴、鸟巢、哺乳动物巢穴以及人类居室内。

　　半翅目 Hemiptera 昆虫化性多样，多数为 1 年多代，也有 1 年 1 代，甚至多年 1 代。

　　半翅目 Hemiptera 昆虫与人类关系密切，不少种类是农林业重要害虫，不仅直接刺吸汁液掠夺植物营养，还能传播植物病毒病。少数种类能侵扰高等动物及人类的生活。半翅目 Hemiptera 昆虫能够为人类提供紫胶、白蜡、五倍子等工业原料资源和药用资源，一些种类还能作为害虫天敌、宠物、食物加以利用。

第一节 区系组成及特点
Segment 1 Fauna and Character

半翅目 Hemiptera 昆虫起源于 314.6 Ma 前的古生代石炭纪后期，目前全球除 140 个化石科外，现生类群共有 161 科 13 251 属 79 719 种（不包括个别海洋种类）（表 4–43）。

半翅目 Hemiptera 昆虫除南极洲没有分布外，6 个大洲都有大量类群分布。亚洲物种丰富度最高，共有 111 科 3 085 属；北美洲次之，有 101 科 1 914 属；欧洲最少，也有 82 科 1 041 属。

161 科半翅目 Hemiptera 昆虫，除 12 个小科没有分布记录外，有 42 科广泛分布于 6 大洲，占总科数的 26.1%，有 70 科分别分布于不同的 5 个大洲内。局限于单个洲内的特有科有 37 个科，占总科数的 23.0%，其中亚洲、大洋洲、北美洲分别为 12 个、11 个、8 个科，非洲、欧洲和南美洲各 2 个科。

表 4–43 半翅目 Hemiptera 昆虫的区系组成

昆虫科名称	属数	种数	各洲属数						
			欧洲	亚洲	非洲	大洋洲	北美洲	南美洲	南极洲
1. 峻翅蜡蝉科 Acanaloniidae	16	85	1		2		1	1	
2. 同蝽科 Acanthosomatidae	30	173	4	10		14	2	1	
3. 颖蜡蝉科 Achilidae	171	548	2	20		12	9		
4. 仄腹蜡蝉科 Achilixidae	3	25							
5. 仁蚧科 Aclerdidae	7	59		2			1		
6. 球蚜科 Adelgidae	10	116	2	5			2	1	
7. 迷蝽科 Aenictopecheidae	4	6					1		
8. 滨蝽科 Aepophilidae	1	1							
9. 犁胸蝉科 Aetalionidae	6	16			1		1	1	
10. 圆痕叶蝉科 Agalliidae	1	2				1	1		
11. 粉虱科 Aleyrodidae	162	1 542	34	82	63	37	54	48	
12. 蛛缘蝽科 Alydidae	54	289	5	21	9	5	13	7	
13. Aneuridae	1	1							
14. Anoecidae	1	1							
15. 花蝽科 Anthocoridae	58	243	14	17	2	6	7		
16. 盖蝽科 Aphelocheiridae	1	14	1	1	1	1			
17. 蚜科 Aphididae	754	5 652	145	260	17	25	182	17	
18. 尖胸沫蝉科 Aphrophoridae	163	912	8	38	9	12	9	1	
19. 澳蝽科 Aphylidae	3	4				3			
20. 扁蝽科 Aradidae	96	428	3	15	6	35	5	2	
21. Artheneidae	5	12	3	2		1	1		
22. 链蚧科 Asterolecaniidae	15	118	1	7		1	1		
23. 蜂蚧科 Beesoniidae	4	10		1					
24. 负子蝽科 Belostomatidae	16	48	3	6	3	2	3	2	
25. 跷蝽科 Berytidae	22	72	7	7		3	7		
26. 谷长蝽科 Blissidae	10	66	1	4		6	2	3	

（续表 4-43）

昆虫科名称	属数	种数	各洲属数						
			欧洲	亚洲	非洲	大洋洲	北美洲	南美洲	南极洲
27. Caliscelidae	61	181	4	10	2	1	4	1	
28. 丽木虱科 Calophyidae	9	88	1	5	1	2	2	2	
29. Canopidae	1	1					1		
30. Cantacaderidae	3	4							
31. Carayonemidae	4	4							
32. 裂木虱科 Carsidaridae	12	43		6		3	2	1	
33. 栉蝽科 Ceratocombidae	4	15	1	1		1	1		
34. 沫蝉科 Cercopidae	183	1 445	5	22	5	11	14	6	
35. 壶蚧科 Cerococcidae	14	83		2					
36. 叶蝉科 Cicadellidae	2 364	16 070	175	616	196	205	392	265	
37. 蝉科 Cicadidae	451	3 237	18	114	61	99	36	18	
38. 臭蝽科 Cimicidae	22	74	2	9	9	1	7	7	
39. 菱蜡蝉科 Cixiidae	219	2 262	10	24	6	34	12	3	
40. 长盾沫蝉科 Clastopteridae	3	80			1		1	1	
41. 蜡蚧科 Coccidae	227	1 200	6	37	2	8	9	1	
42. 束蝽科 Colobathristidae	2	7		2					
43. 壳蚧科 Conchaspididae	6	31		1					
44. 缘蝽科 Coreidae	448	2 554	21	128	84	81	71	125	
45. 划蝽科 Corixidae	42	290	12	10	6	6	18	4	
46. Cryptorhamphidae	2	4				1			
47. 土蝽科 Cydnidae	74	236	12	18	7	6	11	4	
48. Cymidae	7	32	1	1	1	1	1		
49. Cyrtocoridae	1	1					1		
50. 洋红蚧科 Dactylopiidae	1	10	1		1		1		
51. 飞虱科 Delphacidae	410	2 075	52	152	14	12	34	3	
52. 袖蜡蝉科 Derbidae	198	1 547		39	2	11	17	6	
53. 盾蚧科 Diaspididae	581	2 606	7	93	3	26	15		
54. 象蜡蝉科 Dictyopharidae	198	783	5	20	12	4	11	4	
55. 兜蝽科 Dinidoridae	6	20		5	1	1			
56. 鞭蝽科 Dipsocoridae	5	15	2	1					
57. 奇蝽科 Enicocephalidae	19	37		4		2	1		
58. Epipygidae	3	5					2		
59. 绒蚧科 Eriococcidae	108	597	4	8		4	3		
60. Eumenotidae	1	1							
61. 颜蜡蝉科 Eurybrachidae	40	195		4		8			
62. 宽顶叶蝉科 Evacanthidae	1	1		1					
63. 蛾蜡蝉科 Flatidae	304	1 417	3	25	15	20	11	3	
64. 蜡蝉科 Fulgoridae	146	661		12	6	5	25	9	
65. 蟾蝽科 Gelastocoridae	2	35		1	1	1	2	2	
66. 露孔蜡蝉科 Gengidae	4	6			1				
67. Geocoridae	5	73	1	1	1	3	2		
68. 黾蝽科 Gerridae	47	174	3	13	7	9	8	6	
69. Halimococcidae	7	24				1			
70. 膜翅蝽科 Hebridae	17	32				11		2	
71. 蚤蝽科 Helotrephidae	7	8		1	1				

昆虫科名称	属数	种数	各洲属数						
			欧洲	亚洲	非洲	大洋洲	北美洲	南美洲	南极洲
72. Henicocoridae	1	1				1			
73. Heterogastridae	6	12	1	3	2	2			
74. 叶木虱科Homotomidae	12	77	1	6	4	2	1	1	
75. Hormaphidae	1	1		1					
76. 尺蝽科Hydrometridae	8	28	1	1	1	1	1	1	
77. Hyocephalidae	2	3				2			
78. 盲蜡蝉科Hypochthonellidae	1	1			1				
79. Idiostolidae	2	3				2			
80. 树蝽科Isometopidae	1	1						1	
81. 瓢蜡蝉科Issidae	280	1 189	5	38	1	6	11	1	
82. Joppeicidae	1	1							
83. 红蚧科Kermesidae	15	96	1	3			1		
84. 胶蚧科Kerriidae	14	91		3					
85. 阔蜡蝉科Kinnavidae	22	112			2				
86. 大红蝽科Largidae	13	38			3	1	4		
87. 盘蚧科Lecanodiaspididae	20	89			4				
88. 细蝽科Leptopodidae	5	6	3	3	1	1			
89. 来氏蝽科Lestoniidae	1	2				1			
90. 璐蜡蝉科Lophopidae	51	167		7		3			
91. 长蝽科Lygaeidae	240	644	45	50	16	23	14		
92. 棘沫蝉科Machaerotidae	41	128		5		6			
93. 大宽黾蝽科Macroveliidae	8	12			1	1	1		
94. Madeoveliidae	1	1					1	1	
95. Malcidae	2	29		2					
96. 珠蚧科Margarodidae	114	471	3	9	1		8	1	
97. 粒脉蜡蝉科Meenoplidae	29	181		8	2	4			
98. Megarididae	1	1					1	1	
99. 美角蝉科Melizoderidae	2	8						2	
100. 角蝉科Menbracidae	463	3 285	4	46	8	30	103	35	
101. 水蝽科Mesoveliidae	12	38	1	1	1	3	1	2	
102. Micrococcidae	3	18							
103. 小划蝽科Micronectidae	2	2	1			1			
104. 驼蝽科Microphysidae	5	20	2				1		
105. 盲蝽科Miridae	1 502	11 091	200	475	368	291	454	378	
106. Monophlebidae	1	2							
107. Myerslopiidae	2	12				2			
108. 姬蝽科Nabidae	26	162	6	12	1	5	8		
109. 潜蝽科Naucoridae	27	119	2	5	6	6	4	6	
110. 蝎蝽科Nepidae	7	36	2	3	3	5	3	2	
111. Nicomiidae	3	3					2	2	
112. Ninidae	2	5			2	1			
113. 娜蜡蝉科Nogodinidae	76	338			5	9	6	7	
114. 仰蝽科Notonectidae	9	143	2	4	4	4	4	3	
115. 蜍蝽科Ochteridae	2	19	1	1	1	2	1		
116. 涯蝽科Omanidae	1	3				1			

（续表 4-43）

昆虫科名称	属数	种数	各洲属数						
			欧洲	亚洲	非洲	大洋洲	北美洲	南美洲	南极洲
117. 旌蚧科Ortheziidae	24	198	2	4			3		
118. Oxycarenidae	2	10					1		
119. 长角长蝽科Pachygronthidae	8	20		1		4	3	1	
120. 粗股蝽科Pachynomidae	1	1					1	1	
121. 鞘喙蝉科Peloridiidae	18	38				12			
122. 蝽科Pentatomidae	407	1 178	42	76	27	105	62	23	
123. Phacopteronidae	5	51		3		1			
124. 澳蚧科Phenacoleachiidae	1	2				1			
125. 战蚧科Phoenicococcidae	1	1		1					
126. 短喙蝽科Phyllocephalidae	1	1		1	1				
127. 根瘤蚜科Phylloxeridae	10	74	3	3		1	3		
128. 瘤蝽科Phymatidae	1	1					1		
129. 皮蝽科Piesmatidae	5	26	2	1	1	1	1		
130. 龟蝽科Plataspidae	27	126	1	11	2	2	1		
131. 固蝽科Pleidae	3	14	2	1	1	1	2	2	
132. 丝蝽科Plokiophilidae	1	1					1		
133. 寄蝽科Polyctenidae	6	8		2			1	1	
134. 粉蚧科Pseudococcidae	348	2 107	2	76	4	23	12		
135. 木虱科Psyllidae	171	1 743	16	37	8	16	23	1	
136. 红蝽科Pyrrhocoridae	18	67	4	14	3	2	2	1	
137. 猎蝽科Reduvidae	292	808	13	55	9	57	42	21	
138. 姬缘蝽科Rhopalidae	23	186	9	14	7	2	3	1	
139. Rhyparochromidae	156	559	19	33	12	52	33	6	
140. 广翅蜡蝉科Ricaniidae	54	397		9		8			
141. 跳蝽科Saldidae	25	164	12	9		2	11	2	
142. 毛角蝽科Schizopteridae	20	72		2		9	1		
143. 盾蝽科Scutelleridae	53	165	6	19	6	6	16	5	
144. Stemmocryptidae	1	2							
145. 狭蝽科Stenocephalidae	1	30	1	1	1	1		1	
146. 斑蚧科Stictococcidae	3	15			3				
147. 蜃蝽科Termitaphididae	2	3		1			1		
148. 荔蝽科Tessavatomidae	53	228	1	13	3	8	2		
149. Tettigarctidae	3	5	1			1			
150. 蚁蜡蝉科Tettigometridae	24	96	1	2	1				
151. 桐蝽科Thaumastocoridae	4	15	1		1	2		1	
152. 黑蝽科Thyreocoridae	6	46	1	1	1		5	2	
153. Tibicinidae	12	99	4	4	1	1	1		
154. 网蝽科Tingidae	295	2 416	25	60	15	31	24	19	
155. 尖翅木虱科Triozidae	56	731	7	19	6	9	11	8	
156. 扁蜡蝉科Tropiduchidae	143	428		17	2	3	2		
157. 异蝽科Urostylididae	6	12		3					
158. 宽蝽科Veliidae	27	152	3	5	3	4	4	4	
159. 甲蝽科Vianaididae	1	1						1	
160. Elektraphididae	3	10	1						
161. Mesozoicaphididae	3	6							

（续表 4-43）

昆虫科名称	属数	种数	各洲属数						
			欧洲	亚洲	非洲	大洋洲	北美洲	南美洲	南极洲
未细分1	4	6							
未细分2	3	4				1			
合计 161	13 251	79 719	1 041	3 085	1 110	1 526	1 914	1 094	
各洲科数			82	111	80	99	101	66	

第二节　分布地理及 MSCA 分析
Segment 2　Geographical Distribution and MSCA

半翅目 Hemiptera 昆虫在 67 个 BGU 都有丰富的分布，而且分布比较均匀（表 4-44）。低于 100 属的只有 19 号 BGU，而 25～27 号 BGU 都在 1 000 属以上，600～1 000 属的有 9 个 BGU。

13 251 属昆虫中，有 6 520 属没有分布记录。有分布记录的 6 731 属中，局限于单个 BGU 的单元特有属共有 2 670 属，其中特有属较多的 BGU 有 26 号（196 属）、27 号（182 属）、68 号（160 属）、54 号（153 属）、25 号（103 属）、37 号（103 属）、66 号（101 属）、67 号（100 属）、75 号（99 属）、49 号（90 属）等。分布域超过 30 个 BGU 的有 56 属，分布最广的属涉及 49 个 BGU。由此可见，半翅目 Hemiptera 昆虫的分布资料尚需进一步系统汇总整理。

6 731 属昆虫在 67 个 BGU 共有 26 270 属·单元的分布记录，平均每单元有 392 属，平均每属分布域为 3.90 个 BGU。对 67 个 BGU 进行 MSCA 分析结果如图 4-19 所示。

表 4-44　半翅目 Hemiptera 昆虫在各 BGU 的分布

地理单元	属数	地理单元	属数	地理单元	属数
01 北欧	524	28 朝鲜半岛	146	56 新南威尔士	597
02 西欧	619	29 日本	514	57 维多利亚	280
03 中欧	673	30 喜马拉雅地区	127	58 塔斯马尼亚	155
04 南欧	755	31 印度半岛	506	59 新西兰	180
05 东欧	131	32 缅甸地区	274	61 加拿大东部	344
06 俄罗斯欧洲部分	202	33 中南半岛	597	62 加拿大西部	437
11 中东地区	346	34 菲律宾	205	63 美国东部山区	688
12 阿拉伯沙漠	165	35 印度尼西亚地区	478	64 美国中部平原	537
13 阿拉伯半岛南端	115	41 北非	363	65 美国中部丘陵	550
14 伊朗高原	326	42 西非	281	66 美国西部山区	817
15 中亚地区	264	43 中非	129	67 墨西哥	738
16 西西伯利亚平原	142	44 刚果河流域	186	68 中美地区	728
17 东西伯利亚高原	455	45 东北非	210	69 加勒比海岛屿	269
18 乌苏里地区	221	46 东非	220	71 奥里诺科河流域	211
19 蒙古高原	72	47 中南非	227	72 圭亚那高原	189
20 帕米尔高原	217	48 南非	353	73 安第斯山脉北段	511

（续表 4-44）

地理单元	属数	地理单元	属数	地理单元	属数
21 中国东北	552	49 马达加斯加地区	279	74 亚马孙平原	349
22 中国西北	195	50 新几内亚	306	75 巴西高原	495
23 中国青藏高原	231	51 太平洋岛屿	293	76 玻利维亚	233
24 中国西南	673	52 西澳大利亚	278	77 南美温带草原	330
25 中国南部	1 112	53 北澳大利亚	178	78 安第斯山脉南段	105
26 中国中东部	1 457	54 南澳大利亚	169	合计（属·单元）	26 270
27 中国台湾	1 075	55 昆士兰	686	全世界	13 251

至此，我们已经对渐变态昆虫的各个类群分析完毕，连同《中国昆虫地理》一书中对世界昆虫部分类群的分析，可以看出，这些类群虽然大小、习性、分布特征各不相同，各个地区的调查深度以及分布资料收集程度也各不相同，但聚类结果却相对稳定，聚成的 7 个大单元群很少有例外结果出现，所不同的只是处于大单元群之间的个别 BGU 的聚类位置会有所变化；20 个小单元群也逐渐明晰。因此从本目开始对大单元群统一用大写英文字母编号，小单元群统一用小写英文字母编号，相同的编号表示相同的地理区域。对分析结果的讨论也以此为基础分析其异同。

对半翅目 Hemiptera 昆虫的分析显示（图 4-19），67 个 BGU 的总相似性系数为 0.052，在相似性系数为 0.180 的水平上聚为 7 个大单元群，在相似性系数为 0.270 的水平上聚成 19 个小单元群，仅 b 小单元群的组成单元没有聚合，依次聚在 a 小单元群内：

A 大单元群：包括欧洲、地中海、中亚共 14 个 BGU，有半翅目 Hemiptera 昆虫 1 336 属，其中特有属 399 属，占 29.87%。包括下列 2 个小单元群。

a 小单元群：包括欧洲、地中海共 10 个 BGU，有半翅目 Hemiptera 昆虫 1 200 属，其中特有属 291 属，占 24.25%。地中海沿岸的 4 个 BGU 通常可以聚为一个 b 小群，本次分析中，它们各自聚在欧洲小群中。

c 小单元群：包括中亚地区 4 个 BGU，有半翅目 Hemiptera 昆虫 564 属，其中特有属 49 属，占 8.68%。一个大单元群所辖各小单元群的属数总和一定大于大单元群的属数，而特有属的属数总和一定小于大单元群的特有属数，这是各小单元群之间存在共有属所致。

B 大单元群：包括北亚、东北亚、东亚共 13 个 BGU，有半翅目 Hemiptera 昆虫 2 431 属，其中特有属 1 109 属，占 45.62%。包括下列 3 个小单元群。

d 小单元群：即北亚地区的 4 个 BGU，有半翅目 Hemiptera 昆虫 656 属，其中特有属 32 属，仅占 4.88%，是特有性最低的单元群。

e 小单元群：即东北亚地区的 3 个 BGU，有半翅目 Hemiptera 昆虫 583 属，其中特有属 71 属，占 12.18%。

f 小单元群：即东亚地区的 6 个 BGU，有半翅目 Hemiptera 昆虫 2 175 属，其中特有属 822 属，占 37.79%。无论总属数或特有属数，均是最丰富的小群。其中 25 号中国华南单元，通常聚在 C 大单元群内，由于本次分析中，C 大单元群的分布记录偏少，25 号单元就聚在 B 大单元群内，由于 25 号单元地处两群之间，聚在哪里都不违背地理学原则。

C 大单元群：包括南亚、东南亚、新几内亚岛、太平洋岛屿共 7 个 BGU，共有半翅目 Hemiptera 昆虫 1 435 属，其中特有属 512 属，占 35.68%。包括下列 3 个小单元群。

g 小单元群：即南亚、中南半岛的 3 个 BGU，有半翅目 Hemiptera 昆虫 935 属，其中特有属 112 属，占 11.98%。

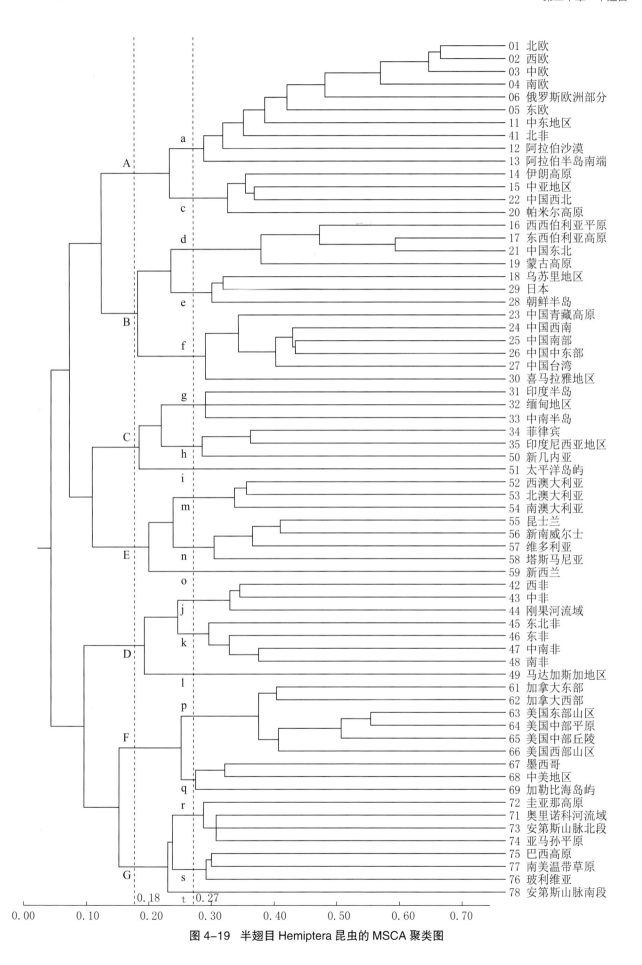

图 4-19　半翅目 Hemiptera 昆虫的 MSCA 聚类图

　　h 小单元群：即印度尼西亚地区、菲律宾、新几内亚岛 3 个 BGU，有半翅目 Hemiptera 昆虫 732 属，其中特有属 229 属，占 31.28%。

　　i 小单元群：仅太平洋岛屿 1 个 BGU，有半翅目 Hemiptera 昆虫 293 属，其中特有属 82 属，占 27.99%。

　　D 大单元群：包括除北非以外的非洲共 8 个 BGU，共有半翅目 Hemiptera 昆虫 905 属，其中特有属 448 属，占 49.50%。包括下列 3 个小单元群。

　　j 小单元群：即西非、中非、刚果河流域的 3 个 BGU，有半翅目 Hemiptera 昆虫 378 属，其中特有属 76 属，占 20.11%。

　　k 小单元群：即非洲东部、南部的 4 个 BGU，有半翅目 Hemiptera 昆虫 597 属，其中特有属 182 属，占 30.49%。

　　l 小单元群：仅马达加斯加 1 个 BGU，有半翅目 Hemiptera 昆虫 279 属，其中特有属 90 属，占 32.26%。

　　E 大单元群：包括澳大利亚、新西兰共 8 个 BGU，共有半翅目 Hemiptera 昆虫 1 192 属，其中特有属 778 属，占 65.27%，是特有性最突出的单元群。包括下列 3 个小单元群。

　　m 小单元群：涉及澳大利亚西半部的 3 个 BGU，有半翅目 Hemiptera 昆虫 395 属，其中特有属 77 属，占 19.49%。

　　n 小单元群：涉及澳大利亚东半部的 4 个 BGU，有半翅目 Hemiptera 昆虫 994 属，其中特有属 441 属，占 44.37%。

　　o 小单元群：仅新西兰 1 个 BGU，有半翅目 Hemiptera 昆虫 180 属，其中特有属 66 属，占 36.67%。

　　F 大单元群：包括整个北美洲的共 9 个 BGU，共有半翅目 Hemiptera 昆虫 1 914 属，其中特有属 891 属，占 46.55%，是多样性和特有性均较突出的单元群。包括下列 2 个小单元群。

　　p 小单元群：包括加拿大、美国的共 6 个 BGU，有半翅目 Hemiptera 昆虫 1 313 属，其中特有属 351 属，占 26.73%。

　　q 小单元群：即中美地区的 3 个 BGU，有半翅目 Hemiptera 昆虫 1 179 属，其中特有属 317 属，占 26.89%。

　　G 大单元群：包括整个南美洲的共 8 个 BGU，有半翅目 Hemiptera 昆虫 1 094 属，其中特有属 581 属，占 53.11%。包括下列 3 个小单元群。

　　r 小单元群：包括南美洲北部的 4 个 BGU，有半翅目 Hemiptera 昆虫 733 属，其中特有属 318 属，占 43.38%。

　　s 小单元群：包括南美洲中南部高原地区的 3 个 BGU，有半翅目 Hemiptera 昆虫 706 属，其中特有属 210 属，占 29.75%。

　　t 小单元群：仅南美洲南端及智利 1 个 BGU，有半翅目 Hemiptera 昆虫 105 属，其中特有属 28 属，占 26.67%。

第三节 叶蝉科
Segment 3 Cicadellidae

叶蝉科 Cicadellidae 是半翅目 Hemiptera 中第一大科，本研究共汇集 2 364 属 16 070 种。其中 1 007 属没有分布记录。有分布记录的 1 357 属中，局限于单个大洲内的有 1 035 属，占 76.27%，能够跨 2 ～ 5 个大洲分布的依次有 207 属、80 属、20 属、10 属，分布于 6 个大洲的只有 5 属。亚洲有 616 属，其中特有属 422 属，占 68.51%；欧洲有 175 属，特有属 34 属，占 19.43%。

1 357 属在 67 个 BGU 中都有分布（表 4–45），最丰富的 26 号单元拥有 274 属，有 14 个 BGU 的属数在 100 ～ 200 之间，低于 10 属的只有中非 1 个 BGU，这样贫乏固然与自然条件有关，但调查深度也可能是重要原因。平均每个 BGU 的丰富度为 68 属。

各属叶蝉局限在单个 BGU 内的单元特有属共有 551 属，分布在 2 ～ 5 个 BGU 的有 585 属，分布于 6 ～ 10 个 BGU 的有 154 属，分布于 11 ～ 20 个 BGU 的有 54 属，只有 13 属能够分布在 20 个以上的 BGU，分布最广的为 41 个 BGU。平均每属分布域为 3.45 个 BGU。

对表 4–45 数据进行 MSCA 分析，得到图 4–20 的聚类结果。总相似性系数为 0.044，在相似性系数为 0.170 的水平上，聚为 7 个单元群。与半翅目聚类结果相比，原属于 B 大单元群的 d 小单元群，全部聚在 A 大单元群内，其余各大单元群的组成完全一致，只是大单元群内的聚类顺序有所变动。

表 4-45 叶蝉科 Cicadellidae 昆虫在各 BGU 的分布

地理单元	属数	地理单元	属数	地理单元	属数
01 北欧	111	28 朝鲜半岛	30	56 新南威尔士	72
02 西欧	131	29 日本	91	57 维多利亚	41
03 中欧	119	30 喜马拉雅地区	13	58 塔斯马尼亚	23
04 南欧	124	31 印度半岛	107	59 新西兰	19
05 东欧	46	32 缅甸地区	46	61 加拿大东部	82
06 俄罗斯欧洲部分	68	33 中南半岛	44	62 加拿大西部	94
11 中东地区	58	34 菲律宾	50	63 美国东部山区	131
12 阿拉伯沙漠	19	35 印度尼西亚地区	96	64 美国中部平原	74
13 阿拉伯半岛南端	15	41 北非	65	65 美国中部丘陵	87
14 伊朗高原	51	42 西非	18	66 美国西部山区	189
15 中亚地区	53	43 中非	9	67 墨西哥	169
16 西西伯利亚平原	14	44 刚果河流域	28	68 中美地区	121
17 东西伯利亚高原	40	45 东北非	20	69 加勒比海岛屿	75
18 乌苏里地区	22	46 东非	29	71 奥里诺科河流域	50
19 蒙古高原	12	47 中南非	35	72 圭亚那高原	67
20 帕米尔高原	67	48 南非	62	73 安第斯山脉北段	125
21 中国东北	46	49 马达加斯加地区	44	74 亚马孙平原	115
22 中国西北	17	50 新几内亚	24	75 巴西高原	81
23 中国青藏高原	24	51 太平洋岛屿	41	76 玻利维亚	111

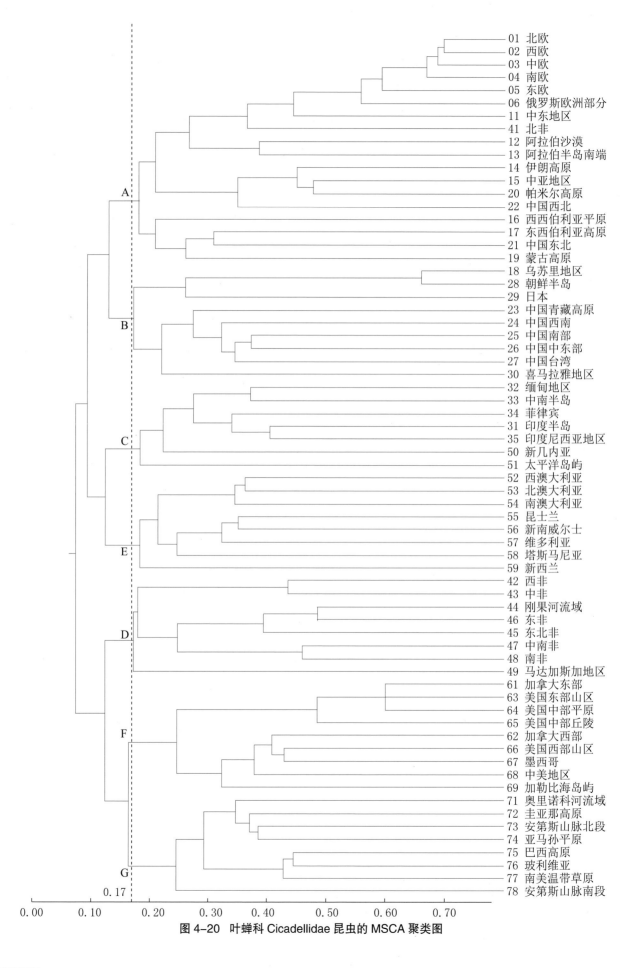

图 4-20 叶蝉科 Cicadellidae 昆虫的 MSCA 聚类图

地理单元	属数	地理单元	属数	地理单元	属数
24 中国西南	91	52 西澳大利亚	43	77 南美温带草原	83
25 中国南部	159	53 北澳大利亚	33	78 安第斯山脉南段	14
26 中国中东部	274	54 南澳大利亚	22	合计（属·单元）	4 573
27 中国台湾	149	55 昆士兰	90	全世界	2 364

第四节　盲蝽科
Segment 4　Miridae

盲蝽科 Miridae 是半翅目的第二大科，也是异翅类的第一大科，本研究汇总 1 502 属 11 091 种。

盲蝽科 Miridae 分布资料的收集比叶蝉科 Cicadellidae 丰富，只有 1 属没有分布记录。有分布记录的 1 501 属中，局限于单个大洲内的有 1 104 属，占 73.55%，能够跨 2～5 个大洲分布的依次有 242 属、87 属、35 属、21 属，分布于 6 个大洲的有 12 属。亚洲有 475 属，其中特有属 210 数，占 44.21%；欧洲 200 属，特有属 30 属，占 15.00%。

1 501 属在 67 个 BGU 中都有较为普遍的分布（表 4-46），拥有 200 属以上的 BGU 有 3 个，属数在 100～200 之间的 BGU 有 21 个，较为贫乏的澳大利亚及亚洲中部的 7 个 BGU 也在 18～30 属，平均每个 BGU 的丰富度为 86 属。

表 4-46　盲蝽科 Miridae 昆虫在各 BGU 的分布

地理单元	属数	地理单元	属数	地理单元	属数
01 北欧	94	28 朝鲜半岛	48	56 新南威尔士	47
02 西欧	101	29 日本	119	57 维多利亚	20
03 中欧	110	30 喜马拉雅地区	54	58 塔斯马尼亚	18
04 南欧	170	31 印度半岛	105	59 新西兰	44
05 东欧	31	32 缅甸地区	38	61 加拿大东部	78
06 俄罗斯欧洲部分	81	33 中南半岛	46	62 加拿大西部	68
11 中东地区	150	34 菲律宾	68	63 美国东部山区	141
12 阿拉伯沙漠	106	35 印度尼西亚地区	129	64 美国中部平原	99
13 阿拉伯半岛南端	62	41 北非	148	65 美国中部丘陵	110
14 伊朗高原	90	42 西非	148	66 美国西部山区	203
15 中亚地区	78	43 中非	64	67 墨西哥	229
16 西西伯利亚平原	60	44 刚果河流域	68	68 中美地区	163
17 东西伯利亚高原	106	45 东北非	137	69 加勒比海岛屿	82
18 乌苏里地区	78	46 东非	105	71 奥里诺科河流域	68
19 蒙古高原	36	47 中南非	40	72 圭亚那高原	54
20 帕米尔高原	27	48 南非	95	73 安第斯山脉北段	149
21 中国东北	74	49 马达加斯加地区	51	74 亚马孙平原	121

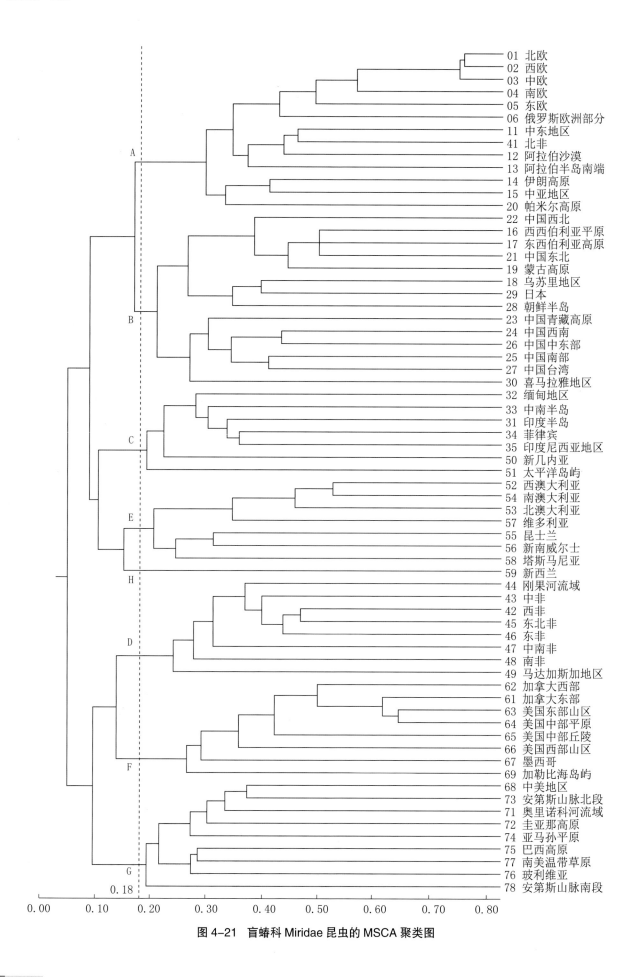

图 4-21　盲蝽科 Miridae 昆虫的 MSCA 聚类图

（续表 4-46）

地理单元	属数	地理单元	属数	地理单元	属数
22 中国西北	21	50 新几内亚	125	75 巴西高原	219
23 中国青藏高原	29	51 太平洋岛屿	103	76 玻利维亚	60
24 中国西南	65	52 西澳大利亚	32	77 南美温带草原	114
25 中国南部	74	53 北澳大利亚	24	78 安第斯山脉南段	44
26 中国中东部	97	54 南澳大利亚	26	合计（属·单元）	5 779
27 中国台湾	77	55 昆士兰	58	全世界	1 502

各属盲蝽局限在单个 BGU 内的单元特有属共有 706 属，分布在 2～5 个 BGU 的有 518 属，分布于 6～10 个 BGU 的有 159 属，分布于 11～20 个 BGU 的有 74 属，分布在 20～30 个 BGU 的有 29 属，能够分布在 30 个以上 BGU 的有 15 属，分布最广的为 49 个 BGU。平均每属分布域为 3.85 个 BGU。

对盲蝽科 Miridae 分布资料进行 MSCA 分析，结果如图 4-21。总相似性系数为 0.050，在相似性系数为 0.180 的水平上，聚为 8 个单元群。与半翅目相似性结果相比，59 号新西兰单元由于澳大利亚有 4 个 BGU 丰富度偏低，加大了与新西兰单元的距离，致使其独立；另外，22 号单元由 A 大单元群移到 B 大单元群，68 号单元由 F 大单元群移到 G 大单元群，由于不违背地理学原则，承认聚类的合理性。

第二十一章　广翅目

Chapter 21　Order Megaloptera

广翅目 Megaloptera 昆虫是昆虫纲 Insecta 的一个小目，是完全变态昆虫的原始类群，起源于 279.3 Ma 前的古生代二叠纪早期。

广翅目 Megaloptera 昆虫成虫体长 8 ～ 100 mm，体形粗长，头部较前胸宽，前口式、咀嚼式口器，上颚强大，末端尖锐。触角多节，通常与头胸等长，形状多样。复眼半球形突出，单眼 3 只或无。胸部明显窄于头部，3 对足发达，形状相似，2 对翅宽大，后翅有可折叠的臀域，翅脉多分叉，脉序网状。

广翅目 Megaloptera 昆虫成虫陆生，白天多栖息于水边的岩石、树木或草丛，夜间活动，有趋光性，飞翔能力强，捕食性。成块产卵于水边的物体上。幼虫水生，在湖泊或溪流中捕食小型水生昆虫，也为鱼类所捕食。幼虫对水质敏感。有些种类可入药。幼虫老熟后离开水面，在水边潮土中或石块下化蛹。一般 1 年 1 代，少数多年 1 代。

第一节　区系组成及特点
Segment 1　Fauna and Character

广翅目 Megaloptera 昆虫共有 7 科，除去 5 个化石科和 2 个现生科中的化石属外，现生类群共有 2 科 33 属 366 种（表 4-47）。除南极洲外，6 个大洲都有分布。亚洲有 2 科 13 属，最为丰富，北美洲次之，欧洲最少，只有 1 科 1 属。

表 4-47　广翅目 Megaloptera 昆虫的区系组成

昆虫科名称	属数	种数	各洲属数						
			欧洲	亚洲	非洲	大洋洲	北美洲	南美洲	南极洲
1. 齿蛉科Corydalidae	25	285		10	4	4	9	5	
2. 泥蛉科Sialidae	8	81	1	3	4	2	2	2	
合计	33	366	1	13	8	6	11	7	

第二节　分布地理

Segment 2　Geographical Distribution

广翅目 Megaloptera 昆虫的属级阶元分布同样显示出广泛性，虽然不是所有 BGU 都有记录，但能够分布到 49 个 BGU 已实属不易（表 4-48）。25 号单元中国华南有 13 属，26 号单元中国中东部及 33 号单元中南半岛都有 8 属，平均每个 BGU 分布有 3 属。

表 4-48　广翅目 Megaloptera 昆虫在各 BGU 的分布

地理单元	属数	地理单元	属数	地理单元	属数
01 北欧	1	28 朝鲜半岛	3	56 新南威尔士	3
02 西欧	1	29 日本	5	57 维多利亚	2
03 中欧	1	30 喜马拉雅地区	4	58 塔斯马尼亚	1
04 南欧	1	31 印度半岛	7	59 新西兰	1
05 东欧	1	32 缅甸地区	3	61 加拿大东部	2
06 俄罗斯欧洲部分	1	33 中南半岛	8	62 加拿大西部	4
11 中东地区	1	34 菲律宾		63 美国东部山区	5
12 阿拉伯沙漠		35 印度尼西亚地区	4	64 美国中部平原	2
13 阿拉伯半岛南端		41 北非	1	65 美国中部丘陵	1
14 伊朗高原		42 西非		66 美国西部山区	6
15 中亚地区		43 中非		67 墨西哥	5
16 西西伯利亚平原	1	44 刚果河流域		68 中美地区	4
17 东西伯利亚高原	2	45 东北非		69 加勒比海岛屿	2
18 乌苏里地区		46 东非		71 奥里诺科河流域	3
19 蒙古高原	1	47 中南非		72 圭亚那高原	2
20 帕米尔高原		48 南非	4	73 安第斯山脉北段	4

（续表 4-48）

地理单元	属数	地理单元	属数	地理单元	属数
21 中国东北	2	49 马达加斯加地区	3	74 亚马孙平原	3
22 中国西北		50 新几内亚		75 巴西高原	2
23 中国青藏高原	2	51 太平洋岛屿		76 玻利维亚	3
24 中国西南	6	52 西澳大利亚	2	77 南美温带草原	1
25 中国南部	13	53 北澳大利亚		78 安第斯山脉南段	5
26 中国中东部	8	54 南澳大利亚		合计（属·单元）	156
27 中国台湾	5	55 昆士兰	4	全世界	33

33 个属的分布记录共有 156 属·单元，平均每属的分布域为 4.3 个 BGU。其中局限于单个 BGU 的有 9 属，分布在 2～5 个 BGU 的有 17 属，分布在 6～10 个 BGU 的有 4 属，其余 3 属在 10 个 BGU 以上，最广的为 25 个 BGU。

由于种类少，虽然可以形成若干单元群，但单元群之间没有共有种类，不能够建立联系。因此对广翅目 Megaloptera 昆虫不进行计算分析。

第二十二章　蛇蛉目

Chapter 22　Order Raphidioptera

蛇蛉目 Raphidioptera 也是昆虫纲 Insecta 的一个小目，因头部能高高抬起似一条伺机进攻的蛇而得名，英文名为 snakeflies。它起源于 196.5 Ma 前的中生代侏罗纪早期。

蛇蛉目 Raphidioptera 昆虫身体细长，圆筒形，褐色或黑色。头部扁平，长形，后部常收缩变细，能自由活动，强烈骨化。前口式，咀嚼式口器，上颚锐利。触角丝状，稀有念珠状，30～70 节。复眼大，3 只单眼或无。前胸显著延长，中后胸相似。3 对足相似，行走迅捷。2 对翅狭长，膜质透明，翅痣明显，翅脉简单。腹部 11 节，雌性末端有细长的针状产卵器。

蛇蛉目 Raphidioptera 昆虫成虫和幼虫均陆生，生活于山区林中，捕食性。

第一节　区系组成及特点
Segment 1　Fauna and Character

蛇蛉目 Raphidioptera 昆虫共有 10 科，除去 8 个化石科和 2 个现生科中的化石属，现生类群有 2 科 33 属 251 种（表 4-49）。主要分布于欧洲、亚洲，非洲、北美洲少有，大洋洲、南美洲、南极洲没有记录。

表 4-49　蛇蛉目 Raphidioptera 昆虫的区系组成

昆虫科名称	属数	种数	各洲属数						
			欧洲	亚洲	非洲	大洋洲	北美洲	南美洲	南极洲
1. 盲蛇蛉科Inocelliidae	7	48	3	4	1		2		
2. 蛇蛉科Raphidiiidae	26	203	19	12	3		2		
合计	33	251	22	16	4		4		

第二节　分布地理
Segment 2　Geographical Distribution

蛇蛉目 Raphidioptera 昆虫的属级阶元分布也具有显著的局限性，共在 26 个 BGU 中有分布记录（表 4-50）。04 号单元南欧有 21 属，03 号单元中欧有 10 属，平均每个 BGU 分布有 4 属。

33 个属的分布记录共有 108 属·单元，平均每属的分布域为 3.3 个 BGU。其中局限于单个 BGU 的有 15 属，分布在 2 ~ 5 个 BGU 的有 13 属，分布在 6 ~ 10 个 BGU 的有 2 属，其余 3 属在 10 个 BGU 以上。

由于种类少，虽然可以形成北半球的东半球、西半球 2 个单元群，但单元群之间没有共有种类，不能够建立联系。因此对蛇蛉目 Raphidioptera 昆虫不进行计算分析。

表 4-50　蛇蛉目 Raphidioptera 昆虫在各 BGU 的分布

地理单元	属数	地理单元	属数	地理单元	属数
01 北欧	3	28 朝鲜半岛	2	56 新南威尔士	
02 西欧	7	29 日本	2	57 维多利亚	
03 中欧	10	30 喜马拉雅地区		58 塔斯马尼亚	
04 南欧	21	31 印度半岛	2	59 新西兰	
05 东欧	2	32 缅甸地区	1	61 加拿大东部	
06 俄罗斯欧洲部分	3	33 中南半岛	1	62 加拿大西部	2
11 中东地区	9	34 菲律宾		63 美国东部山区	
12 阿拉伯沙漠	3	35 印度尼西亚地区		64 美国中部平原	
13 阿拉伯半岛南端		41 北非	4	65 美国中部丘陵	
14 伊朗高原	5	42 西非		66 美国西部山区	3
15 中亚地区	2	43 中非		67 墨西哥	3
16 西西伯利亚平原		44 刚果河流域		68 中美地区	
17 东西伯利亚高原	3	45 东北非		69 加勒比海岛屿	

（续表 4-50）

地理单元	属数	地理单元	属数	地理单元	属数
18 乌苏里地区	3	46 东非		71 奥里诺科河流域	
19 蒙古高原	3	47 中南非		72 圭亚那高原	
20 帕米尔高原	3	48 南非		73 安第斯山脉北段	
21 中国东北	3	49 马达加斯加地区		74 亚马孙平原	
22 中国西北		50 新几内亚		75 巴西高原	
23 中国青藏高原		51 太平洋岛屿		76 玻利维亚	
24 中国西南		52 西澳大利亚		77 南美温带草原	
25 中国南部		53 北澳大利亚		78 安第斯山脉南段	
26 中国中东部	5	54 南澳大利亚		合计（属·单元）	108
27 中国台湾	3	55 昆士兰		全世界	33

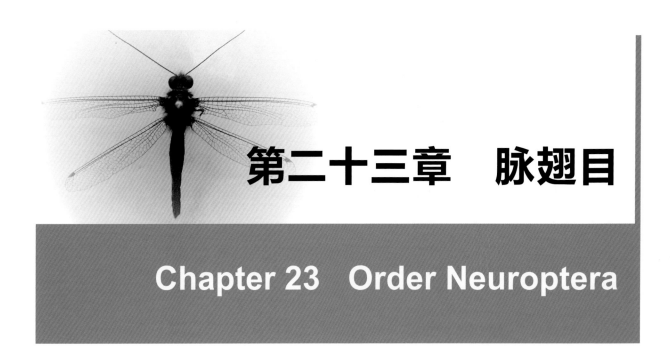

第二十三章 脉翅目

Chapter 23 Order Neuroptera

脉翅目 Neuroptera 昆虫的中名均以"蛉"作为词干,加上标识类别的词,例如,草蛉、粉蛉、螳蛉等,英文名为 nerve-winged insect 或 lacewings。它起源于 295.5 Ma 前的古生代二叠纪早期。

脉翅目 Neuroptera 昆虫为完全变态昆虫,头部下方有咀嚼式口器,复眼半球状突出于头两侧,单眼 3 只或无,触角细长多节,多为线状或念珠状,也有球杆状、栉状等。3 对足一般相似,跗节 5 节,爪 1 对,个别类群前足特化;2 对翅膜质透明,或具斑纹,翅脉多复杂,纵脉多分支,并在翅缘处再分支,横脉也多,织成网状。幼虫口器双刺吸式,寡足型,3 对胸足发达,无腹足,腹部末端肛门可抽丝结茧。

脉翅目 Neuroptera 昆虫成虫均陆生,幼虫大多为陆生,少部分水生。成虫和幼虫均为肉食性,多以刺吸植物的同翅类害虫如蚜、蚧、木虱、粉虱、叶蝉等以及叶螨为食,有时也能捕食更大一些的昆虫,可作为害虫天敌予以利用,特别是草蛉科的一些种类,已经进行人工饲养释放保护农业生产。

第一节 区系组成及特点
Segment 1 Fauna and Character

脉翅目 Neuroptera 文献记载有 61 科,除去 37 个化石科以及几个有疑问的科以外,现生类群共 16 科 598 属 5 539 种(表 4–51)。除南极洲只有 1 科 1 属分布外,其他科较为广泛而均匀地分布于 6 个大洲。

亚洲最丰富，有 15 科 244 属；非洲次之，有 14 科 243 属；欧洲最少，有 12 科 67 属；北美洲有 10 科 98 属。

16 个科中，有蚁蛉科 Myrmeleontidae、草蛉科 Chrysopidae、蝶角蛉科 Ascalaphidae 等 8 个科分布于 6 个大洲，占总科数的一半，只有最小的山蛉科 Rapismatidae 为亚洲的特有科，其余 7 科分别分布于 2 ～ 5 个大洲内。

表 4-51　脉翅目 Raphidioptera 昆虫的区系组成

昆虫科名称	属数	种数	各洲属数						
			欧洲	亚洲	非洲	大洋洲	北美洲	南美洲	南极洲
1. 蝶角蛉科 Ascalaphidae	95	429	4	31	50	17	9	14	
2. 鳞蛉科 Berothidae	28	125	1	6	11	8	2	6	
3. 草蛉科 Chrysopidae	79	1 367	13	38	32	19	23	25	1
4. 粉蛉科 Coniopterygidae	34	535	14	21	18	10	10	11	
5. 栉角蛉科 Dilaridae	4	71	1	4	2		1	1	
6. 褐蛉科 Hemerobiidae	28	453	5	12	9	13	10	12	
7. 蛾蛉科 Ithonidae	9	39			1	3	4	1	
8. Mantispidae	43	397	2	14	12	15	13	13	
9. 蚁蛉科 Myrmeleontidae	190	1 616	20	82	75	45	24	29	
10. Nemopteridae	35	145	4	13	25	3		5	
11. 泽蛉科 Neurorthidae	4	12	1	2	1	1			
12. 细蛉科 Nymphidae	8	35		1		8			
13. 溪蛉科 Osmylidae	30	204	1	15	2	12		5	
14. 蝶蛉科 Psychopsidae	6	27		2	3	1			
15. 山蛉科 Rapismatidae	1	19		1					
16. 水蛉科 Sisyridae	4	65	1	2	2	2	2	2	
合计	598	5 539	67	244	243	157	98	124	1
各洲科数			12	15	14	14	10	12	1

第二节　分布地理及 MSCA 分析
Segment 2　Geographical Distribution and MSCA

67 个 BGU 中，脉翅目 Neuroptera 昆虫的分布同样是较为广泛而均匀（表 4-52），属数超过 100 属的只有南亚及非洲南部的共 3 个 BGU，少于 10 属的只有 2 个 BGU，平均每个 BGU 有 49 属。

598 属的分布有宽有窄，除 3 个属没有分布记录外，局限于单个 BGU 的有 174 属，占总属数的 29.10%；分布于 2 ～ 5 个 BGU 的有 246 属，占总属数的 41.14%；分布于 6 ～ 10 个 BGU 的有 99 属，占 16.56%；分布于 11 ～ 30 个 BGU 的有 62 属，分布于 30 个 BGU 以上的有 14 属，平均每属分布域为 5.49 个 BGU。

对 67 个 BGU 进行 MSCA 分析如图 4–22 所示。67 个 BGU 的总相似性系数为 0.081。在相似性系数为 0.240 的水平时，聚为 7 个大单元群。大单元群的组成与半翅目相比，除 30 号单元离开 B 大单元群聚类于 C 大单元群，51 号单元离开 C 大单元群聚类于 E 大单元群外，其余完全相同，这两个单元的移动不违背地理学原则。超过半数小单元群已经形成，但没有一致的相似性系数。

表 4–52　脉翅目 Neuroptera 昆虫在各 BGU 的分布

地理单元	属数	地理单元	属数	地理单元	属数
01 北欧	20	28 朝鲜半岛	17	56 新南威尔士	77
02 西欧	32	29 日本	49	57 维多利亚	38
03 中欧	25	30 喜马拉雅地区	34	58 塔斯马尼亚	17
04 南欧	64	31 印度半岛	108	59 新西兰	13
05 东欧	22	33 缅甸地区	26	61 加拿大东部	24
06 俄罗斯欧洲部分	21	33 中南半岛	51	62 加拿大西部	23
11 中东地区	85	34 菲律宾	48	63 美国东部山区	38
12 阿拉伯沙漠	62	35 印度尼西亚地区	80	64 美国中部平原	31
13 阿拉伯半岛南端	62	41 北非	88	65 美国中部丘陵	45
14 伊朗高原	80	42 西非	81	66 美国西部山区	56
15 中亚地区	34	43 中非	44	67 墨西哥	78
16 西西伯利亚平原	6	44 刚果河流域	77	68 中美地区	63
17 东西伯利亚高原	24	45 东北非	71	69 加勒比海岛屿	45
18 乌苏里地区	7	46 东非	79	71 奥里诺科河流域	41
19 蒙古高原	29	47 中南非	106	72 圭亚那高原	24
20 帕米尔高原	14	48 南非	122	73 安第斯山脉北段	65
21 中国东北	17	49 马达加斯加地区	68	74 亚马孙平原	46
22 中国西北	11	50 新几内亚	46	75 巴西高原	47
23 中国青藏高原	23	51 太平洋岛屿	33	76 玻利维亚	51
24 中国西南	38	52 西澳大利亚	72	77 南美温带草原	69
25 中国南部	79	53 北澳大利亚	59	78 安第斯山脉南段	38
26 中国中东部	64	54 南澳大利亚	40	合计（属·单元）	3 298
27 中国台湾	55	55 昆士兰	96	全世界	598

A 大单元群：包括 14 个 BGU，共有脉翅目 Neuroptera 昆虫 146 属，其中特有属 43 属。

B 大单元群：包括 12 个 BGU，共有脉翅目 Neuroptera 昆虫 126 属，其中特有属 15 属。

C 大单元群：包括 7 个 BGU，共有脉翅目 Neuroptera 昆虫 165 属，其中特有属 34 属。

D 大单元群：包括 8 个 BGU，共有脉翅目 Neuroptera 昆虫 205 属，其中特有属 111 属。

E 大单元群：包括 9 个 BGU，共有脉翅目 Neuroptera 昆虫 147 属，其中特有属 93 属。

F 大单元群：包括 9 个 BGU，共有脉翅目 Neuroptera 昆虫 98 属，其中特有属 24 属。

G 大单元群：包括 8 个 BGU，共有脉翅目 Neuroptera 昆虫 124 属，其中特有属 60 属。

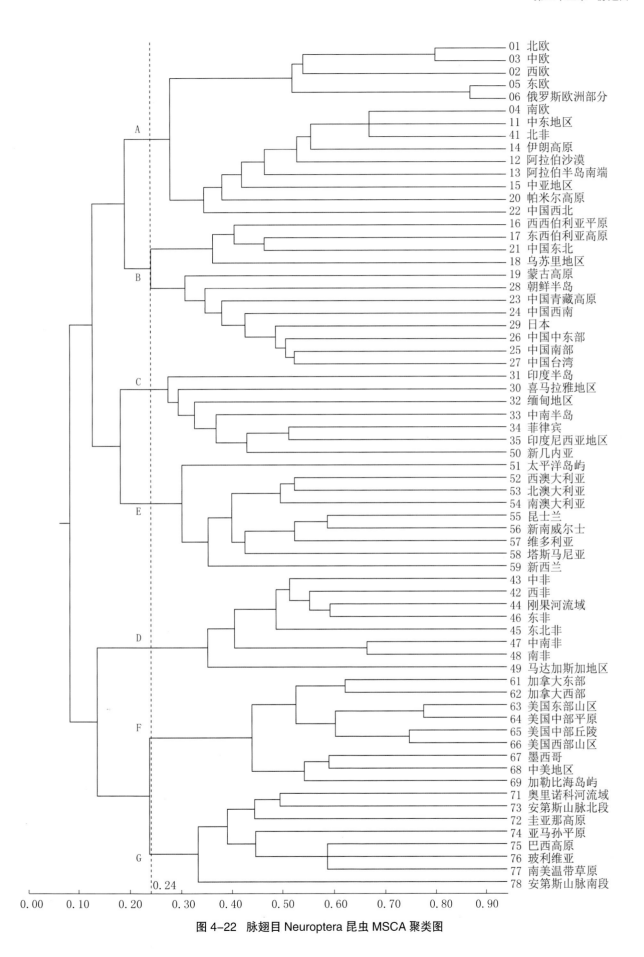

图 4-22　脉翅目 Neuroptera 昆虫 MSCA 聚类图

第三节　蚁蛉科
Segment 3　Myrmeleontidae

蚁蛉科 Myrmeleontidae 昆虫是脉翅目 Neuroptera 中最大的科，世界共有 190 属 1 616 种。大型种类，身体细长，翅展一般长 50 ～ 90 mm，最长达 150 mm，头部较短，端部膨大，呈棒状或匙状。翅狭长，脉网状。幼虫俗名蚁狮，身体粗壮多毛，头部大，上颚长而弯，内缘有齿。常在沙土地面做漏斗状陷阱，藏在漏斗底部，等待滑入漏斗的蚁类等小型昆虫捕而食之。

蚁蛉分布于除南极洲以外各个大洲，亚洲、非洲较多，大洋洲次之，南美洲、北美洲及欧洲相差无几。

除乌苏里地区以外，各个 BGU 都有蚁蛉分布记录，而且分布比较均匀，与其他类群相比，中东地区、非洲北部与南部、澳大利亚西部等沙质土壤突出地区成为丰富度较高地区，而一般丰富度较高的欧洲、北美、澳大利亚东南部等地的 BGU 成为贫乏地区。平均每个 BGU 有蚁蛉 14 属。

190 属蚁蛉都有分布记录，其中局限于单个 BGU 的有 48 属，占总属数的 25.26%；分布于 2 ～ 5 个 BGU 的有 86 属，占 45.26%；分布于 6 ～ 10 个 BGU 的有 37 属，占 19.47%；分布于 11 ～ 20 个 BGU 内的有 15 属，占 7.89%；有 4 属分布在 20 个以上 BGU 内，最广的 1 属分布到 54 个 BGU。平均每属分布域为 4.90 个 BGU（表 4-53）。

对表 4-53 的数据进行 MSCA，总相似性系数为 0.070，在相似性系数为 0.240 的水平时，聚成 7 个大单元群。其组成与脉翅目 Neuroptera 相比，22 号单元从 A 大单元群移到 B 大单元群，27 号单元从 B 大单元群移到 C 大单元群，50 号、51 号单元从 C 大单元群移到 E 大单元群，其余相同（图 4-23）。

表 4-53　蚁蛉科 Myrmeleontidae 昆虫在各 BGU 的分布

地理单元	属数	地理单元	属数	地理单元	属数
01 北欧	2	28 朝鲜半岛	6	56 新南威尔士	18
02 西欧	4	29 日本	9	57 维多利亚	9
03 中欧	4	30 喜马拉雅地区	6	58 塔斯马尼亚	2
04 南欧	19	31 印度半岛	29	59 新西兰	2
05 东欧	5	32 缅甸地区	11	61 加拿大东部	1
06 俄罗斯欧洲部分	4	33 中南半岛	18	62 加拿大西部	3
11 中东地区	37	34 菲律宾	7	63 美国东部山区	8
12 阿拉伯沙漠	35	35 印度尼西亚地区	17	64 美国中部平原	6
13 阿拉伯半岛南端	24	41 北非	35	65 美国中部丘陵	12
14 伊朗高原	40	42 西非	23	66 美国西部山区	18
15 中亚地区	18	43 中非	12	67 墨西哥	23
16 西西伯利亚平原	2	44 刚果河流域	21	68 中美地区	8

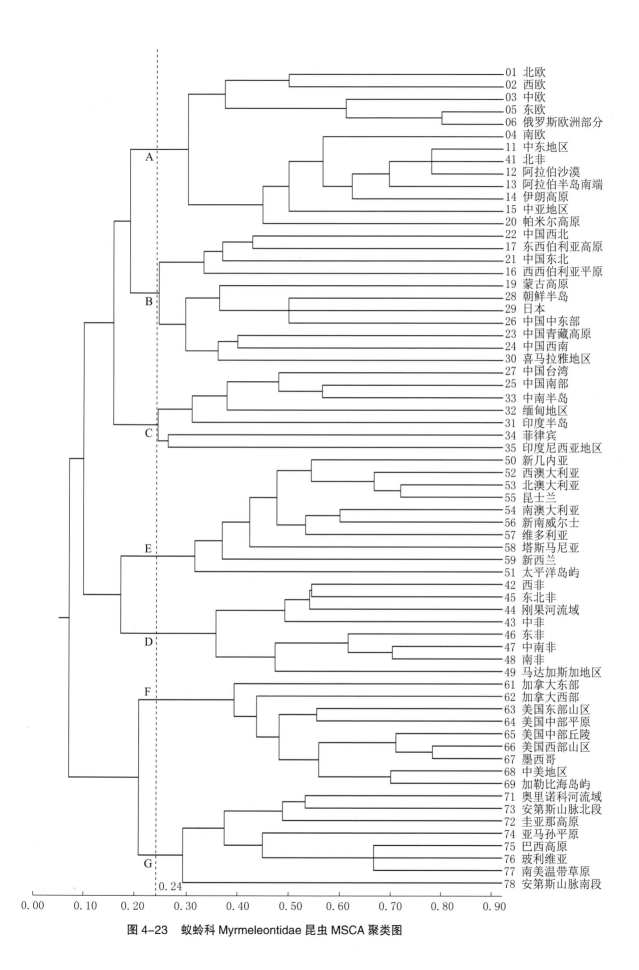

图 4-23 蚁蛉科 Myrmeleontidae 昆虫 MSCA 聚类图

（续表 4-53）

地理单元	属数	地理单元	属数	地理单元	属数
17 东西伯利亚高原	7	45 东北非	28	69 加勒比海岛屿	9
18 乌苏里地区		46 东非	21	71 奥里诺科河流域	10
19 蒙古高原	12	47 中南非	31	72 圭亚那高原	5
20 帕米尔高原	4	48 南非	32	73 安第斯山脉北段	13
21 中国东北	5	49 马达加斯加地区	22	74 亚马孙平原	5
22 中国西北	3	50 新几内亚	11	75 巴西高原	9
23 中国青藏高原	5	51 太平洋岛屿	5	76 玻利维亚	12
24 中国西南	9	52 西澳大利亚	29	77 南美温带草原	16
25 中国南部	18	53 北澳大利亚	26	78 安第斯山脉南段	9
26 中国中东部	15	54 南澳大利亚	22	合计（属·单元）	931
27 中国台湾	11	55 昆士兰	29	全世界	190

第二十四章　鞘翅目

Chapter 24　Order Coleoptera

　　鞘翅目 Coleoptera 是昆虫纲 Insecta 第一大目，也是生物界第一大目。它的化石最早是发现于 298.9 Ma 前的古生代二叠纪早期地层，因此目前多认为起源于石炭纪晚期和二叠纪早期。

　　鞘翅目 Coleoptera 昆虫俗称甲虫，最显著的特点是前翅的鞘质化，实际上不仅前翅，整个身体多强烈吉丁化，比其他目昆虫体壁坚硬，能够抵御不良环境，这也是鞘翅目家族繁荣昌盛的原因之一。

　　鞘翅目 Coleoptera 昆虫大小悬殊，体形多样，体长 1 ～ 160 mm，有长形、椭圆形、圆形、扁形等，体色有黑、黄、褐、蓝、绿、紫、红等。头部复眼一般为圆形，也有肾形、条形、方形、半月形，个别类群由于中部过度收缩而断开，使复眼一分为二。多数类群无单眼，少数类群有 1 个中单眼或 2 个侧单眼，绝无 3 个单眼。触角有锤状、棒状、栉状、锯齿状、念珠状、鳃角状、芒角状、丝状、膝状等各种变化。口器全为咀嚼式，个别类群有特化，前口式或下口式，上颚发达，但程度有别，个别类群甚至退化。胸部前翅为鞘翅，后翅膜质宽大，独立承担飞翔功能，3 对足根据不同功能发生特化，有跳跃足、游泳足、开掘足、抱握足、步行足等。

　　鞘翅目 Coleoptera 昆虫完全变态，两性生殖，1 年 1 ～ 4 代或多年 1 代。一般为植食性和捕食性，也有菌食性、腐食性或取食仓储物。一般为陆生或淡水生，也有栖息在土壤、木材、菌体中，或和其他昆虫、动物共栖在一起。

　　植食性甲虫有些类群能严重危害农作物或仓储物，捕食性甲虫一些类群能够捕食害虫作为天敌予以利用，更重要的是生活于各种不同环境中的甲虫在维护生态平衡中的作用。

第一节　区系组成及特点
Segment 1　Fauna and Character

鞘翅目 Coleoptera 昆虫除去 40 余个化石科和现生科中的化石属外，现生类群全世界共有 208 科 38 537 属 308 315 种（表 4-54），有个别科作为亚科包含在别科之内没有单列出来，但不会影响以属级阶元为基础的数量分析。

鞘翅目 Coleoptera 昆虫遍布世界 7 个大洲。除南极洲只有 10 科 18 属外，亚洲最为丰富，有 150 科 7 284 属；欧洲最少，有 145 科 2 645 属。

208 个科有大有小，既有只含 1 属的 40 个单型科，也有 1 000 属以上的 7 个特大型科，其中象甲科 Curculionidae 和天牛科 Cerambycidae 都在 6 000 属以上。这些科中，除 13 个小科没有分布记录外，局限于单个大洲内的特有科有 27 科，占 13.85%，遍布 6 个大洲的有 83 科，占 42.56%，其余 85 科分别分布在 2 ～ 5 个大洲，占 43.59%。

表 4-54　鞘翅目 Coleoptera 昆虫的区系组成

昆虫科名称	属数	种数	各洲属数						
			欧洲	亚洲	非洲	大洋洲	北美洲	南美洲	南极洲
1. Acanthocnemidae	4	7				1			
2. Aclopidae	5	29							
3. 木甲科 Aderidae	48	900	6	5	1	4	11	1	
4. 沙金龟科 Aegieliidae	10	88	2	2			2		
5. 觅葬甲科 Agyrtidae	12	14	4	4			5		
6. Alexiidae	1	1	1		1		1		
7. 两栖甲科 Amphizoidae	1	6				1	1		
8. Anamorphidae	10	56	2		2		7	4	
9. 窃蠹科 Anobiidae	89	917	27	28	3	10	37	8	
10. 蚁形甲科 Anthicidae	116	1 764	15	20	6	21	25	4	
11. 长角象科 Anthribidae	449	3 728	49	159	103	98	83	59	
12. 蜉金龟科 Aphodiidae	351	3 849	69	50	39	27	83	18	
13. 梨 象科 Apionidae	49	661		22	17	1	11	9	
14. Archeocrypticidae	9	57				6	2	1	
15. Aspidytidae	1	2							
16. 卷象科 Attelabidae	369	2 876	8	120	120	107	32	33	
17. Aulonocnemidae	4	57			1				
18. 矛象科 Belidae	56	271	4	16	8	14	11	6	
19. Belohinidae	1	1							
20. 毛蕈甲科 Biphyllidae	7	197	2	1		1	3	1	
21. Boganiidae	4	8				2		1	
22. Bolboceratidae	55	665	3	7	1	10	9	4	
23. 盘胸甲科 Boridae	3	4	1	1		1	1		

（续表 4-54）

昆虫科名称	属数	种数	各洲属数						
			欧洲	亚洲	非洲	大洋洲	北美洲	南美洲	南极洲
24. 长蠹科Bostrichidae	97	721	16	17	4	24	26	11	
25. Bothrideridae	38	422	5	1	6	6	6	2	
26. Brachyceridae	67	425	6	37	22	5	18	6	
27. 颈萤科Brachypsectridae	1	5						1	
28. 短翅甲科Brachypteridae	8	70	4	1			5		
29. 三锥象科Brentidae	508	908	22	264	164	87	33	16	
30. 吉丁甲科Buprestidae	565	3 313	34	58	21	64	49	15	
31. 丸甲科Byrrhidae	51	458	12	8		3	13		
32. 小花甲科Byturidae	7	24	1	1			2		
33. 扇角甲科Callirhipidae	9	157		2		2	1		
34. 花萤科Cantharidae	163	3 384	17	33	5	6	24	7	
35. 步甲科Carabidae	2 754	25 545	286	591	309	407	367	245	2
36. Caridae	1	1					1		
37. Cavognathidae	4	5						1	
38. 天牛科Cerambycidae	6 133	35 968	150	669	151	304	615	172	3
39. 树叩甲科Cerophytidae	4	22	1				1	1	
40. 皮坚甲科Cerylonidae	56	481	3	8	2	9	7	6	
41. 花金龟科Cetoniidae	501	4 568	11	98	105	38	35	13	
42. Chaetosomatidae	3	10							
43. Chalcodryidae	5	18				2			
44. 缩头甲科Chelonariidae	2	219		1			1	1	
45. Chryptolaryngidae	24	234		1		19		5	
46. 叶甲科Chrysomelidae	2 590	21 589	133	499	78	204	327	199	1
47. 木蕈甲科Ciidae	45	637	11	6	1	2	10	4	
48. 拳甲科Clambidae	6	176	3	3	1	2	3	1	
49. 郭公甲科Cleridae	325	614	15	32	6	42	34	14	
50. Cneoglossidae	1	9					1	1	
51. 瓢虫科Coccinellidae	567	4 882	110	202	76	88	152	56	
52. 拟球甲科Corylophidae	33	244	9	5		6	6		
53. Crowsoniellidae	1	1							
54. 隐食甲科Cryptophagidae	66	452	15	14	4	4	12	5	
55. 扁甲科Cucujidae	16	60	2	6		1	3	1	
56. 长扁甲科Cupedidae	61	134	1	3	1	2	4	1	
57. 象甲科Curculionidae	6 558	68 128	261	1 969	1 591	1 286	1 114	1 601	4
58. Cybocephalidae	2	152	1	1	1		1	1	
59. 花甲科Dascillidae	32	111	2	12	1	1	3	1	
60. Dasytidae	15	362	7	3	1	1	1		
61. Decliniidae	1	1							
62. 皮蠹科Dermestidae	62	1 491	11	14	6	14	13		
63. 伪郭公甲科Derodontidae	4	32	2	1			3	1	
64. Diphyllostomatidae	1	1					1		
65. Discolomatidae	18	474	1	1	2	1	3	1	
66. 稚萤科Drilidae	10	131	2	3	1				
67. Dryophthoridae	190	2 027	31	54	54	33	46	20	1

（续表 4-54）

昆虫科名称	属数	种数	各洲属数						
			欧洲	亚洲	非洲	大洋洲	北美洲	南美洲	南极洲
68. 泥甲科Dryopidae	38	329	2	6	5		8	4	
69. 犀金龟科Dynastidae	212	1 921	4	22	23	37	42	34	
70. 龙虱科Dytiscidae	293	4 201	68	111	112	65	98	75	
71. 叩甲科Elateridae	725	12 697	72	135	20	60	112	32	
72. 溪泥甲科Elmidae	151	1 450	10	14	23	10	35	39	
73. 伪瓢虫科Endomychidae	144	1 578	11	39	1	11	27	12	
74. 角胸牙甲科Epimetopidae	1	4					1	1	
75. Eremazidae	1	5							
76. Erirhinidae	145	321	1	77	48	27	19	24	
77. 大蕈甲科Erotylidae	149	319	5	30	4	4	11	7	
78. 臂金龟科Euchiridae	3	16		3					
79. 扁腹花甲科Eucinetidae	13	61	2	2		1	4	2	
80. 隐唇叩甲科Eucnemidae	205	445	15	15	2	19	20	1	
81. 掣爪泥甲科Eulichadidae	2	22							
82. Eurhynchidae	4	70		1	1	3			
83. 圆泥甲科Georyssidae	1	2		1			1	1	
84. 粪金龟科Geotrupidae	51	540	12	10	3	1	13		
85. Gietellidae	1	2							
86. 绒毛金龟科Glaphyridae	20	274	4	4	1	1	2	1	
87. Glaresidae	2	62	1	1	1		1	1	
88. 豉甲科Gyrinidae	27	1 019	4	9	5	5	6	4	
89. 沼梭甲科Haliplidae	6	227	3	2	2	1	4	1	
90. 沟牙甲科Helophoridae	1	63	1	1	1		1		
91. 蜡斑甲科Helotidae	5	109		2	1				
92. 长泥甲科Heteroceridae	16	256	3	2	1	2	7	1	
93. 铁甲科Hispidae	120	2 101	4	45	40	36	16	30	
94. 阎甲科Histeridae	401	4 400	41	67	30	38	66	50	
95. 驼金龟科Hybosoridae	106	704	2	5	6	4	12	10	
96. 平唇牙甲科Hydraenidae	56	1 729	3	9	9	9	5	4	1
97. 条脊牙甲科Hydrochidae	1	71	1	1	1	1	1	1	
98. 牙甲科Hydrophilidae	204	831	21	32	30	41	41	32	
99. 水缨甲科Hydroscaphidae	6	26	1	1			1	3	
100. 水甲科Hygrobiidae	1	8	1	1		1			
101. 大象甲科Ithyceridae	2	57		1	1				
102. 短跗甲科Jacobsoniidae	3	23				1			
103. Kateretidae	14	96	4	3			3		
104. 扁谷盗科Laemophloeidae	39	454	7	8	5	5	15	7	
105. Lamingtoniidae	1	2				1			
106. 萤科Lampyridae	115	746	6	14	6	2	34	7	
107. 拟叩甲科Languriidae	29	115	2	23	1		3	1	
108. Lathridiidae	1	1	1	1	1	1	1	1	
109. 薪甲科Latridiidae	49	569	15	11	4	2	15	3	1
110. 球蕈甲科Leiodidae	365	1 350	77	16	4	13	19	7	
111. 泽甲科Limnichidae	38	368	2	2	1	3	12	6	
112. 锹甲科Lucanidae	365	2 878	14	127	27	65	62	103	

昆虫科名称	属数	种数	各洲属数						
			欧洲	亚洲	非洲	大洋洲	北美洲	南美洲	南极洲
113. Lutrochidae	1	13					1	1	
114. 红萤科Lycidae	116	493	7	27	1	9	17	1	
115. 筒蠹科Lymexylidae	16	78	2	6	2	2	3	1	
116. 囊花萤科Malachiidae	27	322	17	8	3		6		
117. Mauroniscidae	5	29				1			
118. 距甲科Megolopodidae	31	339	1	6	1	3	4	3	
119. 长朽木甲科Melandryidae	78	328	18	16		5	23	7	
120. 芫菁科Meloidae	126	2 480	19	28	12	6	21	9	
121. 鳃金龟科Melolonthidae	875	11 807	21	126	33	87	30	24	
122. 拟花萤科Melyridae	251	327	2	6	2	7	1		
123. Meruidae	1	1							
124. 复变甲科Micromalthidae	1	1	1				1		
125. 小扁甲科Monotomidae	32	240	2	3	1	1	9	2	
126. 花蚤科Mordellidae	128	2 357	14	26	1	10	18	3	
127. Murmidiidae	3	14	1			1	2	1	
128. Mycetaeidae	1	4	1		1		1		
129. 小蕈甲科Mycetophagidae	23	151	9	4	1	3	5	4	
130. Mycteridae	29	154	1			1	8	5	
131. Myraboliidae	1	4				1			
132. Nanophyidae	20	434		2		8	6	5	
133. 毛象科Nemonychidae	80	156	19	24	21	14	24	7	
134. 露尾甲科Nitidulidae	266	919	32	33	16	29	27	21	
135. 小丸甲科Nosodendridae	1	65	1	1		1	1	1	
136. 小粒龙虱科Noteridae	15	256	2	3	4	4	7	9	
137. 红金龟科Ochodaeidae	17	145	1	2			6		
138. 拟天牛科Oedemeridae	120	709	12	17	2	13	16	6	
139. Omalisidae	2	12	1						
140. Omethidae	8	23		1			4		
141. 眼甲科Ommatidae	10	113	2	3		1		1	
142. 裂眼金龟科Orphnidae	12	185	1		4				
143. 芽甲科Orsodacnidae	3	37	1	1			3		
144. 新象甲科Oxycorynidae	9	327		2		2	2	3	
145. 股金龟科Pachypodidae	1	4	1						
146. 黑蜣科Passalidae	67	804		12	5	4	18	6	
147. 隐颚扁甲科Passandridae	9	119		1	1	1	3	2	
148. 姬花甲科Phalacridae	53	660	3	9		6	13	10	
149. 光萤科Phengodidae	35	273		1			13	9	
150. 皮扁甲科Phloeostichidae	4	6	1			2			
151. Phloiophilidae	1	2	1						
152. 长酪甲科Phycosecidae	1	7					1		
153. 叶角甲科Plastoceridae	1	23						1	
154. 毛金龟科Pleocomidae	3	60						2	
155. Priasilphidae	3	11					2		
156. 细花萤科Prionoceridae	3	49		3					
157. Promecheilidae	5	17				1		1	

（续表 4-54）

昆虫科名称	属数	种数	各洲属数						
			欧洲	亚洲	非洲	大洋洲	北美洲	南美洲	南极洲
158. 皮跳甲科Propalticidae	1	26	1						
159. Prostomidae	2	32	1	1		2	1		
160. 原扁甲科Protocucujidae	1	1				1		1	
161. 扁泥甲科Psephenidae	35	290	2	7	5	1	4	3	
162. Pterogeniidae	7	26							
163. 缨甲科Ptiliidae	90	224	20	3		13	14	3	
164. 毛泥甲科Ptilodactylidae	20	40	1	2	1	2	8	3	
165. 蛛甲科Ptinidae	170	710	10	7	1	21	8		
166. 赤翅甲科Pyrochroidae	26	167	2	7			4	1	
167. 树皮甲科Pythidae	16	97	3	2		2	3	3	
168. Raymondionymidar	12	114		1	3	2	2	4	
169. Rhagophthalmidae	8	50		1					
170. Rhinorhipidae	1	1				1			
171. 羽角甲科Rhipiceridae	7	22		3	1	1	1	1	
172. 大花蚤科Rhipiphoridae	9	38	1	8		1	1		
173. Rhynchitidae	106	622	21	32	27	20	22	24	
174. 条脊甲科Rhysodidae	9	32	1	5	1	4	3	1	
175. Ripiphoridae	44	171	4	2		9	4	3	
176. 丽金龟科Rutelidae	249	4 932	11	45	8	20	48	27	
177. 角甲科Salpingidae	48	298	7	4	2	4	9	6	
178. 金龟科Sarabaeidae	1 113	8 144	20	38	60	54	54	46	
179. Schizopodidae	3	7					3		
180. 沼甲科Scintidae	48	666	7	6	2	8	8	6	
181. 拟花蚤科Scraptiidae	29	112	6	1	2	1	6	1	
182. 苔甲科Scydmaenidae	23	495	10	7	5	4	7		
183. 埋葬甲科Silphidae	39	187	9	25	1	5	9	3	
184. 锯谷盗科Silvanidae	60	517	10	14	7	12	15	10	
185. 短甲科Smicripidae	1	2	1				1		
186. 毛牙甲科Spercheidae	1	4	1	1	1	1		1	
187. 扁圆甲科Sphaeritidae	1	4	1	1			1		
188. Sphaeriusidae	1	25	1			1	1		
189. 姬蕈甲科Sphindidae	12	29	2	1		1	4	3	
190. 隐翅甲科Staphylinidae	3 677	12 787	308	274	70	279	376	158	2
191. Stenotrachelidae	10	30	2	2			2		
192. Synchroidae	2	2		1			2		
193. 长阎甲科Synteliidae	1	4		1			1		
194. Tasmosalpingidae	1	2							
195. 邻筒蠹科Telegeusidae	2	8					2		
196. 拟步甲科Tenebrionidae	2 411	13 107	152	471	161	320	264	90	2
197. Termitotrogidae	1	10							
198. Teredidae	5	153	2		2	1	2	1	1
199. Tetratomidae	16	112	3	5		1	10	1	
200. Thanerocleridae	1	1				1			
201. 粗角叩甲科Throscidae	15	77	3	4		3	4		
202. 淘甲科Torridincolidae	7	31				1			

（续表 4-54）

昆虫科名称	属数	种数	各洲属数						
			欧洲	亚洲	非洲	大洋洲	北美洲	南美洲	南极洲
203. Trachypachidae	23	58	3				1	1	
204. 三栉牛科Trictenotomidae	2	13		2					
205. 皮金龟科Trogidae	12	399	2	2	3	2	2	3	
206. 谷盗科Trogossitidae	64	398	10	10	2	8	13	2	
207. Ulodidae	8	16				1		2	
208. Zopheridae	202	1 118	15	9	9	40	38	23	
合计	38 537	308 315	2 645	7 284	3 823	4 509	5 237	3 637	18
各洲科数			145	150	113	138	161	130	10

第二节　分布地理及 MSCA 分析
Segment 2　Geographical Distribution and MSCA

鞘翅目 Coleoptera 昆虫在各个 BGU 的分布也是广泛而且比较均匀的（表 4-55），300 属以下的 BGU 只有 4 个，而 04 号、26 号、27 号、35 号、67 号、68 号 BGU 都在 2 000 属以上，平均每个 BGU 有 1 087 属。

鞘翅目 Coleoptera 属分布悬殊，38 537 属中，没有分布记录的有 19 444 属，有分布记录的 19 093 属中，局限在单个 BGU 的有 8 088 属，分布在 30 个 BGU 的有 131 属，平均每属的分布域为 3.81 个 BGU。

表 4-55　鞘翅目 Coleoptera 昆虫在各 BGU 的分布

地理单元	属数	地理单元	属数	地理单元	属数
01 北欧	1 357	28 朝鲜半岛	361	56 新南威尔士	1 512
02 西欧	1 529	29 日本	1 800	57 维多利亚	1 321
03 中欧	1 611	30 喜马拉雅地区	496	58 塔斯马尼亚	656
04 南欧	2 352	31 印度半岛	1 191	59 新西兰	569
05 东欧	1 060	32 缅甸地区	1 266	61 加拿大东部	775
06 俄罗斯欧洲部分	407	33 中南半岛	1 829	62 加拿大西部	1 030
11 中东地区	708	34 菲律宾	790	63 美国东部山区	1 628
12 阿拉伯沙漠	189	35 印度尼西亚地区	2 121	64 美国中部平原	1 215
13 阿拉伯半岛南端	157	41 北非	784	65 美国中部丘陵	1 459
14 伊朗高原	617	42 西非	751	66 美国西部山区	1 876
15 中亚地区	749	43 中非	682	67 墨西哥	2 280
16 西西伯利亚平原	288	44 刚果河流域	1 067	68 中美地区	2 818
17 东西伯利亚高原	1 139	45 东北非	404	69 加勒比海岛屿	681
18 乌苏里地区	659	46 东非	1 273	71 奥里诺科河流域	937
19 蒙古高原	371	47 中南非	739	72 圭亚那高原	994
20 帕米尔高原	224	48 南非	879	73 安第斯山脉北段	1 741

（续表 4–55）

地理单元	属数	地理单元	属数	地理单元	属数
21 中国东北	909	49 马达加斯加地区	935	74 亚马孙平原	1 363
22 中国西北	553	50 新几内亚	1 244	75 巴西高原	1 144
23 中国青藏高原	479	51 太平洋洋岛屿	878	76 玻利维亚	1 035
24 中国西南	1 603	52 西澳大利亚	982	77 南美温带草原	1 213
25 中国南部	1 669	53 北澳大利亚	515	78 安第斯山脉南段	645
26 中国中东部	2 270	54 南澳大利亚	451	合计（属·单元）	72 821
27 中国台湾	2 125	55 昆士兰	1 466	全世界	38 537

对鞘翅目 Coleoptera 昆虫的分布进行 MSCA 分析，67 个 BGU 的总相似性系数为 0.050，在相似性系数为 0.170 的水平时，聚为 7 个大单元群，在相似性系数为 0.300 的水平时，聚为 20 个小单元群（图 4–24）。与半翅目 Hemiptera 结果比较，地中海地区的 b 小单元群明显聚成，25 号单元中国华南由 B 大单元群移动到 C 大单元群，更加趋于合理。其他大、小单元群完全相同。各群的组成及所含类群是：

A 大单元群：由 14 个 BGU 组成，有甲虫 3 422 属，其中特有属 1 328 属，占 38.81%。

a 小单元群：由 01 ～ 06 号 BGU 组成，有甲虫 2 645 属，其中特有属 681 属，占 25.75%。

b 小单元群：由 11 ～ 13 号、41 号 BGU 组成，有甲虫 1 148 属，其中特有属 165 属，占 14.37%。

c 小单元群：由 14 号、15 号、20 号、22 号 BGU 组成，有甲虫 1 106 属，其中特有属 162 属，占 14.65%。

B 大单元群：由 12 个 BGU 组成，有甲虫 4 508 属，其中特有属 1 343 属，占 29.79%。

d 小单元群：由 16 号、17 号、19 号、21 号 BGU 组成，有甲虫 1 392 属，其中特有属 55 属，占 3.95%。

e 小单元群：由 18 号、28 号、29 号 BGU 组成，有甲虫 1 884 属，其中特有属 207 属，占 10.99%。

f 小单元群：由 23 号、24 号、26 号、27 号、30 号 BGU 组成，有甲虫 3 642 属，其中特有属 816 属，占 22.41%。

C 大单元群：由 8 个 BGU 组成，有甲虫 5 132 属，其中特有属 2 535 属，占 49.40%。

g 小单元群：由 25 号、31 ～ 33 号 BGU 组成，有甲虫 3 026 属，其中特有属 608 属，占 20.09%。

h 小单元群：由 34 号、35 号及 50 号 BGU 组成，有甲虫 2 848 属，其中特有属 1 147 属，占 40.27%。

i 小单元群：仅有 51 号 1 个 BGU，有甲虫 878 属，其中特有属 305 属，占 34.74%。

D 大单元群：由 8 个 BGU 组成，有甲虫 3 360 属，其中特有属 2 357 属，占 70.15%。

j 小单元群：由 42 ～ 45 号 4 个 BGU 组成，有甲虫 1 573 属，其中特有属 535 属，占 34.01%。

k 小单元群：由 46 ～ 48 号 BGU 组成，有甲虫 1 999 属，其中特有属 768 属，占 38.42%。

l 小单元群：仅有 49 号 1 个 BGU，有甲虫 935 属，其中特有属 546 属，占 58.40%。

E 大单元群：由 8 个 BGU 组成，有甲虫 3 201 属，其中特有属 2 008 属，占 62.73%。

m 小单元群：由 52 ～ 54 号 BGU 组成，有甲虫 1 292 属，其中特有属 239 属，占 18.50%。

n 小单元群：由 55 ～ 58 号 4 个 BGU 组成，有甲虫 2 443 属，其中特有属 956 属，占 39.13%。

o 小单元群：仅有 59 号 1 个 BGU，有甲虫 569 属，其中特有属 305 属，占 53.60%。

F 大单元群：由 9 个 BGU 组成，有甲虫 5 237 属，其中特有属 2 256 属，占 43.08%。

p 小单元群：由 61 ～ 66 号 6 个 BGU 组成，有甲虫 3 075 属，其中特有属 675 属，占 21.95%。

q 小单元群：由 67 ～ 69 号 BGU 组成，有甲虫 3 732 属，其中特有属 1 109 属，占 29.72%。

G 大单元群：由 8 个 BGU 组成，有甲虫 3 637 属，其中特有属 1 717 属，占 47.21%。

r 小单元群：由 71 ～ 74 号 4 个 BGU 组成，有甲虫 2 543 属，其中特有属 663 属，占 26.07%。

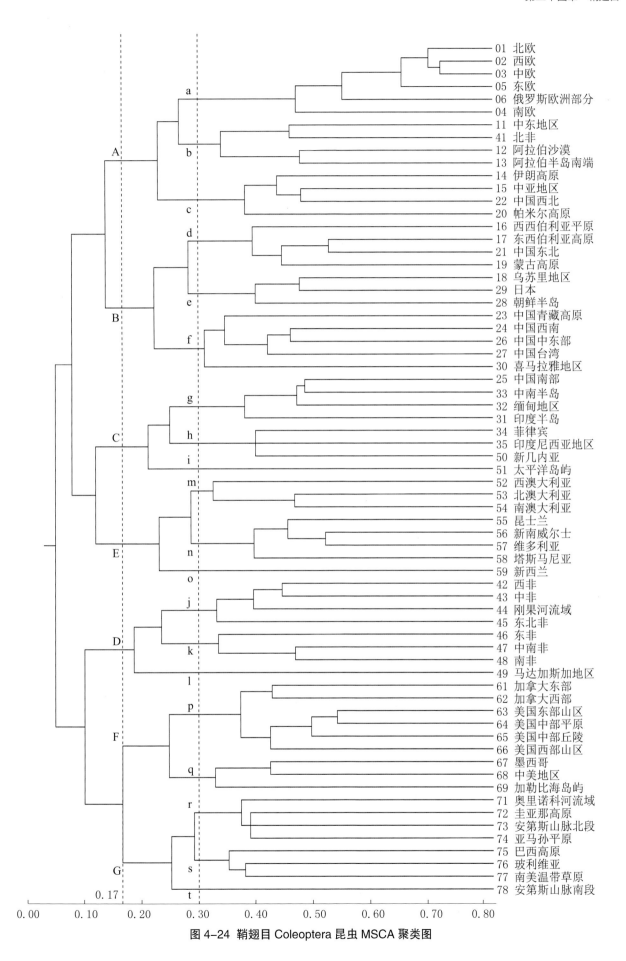

图 4-24　鞘翅目 Coleoptera 昆虫 MSCA 聚类图

s 小单元群：由 75～77 号 BGU 组成，有甲虫 2 122 属，其中特有属 434 属，占 20.45%。

t 小单元群：仅有 78 号 1 个 BGU，有甲虫 645 属，其中特有属 195 属，占 30.23%。

第三节　步甲科
Segment 3　Carabidae

步甲科 Carabidae 是鞘翅目 Coleoptera 的大科之一，以它的捕食功能而闻名。全球共 2 754 属 25 545 种，比较均匀地分布在世界各地（表 4–56）。在 67 个 BGU 中，超过 200 属的有 04 号、26 号、27 号、67 号共 4 个 BGU，低于 30 属的有 4 个，平均每个 BGU 有步甲 111 属。

2 754 属步甲中有 1 432 属没有分布记录，有分布记录的 1 322 属又有 481 属是各个 BGU 的特有属，平均每属分布域为 5.63 个 BGU，是分布域比较大的一个类群。

对步甲科 Carabidae 分布信息进行 MSCA 分析，结果如图 4–25 所示。67 个 BGU 的总相似性系数为 0.078，在相似性系数为 0.220 的水平上，聚为 7 个大单元群。与全目的聚类结果比较，只有 30 号单元从 B 大单元群移到 C 大单元群，其他各大单元群的组成完全相同，只是群内各 BGU 的聚类顺序有所变化，但都不违背地理学的逻辑。

表 4–56　步甲科 Carabidae 在各 BGU 的分布

地理单元	属数	地理单元	属数	地理单元	属数
01 北欧	132	28 朝鲜半岛	46	56 新南威尔士	170
02 西欧	162	29 日本	197	57 维多利亚	177
03 中欧	167	30 喜马拉雅地区	110	58 塔斯马尼亚	81
04 南欧	267	31 印度半岛	114	59 新西兰	54
05 东欧	97	32 缅甸地区	151	61 加拿大东部	109
06 俄罗斯欧洲部分	71	33 中南半岛	151	62 加拿大西部	141
11 中东地区	88	34 菲律宾	62	63 美国东部山区	179
12 阿拉伯沙漠	36	35 印度尼西亚地区	169	64 美国中部平原	144
13 阿拉伯半岛南端	14	41 北非	120	65 美国中部丘陵	158
14 伊朗高原	74	42 西非	75	66 美国西部山区	186
15 中亚地区	65	43 中非	56	67 墨西哥	210
16 西西伯利亚平原	25	44 刚果河流域	97	68 中美地区	181
17 东西伯利亚高原	101	45 东北非	51	69 加勒比海岛屿	99
18 乌苏里地区	70	46 东非	105	71 奥里诺科河流域	84
19 蒙古高原	51	47 中南非	120	72 圭亚那高原	76
20 帕米尔高原	29	48 南非	132	73 安第斯山脉北段	144
21 中国东北	83	49 马达加斯加地区	78	74 亚马孙平原	86
22 中国西北	46	50 新几内亚	92	75 巴西高原	88
23 中国青藏高原	25	51 太平洋岛屿	77	76 玻利维亚	72
24 中国西南	175	52 西澳大利亚	99	77 南美温带草原	137

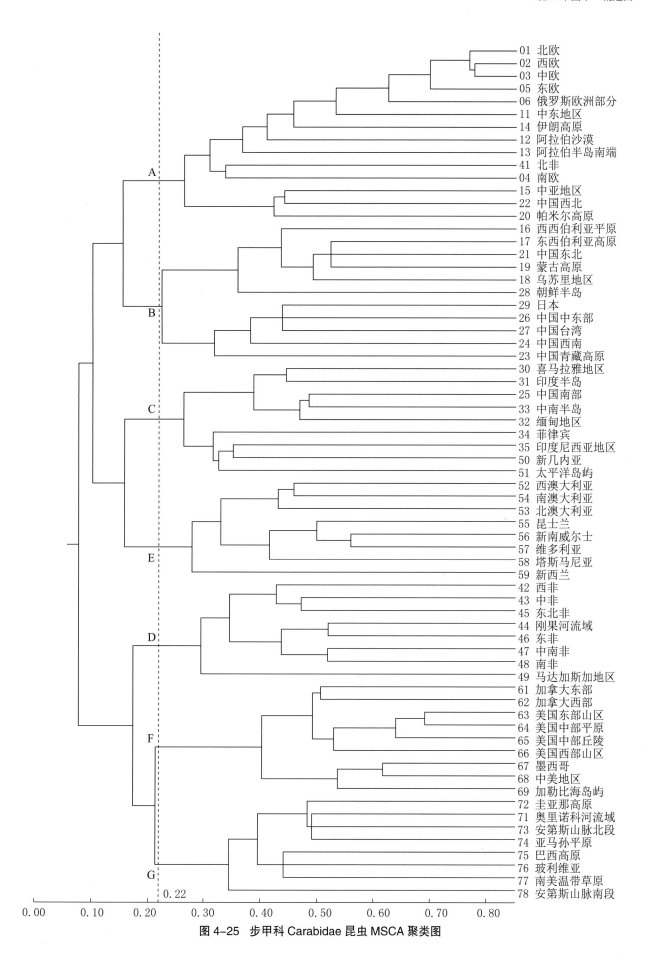

图 4-25 步甲科 Carabidae 昆虫 MSCA 聚类图

（续表 4-56）

地理单元	属数	地理单元	属数	地理单元	属数
25 中国南部	153	53 北澳大利亚	84	78 安第斯山脉南段	68
26 中国中东部	230	54 南澳大利亚	60	合计（属·单元）	7 449
27 中国台湾	229	55 昆士兰	169	全世界	2 754

第四节　叶甲科
Segment 4　Chrysomelidae

叶甲科 Chrysomelidae 也是鞘翅目 Coleoptera 的大科之一，大小与步甲科相差无几。全球共 2 590 属 21 589 种，也是比较均匀地分布在世界各地（表 4-57）。在 67 个 BGU 中，超过 200 属的有 24～26 号、68 号共 4 个 BGU，低于 20 属的有 11 个，平均每个 BGU 有叶甲 78 属。

2 590 属叶甲中有 1 655 属没有分布记录，有分布记录的 935 属又有 243 属是各个 BGU 的特有属，平均每属分布域为 5.56 个 BGU，分布域比步甲科 Carabidae 略小。

对叶甲科 Chrysomelidae 分布数据进行 MSCA 分析，结果如图 4-26 所示。67 个 BGU 的总相似性系数为 0.077，在相似性系数为 0.230 的水平上，聚为 7 个大单元群。与鞘翅目 Coleoptera 整体的聚类结果比较，只有 25 号单元从 C 大单元群移到 B 大单元群，其他各大单元群的组成完全相同，只是有的群内各 BGU 的聚类顺序有所变化，但也都不违背地理学的逻辑。

表 4-57　叶甲科 Chrysomelidae 在各 BGU 的分布

地理单元	属数	地理单元	属数	地理单元	属数
01 北欧	77	28 朝鲜半岛	30	56 新南威尔士	117
02 西欧	93	29 日本	116	57 维多利亚	98
03 中欧	101	30 喜马拉雅地区	7	58 塔斯马尼亚	49
04 南欧	120	31 印度半岛	48	59 新西兰	13
05 东欧	70	32 缅甸地区	134	61 加拿大东部	50
06 俄罗斯欧洲部分	18	33 中南半岛	176	62 加拿大西部	62
11 中东地区	44	34 菲律宾	24	63 美国东部山区	132
12 阿拉伯沙漠	5	35 印度尼西亚地区	69	64 美国中部平原	103
13 阿拉伯半岛南端	10	41 北非	34	65 美国中部丘陵	136
14 伊朗高原	52	42 西非	23	66 美国西部山区	118
15 中亚地区	71	43 中非	9	67 墨西哥	176
16 西西伯利亚平原	27	44 刚果河流域	22	68 中美地区	219
17 东西伯利亚高原	109	45 东北非	7	69 加勒比海岛屿	31
18 乌苏里地区	70	46 东非	34	71 奥里诺科河流域	108
19 蒙古高原	32	47 中南非	25	72 圭亚那高原	52
20 帕米尔高原	11	48 南非	25	73 安第斯山脉北段	116
21 中国东北	123	49 马达加斯加地区	10	74 亚马孙平原	49
22 中国西北	80	50 新几内亚	67	75 巴西高原	79

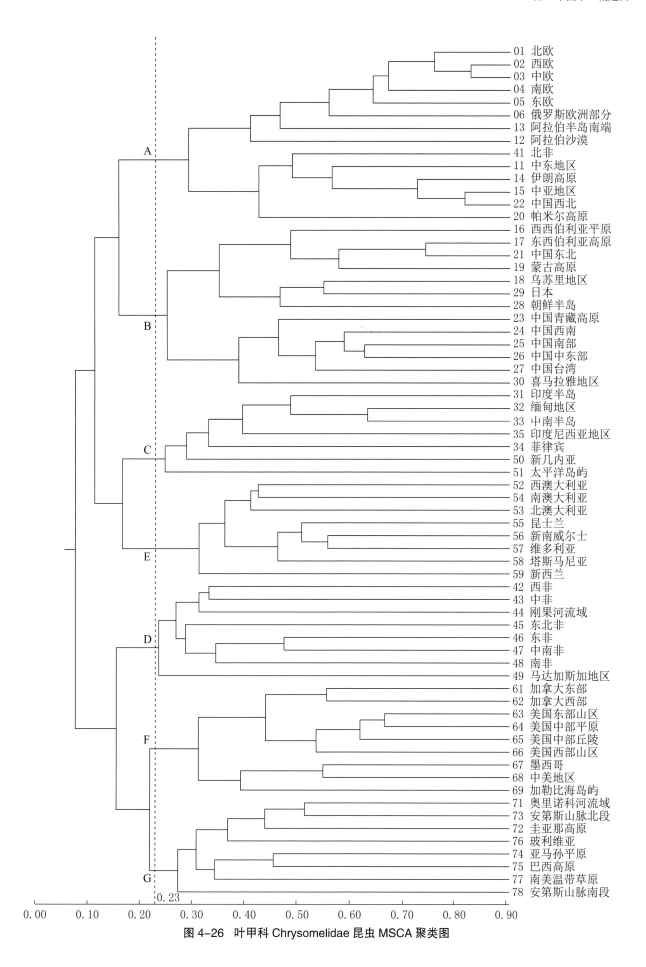

图 4-26　叶甲科 Chrysomelidae 昆虫 MSCA 聚类图

（续表 4-57）

地理单元	属数	地理单元	属数	地理单元	属数
23 中国青藏高原	99	51 太平洋岛屿	11	76 玻利维亚	38
24 中国西南	263	52 西澳大利亚	60	77 南美温带草原	67
25 中国南部	264	53 北澳大利亚	56	78 安第斯山脉南段	17
26 中国中东部	299	54 南澳大利亚	37	合计（属·单元）	5 200
27 中国台湾	196	55 昆士兰	112	全世界	2 590

第五节　瓢虫科
Segment 5　Coccinellidae

　　瓢虫科 Coccinellidae 是鞘翅目 Coleoptera 的中等大小的科，也以它的捕食蚜虫能力而著称，其实该科也有一些植食性种类，也能对农作物造成危害。全球共 567 属 4 882 种，各个 BGU 都有分布（表 4-58）。在 67 个 BGU 中，超过 100 属的有 04 号、66 号共 2 个 BGU，低于 10 属的有 7 个，平均每个 BGU 有瓢虫 39 属。

　　567 属瓢虫中有 204 属没有分布记录，有分布记录的 363 属中，有 108 属是各个 BGU 的特有属，平均每属分布域为 7.24 个 BGU，分布域比步甲科 Carabidae 和叶甲科 Chrysomelidae 都高。

　　对瓢虫科 Coccinellidae 分布状况进行 MSCA 分析的结果如图 4-27 所示。各个 BGU 的总相似性系数为 0.102，在相似性系数为 0.230 的水平上，聚为 7 个大单元群。与鞘翅目 Coleoptera 全目的聚类结果比较，G 大单元群的组成发生变化，71～76 号单元由于种类偏少而先后聚入 F 大单元群，使 G 大单元群只剩下南美洲南端的 2 个 BGU。其余各大单元群的组成单元完全相同，只是群内有些 BGU 的聚类顺序有所改变，这些改变都未违背地理学原则。

表 4-58　瓢虫科 Coccinellidae 在各 BGU 的分布

地理单元	属数	地理单元	属数	地理单元	属数
01 北欧	82	28 朝鲜半岛	16	56 新南威尔士	37
02 西欧	91	29 日本	71	57 维多利亚	33
03 中欧	95	30 喜马拉雅地区	50	58 塔斯马尼亚	15
04 南欧	104	31 印度半岛	37	59 新西兰	41
05 东欧	54	32 缅甸地区	51	61 加拿大东部	51
06 俄罗斯欧洲部分	45	33 中南半岛	40	62 加拿大西部	89
11 中东地区	49	34 菲律宾	11	63 美国东部山区	74
12 阿拉伯沙漠	8	35 印度尼西亚地区	48	64 美国中部平原	61
13 阿拉伯半岛南端	18	41 北非	45	65 美国中部丘陵	47
14 伊朗高原	42	42 西非	15	66 美国西部山区	108
15 中亚地区	44	43 中非	8	67 墨西哥	52
16 西西伯利亚平原	26	44 刚果河流域	42	68 中美地区	50
17 东西伯利亚高原	74	45 东北非	14	69 加勒比海岛屿	11
18 乌苏里地区	43	46 东非	40	71 奥里诺科河流域	8

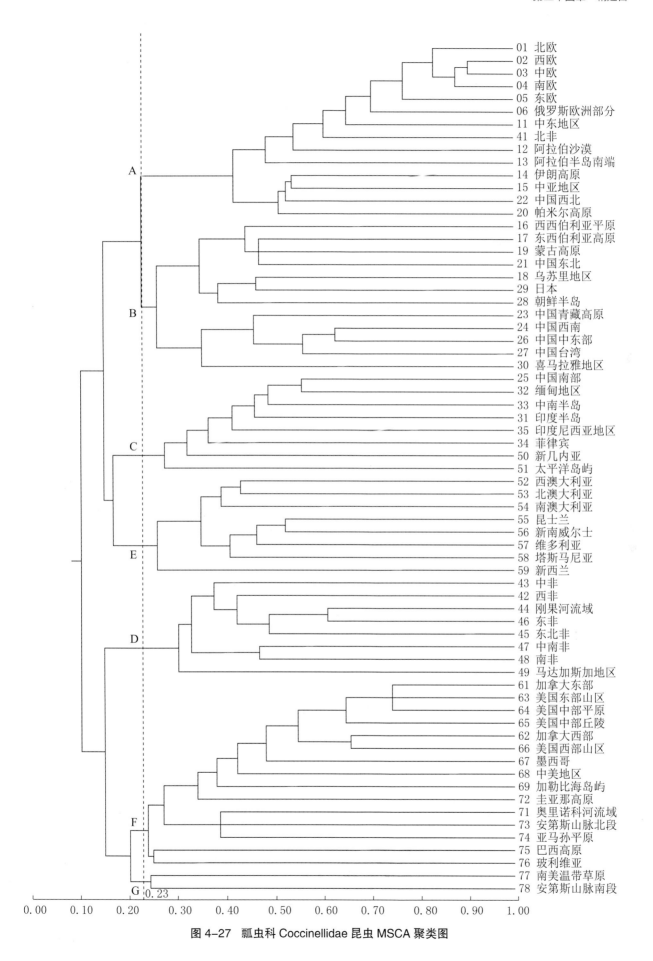

图 4-27 瓢虫科 Coccinellidae 昆虫 MSCA 聚类图

（续表 4-58）

地理单元	属数	地理单元	属数	地理单元	属数
19 蒙古高原	35	47 中南非	8	72 圭亚那高原	3
20 帕米尔高原	23	48 南非	14	73 安第斯山脉北段	16
21 中国东北	43	49 马达加斯加地区	10	74 亚马孙平原	7
22 中国西北	21	50 新几内亚	28	75 巴西高原	11
23 中国青藏高原	19	51 太平洋岛屿	20	76 玻利维亚	7
24 中国西南	71	52 西澳大利亚	22	77 南美温带草原	24
25 中国南部	63	53 北澳大利亚	18	78 安第斯山脉南段	27
26 中国中东部	80	54 南澳大利亚	11	合计（属·单元）	2 628
27 中国台湾	71	55 昆士兰	36	全世界	567

第六节　金龟总科
Segment 6　Scarabaeoidea

金龟总科 Scarabaeoidea 是鞘翅目 Coleoptera 中较大的类群，也是经济意义突出的类群之一。包括毛金龟科 Aclopidae、沙金龟科 Aegieliidae、蜉金龟科 Aphodiidae、Aulonocnemidae、Belohinidae、Bolboceratidae、花金龟科 Cetoniidae、Diphyllostomatidae、犀金龟科 Dynastidae、臂金龟科 Euchiridae、粪金龟科 Geotrupidae、绒毛金龟科 Glaphyridae、Glaresidae、驼金龟科 Hybosoridae、锹甲科 Lucanidae、鳃金龟科 Melolonthidae、红金龟科 Ochodaeidae、裂眼金龟科 Orphnidae、股金龟科 Pachypodidae、黑蜣科 Passalidae、毛金龟科 Pleocomidae、丽金龟科 Rutelidae、金龟科 Sarabaeidae、Termitotrogidae、皮金龟科 Trogidae 共 25 科，计 4 036 属 42 134 种。分布在除南极洲以外的 6 大洲，以亚洲丰富度最高，共计 17 科 556 属，北美洲次之，有 18 科 421 属，欧洲最少，有 17 科 179 属。

金龟总科 Scarabaeoidea 昆虫在 67 个 BGU 中都有分布（表 4-59）。属数超过 200 属的 BGU 有 67 号、68 号、26 号、35 号，不足 20 属的 BGU 有 45 号、12 号、20 号、16 号、13 号，平均丰富度为 87 属。

4 036 属金龟子中，有 2 473 属没有分布记录，在有分布记录的 1 563 属中，609 属是局限于各个 BGU 的特有属，而分布最广的属为 58 个 BGU。平均每属分布域为 3.74 个 BGU。

对表 4-59 的数据进行 MSCA 分析，结果如图 4-28 所示。总相似性系数为 0.050，在相似性系数为 0.180 的水平上聚成 8 个大单元群。与鞘翅目 Coleoptera 整体结果相比，49 号马达加斯加单元独立，其他各大单元群的组成只是 25 号与 30 号单元互换了位置，其余相同。

表 4-59　金龟总科 Scarabaeoidea 昆虫在各 BGU 的分布

地理单元	属数	地理单元	属数	地理单元	属数
01 北欧	58	28 朝鲜半岛	29	56 新南威尔士	152
02 西欧	97	29 日本	95	57 维多利亚	115
03 中欧	101	30 喜马拉雅地区	41	58 塔斯马尼亚	52
04 南欧	169	31 印度半岛	120	59 新西兰	21
05 东欧	62	32 缅甸地区	145	61 加拿大东部	45

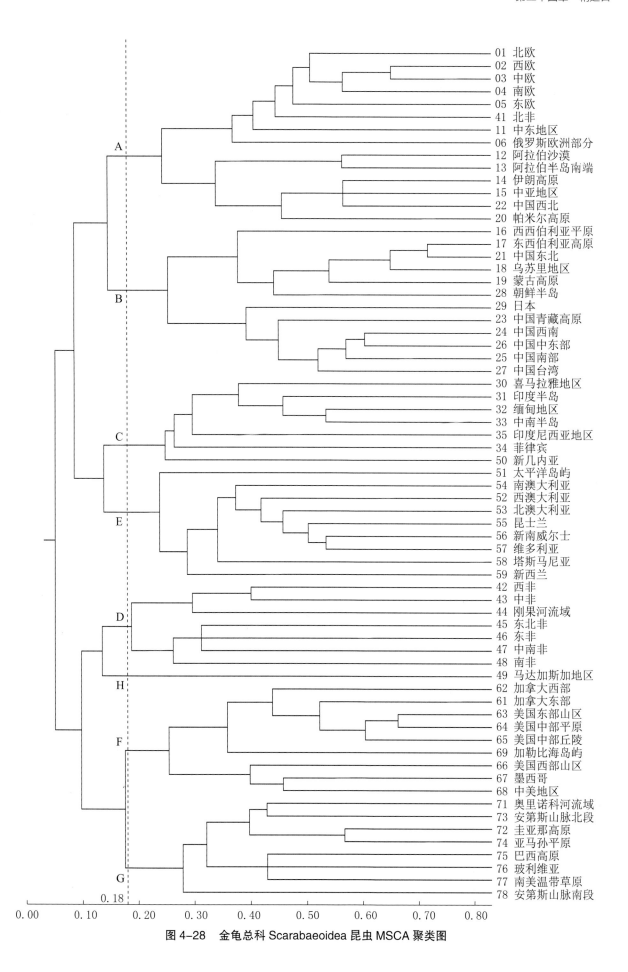

图 4-28　金龟总科 Scarabaeoidea 昆虫 MSCA 聚类图

（续表 4-59）

地理单元	属数	地理单元	属数	地理单元	属数
06 俄罗斯欧洲部分	20	33 中南半岛	156	62 加拿大西部	48
11 中东地区	37	34 菲律宾	48	63 美国东部山区	119
12 阿拉伯沙漠	10	35 印度尼西亚地区	204	64 美国中部平原	97
13 阿拉伯半岛南端	15	41 北非	63	65 美国中部丘陵	142
14 伊朗高原	44	42 西非	42	66 美国西部山区	135
15 中亚地区	55	43 中非	28	67 墨西哥	264
16 西西伯利亚平原	12	44 刚果河流域	76	68 中美地区	227
17 东西伯利亚高原	74	45 东北非	7	69 加勒比海岛屿	44
18 乌苏里地区	49	46 东非	153	71 奥里诺科河流域	85
19 蒙古高原	21	47 中南非	54	72 圭亚那高原	83
20 帕米尔高原	10	48 南非	46	73 安第斯山脉北段	162
21 中国东北	77	49 马达加斯加地区	61	74 亚马孙平原	69
22 中国西北	45	50 新几内亚	75	75 巴西高原	116
23 中国青藏高原	44	51 太平洋岛屿	46	76 玻利维亚	94
24 中国西南	179	52 西澳大利亚	114	77 南美温带草原	119
25 中国南部	139	53 北澳大利亚	76	78 安第斯山脉南段	36
26 中国中东部	225	54 南澳大利亚	44	合计（属·单元）	5 845
27 中国台湾	181	55 昆士兰	173	全世界	4 036

第七节　淡水甲虫
Segment 7　Beetles in Freshwater

淡水甲虫不是自然分类系统的类群，而是生活在淡水或泥沼中的甲虫集群。包括两栖甲科 Amphizoidae、扇角甲科 Callirhipidae、缩头甲科 Chelonariidae、Cneoglossidae、泥甲科 Dryopidae、龙虱科 Dytiscidae、溪泥甲科 Elmidae、角胸牙甲科 Epimetopidae、掣爪泥甲科 Eulichadidae、圆泥甲科 Georyssidae、豉甲科 Gyrinidae、沼梭甲科 Haliplidae、长泥甲科 Heteroceridae、平唇牙甲科 Hydraenidae、条脊牙甲科 Hydrochidae、牙甲科 Hydrophilidae、水缨甲科 Hydroscaphidae、水甲科 Hygrobiidae、泽甲科 Limnichidae、Lutrochidae、小粒龙虱科 Noteridae、扁泥甲科 Psephenidae、毛泥甲科 Ptilodactylidae、沼甲科 Scintidae、毛牙甲科 Spercheidae、淘甲科 Torridincolidae 共 26 科 926 属 10 568 种。分布在包括南极洲在内的 7 个大洲。26 科中，除 1 科没有分布记录外，13 个科能够遍及 6 个大洲，11 科分别分布于 2～5 个大洲，1 科为非洲特有科。除南极洲只有 1 科 1 属外，6 个大洲比较均匀，北美洲丰富度最高，有 222 科 248 属，欧洲最少，有 17 科 130 属。

淡水甲虫在 67 个 BGU 都有广泛且较均匀的分布（表 4-60），100 属以上的 BGU 有 7 个，而少于 20 属的有 6 个，平均每个 BGU 有 57 属。

表 4-60　淡水甲虫在各 BGU 的分布

地理单元	属数	地理单元	属数	地理单元	属数
01 北欧	84	28 朝鲜半岛	7	56 新南威尔士	68
02 西欧	94	29 日本	78	57 维多利亚	57
03 中欧	98	30 喜马拉雅地区	21	58 塔斯马尼亚	32
04 南欧	115	31 印度半岛	58	59 新西兰	12
05 东欧	45	32 缅甸地区	39	61 加拿大东部	62
06 俄罗斯欧洲部分	28	33 中南半岛	61	62 加拿大西部	70
11 中东地区	42	34 菲律宾	23	63 美国东部山区	109
12 阿拉伯沙漠	27	35 印度尼西亚地区	56	64 美国中部平原	99
13 阿拉伯半岛南端	23	41 北非	61	65 美国中部丘陵	85
14 伊朗高原	36	42 西非	52	66 美国西部山区	120
15 中亚地区	34	43 中非	54	67 墨西哥	119
16 西西伯利亚平原	10	44 刚果河流域	62	68 中美地区	112
17 东西伯利亚高原	47	45 东北非	44	69 加勒比海岛屿	39
18 乌苏里地区	27	46 东非	69	71 奥里诺科河流域	93
19 蒙古高原	17	47 中南非	64	72 圭亚那高原	81
20 帕米尔高原	17	48 南非	115	73 安第斯山脉北段	119
21 中国东北	26	49 马达加斯加地区	58	74 亚马孙平原	80
22 中国西北	26	50 新几内亚	40	75 巴西高原	76
23 中国青藏高原	17	51 太平洋岛屿	31	76 玻利维亚	47
24 中国西南	47	52 西澳大利亚	43	77 南美温带草原	58
25 中国南部	52	53 北澳大利亚	44	78 安第斯山脉南段	20
26 中国中东部	69	54 南澳大利亚	27	合计（属·单元）	3 796
27 中国台湾	55	55 昆士兰	95	全世界	926

926 属淡水甲虫中，有 335 属没有分布记录，局限于单个 BGU 的特有属 163 属，而有 9 属分布在 40 个以上 BGU 中，平均每属分布域为 6.42 个 BGU。

对表 4-60 资料进行 MSCA 分析，结果如图 4-29 所示，总相似性系数为 0.092，在相似性系数为 0.230 的水平上聚成 7 个大单元群。与鞘翅目 Coleoptera 整体结果相比，25 号单元从 C 大单元群移到 B 大单元群，50 号、51 号单元从 C 大单元群移到 E 大单元群，71 号、73 号单元从 G 大单元群移到 F 大单元群，这些单元的移动不违背地理学原则。

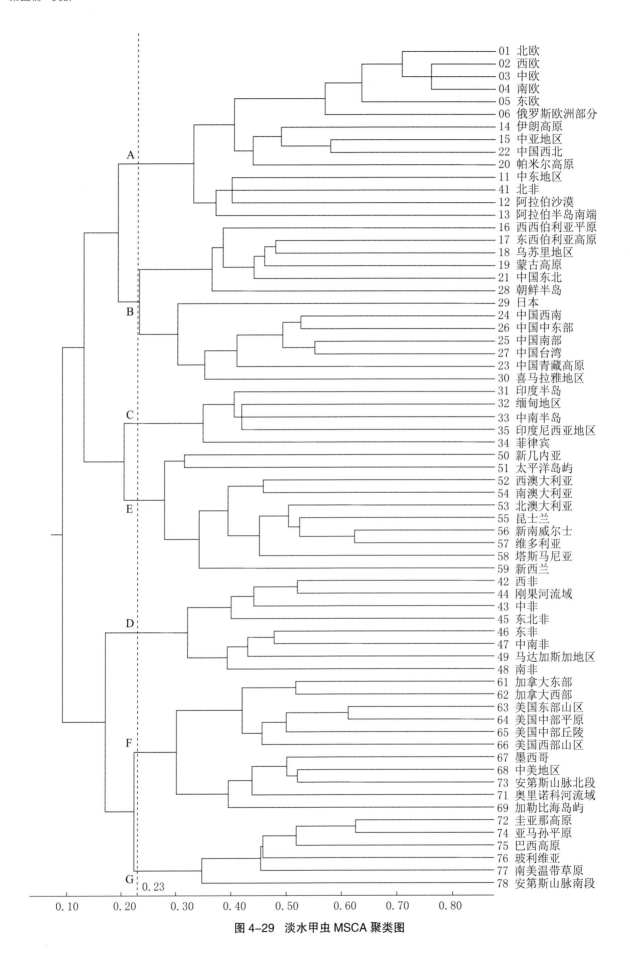

图 4-29 淡水甲虫 MSCA 聚类图

第八节　象甲科
Segment 8　Curculionidae

象甲科 Curculionidae 是鞘翅目 Coleoptera 最大的科，也是昆虫纲 Insecta 最大的科。全球共 6 558 属 68 128 种，广泛地分布在包括南极洲在内的世界各地。在 67 个 BGU 中，超过 500 属的共有 6 个 BGU，都位于热带地区，低于 60 属的有 6 个，平均每个 BGU 有象甲 250 属（表 4–61）。

6 558 属象甲中有 259 属没有分布记录，有分布记录的 6 299 属中，有 3 236 属是各个 BGU 的特有属，分布域超过 40 个 BGU 的只有 1 属。平均每属分布域为 2.66 个 BGU，是分布域比较小的一个类群。

对象甲科 Curculionidae 在世界各地的分布数据进行 MSCA 分析，结果如图 4–30 所示。67 个 BGU 的总相似性系数为 0.032，在相似性系数为 0.120 的水平上，聚为 7 个大单元群。与鞘翅目 Coleoptera 整体的聚类结果比较，只有 25 号单元从 C 大单元群移到 B 大单元群，其他各大单元群的组成完全相同，只是各大单元群内 BGU 的聚类顺序各有不违背地理学原则的变化。

表 4–61　象甲科 Curculionidae 昆虫在各 BGU 的分布

地理单元	属数	地理单元	属数	地理单元	属数
01 北欧	21	28 朝鲜半岛	75	56 新南威尔士	166
02 西欧	60	29 日本	295	57 维多利亚	159
03 中欧	81	30 喜马拉雅地区	176	58 塔斯马尼亚	97
04 南欧	211	31 印度半岛	414	59 新西兰	236
05 东欧	56	32 缅甸地区	197	61 加拿大东部	119
06 俄罗斯欧洲部分	94	33 中南半岛	407	62 加拿大西部	77
11 中东地区	253	34 菲律宾	307	63 美国东部山区	252
12 阿拉伯沙漠	59	35 印度尼西亚地区	715	64 美国中部平原	179
13 阿拉伯半岛南端	25	41 北非	230	65 美国中部丘陵	151
14 伊朗高原	185	42 西非	322	66 美国西部山区	273
15 中亚地区	220	43 中非	372	67 墨西哥	533
16 西西伯利亚平原	79	44 刚果河流域	480	68 中美地区	702
17 东西伯利亚高原	187	45 东北非	209	69 加勒比海岛屿	260
18 乌苏里地区	54	46 东非	417	71 奥里诺科河流域	328
19 蒙古高原	87	47 中南非	281	72 圭亚那高原	440
20 帕米尔高原	93	48 南非	336	73 安第斯山脉北段	679
21 中国东北	72	49 马达加斯加地区	393	74 亚马孙平原	870
22 中国西北	83	50 新几内亚	374	75 巴西高原	473
23 中国青藏高原	84	51 太平洋岛屿	339	76 玻利维亚	507
24 中国西南	153	52 西澳大利亚	133	77 南美温带草原	452
25 中国南部	209	53 北澳大利亚	39	78 安第斯山脉南段	271
26 中国中东部	277	54 南澳大利亚	82	合计（属·单元）	16 760
27 中国台湾	190	55 昆士兰	110	全世界	6 558

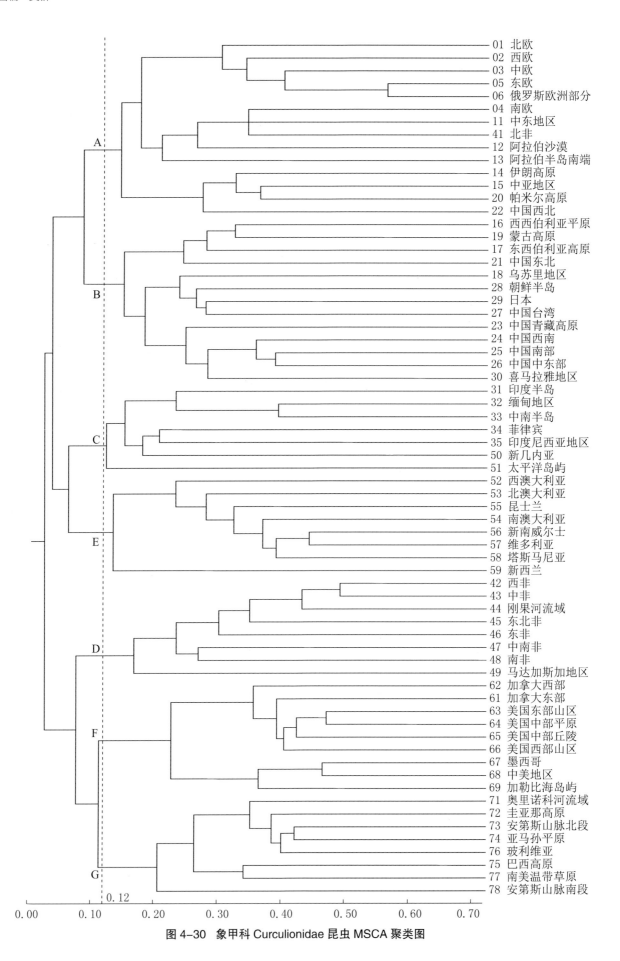

图 4-30　象甲科 Curculionidae 昆虫 MSCA 聚类图

第二十五章　捻翅目

Chapter 25　Order Strepsiptera

　　捻翅目 Strepsiptera 昆虫是昆虫纲 Insecta 的一个小目，但不是像蛩蠊目 Grylloblattodea、缺翅目 Zoraptera 那样分布狭窄的小目。由于个体小，习性特殊，公众认知度及关注度都比较低，致使种类的发现速度及分布资料的积累速度都比较慢，实际种类和分布范围可能都比目前记录的要大得多。

　　捻翅目 Strepsiptera 昆虫俗称捻翅虫，统称"蝙"，这皆是由于前翅细小如纸捻，后翅宽大如扇而得名。捻翅虫雌雄异型。雄虫体长 1.3 ～ 5.0 mm，有足有翅，营自由生活。头部横宽，复眼发达，左右远离，无单眼；触角 4 ～ 7 节，至少在第 3 节有向侧面伸展的分支；口器退化而不取食。胸部的前、中胸很小，后胸极发达，背面明显分为前盾片、盾片、小盾片及很大的后背片，3 对足短小，大致相似；前翅短小棒状，后翅膜质宽大，翅脉简单。腹部短于胸部，10 节，外生殖器着生在第 4 腹板末端。雌虫体长 2 ～ 30 mm，绝大多数种类终生不离开寄主，只将头胸部伸出寄主体外，腹部留在寄主体内。头部无触角和眼，口器退化不取食。胸部 3 节愈合在一起，其前端与头部连接处有一个横向的育腔口，这是雌蝙体腔与外界的唯一通道。雄蝙在此处与雌蝙交配，在雌蝙体内孵化的幼虫也从此处爬出。腹部是一个留在寄主体内分节不明显的大腔。

　　捻翅目 Strepsiptera 昆虫全部是肉食性，以 1 龄幼虫寻找寄主，钻入寄主体内后营内寄生生活。寄主均为昆虫纲 Insecta，主要有半翅目 Hemiptera、膜翅目 Hymenoptera、直翅目 Orthoptera、螳螂目 Mantodea、蜚蠊目 Blattodea、双翅目 Diptera 等，对寄主的寄生并不杀死寄主，主要影响寄主的生殖能力。

　　由于寄主种类和分布的广泛性，捻翅目 Strepsiptera 昆虫的种类及其分布范围比目前还应有更大的发展空间。

第一节 区系组成及特点
Segment 1 Fauna and Character

捻翅目 Strepsiptera 昆虫起源于 150.3 Ma 前的中生代白垩纪中期。除去 5 个化石科以及现生科中的化石属，现生类群共有 11 科 49 属 603 种（表 4–62）。除南极洲没有分布记录外，捻翅目 Strepsiptera 昆虫遍布 6 个大洲，又以亚洲、大洋洲、非洲为丰富，南美洲最贫乏。

11 个科中，4 个科分布于 6 大洲，3 个科分布于除南美洲以外的 5 个大洲，2 个科分别是亚洲、北美洲的特有科。

表 4–62　捻翅目 Strepsiptera 昆虫的区系组成

昆虫科名称	属数	种数	各洲属数						
			欧洲	亚洲	非洲	大洋洲	北美洲	南美洲	南极洲
1. Babiaxenidae	1	1							
2. 布氏蝙科Bohartillidae	1	1					1		
3. Callipharixenidae	1	1			1				
4. 蜂蝙科Corioxenidae	14	47	2	5	5	3	2		
5. 跗蝙科Elenchidae	5	38	1	2	1	2	1		
6. 栉蝙科Halictophagidae	7	142	1	2	2	3	1		
7. Lychnocolacidae	1	26							
8. 原蝙科Mengenillidae	5	18	2	4	3	3	1	1	
9. 蚁蝙科Myrmecolacidae	4	114	1	4	4	4	2	2	
10. 蜂蝙科Stylopidae	6	105	2	4	2	5	2	2	
11. 胡蜂蝙科Xenidae	4	109	1	4	3	3	2	3	
合计	49	603	10	26	20	23	12	8	
各洲科数			7	8	7	7	8	4	

第二节 分布地理
Segment 2 Geographical Distribution

捻翅目 Strepsiptera 这样只有 49 属的小目能够分布到 67 个 BGU 中的 52 个，应属罕见（表 4–63）。有 11 个 BGU 拥有 10 属以上，10 个 BGU 只有 1 属，平均每个 BGU 有捻翅目 Strepsiptera 昆虫 4 属。

49 属中，10 属没有分布记录，11 属只局限在单个 BGU 中，能够分布于 2～5 个 BGU 的有 13 属，其余 15 属分布到 6 个以上的 BGU，最广的能达到 33 个 BGU，平均每属的分布域为 7.18 个 BGU，这也显示出捻翅目 Strepsiptera 昆虫分布的广泛性。

如果对捻翅目 Strepsiptera 昆虫的分布资料进行 MSCA 分析，肯定能够得到一些积极的聚类信息，但毕竟数据有限，说服力和代表性均显薄弱，故不再分析。

表 4-63　捻翅目 Strepsiptera 昆虫在各 BGU 的分布

地理单元	属数	地理单元	属数	地理单元	属数
01 北欧	3	28 朝鲜半岛	1	56 新南威尔士	9
02 西欧	5	29 日本	6	57 维多利亚	1
03 中欧	4	30 喜马拉雅地区		58 塔斯马尼亚	
04 南欧	9	31 印度半岛	14	59 新西兰	3
05 东欧	1	32 缅甸地区	1	61 加拿大东部	1
06 俄罗斯欧洲部分		33 中南半岛	11	62 加拿大西部	4
11 中东地区	2	34 菲律宾	13	63 美国东部山区	4
12 阿拉伯沙漠	1	35 印度尼西亚地区	17	64 美国中部平原	4
13 阿拉伯半岛南端	1	41 北非	4	65 美国中部丘陵	4
14 伊朗高原		42 西非	12	66 美国西部山区	1
15 中亚地区	2	43 中非		67 墨西哥	8
16 西西伯利亚平原		44 刚果河流域	7	68 中美地区	2
17 东西伯利亚高原		45 东北非	3	69 加勒比海岛屿	5
18 乌苏里地区		46 东非	5	71 奥里诺科河流域	2
19 蒙古高原	2	47 中南非	13	72 圭亚那高原	
20 帕米尔高原		48 南非	5	73 安第斯山脉北段	1
21 中国东北	1	49 马达加斯加地区	3	74 亚马孙平原	3
22 中国西北		50 新几内亚	10	75 巴西高原	5
23 中国青藏高原		51 太平洋岛屿	12	76 玻利维亚	
24 中国西南	4	52 西澳大利亚	10	77 南美温带草原	2
25 中国南部	7	53 北澳大利亚	10	78 安第斯山脉南段	2
26 中国中东部	7	54 南澳大利亚		合计（属·单元）	280
27 中国台湾		55 昆士兰	13	全世界	49

第二十六章 长翅目

Chapter 26 Order Mecoptera

长翅目 Mecoptera 昆虫统称"蝎蛉",这是因雄虫外生殖器发达且尾部上翘似蝎尾而得名,英文名为 scorpion flies。

长翅目 Mecoptera 昆虫体中型,细长。头部向腹面延伸成宽喙状,其端部着生咀嚼式口器,触角长,丝状多节。复眼发达,单眼 3 只。2 对翅膜质透明,翅脉原始,有斑纹,个别类群翅退化或消失。足细长,适于行走,有的类群显著特化,适于捕捉猎物。

长翅目 Mecoptera 昆虫多生活在潮湿的森林或植被茂密的地区,植被一旦被破坏,便不常见,因此是很好的环境指示昆虫。长翅目 Mecoptera 昆虫杂食性,捕食多种昆虫,或取食昆虫尸体或苔藓植物。幼虫生活于潮湿土壤中,腐食性。

第一节 区系组成及特点
Segment 1 Fauna and Character

长翅目 Mecoptera 昆虫是完全变态昆虫中最古老的类群,起源于 318.1 Ma 前的古生代石炭纪后期。除去 50 多个化石科以及现生科中的化石属外,现生长翅目 Mecoptera 昆虫有 9 科 36 属 669 种。除南极洲没有长翅目 Mecoptera 昆虫记录外,作为目级阶元,分布遍及 6 个大洲(表 4–64)。科级阶元则有很大的局限性，只有蚊蝎蛉科 Bittacidae 分布于 6 个大洲，有 3 个科分别是大洋洲和南美洲的特有科，其余 5 个科分别分布在 2 ～ 3 个大洲内。北美洲和大洋洲比较丰富，都在 10 属以上，而非洲只有 2 属。

表 4-64　长翅目 Mecoptera 昆虫的区系组成

昆虫科名称	属数	种数	各洲属数						
			欧洲	亚洲	非洲	大洋洲	北美洲	南美洲	南极洲
1. 无翅蝎蛉科Apteropanorpidae	1	2				1			
2. 蚊蝎蛉科Bittacidae	18	204	1	3	2	5	8	5	
3. 雪蝎蛉科Boreidae	3	29	1	1			3		
4. 异蝎蛉科Choristidae	3	8				3			
5. 原蝎蛉科Eomeropidae	1	1						1	
6. 美蝎蛉科Meropeidae	2	2					1	1	
7. 小蝎蛉科Nannochoristidae	2	7				2		1	
8. 蝎蛉科Panorpidae	4	397	3	3			1		
9. 拟蝎蛉科Panorpodidae	2	19		1			2	1	
合计	36	669	5	8	2	12	15	8	
各洲科数			3	4	1	5	5	4	

第二节　分布地理
Segment 2　Geographical Distribution

长翅目 Mecoptera 昆虫的广泛分布与属的狭窄分布的特点在表 4-65 中进一步展现。67 个 BGU 中有 9 个没有蝎蛉分布记录，也只有 5 个 BGU 拥有 6 ～ 9 属，其余全都在 1 ～ 5 属，平均每个 BGU 只有 2 属（表 4-65）。

表 4-65　长翅目 Mecoptera 昆虫在各 BGU 的分布

地理单元	属数	地理单元	属数	地理单元	属数
01 北欧	2	28 朝鲜半岛	2	56 新南威尔士	6
02 西欧	3	29 日本	4	57 维多利亚	4
03 中欧	5	30 喜马拉雅地区	1	58 塔斯马尼亚	3
04 南欧	3	31 印度半岛	1	59 新西兰	1
05 东欧	2	32 缅甸地区	3	61 加拿大东部	3
06 俄罗斯欧洲部分	2	33 中南半岛	2	62 加拿大西部	2
11 中东地区	1	34 菲律宾		63 美国东部山区	6
12 阿拉伯沙漠	1	35 印度尼西亚地区	1	64 美国中部平原	6
13 阿拉伯半岛南端		41 北非		65 美国中部丘陵	4
14 伊朗高原	1	42 西非	1	66 美国西部山区	9

（续表 4-65）

地理单元	属数	地理单元	属数	地理单元	属数
15 中亚地区	1	43 中非	1	67 墨西哥	4
16 西西伯利亚平原		44 刚果河流域	1	68 中美地区	4
17 东西伯利亚高原	2	45 东北非	1	69 加勒比海岛屿	
18 乌苏里地区	1	46 东非	1	71 奥里诺科河流域	3
19 蒙古高原	1	47 中南非	1	72 圭亚那高原	1
20 帕米尔高原	1	48 南非	2	73 安第斯山脉北段	4
21 中国东北	1	49 马达加斯加地区		74 亚马孙平原	4
22 中国西北	1	50 新几内亚		75 巴西高原	2
23 中国青藏高原	1	51 太平洋岛屿		76 玻利维亚	3
24 中国西南	2	52 西澳大利亚	2	77 南美温带草原	2
25 中国南部	4	53 北澳大利亚		78 安第斯山脉南段	5
26 中国中东部	6	54 南澳大利亚	1	合计（属·单元）	147
27 中国台湾	4	55 昆士兰	1	全世界	36

36 属中，有 3 属没有分布记录，14 属是分别局限在单个 BGU 的特有属，14 属分布在 2～5 个 BGU，只有 5 属分布在 6 个以上的 BGU 中，分布最广的为 28 个 BGU，平均每属分布域为 4.45 个 BGU。长翅目昆虫由于种类较少，不予进行 MSCA 分析。

第二十七章　双翅目

Chapter 27　Order Diptera

　　双翅目 Diptera 昆虫是昆虫纲 Insecta 的大目之一，包括蚊、蠓、蚋、虻、蝇等。主要特征是仅有 1 对前翅，膜质透明，后翅退化为平衡棒；口器刺吸式或舔吸式。分为长角、短角、芒角 3 个亚目。

　　双翅目 Diptera 昆虫身体微小到中型，体短宽、纤细或圆筒形，复眼极发达，单眼 3 个或缺少；触角多样，长角亚目丝状，6 节以上；短角亚目 3 节，鞭节多变；芒角亚目 3 节，鞭节上着生 1 芒。前胸、后胸退化，中胸极发达，着生 1 对善飞舞的前翅；3 对足，跗节 5 节，爪及爪垫 1 对。腹部分节明显。幼虫身体分节，无真正分节的足，眼常缺少，口器不显著，有全头型、半头型与无头型，蛹有离蛹、围蛹，羽化时有直裂和环裂两种方式。

　　双翅目 Diptera 昆虫两性生殖，卵生，一些蝇类伪胎生和胎生。多喜欢潮湿环境，多数白天活动，少数黄昏或夜间活动。血食性、捕食性、植食性、杂食性。淡水生或陆生。长角亚目和一些短角亚目是威胁人、畜健康的害虫，芒角亚目及一些短角亚目既有为害农作物的害虫，又有捕食农作物害虫的天敌。

第一节　区系组成及特点
Segment 1　Fauna and Character

　　双翅目 Diptera 昆虫起源于 249.2 Ma 前的中生代三叠纪早期。现生类群共 176 科 14 002 属 181 994 种，遍及世界 7 个大洲（表 4–66）。除南极洲记录 13 科 14 属外，北美洲丰富度最高，有 130 科 2 630 属，亚洲次之，有 107 科 2 628 属，南美洲丰富度最低，有 82 科 1 128 属。

176 个科中，除 11 个小科没有分布记录外，局限于 1 个大洲内的特有科有 35 科，其中大洋洲 13 科，北美洲 9 科，欧洲 8 科，亚洲 3 科，非洲与南美洲各 1 科；分布于 2～5 个大洲的有 74 科，分布于 6 个大洲的有 56 科。

表 4-66　双翅目 Diptera 昆虫的区系组成

昆虫科名称	属数	种数	各洲属数						
			欧洲	亚洲	非洲	大洋洲	北美洲	南美洲	南极洲
1. Acartophthalmidae	1	5	1				1		
2. 小头虻科Acroceridae	64	499	3	8	4	6	6	2	
3. 潜蝇科Agromyzidae	55	3 446	20	22	3	12	18	2	
4. 殊蠓科Anisopodidae	16	197	2	2		3	3	1	
5. 花蝇科Anthomyiidae	105	2 463	33	52	11	4	35	3	
6. 小花蝇科Anthomyzidae	26	105	7	1	2	1	5		
7. Apioceridae	4	150			1	1	1	1	
8. Apsilocephalidae	5	6				2	1		
9. Apystomyiidae	1	1					1		
10. 食虫虻科Asilidae	670	8 807	43	79	87	61	114	30	
11. 寡脉蝇科Asteiidae	15	158	3	2	1	3	7	6	
12. Atelestidae	5	12	2				1		
13. 伪鹬虻科Athericidae	13	118	2	2	3	2	1		
14. 角蝽蝇科Aulacogastridae	8	22	1	1	1		1	1	
15. Australimyzidae	1	10				1			
16. Austroleptidae	1	8				1			
17. 极蚊科Axymyiidae	4	8	1	1					
18. 毛蚊科Bibionidae	20	821	4	7	2	3	5	2	
19. 网蚊科Blephariceridae	53	413	3	3	1	5	3	2	
20. Bolbomyiidae	1	4					1		
21. Bolitophilidae	3	3	1				1		
22. 蜂虻科Bomybyliidae	239	4 498	56	88	121	43	68	54	
23. 小粪蝇科Borboridae	123	1 297	51	53	56	38	56	47	
24. 蜂蝇科Braulidae	3	8	1						
25. 丽蝇科Calliphoridae	199	1 931	14	34	12	9	27	15	
26. 鸟蝇科Carnidae	5	93	3	3	3		4	2	
27. 金果蝇科Camillidae	6	46	1		1		1		
28. 滨蝇科Caneccidae	29	374	5	10	1	11	7		2
29. Canthyloscelidae	5	18	1			1	1		
30. Carnidae	5	91	3	2	1		3	1	
31. 瘿蚊科Cecidomyiidae	728	5 813	284	379	111	59	208	126	
32. 甲蝇科Celyphidae	8	107		3					
33. 蠓科Ceratopogonidae	161	6 359	40	91	79	67	70	70	
34. 斑腹蝇科Chamaemyiidae	33	388	7	4	2	2	7	1	
35. 幽蚊科Chaoboridae	27	94	2	1	1	1	3	2	
36. 摇蚊科Chironomidae	593	9 527	162	114	76	32	149	87	1
37. Chiropteromyzidae	1	1	1						
38. 秆蝇科Chloropidae	298	3 557	53	74	24	42	61	35	

（续表 4-66）

昆虫科名称	属数	种数	各洲属数						
			欧洲	亚洲	非洲	大洋洲	北美洲	南美洲	南极洲
39. 彩眼蝇科Chyromyidae	8	151	3	1	2	2	3		
40. 腐木蝇科Clusiidae	34	417	6	4	1	8	7	3	
41. 眼蝇科Conopidae	78	1 020	9	16	7	17	9	7	
42. Corethrellidae	3	111			1		1	1	
43. 隐芒蝇科Cryptochaetidae	3	40		1	1	2	1		
44. Ctenostylidae	5	11					2		
45. 蚊科Culicidae	134	2 975	18	65	37	54	55	53	
46. Curtonotidae	9	78	1		1		1		
47. 烛大蚊科Cylindrotomidae	10	70	4	7			4		
48. 洞小粪蝇科Cypselosomatidae	14	44	1			2	1		
49. Cypselostomatidae	12	38	1	1			3	2	1
50. 拟网蚊科Deuterophlebiidae	1	14					1		
51. 长足寄蝇科Dexiidae	7	173	2	4	1	1			
52. 张翅蕈蚊科Diadocidiidae	10	45	2	1			1	2	
53. 细果蝇科Diastatidae	3	47	3	2	2		2	1	
54. 突眼蝇科Diopsidae	18	230		6	3				
55. 准蕈蚊科Ditomyiidae	11	127	2			1	3	1	
56. 细蚊科Dixidae	9	242	2	2	1	2	2	1	
57. 长足虻科Dolichopodidae	226	6 894	64	95	77	94	74	57	1
58. 果蝇科Drosophilidae	115	4 982	14	30	3	26	15	2	1
59. 圆头蝇科Dryomyzidae	11	39	5	1			3		
60. 舞虻科Empididae	179	4 968	67	78	47	67	77	63	
61. 水蝇科Ephydridae	198	2 400	44	30	8	15	69	4	1
62. Evocoidae	1	2						1	
63. 厕蝇科Fanniidae	17	401	2	1	2	3	3	1	1
64. Fergusoninidae	1	31				1			
65. 舌蝇科Glossinidae	1	24	1		1				
66. Gobryidae	1	5		1		1			
67. Helcomyzidae	5	14	1			1	1		1
68. 日蝇科Heleomyzidae	111	875	17	10	2	16	21	9	
69. Helosciomyzidae	10	30				3			
70. Hesperinidae	2	10					1	1	
71. Heteromyzidae	1	11	1				1		
72. 拟鹬虻科Hilarimorphidae	1	33					1		
73. 虱蝇科Hippoboscidae	102	917	11	18	12	17	31	26	
74. Homalocnemiidae	1	7			1				
75. Huttoninidae	1	8				1			
76. Inbiomyiidae	1	11					1	1	
77. Ironomyiidae	6	25				1			
78. Keroplatidae	91	1 235	15	5	1	10	13	8	
79. 缟蝇科Lauxaniidae	203	2 954	16	19	4	18	28	1	1
80. Leptidae	1	1			1				
81. 沼大蚊科Limoniidae	223	10 359	54	40	14	25	42	14	1
82. 尖尾蝇科Lonchaeidae	20	588	7	5	3	4	5	1	
83. 尖翅蝇科Lonchopteridae	7	79	1	2	1	1	1		

（续表 4-66）

昆虫科名称	属数	种数	各洲属数						
			欧洲	亚洲	非洲	大洋洲	北美洲	南美洲	南极洲
84. Lygistorrhinidae	8	35			1	1	1		
85. Marginidae	1	3							
86. Megamerinidae	5	22	1						
87. Mesothaumaleidae	1	1							
88. 瘦足蝇科Micropezidae	79	743	6	10	1	6	16	12	1
89. Microphoridae	3	52	1	1			1		
90. 叶蝇科Milichiidae	36	346	6	5	6	7	12	7	
91. Mormotomyiidae	1	2							
92. 蝇科Muscidae	382	6 605	40	65	29	24	56	25	
93. Mycetobiidae	1	1	1						
94. 菌蚊科Mycetophilidae	255	4 846	68	42	11	22	53	21	
95. 拟食虫虻科Mydidae	67	597	2	7	19	3	11	8	
96. Mystacinobiidae	1	1					1		
97. Mythicomyiidae	10	16							
98. Nannodastiidae	2	5							
99. Natalimyzidae	1	1							
100. 网翅虻科Nemestrinidae	37	405	1	6	2	5	3	1	
101. Neminidae	3	14				1			
102. 指角虻科Neriidae	26	156		4		2	4	3	
103. Neurochaetidae	4	32		1	1	2			
104. Nothybidae	1	8		1					
105. 蛛蝇科Nycteribiidae	5	112	2	5	2	2			
106. Nymphomyiidae	3	10					1		
107. 树创蝇科Odiniidae	15	64	3	5	5		8	7	
108. 狂蝇科Oestridae	51	216	3	5		2	6	1	
109. Opetiidae	4	9	1						
110. 禾蝇科Opomyzidae	4	83	3	2	1		3		
111. Oreogetonidae	1	39					1		
112. Oreoleptidae	1	1							
113. Otitidae	3	3	1			1	1	1	
114. 粗脉蚊科Pachyneuridae	6	8	1	2			1	1	
115. 草蝇科Pallopteridae	15	87	5	1			3		
116. Pantophthalmidae	10	39					1	1	
117. Pediciidae	16	519	4	5			5		
118. Pelecorhynchidae	2	49				1	1		
119. 树洞蝇科Periscelididae	18	99	2			3	6	2	
120. Perissommatidae	2	7				1			
121. Phaeomyiidae	2	4	1						
122. 白蛉科Phlebotomidae	60	869	7	18	17	4	27	35	
123. 蚤蝇科Phoridae	365	4 558	24	28	1	5	53	4	
124. 酪蝇科Piophilidae	31	127	14	5		3	12	1	
125. 头蝇科Pipunculidae	47	2 068	16	11	6	12	21	5	
126. 扁足蝇科Platypezidae	37	355	12	4		4	10		
127. Platystomatidae宽口蝇科	190	1 358	2	14	4	27	4		
128. Pseudopomyzidae	1	2					1		

（续表 4-66）

昆虫科名称	属数	种数	各洲属数						
			欧洲	亚洲	非洲	大洋洲	北美洲	南美洲	南极洲
129. 茎蝇科Psilidae	23	373	5	7		1	4	1	
130. 蛾蠓科Psychodidae	158	3 019	24	13	5	13	19	7	1
131. 褶蚊科Ptychopteridae	9	100	1	1	1		3		
132. 蚴蝇科Pyrgotidae	80	456		10	1	7	3		
133. Rangomaramidae	11	32				1			
134. Rhagionemestriidae	1	1			1				
135. 鹬虻科Rhagionidae	65	1 550	6	8	4	4	7	3	
136. 鼻蝇科Rhiniidae	54	527	4	3	6	3			
137. 短角寄蝇科Rhinophoridae	51	254	6	2		1	2		
138. Rhyphidae	1	1	1						
139. 尸蝇科Richardidae	1	283	1	1	1		1	1	
140. 粗股蝇科Richardiidae	47	217	1		1		15	2	
141. Ropalomeridae	8	34					3		
142. Sapromyzidae	4	4	1						
143. 麻蝇科Sarcophagidae	613	4 763	33	81	9	13	64	11	
144. 粪蝇科Scathophagidae	78	604	36	22			29		
145. 粪蚊科Scatopsidae	38	464	16	2	1	2	8		
146. 窗虻科Scenopinidae	31	498	1	4	1	3	6		
147. Sciadoceridae	1	1					1		
148. 眼蕈蚊科Sciaridae	134	2 847	24	22		3	20	1	1
149. 沼蝇科Sciomyzidae	90	756	24	14	3	2	25	4	
150. 鼓翅蝇科Sepsidae	57	435	8	8	1	5	9		
151. 蚋科Simuliidae	159	2 134	35	74	34	27	52	34	
152. Solridae	1	4							
153. Somatiidae	1	7					1	1	
154. Spaniidae	2	2							
155. 水虻科Stratiomyidae	431	2 904	22	39	13	34	68	21	
156. 圆茎蝇科Strongylophthalmyidae	2	12	1			1	1		
157. Syringogastridae	1	10					1	1	
158. 食蚜蝇科Syrphidae	492	8 516	91	109	27	54	116	57	
159. 虻科Tabanidae	293	6 015	12	16	20	24	37	22	
160. 寄蝇科Tachinidae	2 684	13 307	188	262	40	70	282	17	
161. Tachiniscidae	3	3							
162. 颈蠓科Tanyderidae	14	63		1		2	1		
163. 瘦腹蝇科Tanypezidae	9	85	2	2		1	3		
164. 实蝇科Tephritidae	596	4 059	40	119	32	85	54	15	
165. 奇蝇科Teratomyzidae	7	9		1		4	1	1	
166. 岸蝇科Tethinidae	14	95	3	7	8	7	6	2	
167. 奇蚋科Thaumaleidae	12	199	2	1	1	2	3		
168. 剑虻科Therevidae	146	1 348	20	31	30	30	41	28	
169. 大蚊科Tipulidae	117	5 142	13	18	8	16	17	6	1
170. 毫蚊科Trichoceridae	18	203	2	2	1	1	2		
171. 小金蝇科Ulidiidae	144	1 426	19	13	2	4	43	9	
172. Valeseguyidae	1	1							

（续表 4-66）

昆虫科名称	属数	种数	各洲属数						
			欧洲	亚洲	非洲	大洋洲	北美洲	南美洲	南极洲
173. 穴虻科Vermileonidae	14	78	2	2	1				
174. Xenasteiidae	2	15				2			
175. 木虻科Xylomyidae	12	196	2	2	1	1	4		
176. 食木虻科Xylophagidae	20	171	2	2		1	5		
合计	14 002	181 994	2 059	2 628	1 196	1 372	2 630	1 128	14
各洲科数			118	107	81	109	130	82	13

第二节　分布地理及 MSCA 分析
Segment 2　Geographical Distribution and MSCA

双翅目 Diptera 昆虫在 67 个 BGU 都有分布，少于 200 属的 BGU 有 12 个，多于 1 000 属的 BGU 有 8 个，其中除 68 号单元地处热带外，其余都是温带和寒带。平均每个 BGU 有双翅目 Diptera 昆虫 495 属（表 4–67）。

表 4–67　双翅目 Diptera 昆虫在各 BGU 的分布

地理单元	属数	地理单元	属数	地理单元	属数
01 北欧	1 357	28 朝鲜半岛	158	56 新南威尔士	678
02 西欧	1 567	29 日本	587	57 维多利亚	375
03 中欧	1 205	30 喜马拉雅地区	187	58 塔斯马尼亚	225
04 南欧	1 124	31 印度半岛	428	59 新西兰	224
05 东欧	383	32 缅甸地区	269	61 加拿大东部	1 035
06 俄罗斯欧洲部分	509	33 中南半岛	524	62 加拿大西部	1 109
11 中东地区	423	34 菲律宾	342	63 美国东部山区	935
12 阿拉伯沙漠	115	35 印度尼西亚地区	408	64 美国中部平原	676
13 阿拉伯半岛南端	136	41 北非	461	65 美国中部丘陵	470
14 伊朗高原	355	42 西非	277	66 美国西部山区	879
15 中亚地区	446	43 中非	144	67 墨西哥	732
16 西西伯利亚平原	492	44 刚果河流域	229	68 中美地区	1 277
17 东西伯利亚高原	866	45 东北非	168	69 加勒比海岛屿	281
18 乌苏里地区	427	46 东非	382	71 奥里诺科河流域	265
19 蒙古高原	189	47 中南非	365	72 圭亚那高原	189
20 帕米尔高原	178	48 南非	662	73 安第斯山脉北段	531
21 中国东北	634	49 马达加斯加地区	230	74 亚马孙平原	308
22 中国西北	260	50 新几内亚	282	75 巴西高原	413
23 中国青藏高原	328	51 太平洋岛屿	306	76 玻利维亚	142
24 中国西南	581	52 西澳大利亚	241	77 南美温带草原	354
25 中国南部	679	53 北澳大利亚	137	78 安第斯山脉南段	236

（续表 4-67）

地理单元	属数	地理单元	属数	地理单元	属数
26 中国中东部	1 172	54 南澳大利亚	133	合计（属·单元）	3 3145
27 中国台湾	853	55 昆士兰	612	全世界	14 002

14 002 属双翅目 Diptera 昆虫中，有 7 996 属没有分布记录，有分布记录的 6 006 属中，2 076 属是局限于单个 BGU 的特有属，有 13 属分布域在 50 个 BGU 以上，平均每属的分布域为 5.52 个 BGU。

对表 4-67 的分布数据进行 MSCA 分析，结果如图 4-31 所示。总相似性系数为 0.077，在相似性系数为 0.190 的水平时，聚成 7 个大单元群，与鞘翅目 Coleoptera 结果比较，只有 31 号单元从 B 大单元群移到 C 大单元群，其余相同。在相似性系数为 0.270 的水平时，聚成 20 个小单元群，与鞘翅目 Coleoptera 结果比较，各个大、小单元群都已形成，且组成也基本相同，只是个别小单元群的组成单元有所合理地移动。

A 大单元群：由 14 个 BGU 组成，共有双翅目 Diptera 昆虫 2 275 属，其中特有属 564 属，占 24.79%，下辖 3 个小单元群。

a 小单元群：由 01 ～ 06 号 6 个 BGU 组成，共有 2 059 属，其中特有属 410 属，占 19.91%。

b 小单元群：由 11 ～ 13 号、41 号 4 个 BGU 组成，有 572 属，其中特有属 26 属，占 4.55%。

c 小单元群：由 14 号、15 号、20 号、22 号 4 个 BGU 组成，有 591 属，其中特有属 50 属，占 8.46%。

B 大单元群：由 11 个 BGU 组成，共有双翅目 Diptera 昆虫 2 134 属，其中有特有属 497 属，占 23.29%，下辖 3 个小单元群。

d 小单元群：由 16 号、17 号、19 号、21 号 4 个 BGU 组成，有 1 095 属，其中特有属 38 属，占 3.47%。

e 小单元群：由 18、28、29 号 3 个 BGU 组成，有 782 属，其中特有属 134 属，占 17.14%。

f 小单元群：由 23 号、24 号、26 号、27 号 4 个 BGU 组成，有 1 585 属，其中特有属 250 属，占 15.77%。

C 大单元群：由 9 个 BGU 组成，共有双翅目 Diptera 昆虫 1 301 属，其中特有属 233 属，占 17.91%，下辖 3 个小单元群。

g 小单元群：由 25 号、30 ～ 33 号 5 个 BGU 组成，有 984 属，其中特有属 88 属，占 8.94%。

h 小单元群：由 34 号、35 号、50 号 3 个 BGU 组成，有 586 属，其中特有属 67 属，占 11.43%。

i 小单元群：仅 51 号 1 个 BGU，有 306 属，其中特有属 38 属，占 12.42%。

D 大单元群：由 8 个 BGU 组成，共有双翅目 Diptera 昆虫 1 027 属，其中特有属 363 属，占 35.35%，下辖 3 个小单元群。

j 小单元群：由 42 ～ 45 号 4 个 BGU 组成，有 404 属，其中特有属 29 属，占 7.18%。

k 小单元群：由 46 ～ 48 号 3 个 BGU 组成，有 856 属，其中特有属 243 属，占 28.39%。

l 小单元群：仅有 49 号 1 个 BGU，有 230 属，其中特有属 21 属，占 9.13%。

E 大单元群：由 8 个 BGU 组成，共有双翅目 Diptera 昆虫 1 181 属，其中特有属 522 属，占 44.20%，下辖 3 个小单元群。

m 小单元群：由 52 号、54 号 2 个 BGU 组成，有 290 属，其中特有属 26 属，占 8.97%。

n 小单元群：由 53 号、55 ～ 58 号 5 个 BGU 组成，有 1 023 属，其中特有属 316 属，占 30.89%。

o 小单元群：仅 59 号 1 个 BGU，有 224 属，其中特有属 66 属，占 29.46%。

F 大单元群：由 9 个 BGU 组成，共有双翅目 Diptera 昆虫 2 630 属，其中特有属 874 属，占 33.23%，下辖 2 个小单元群。

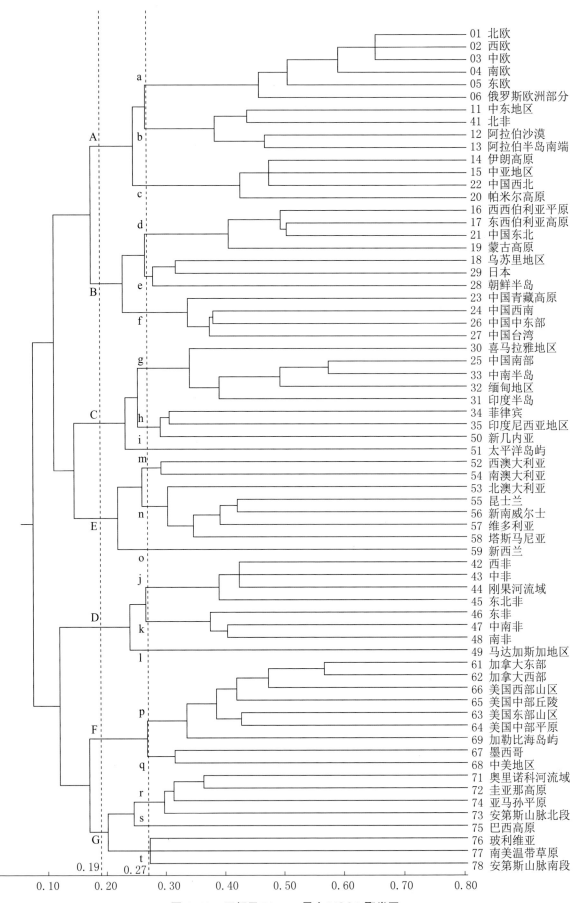

图 4-31　双翅目 Diptera 昆虫 MSCA 聚类图

p 小单元群：由 61 ～ 66 号、69 号 7 个 BGU 组成，有 2 003 属，其中特有属 290 属，占 14.48%。

q 小单元群：由 67 号、68 号 2 个 BGU 组成，有 1 528 属，其中特有属 386 属，占 25.26%。

G 大单元群：由 8 个 BGU 组成，共有双翅目 Diptera 昆虫 1 128 属，其中特有属 325 属，占 28.81%，下辖 3 个小单元群。

r 小单元群：由 71 ～ 74 号 4 个 BGU 组成，有 734 属，其中特有属 78 属，占 10.63%。

s 小单元群：仅有 75 号 1 个 BGU，有 413 属，其中特有属 71 属，占 17.19%。

t 小单元群：由 76 ～ 78 号 3 个 BGU 组成，有 504 属，其中特有属 116 属，占 23.02%。

第三节　吸血性双翅目昆虫
Segment 3　Blood-Sucking Diptera

双翅目 Diptera 昆虫中有一些专门吸取人、哺乳动物、鸟类血液的类群，它们的分布既依赖这些寄主，又能够自由活动。

这些吸血性双翅目 Diptera 昆虫包括蠓科 Ceratopogonidae、蚊科 Culicidae、虱蝇科 Hippoboscidae、白蛉科 Phlebotomidae、蚋科 Simuliidae、虻科 Tabanidae 共 6 科，共计 909 属 19 269 种。这 6 科吸血性昆虫在 6 个大洲都有分布，亚洲、北美洲最多，欧洲最少。

909 属吸血昆虫在 67 个 BGU 的分布普遍而且均匀，超过 100 属的 BGU 有 13 个，少于 30 属的 BGU 有 5 个，平均每个 BGU 有 77 属（表 4–68）。

909 属吸血昆虫中，有 261 属没有分布记录，有 145 属是局限于单个 BGU 的特有属，有 7 个分布最广的属都在 50 个以上 BGU 内，平均每属分布域为 7.94 个 BGU。

吸血性双翅目 Diptera 昆虫的聚类结果如图 4–32 所示。总相似性系数为 0.112，在相似性系数为 0.290 的水平时，聚成 7 个大单元群，与双翅目 Diptera 昆虫整体聚类结果比较，59 号单元从 E 大单元群移到 C 大单元群；67 ～ 69 号单元从 F 大单元群移到 G 大单元群。其余组成相同。

表 4–68　吸血性双翅目 Diptera 昆虫在各 BGU 的分布

地理单元	属数	地理单元	属数	地理单元	属数
01 北欧	61	28 朝鲜半岛	39	56 新南威尔士	83
02 西欧	84	29 日本	89	57 维多利亚	32
03 中欧	81	30 喜马拉雅地区	59	58 塔斯马尼亚	29
04 南欧	81	31 印度半岛	124	59 新西兰	29
05 东欧	53	32 缅甸地区	49	61 加拿大东部	65
06 俄罗斯欧洲部分	53	33 中南半岛	107	62 加拿大西部	73
11 中东地区	68	34 菲律宾	91	63 美国东部山区	118
12 阿拉伯沙漠	45	35 印度尼西亚地区	138	64 美国中部平原	68
13 阿拉伯半岛南端	45	41 北非	75	65 美国中部丘陵	68
14 伊朗高原	66	42 西非	99	66 美国西部山区	97

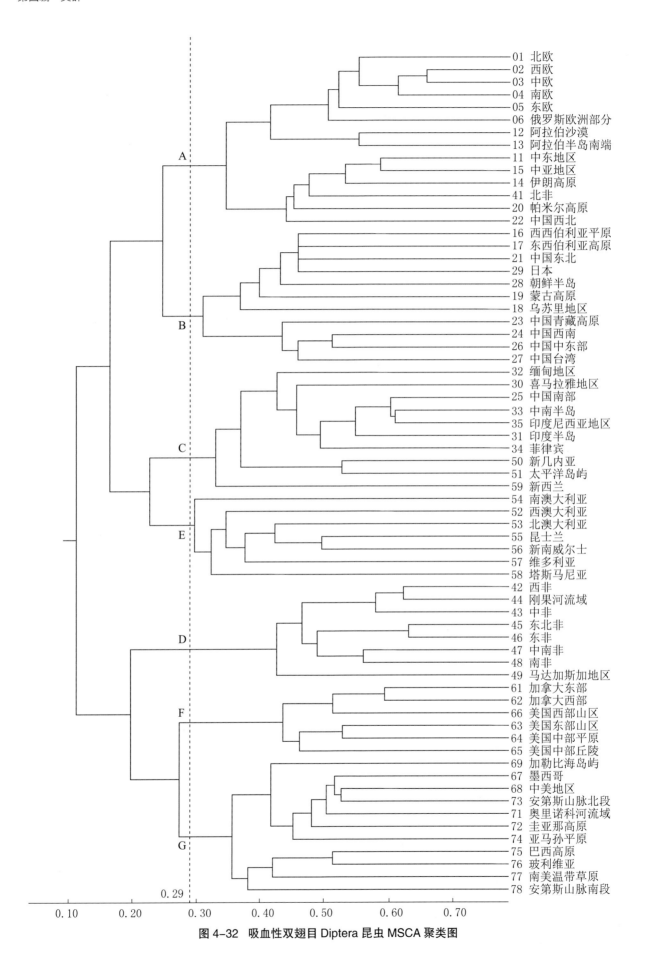

图 4-32 吸血性双翅目 Diptera 昆虫 MSCA 聚类图

（续表 4-68）

地理单元	属数	地理单元	属数	地理单元	属数
15 中亚地区	70	43 中非	62	67 墨西哥	114
16 西西伯利亚平原	59	44 刚果河流域	92	68 中美地区	179
17 东西伯利亚高原	52	45 东北非	62	69 加勒比海岛屿	65
18 乌苏里地区	28	46 东非	84	71 奥里诺科河流域	97
19 蒙古高原	29	47 中南非	95	72 圭亚那高原	95
20 帕米尔高原	55	48 南非	112	73 安第斯山脉北段	165
21 中国东北	83	49 马达加斯加地区	62	74 亚马孙平原	127
22 中国西北	45	50 新几内亚	101	75 巴西高原	88
23 中国青藏高原	51	51 太平洋岛屿	96	76 玻利维亚	88
24 中国西南	81	52 西澳大利亚	35	77 南美温带草原	135
25 中国南部	101	53 北澳大利亚	36	78 安第斯山脉南段	41
26 中国中东部	111	54 南澳大利亚	14	合计（属·单元）	5 146
27 中国台湾	81	55 昆士兰	86	全世界	909

第四节　蜂虻科
Segment 4　Bomybyliidae

蜂虻科 Bomybyliidae 昆虫是双翅目 Diptera 中一个不起眼的小科，只有 239 属 5 498 种。除南极洲外，6 个大洲都有分布，非洲丰富度最高，有 121 属，大洋洲最低，有 43 属。

239 属蜂虻在 67 个 BGU 广泛分布（表 4-69），不足 10 属的 BGU 有 12 个，50 属以上的 BGU 有 9 个，主要分布在地中海周围、中东、非洲南部及北美西部，平均每个 BGU 有蜂虻近 26 属。

239 属蜂虻分布记录完整，有 64 属局限在单个 BGU 内，超过 40 个 BGU 的广布属有 5 个，平均每属分布域为 7.18 个 BGU。

表 4-69　蜂虻科 Bomybyliidae 昆虫在各 BGU 的分布

地理单元	属数	地理单元	属数	地理单元	属数
01 北欧	10	28 朝鲜半岛	6	56 新南威尔士	27
02 西欧	38	29 日本	11	57 维多利亚	13
03 中欧	33	30 喜马拉雅地区	20	58 塔斯马尼亚	9
04 南欧	56	31 印度半岛	34	59 新西兰	2
05 东欧	33	32 缅甸地区	10	61 加拿大东部	19
06 俄罗斯欧洲部分	36	33 中南半岛	12	62 加拿大西部	14
11 中东地区	65	34 菲律宾	9	63 美国东部山区	29
12 阿拉伯沙漠	37	35 印度尼西亚地区	19	64 美国中部平原	25

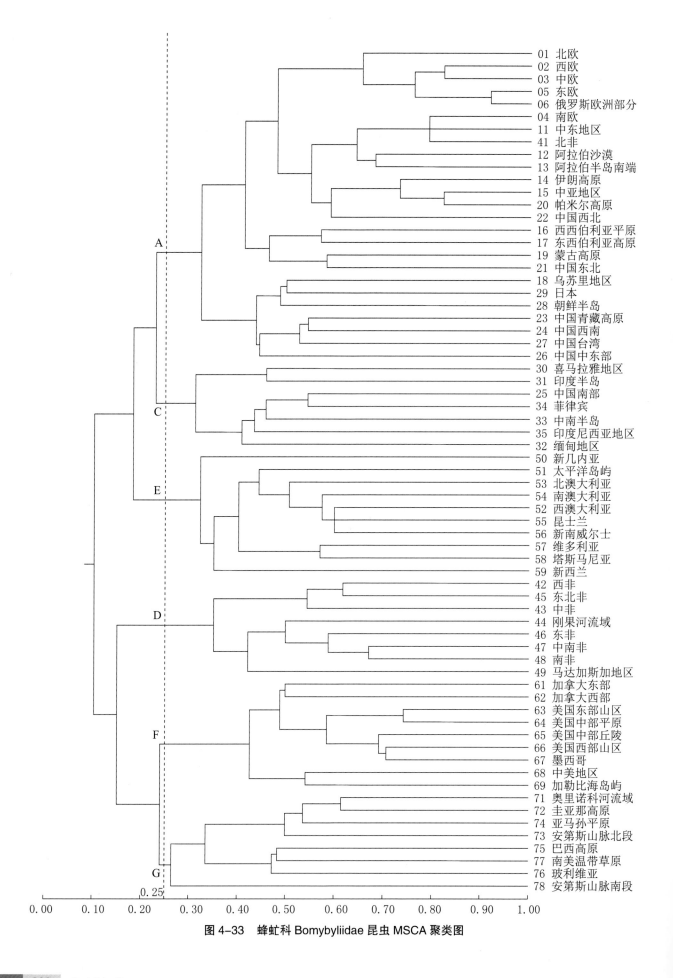

图 4-33　蜂虻科 Bomybyliidae 昆虫 MSCA 聚类图

地理单元	属数	地理单元	属数	地理单元	属数
13 阿拉伯半岛南端	42	41 北非	68	65 美国中部丘陵	43
14 伊朗高原	57	42 西非	40	66 美国西部山区	60
15 中亚地区	56	43 中非	21	67 墨西哥	51
16 西西伯利亚平原	10	44 刚果河流域	22	68 中美地区	22
17 东西伯利亚高原	12	45 东北非	49	69 加勒比海岛屿	15
18 乌苏里地区	7	46 东非	48	71 奥里诺科河流域	12
19 蒙古高原	24	47 中南非	61	72 圭亚那高原	9
20 帕米尔高原	46	48 南非	76	73 安第斯山脉北段	14
21 中国东北	14	49 马达加斯加地区	10	74 亚马孙平原	14
22 中国西北	11	50 新几内亚	3	75 巴西高原	22
23 中国青藏高原	8	51 太平洋岛屿	8	76 玻利维亚	11
24 中国西南	9	52 西澳大利亚	26	77 南美温带草原	24
25 中国南部	8	53 北澳大利亚	13	78 安第斯山脉南段	32
26 中国中东部	16	54 南澳大利亚	17	合计（属·单元）	1 717
27 中国台湾	7	55 昆士兰	32	全世界	239

　　蜂虻科 Bomybyliidae 昆虫的聚类结果如图 4-33 所示。总相似性系数为 0.103，在相似性系数为 0.250 的水平时，聚为 6 个大单元群，与双翅目聚类结果相比，A、B 大单元群没有分开，在相似性系数为 0.250 的水平线前聚在一起，这是由于中国蜂虻种类较少，没有发挥聚集作用所致；50 号、51 号单元从 C 大单元群移到 E 大单元群。其余组成相同。

第二十八章 蚤目

Chapter 28 Order Siphonaptera

蚤目 Siphonaptera 昆虫是一个十分特化的小目，成虫体形小，一般体长 1～3 mm，大者可达 6 mm。体形侧扁色暗，体壁高度几丁质化。口器刺吸式，无翅，胸足发达，适于跳跃。幼虫蛆形，无眼无足，咀嚼式口器，体色黄白并逐渐加深。

蚤目 Siphonaptera 昆虫为两性生殖，完全变态。卵期数天。幼虫期 3 周，共 3 龄，取食有机物粉屑以及成虫的粪便，老熟后结茧化蛹。蛹期一般 1～2 周。成虫出茧后不久，即开始寻觅宿主吸血并繁殖后代。蚤目 Siphonaptera 昆虫宿主是温血动物，主要是哺乳动物，其次为鸟类，个别种类吸食人血。蚤类的宿主范围有宽有窄，更有专性宿主。对宿主的寄生方式有游离型、半固定型，更有潜蚤属 Tunga 的雌蚤终生钻在宿主皮下吸血寄生，只在皮上留一小孔，用以呼吸、排泄和产卵。蚤类的叮刺吸血不仅对人畜造成骚扰与危害，更可怕的是有可能是鼠疫、斑疹、伤寒等重要疾病的传播媒介。

蚤目 Siphonaptera 昆虫起源于 166.1 Ma 前的中生代侏罗纪后期，与长翅目 Mecoptera 关系密切。

第一节 区系组成及特点
Segment 1 Fauna and Character

现生蚤目 Siphonaptera 昆虫共 20 科 241 属 2 099 种，广泛分布于世界 7 个大洲（表 4–70）。除南极洲

表 4–70 蚤目 Siphonaptera 昆虫的区系组成

昆虫科名称	属数	种数	各洲属数						
			欧洲	亚洲	非洲	大洋洲	北美洲	南美洲	南极洲
1. 钩鬃蚤科Ancistropsyllidae	1	3		1					
2. 角叶蚤科Ceratophyllidae	45	428	13	22	3	2	26	2	1
3. 奇蚤科Chimaeropsyllidae	7	29			7				
4. 切唇蚤科Coptopsyllidae	1	19		1					
5. 栉眼蚤科Ctenophthalmidae	39	406	8	16	2	1	21	3	
6. 多毛蚤科Hystrichopsyllidae	6	218	2	2	2		3		
7. 蝠蚤科Ischnopsyllidae	20	126	4	7	7	4	5	1	
8. 细蚤科Leptopsyllidae	31	263	6	20	3	1	6		
9. 柳氏蚤科Liuopisyllidae	1	3		1					
10. Lycopsyllidae	4	8				4			
11. Macropsyllidae	2	3				2			
12. 柔蚤科Malacopsyllidae	2	2						2	
13. 蚤科Pulicidae	22	173	6	9	10	5	8	2	1
14. 臀蚤科Pygiopsyllidae	10	49		1		8		1	1
15. 棒角蚤科Rhopalopsyllidae	10	127	1		1	1	1	6	1
16. 盔冠蚤科Stephanocircidae	9	51				2	1	2	
17. 微棒蚤科Stivaliidae	23	117		6	1	5			
18. 潜蚤科Tungidae	4	24		1	1		1	2	
19. 蠕形蚤科Vermipsyllidae	3	42	1	3			1		
20. 剑鬃蚤科Xiphiopsyllidae	1	8			1				
合计	241	2 099	41	90	38	35	73	21	4
各洲科数			8	13	11	11	10	9	4

有 4 科 4 属分布外, 亚洲丰富度最高, 有 13 科 90 属, 北美洲次之, 有 10 科 73 属, 欧洲、非洲、大洋洲基本一致, 南美洲最少, 有 9 科 21 属。

20 科中, 能够遍布 6 个大洲的有角叶蚤科 Ceratophyllidae、栉眼蚤科 Ctenophthalmidae、蝠蚤科 Ischnopsyllidae、蚤科 Pulicidae 等 4 科, 而钩鬃蚤科 Ancistropsyllidae 等 8 科分别是亚洲、非洲、大洋洲和南美洲的特有科, 其余 8 科分别分布于 3 ~ 5 个大洲内。

第二节　分布地理
Segment 2　Geographical Distribution

蚤目 Siphonaptera 昆虫分布于 67 个 BGU 中的 66 个 (表 4–71), 不足 5 属的 BGU 有 15 个, 主要集中在非洲中北部、澳大利亚西半部及南美洲, 这可能是调查深度不够或分布资料收集有欠完整所致; 30

表 4-71 蚤目 Siphonaptera 昆虫在各 BGU 的分布

地理单元	属数	地理单元	属数	地理单元	属数
01 北欧	21	28 朝鲜半岛	15	56 新南威尔士	14
02 西欧	27	29 日本	26	57 维多利亚	8
03 中欧	26	30 喜马拉雅地区	32	58 塔斯马尼亚	16
04 南欧	25	31 印度半岛	9	59 新西兰	
05 东欧	7	32 缅甸地区	8	61 加拿大东部	13
06 俄罗斯欧洲部分	23	33 中南半岛	9	62 加拿大西部	24
11 中东地区	20	34 菲律宾	4	63 美国东部山区	17
12 阿拉伯沙漠	5	35 印度尼西亚地区	16	64 美国中部平原	6
13 阿拉伯半岛南端	3	41 北非	17	65 美国中部丘陵	23
14 伊朗高原	18	42 西非	2	66 美国西部山区	49
15 中亚地区	30	43 中非	2	67 墨西哥	26
16 西西伯利亚平原	12	44 刚果河流域	4	68 中美地区	11
17 东西伯利亚高原	34	45 东北非	4	69 加勒比海岛屿	1
18 乌苏里地区	10	46 东非	4	71 奥里诺科河流域	6
19 蒙古高原	32	47 中南非	17	72 圭亚那高原	2
20 帕米尔高原	26	48 南非	30	73 安第斯山脉北段	9
21 中国东北	52	49 马达加斯加地区	4	74 亚马孙平原	4
22 中国西北	42	50 新几内亚	5	75 巴西高原	6
23 中国青藏高原	48	51 太平洋岛屿	3	76 玻利维亚	4
24 中国西南	48	52 西澳大利亚	6	77 南美温带草原	7
25 中国南部	21	53 北澳大利亚	1	78 安第斯山脉南段	6
26 中国中东部	60	54 南澳大利亚	1	合计（属·单元）	1 092
27 中国台湾	25	55 昆士兰	6	全世界	241

属及以上的 BGU 有 11 个，主要集中在亚洲，特别是中国。平均每个 BGU 有蚤类近 16 属。

241 属蚤目 Siphonaptera 昆虫中，有 58 属没有分布记录，局限于单个 BGU 的特有属为 56 属，超过 30 个 BGU 的有 3 属，平均每属分布域为 5.97 个 BGU。

对有分布记录的 66 个 BGU 进行分析，聚类结果显示，总相似性系数为 0.086，在相似性系数为 0.200 的水平时，聚成 5 个大单元群（图 4-34），与其他目分析结果比较，A、B、C 三个大单元群没有分开，这显然是中国所属几个 BGU 丰富度较高，发挥了强大的聚集作用所致；原属于 C 大单元群的 50、51 号单元移到 E 大单元群。各大单元群的蚤类区系是：

B 大单元群：包括欧洲、亚洲等共 32 个 BGU，有蚤类 96 属。

D 大单元群：包括除北非以外的非洲 8 个 BGU，有蚤类 34 属。

E 大单元群：包括大洋洲 9 个 BGU，有蚤类 25 属。

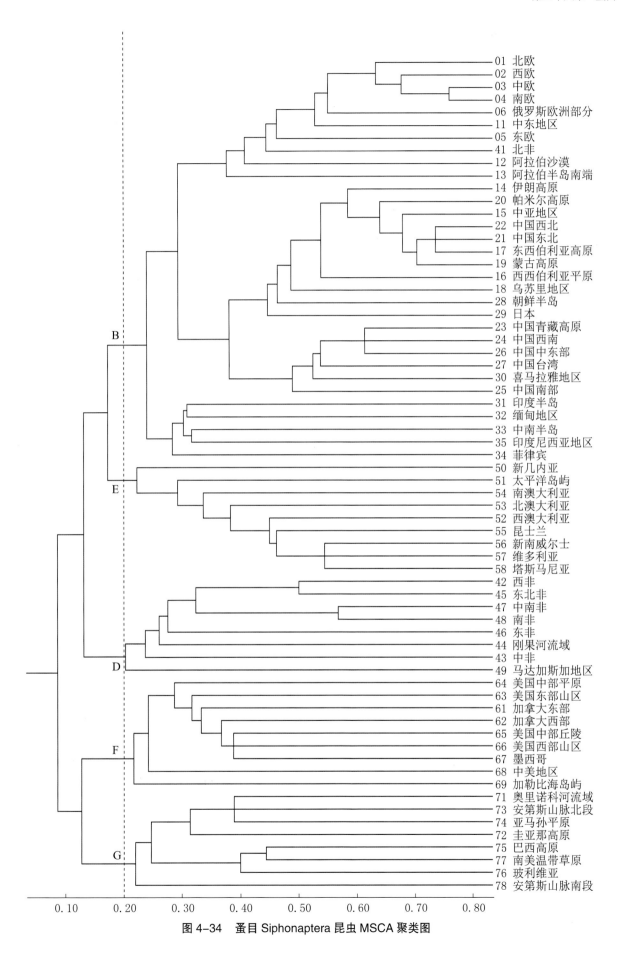

图 4-34　蚤目 Siphonaptera 昆虫 MSCA 聚类图

F 大单元群：包括北美洲 9 个 BGU，有蚤类 73 属。

G 大单元群：包括南美洲 8 个 BGU，有蚤类 21 属。

第二十九章　毛翅目

Chapter 29　Order Trichoptera

毛翅目 Trichoptera 昆虫统称"石蛾"，由于体表及翅面多毛而得名。成虫体长 2 ～ 40 mm，体色较暗，有褐色、黄褐色、灰色等，少有鲜艳者。头小，能自由活动，复眼大而左右远离，单眼 3 只或无，触角丝状多节，口器咀嚼式，但较退化。翅 2 对，有时雌虫无翅，翅脉复杂，足细长，跗节 5 节，爪 1 对，腹部 10 节。幼虫蛃形或亚蠋形，生活于各种清洁淡水水体中，有吐丝器，可吐丝织巢，咀嚼式口器。

毛翅目 Trichoptera 昆虫完全变态，两性生殖。一般 1 年 1 ～ 2 代。成虫昼伏夜出，不取食或仅食植物蜜露，飞翔能力较弱，多在水体附近活动。幼虫植食性、腐食性或捕食性，也常被鱼类或其他水生节肢动物取食。在淡水生态系统中有重要作用。

毛翅目 Trichoptera 昆虫起源于 279.3 Ma 前的古生代二叠纪中期，与鳞翅目 Lepidoptera 关系密切。

第一节　区系组成及特点
Segment 1　Fauna and Character

毛翅目 Trichoptera 昆虫全球共 46 科 658 属 14 229 种，遍及世界 7 个大洲（表 4–72）。除南极洲分布有 2 科 3 属外，以亚洲丰富度最高，有 29 科 256 属，北美洲次之，有 30 科 204 属，非洲最少，有 25 科 100 属。

46 个科中，能够遍及 6 个大洲的有沼石蛾科 Phryganeidae、小石蛾科 Hydroptilidae、长角石蛾科 Leptoceridae 等 9 科。准石蛾科 Limnocentropodiae、拟石蛾科 Phryganopsychidae 等 12 科是局限于单个洲内的特有科，其中亚洲 2 个，非洲 4 个，大洋洲 5 个，北美洲 1 个。其余 25 科分别分布在 2～5 个大洲内。

表 4-72　毛翅目 Trichoptera 昆虫的区系组成

昆虫科名称	属数	种数	各洲属数						
			欧洲	亚洲	非洲	大洋洲	北美洲	南美洲	南极洲
1. Anomalopsychidae	2	26					1	2	
2. Antipodoeciidae	3	14			1	2	1	1	
3. 幻沼石蛾科 Apataniidae	20	193	2	16			5	1	
4. 弓石蛾科 Arctopsychidae	2	25	1	2			1		
5. Atriplectididae	4	6			2	1		1	
6. Barbarochthonidae	1	1			1				
7. 贝石蛾科 Beraeidae	8	69	5	5	2		1	1	
8. 短石蛾科 Brachycentridae	12	106	3	8			8		
9. 枝石蛾科 Calamoceratidae	12	179	1	7	2	1	4	3	
10. Calocidae	7	23				7			
11. Chathamiidae	2	5				2			
12. Conoesucidae	12	42				12			
13. 畸距石蛾科 Dipseudopsidae	6	116		4	4	1	1		
14. 径石蛾科 Ecnomidae	9	460	1	2	2	7	1	2	
15. 舌石蛾科 Glossosomatidae	28	646	5	12	2	2	11	8	
16. 瘤石蛾科 Goeridae	12	173	5	8	1	1	4		
17. Helicophidae	9	43				4	1	5	
18. 钩翅石蛾科 Helicopsychidae	8	266		3	1	2	2	2	
19. 螯石蛾科 Hydrobiosidae	51	398		2		28	2	22	
20. 纹石蛾科 Hydropsychidae	45	1 772	5	20	16	13	19	10	
21. 小石蛾科 Hydroptilidae	82	2 060	13	31	18	23	37	35	1
22. Hydrosalpingidae	1	1			1				
23. Kokiriidae	7	18				6		1	
24. 鳞石蛾科 Lepidostomatidae	6	452	2	4	1	1	2		
25. 长角石蛾科 Leptoceridae	47	2 031	11	18	17	16	12	14	2
26. 沼石蛾科 Limnephilidae	92	855	43	37	4	1	35	7	
27. 准石蛾科 Limnocentropodiae	1	16		1					
28. 细翅石蛾科 Molannidae	3	43	1	3			1		
29. 齿角石蛾科 Odontoceridae	11	140	1	4		2	6	2	
30. Oeconesidae	6	18				6			
31. Petrothrincidae	1	14			1				
32. 等翅石蛾科 Philopotamidae	19	1 107	2	9	4	6	7	6	
33. Philorheithridae	9	30			1	6		2	

（续表 4-72）

昆虫科名称	属数	种数	各洲属数						
			欧洲	亚洲	非洲	大洋洲	北美洲	南美洲	南极洲
34. 石蛾科Phryganeidae	14	92	7	8			9		
35. 拟石蛾科Phryganopsychidae	1	8		1					
36. Pisuliidae	2	16			2				
37. Plectrotarsidae	3	5				3			
38. 多距石蛾科Polycentropodidae	21	930	6	13	7	8	7	5	
39. 蝶石蛾科Psychomyiidae	8	507	5	7	3	2	4		
40. 原石蛾科Rhyacophilidae	4	788	1	4		1	2		
41. Rossianidae	2	2					2		
42. 毛石蛾科Sericostomatidae	20	105	4	7	5		4	4	
43. 角石蛾科Stenopsychidae	3	93		1	1	1		1	
44. Tasimiidae	4	9				2		2	
45. 乌石蛾科Uenoidae	7	82	1	3			5		
46. 剑石蛾科Xiphocentronidae	12	152			4	1	7	5	
未细分	19	92	2	12			2	2	3
合计	658	14 229	127	256	100	169	204	145	3
各洲科数			22	29	25	29	30	24	2

第二节　分布地理及 MSCA 分析
Segment 2　Geographical Distribution and MSCA

毛翅目 Trichoptera 昆虫在 67 个 BGU 中都有一定数量的分布记录，不足 20 属的 BGU 有 6 个，超过 70 属的 BGU 有 12 个，平均每个 BGU 有毛翅目 Trichoptera 昆虫 49 属（表 4-73）。

表 4-73　毛翅目 Trichoptera 昆虫在各 BGU 的分布

地理单元	属数	地理单元	属数	地理单元	属数
01 北欧	71	28 朝鲜半岛	35	56 新南威尔士	62
02 西欧	54	29 日本	105	57 维多利亚	66
03 中欧	79	30 喜马拉雅地区	78	58 塔斯马尼亚	71
04 南欧	84	31 印度半岛	109	59 新西兰	50
05 东欧	58	32 缅甸地区	60	61 加拿大东部	55
06 俄罗斯欧洲部分	39	33 中南半岛	118	62 加拿大西部	29
11 中东地区	68	34 菲律宾	50	63 美国东部山区	64
12 阿拉伯沙漠	17	35 印度尼西亚地区	90	64 美国中部平原	19
13 阿拉伯半岛南端	25	41 北非	31	65 美国中部丘陵	43

（续表 4-73）

地理单元	属数	地理单元	属数	地理单元	属数
14 伊朗高原	51	42 西非	51	66 美国西部山区	75
15 中亚地区	28	43 中非	21	67 墨西哥	61
16 西西伯利亚平原	13	44 刚果河流域	49	68 中美地区	58
17 东西伯利亚高原	71	45 东北非	22	69 加勒比海岛屿	41
18 乌苏里地区	63	46 东非	40	71 奥里诺科河流域	53
19 蒙古高原	37	47 中南非	24	72 圭亚那高原	29
20 帕米尔高原	14	48 南非	39	73 安第斯山脉北段	61
21 中国东北	8	49 马达加斯加地区	42	74 亚马孙平原	47
22 中国西北	19	50 新几内亚	41	75 巴西高原	35
23 中国青藏高原	23	51 太平洋岛屿	27	76 玻利维亚	18
24 中国西南	54	52 西澳大利亚	30	77 南美温带草原	60
25 中国南部	66	53 北澳大利亚	22	78 安第斯山脉南段	60
26 中国中东部	81	54 南澳大利亚	25	合计（属·单元）	3 287
27 中国台湾	36	55 昆士兰	62	全世界	658

658 属石蛾中，有 3 属没有分布记录，有分布记录的 655 属中，256 属是局限于单个 BGU 的特有属，分布域超过 40 个 BGU 的有 4 属，平均每属的分布域为 5.02 个 BGU，具备进行 MSCA 分析的条件。

对表 4-73 数据进行 MSCA 分析，67 个 BGU 的总相似性系数为 0.069（图 4-35），在相似性系数为 0.190 的水平时聚为 7 个大单元群，与已分析过的各目相比，各大单元群的组成，除 30 号单元从 B 大单元群移到 C 大单元群外，其余完全相同。各大单元群的毛翅目 Trichoptera 昆虫区系情况是：

A 大单元群：包括 14 个 BGU，共有石蛾 160 属，其中特有属 58 属，占 36.25%。

B 大单元群：包括 11 个 BGU，共有石蛾 168 属，其中特有属 27 属，占 16.07%。

C 大单元群：包括 9 个 BGU，共有石蛾 180 属，其中特有属 54 属，占 30.00%。

D 大单元群：包括 8 个 BGU，共有石蛾 92 属，其中特有属 35 属，占 38.04%。

E 大单元群：包括 8 个 BGU，共有石蛾 145 属，其中特有属 103 属，占 71.03%。

F 大单元群：包括 9 个 BGU，共有石蛾 204 属，其中特有属 76 属，占 37.25%。

G 大单元群：包括 8 个 BGU，共有石蛾 145 属，其中特有属 79 属，占 54.48%。

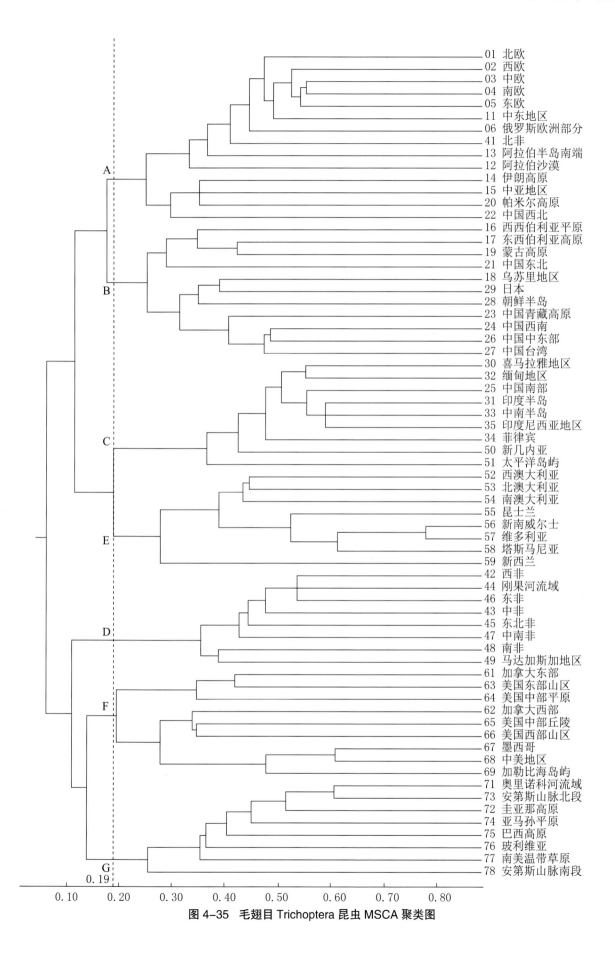

图 4-35　毛翅目 Trichoptera 昆虫 MSCA 聚类图

第三十章　鳞翅目

Chapter 30　Order Lepidoptera

鳞翅目 Lepidoptera 昆虫是昆虫纲 Insecta 中仅次于鞘翅目 Coleoptera 的第二大目，包括蛾、蝶两类。成虫身体小型到大型，翅展从 4 mm 到 300 mm。身体及两翅密布鳞片。头部复眼发达，圆形或卵形，只有 2 只侧单眼，缺中单眼，触角蝶类均为球杆状，蛾类有丝状、锯齿状、栉齿状、羽毛状，口器虹吸式，个别类群退化。胸部 2 对膜质翅上鳞片密疏有别，翅面具各自色彩和斑纹。幼虫蠋形，口器咀嚼式，腹足具趾钩。蛹一般为被蛹，蛾类蛹多有茧或壳包被，蝶类则多为裸蛹。

鳞翅目 Lepidoptera 昆虫完全变态，两性生殖。化性不一，从 1 年多代到多年 1 代。成虫一般取食花蜜或蜜露，产卵量多少不等，散产或堆产在寄主上或寄主附近。幼虫多为植食性，也有少数类群为腐食性、粪食性、肉食性、菌食性等。

鳞翅目 Lepidoptera 昆虫起源于 247.2 Ma 前的中生代三叠纪初期，和毛翅目 Trichoptera 关系密切。

第一节　区系组成及特点
Segment 1　Fauna and Character

鳞翅目 Lepidoptera 昆虫全世界共 144 科 18 051 属 238 948 种，广布于世界 7 个大洲（表 4–74）。除南极洲分布有 5 科 6 属外，亚洲丰富度最高，有 92 科 4 856 属；北美洲次之，有 98 科 3 590 属；欧洲最少，有 88 科 1 627 属。

　　144 个科中，有 10 个小科没有分布记录，有 28 科是局限于单个大洲内的特有科，其中大洋洲 9 个，欧洲、北美洲各 7 个，亚洲 3 个，非洲 2 个。有 34 科遍布 6 个大洲，其余 72 科分别分布于 2～5 个大洲内。

表 4-74　鳞翅目 Lepidoptera 昆虫的区系组成

昆虫科名称	属数	种数	各洲属数						
			欧洲	亚洲	非洲	大洋洲	北美洲	南美洲	南极洲
1. 棘翅蛾科Acanthopterotectidae	2	4					1		
2. 邻菜蛾科Acrolepiidae	3	95	2	3	1		1		
3. 长角蛾科Adelidae	13	278	3	3	1	1	3		
4. 端蛾科Acrlophidae	5	287					4		
5. Aganaidae	3	3		1		1			
6. 颚蛾科Agathiphagidae	1	2				1			
7. 椰子蛾科Agonoxenidae	20	101	2			1			
8. Aididae	2	7					1		
9. 翼蛾科Alucitidae	11	192	2	2	1	1	1		
10. Amphsbatidae	1	2							
11. Anomoeotidae	6	63							
12. Anomosetidae	1	1							
13. 斑带蛾科Apatelodidae	1	14					1	1	
14. 灯蛾科Arctiidae	1 110	14 373	36	168	47	76	284	133	
15. 银蛾科Argyresthiidae	1	190	1	1			1		
16. Arrhenophanidae	6	11					1	1	
17. 澳蛾科Authelidae	10	159				8			
18. Autostichidae	5	28	1				1		
19. 欧蛾科Axiidae	2	16	1						
20. Batrachedridae	1	131	1			1	1		
21. Bedelliidae	1	19	1	1		1	1		
22. 遮颜蛾科Blastobasidae	28	363	5	3	2	1	6		
23. 蚕蛾科Bombycidae	52	482	1	13	2	1	14	14	
24. 短透蛾科Brachodidae	14	160		3		5	1		
25. 笋纹蛾科Brahmaeidae	7	52	1	3					
26. 颊蛾科Buccullatricidae	2	263	1			1	1	1	
27. 锚纹蛾科Callidulidae	13	79		8				1	
28. 蛀果蛾科Carposinidae	33	328	1	6		5	2	1	
29. 茂蛾科Carthaeidae	1	1				1			
30. 蝶蛾科Castniidae	35	346	1				1	9	2
31. 瘿蛾科Cecidosidae	5	18							
32. Chimabachidae	1	7	1						
33. 舞蛾科Choreutidae	19	450	5	3		5	9	1	
34. 金蛾科Chrysopolomidae	3	17			2				
35. Cimeliidae	1	8	1						
36. 鞘蛾科Coleophoridae	24	1 164	4	5		1	4	2	
37. 粪蛾科Copromorphidae	21	64	1	1		2	2		
38. 尖蛾科Cosmopterigidae	149	2 079	12	16	1	14	9		
39. 木蠹蛾科Cossidae	131	1 384	9	15	6	8	16	6	
40. 草螟科Crambidae	965	13 782	81	270	48	182	252	20	
41. Crinopterygidae	1	1	1						

（续表 4-74）

昆虫科名称	属数	种数	各洲属数						
			欧洲	亚洲	非洲	大洋洲	北美洲	南美洲	南极洲
42. Ctenuchidae	1	1	1	1	1	1			
43. 蚁蛾科 Cyclotornidae	1	5				1			
44. 亮蛾科 Dalceridae	15	81			1	1	4	1	1
45. 橶蛾科 Dioptidae	4	4					1		
46. Doidae	2	8					2		
47. 蕾蛾科 Douglasiidae	4	35	2	1		1	1		
48. 钩蛾科 Drepanidae	120	1 261	10	71	6	3	8	2	
49. 伪木蠹蛾科 Dudgeoneidae	1	8				1			
50. 小潜蛾科 Elachistidae	50	1 507	17	4	1	4	11		
51. 桦蛾科 Endromidae	1	7	1	1					
52. 邻蛾科 Epermeniidae	16	132	4	2		4	2		
53. Epiplemidae	1	2			1		1		
54. Erebidae	32	1 485	28	27	7	5	9		
55. 凤蛾科 Epicopeiidae	10	85	3	5					
56. 绵蛾科 Eriocottidae	7	92				2			
57. 毛顶蛾科 Eriocraniidae	10	40	5	2			4		
58. 寄蛾科 Epipyropidae	11	41		2			1	1	
59. 紫草蛾科 Ethmiidae	6	351	1	1	1	1	3		
60. 带蛾科 Eupterotidae	56	615		8	4	4	1		
61. Galacticidae	2	21			1	1	1	1	
62. 麦蛾科 Gelechiidae	548	6 044	80	79	7	58	66	4	
63. 尺蛾科 Geometridae	2 006	37 616	234	644	334	311	383	268	1
64. 雕蛾科 Glyphipterigidae	36	558	6	7	1	3	4	1	
65. 细蛾科 Gracillariidae	98	1 806	24	60	49	35	28	11	
66. 广蝶科 Hedylidae	1	53					1	1	
67. 日蛾科 Heliozelidae	14	131	4				2	3	
68. 举肢蛾科 Heliodinidae	65	142	1	5			3	2	
69. 蝙蝠蛾科 Hepialidae	77	883	5	9	1	13	6	5	
70. 弄蝶科 Hesperiidae	506	7 515	13	87	58	38	215	238	
71. Heterobathmiidae	1	2							
72. 丑蛾科 Heyerogynidae	3	12	1		1				
73. 带翅蛾科 Himantopteridae	5	63			1	2			
74. Holcopogonidae	9	47	1						
75. 驼蛾科 Hyblaeidae	2	53			1	1	1	1	
76. 伊蛾科 Immidae	10	249		4			3		
77. 穿孔蛾科 Incurvariidae	15	330	6	1			2	7	
78. Lacturidae	3	148					3	1	
79. 枯叶蛾科 Lasiocampidae	199	2 651	15	42	25	14	17	6	
80. 祝蛾科 Lecithoceridae	109	904	3	50			4		
81. 刺蛾科 Limacodidae	288	1 757	3	64	20	17	32	10	
82. 冠顶蛾科 Lophocoronidae	1	3				1			
83. 灰蝶科 Lycaenidae	507	12 913	43	179	101	66	81	54	
84. 毒蛾科 Lymantriidae	256	4 212	16	55	24	20	12	2	
85. 潜蛾科 Lyonetiidae	29	209	3	2			1	2	
86. Lypusidae	3	22	3						

（续表 4-74）

昆虫科名称	属数	种数	各洲属数						
			欧洲	亚洲	非洲	大洋洲	北美洲	南美洲	南极洲
87. 绒蛾科Megalopygidae	23	299					11	2	
88. 梯翅蛾科Metachandidae	2	60		1					
89. 拟木蠹蛾科Metarbelidae	2	22		1	1				
90. 小翅蛾科Micropterigidae	12	178	1	4		1	1		
91. 栎蛾科Mimallonidae	27	336					13	10	
92. 扇鳞蛾科Mnesarchaeidae	2	8		1		1			
93. Momphidae	15	195	3	1	1	2	3		
94. 蛉蛾科Neopseustidae	5	13		2				1	
95. Neotheoridae	1	1							
96. 微蛾科Nepticulidae	25	894	9	5	2	1	5		
97. Nirinidae	1	2		1					
98. 夜蛾科Noctuidae	3 331	26 994	352	1 401	985	607	894	674	2
99. 瘤蛾科Nolidae	206	2 954	11	63	19	47	17	4	
100. 舟蛾科Notodontidae	754	5 655	28	150	20	40	123	15	
101. 蛱蝶科Nymphalidae	600	24 441	64	186	107	72	181	239	1
102. 织蛾科Oecophoridae	874	8 447	30	42	3	340	39	4	
103. Oenosandridae	2	9				2			
104. 茎潜蛾科Opostegidae	3	111	2	1		1	2	1	
105. Oxytenidae	3	3					1	1	
106. 原蝠蛾科Palaeosetidae	4	6		1					
107. 古发蛾科Palaephatidae	5	14				1	1	1	
108. 凤蝶科Papilionidae	39	672	7	25	4	6	12	12	
109. Peleopodidae	1	6	1	1			1		
110. Phaudidae	1	1				1			
111. 粉蝶科Pieridae	100	6 657	12	39	25	14	41	39	
112. 菜蛾科Plutellidae	61	411	4	4	1	11	5	1	
113. 白巢蛾科Praydidae	2	43	2	1	1	1	1		
114. 丝兰蛾科Prodoxidae	10	42					6		
115. Prototheoridae	2	16							
116. 蓑蛾科Psychidae	234	1 272	49	113	76	46	23	14	
117. Pterolonchidae	2	12	1						
118. 羽蛾科Pterophoridae	94	1 590	29	42	20	18	21	2	
119. 螟蛾科Pyralidae	1 138	8 550	92	170	21	136	175	9	
120. 蚬蝶科Riodinidae	138	2 537	2	9	1	1	61	88	
121. 玫蛾科Roeslerstammiidae	15	50	1	1			2		
122. 大蚕蛾科Satumiidae	170	3 552	8	21	28	5	44	57	
123. Schreckensteiniidae	4	14	1	1			1	1	
124. 绢蛾科Scythrididae	16	630	2	2		2	2		
125. 锤角蛾科Sematuridae	6	68					4	2	
126. 透翅蛾科Sesiidae	154	1 584	10	29	8	6	16	1	
127. Simaethistidae	2	4							
128. Somabrachyidae	3	35							
129. 天蛾科Sphingidae	202	1 492	12	58	11	24	48	31	
130. Stathmopodidae	1	233	1	1	1	1	1		
131. 狭蛾科Stennmatidae	1	1					1		

（续表 4-74）

昆虫科名称	属数	种数	各洲属数						
			欧洲	亚洲	非洲	大洋洲	北美洲	南美洲	南极洲
132. Symmocidae	49	324	6				3		
133. 网蛾科Thyrididae	100	1 129	1	21	7	13	23	2	
134. 谷蛾科Tineidae	344	2 580	34	40	1	27	30	5	1
135. 窄翅蛾科Tineodidae	11	21				4			
136. 冠潜蛾科Tischeriidae	2	105	2	2			2		
137. 卷蛾科Tortricidae	992	8 477	120	385	195	295	211	233	
138. 燕蛾科Uraniidae	101	959		18	6	15	12	10	
139. Urodidae	5	62	1				2		
140. Whalleyanidae	1	2							
141. 木蛾科Xyloryctidae	5	10		1		1	1		
142. 巢蛾科Yponomeutidae	128	543	13	17	1	15	8		
143. Ypsolophidae	5	64	2	1			2		
144. 斑蛾科Zygaenidae	164	3 430	6	51	7	9	7	1	
合计	18 051	238 948	1 627	4 856	2 311	2 710	3 590	2 245	6
各洲科数			88	92	59	91	98	52	5

第二节　分布地理及 MSCA 分析
Segment 2　Geographical Distribution and MSCA

鳞翅目 Lepidoptera 昆虫在 67 个 BGU 都有分布。超过 1 000 属的有 16 个 BGU，少于 300 属的有 8 个 BGU，平均每个 BGU 有鳞翅目 Lepidoptera 昆虫 767 属（表 4-75）。

18 051 属鳞翅目 Lepidoptera 昆虫中，有 6 370 属没有分布记录，有分布记录的 11 681 属中，局限于单个 BGU 的特有属有 3 996 属，在 50 个以上 BGU 分布的有 12 个属，平均每属分布域为 4.40 个 BGU。

表 4-75 鳞翅目 Lepidoptera 昆虫在各 BGU 的分布

地理单元	属数	地理单元	属数	地理单元	属数
01 北欧	835	28 朝鲜半岛	279	56 新南威尔士	1 150
02 西欧	937	29 日本	1 215	57 维多利亚	782
03 中欧	1 136	30 喜马拉雅地区	975	58 塔斯马尼亚	403
04 南欧	1 343	31 印度半岛	1 231	59 新西兰	210
05 东欧	524	32 缅甸地区	559	61 加拿大东部	657
06 俄罗斯欧洲部分	549	33 中南半岛	776	62 加拿大西部	723
11 中东地区	693	34 菲律宾	572	63 美国东部山区	963
12 阿拉伯沙漠	172	35 印度尼西亚地区	1 301	64 美国中部平原	676
13 阿拉伯半岛南端	195	41 北非	506	65 美国中部丘陵	625
14 伊朗高原	502	42 西非	715	66 美国西部山区	1 116
15 中亚地区	429	43 中非	337	67 墨西哥	1 747
16 西西伯利亚平原	328	44 刚果河流域	488	68 中美地区	1 828

（续表 4–75）

地理单元	属数	地理单元	属数	地理单元	属数
17 东西伯利亚高原	706	45 东北非	246	69 加勒比海岛屿	434
18 乌苏里地区	731	46 东非	834	71 奥里诺科河流域	403
19 蒙古高原	212	47 中南非	713	72 圭亚那高原	500
20 帕米尔高原	163	48 南非	917	73 安第斯山脉北段	1 347
21 中国东北	881	49 马达加斯加地区	670	74 亚马孙平原	870
22 中国西北	379	50 新几内亚	792	75 巴西高原	1 073
23 中国青藏高原	629	51 太平洋岛屿	352	76 玻利维亚	431
24 中国西南	1 357	52 西澳大利亚	607	77 南美温带草原	311
25 中国南部	1 739	53 北澳大利亚	523	78 安第斯山脉南段	173
26 中国中东部	2 253	54 南澳大利亚	329	合计（属·单元）	51 422
27 中国台湾	1 925	55 昆士兰	1 445	全世界	18 051

对表 4–75 的数据进行 MSCA 分析，聚类结果如图 4–36 所示，67 个 BGU 的总相似性系数为 0.061，在相似性系数为 0.200 的水平时，聚成 7 个大单元群，与鞘翅目 Coleoptera 相比，各大单元群构成基本相同，只是 25 号与 31 号 BGU 互换了所在大单元群的位置。在相似性系数为 0.260 的水平时，聚为 18 个小单元群。与鞘翅目 Coleoptera 结果相比较，b 小单元群没有聚成，而是先后聚在 a 小单元群内，e、f 小单元群虽然聚成，但提前在水平线前相聚，其余差别不大。各单元群的鳞翅目 Lepidoptera 昆虫类群如下。

A 大单元群：由 14 个 BGU 组成，共有鳞翅目 Lepidoptera 昆虫 2 100 属，其中特有属 645 属，占 30.71%，下辖 2 个小单元群。

a 小单元群：由 01～06 号以及 11～14 号、41 号 11 个 BGU 组成，共有 1 995 属，其中特有属 553 属，占 27.72%。

c 小单元群：由 15 号、20 号、22 号 3 个 BGU 组成，有 620 属，其中特有属 41 属，占 6.61%。

B 大单元群：由 12 个 BGU 组成，共有鳞翅目 Lepidoptera 昆虫 3 660 属，其中特有属 1 256 属，占 34.32%，下辖 2 个小单元群。

d 小单元群：由 16 号、17 号、19 号、21 号 4 个 BGU 组成，有 1 145 属，其中特有属 25 属，占 2.18%。

f 小单元群：由 18 号、23～29 号 8 个 BGU 组成，有 3 551 属，其中特有属 1 022 属，占 28.78%。

C 大单元群：由 8 个 BGU 组成，共有鳞翅目 Lepidoptera 昆虫 2 744 属，其中有特有属 749 属，占 27.30%，下辖 3 个小单元群。

g 小单元群：由 30～33 号 4 个 BGU 组成，有 1 997 属，其中特有属 203 属，占 10.17%。

h 小单元群：由 34 号、35 号、50 号 3 个 BGU 组成，有 1 689 属，其中特有属 357 属，占 21.14%。

i 小单元群：仅有 51 号 1 个 BGU，有 352 属，其中特有属 45 属，占 12.78%。

D 大单元群：由 8 个 BGU 组成，共有鳞翅目 Lepidoptera 昆虫 2 033 属，其中特有属 1 161 属，占 57.11%，下辖 3 个小单元群。

j 小单元群：由 42～44 号 3 个 BGU 组成，有 976 属，其中特有属 232 属，占 23.77%。

k 小单元群：由 45～48 号 4 个 BGU 组成，有 1 426 属，其中特有属 437 属，占 30.65%。

l 小单元群：仅有 49 号 1 个 BGU，有 670 属，其中特有属 177 属，占 26.42%。

E 大单元群：由 8 个 BGU 组成，共有鳞翅目 Lepidoptera 昆虫 2 250 属，其中特有属 1 252 属，占 55.64%，下辖 3 个小单元群。

m 小单元群：由 52～54 号 3 个 BGU 组成，有 957 属，其中特有属 88 属，占 9.20%。

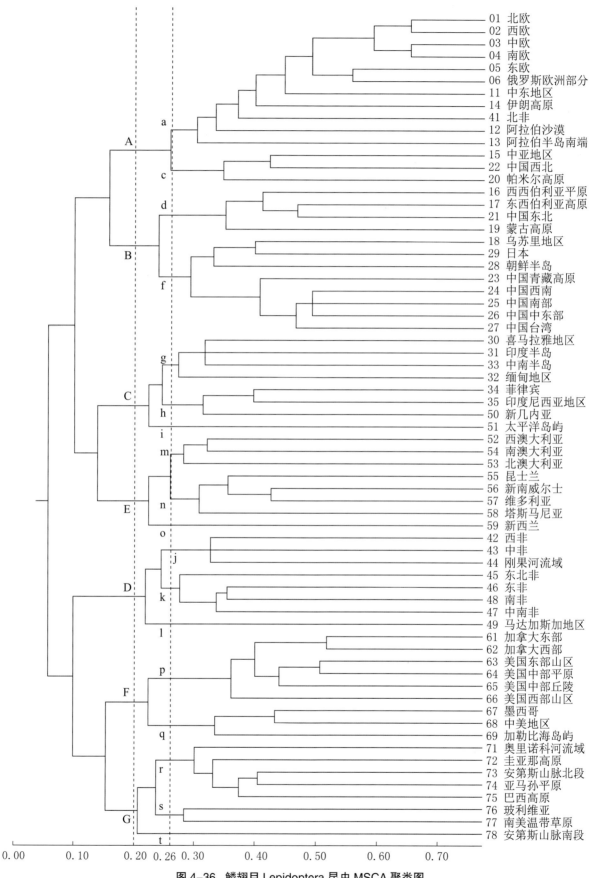

图 4-36 鳞翅目 Lepidoptera 昆虫 MSCA 聚类图

n 小单元群：由 55 ～ 58 号 4 个 BGU 组成，有 2 025 属，其中特有属 666 属，占 32.89%。

o 小单元群：仅有 59 号 1 个 BGU，有 210 属，其中特有属 71 属，占 33.81%。

F 大单元群：由 9 个 BGU 组成，共有鳞翅目 Lepidoptera 昆虫 3 590 属，其中特有属 1 597 属，占 44.48%，下辖 2 个小单元群。

p 小单元群：由 61 ～ 66 号 6 个 BGU 组成，有 1 806 属，其中特有属 510 属，占 28.24%。

q 小单元群：由 67 ～ 69 号 3 个 BGU 组成，有 2 597 属，其中特有属 797 属，占 30.69%。

G 大单元群：由 8 个 BGU 组成，共有鳞翅目 Lepidoptera 昆虫 2 245 属，其中特有属 843 属，占 37.55%，下辖 3 个小单元群。

r 小单元群：由 71 ～ 75 号 5 个 BGU 组成，有 2 053 属，其中特有属 605 属，占 29.47%。

s 小单元群：由 76 号、77 号 2 个 BGU 组成，有 591 属，其中特有属 56 属，占 9.48%。

t 小单元群：仅有 78 号 1 个 BGU，有 173 属，其中特有属 69 属，占 39.88%。

第三节　尺蛾科
Segment 3　Geometridae

尺蛾科 Geometridae 是鳞翅目 Lepidoptera 的大科之一。成虫小到大型，通常中型大小，身体细长，无单眼，喙发达。翅宽，少数种类雌蛾翅退化或消失。幼虫俗名尺蠖，身体细长，通常腹部只有第 6 节与第 10 节具腹足，爬行时一曲一伸，静止时仅靠腹足固定，身体昂起，似发叉的枝条。幼虫寄主植物广泛，不少种类是林木、果树害虫。

世界尺蛾科 Geometridae 有 2 006 属 37 616 种，广泛分布于 7 个大洲。南极洲只有 1 属，亚洲丰富度最高，有 644 属；欧洲最少，有 234 属。

尺蛾在 67 个 BGU 的分布广泛且较均匀，200 属以上的 BGU 有 5 个，主要集中在东亚；不足 20 属的 BGU 有 4 个，平均每个 BGU 有尺蛾 107 属（表 4–76）。

2 006 属中，有 579 属没有分布记录，有 389 属是局限于单个 BGU 的特有属，而分布于 40 个以上 BGU 的有 6 属，平均每属的分布域为 5.03 个 BGU。

表 4–76　尺蛾科 Geometridae 昆虫在各 BGU 的分布

地理单元	属数	地理单元	属数	地理单元	属数
01 北欧	145	28 朝鲜半岛	15	56 新南威尔士	148
02 西欧	144	29 日本	228	57 维多利亚	114
03 中欧	177	30 喜马拉雅地区	171	58 塔斯马尼亚	84
04 南欧	225	31 印度半岛	81	59 新西兰	32
05 东欧	85	32 缅甸地区	53	61 加拿大东部	97
06 俄罗斯欧洲部分	110	33 中南半岛	125	62 加拿大西部	124
11 中东地区	135	34 菲律宾	101	63 美国东部山区	101
12 阿拉伯沙漠	20	35 印度尼西亚地区	118	64 美国中部平原	79

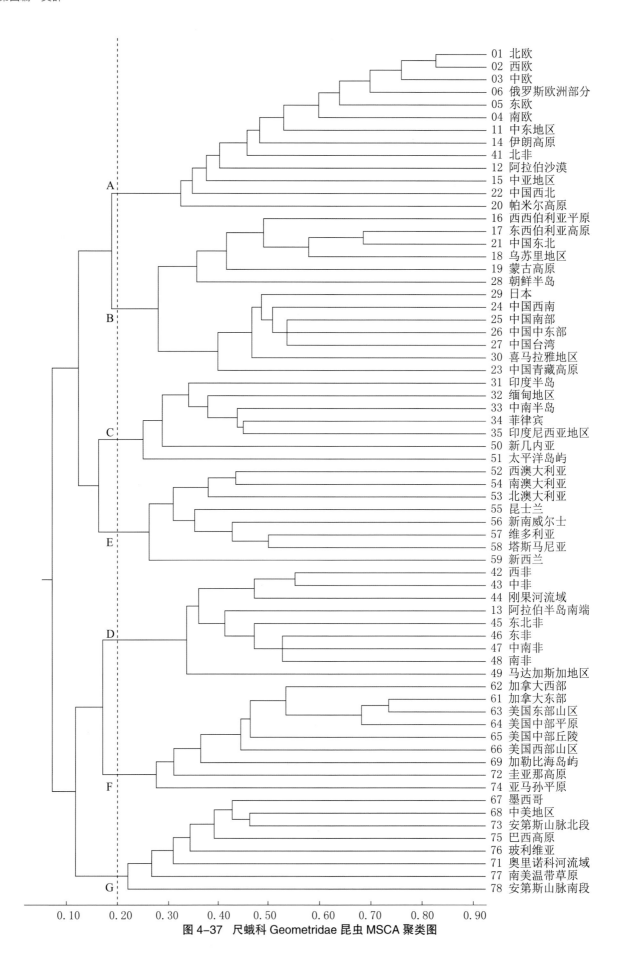

图 4-37 尺蛾科 Geometridae 昆虫 MSCA 聚类图

地理单元	属数	地理单元	属数	地理单元	属数
13 阿拉伯半岛南端	76	41 北非	80	65 美国中部丘陵	58
14 伊朗高原	89	42 西非	110	66 美国西部山区	90
15 中亚地区	58	43 中非	67	67 墨西哥	185
16 西西伯利亚平原	41	44 刚果河流域	112	68 中美地区	200
17 东西伯利亚高原	133	45 东北非	88	69 加勒比海岛屿	50
18 乌苏里地区	119	46 东非	161	71 奥里诺科河流域	52
19 蒙古高原	42	47 中南非	133	72 圭亚那高原	28
20 帕米尔高原	14	48 南非	160	73 安第斯山脉北段	176
21 中国东北	152	49 马达加斯加地区	78	74 亚马孙平原	10
22 中国西北	24	50 新几内亚	42	75 巴西高原	118
23 中国青藏高原	59	51 太平洋岛屿	6	76 玻利维亚	65
24 中国西南	188	52 西澳大利亚	100	77 南美温带草原	5
25 中国南部	274	53 北澳大利亚	59	78 安第斯山脉南段	65
26 中国中东部	347	54 南澳大利亚	65	合计（属·单元）	7 184
27 中国台湾	329	55 昆士兰	164	全世界	2 006

对表4-76的数据进行MSCA分析，聚类结果如图4-39所示，总相似性系数为0.071，在相似性系数为0.200的水平时，聚为7个大单元群，与鳞翅目Lepidoptera结果比较，25号、30号单元都在B大单元群内；13号单元从A大单元群移到D大单元群；67号、68号与72号、74号单元互换原来所在位置，其余保持不动。各大单元群的尺蛾区系是：

A大单元群：包括13个BGU，共有尺蛾293属，其中特有属80属，占27.30%。

B大单元群：包括13个BGU，共有尺蛾541属，其中特有属203属，占37.52%。

C大单元群：包括7个BGU，共有尺蛾231属，其中特有属12属，占5.19%。

D大单元群：包括9个BGU，共有尺蛾296属，其中特有属158属，占53.38%。

E大单元群：包括8个BGU，共有尺蛾303属，其中特有属189属，占62.38%。

F大单元群：包括9个BGU，共有尺蛾224属，其中特有属59属，占26.34%。

G大单元群：包括8个BGU，共有尺蛾379属，其中特有属231属，占60.95%。

第四节 夜蛾科
Segment 4 Noctuidae

夜蛾科Noctuidae是鳞翅目Lepidoptera中最大的科，共有3 331属26 994种。成虫中至大型，体色多灰暗，喙发达，下唇须前伸或上举。多有单眼，触角多线形或锯齿形，幼虫身体常有纵条纹，有完整的腹足，趾钩多为单序。多植食性，不少种类为农林业重要害虫。

夜蛾科Noctuidae昆虫广布世界7个大洲，但南极洲只有2属的记录。其余6个大洲中，亚洲丰富度最高，有 1 401 属；非洲次之，有 985 属；欧洲最少，有 352 属。

夜蛾科 Noctuidae 分布记录较为完整全面（表 4–77），67 个 BGU 中，超过 300 属的 BGU 有 16 个，不足 100 属的有 14 个，平均每个 BGU 有夜蛾 207 属。

3 331 属夜蛾中，有 38 属没有分布记录。有分布记录的 3 293 属中，局限于单个 BGU 的有 1 426 属，而分布域超过 50 个 BGU 的有 5 属，平均每属分布域为 4.21 个 BGU。

表 4–77 夜蛾科 Noctuidae 昆虫在各 BGU 的分布

地理单元	属数	地理单元	属数	地理单元	属数
01 北欧	88	28 朝鲜半岛	90	56 新南威尔士	191
02 西欧	146	29 日本	310	57 维多利亚	111
03 中欧	188	30 喜马拉雅地区	429	58 塔斯马尼亚	51
04 南欧	204	31 印度半岛	571	59 新西兰	36
05 东欧	77	32 缅甸地区	260	61 加拿大东部	109
06 俄罗斯欧洲部分	79	33 中南半岛	327	62 加拿大西部	104
11 中东地区	197	34 菲律宾	148	63 美国东部山区	273
12 阿拉伯沙漠	80	35 印度尼西亚地区	515	64 美国中部平原	121
13 阿拉伯半岛南端	49	41 北非	184	65 美国中部丘陵	144
14 伊朗高原	173	42 西非	347	66 美国西部山区	389
15 中亚地区	143	43 中非	154	67 墨西哥	314
16 西西伯利亚平原	100	44 刚果河流域	169	68 中美地区	327
17 东西伯利亚高原	98	45 东北非	92	69 加勒比海岛屿	230
18 乌苏里地区	193	46 东非	384	71 奥里诺科河流域	128
19 蒙古高原	69	47 中南非	288	72 圭亚那高原	249
20 帕米尔高原	69	48 南非	387	73 安第斯山脉北段	286
21 中国东北	184	49 马达加斯加地区	345	74 亚马孙平原	264
22 中国西北	160	50 新几内亚	343	75 巴西高原	212
23 中国青藏高原	239	51 太平洋岛屿	155	76 玻利维亚	134
24 中国西南	377	52 西澳大利亚	65	77 南美温带草原	175
25 中国南部	227	53 北澳大利亚	114	78 安第斯山脉南段	53
26 中国中东部	380	54 南澳大利亚	112	合计（属·单元）	13 867
27 中国台湾	358	55 昆士兰	299	全世界	3 331

对夜蛾科 Noctuidae 昆虫的分布数据进行 MSCA 分析，聚类结果如图 4–38 所示，总相似性系数为 0.056，在相似性系数为 0.180 的水平时，聚为 7 个大单元群，各个大单元群的组成，与鞘翅目 Coleoptera 聚类结果相同，与鳞翅目 Lepidoptera 整体结果相比，25 号、30 号单元没有发生移位，其余也都相同。各大单元群的夜蛾区系是：

A 大单元群：包括 14 个 BGU，共有夜蛾 602 属，其中特有属 225 属，占 37.38%。

B 大单元群：包括 12 个 BGU，共有夜蛾 874 属，其中特有属 220 属，占 25.17%。

C 大单元群：包括 8 个 BGU，共有夜蛾 972 属，其中特有属 344 属，占 35.39%。

D 大单元群：包括 8 个 BGU，共有夜蛾 875 属，其中特有属 506 属，占 57.83%。

E 大单元群：包括 8 个 BGU，共有夜蛾 390 属，其中特有属 147 属，占 37.69%。

F 大单元群：包括 9 个 BGU，共有夜蛾 894 属，其中特有属 419 属，占 46.87%。

G 大单元群：包括 8 个 BGU，共有夜蛾 674 属，其中特有属 295 属，占 43.77%。

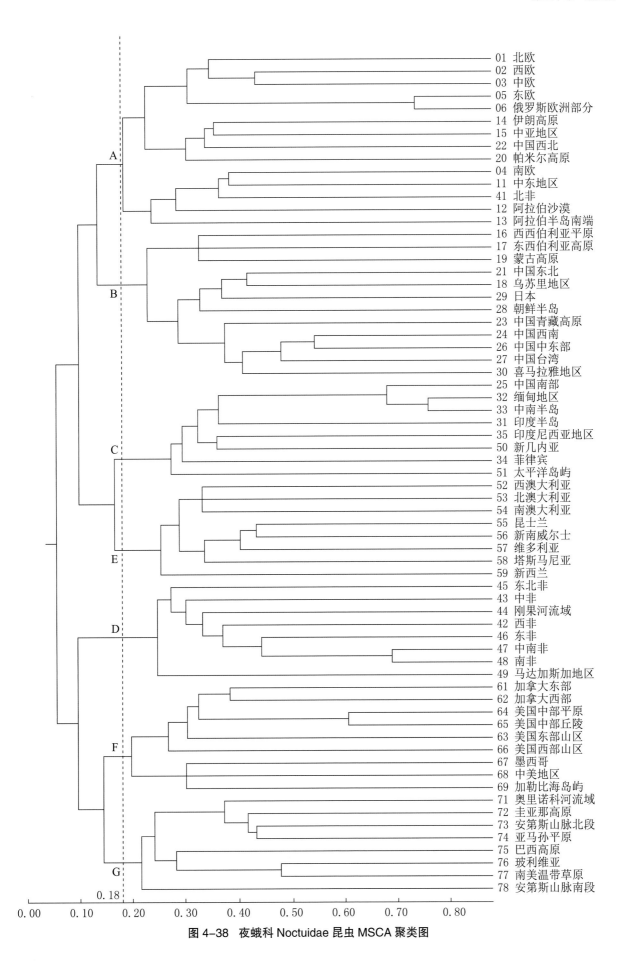

图 4-38　夜蛾科 Noctuidae 昆虫 MSCA 聚类图

第五节 蝶类
Segment 5 Butterflies

蝶类是人们熟悉的昆虫类群，它们因鲜艳的色彩、美丽的斑纹及妙曼的舞姿深受人们的喜爱。全世界蝶类共有 7 科 1 891 属 54 788 种，分布于除南极洲以外的 6 个大洲。7 科中，除广蝶科仅分布于西半球外，其余 6 科均广布于 6 个大洲。以南美洲丰富度最高，有 671 属；北美洲次之，有 592 属；欧洲最少，有 141 属。

1 891 属在 67 个 BGU 都有分布（表 4–78），超过 200 属的有 8 个 BGU，主要集中在热带地区，不足 30 属的有 6 个 BGU。平均每个 BGU 有蝶类 124 属。

表 4–78　蝶类昆虫在各 BGU 的分布

地理单元	属数	地理单元	属数	地理单元	属数
01 北欧	67	28 朝鲜半岛	40	56 新南威尔士	95
02 西欧	78	29 日本	109	57 维多利亚	67
03 中欧	112	30 喜马拉雅地区	105	58 塔斯马尼亚	38
04 南欧	125	31 印度半岛	172	59 新西兰	12
05 东欧	71	32 缅甸地区	121	61 加拿大东部	70
06 俄罗斯欧洲部分	57	33 中南半岛	72	62 加拿大西部	88
11 中东地区	103	34 菲律宾	123	63 美国东部山区	126
12 阿拉伯沙漠	14	35 印度尼西亚地区	243	64 美国中部平原	105
13 阿拉伯半岛南端	25	41 北非	59	65 美国中部丘陵	127
14 伊朗高原	95	42 西非	141	66 美国西部山区	140
15 中亚地区	81	43 中非	58	67 墨西哥	441
16 西西伯利亚平原	49	44 刚果河流域	78	68 中美地区	442
17 东西伯利亚高原	90	45 东北非	23	69 加勒比海岛屿	57
18 乌苏里地区	67	46 东非	116	71 奥里诺科河流域	146
19 蒙古高原	44	47 中南非	134	72 圭亚那高原	171
20 帕米尔高原	21	48 南非	149	73 安第斯山脉北段	567
21 中国东北	137	49 马达加斯加地区	81	74 亚马孙平原	439
22 中国西北	79	50 新几内亚	123	75 巴西高原	418
23 中国青藏高原	90	51 太平洋岛屿	61	76 玻利维亚	74
24 中国西南	163	52 西澳大利亚	39	77 南美温带草原	65
25 中国南部	284	53 北澳大利亚	71	78 安第斯山脉南段	15
26 中国中东部	307	54 南澳大利亚	32	合计（属·单元）	8 313
27 中国台湾	182	55 昆士兰	119	全世界	1 891

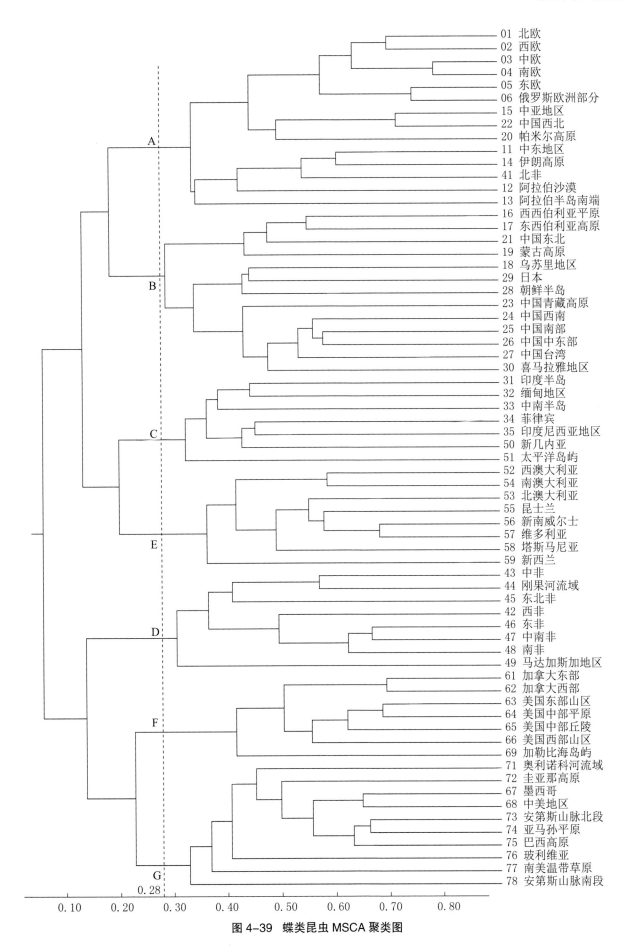

图 4-39 蝶类昆虫 MSCA 聚类图

1 891 属中，有 360 属没有分布记录，有 314 属是局限于单个 BGU 的特有属，分布域超过 50 个 BGU 的广布属有 4 个。平均每属分布域为 5.43 个 BGU。

对表 4–78 蝶类昆虫在各 BGU 的分布数据进行 MSCA 分析，聚类结果见图 4–39 所示，总相似性系数为 0.078，在相似性系数为 0.280 的水平时，各个 BGU 聚为 7 个大单元群。与鳞翅目 Lepidoptera 结果比较，30 号单元仍留在 B 大单元群；67 号、68 号单元从 F 大单元群移到 G 大单元群。各个大单元群的蝶类区系状况是：

A 大单元群：包括 14 个 BGU，共有蝶类 195 属，其中特有属 40 属，占 20.51%。

B 大单元群：包括 13 个 BGU，共有蝶类 419 属，其中特有属 102 属，占 24.34%。

C 大单元群：包括 7 个 BGU，共有蝶类 342 属，其中特有属 72 属，占 21.05%。

D 大单元群：包括 8 个 BGU，共有蝶类 267 属，其中特有属 164 属，占 61.42%。

E 大单元群：包括 8 个 BGU，共有蝶类 148 属，其中特有属 46 属，占 31.08%。

F 大单元群：包括 7 个 BGU，共有蝶类 220 属，其中特有属 23 属，占 10.45%。

G 大单元群：包括 10 个 BGU，共有蝶类 775 属，其中特有属 575 属，占 74.19%。

第三十一章　膜翅目

Chapter 31　Order Hymenoptera

膜翅目 Hymenoptera 昆虫包括蜂类和蚁类，是昆虫纲 Insecta 中大目之一，也是昆虫中进化程度最高的类群。膜翅目 Hymenoptera 昆虫成虫体形大小悬殊，从微小型到中型。头部的 1 对复眼发达，单眼 3 只。触角柄节粗大，梗节较小，鞭节形状各异，长短悬殊。口器咀嚼式，下口式。胸部具膜质透明翅 2 对，前大后小，以翅钩连接，有翅痣，翅脉趋于简单。腹部 10 节。

膜翅目 Hymenoptera 包括广腰亚目 Symphyta、细腰亚目 Apocrita。该目昆虫生活习性复杂，成虫大多白天活动，少数种类在夜间活动，有趋光性。广腰亚目 Symphyta 昆虫多植食性，不少种类是林木或果树的害虫。细腰亚目 Apocrita 昆虫根据雌虫产卵器的特征分为针尾部 Aculeata 和寄生部 Parasitica；针尾部昆虫主要为肉食性，也有取食花蜜、蜜露或植食性的；寄生部昆虫取食蜜露或寄主伤口处的分泌物，多数为寄生性昆虫，寄生方式各异，有单期寄生和跨期寄生，有抑性寄生和容性寄生，有原寄生、重寄生和盗寄生。社会性的进化是膜翅目的重要特性，一些具有筑巢习性的蜂类和蚁类，成员间具有明显不同的分工。

膜翅目 Hymenoptera 昆虫虽然有一些农林业生产上的害虫，但寄生性或捕食性种类是可供农林业生产利用的重要天敌类群，还有的是植物的传粉者。蜜蜂的养殖早已成为重要产业，用于食品、医疗保健、化工等。

第一节　区系组成及特点
Segment 1　Fauna and Character

　　膜翅目 Hymenoptera 昆虫起源于 237.0 Ma 前的中生代三叠纪中早期，目前世界共有 105 科 8 764 属 127 064 种，广布于世界 7 大洲（表 4–79）。除南极洲有 2 科 2 属的记录外，北美洲丰富度最高，有 87 科 2 182 属；亚洲次之，有 80 科 2 055 属；非洲最少，有 70 科 975 属。

　　105 个科中，除 2 科没有分布记录外，有 11 科是局限于单个大洲内的特有科，其中大洋洲 5 个，南美洲和欧洲各 2 个，亚洲和北美洲各 1 个。有 50 个科遍及 6 个大洲，其余 42 个科分别分布于 2～5 个大洲内。

表 4–79　膜翅目 Hymenoptera 昆虫的区系组成

昆虫科名称	属数	种数	各洲属数						
			欧洲	亚洲	非洲	大洋洲	北美洲	南美洲	南极洲
1. 榕小蜂科 Agaonidae	97	709	2	9	32	11	8	1	
2. 长背泥蜂科 Ampulicidae	6	206	2	5	4	3	5	2	
3. 杉树蜂科 Anaxyelidae	1	1		1			1		
4. 地蜂科 Andrenidae	46	2 886	9	13	13	2	12	27	
5. 条蜂科 Anthophoridae	1	3			1	1	1		
6. 蚜小蜂科 Aphelinidae	56	1 194	13	22	7	18	11	5	
7. 蜜蜂科 Apidae	191	5 711	28	48	44	19	94	127	
8. 三节叶蜂科 Argidae	17	206	3	14	1		5	1	
9. 举腹蜂科 Aulacidae	5	190	2	2		1	1	1	
10. 澳细蜂科 Austroniidae	1	3				1			
11. 肿腿蜂科 Bethylidae	50	245	11	11	9	11	15	10	
12. 茸蜂科 Blasticotomidae	4	11	1	2					
13. 茧蜂科 Braconidae	1 186	18 703	150	235	59	93	270	98	
14. 笨蜂科 Bradynobaenidae	3	15		2	2		1		
15. 茎蜂科 Cephidae	24	64	4	17	1		3		
16. 分盾细蜂科 Ceraphronidae	18	305	3	4	2	2	3	2	
17. 小蜂科 Chalcididae	147	1 415	11	22	7	14	17	11	
18. 长背瘿蜂科 Charipidae	2	90	2	1	2	2	2	2	
19. 青蜂科 Chrysididae	51	353	17	16	13	6	13	2	
20. 锤角叶蜂科 Cimbicidae	11	64	6	11	1		4		
21. 分舌蜂科 Colletidae	73	2 531	2	5	4	28	11	39	
22. 方头泥蜂科 Crabronidae	247	7 154	50	56	64	33	95	56	
23. 瘿蜂科 Cynipidae	89	364	27	10	2	1	28	2	
24. 锤角细蜂科 Diapriidae	132	877	31	12	12	18	29	12	
25. 松树蜂科 Diprionidae	8	45	6	8			4		
26. 螯蜂科 Dryinidae	48	244	12	15	9	7	9	7	

昆虫科名称	属数	种数	各洲属数						
			欧洲	亚洲	非洲	大洋洲	北美洲	南美洲	南极洲
27. 扁股小蜂科Elasmidae	2	195		2	1	1	1	1	
28. 犁头蜂科Embolemidae	1	7	1	1	1	1	1	1	
29. 跳小蜂科Encyrtidae	539	3 937	52	106	9	88	86	39	
30. 蚁小蜂科Eucharitidae	83	440	1	1	4	11	7	1	
31. 隆背瘿蜂科Eucoilidae	16	31		6	1		4	2	
32. 姬小蜂科Eulophidae	419	4 732	57	48	12	60	90	13	
33. 蜾蠃科Eumenidae	239	4 044	34	68	61	26	40	38	
34. 旋小蜂科Eupelmidae	59	815	10	9	6	14	16	3	
35. 广肩小蜂科Eurytomidae	98	1 317	7	11	1	11	21	5	
36. 旗腹蜂科Evanidae	34	475	2	4	4	3	8	5	
37. 环腹瘿蜂科Figitidae	65	362	27	14	12	8	25	16	1
38. 蚁科Formicidae	306	12 413	49	141	111	114	101	108	1
39. 褶翅蜂科Gastoruptiidae	3	250	1	1	1	3	1	1	
40. 隧蜂科Halictidae	77	4 402	13	26	21	10	38	48	
41. 柄腹细蜂科Heloridae	1	7	1	1		1	1	1	
42. Heterogynaidae	1	8		1	1				
43. 枝跗瘿蜂科Ibaliidae	3	19	1	2		1	1		
44. 姬蜂科Ichneumonidae	1 754	24 426	466	448	89	75	505	87	
45. Iscopinidae	1	4	1						
46. 小唇沙蜂科Larridae	1	1					1		
47. 褶翅小蜂科Leucospidae	4	132	1	1	2	1	1	2	
48. 光翅瘿蜂科Liopteridae	1	2		1	1	1	1	1	
49. Loboscelidiidae	2	6							
50. Maamingidae	1	2				1			
51. 棒角蜂科Masaridae	17	1 223	6	7	5	1	3	4	
52. 切叶蜂科Megachilidae	76	3 894	27	46	49	8	27	20	
53. 广背蜂科Megalodontesidae	1	22	1	1					
54. 长尾姬蜂科Megalyridae	5	32	1		1	1			
55. 大痣细蜂科Megaspilidae	14	306	5	1	3	2	5	2	
56. 准蜂科Melittidae	15	187	3	4	14		3	1	
57. 单刺蚁蜂科Methocidae	1	2		1	1				
58. 纤细蜂科Monomachidae	1	3				1	1	1	
59. 蚁蜂科Mutillidae	97	329	14	26	17	1	22	12	
60. 缨小蜂科Mymaridae	129	1 207	10	19	7	18	19	11	
61. 异卵蜂科Mymarommatidae	2	15	1				1	1	
62. Myrmosidae	1	3	1	1	1		1		
63. 角胸泥蜂科Nyssonidae	1	1				1	1	1	
64. 刻腹小蜂科Ormyridae	3	126	1	1	1	1	1	1	
65. 伏牛蜂科Orussidae	8	17	1			2	2		
66. Oxaeidae	1	1						1	
67. 扁叶蜂科Pamphiliidae	14	71	5	7			6		

（续表 4–79）

昆虫科名称	属数	种数	各洲属数						
			欧洲	亚洲	非洲	大洋洲	北美洲	南美洲	南极洲
68. 长腹细蜂科 Pelecinidae	1	1				1	1	1	
69. 短柄泥蜂科 Pemphredonidae	1	2					1	1	
70. 优细蜂科 Peradeniidae	1	2				1			
71. 筒腹叶蜂科 Pergidae	26	36			1	10	3	6	
72. 巨胸小蜂科 Perilampidae	20	253	2	4	3	5	4	1	
73. 广腹细蜂科 Platygastridae	86	1 460	17	16	16	16	28	26	
74. 毛角土蜂科 Plumariidae	1	23						1	
75. 蛛蜂科 Pompilidae	230	2 812	31	54	64	24	42	40	
76. 细蜂科 Proctotrupidae	30	129	11	17	1	4	10	2	
77. 金小蜂科 Pteromalidae	743	3 478	135	102	17	107	136	19	
78. 蠊蜂科 Rhopalosomatidae	4	71			1	1	3	3	
79. 窄腹细蜂科 Roproniidae	2	13		2			1		
80. 多节小蜂科 Rotoitidae	2	2							
81. 寡毛土蜂科 Sapygidae	3	10	3	1			1		
82. 缘腹细蜂科 Scelionidae	193	2 575	28	70	63	64	53	52	
83. 短节蜂科 Sclerogibbidae	4	7		1		1	1	1	
84. 菱板蜂科 Scolebythidae	2	2				1	1		
85. 土蜂科 Scoliidae	20	99	3	9	7	4	4	2	
86. 瘤角蜂科 Sierolomorphidae	1	11				1	1		
87. 棒小蜂科 Signiphoridae	4	72	2	2	1	2	2	1	
88. 树蜂科 Siricidae	7	52	4	6	1	1	5		
89. 泥蜂科 Sphecidae	55	638	9	13	11	7	15	12	
90. 钝舌蜂科 Stenotritidae	2	21				2			
91. 锤腹蜂科 Stephanidae	10	35	1	3	1	2	2	2	
92. 长斑小蜂科 Tanaostigmatidae	10	89					1	3	
93. 叶蜂科 Tenthredinidae	274	2 039	102	118	9	2	99	9	
94. 四节小蜂科 Tetracampidae	16	58	5	1	1	2			
95. 膨腹土蜂科 Thynnidae	3	3				1			
96. 钩土蜂科 Tiphiidae	59	167	6	8	4	26	13	4	
97. 长尾小蜂科 Torymidae	90	961	14	11	21	19	20	4	
98. 赤眼蜂科 Trichogrammatidae	102	857	9	42	10	31	8	8	
99. 钩腹蜂科 Trigonalidae	2	3	1						
100. Trigonalyidae	13	32		1	1	1	7		
101. 短翅泥蜂科 Trypoxylidae	1	1		1					
102. 离颚细蜂科 Vanhorniidae	2	3	1	1			1		
103. 胡蜂科 Vespidae	119	1 948	13	21	15	9	28	25	
104. 长颈树蜂科 Xiphydriidae	9	27	1			2	2	1	
105. 长节蜂科 Xyelidae	6	17	2	3			4		
合计	8 764	127 064	1 592	2 055	975	1 084	2 182	1 052	2
各洲科数			74	80	70	76	87	68	2

第二节　分布地理及 MSCA 分析
Segment 2　Geographical Distribution and MSCA

膜翅目 Hymenoptera 昆虫在 67 个 BGU 中都有分布（表 4–80），超过 800 属的 BGU 有 7 个，主要集中在欧洲、中国、北美洲的 BGU，而不足 100 属的有 10 个 BGU，平均每个 BGU 有近 388 属。

8 764 属膜翅目 Hymenoptera 昆虫中，有 4 203 属没有分布记录，有 1 409 属是局限于单个 BGU 内的特有属，1 708 属分布到 2 ～ 5 个 BGU，755 属分布到 6 ～ 10 个 BGU，598 属分布到 11 ～ 30 个 BGU，其余 91 属分布域在 30 个以上 BGU，平均每属的分布域为 5.69 个 BGU。

对表 4–80 的数据进行 MSCA 分析，聚类结果见图 4–40 所示，67 个 BGU 的总相似性系数为 0.080，在相似性系数为 0.180 的水平时，各个 BGU 聚成 7 个大单元群，与鞘翅目 Coleoptera 聚类结果比较，除 30 号单元从 B 大单元群移到 C 大单元群外，其余完全相同。在相似性系数为 0.300 的水平时，聚为 20 个小单元群，与鞘翅目 Coleoptera 结果比较，各个小单元群的组成基本相同，只有个别小单元群的组成

表 4–80　膜翅目 Hymenoptera 昆虫在各 BGU 的分布

地理单元	属数	地理单元	属数	地理单元	属数
01 北欧	713	28 朝鲜半岛	159	56 新南威尔士	430
02 西欧	924	29 日本	352	57 维多利亚	231
03 中欧	798	30 喜马拉雅地区	67	58 塔斯马尼亚	82
04 南欧	1 254	31 印度半岛	268	59 新西兰	142
05 东欧	113	32 缅甸地区	211	61 加拿大东部	530
06 俄罗斯欧洲部分	98	33 中南半岛	512	62 加拿大西部	706
11 中东地区	292	34 菲律宾	138	63 美国东部山区	1008
12 阿拉伯沙漠	86	35 印度尼西亚地区	384	64 美国中部平原	993
13 阿拉伯半岛南端	83	41 北非	269	65 美国中部丘陵	561
14 伊朗高原	179	42 西非	210	66 美国西部山区	765
15 中亚地区	183	43 中非	85	67 墨西哥	1117
16 西西伯利亚平原	48	44 刚果河流域	214	68 中美地区	1097
17 东西伯利亚高原	389	45 东北非	71	69 加勒比海岛屿	215
18 乌苏里地区	265	46 东非	362	71 奥里诺科河流域	296
19 蒙古高原	65	47 中南非	334	72 圭亚那高原	184
20 帕米尔高原	90	48 南非	510	73 安第斯山脉北段	641
21 中国东北	482	49 马达加斯加地区	349	74 亚马孙平原	418
22 中国西北	128	50 新几内亚	155	75 巴西高原	458
23 中国青藏高原	138	51 太平洋岛屿	188	76 玻利维亚	219

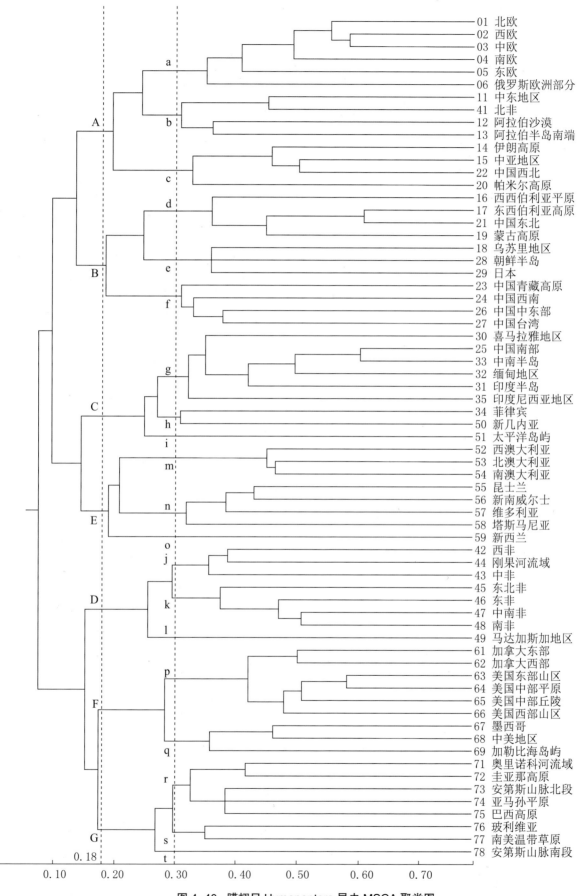

图 4-40 膜翅目 Hymenoptera 昆虫 MSCA 聚类图

（续表 4–80）

地理单元	属数	地理单元	属数	地理单元	属数
24 中国西南	310	52 西澳大利亚	188	77 南美温带草原	376
25 中国南部	661	53 北澳大利亚	194	78 安第斯山脉南段	154
26 中国中东部	1197	54 南澳大利亚	153	合计（属·单元）	25944
27 中国台湾	795	55 昆士兰	657	全世界	8764

在合理的前提下有所移动。各个大、小单元群的组成及其膜翅目 Hymenoptera 昆虫区系如下：

A 大单元群：由 14 个 BGU 组成，共有膜翅目 Hymenoptera 昆虫 1 702 属，其中特有属 382 属，占 22.44%，下辖 3 个小单元群。

a 小单元群：由 01 ～ 06 号 6 个 BGU 组成，共有 1 592 属，其中特有属 295 属，占 18.53%。

b 小单元群：由 11 ～ 13、41 号 4 个 BGU 组成，有 404 属，其中特有属 30 属，占 7.43%。

c 小单元群：由 14 号、15 号、20 号、22 号 4 个 BGU 组成，有 320 属，其中特有属 11 属，占 3.44%。

B 大单元群：由 11 个 BGU 组成，共有膜翅目 Hymenoptera 昆虫 1 678 属，其中有特有属 383 属，占 22.82%，下辖 3 个小单元群。

d 小单元群：由 16 号、17 号、19 号、21 号 4 个 BGU 组成，有 544 属，其中特有属 24 属，占 4.41%。

e 小单元群：由 18 号、28 号、29 号 3 个 BGU 组成，有 482 属，其中特有属 19 属，占 3.94%。

f 小单元群：由 23 号、24 号、26 号、27 号 4 个 BGU 组成，有 1 487 属，其中特有属 303 属，占 20.38%。

C 大单元群：由 9 个 BGU 组成，共有膜翅目 Hymenoptera 昆虫 989 属，其中特有属 112 属，占 11.32%，下辖 3 个小单元群。

g 小单元群：由 25 号、30 ～ 33 号、35 号 6 个 BGU 组成，有 912 属，其中特有属 83 属，占 9.10%。

h 小单元群：由 34 号、50 号 2 个 BGU 组成，有 224 属，其中特有属 8 属，占 3.57%。

i 小单元群：仅有 51 号 1 个 BGU，有 188 属，其中特有属 11 属，占 5.85%。

D 大单元群：由 8 个 BGU 组成，共有膜翅目 Hymenoptera 昆虫 861 属，其中特有属 250 属，占 29.04%，下辖 3 个小单元群。

j 小单元群：由 42 ～ 44 号 3 个 BGU 组成，有 314 属，其中特有属 29 属，占 9.24%。

k 小单元群：由 45 ～ 48 号 4 个 BGU 组成，有 658 属，其中特有属 131 属，占 19.91%。

l 小单元群：仅有 49 号 1 个 BGU，有 369 属，其中特有属 31 属，占 8.40%。

E 大单元群：由 8 个 BGU 组成，共有膜翅目 Hymenoptera 昆虫 1 023 属，其中特有属 392 属，占 38.32%，下辖 3 个小单元群。

m 小单元群：由 52 ～ 54 号 3 个 BGU 组成，有 295 属，其中特有属 34 属，占 11.53%。

n 小单元群：由 55 ～ 58 号 4 个 BGU 组成，有 890 属，其中特有属 286 属，占 32.13%。

o 小单元群：仅有 59 号 1 个 BGU，有 142 属，其中特有属 13 属，占 9.15%。

F 大单元群：由 9 个 BGU 组成，共有膜翅目 Hymenoptera 昆虫 2 182 属，其中特有属 538 属，占 24.66%，下辖 2 个小单元群。

p 小单元群：由 61 ～ 66 号 6 个 BGU 组成，有 1 614 属，其中特有属 153 属，占 9.48%。

q 小单元群：由 67 ～ 69 号 3 个 BGU 组成，有 1 528 属，其中特有属 261 属，占 17.08%。

G 大单元群：由 8 个 BGU 组成，共有膜翅目 Hymenoptera 昆虫 1 052 属，其中特有属 263 属，占

第四编　类群

25.00%，下辖 3 个小单元群。

r 小单元群：由 71～75 号 5 个 BGU 组成，有 945 属，其中特有属 128 属，占 13.54%。

s 小单元群：由 76 号、77 号 2 个 BGU 组成，有 444 属，其中特有属 26 属，占 5.86%。

t 小单元群：仅有 78 号 1 个 BGU，有 154 属，其中特有属 24 属，占 15.58%。

第三节　胡蜂总科
Segment 3　Vaspoidea

胡蜂总科 Vaspoidea 是膜翅目 Hymenoptera 的较大类群，包括 14 个科：笨蜂科 Bradynobaenidae、蜾蠃科 Eumenidae、蚁科 Formicidae、棒角蜂科 Masaridae、单刺蚁蜂科 Methocidae、蚁蜂科 Mutillidae、蛛蜂科 Pompilidae、蛐蜂科 Rhopalosomatidae、寡毛土蜂科 Sapygidae、土蜂科 Scoliidae、瘤角蜂科 Sierolomorphidae、膨腹土蜂科 Thynnidae、钩土蜂科 Tiphiidae、胡蜂科 Vespidae，共有 1 102 属 23 147 种，广布于除南极洲以外的 6 个大洲。

14 个科中，有不足 5 属 的 6 个小科分别分布于 1～3 个大洲，其余 8 个科都是分布于 6 个大洲。其中亚洲最多，有 11 科 338 属；非洲次之，有 12 科 289 属；欧洲最少，有 9 科 159 属。

1 102 属遍及 67 个 BGU（表 4–81），超过 100 属的 BGU 有 18 个，不足 20 属的 BGU 有 6 个，平均每个 BGU 有胡蜂 70 属。

表 4–81　胡蜂总科昆虫在各 BGU 的分布

地理单元	属数	地理单元	属数	地理单元	属数
01 北欧	47	28 朝鲜半岛	24	56 新南威尔士	43
02 西欧	52	29 日本	90	57 维多利亚	22
03 中欧	82	30 喜马拉雅地区	13	58 塔斯马尼亚	18
04 南欧	148	31 印度半岛	104	59 新西兰	33
05 东欧	20	32 缅甸地区	24	61 加拿大东部	34
06 俄罗斯欧洲部分	32	33 中南半岛	110	62 加拿大西部	31
11 中东地区	108	34 菲律宾	65	63 美国东部山区	126
12 阿拉伯沙漠	20	35 印度尼西亚地区	132	64 美国中部平原	68
13 阿拉伯半岛南端	35	41 北非	94	65 美国中部丘陵	63
14 伊朗高原	38	42 西非	77	66 美国西部山区	71
15 中亚地区	52	43 中非	49	67 墨西哥	122
16 西西伯利亚平原	2	44 刚果河流域	76	68 中美地区	184
17 东西伯利亚高原	35	45 东北非	16	69 加勒比海岛屿	72
18 乌苏里地区	21	46 东非	116	71 奥里诺科河流域	68
19 蒙古高原	10	47 中南非	111	72 圭亚那高原	52

322　Part IV　Groups

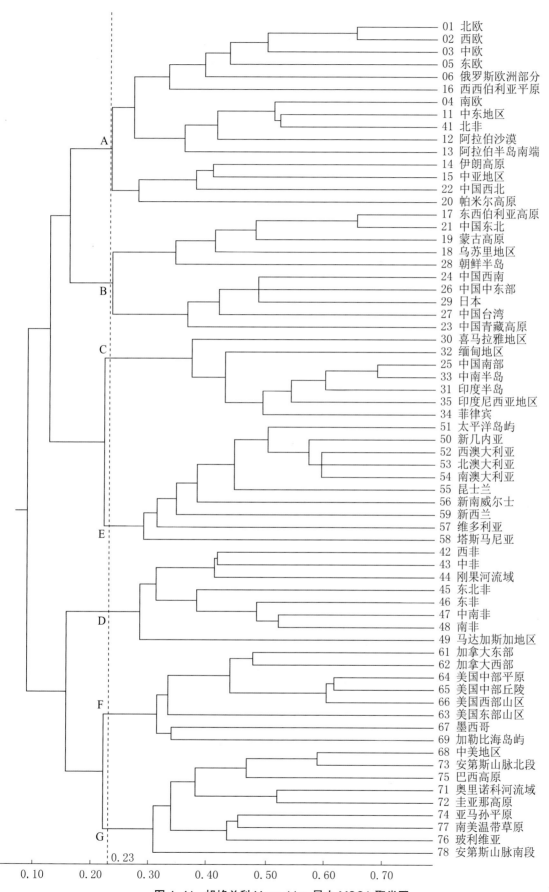

图 4-41 胡蜂总科 Vaspoidea 昆虫 MSCA 聚类图

（续表 4–81）

地理单元	属数	地理单元	属数	地理单元	属数
20 帕米尔高原	4	48 南非	152	73 安第斯山脉北段	175
21 中国东北	41	49 马达加斯加地区	69	74 亚马孙平原	122
22 中国西北	24	50 新几内亚	88	75 巴西高原	56
23 中国青藏高原	36	51 太平洋岛屿	59	76 玻利维亚	60
24 中国西南	67	52 西澳大利亚	82	77 南美温带草原	93
25 中国南部	133	53 北澳大利亚	114	78 安第斯山脉南段	27
26 中国中东部	143	54 南澳大利亚	94	合计（属·单元）	4 689
27 中国台湾	136	55 昆士兰	104	全世界	1 102

1 102 属中，有 348 属没有分布记录，有 205 属是分布域单个 BGU 的特有属，分布域大于 30 个 BGU 的广布属有 27 属，平均每属分布域为 6.22 个 BGU。

对表 4–81 胡蜂的分布数据进行 MSCA 分析，聚类结果如图 4–41 所示，67 个 BGU 的总相似性系数为 0.089，在相似性系数为 0.230 的水平上聚为 7 个大单元群。与膜翅目 Hymenoptera 整体结果比较，16 号单元从 B 大单元群移到 A 大单元群，50 号、51 号单元从 C 大单元群移到 E 大单元群，68 号单元从 F 大单元群移到 G 大单元群。各大单元群的地理范围及胡蜂区系是：

A 大单元群：包括 15 个 BGU，共有胡蜂 201 属，其中特有属 50 属，占 24.88%。

B 大单元群：包括 10 个 BGU，共有胡蜂 222 属，其中特有属 32 属，占 14.41%。

C 大单元群：包括 7 个 BGU，共有胡蜂 200 属，其中特有属 33 属，占 16.50%。

D 大单元群：包括 8 个 BGU，共有胡蜂 250 属，其中特有属 99 属，占 39.60%。

E 大单元群：包括 10 个 BGU，共有胡蜂 207 属，其中特有属 75 属，占 36.23%。

F 大单元群：包括 8 个 BGU，共有胡蜂 207 属，其中特有属 20 属，占 9.66%。

G 大单元群：包括 9 个 BGU，共有胡蜂 269 属，其中特有属 103 属，占 38.29%。

第四节　蜜蜂科
Segment 4　Apidae

蜜蜂科 Apidae 在昆虫纲 Insecta 中是一个不大的科，但在人类文化中对蜜蜂的赞美与讴歌似乎超过其他昆虫的总和，人们对它的勤劳与无私奉献不惜笔墨。但蜜蜂的出现远在人类出现之前，它的酿蜜本领更不是为人类设计的。

蜜蜂科 Apidae 共有 191 属 5 711 种，遍及世界 6 个大洲，南美洲丰富度最高，有 127 属，北美洲有 94 属，大洋洲最少，有 16 属。

表 4-82　蜜蜂科 Apidae 昆虫在各 BGU 的分布

地理单元	属数	地理单元	属数	地理单元	属数
01 北欧	11	28 朝鲜半岛	11	56 新南威尔士	9
02 西欧	17	29 日本	16	57 维多利亚	7
03 中欧	21	30 喜马拉雅地区	17	58 塔斯马尼亚	3
04 南欧	25	31 印度半岛	21	59 新西兰	3
05 东欧	17	32 缅甸地区	15	61 加拿大东部	15
06 俄罗斯欧洲部分	14	33 中南半岛	22	62 加拿大大西部	21
11 中东地区	22	34 菲律宾	13	63 美国东部山区	30
12 阿拉伯沙漠	20	35 印度尼西亚地区	25	64 美国中部平原	31
13 阿拉伯半岛南端	9	41 北非	23	65 美国中部丘陵	41
14 伊朗高原	23	42 西非	21	66 美国西部山区	52
15 中亚地区	22	43 中非	10	67 墨西哥	80
16 西西伯利亚平原	9	44 刚果河流域	22	68 中美地区	72
17 东西伯利亚高原	14	45 东北非	19	69 加勒比海岛屿	20
18 乌苏里地区	14	46 东非	24	71 奥里诺科河流域	49
19 蒙古高原	8	47 中南非	29	72 圭亚那高原	49
20 帕米尔高原	9	48 南非	25	73 安第斯山脉北段	79
21 中国东北	13	49 马达加斯加地区	13	74 亚马孙平原	81
22 中国西北	10	50 新几内亚	11	75 巴西高原	91
23 中国青藏高原	3	51 太平洋岛屿	10	76 玻利维亚	54
24 中国西南	12	52 西澳大利亚	9	77 南美温带草原	74
25 中国南部	16	53 北澳大利亚	10	78 安第斯山脉南段	33
26 中国中东部	19	54 南澳大利亚	6	合计（属·单元）	1 621
27 中国台湾	15	55 昆士兰	12	全世界	191

191 属蜜蜂在 67 个 BGU 都有分布（表 4-82），超出 40 属的 BGU 有 11 个，不足 10 属的 BGU 也是 11 个，平均每个 BGU 有蜜蜂 24 属。

191 属蜜蜂局限在单个 BGU 的特有属有 24 属，超过 30 个 BGU 的有 10 属，平均每属的分布域为 8.49 个 BGU，在已分析过的科级类群中是最高的。

蜜蜂科 Apidae 昆虫的整体相似性较高（图 4-42），总相似性系数为 0.124，在相似性系数为 0.380 的水平时，聚为 7 个大单元群，各个大单元群的组成与膜翅目 Hymenoptera 聚类结果完全相同。

A 大单元群：包括 14 个 BGU，共有蜜蜂 34 属，其中特有属 7 属，占 20.59%。

B 大单元群：包括 11 个 BGU，共有蜜蜂 28 属，其中特有属 1 属，占 3.57%。

C 大单元群：包括 9 个 BGU，共有蜜蜂 39 属，其中特有属 5 属，占 12.82%。

D 大单元群：包括 8 个 BGU，共有蜜蜂 35 属，其中特有属 9 属，占 25.71%。

E 大单元群：包括 8 个 BGU，共有蜜蜂 16 属，其中特有属 1 属，占 6.25%。

F 大单元群：包括 9 个 BGU，共有蜜蜂 94 属，其中特有属 18 属，占 19.15%。

G 大单元群：包括 8 个 BGU，共有蜜蜂 127 属，其中特有属 52 属，占 40.94%。

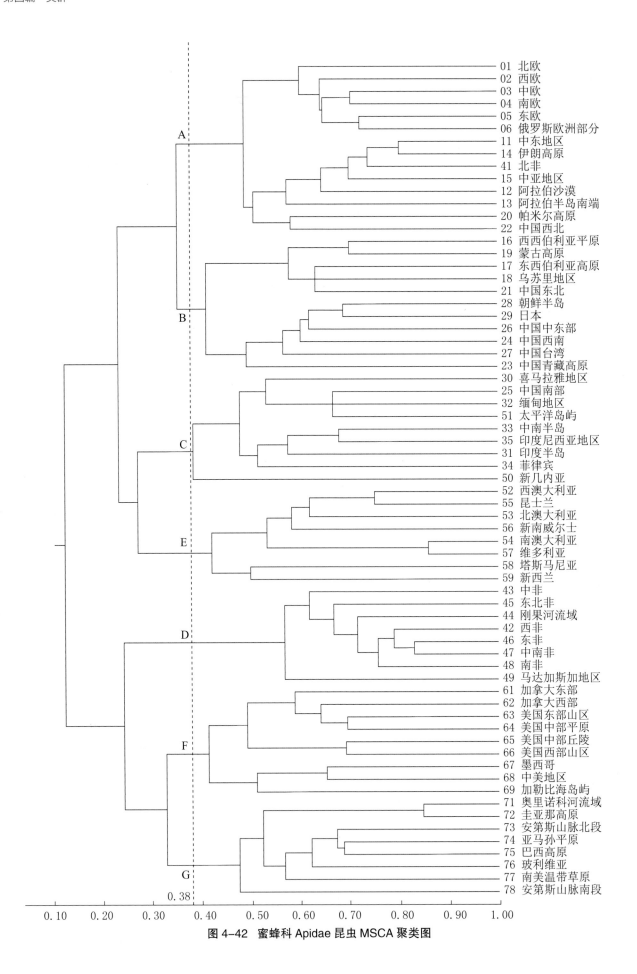

图 4-42 蜜蜂科 Apidae 昆虫 MSCA 聚类图

第三十二章
目科阶元 MSCA
分析结果比较

Chapter 32　Comparison of MSCA of Orders and Families

在 31 个目昆虫中，由于石蛃目 Microcoryphia、衣鱼目 Zygentoma、蛩蠊目 Grylloblattodea、螳䗛目 Order Mantophasmatodea、缺翅目 Zoraptera、广翅目 Megaloptera、蛇蛉目 Raphidioptera、捻翅目 Strepsiptera、长翅目 Mecoptera 等 9 个目的种类很少，没有进行 MSCA 分析，其余的 22 个目均进行了 MSCA 的尝试。将这些结果放在一起比较（表 4–83），大都在相似性系数为 0.200 左右聚成 7 个大单元群，其中 5 个大目约在相似性系数为 0.300 处聚成 20 个小单元群。少部分目的单元群数虽有不同，但其组成与整体比较，没有出现较大的分歧。可以认为，不同目之间，分布格局大体是一致的。

挑选目下较大的 20 个类群（科、总科等）进行 MSCA 计算分析，结果更为趋向一致，平均约在相似性系数为 0.200 处聚成 7 个大单元群，各大单元群的组成基本相同（表 4–84）。

表 4–83　目级阶元 MSCA 结果比较

不同颜色为不同的大单元群，同一颜色不同深浅表示大单元群下的不同小单元群，无色为未参与分析的单元，标以#号的为参与分析但未聚类的单元。

项目1①	蜉蝣目	蜻蜓目	襀翅目	蜚蠊目	等翅目	螳螂目	革翅目	直翅目	蟪目	纺足目	螆目	食毛目	虱目	缨翅目	半翅目	脉翅目	鞘翅目	双翅目	蚤目	毛翅目	鳞翅目	膜翅目
2②	542	794	308	490	284	459	219	4 630	465	88	482	285	46	782	13 251	598	38 537	14 002	241	658	18 051	8 764
3③	4.08	5.52	3.69	4.33	5.05	2.89	4.73	2.89	2.85	2.67	4.58	7.58	9.95	4.12	3.90	5.49	3.81	5.52	5.97	5.02	4.40	5.69
4④	0.093	0.086	0.057	0.070	0.093	0.048	0.127	0.035	0.041	0.049	0.064	0.148	0.170	0.054	0.052	0.081	0.050	0.077	0.086	0.069	0.061	0.080
5⑤	0.260	0.260	0.170	0.250	0.350	0.170	0.260	0.150	0.170	0.160	0.180	0.260	0.340	0.160	0.180	0.240	0.170	0.190	0.200	0.190	0.200	0.180
6⑥															0.270		0.300	0.270			0.260	0.300
7⑦	8	7	8	7	7	7	5	7	8	6	8	4	6	7	7,19	7	7,20	7,20	5	7	7,18	7,20

（续表 4-83）

项目 \ 1①	蜉蝣目	蜻蜓目	襀翅目	蜚蠊目	等翅目	螳螂目	革翅目	直翅目	蟌目	纺足目	蛄目	食毛目	虱目	缨翅目	半翅目	脉翅目	鞘翅目	双翅目	蚤目	毛翅目	鳞翅目	膜翅目
01⑧																						
02																						
03																						
04																						
05																						
06																						
11																						
41																						
12																						
13																						
14																						
15																						
20																						
22																						
16																						
17																						
19																						
21																						
18																						
28																						
29																						
23																						
24																						
26																						
27																						
30																						
25⑧																						
31																						
32																						
33																						
34																						
35																						
50																						
51																						
52																						
53																						
54												#										
55												#										
56																						
57																						

（续表 4-83）

项目\1①	蜉蝣目	蜻蜓目	襀翅目	蜚蠊目	等翅目	螳螂目	革翅目	直翅目	蟏目	纺足目	蛩目	食毛目	虱目	缨翅目	半翅目	脉翅目	鞘翅目	双翅目	蚤目	毛翅目	鳞翅目	膜翅目
58												#										
59												#										
42																						
43																						
44																						
45																						
46																						
47																						
48																						
49																						
61																						
62																						
63																						
64																						
65																						
66																						
67																						
68																						
69												#										
71												#										
72																						
73																						
74												#										
75																						
76												#										
77												#										
78												#										

注：① "1"为昆虫目名称；② "2"为总属数；③ "3"为平均分布域；④ "4"为总相似性系数；⑤ "5"为大单元群相似性系数；⑥ "6"为小单元群相似性系数；⑦ "7"为大小单元群数；⑧ 01～78为基础地理单元。

表 4-84　部分科级类群 MSCA 结果比较

项目\1①	蝗总科	螽斯总科	蟋蟀总科	蓟马科	叶蝉科	盲蝽科	蚁蛉科	步甲科	叶甲科	瓢虫科	金龟总科	水生甲虫	象甲科	蚊蚋蠓虻	蜂虻科	尺蛾科	夜蛾科	蝶类	胡蜂总科	蜜蜂科
2②	1 695	1 405	769	288	2 364	1 502	190	2 754	2 590	567	4 036	926	6 558	909	239	2 006	3 331	1 891	1 102	191
3③	2.85	2.88	3.32	4.24	3.45	3.85	4.90	5.63	5.56	7.24	3.74	6.42	2.66	7.94	7.18	5.03	4.21	5.43	6.22	8.49
4④	0.034	0.036	0.042	0.058	0.044	0.050	0.070	0.078	0.077	0.102	0.050	0.092	0.032	0.112	0.103	0.071	0.056	0.078	0.089	0.124
5⑤	0.140	0.140	0.160	0.160	0.170	0.180	0.240	0.220	0.230	0.230	0.180	0.230	0.120	0.290	0.250	0.200	0.180	0.280	0.230	0.380
6⑥	7	7	7	7	7	8	7	7	7	7	8	7	7	7	7	6	7	7	7	7

（续表 4-84）

1①／项目	蝗总科	螽斯总科	蟋蟀总科	蓟马科	叶蝉科	盲蝽科	蚁蛉科	步甲科	叶甲科	瓢虫科	金龟总科	水生甲虫	象甲科	蚊蚋蠓虻	蜂虻科	尺蛾科	夜蛾科	蝶类	胡蜂总科	蜜蜂科
01⑦																				
02																				
03																				
04																				
05																				
06																				
11																				
41																				
12																				
13																				
14																				
15																				
20																				
22																				
16																				
17																				
19																				
21																				
18																				
28																				
29																				
23																				
24																				
26																				
27																				
30																				
25																				
31																				
32																				
33																				
34																				
35																				
50																				
51																				
52																				
53																				
54																				
55																				

（续表 4-84）

项目 / 1①	蝗总科	螽斯总科	蟋蟀总科	蓟马科	叶蝉科	盲蝽科	蚁蛉科	步甲科	叶甲科	瓢虫科	金龟总科	水生甲虫	象甲科	蚊蚋蠓虻	蜂虻科	尺蛾科	夜蛾科	蝶类	胡蜂总科	蜜蜂科
56																				
57																				
58																				
59																				
42																				
43																				
44																				
45																				
46																				
47																				
48																				
49																				
61																				
62																				
63																				
64																				
65																				
66																				
67																				
68																				
69																				
71																				
72																				
73																				
74																				
75																				
76																				
77																				
78																				

注：①"1"为昆虫科名称；②"2"为总属数；③"3"为平均分布域；④"4"为总相似性系数；⑤"5"为分单元群相似性系数；⑥"6"为单元群数；⑦01～78为基础地理单元。

第五编
世界昆虫地理区划

Part V Biogeographical Division for Insect in the World

导　言

本编在对全世界昆虫纲 31 目 1 205 科 104 344 属 1 033 635 种的分布资料整理的基础上，按 67 个基础地理单元，对属、科两级阶元的分布分别进行 MSCA 分析，又分别对不同抽样、不同生态类型、不同研究领域的昆虫类群进行分析，得到一致的、稳定的聚类结果。并与传统的分析方法进行比较，与现有植物区划和哺乳动物区划方案比较，构建了 7 界 20 亚界的世界昆虫地理区划方案，对各界、各亚界的区系特点进行了分析。最后还对世界 6 890 属脊索动物、13 792 属被子植物、5 286 属子囊菌进行了初步分析，提出了各类生物分布格局世界大同的可能性。

Introduction

In the part, according to the MSCA of 104 344 genera, 1 205 families and 31 orders of insect, an insect biogeographical division system of the World, 7 kingdoms and 20 subkingdoms, was suggested. The faunical characters of every kingdoms and subkingdoms were compared. At last, 6 890 genera of Chordata animal, 13 792 genera of Angiospermae plant and 5 286 genera of Ascomycota fungi were analysed.

第一章
世界昆虫的
MSCA 分析

Chapter 1　MSCA for Insect
in the World

第一节　世界昆虫区系及分布
Segment 1　Insect Fauna and Distribution in the World

世界昆虫数据库收集的昆虫类群和所含种类见表 5-1，共计 31 目 1 205 科 104 344 属 1 033 635 种。其中种类超过世界种类 1% 的大目依次有鞘翅目 Coleoptera、鳞翅目 Lepidoptera、双翅目 Diptera、膜翅目 Hymenoptera、半翅目 Hemiptera、直翅目 Orthoptera、毛翅目 Trichoptera，这 7 个目占世界种类的 94.78%。

昆虫的分布是不均衡的，各地之间既有数量的差异，又有组成的不同。这些差别既有自然环境条件的影响，又有各地研究水平以及资料收集的差异。我们从事自然科学研究的目的是解析与总结自然规律，应尽量减少后者差异的影响。

作为一个昆虫属或昆虫种，它的分布地域可能是间断的，但作为一个地理区域的昆虫组成，它的变化是连续的。一个地区总是与相邻近的地区关系密切，地理距离愈远，相似性程度愈不密切。如以南欧为例，与相邻的 BGU 相似性系数都在 0.250 以上，与相近的亚洲中北部、北美的 BGU 大体在 0.100 ～ 0.250，与热带地区的 BGU 均在 0.100 以下。因此世界各地将会以昆虫类群丰富地区为核心，聚集邻近地区形成一个个各自独立又有联系的分布区。分布区之间聚集力量平衡的地方是其分界线。它比定性的主观衡量要精细、准确、平衡。

表5-1　供分析的世界昆虫类群和种类

昆虫目名称	科数	属数	种数	占总种类的比例(%)
1. 石蛃目 Microcoryphia	2	66	492	0.048
2. 衣鱼目 Zygentoma	6	132	580	0.056
3. 蜉蝣目 Ephemeroptera	45	542	4 035	0.390
4. 蜻蜓目 Odonata	35	794	6 398	0.619
5. 襀翅目 Plecoptera	16	308	3 585	0.347
6. 蜚蠊目 Blattodea	8	490	4 428	0.428
7. 等翅目 Isoptera	9	284	2 932	0.284
8. 螳螂目 Mantodea	16	459	2 873	0.278
9. 蛩蠊目 Grylloblattodea	1	5	37	0.004
10. 革翅目 Dermaptera	12	219	1 911	0.185
11. 直翅目 Orthoptera	55	4 630	25 769	2.493
12. 䗛目 Phasmatodea	13	465	3 071	0.297
13. 螳䗛目 Mantophasmatodea	1	13	19	0.002
14. 纺足目 Embioptera	13	88	402	0.039
15. 缺翅目 Zoraptera	1	1	40	0.004
16. 啮目 Psocoptera	40	482	6 111	0.591
17. 食毛目 Mallophaga	9	285	4 565	0.442
18. 虱目 Anoplura	14	46	553	0.054
19. 缨翅目 Thysanoptera	9	782	6 038	0.584
20. 半翅目 Hemiptera	161	13 251	79 719	7.712
21. 广翅目 Megaloptera	2	33	366	0.035
22. 蛇蛉目 Raphidioptera	2	33	251	0.024
23. 脉翅目 Neuroptera	16	598	5 539	0.536
24. 鞘翅目 Coleoptera	208	38 537	308 315	29.828
25. 捻翅目 Strepsiptera	11	49	603	0.058
26. 长翅目 Mecoptera	9	36	669	0.065
27. 双翅目 Diptera	176	14 002	181 994	17.607
28. 蚤目 Siphonaptera	20	241	2 099	0.203
29. 毛翅目 Trichoptera	46	658	14 229	1.377
30. 鳞翅目 Lepidoptera	144	18 051	238 948	23.117
31. 膜翅目 Hymenoptera	105	8 764	127 064	12.293
合计	1 205	104 344	1 033 635	100.000

第二节　世界昆虫属级阶元的 MSCA 分析
Segment 2　MSCA for Insect Genera of the World

由于昆虫种类多，分布狭窄，讨论全球区划不宜采用种级阶元进行 MSCA 分析，采用属级阶元不仅能够大幅度减轻工作量，而且能够拉开相似性程度的距离，较清晰地划分不同的相似性水平。各 BGU 的昆虫区系见表 5–2。

表5–2　各个BGU的昆虫属数

地理单元	属数	地理单元	属数	地理单元	属数
01 北欧	5 116	28 朝鲜半岛	1 404	56 新南威尔士	5 004
02 西欧	6 047	29 日本	5 213	57 维多利亚	3 417
03 中欧	5 882	30 喜马拉雅地区	2 379	58 塔斯马尼亚	1 919
04 南欧	7 515	31 印度半岛	4 911	59 新西兰	1 610
05 东欧	2 469	32 缅甸地区	3 179	61 加拿大东部	3 677
06 俄罗斯欧洲部分	2 030	33 中南半岛	5 256	62 加拿大西部	4 328
11 中东地区	3 002	34 菲律宾	2 817	63 美国东部山区	5 830
12 阿拉伯沙漠	956	35 印度尼西亚地区	6 168	64 美国中部平原	4 529
13 阿拉伯半岛南端	956	41 北非	2 920	65 美国中部丘陵	4 229
14 伊朗高原	2 508	42 西非	3 090	66 美国西部山区	6 238
15 中亚地区	2 391	43 中非	1 915	67 墨西哥	7 518
16 西西伯利亚平原	1 378	44 刚果河流域	2 976	68 中美地区	8 656
17 东西伯利亚高原	3 920	45 东北非	1 559	69 加勒比海岛屿	2 360
18 乌苏里地区	2 535	46 东非	3 796	71 奥里诺科河流域	2 666
19 蒙古高原	1 164	47 中南非	3 324	72 圭亚那高原	2 544
20 帕米尔高原	1 142	48 南非	4 210	73 安第斯山脉北段	6 015
21 中国东北	3 923	49 马达加斯加地区	3 159	74 亚马孙平原	4 220
22 中国西北	1 827	50 新几内亚	3 379	75 巴西高原	4 502
23 中国青藏高原	2 223	51 太平洋岛屿	2 560	76 玻利维亚	2 514
24 中国西南	5 340	52 西澳大利亚	2 825	77 南美温带草原	3 176
25 中国南部	7 058	53 北澳大利亚	2 009	78 安第斯山脉南段	1 669
26 中国中东部	9 567	54 南澳大利亚	1 599	合计（属·单元）	249 384
27 中国台湾	7 477	55 昆士兰	5 689	全世界	104 344

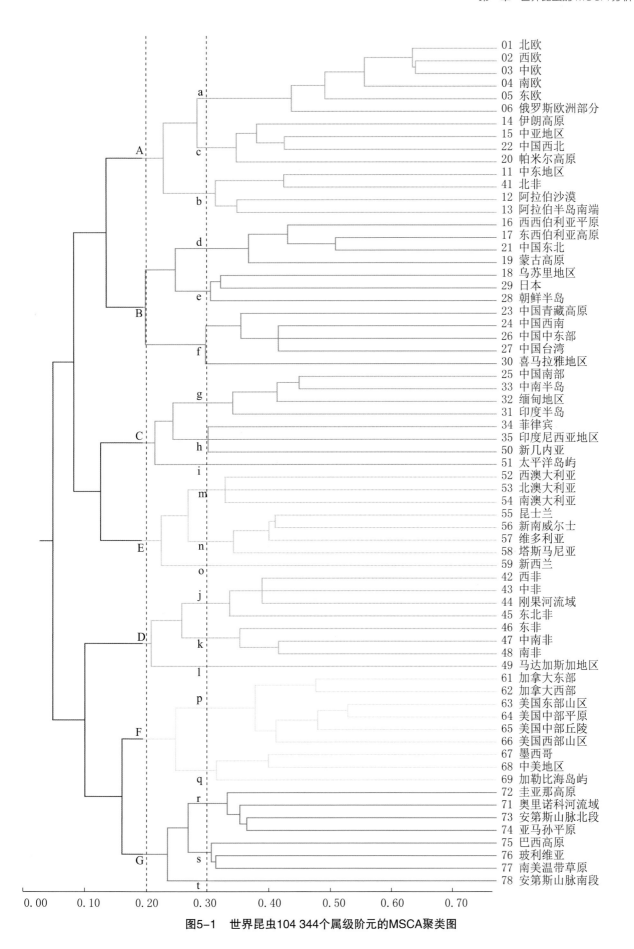

图5-1　世界昆虫104 344个属级阶元的MSCA聚类图

参与分析的昆虫属数为 104 344，其中 45 989 属没有分布记录，有分布记录的 58 355 属在 67 个 BGU 共有 249 384 属·单元的记录，平均每个 BGU 有 3 722 属，平均每属分布域为 4.27 个 BGU。对表 5-2 的数据进行 MSCA 分析，得到图 5-1 的聚类结果。67 个 BGU 的总相似性系数为 0.058，在相似性系数为 0.300 的水平时，67 个 BGU 聚成 20 个小单元群，在相似性系数为 0.200 的水平时，又聚成 7 个大单元群。各大、小单元群的组成与第四编几个大目的聚类结果大同小异。

各个大、小单元群的组成、地理范围及昆虫区系特征将专篇论述。

第三节　世界昆虫科级阶元的 MSCA 分析
Segment 3　MSCA for Insect Families of the World

参与分析的昆虫科级阶元共有 1 205 个科，其中 72 科没有分布记录，有分布记录的 1 133 科在 67 个 BGU 共有 25 330 科·单元的记录，平均每科分布域为 22.36 个 BGU，比属级阶元的分布域 4.27 扩大 3 倍多。对表 5-3 的数据进行 MSCA 分析，图 5-2 的聚类结果显示，总相似性系数为 0.336，比属级阶元

表5-3　世界昆虫科级阶元在各BGU的分布

地理单元	科数	地理单元	科数	地理单元	科数
01 北欧	530	28 朝鲜半岛	252	56 新南威尔士	544
02 西欧	569	29 日本	497	57 维多利亚	452
03 中欧	544	30 喜马拉雅地区	254	58 塔斯马尼亚	361
04 南欧	607	31 印度半岛	388	59 新西兰	334
05 东欧	336	32 缅甸地区	316	61 加拿大东部	458
06 俄罗斯欧洲部分	268	33 中南半岛	388	62 加拿大西部	507
11 中东地区	337	34 菲律宾	246	63 美国东部山区	563
12 阿拉伯沙漠	188	35 印度尼西亚地区	416	64 美国中部平原	505
13 阿拉伯半岛南端	202	41 北非	352	65 美国中部丘陵	494
14 伊朗高原	313	42 西非	327	66 美国西部山区	612
15 中亚地区	260	43 中非	203	67 墨西哥	555
16 西西伯利亚平原	193	44 刚果河流域	278	68 中美地区	585
17 东西伯利亚高原	398	45 东北非	196	69 加勒比海岛屿	311
18 乌苏里地区	334	46 东非	379	71 奥里诺科河流域	380
19 蒙古高原	196	47 中南非	357	72 圭亚那高原	302
20 帕米尔高原	193	48 南非	443	73 安第斯山脉北段	519
21 中国东北	384	49 马达加斯加地区	373	74 亚马孙平原	313
22 中国西北	235	50 新几内亚	322	75 巴西高原	413
23 中国青藏高原	270	51 太平洋岛屿	350	76 玻利维亚	275
24 中国西南	417	52 西澳大利亚	357	77 南美温带草原	371
25 中国南部	466	53 北澳大利亚	305	78 安第斯山脉南段	311
26 中国中东部	594	54 南澳大利亚	263	合计（科·单元）	25 330
27 中国台湾	549	55 昆士兰	520	全世界	1 205

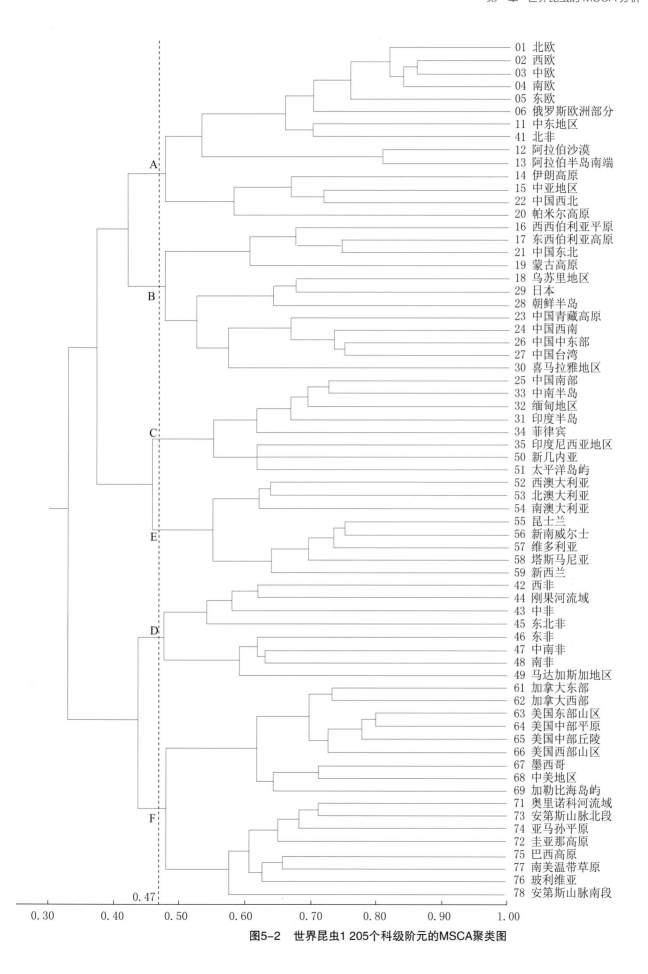

图5-2 世界昆虫1 205个科级阶元的MSCA聚类图

的总相似性系数 0.058 提高近 5 倍；在相似性系数为 0.470 的水平时，聚成 6 个大单元群，其中前 5 个大单元群与属级阶元的聚类结果相同，组成及地理范围没有改变，第 6 大单元群由属级阶元的第 6、7 两个大单元群提前在相似性系数为 0.493 的水平时聚在一起；大多数小单元群也已形成，但不能找到合适的相似性系数将它们区分开来。

　　因此，使用科级阶元进行 MSCA 分析，虽然工作量大大减轻，但挖掘到的信息比属级阶元笼统了很多。聚类结果只能用来作为印证参考。

第四节　各 BGU 在 MSCA 中的贡献率
Segment 4　Contribution of Every BGU in MSCA

　　相似性贡献率和相异性贡献率是本研究提出的新概念，它是对某地区在相似性或相异性分析中发挥作用大小的度量。在传统的聚类分析中，没有贡献率的概念，更没有办法度量。

　　在多元相似性比较中，各方对相似性的贡献率一般是不相等的，共有种类多的地区将会发挥骨干和主导作用，表明一种趋同、稳定、吸引的力量。同样，比较的各方对相异性的贡献率也都是不同的，一个地区如果独有种类多，共有种类少，对相异性的贡献就大，它是趋异、分化、独立的力量。其计算公式是：

$$CSI_i = H_i / \sum H_i \qquad\qquad 7$$
$$CDI_i = (n T_i + H - H_i) / (n S - \sum H_i) \qquad\qquad 8$$

式中：

CSI_i——i 地区对相似性的贡献率；

CDI_i——i 地区对相异性的贡献率；

n ——地理单元数；

H——总共有种类数；

S——总种类数；

H_i——i 地区的共有种类；

T_i——i 地区的独有种类数。

　　表 5-4 是 67 个 BGU 的相似性贡献率和相异性贡献率。显然，04 号、26 号、35 号、48 号、54 号、73 号地理单元分别是 A、B、C、D、E、G 大单元群的核心，F 大单元群的核心是落基山地区，包括 66 ~ 68 号地理单元。

表5-4　各个BGU的相似性贡献率与相异性贡献率

大单元群	小单元群	BGU	属数	特有属	共有属	相似性贡献率（%）	相异项	相异性贡献率（%）
A	a	01 北欧	5 116	115	5 001	2.20	38 684	1.05
		02 西欧	6 047	174	5 873	2.59	41 765	1.13
		03 中欧	5 882	124	5 758	2.54	38 530	1.05
		04 南欧	7 515	640	6 875	3.03	71 985	1.95
		05 东欧	2 469	21	2 448	1.08	34 939	0.95
		06 俄罗斯欧洲部分	2 030	20	1 990	0.88	35 330	0.96
	b	11 中东地区	3 002	151	2 851	1.26	43 246	1.17
		41 北非	2 920	235	2 685	1.18	49 040	1.33
		12 阿拉伯沙漠	956	18	938	0.41	36 248	0.98
		13 阿拉伯半岛南端	956	37	919	0.40	37 540	1.02
	c	14 伊朗高原	2 508	133	2 375	1.05	42 516	1.15
		15 中亚地区	2 391	107	2 284	1.01	40 865	1.11
		20 帕米尔高原	1 142	40	1 102	0.49	37 558	1.02
		22 中国西北	1 827	58	1 769	0.78	38 097	1.03
B	d	16 西西伯利亚平原	1 378	8	1 370	0.60	35 146	0.95
		17 东西伯利亚高原	3 920	36	3 884	1.71	34 508	0.94
		19 蒙古高原	1 164	13	1 151	0.51	35 700	0.97
		21 中国东北	3 923	102	3 821	1.68	38 993	1.06
	e	18 乌苏里地区	2 535	151	2 384	1.05	43 713	1.19
		28 朝鲜半岛	1 404	14	1 390	0.61	35 528	0.96
		29 日本	5 213	401	4 812	2.12	58 035	1.58
	f	23 中国青藏高原	2 223	71	2 152	0.95	38 585	1.05
		24 中国西南	5 340	186	5 154	2.27	43 288	1.18
		26 中国中东部	9 567	747	8 820	3.89	77 209	2.10
		27 中国台湾	7 477	827	6 650	2.93	84 739	2.30
		30 喜马拉雅地区	2 379	158	2 221	0.98	44 345	1.20
C	g	25 中国华南	7 058	367	6 691	2.95	53 878	1.46
		31 印度半岛	4 911	667	4 244	1.87	76 425	2.08
		32 缅甸地区	3 179	79	3 100	1.37	38 173	1.04
		33 中南半岛	5 256	264	4 992	2.20	48 676	1.32
	h	34 菲律宾	2 817	282	2 535	1.12	52 339	1.42
		35 印度尼西亚地区	6 168	1 074	5 094	2.24	102 844	2.79
		50 新几内亚	3 379	595	2 784	1.23	73 061	1.98
	i	51 太平洋岛屿	2 560	610	1 950	0.86	74 900	2.03

（续表 5-4）

大单元群	小单元群	BGU	属数	特有属	共有属	相似性贡献率(%)	相异项	相异性贡献率(%)
D	j	42 西非	3 090	287	2 803	1.23	52 406	1.42
		43 中非	1 915	137	1 778	0.78	43 381	1.18
		44 刚果河流域	2 976	357	2 619	1.15	57 280	1.56
		45 东北非	1 559	105	1 454	0.64	41 561	1.13
	k	46 东非	3 796	624	3 192	1.40	74 596	2.03
		47 中南非	3 324	329	2 995	1.32	55 028	1.49
		48 南非	4 210	821	3 389	1.49	87 598	2.38
	l	49 马达加斯加地区	3 159	1 200	1 959	0.86	114 421	3.11
E	m	52 西澳大利亚	2 825	375	2 450	1.08	58 655	1.59
		53 北澳大利亚	2 009	93	1 916	0.84	40 295	1.09
		54 南澳大利亚	1 599	71	1 528	0.67	39 209	1.06
	n	55 昆士兰	5 689	854	4 835	2.13	88 363	2.40
		56 新南威尔士	5 004	542	4 462	1.97	67 832	1.84
		57 维多利亚	3 417	279	3 138	1.38	51 535	1.40
		58 塔斯马尼亚	1 919	178	1 741	0.77	46 165	1.25
	o	59 新西兰	1 610	627	983	0.43	77 006	2.09
F	p	61 加拿大东部	3 677	53	3 624	1.60	35 907	0.97
		62 加拿大西部	4 328	133	4 195	1.85	40 696	1.10
		63 美国东部山区	5 830	268	5 562	2.45	48 374	1.31
		64 美国中部平原	4 529	78	4 451	1.96	36 755	1.00
		65 美国中部丘陵	4 229	107	4 122	1.82	39 027	1.06
		66 美国西部山区	6 238	646	5 592	2.46	73 670	2.00
	q	67 墨西哥	7 518	710	6 808	3.00	76 742	2.08
		68 中美地区	8 656	1 676	6 980	3.07	141 292	3.84
		69 加勒比海岛屿	2 360	255	2 105	0.93	50 960	1.38
G	r	71 奥里诺科河流域	2 666	120	2 546	1.12	41 474	1.13
		72 圭亚那高原	2 544	158	2 386	1.05	44 180	1.20
		73 安第斯山脉北段	6 015	792	5 223	2.30	83 821	2.28
		74 亚马孙平原	4 220	455	3 765	1.66	62 700	1.70
	s	75 巴西高原	4 502	686	3 816	1.68	78 126	2.12
		76 玻利维亚	2 514	81	2433	1.07	38 974	1.06
		77 南美温带草原	3 176	268	2 908	1.28	51 028	1.39
	t	78 安第斯山脉南段	1 669	487	1 182	0.52	67 427	1.83
合计			249 384	22 377	227 007	100.00	3 682 912	100.00
全世界			58 357	22 377	35 980			

第五节 MSCA 结果的稳定性
Segment 5 The Stabilization of Result of MSCA

图 5–1 对世界昆虫整体的分析结果，是偶然的一得之功，还是在一定程度上反映了昆虫分布格局的客观结构呢？相信有了第四编的对目、科的分析，我们已有了初步的认同。随后的几节，我们基于昆虫的整体数据，再进行深入的解析。

一、属级阶元抽样

数据库对每属昆虫都自动生成一个固定的编号，对编号的 0 ～ 9 的个位数字进行随机抽取，得到 5、3、9 三个数字，利用查询功能生成 3 个子数据库，分别有 10 457 属、10 422 属、10 436 属。它们在各 BGU 的分布如表 5–5 所示，对其分别进行 MSCA 分析，比较其异同（图 5–3 至图 5–5）。

表5–5 三次1/10抽样获得的各BGU昆虫属数

地理单元	尾号5	尾号3	尾号9	地理单元	尾号5	尾号3	尾号9
01 北欧	476	513	517	45 东北非	167	147	142
02 西欧	599	572	603	46 东非	372	381	410
03 中欧	572	587	581	47 中南非	339	318	336
04 南欧	700	768	743	48 南非	415	420	431
05 东欧	235	243	255	49 马达加斯加地区	329	327	323
06 俄罗斯欧洲部分	198	189	209	50 新几内亚	312	338	315
11 中东地区	318	288	313	51 太平洋岛屿	270	236	267
12 阿拉伯沙漠	101	81	103	52 西澳大利亚	293	260	273
13 阿拉伯半岛南端	95	89	116	53 北澳大利亚	201	171	193
14 伊朗高原	278	249	257	54 南澳大利亚	158	163	151
15 中亚地区	263	224	251	55 昆士兰	555	542	570
16 西西伯利亚平原	151	147	142	56 新南威尔士	507	459	487
17 东西伯利亚高原	384	419	368	57 维多利亚	352	327	329
18 乌苏里地区	237	266	264	58 塔斯马尼亚	186	205	193
19 蒙古高原	140	110	121	59 新西兰	180	152	156
20 帕米尔高原	130	98	110	61 加拿大东部	339	353	364
21 中国东北	412	422	373	62 加拿大西部	390	432	437
22 中国西北	195	166	198	63 美国东部山区	563	590	570
23 中国青藏高原	234	219	224	64 美国中部平原	442	460	450
24 中国西南	537	536	530	65 美国中部丘陵	401	417	431
25 中国南部	699	695	739	66 美国西部山区	618	608	621
26 中国中东部	977	985	966	67 墨西哥	759	763	761

（续表 5-5）

地理单元	尾号5	尾号3	尾号9	地理单元	尾号5	尾号3	尾号9
27 中国台湾	720	738	775	68 中美地区	814	864	884
28 朝鲜半岛	133	143	156	69 加勒比海岛屿	252	232	250
29 日本	507	517	527	71 奥里诺科河流域	272	279	280
30 喜马拉雅地区	254	232	237	72 圭亚那高原	250	260	274
31 印度半岛	518	464	475	73 安第斯山脉北段	613	562	631
32 缅甸地区	336	295	289	74 亚马孙平原	438	418	444
33 中南半岛	504	515	502	75 巴西高原	466	451	450
34 菲律宾	268	253	257	76 玻利维亚	247	234	271
35 印度尼西亚地区	610	585	602	77 南美温带草原	341	339	312
43 中非	194	181	196	78 安第斯山脉南段	194	167	169
44 刚果河流域	281	299	312	合计（属·单元）	24 899	24 547	25 131
41 北非	296	288	309	全世界	10 457	10 422	10 436
42 西非	312	296	336				

三次抽样，虽然总属数只有原来的 1/10，但聚类结果与总体结果图 5-1 相比，总相似性系数几乎完全相同，分别为 0.058、0.057、0.058；大、小单元群的划分水平以及聚类群数完全相同；7 个大单元群的组成没有任何差异；20 个小单元群大都相同，只有图 5-3 的 28 号单元没有聚在 e 小单元群内，而是聚入到了 d 小单元群里；图 5-4 及图 5-5 的 75 号单元离开了 s 小单元群而聚在了 r 小单元群；图 5-5 的 b 小单元群没有形成，有 3 个单元聚在 a 小单元群，只剩下 13 号单元独支门户。

二、撤并部分 BGU

BGU 的设立是研究者根据自然环境条件以及分布资料的详略程度划分的，本研究是否带有一定的主观色彩以致影响聚类结果呢，鉴于拆分 BGU 的数据比较困难，我们将撤并一部分 BGU 后再予以 MSCA 分析。表 5-6 是撤并 15 个 BGU 后的昆虫分布数据，MSCA 结果（图 5-6）显示，52 个 BGU 的总相似性系数为 0.065，比撤并前略高；划分大、小单元群的相似性系数依然是 0.200 和 0.300，保持未变；7 个大单元群的组成及地理范围未变；小单元群只有 b 小单元群提前聚入 a 小单元群，其余未有改变。

表5-6　撤并15个BGU后的昆虫属的分布

地理单元	属数	地理单元	属数	地理单元	属数
01 西欧	7 823	27 中国台湾	7 477	56 澳大利亚东南部	5 809
		28 朝鲜半岛	1 404		
		29 日本	5 213	58 塔斯马尼亚	1 919
04 南欧	7 515	31 印度半岛	4 911	59 新西兰	1 610
05 东欧	3 237	33 中南半岛	6 028	61 加拿大东部	3 677
				62 加拿大西部	4 328
11 西亚	3 607	34 菲律宾	2 817	63 美国东部山区	5 830
		35 印度尼西亚	6 168	64 美国中部	5 980
		41 北非	2 920		

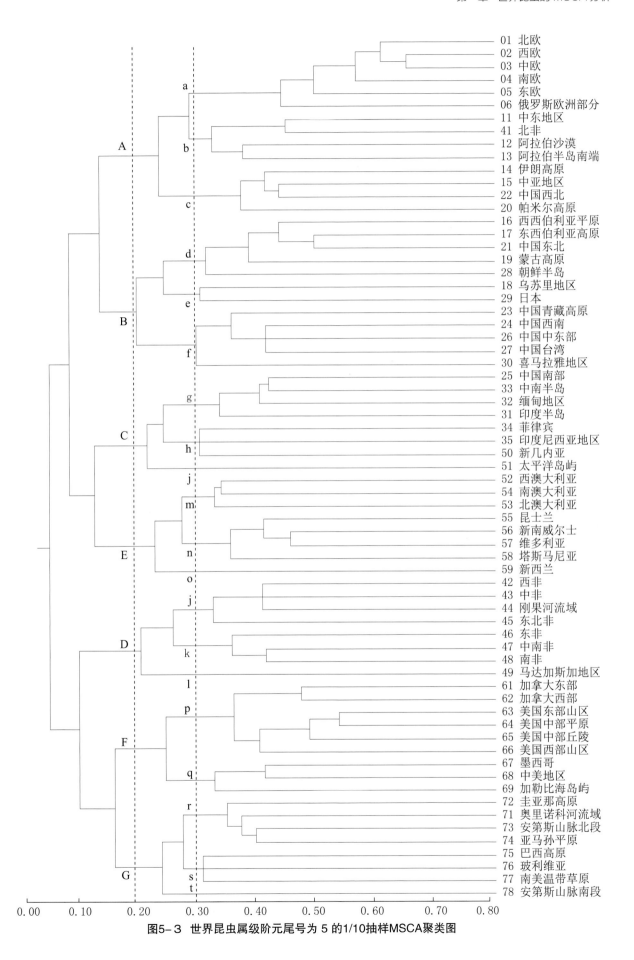

图5-3 世界昆虫属级阶元尾号为 5 的1/10抽样MSCA聚类图

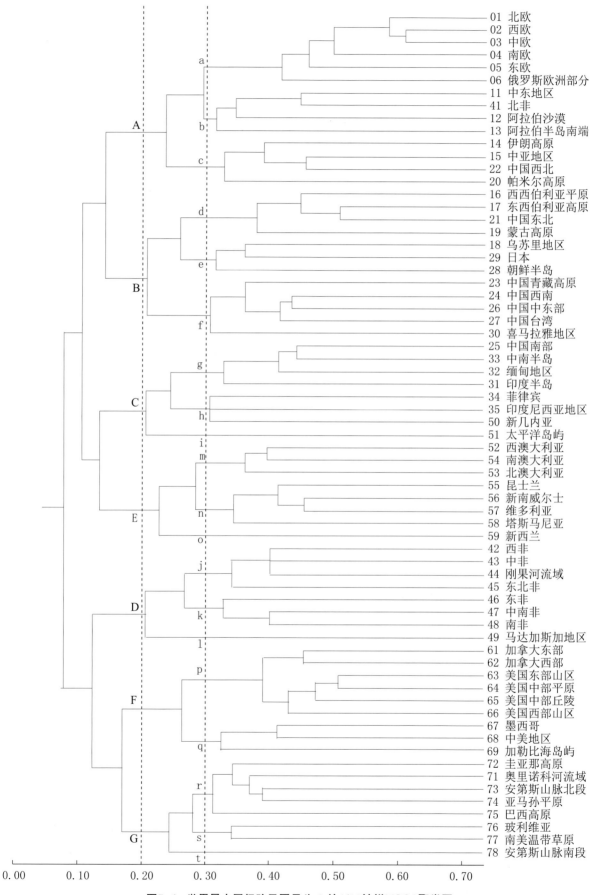

图5-4 世界昆虫属级阶元尾号为 3 的1/10抽样MSCA聚类图

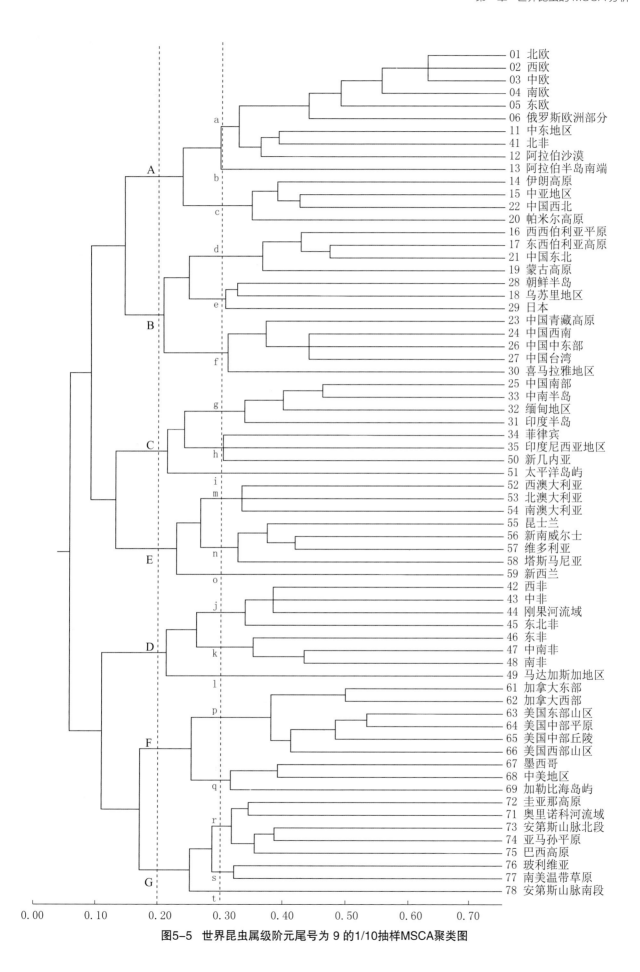

图5-5　世界昆虫属级阶元尾号为 9 的1/10抽样MSCA聚类图

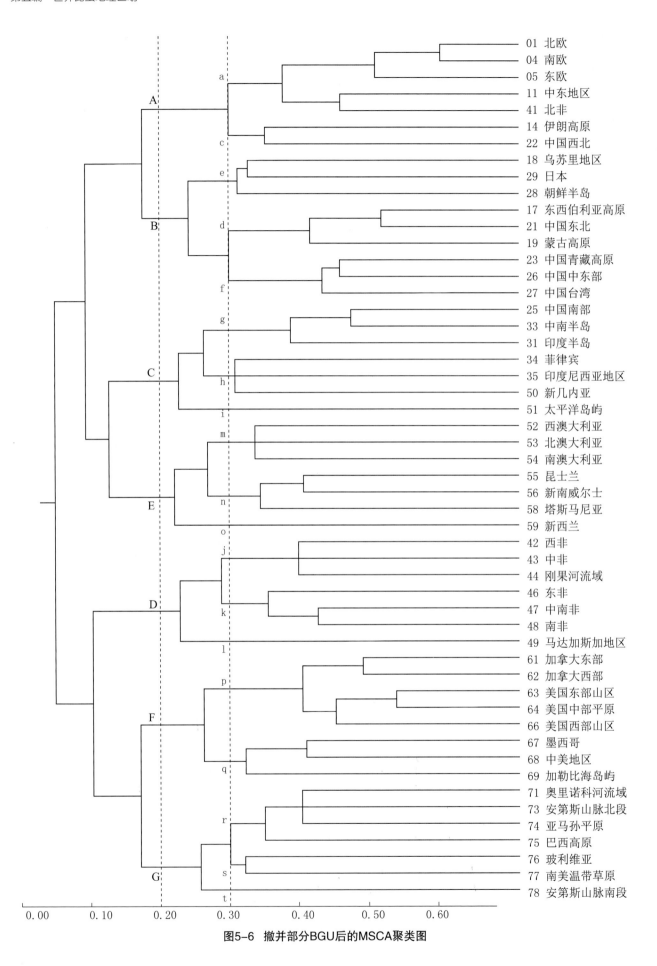

图5-6 撤并部分BGU后的MSCA聚类图

地理单元	属数	地理单元	属数	地理单元	属数
14 中亚	3 561	42 西非	3 090	66 美国西部山区	6 238
		43 中非	1 915	67 墨西哥	7 518
17 西伯利亚	4 117	44 刚果河流域	2 976	68 中美地区	8 656
		46 东非	4 330	69 加勒比海岛屿	2 360
18 乌苏里地区	2 535			71 南美北部高原	3 932
19 蒙古高原	1 164	47 中南非	3 324		
21 中国东北	3 923	48 南非	4 210	73 安第斯山脉北段	6 015
22 中国西北	1 827	49 马达加斯加地区	3 159	74 亚马孙平原	4 220
23 青藏高原	7 748	50 新几内亚	3 379	75 巴西高原	4 502
		51 太平洋岛屿	2 560	76 玻利维亚	2 514
		52 西澳大利亚	2 825	77 南美温带草原	3 176
		53 北澳大利亚	2 009	78 安第斯山脉南段	1 669
25 中国南部	7 058	54 南澳大利亚	1 599	合计（属·单元）	221 638
26 中国中东部	9 567	55 昆士兰	5 689	全世界	104 344

第六节　不同研究领域昆虫的 MSCA 结果
Segment 6　The MSCA for the Insect of Different Research Fields

　　昆虫种类繁多，取食对象、生活方式各不相同，有的昆虫与人类的经济活动有关，有的昆虫与人们的健康有关，更多的昆虫似乎与人们没有直接的关系，但在自然环境中发挥着不可替代的作用。这些不同研究领域的昆虫在分布格局上有无差异，或者有多大差异，我们以科为单位将其划分为三大类群分别考量。这种划分方法实显粗放，但更精细、准确的方法目前还难以做到（表 5-7，表 5-8）。

表5-7　供分析的不同研究领域的昆虫类群

目　名	总属数	产业经济昆虫			卫生医学昆虫			生态环境昆虫		
		科数	属数	种数	科数	属数	种数	科数	属数	种数
石蛃目 Microcoryphia	66							2	66	492
衣鱼目 Zygentoma	132							6	132	580
蜉蝣目 Ephemeroptera	542							45	542	4 035
蜻蜓目 Odonata	794							35	794	6 398
襀翅目 Plecoptera	308							16	308	3 585
蜚蠊目 Blattodea	490				8	490	4 428			
等翅目 Isoptera	284	9	284	2 932						

（续表 5-7）

目 名	总属数	产业经济昆虫			卫生医学昆虫			生态环境昆虫		
		科数	属数	种数	科数	属数	种数	科数	属数	种数
螳螂目 Mantodea	459							16	459	2 873
蛩蠊目 Grylloblattodea	5							1	5	37
革翅目 Dermaptera	219							12	219	1 911
直翅目 Orthoptera	4 630	15	1 907	8 848				40	2 723	16 921
螬目 Phasmatodea	465							13	465	3 071
螳螬目 Mantophasmatodea	13							1	13	19
纺足目 Embioptera	88							13	88	402
缺翅目 Zoraptera	1							1	1	40
啮目 Psocoptera	482							40	482	6 111
食毛目 Mallophaga	285				9	285	4 565			
虱目 Anoplura	46				14	46	553			
缨翅目 Thysanoptera	782	2	311	2 263				7	471	3 775
半翅目 Hemiptera	13 251	36	8 963	57 452	1	22	74	124	4 266	22 193
广翅目 Megaloptera	33							2	33	366
蛇蛉目 Raphidioptera	33							2	33	251
脉翅目 Neuroptera	598	1	79	1 367				15	519	4 172
鞘翅目 Coleoptera	38 537	14	19 142	168 268	1	126	2 480	193	19 269	137 567
捻翅目 Strepsiptera	49							11	49	603
长翅目 Mecoptera	36							9	36	669
双翅目 Diptera	14 002	5	1 792	21 857	16	2 337	36 594	155	9 873	123 543
蚤目 Siphonaptera	241				20	241	2 099			
毛翅目 Trichoptera	658							46	658	14 229
鳞翅目 Lepidoptera	18 051	21	13 092	150 700	2	544	5 969	121	4 415	82 279
膜翅目 Hymenoptera	8 764	3	567	8 607	5	440	6 708	97	7 757	111 749
合计	104 344	106	46 137	422 294	76	4 531	63 470	1 023	53 676	547 871

一、产业经济昆虫

在人们的生产与生活中，常常遇到侵害农林作物、农林产品、储藏物、建筑设施等的昆虫，人们还会饲养、繁殖一些捕食性或寄生性的昆虫去控制害虫。这些与人们有直接经济联系的昆虫有 9 目 106 科（表 5-7），包括 46 137 属，广泛分布于世界各地（表 5-8）。

对这些昆虫的分布数据进行 MSCA 分析（图 5-7），总相似性系数为 0.052，在相似性系数为 0.200 的水平时，聚成 7 个大单元群，其组成与整体结果基本相同，只有 25 号单元离开 C 大单元群聚入 B 大单元群；在相似性系数为 0.290 的水平时，聚成 19 个小单元群，只有 b 小单元群没有形成，分两次聚入 a 小单元群，其余小单元群的组成没有变化。

表5-8 三个不同领域昆虫在各BGU的属数

地理单元	经济	医学	环境	地理单元	经济	医学	环境
01 北欧	1 687	253	3 176	45 东北非	926	131	502
02 西欧	2 078	316	3 653	46 东非	1 875	241	1 680
03 中欧	2 305	245	3 332	47 中南非	1 503	251	1 570
04 南欧	2 725	271	4 519	48 南非	1 735	292	2 183
05 东欧	997	99	1 373	49 马达加斯加地区	1 505	180	1 474
06 俄罗斯欧洲部分	999	143	888	50 新几内亚	1 736	179	1 464
11 中东地区	1 523	208	1 271	51 太平洋岛屿	1 102	168	1 290
12 阿拉伯沙漠	486	81	389	52 西澳大利亚	1 175	116	1 534
13 阿拉伯半岛南端	458	75	423	53 北澳大利亚	846	101	1 062
14 伊朗高原	1 286	211	1 011	54 南澳大利亚	667	79	853
15 中亚地区	1 258	246	887	55 昆士兰	2 276	239	3 174
16 西西伯利亚平原	651	165	562	56 新南威尔士	1 922	232	2 850
17 东西伯利亚高原	1 741	315	1 864	57 维多利亚	1 280	135	2 002
18 乌苏里地区	1 382	124	1 029	58 塔斯马尼亚	684	151	1 084
19 蒙古高原	528	103	533	59 新西兰	660	71	879
20 帕米尔高原	564	127	451	61 加拿大东部	1 348	205	2 124
21 中国东北	1 855	446	1 622	62 加拿大西部	1 496	256	2 576
22 中国西北	886	314	627	63 美国东部山区	2 353	299	3 178
23 中国青藏高原	1 192	319	712	64 美国中部平原	1 742	233	2 554
24 中国西南	2 698	457	2 185	65 美国中部丘陵	1 733	242	2 254
25 中国南部	3 393	474	3 191	66 美国西部山区	2 800	323	3 115
26 中国中东部	4 512	614	4 441	67 墨西哥	3 482	325	3 711
27 中国台湾	3 452	419	3 606	68 中美地区	3 919	459	4 278
28 朝鲜半岛	588	125	691	69 加勒比海岛屿	1 138	133	1 089
29 日本	2 403	300	2 510	71 奥里诺科河流域	1 160	179	1 327
30 喜马拉雅地区	1 358	161	860	72 圭亚那高原	1 232	173	1 139
31 印度半岛	2 532	310	2 069	73 安第斯山脉北段	2 786	376	2 853
32 缅甸地区	1 460	214	1 505	74 亚马孙平原	2 231	263	1 726
33 中南半岛	2 413	284	2 559	75 巴西高原	2 366	239	1 897
34 菲律宾	1 339	201	1 277	76 玻利维亚	1 369	150	995
35 印度尼西亚地区	2 959	343	2 866	77 南美温带草原	1 433	235	1 508
41 北非	1 093	139	683	78 安第斯山脉南段	765	74	830
42 西非	1 518	207	1 251	合计（属·单元）	112 592	15 470	121 322
43 中非	1 373	209	1 338	全世界	46 137	4 531	53 676
44 刚果河流域	1 655	222	1 213				

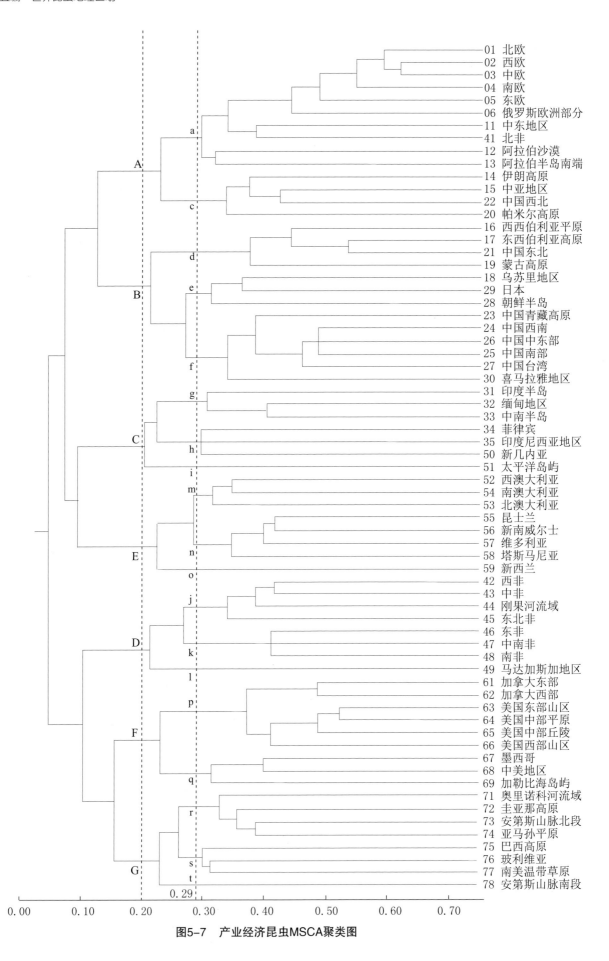

图5-7　产业经济昆虫MSCA聚类图

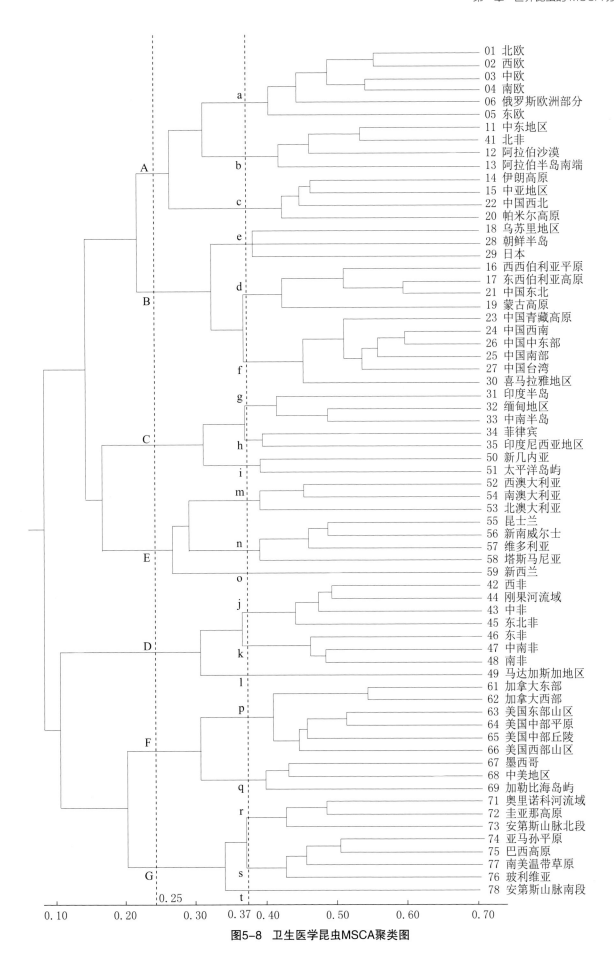

图5-8 卫生医学昆虫MSCA聚类图

二、卫生医学昆虫

卫生医学昆虫主要有三类，吸食人畜、鸟兽血液的吸血性昆虫，传播疾病的媒介昆虫，取食鸟兽羽毛、毛发的食毛类昆虫，共有 9 目 76 科 4 531 属（表 5–7），各个 BGU 均有分布（表 5–8）。

对 67 个卫生医学昆虫 BGU 的 MSCA 分析（图 5–8），结果显示，总相似性系数为 0.089，在相似性系数为 0.370 的水平上，67 个 BGU 聚成 20 个小单元群，在相似性系数为 0.250 的水平上又聚成 7 个大单元群。与世界昆虫整体结果（图 5–1）相比，表现出高度的一致性，大、小单元群的数量完全相同，各大、小单元群的组成基本一致，群间的结构基本一致。所不同的是，总相似性系数及划分大、小单元群的相似性系数略高于昆虫整体结果，这是人们对医学昆虫比较关注，调查比较深入所致；个别单元的聚类位置有所移动，25 号单元从 g 小单元群移到 f 小单元群，50 号单元从 h 小单元群移到 i 小单元群，74 号单元从 r 小单元群移到 s 小单元群，这些移动都是相邻单元群之间的移动，不违背地理学原则。

在《中国昆虫地理》一书中讨论到卫生医学昆虫时，对于其不同于哺乳动物地理区划而类似于昆虫整体分析的结果，我们用到"意想不到"和"值得深思"两个词，这里再次遇到这样的结果，而且在第四编专门分析吸血性双翅目昆虫时也是同样的结果。现在到了"必须深思"的时候了。

华莱士（P. Wallace）在 1876 年问世的《动物的地理分布》（*The geographical distribution of animals*）一书中，主要根据哺乳动物的分布建立了世界动物地理区划系统，虽然书中有专门章节讨论了甲虫与蝶类，但看不到列举这些极少种类的昆虫对他的地理区划有多大贡献。后来的达令顿（P. J. J. Darlington, 1957）对区划系统的修订，以及张荣祖先生的《中国动物地理》，同样都是基于哺乳动物的分布信息，而没有昆虫的资料。尽管只是哺乳动物，尽管哺乳动物在动物界中所占比例很小，但他们不约而同地都是使用泛称"animal"（动物），不像植物界那么严谨，植物地理区划研究者们都是比较具体地使用"flowering plant"（种子植物），尽管它们在植物界中比例很大。

既然知道动物地理区划只是依据哺乳动物的资料而建立的，为什么昆虫界人士要"自作多情"地借用或套用它来解析昆虫分布格局呢，有什么充足的理由吗？有什么充分的论证呢？是谁在什么时候倡导的呢？当然追究这些已无必要，但我们可以列举一些不能够借用或套用的理由：

一是昆虫起源于 4 亿多年前的古生代泥盆纪，哺乳动物起源于 6 700 万年前的新生代。昆虫经历了比哺乳动物多得多的历史事件，如古大陆的形成与裂解、中生代的生物大灭绝等；二是昆虫种类比哺乳动物种类至少多 150 倍，分布类型与分布信息比哺乳动物丰富、复杂得多；三是昆虫是变温动物，哺乳动物是恒温动物，前者比后者受自然条件制约要大得多；四是昆虫绝大多数以植物为食，与哺乳动物没有食物链上的联系。根据以上几点，昆虫若套用植物区划系统似乎更合适一些。

因此，对于昆虫与哺乳动物这两类生物，既无进化上的血统关系，又无生态上的生存依赖关系，有理由认定二者存在分布格局上的差异。这是我们进行昆虫地理学研究的根本原因。

现在回到问题的起点，如果上述 4 条成立，并且已经承认昆虫与华莱士的哺乳动物分布格局不应相同，那么与哺乳动物有密切关系的卫生医学昆虫应该与哺乳动物分布格局是相同的，可为什么与华莱士的结果不同，而与昆虫整体结果相同呢？首先是不同分析方法造成的，如果我们的分析方法无误的话，是否会出现下面的局面：昆虫与植物的分布格局是一致的，动物与植物的分布格局是一致的，微生物与植物的分布格局也是一致的，世界上所有生物的分布格局都是一致的。当然，这个源自孔子哲学思想的"世界大同"的假设，还需要一系列的求证，首先将昆虫的定量分析圆满完成；对已有的由定性方法得来的高等植物地理区划系统及哺乳动物地理区划系统，用定量方法予以检验、修正、完善；对未曾分析过的低等动植物进行分析；对微生物也进行分析。本书只能完成第一项任务，并初步触及一部分其他生物。

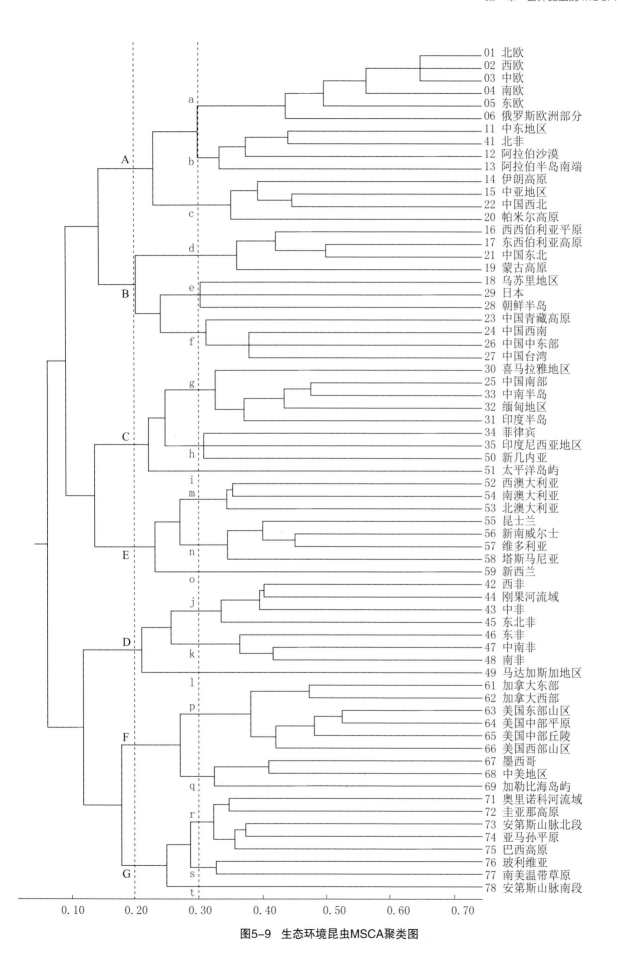

图5-9　生态环境昆虫MSCA聚类图

三、生态环境昆虫

这类昆虫种类多，人们的认知度与关注度都较低，但在自然界维持能量转换与生态平衡中，作用甚巨，共26目1 023科53 676属，涵盖547 871种（表5-7），遍布世界（表5-8）。

生态环境昆虫的 MSCA 结果（图5-9）显示，总相似性系数是0.062，比整体结果略高，划分大、小单元群的相似性系数为0.200、0.300，与整体结果相同，大、小单元群的数量也相同。所不同的是，大单元群中，只有30号单元离开B大单元群聚入C大单元群；小单元群中，只有75号单元离开s小单元群聚入r小单元群，其余完全相同。

第七节　分布域宽窄对聚类结果的影响
Segment 7　The Influence of Distribution Area to the Result of MSCA

昆虫的分布记录是计算分析的最原始依据，每一条记录都为聚类图的构建贡献着力量，不同类群分布范围有宽有窄，发挥的作用也不相同。我们根据分布域的宽窄程度，划分若干层次（表5-9），分别对不同层次的分布数据（表5-10）进行 MSCA 分析。

表5-9　不同分布域昆虫的基本参数

分布域	分布 BGU 数	属数	基础分布记录	平均分布域	平均丰富度
没有分布记录	0	45 987	0	0	0
单域	1	22 377	2 2377	1.00	334
窄域	2～5	22 835	6 8176	2.99	1 018
中域	6～10	7 900	58 082	7.35	867
宽域	11～30	4 636	77 231	16.66	1 153
广域	31～66	604	23 183	38.38	346
全域	67	5	335	67	5
合计	0～67	104 344	249 384	2.39	3 722

表5-10　不同分布域昆虫在各BGU的分布

基础地理单元	单域	窄域	中域	宽域	广域	全域	合计
01 北欧	115	732	1 634	2 179	451	5	5 116
02 西欧	174	1 100	1 820	2 429	519	5	6 047
03 中欧	124	1 085	1 756	2 399	513	5	5 882
04 南欧	640	1 718	1 981	2 620	551	5	7 515
05 东欧	21	197	620	1 237	389	5	2 469

（续表 5-10）

基础地理单元	单域	窄域	中域	宽域	广域	全域	合计
06 俄罗斯欧洲部分	20	222	403	1 035	345	5	2 030
11 中东地区	151	581	558	1 258	449	5	3 002
12 阿拉伯沙漠	18	154	201	370	208	5	956
13 阿拉伯半岛南端	37	141	199	383	191	5	956
14 伊朗高原	133	377	433	1 147	413	5	2 508
15 中亚地区	107	391	425	1 091	372	5	2 391
16 西西伯利亚平原	8	67	202	815	281	5	1 378
17 东西伯利亚高原	36	464	963	2 031	421	5	3 920
18 乌苏里地区	151	241	437	1 320	381	5	2 535
19 蒙古高原	13	92	143	612	299	5	1 164
20 帕米尔高原	40	174	212	504	207	5	1 142
21 中国东北	102	623	950	1 844	399	5	3 923
22 中国西北	58	254	322	897	291	5	1 827
23 中国青藏高原	71	448	370	1 025	304	5	2 223
24 中国西南	186	1 520	1 390	1 826	413	5	5 340
25 中国南部	367	2 294	1 843	2 079	470	5	7 058
26 中国中东部	747	2 981	2 379	2 941	514	5	9 567
27 中国台湾	827	2 095	1 809	2 250	491	5	7 477
28 朝鲜半岛	14	157	207	718	303	5	1 404
29 日本	401	1 085	1 172	2 050	500	5	5 213
30 喜马拉雅地区	158	527	534	859	296	5	2 379
31 印度半岛	667	1 226	1 086	1 485	442	5	4 911
32 缅甸地区	79	736	958	1 091	310	5	3 179
33 中南半岛	264	1 510	1 444	1 604	429	5	5 256
34 菲律宾	282	890	590	783	267	5	2 817
35 印度尼西亚地区	1 074	2 139	1 164	1 389	397	5	6 168
41 北非	235	592	507	1 121	460	5	2 920
42 西非	287	1 000	628	847	323	5	3 090
43 中非	137	714	432	424	203	5	1 915
44 刚果河流域	357	1 127	526	662	299	5	2 976
45 东北非	105	360	399	451	239	5	1 559
46 东非	624	1 184	643	955	385	5	3 796
47 中南非	329	1 218	595	848	329	5	3 324
48 南非	821	1 214	683	1 080	407	5	4 210
49 马达加斯加地区	1 200	465	384	774	331	5	3 159
50 新几内亚	595	1 134	560	789	296	5	3 379
51 太平洋岛屿	610	587	353	705	300	5	2 560
52 西澳大利亚	375	1 078	641	484	242	5	2 825
53 北澳大利亚	93	634	533	527	217	5	2 009

（续表 5-10）

基础地理单元	单域	窄域	中域	宽域	广域	全域	合计
54 南澳大利亚	71	497	522	316	188	5	1 599
55 昆士兰	854	2 271	1 074	1 132	353	5	5 689
56 新南威尔士	542	2 284	928	908	337	5	5 004
57 维多利亚	279	1 547	718	617	251	5	3 417
58 塔斯马尼亚	178	731	493	333	179	5	1 919
59 新西兰	627	275	193	333	177	5	1 610
61 加拿大东部	53	673	907	1 625	414	5	3 677
62 加拿大西部	133	1 030	1 034	1 714	412	5	4 328
63 美国东部山区	268	1 408	1 451	2 165	533	5	5 830
64 美国中部平原	78	1 008	1 176	1 809	453	5	4 529
65 美国中部丘陵	107	1 099	1 074	1 521	423	5	4 229
66 美国西部山区	646	1 739	1 337	2 026	485	5	6 238
67 墨西哥	710	2 763	1 922	1 645	473	5	7 518
68 中美地区	1 676	3 174	1 915	1 462	424	5	8 656
69 加勒比海岛屿	255	478	617	696	309	5	2 360
71 奥里诺克河流域	120	662	987	658	234	5	2 666
72 圭亚那高原	158	804	878	500	199	5	2 544
73 安第斯山脉北段	792	2 330	1 497	1 036	355	5	6 015
74 亚马孙平原	455	1 679	1 180	642	259	5	4 220
75 巴西高原	686	1 743	1 117	705	246	5	4 502
76 玻利维亚	81	920	875	455	178	5	2 514
77 南美温带草原	268	1 053	857	718	275	5	3 176
78 安第斯山脉南段	487	480	241	277	179	5	1 669
合计（属·单元）	22 377	68 176	58 082	77 231	23 183	335	249 384
全世界	22 377	22 835	7 900	4 636	604	5	58 357

一、单域属与全域属的作用

单域属是只分布在单个 BGU 内的属，全域属是分布在所有 BGU 的属。有人认为它们是不起什么作用的，从建数据库时就将其舍弃。它们究竟有无作用，可以做一个具体分析。本研究数据库删去单域属和全域属，就是表 5-10 中的窄域、中域、宽域、广域属，共计 35 975 属，共有分布记录 226 672 属·单元，平均丰富度为 3 383 属 / 单元，平均分布域为 6.30 单元 / 属。对其 MSCA 的结果如图 5-10 所示。67 个 BGU 的总相似性系数为 0.094，与整体结果相比显著提高，在相似性水平为 0.260 时，聚为 7 个大单元群，每个单元群的组成 BGU 的数量与整体结果相同，地理范围只是 25 号单元与 30 号单元互换了聚类位置。超过半数的小单元群已经形成，但找不到能够将其区分的相似性系数。可以看出，去掉看似不起作用的单域属及全域属，各 BGU 之间的关系模糊了许多。反倒不如 10 000 属左右的 1/10 抽样结果清晰。

二、窄域分布

我们设定的窄域范围是分布在 2～5 个 BGU 的属，共计 22 835 属，分布记录共有 68 176 属·单元，平均丰富度为 1 018 属 / 单元，平均分布域为 2.99 单元 / 属。

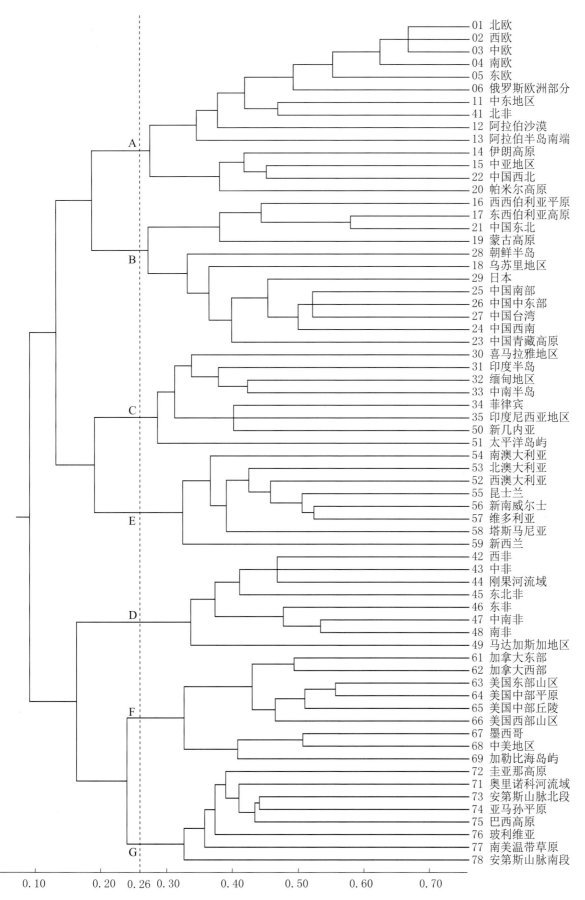

图5-10　排除单域属和全域属后的MSCA聚类图

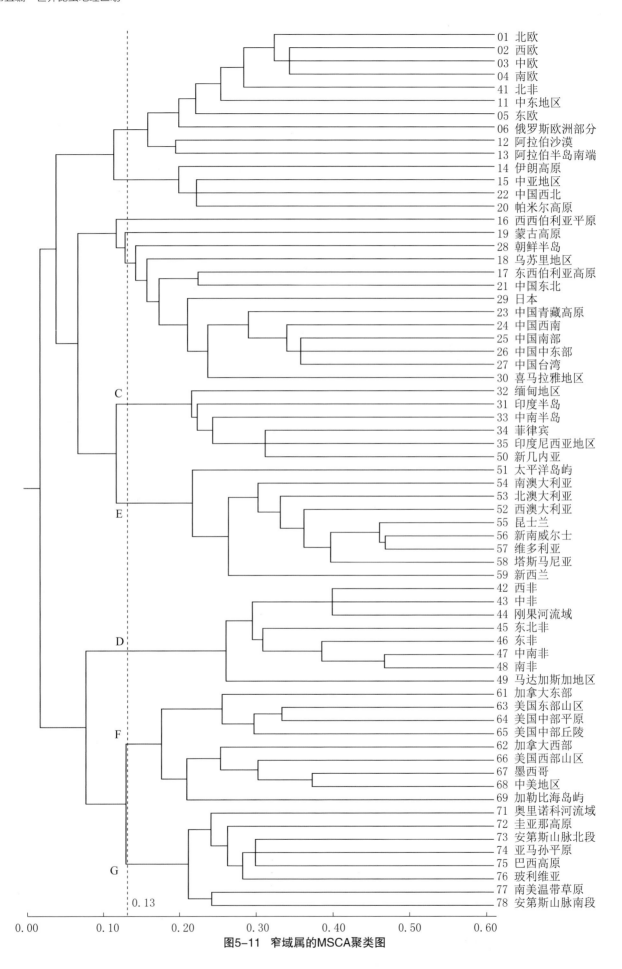

图5-11 窄域属的MSCA聚类图

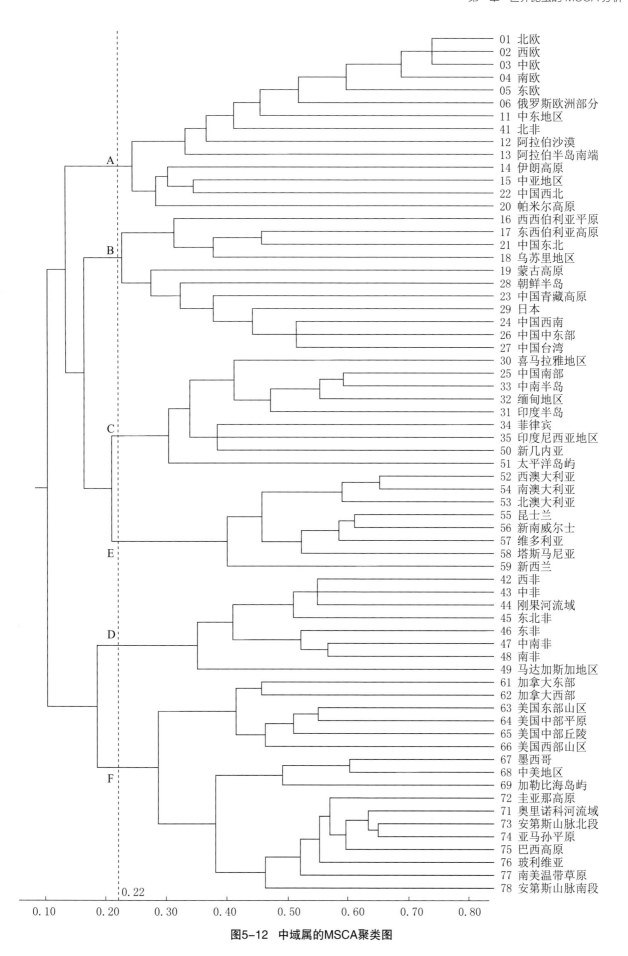

图5-12　中域属的MSCA聚类图

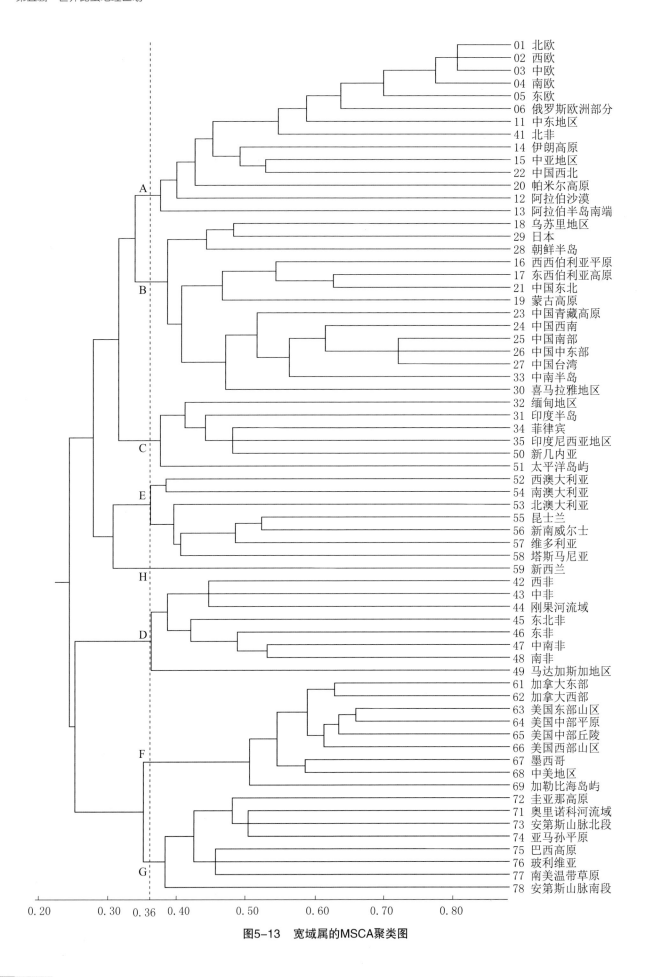

图5-13　宽域属的MSCA聚类图

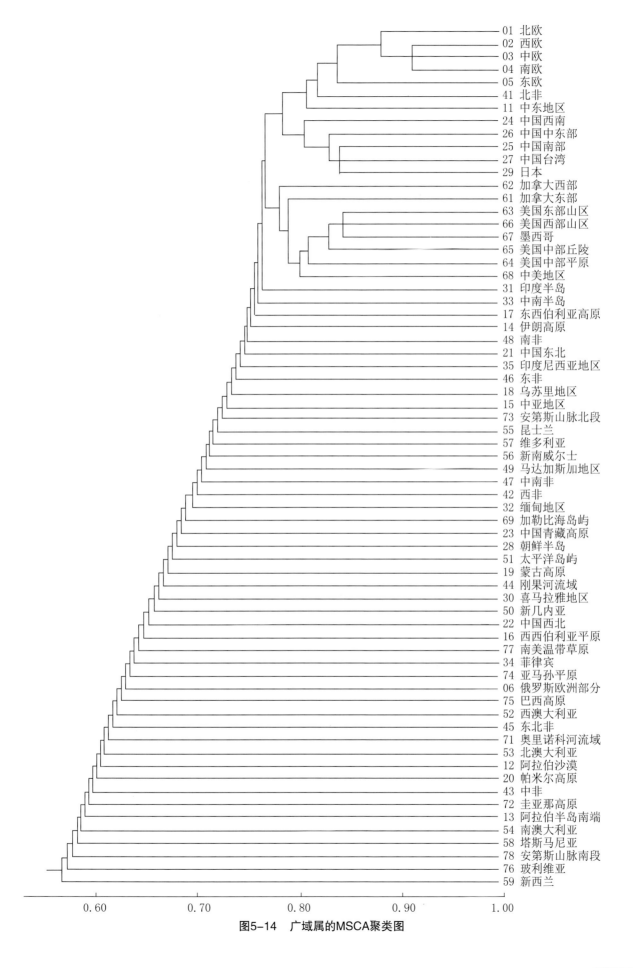

图5-14　广域属的MSCA聚类图

窄域属的 MSCA 结果（图 5-11）显示，各个 BGU 的总相似性系数是 0.045，比整体结果略低，7 个大单元群均已形成，但在相似性系数为 0.130 的水平时，只能分辨出 C～G 共 5 个大单元群，A、B 两个大单元群在水平线后聚成，各大单元群的构成基本没变，只是 25 号单元从 C 大单元群移到没有聚成的 B 大单元群，51 号单元从 C 大单元群移到 E 大单元群，其余没有变化。小单元群的形成很少。

三、中域分布

分布于 6～10 个 BGU 的设定为中域分布，共计 7 900 属，有分布记录 58 082 属·单元，平均丰富度为 867 属 / 单元，平均分布域为 7.35 单元 / 属。

中域属的 MSCA 结果（图 5-12）显示，67 个 BGU 的总相似性系数是 0.110，比整体结果高出近 1 倍，在相似性系数为 0.220 的水平时，聚成 6 个大单元群，即原来的 F、G 大单元群在水平线前已经聚在一起。各大单元群的组成没有变化，只有 30 号单元离开 B 大单元群到 C 大单元群。半数以上的小单元群先后聚成，但聚类相似性系数参差不齐，找不到合适的相似性系数水平线。

四、宽域分布

宽域分布类型的属分布于 11～30 个 BGU，共计 4 636 属，有分布记录 77 231 属·单元，平均丰富度为 1 153 属 / 单元，平均分布域为 16.66 单元 / 属。

宽域属的 MSCA 结果（图 5-13）显示，67 个 BGU 的总相似性系数为 0.249，是整体结果的 4 倍多，在相似性系数为 0.360 的水平时，聚成 8 个大单元群，即 59 号单元从 E 大单元群中独立出来。各大单元群的组成只有 C 大单元群的 25 号、33 号单元移到 B 大单元群，E 大单元群失去了 59 号单元。小单元群的聚成水平不及上几个层次。

五、广域分布

广域分布类型是分布于 31～66 个 BGU 的属，共计 604 属，有分布记录 23 183 属·单元，平均丰富度为 346 属 / 单元，平均分布域为 38.38 单元 / 属。

广域属的 MSCA 结果（图 5-14）已经显示不出聚类的效果，总相似性系数为 0.573，除欧洲、东亚、北美的几个 BGU 略有聚类倾向外，大部分 BGU 都是排队先后聚在一起。

以上可以看出，在做地理区划的聚类分析时，必须踏踏实实地将所有分类、分布资料收集完全，才有可能达到预期目标，任何人为地挑选部分类群进行计算分析，结果只能是事与愿违，徒劳无功。

第八节　与传统分析方法的比较
Segment 8　The Comparison with Traditional Methods

本书在第二编已详细比较了几种主要传统聚类分析方法的结果以及产生偏差的原因，这里再以世界昆虫为材料，选择三种方法进行分析：一种是最基础的方法，即 Jaccard（1901）的相似性公式 $SI = C / (A + B - C)$ + 单链法 Single-Link；另一种是最被推崇的方法，即 Szymkiewicz（1934）的相似性公

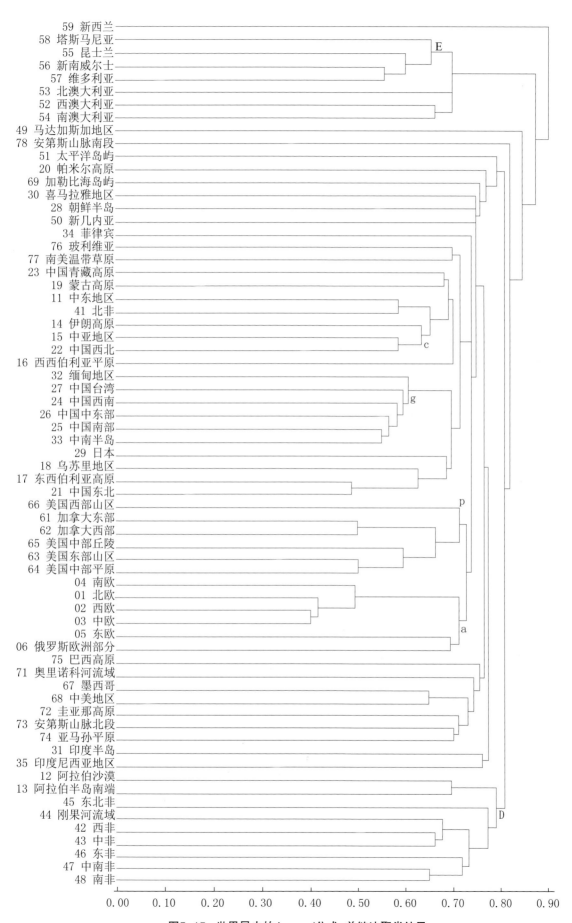

图5-15　世界昆虫的Jaccard公式+单链法聚类结果

式 $SI = C / \min(A, B)$ + 类平均法 Average group linkage[即 Sipson(1943) 的距离公式 $\beta = 1 - C / \min(A, B)$ + 无加权类平均法 Unweighted Pair Group Means Algorithm, UPGMA]；第三种是效果最好的方法，即 Czekanowski（1913）的相似性系数公式 $SI = 2C / (A + B)$ + 离差平方和法 Sum of squares method（SSM）[又称 Sørensen（1948）公式 +Ward 法（1963）]。

一、Jaccard 公式 + 单链法

单链法聚类的结果（图 5-15）与 MSCA 结果显然不同。其一，这是单链法典型的梯形图，结构不清，关系混乱；其二，由于层层合并，遗留下不少难以聚类的地理碎片，如 20 号、34 号、51 号、49 号、59 号、78 号等地理单元，被业内称作 "噪音"；其三，图中虽然也可以找到几个具有地理学意义的单元群，但找不到合适的相似性水平将它们区分；其四，大多 BGU 没有得到合理的聚类位置。

二、Szymkiewicz 公式 + 类平均法

类平均法聚类的结果（图 5-16）比单链法已有了很大改进，基本消除令人头痛的 "噪音" 现象，而且在 0.730 的距离水平时形成 6 个大单元群，其中有 5 个具有地理学意义，另一个大单元群由 31 个 BGU 组成，难以进行更具体的划分。所以类平均法虽然因为可以消除 "噪音" 现象而被数学家推崇，但还不能够满足生物地理学家的要求。

三、Czekanowski 公式 + 离差平方和法

Czekanowski 公式 + 离差平方和法聚类的结果（图 5-17）比类平均法层次更为清晰。在 1.500 的距离水平时，聚成 8 个大单元群，前 7 个都具有地理学意义，最后一个则是杂乱的组合。各大单元群下还可以分作若干个小单元群，但没有同一水平予以区分。

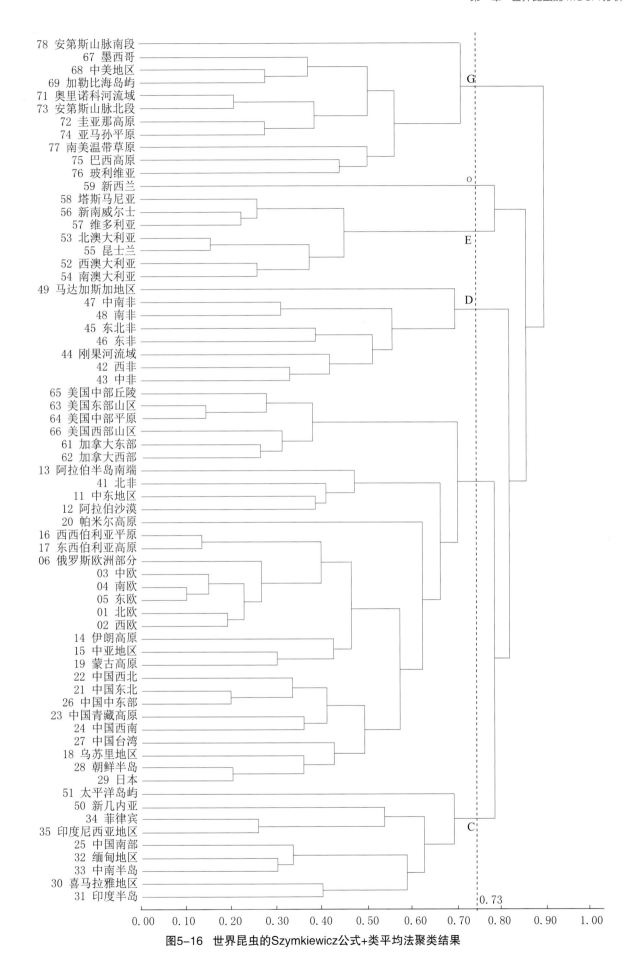

图5-16　世界昆虫的Szymkiewicz公式+类平均法聚类结果

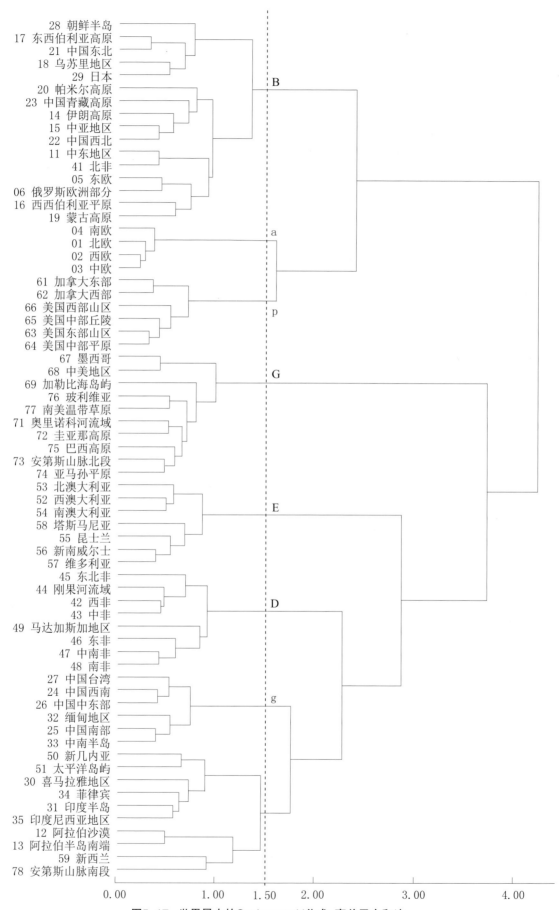

图5-17 世界昆虫的Czekanowski公式+离差平方和法

第二章
世界昆虫地理分区及区域分异

Chapter 2　The Division of Insect Regions and Their Difference in the World

第一节　昆虫地理区划系统及命名
Segment 1　Insect Geographical Division and Name in the World

我们经过第三编、第四编及本编第一章的上下、左右、内外、条块等多项次的分析，终于可以放心地认定图 5-1 所反映的世界昆虫分布格局及区系关系。根据区系关系我们就可以比定性研究容易得多地进入地理区域划分的步骤。

如果说相似性分析是一个探索自然规律、量化分布格局的科学过程，地理区划将是根据量化结果进行区域划分的人为过程。特别是昆虫至今还没有一个，哪怕是定性的，甚至是不成熟的世界地理区划方案，我们即使划分得偏粗或偏细一些，都应该是尝试性质的。

但是，我们的目的是要人们容易理解、记忆、运用，决不能率性而为。因此采取的划分与命名的原则有三条：一是严格遵循相似性分析的定量关系；二是划分数量尽量接近现有动物、植物地理区划；三是区域名称尽量与现有动植物区划名称一致。

下面介绍我们拟定的世界昆虫地理区划方案（图 5-18）：

一、西古北界（West Palaearctic Kingdom）

西古北界（A）由 01～06 号、11～15 号、20 号、22 号、41 号共 14 个 BGU 组成，包括欧洲、北非、阿拉伯半岛、中亚、帕米尔高原、中国西北等地，相当于动物区划的古北区西半部。总面积约 2 887 万 km²。

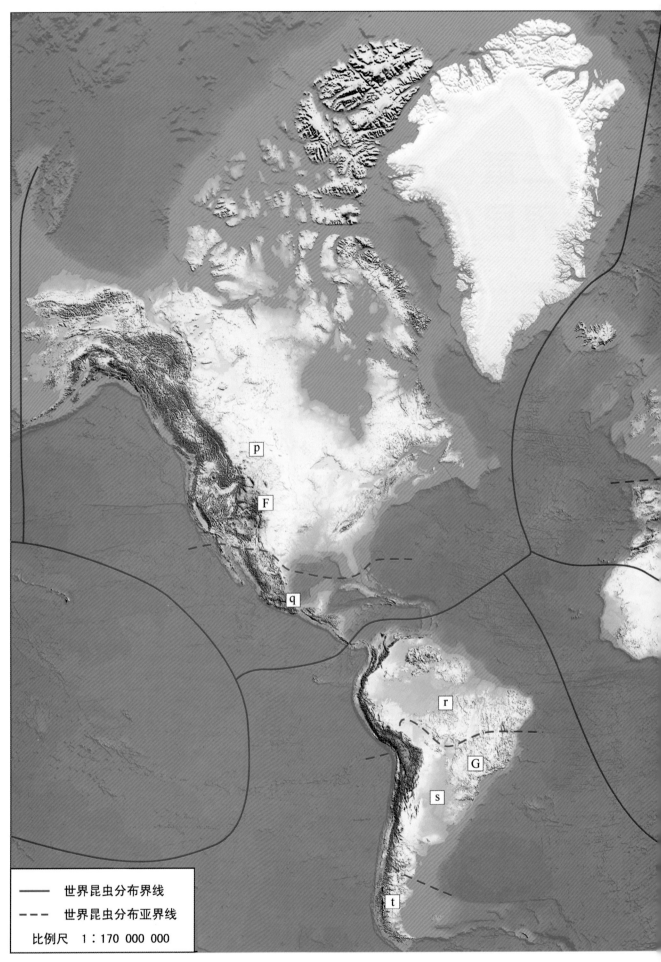

图5-18 世界昆虫地理区划图（图中A~G、a~t代表的世界昆虫地理区划名称，见表5-11）

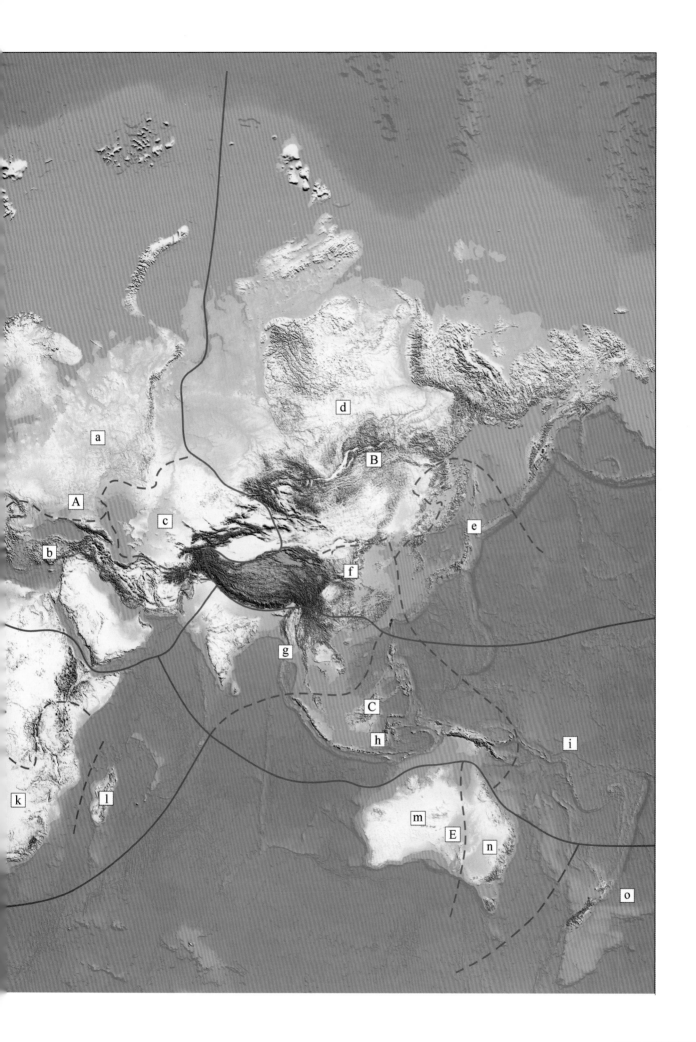

有昆虫 29 目 733 科 12 510 属（表 5–11），缺少螳䗛目 Mantophasmatodea 和缺翅目 Zoraptera。和其他界相比，生物丰富度中等，特有性偏低。下辖欧洲亚界（European Subkingdom）、地中海亚界（Mediterranean Subkingdom）、中亚亚界（Centre Asian Subkingdom）。以欧洲亚界丰富度为最高，其核心区域为南欧地区。

表5–11　世界昆虫区划及其昆虫区系

昆虫区划	组成 BGU	科数	特有科	特有科所占比例（%）	属数	特有属	特有属所占比例（%）
A. 西古北界（West Palaearctic）	14	733	27	3.68	12 510	3 897	31.15
a. 欧洲亚界（European）	6	688	22	3.20	9 919	2 060	20.77
b. 地中海亚界（Mediterranean）	4	434			4 510	483	10.71
c. 中亚亚界（Centre Asian）	4	383	2	0.52	4 228	447	10.57
B. 东古北界（East Palaearctic）	12	742	13	1.75	16 347	4 291	26.25
d. 西伯利亚亚界（Siberian）	4	459			5 504	191	3.47
e. 东北亚亚界（Northeastern Asian）	3	548	6	1.09	6 008	634	10.55
f. 中国亚界（Chinese）	5	689	6	0.87	13 829	2 726	19.71
C. 印度—太平洋界（Indo - Pacific）	8	659	10	1.52	15 709	5 845	37.21
g. 南亚亚界（South Asian）	4	603	3	0.50	10 908	1 708	15.66
h. 印度尼西亚亚界（Indonesian）	3	477	3	0.63	8 177	2 496	30.52
i. 太平洋亚界（Pacific）	1	325			2 560	610	23.83
D. 非洲界（Afrotropical）	8	604	32	5.30	10 691	6 250	58.46
j. 中非亚界（Centre African）	4	380	2	0.53	5 117	1331	26.01
k. 南非亚界（South African）	3	525	14	2.67	6 958	2 302	33.08
l. 马达加斯加亚界（Madagascan）	1	315	3	0.95	3 159	1 200	37.99
E. 澳大利亚界（Australian）	8	694	61	8.79	10 394	5 898	56.74
m. 西澳大利亚亚界（West Australian）	3	420	2	0.48	4 055	637	15.71
n. 东澳大利亚亚界（East Australian）	4	646	30	4.64	8 547	3 017	35.30
o. 新西兰亚界（New Zealander）	1	331	8	2.42	1 610	627	38.94
F. 新北界（Nearctic）	9	823	41	4.98	17 683	7 053	39.89
p. 北美亚界（North American）	6	734	16	2.18	10 972	2 310	21.05
q. 中美亚界（Centre American）	3	654	14	2.14	12 088	3 282	27.15
G. 新热带界（Neotropical）	8	611	17	2.98	11 475	5 038	43.15
r. 亚马孙亚界（Amazonian）	4	510	7	1.37	8 315	1 946	23.40
s. 阿根廷亚界（Argentine）	3	461	1	0.22	6 695	1 317	19.67
t. 智利亚界（Chilean）	1	284	4	1.41	1 669	487	29.18

二 、东古北界（East Palaearctic Kingdom）

东古北界（B）由 16 ～ 19 号、21 号、23 号、24 号、26 ～ 30 号共 12 个 BGU 组成，以鄂毕河、帕米尔高原东沿与西古北界为邻，包括北亚、东北亚、东亚等地，大体相当于古北区的东半部。总面积约 2 312 万 km²。有昆虫 30 目 742 科 16 347 属，唯缺螳䗛目 Mantophasmatodea。本界丰富度高，特有性最低。昆虫区系与西古北界、印度—太平洋界密切，和新北界中等。下辖西伯利亚亚界（Siberian Subkingdom）、东北亚亚界（Northeastern Asian Subkingdom）、中国亚界（Chinese Subkingdom）。以中国亚界丰富度为最高，在 20 个亚界中也居首位，其核心区域为中国中东部。

三、印度—太平洋界（Indo‑Pacific Kingdom）

印度—太平洋界（C）由 25 号、31～35 号、50 号、51 号共 8 个 BGU 组成，以喜马拉雅地区南沿、云贵高原南沿、南岭北沿与东古北界为邻，以印度大沙漠西沿与西古北界为邻，包括南亚、东南亚、新几内亚岛、太平洋岛屿等地，相当于植物地理区划新设的印度—太平洋界（Cox，2001）。总面积约 870 万 km²。有昆虫 29 目 659 科 15 709 属，缺少蛩蠊目 Grylloblattodea 和螳䗛目 Mantophasmatodea。本界丰富度高，特有性中等。区系相似性与东古北界及澳大利亚界的关系密切。下辖南亚亚界（South Asian Subkingdom）、印度尼西亚亚界（Indonesian Subkingdom）、太平洋亚界（Pacific Subkingdom）。丰富度以南亚亚界为最高，特有性以印度尼西亚亚界为最高。其核心区域为印度尼西亚地区。

四、非洲界（Afrotropical Kingdom）

非洲界（D）由 42～49 号共 8 个 BGU 组成，包括除北非外的非洲大陆及岛屿，以撒哈拉沙漠北沿与西古北界为邻，与动物地理区划的非洲区及植物地理区划新设的非洲界（Cox，2001）基本相同。总面积约 2 470 万 km²。有昆虫 27 目 604 科 10 691 属，缺少石蛃目 Microcoryphia、衣鱼目 Zygentoma、蛩蠊目 Grylloblattodea、蛇蛉目 Raphidioptera。物种丰富度较低，特有性最高。下辖中非亚界（Centre African Subkingdom）、南非亚界（South African Subkingdom）、马达加斯加亚界（Madagascan Subkingdom）。丰富度以南非亚界为最高，特有性比例以马达加斯加亚界为最高。其核心区域为南非地区。

五、澳大利亚界（Australian Kingdom）

澳大利亚界（E）由 52～59 号共 8 个 BGU 组成，包括澳大利亚大陆、塔斯马尼亚岛、新西兰及附近岛屿，与其他界没有陆地的连接，小于动物区划的澳洲界，相当于植物区划新调整后的澳洲界，总面积约 795 万 km²。有昆虫 27 目 694 科 10 394 属，缺少蛩蠊目 Grylloblattodea、螳䗛目 Mantophasmatodea、缺翅目 Zoraptera、蛇蛉目 Raphidioptera。物种丰富度最低，但特有性突出。下辖西澳大利亚亚界（West Australian Subkingdom）、东澳大利亚亚界（East Australian Subkingdom）、新西兰亚界（New Zealander Subkingdom）。丰富度以东澳大利亚亚界为高，特有性比例以新西兰亚界为最高，在 20 个亚界中也居首位。其核心区域为昆士兰地区。

六、新北界（Nearctic Kingdom）

新北界（F）由 61～69 号共 9 个 BGU 组成，包括北美、中美、加勒比海岛屿等地。相当于北美洲地域。总面积约 2 422 万 km²。有昆虫 30 目 823 科 17 683 属，唯缺螳䗛目 Mantophasmatodea。本界丰富度最高，特有性中等。本界和南美关系远远密切于和欧亚大陆的关系。下辖北美亚界（North American Subkingdom）、中美亚界（Centre American Subkingdom）。二者丰富度均较高。其核心区域为落基山地区。

七、新热带界（Neotropical Kingdom）

新热带界（G）由 71～78 号共 8 个 BGU 组成，相当于南美洲地域。总面积约 1 797 万 km²。有昆虫 28 目 607 科 11 464 属，缺少蛩蠊目 Grylloblattodea、螳䗛目 Mantophasmatodea、蛇蛉目 Raphidioptera。丰富度及特有性均属中等。下辖亚马孙亚界（Amazonian Subkingdom）、阿根廷亚界（Argentine Subkingdom）、智利亚界（Chilean Subkingdom）。其核心区域为安第斯山脉北段。

第二节 与现行世界动植物地理区划的比较
Segment 2 The Comparison with Animal and Plant Geographical Divisions

有花植物、高等动物、昆虫是三大类不同生物类群，对它们分布规律的阐释与解析一直是多轨并行，互不融合。我们高兴地看到植物区划经过考克斯（C. Barry Cox）2001 年调整后，已逐步接近动物区划，大有统一的趋势。然而 2013 年霍尔特（B. C. Holt）等对脊椎动物区划进行了大规模的修订，由 6 个大区扩为 11 个大区，又拉开了二者的距离。而昆虫的区划则一直是悄悄地逐个类群地进行，直到本研究才出现整体的分析。下面我们比较三者之间的异同：

本研究的昆虫地理区划和华莱士（P. Wallace）的哺乳动物地理区划的不同主要有三点：一是古北界分成东、西两个界；二是新几内亚岛以及太平洋岛屿离开澳洲界聚入东洋界；三是中美地区及加勒比海岛屿离开新热带界聚入新北界。与霍尔特等方案的不同主要有二点：一是昆虫区划对古北界的分设；二是霍尔特新设立的 5 个界（马达加斯加界、巴拿马界、巴布亚—美拉尼西亚界、撒哈拉—阿拉伯界、中国—日本界），在昆虫区划中都达不到界的水平，而处于亚界地位，基本相当于马达加斯加亚界、中美亚界、太平洋亚界、地中海亚界、中国亚界和东北亚亚界。与考克斯植物区划方案的不同主要有两点：一是泛北极界分成 3 个界；二是中美地区不再聚入新热带界。诸方案的相同或接近相同之处是，都有非洲界、印度—太平洋界（东洋界）、澳洲界、新热带界的设立。

一、北温带陆地的分区

植物地理区划把整个北温带陆地设为一个泛北极界，可能因为植物出现较早，经过统一的古大陆时期，致使植物分布较广所致，但无论如何，让这片面积为 7 300 多万 km^2 的广袤大地与非洲南端的好望角并列为"界"，不免令人唏嘘，难以信服。华莱士设立的古北界地跨欧亚大陆，面积最大，东、西两部分存在些许差异，势在必然，他以鄂毕河为界将其分作两个亚界。而在昆虫进化的 4 亿多年历史中，欧亚大陆有 1.5 亿年是由鄂毕海分开的，不能不在区系组成上比哺乳动物留下更多的差异痕迹。这些差异虽然在定性研究中难以准确衡量，但已引起学界关注。穆尔等（F. C. de Moor, et al., 2008）对毛翅目 Trichoptera 的研究将古北区分为东、西、南、北及白令海等 5 个区，莫尔斯等（J. C. Morse, et al., 2011）对毛翅目 Trichoptera 的研究，同样将古北区分作东、西两部分。伊万斯（Gregory A. Evans, 2007）对粉虱科 Aleyrodidae 分布区的划分也将古北区一分为二。我们对同样属于节肢动物的蜘蛛进行定量分析（申效诚，2013），也已经度量出东、西两部分之间达到界级差异的水准。哺乳动物出现在鄂毕海消失之后的 6 700 万年前，华莱士能够把鄂毕河，而不是附近的乌拉尔山作为东西两个亚界的分界线，是具有远见卓识的。因为这时德国科学家魏格纳（A. Wegener, 1915）的大陆漂移学说尚未提出。至于植物的泛北极界及动物的古北界是否达到界级划分的水平，要待对植物和动物进行整体定量分析之后再确定。

二、印澳地区的分界

人们津津乐道的华莱士的贡献是，他主要依据有袋类动物的分布边界，在加里曼丹岛与苏拉威西岛之间划上一条"华莱士线"，把该线以东的所有大小岛屿全部划归澳洲界，这个论据的说服力是非常单薄的，因为这毕竟只是一类动物，东洋界的哺乳动物越过这条线分布到几内亚岛、昆士兰州怎么办？这就是定性分析的"任性"之处。植物地理区划则一直将新几内亚岛及太平洋岛屿归于古热带界或印度—太平洋界。对于昆虫，华莱士线的作用同样不明显或不存在，米勒（S. C. Miller，1996）认为新几内亚岛以及密克罗尼西亚、美拉尼西亚、波利尼西亚群岛的昆虫区系和东洋界的关系密切于澳洲界。瓦舍科诺克（V. Vashchonok，2014）在蚤目的研究中，已将其归入东洋界；赫尔曼（L. H. Herman，2001）对隐翅虫科 Staphylinidae 的研究，更将其独立设为大洋洲界（Oceanian Realm）；在斯尔沃（J. Silver，2004）和塔伊戈（A. Taege，2010）分别对蚊科 Culinidae 和叶蜂科 Tenthredinidae 做的地理区划中，也将华莱士线以东的苏拉威西岛归于东洋界。穆尔（F. E. de Moor, 2008）对毛翅目 Trichoptera 的研究，更是越过这些岛屿，连同澳洲大陆的北部一起划入东洋界的范围。我们的研究中，新几内亚岛和太平洋岛屿稳定地和中国华南、印度、中南半岛、菲律宾、印度尼西亚等聚为印度—太平洋界，于是两界的分界线移到澳大利亚大陆的北部海域和东部海域。至于华莱士线能否作为哺乳动物的澳洲界的边界，霍尔特等（B. C. Holt *et al.*，2013）的研究已做了否定的回答。我们认为应在用新的 MSCA 方法定量分析后予以确认。

三、中美地区的归属

植物区划和动物区划均在墨西哥北部境内划了一条 U 形线，作为南北两界的分界线，将中美地区划归新热带区。霍尔特等（2013）的方案把中美地区独立设为一个界。斯尔沃（2004）对蚊科 Culinidae 的地理区划已将墨西哥归入新北区。我们在多项次的定量分析中，墨西哥、中美诸国和加勒比海岛屿首先聚为一个小单元群，这个小单元群和北美的联系密切且稳定，与南美联系疏远，只在个别项次、较小的生物类群分析时能够聚于南美。因此，昆虫的新北界与新热带界的分界线就是南、北美洲的地理分界线。

四、新西兰的地理区划地位

新西兰面积较小，地理位置特殊，它从冈瓦纳古陆分离以后，一直未与澳大利亚有过陆地的接触，生物类群表现出较大的独立性。由于它的陆生哺乳动物种类极少，华莱士（P. Wallace）将其划入澳洲区。人们所熟悉的塔赫他间（A. Takhtajan，1978）制定的植物地理区划已将其从澳洲界分离，连同其他一些岛屿，设立南极界。对于体形微小的节肢动物，新西兰同样稳定地表达出较高水平的独立性，我们（2013，2015）对蜘蛛和部分昆虫类群的定量分析以及瓦舍科诺克（2014）对蚤目的研究，也曾提出独立设界的诉求。本研究认为，新西兰虽然独立性突出，特有属比例居各亚界之首，但物种丰富度居各亚界之末，未充分显现出区系特色，在南极地区昆虫未参与分析之前，根据聚类结果，作为一个亚界留在澳洲界是比较适宜的。这与华莱士、考克斯（C. Barry Cox）、霍尔特的安排也相同。

五、也门、阿曼的归属

也门、阿曼以及索科特拉岛位于阿拉伯半岛南端，地处热带，和非洲距离很近，也确实有不少昆虫种类与东非共有，动植物区划都将其归入非洲界，霍尔特等（2013）将其归于新设立的撒哈拉—阿拉伯界。但从总体分析比较，还是稳定地和沙特阿拉伯一起聚入西古北界的地中海亚界，因此非洲界与西古北界的分界线由北非南缘进入红海后，折向东南经亚丁湾进入阿拉伯海。

六、马达加斯加的归属

马达加斯加及其附近岛屿物种丰富，特有性也相当突出，赫尔曼（2001）、穆尔（2008）、霍尔特等（2013）已将其独立设界。虽然马达加斯加和印度地质关系较近，但狭窄的莫桑比克海峡不足以阻隔非洲大陆物种的传播，本研究的定量分析证明其与非洲大陆的关系已达不到界级水平的距离，将其设为非洲界下的一个亚界比较合适。与华莱士（P. Wallace）、考克斯（C. Barry Cox）的设置相同。

七、青藏高原的归属

青藏高原的隆起是最年轻的地质事件，特殊的地貌条件和气候环境已使昆虫从形态到习性均发生了与之相适应的变化，物种分化已显示出其独特性。王保海等（1992，2006）提出将其独立设为一级区划单位。但无论是对中国昆虫的分析（申效诚等，2013，2015），还是本研究对世界昆虫的分析（图5–1），特别是在撤并BGU的分析中，特意把青藏高原、横断山区、喜马拉雅地区、帕米尔高原并为1个BGU分析（图5–6），都不足以支持这个提议，也不支持华莱士将其归入西伯利亚亚界的设置，而是稳定地聚在中国亚界内。

八、台湾岛的归属

北回归线从中国台湾岛的中部穿过，台湾岛地跨亚热带和热带，也的确有不少东洋界昆虫种类。不仅华莱士、考克斯、霍尔特（B. C. Holt）将其划入东洋界，中国学者也将其划入东洋界（张荣祖，2011；吴征镒等，2011）。但无论从地质历史，还是从现生昆虫区系分析，台湾岛都和福建等中国东南沿海地区关系密切（黄晓磊等，2004；申效诚等，2013，2015），本研究特地把台湾岛作为一个地理单元放在世界范围内考量，同样稳定地聚在东古北界的中国亚界内。

九、南极地区的归属

南极洲大陆及周围的一些岛屿有昆虫分布的记录，赫尔曼（L. H. Herman, 2001）根据对隐翅虫科Staphylinidae 的研究，设立南极区（Antarctic），但这里昆虫区系十分简单，本研究统计只有 12 目 47 科74 属，不足以和其他地理单元进行定量比较分析。本研究暂时将其搁置，待条件成熟后再予以考量。

第三节　世界昆虫的分布型
Segment 3　The Distributional Patterns of Insect in the World

分布型是昆虫分类区系工作者经常接触并运用的概念。但对一个昆虫类群分布型的判断必须建立在清晰的地理区划的基础上。

严格说来，分布型的类别多种多样，人们比较关注的是多数类群的、特有的、广布的分布型。这里涉及两个方面，一方面是生物类群，是种，是属，或是科，一般科的分布是广泛的，或说是全球性的；属的分布是比较狭窄的，一般分布在一两个界内，能够全球分布的属极少；种的分布更为狭窄，能够跨界分布已属罕见。另一方面是地域的级别，是界，亚界，还是更小单位，例如，区或亚区。地域级别越高，分布型越简单，概括性越强，而较小地理区域的区系性质分析，往往需要较低级别的区域单位。

这里按界与亚界的级别，对昆虫属与科两级类群的分布型数量予以统计。

一、基于亚界的属分布型

有分布记录的 58 355 属在 20 个亚界共有 4 538 种分布型，按属数多少排列，有 43 342 属集中在不到 1% 的 39 种分布型内（表 5–12）。39 种分布型中，有 19 种是局限于单个亚界的特有属，共计 29 614 属，占总属数的 50.75%。又有 14 种分布型是跨 2 亚界的，共计 10 628 属，占总属数的 18.21%，仅 6 种分布型为跨 3～4 亚界。其余的 4 499 种分布型只涉及 15 015 属，其中虽有广泛分布的分布型，但属数很少，如能够分布 20 个亚界的只有 23 属。所以属级阶元在亚界的分布是狭窄的。

表5–12　世界昆虫属级阶元在亚界的分布型

序号	西古北界			东古北界			印度—太平洋界			非洲界			澳大利亚界			新北界		新热带界			属数	所占比例（%）
	a	b	c	d	e	f	g	h	i	j	k	l	m	n	o	p	q	r	s	t		
1																	1				3 282	5.62
2											1										3 017	5.17
3				1																	2 726	4.67
4						1															2 496	4.28
5																1					2 310	3.96
6												1									2 302	3.94
7	1																				2 060	3.53
8																		1			1 946	3.33
9							1														1 708	2.93
10					1	1															1 619	2.77
11																1	1				1 461	2.50
12													1	1							1 445	2.48
13										1											1 331	2.28
14																				1	1 317	2.26
15																1		1	1		1 243	2.13
16															1						1 200	2.06
17										1	1										1 062	1.82
18																		1	1		991	1.70
19																		1		1	913	1.56
20							1	1													741	1.27
21												1									637	1.09
22				1																	634	1.09
23														1							621	1.06

（续表5–12）

序号	西古北界			东古北界			印度—太平洋界			非洲界			澳大利亚界			新北界		新热带界			属数	所占比例（%）
	a	b	c	d	e	f	g	h	i	j	k	l	m	n	o	p	q	r	s	t		
24									1													610	1.05
25	1															1						577	0.99
26					1	1	1															556	0.95
27																1	1	1	1			551	0.94
28	1	1																				517	0.86
29																				1		487	0.83
30		1																				483	0.83
31			1																			447	0.77
32				1	1																	326	0.56
33																	1		1			310	0.53
34																1	1	1				283	0.48
35				1	1	1																261	0.45
36								1	1													228	0.39
37				1		1																226	0.39
38																		1	1			212	0.36
39				1	1	1	1															206	0.35
40~4538							………												………			15 015	25.73
合计	9 919	4 510	4 228	5 504	6 008	13 826	10 908	8 177	2 560	5 117	6 958	3 159	4 058	8 547	1 610	10 972	12 088	8 303	6 695	1 669	58 355	100.00
所占比例（%）	17.00	7.73	7.25	9.43	10.30	23.69	18.69	14.01	4.39	8.77	11.92	5.41	6.95	14.65	2.76	18.80	20.71	14.23	11.47	2.86		

二、基于界的属分布型

58 355属昆虫在7个界的分布共有126种分布型（表5–13），这几乎是所有可能的组合数量（127种）。按属数多少排列，前7种分布型是7个界的特有属。各界都有分布的有526属，排15位。300属以上的分布型共19种，涵盖51 051属，占总属数的87.48%。其余107种分布型，只涉及7 304属昆虫。

表5–13　世界昆虫属级阶元在界的分布型

序号	西古北界	东古北界	印度—太平洋界	非洲界	澳大利亚界	新北界	新热带界	属数	所占比例（%）
1						1		7 053	12.09
2			1					6 250	10.71
3							1	5 898	10.11
4		1						5 845	10.02
5							1	5 038	8.63

序号	西古北界	东古北界	印度—太平洋界	非洲界	澳大利亚界	新北界	新热带界	属数	所占比例（%）
6		1						4 291	7.35
7	1							3 897	6.68
8						1	1	3 871	6.63
9		1	1					3 436	5.89
10	1	1				1		1 224	2.10
11	1	1						1 217	2.09
12	1					1		888	1.52
13			1		1			673	1.15
14	1	1	1					532	0.91
15	1	1		1	1	1	1	526	0.90
16		1	1		1			476	0.82
17	1	1	1			1		433	0.74
18	1			1				394	0.68
19		1	1	1				326	0.56
20~126	……	……	……	……	……	……	……	7 306	12.52
合计	12 510	16 347	15 709	10 691	10 394	17 683	11 464	58 355	100.00
所占比例（%）	21.44	28.01	26.92	18.32	17.81	30.30	19.64	–	–

三、基于亚界的科分布型

有分布记录的 1 133 科昆虫在 20 个亚界共有 710 种分布型（表 5-14）。按科数多少排列，排第一位的是 20 个亚界都有分布的全球分布型，计 86 科。在 4 科以上的 35 种分布型中，有 10 种分布型是全球性与次全球性的，共计 136 科，其余 25 种分布型是分布狭窄的 1 ～ 4 亚界的，共计 243 科。第 36 种分布型以后的 675 种分布型共涵盖 756 科。平均每亚界有 493 科昆虫，平均每科分布在 8.71 个亚界中。

表5-14　世界昆虫科级阶元在亚界的分布型

序号	西古北界			东古北界			印度—太平洋界			非洲界			澳大利亚界			新北界		新热带界			科数	所占比例（%）
	a	b	c	d	e	f	g	h	i	j	k	l	m	n	o	p	q	r	s	t		
1	1	1	1	1	1	1	1	1	1	1	1	1	1	1	1	1	1	1	1	1	86	7.58
2														1							33	2.91
3	1																				23	2.03
4																	1	1			16	1.41
5																1					16	1.41
6								1													14	1.23
7																			1		14	1.23
8											1	1									11	0.97
9															1						11	0.97
10																		1	1		11	0.97

（续表 5-14）

序号	西古北界			东古北界			印度—太平洋界			非洲界			澳大利亚界			新北界		新热带界			科数	所占比例（%）
	a	b	c	d	e	f	g	h	i	j	k	l	m	n	o	p	q	r	s	t		
11	1	1	1	1	1	1	1	1	1	1	1	1	1	1	1	1	1	1	1		10	0.88
12										1	1										10	0.88
13					1	1															10	0.88
14	1	1	1	1	1	1	1	1	1	1	1	1	1	1		1	1	1	1	1	7	0.62
15	1	1	1	1	1	1	1	1	1	1	1	1	1	1		1	1	1	1		7	0.62
16																		1	1	1	7	0.62
17																		1			7	0.62
18						1															7	0.62
19														1	1						6	0.53
20	1													1							6	0.53
21				1																	6	0.53
22																1	1	1	1		6	0.53
23	1	1	1	1	1	1	1	1		1	1	1	1			1	1	1	1		5	0.44
24	1	1	1	1	1	1	1	1	1	1	1	1	1	1		1	1	1	1	1	5	0.44
25	1															1	1				5	0.44
26							1	1													4	0.35
27	1	1	1	1	1	1				1	1		1	1	1	1	1	1	1	1	4	0.35
28						1	1	1													4	0.35
29																				1	4	0.35
30	1	1	1	1	1	1	1	1	1	1	1		1		1	1	1	1	1		4	0.35
31	1	1	1	1	1	1	1	1		1	1		1		1	1	1	1	1		4	0.35
32	1	1	1		1	1	1	1	1	1	1		1		1	1	1	1	1		4	0.35
33	1													1							4	0.35
34	1										1					1					4	0.35
35																	1	1	1	1	4	0.35
36~710																					756	66.61
合计	688	434	383	459	548	689	603	477	325	380	525	315	420	646	331	734	654	503	461	284	1 133	100.00
所占比例（%）	60.62	38.24	33.74	40.44	48.28	60.70	53.13	42.03	28.63	33.48	46.26	27.75	37.00	56.92	29.16	64.67	57.62	44.32	40.62	25.02	–	–

四、基于界的科分布型

1 133 科昆虫在 7 个界中共有 99 种分布型（表 5-15），排列第一位的是 7 个界都有分布的全球分布型，共计 332 科，占总科数的 29.25%。平均每界有 694 科昆虫，平均每科分布在 4 界以上。

表5-15　世界昆虫科级阶元在界的分布型

序号	西古北界	东古北界	印度—太平洋界	非洲界	澳大利亚界	新北界	新热带界	科数	所占比例（%）
1	1	1	1	1	1	1	1	332	29.25
2					1			65	5.73
3						1		41	3.61
4						1	1	38	3.35
5				1				32	2.82
6	1	1	1		1	1		32	2.82
7	1	1	1	1	1	1		28	2.47
8	1	1				1		27	2.38
9	1	1	1			1		27	2.38
10	1							27	2.38
11	1	1	1	1		1	1	25	2.20
12	1	1	1		1	1		22	1.94
13		1	1					19	1.67
14	1	1		1	1	1	1	19	1.67
15							1	16	1.41
16	1					1		15	1.32
17	1	1			1	1		15	1.32
18	1	1			1	1	1	14	1.23
19			1		1			12	1.06
20		1	1	1	1	1	1	12	1.15
21		1						13	0.97
22～99	……	……	……	……	……	……	……	304	26.78
合计	733	740	659	604	694	823	607	1 133	100.00
所占比例（%）	64.58	65.20	58.06	53.22	61.15	72.51	53.48		

表5-15　世界昆虫科级阶元在界的分布型

第三章
西古北界

Chapter 3　West Palaearctic Kingdom

西古北界包括欧洲、北非、阿拉伯半岛、中亚、帕米尔高原、中国西北等地，相当于动物区划的古北区西半部。总面积约 2 887 万 km²。与东古北界的分界线是鄂毕河、阿尔泰山脉南沿、昆仑山脉北沿、帕米尔高原东沿。与印度—太平洋界的分界线是印度大沙漠西沿，与非洲界的分界线是撒哈拉沙漠北沿、红海、亚丁湾。

西古北界下辖欧洲亚界（European Subkingdom）、地中海亚界（Mediterranean Subkingdom）、中亚亚界（Centre Asian Subkingdom）。

第一节　昆虫区系特征
Segment 1　The Characteristics of Insect Fauna

西古北界有昆虫 29 目 733 科 12 510 属（表 5–16），以鞘翅目 Coleoptera、双翅目 Diptera、鳞翅目 Lepidoptera、膜翅目 Hymenoptera、半翅目 Hemiptera 最为丰富，没有螳䗛目 Mantophasmatodea 和缺翅目 Zoraptera 的分布。和其他界相比，生物丰富度中等，特有性偏低。三个亚界中以欧洲亚界丰富度最高，其核心区域为南欧地区。

12 510 属昆虫在 7 界中，共计有 64 种分布型，其中第一大分布型是特有属（表 5–17），有 3 897 属，

表5-16　西古北界的昆虫区系

昆虫目名称	科数	属数	昆虫目名称	科数	属数
1. 石蛃目 Microcoryphia	1	5	17. 食毛目 Mallophaga	5	104
2. 衣鱼目 Zygentoma	3	7	18. 虱目 Anoplura	10	17
3. 蜉蝣目 Ephemeroptera	14	45	19. 缨翅目 Thysanoptera	7	148
4. 蜻蜓目 Odonata	16	62	20. 半翅目 Hemiptera	89	1 336
5. 襀翅目 Plecoptera	7	57	21. 广翅目 Megaloptera	1	1
6. 蜚蠊目 Blattodea	5	55	22. 蛇蛉目 Raphidioptera	2	27
7. 等翅目 Isoptera	5	24	23. 脉翅目 Neuroptera	12	146
8. 螳螂目 Mantodea	5	17	24. 鞘翅目 Coleoptera	146	3 422
9. 蛩蠊目 Grylloblattodea	1	1	25. 捻翅目 Strepsiptera	7	13
10. 革翅目 Dermaptera	5	17	26. 长翅目 Mecoptera	3	5
11. 直翅目 Orthoptera	31	596	27. 双翅目 Diptera	122	2 275
12. 䗛目 Phasmatodea	6	28	28. 蚤目 Siphonaptera	9	60
13. 螳䗛目 Mantophasmatodea			29. 毛翅目 Trichoptera	25	160
14. 纺足目 Embioptera	3	7	30. 鳞翅目 Lepidoptera	89	2 100
15. 缺翅目 Zoraptera			31. 膜翅目 Hymenoptera	78	1 702
16. 䗧目 Psocoptera	26	73	合计（29目）	733	12 510

占31.15%；与东古北界、新北界关系最密切，共有属数分别为6 343属、5 221属，与新热带界关系最远，共有属数为1 660属，7界共有属数为526属。

　　3 897个特有属除没有在蛩蠊目 Grylloblattodea、虱目 Anoplura、广翅目 Megaloptera、长翅目 Mecoptera中出现外，25个目都有特有属存在，如鞘翅目 Coleoptera有1 328个特有属，鳞翅目 Lepidoptera有645

表5-17　西古北界昆虫属级阶元的主要分布型

序号	西古北界	东古北界	印度—太平洋界	非洲界	澳大利亚界	新北界	新热带界	属数	所占比例（%）
1	1							3 897	31.15
2	1	1				1		1 224	9.78
3	1	1						1 217	9.73
4	1					1		888	7.10
5	1	1	1					535	4.28
6	1	1	1	1	1	1	1	526	4.20
7	1	1	1			1		433	3.46
8	1			1				394	3.15
9	1	1	1	1				273	2.18
10	1	1	1		1		1	212	1.69
11	1	1	1	1	1		1	201	1.61
12	1	1	1	1			1	190	1.52
13	1	1	1			1	1	189	1.51
14	1	1	1	1	1			185	1.48
15	1	1			1		1	140	1.12

（续表 5-17）

序号	西古北界	东古北界	印度—太平洋界	非洲界	澳大利亚界	新北界	新热带界	属数	所占比例（%）
16	1					1	1	133	1.06
17	1	1		1				129	1.03
18	1	1			1	1		123	0.98
19	1	1	1		1	1	1	120	0.96
20	1		1	1				119	0.95
21	1	1				1	1	117	0.94
22	1		1					107	0.86
23	1					1	1	101	0.81
24～64	1	……	……	……	……	……	……	1 057	8.45
合计	12 510	6 343	3 521	2 823	2 088	5 221	1 660	12 510	100.00
所占比例（%）	100.00	50.70	28.15	22.57	16.69	41.73	13.27		

个特有属，双翅目 Diptera 有 564 个特有属，半翅目 Hemiptera 有 399 个特有属，膜翅目 Hymenoptera 有 382 个特有属，直翅目 Orthoptera 有 300 个特有属。

733 科昆虫在 7 界中，有 49 种分布型（表 5-18），占第一位的是 7 界共有的 332 科，占 45.36%，与新北界、东古北界的关系密切于其他 4 界。

西古北界特有科共有 27 科，占西古北界总科数的 3.68%：

蜉蝣目 Ephemeroptera 的褐缘蜉科 Palingeniidae。

蜻蜓目 Odonata 的 Cordulegasteridae。

纺足目 Embioptera 的 Paedembiidae。

半翅目 Hemiptera 的滨蝽科 Aepophilidae、Elektraphididae。

鞘翅目 Coleoptera 的 Omalisidae、股金龟科 Pachypodidae、Phloiophilidae。

双翅目 Diptera 的蜂蝇科 Braulidae、Chiropteromyzidae、Megamerinidae、Mycetobiidae、Opetiidae、Phaeomyiidae、Rhagionemestriidae、Rhyphidae、Sapromyzidae。

鳞翅目 Lepidoptera 的欧蛾科 Axiidae、Chimabachidae、Crinopterygidae、Cimiliidae、丑蛾科 Heyerogynidae、Holcopogonidae、Lypusidae、Pterolonchidae。

膜翅目 Hymenoptera 的 Iscopinidae、钩腹蜂科 Trigonalodae。

表5-18　西古北界昆虫科级阶元的主要分布型

序号	西古北界	东古北界	印度—太平洋界	非洲界	澳大利亚界	新北界	新热带界	科数	所占比例（%）
1	1	1	1	1	1	1	1	332	45.29
2	1	1	1		1	1		32	4.37
3	1	1	1	1	1	1		28	3.82
4	1	1				1		27	3.68
5	1		1			1		27	3.68
6	1							27	3.68
7	1	1	1		1	1	1	25	3.41
8	1	1		1		1	1	22	3.00

（续表 5–18）

序号	西古北界	东古北界	印度—太平洋界	非洲界	澳大利亚界	新北界	新热带界	科数	所占比例（%）
9	**1**	1		1	1	1	1	19	2.59
10	**1**					1		15	2.05
11	**1**	1			1	1		15	2.05
12	**1**	1			1	1	1	14	1.91
13 ~ 49	**1**	……	……	……	……	……	……	150	20.46
合计	**733**	623	527	489	525	640	467	733	100.00
所占比例（%）	**100.00**	84.99	71.90	66.71	71.62	87.31	63.71		

第二节　欧洲亚界
Segment 2　European Subkingdom

欧洲亚界基本相当于整个欧洲，东部以鄂毕河为界与西伯利亚亚界相邻，东南部以俄罗斯边界与中亚亚界相邻，南部以高加索山脉、黑海、地中海为界与地中海亚界相邻或相望。

欧洲亚界地势低平，气候温润，大部分属温带海洋性气候，南部属地中海气候。

欧洲亚界共有昆虫 28 目 688 科 9 919 属，以鞘翅目 Coleoptera、双翅目 Diptera、鳞翅目 Lepidoptera、膜翅目 Hymenoptera、半翅目 Hemiptera 最为丰富，都在 1 000 属以上（表 5–19），没有蛩蠊目 Grylloblattodea、螳䗛目 Mantophasmatodea、缺翅目 Zoraptera 的分布。在 20 个亚界中，丰富度较高，特有性中等。区系调查透彻，资料丰富，地区间差别不大，相似程度较高。

表5–19　欧洲亚界的昆虫区系

昆虫目名称	科数	属数	昆虫目名称	科数	属数
1. 石蛃目 Microcoryphia	1	5	17. 食毛目 Mallophaga	5	54
2. 衣鱼目 Zygentoma	3	6	18. 虱目 Anoplura	7	12
3. 蜉蝣目 Ephemeroptera	14	42	19. 缨翅目 Thysanoptera	7	110
4. 蜻蜓目 Odonata	15	51	20. 半翅目 Hemiptera	82	1 041
5. 襀翅目 Plecoptera	7	44	21. 广翅目 Megaloptera	1	1
6. 蜚蠊目 Blattodea	5	14	22. 蛇蛉目 Raphidioptera	2	22
7. 等翅目 Isoptera	2	3	23. 脉翅目 Neuroptera	12	67
8. 螳螂目 Mantodea	4	11	24. 鞘翅目 Coleoptera	144	2 645
9. 蛩蠊目 Grylloblattodea			25. 捻翅目 Strepsiptera	7	10
10. 革翅目 Dermaptera	4	13	26. 长翅目 Mecoptera	3	5
11. 直翅目 Orthoptera	20	246	27. 双翅目 Diptera	120	2 059
12. 䗛目 Phasmatodea	4	7	28. 蚤目 Siphonaptera	8	41
13. 螳䗛目 Mantophasmatodea			29. 毛翅目 Trichoptera	22	127
14. 纺足目 Embioptera	1	1	30. 鳞翅目 Lepidoptera	88	1 627
15. 缺翅目 Zoraptera			31. 膜翅目 Hymenoptera	74	1 592
16. 啮目 Psocoptera	26	63	合计（28 目）	688	9 919

欧洲亚界的 9 919 属昆虫在亚界级水平上，共有 2 515 种分布型（表 5–20），按属数多少排序，2 060 属的特有属为第一位，其次分别是与北美亚界、地中海亚界、中亚亚界等的共有属。20 个亚界都有分布的全布属有 23 属。整体比较，与北美亚界、中国亚界、西伯利亚亚界、地中海亚界的关系较为密切。

欧洲亚界的 2 060 个特有属分别属于 20 个目，其中鞘翅目 Coleoptera 681 属、双翅目 Diptera 410 属、鳞翅目 Lepidoptera 335 属、膜翅目 Hymenoptera 295 属、半翅目 Hemiptera 182 属，其次是直翅目 Orthoptera 56 属、毛翅目 Trichoptera 30 属，没有特有属的 8 个目是蜚蠊目 Blattodea、等翅目 Isoptera、纺足目 Embioptera、食毛目 Mallophaga、虱目 Anoplura、广翅目 Megaloptera、脉翅目 Neuroptera、捻翅目 Strepsiptera。

欧洲亚界的 688 科昆虫在亚界级水平上，共有 474 种分布型（表 5–21），按科数多少排序，20 个亚界都有分布的全布科有 86 科，占第一位，其次是 23 科的特有科，紧随其后的是几个亚全布型，自第 59 位以后，全是单科型。

表5–20　欧洲亚界昆虫属级阶元的主要分布型

序号	a	b	c	d	e	f	g	h	i	j	k	l	m	n	o	p	q	r	s	t	属数	所占比例（%）
1	1																				2 060	20.77
2	1															1					577	5.82
3	1	1																			517	5.21
4	1	1	1																		180	1.81
5	1					1															158	1.59
6	1															1	1				144	1.45
7	1			1												1					139	1.40
8	1			1		1										1					119	1.20
9	1					1										1					116	1.17
10	1		1																		92	0.93
11	1			1		1															75	0.76
12	1				1																75	0.76
13	1			1																	71	0.72
14	1				1											1					68	0.69
15	1	1	1	1																	65	0.66
16	1		1	1																	56	0.56
17	1			1	1											1					56	0.56
18	1					1										1	1				54	0.54
19	1	1														1					49	0.49
20	1	1	1	1	1	1															48	0.48
21～2 515	1	………	………	………	………	………	………	………	………	………	………	………	………	………	………	………	………	………	………	………	5200	52.42
合计	9 919	3 146	2 603	3 482	2 771	4 214	2 471	1 199	621	1 071	1 638	807	789	1 640	480	4 708	2 370	1 132	948	359	9 919	100.00
所占比例（%）	100.00	31.72	26.24	35.10	27.94	42.48	24.91	12.09	6.26	10.80	16.51	8.14	7.95	16.53	4.84	47.46	23.89	11.41	9.56	3.62		

表5-21　欧洲亚界昆虫科级阶元的主要分布型

序号	a	b	c	d	e	f	g	h	i	j	k	l	m	n	o	p	q	r	s	t	科数	所占比例（%）
1	**1**	1	1	1	1	1	1	1	1	1	1	1	1	1	1	1	1	1	1	1	86	12.50
2	**1**																				23	3.34
3	**1**	1	1	1	1	1	1	1	1	1	1	1	1	1	1	1	1	1	1		10	1.45
4	**1**	1	1	1	1	1	1	1	1	1	1	1	1			1	1	1	1	1	7	1.02
5	**1**	1	1	1	1	1	1	1	1	1	1	1				1	1	1	1	1	7	1.02
6	**1**															1					6	0.87
7	**1**	1	1	1	1	1	1	1			1	1	1	1		1	1	1	1	1	5	0.73
8	**1**	1	1	1	1	1	1		1	1	1	1	1	1		1	1	1	1		5	0.73
9	**1**															1	1				5	0.73
10	**1**	1	1		1	1	1	1	1		1	1	1	1	1	1	1	1	1	1	4	0.58
11	**1**	1	1	1	1	1	1	1	1			1	1	1	1	1	1	1			4	0.58
12	**1**	1	1	1	1	1	1	1	1	1	1	1	1	1	1	1	1	1	1		4	0.58
13	**1**	1	1	1	1	1	1	1		1	1		1	1	1	1	1	1	1	1	4	0.58
14	**1**													1							4	0.58
15	**1**								1							1					4	0.58
16	**1**	1	1	1	1	1										1					3	0.44
17	**1**	1	1	1	1	1	1	1	1	1	1	1		1	1	1	1	1	1	1	3	0.44
18	**1**			1										1		1	1	1	1		3	0.44
19	**1**			1												1					3	0.44
20	**1**		1		1											1					2	0.29
21～474	……	……	……	……	……	……	……	……	……	……	……	……	……	……	……	……	……	……	……	……	495	71.94
合计	**688**	409	354	432	482	559	472	382	277	316	421	270	336	482	276	601	497	384	266	228	688	100.00
所占比例（%）	**100.00**	59.45	51.45	62.79	70.06	81.25	68.60	55.52	40.26	45.93	61.19	3924	48.84	70.06	40.12	87.35	72.24	55.81	38.66	33.14		

欧洲亚界的 23 个特有科属于下列 6 个目：

蜉蝣目 Ephemeroptera 的褶缘蜉科 Palingeniidae。

半翅目 Hemiptera 的滨蝽科 Aepophilidae、Elektraphididae。

鞘翅目 Coleoptera 的 Omalisidae、股金龟科 Pachypodidae、Phloiophilidae。

双翅目 Diptera 的蜂蝇科 Braulidae、Chiropteromyzidae、Megamerinidae、Mycetobiidae、Opetiidae、Phaeomyiidae、Rhyphidae、Sapromyzidae。

鳞翅目 Lepidoptera 的欧蛾科 Axiidae、Chimabachidae、Crinopterygidae、Cimiliidae、Holcopogonidae、Lypusidae、Pterolonchidae。

膜翅目 Hymenoptera 的 Iscopinidae、钩腹蜂科 Trigonalodae。

第三节　地中海亚界
Segment 3　Mediterranean Subkingdom

地中海亚界位于欧洲亚界以南，包括北非、小亚细亚半岛、阿拉伯半岛。东部以伊朗的边界为界与中亚亚界相连，南部以撒哈拉沙漠北沿为界与中非亚界相连，属于地中海气候和热带、亚热带沙漠气候。

地中海亚界共有昆虫 28 目 434 科 4 510 属（表 5-22），500 属以上的目有鞘翅目 Coleoptera、鳞翅目 Lepidoptera、双翅目 Diptera、半翅目 Hemiptera，没有蛩蠊目 Grylloblattodea、螳䗛目 Mantophasmatodea、缺翅目 Zoraptera 的分布。在 20 个亚界中区系较为贫乏，特有性也比较低下。

地中海亚界的 4 510 属昆虫在亚界级水平上有 1 573 种分布型（表 5-23），占据第一位的是与欧洲亚界的共有属，有 517 属，占本亚界总属数的 11.46%；其次是 483 属的特有属，其后陆续是与中亚亚界、中非亚界、南非亚界、西伯利亚亚界、中国亚界等的共有属。整体比较，与欧洲亚界、中亚亚界、中国亚界、西伯利亚亚界、北美亚界关系比较密切。

地中海亚界的 483 个特有属属于 21 个目，特有属较多的目有鞘翅目 Coleoptera 165 属、鳞翅目 Lepidoptera 86 属、直翅目 Orthoptera 76 属、半翅目 Hemiptera 49 属，没有特有属的 7 个目是石蛃目 Microcoryphia、蜉蝣目 Ephemeroptera、纺足目 Embioptera、食毛目 Mallophaga、虱目 Anoplura、广翅目 Megaloptera、长翅目 Mecoptera。

地中海亚界的 434 科昆虫在亚界级水平上有 268 种分布型（表 5-24），占主要地位的是全布型及亚全布型，自第 42 型以后全是单科型。本亚界没有特有科。

表5-22　地中海亚界的昆虫区系

昆虫目名称	科数	属数	昆虫目名称	科数	属数
1. 石蛃目 Microcoryphia	1	1	17. 食毛目 Mallophaga	4	11
2. 衣鱼目 Zygentoma	2	2	18. 虱目 Anoplura	7	13
3. 蜉蝣目 Ephemeroptera	1	2	19. 缨翅目 Thysanoptera	6	83
4. 蜻蜓目 Odonata	10	36	20. 半翅目 Hemiptera	54	556
5. 襀翅渍目 Plecoptera	7	27	21. 广翅目 Megaloptera	1	1
6. 蜚蠊目 Blattodea	3	25	22. 蛇蛉目 Raphidioptera	2	13
7. 等翅目 Isoptera	4	20	23. 脉翅目 Neuroptera	12	121
8. 螳螂目 Mantodea	5	13	24. 鞘翅目 Coleoptera	71	1 148
9. 蛩蠊目 Grylloblattodea			25. 捻翅目 Strepsiptera	4	7
10. 革翅目 Dermaptera	4	6	26. 长翅目 Mecoptera	1	1
11. 直翅目 Orthoptera	24	325	27. 双翅目 Diptera	63	572
12. 䗛目 Phasmatodea	3	9	28. 蚤目 Siphonaptera	7	24
13. 螳䗛目 Mantophasmatodea			29. 毛翅目 Trichoptera	21	77
14. 纺足目 Embioptera	2	3	30. 鳞翅目 Lepidoptera	44	960
15. 缺翅目 Zoraptera			31. 膜翅目 Hymenoptera	48	404
16. 啮目 Psocoptera	23	50	合计（28 目）	434	4 510

表5-23　地中海亚界昆虫属级阶元的主要分布型

序号	a	b	c	d	e	f	g	h	i	j	k	l	m	n	o	p	q	r	s	t	属数	所占比例(%)
1	1	**1**																			517	11.46
2		**1**																			483	10.71
3	1	**1**	1																		180	3.99
4		**1**	1																		119	2.64
5		**1**								1	1										83	1.84
6	1	**1**	1	1																	65	1.44
7		**1**								1											54	1.20
8	1	**1**	1	1	1	1										1					49	1.09
9	1	**1**	1	1	1	1															48	1.06
10	1	**1**														1					44	0.98
11	1	**1**	1	1	1		1									1					35	0.78
12	1	**1**	1			1															34	0.75
13	1	**1**	1			1										1					32	0.71
14		**1**								1	1	1									29	0.64
15	1	**1**		1	1		1														27	0.60
16		**1**	1	1																	26	0.58
17	1																				26	0.58
18	1	**1**	1	1	1	1	1	1	1	1	1	1	1	1	1	1	1	1	1	1	23	0.51
19	1	**1**	1	1	1	1										1	1				23	0.51
20	1	**1**	1	1	1	1	1									1	1				22	0.49
21～1573	……	**1**	……	……	……	……													……		2591	57.45
合计	3146	**4510**	2157	1739	1522	2023	1638	933	485	1282	1427	732	507	879	300	1670	1076	647	527	257	4510	100.00
所占比例(%)	69.76	**100.00**	47.83	38.56	33.75	44.86	36.32	20.69	10.75	28.43	31.64	16.23	11.24	19.49	6.65	37.03	23.86	14.35	11.69	5.70		

表5-24　地中海亚界昆虫科级阶元的主要分布型

序号	a	b	c	d	e	f	g	h	i	j	k	l	m	n	o	p	q	r	s	t	科数	所占比例(%)
1	1	**1**	1	1	1	1	1	1	1	1	1	1	1	1	1	1	1	1	1	1	86	19.82
2	1	**1**	1	1	1	1	1	1	1	1	1	1	1	1	1	1	1	1	1		10	2.30
3	1	**1**	1				1	1	1	1	1	1	1	1	1	1	1	1	1	1	7	1.61
4	1	**1**	1									1	1	1	1	1	1	1	1	1	7	1.61
5	1	**1**	1										1	1	1	1	1	1	1		5	1.15
6	1	**1**	1														1	1	1	1	5	1.15
7	1	**1**	1													1	1	1	1	1	4	0.92

（续表 5–24）

序号	a	b	c	d	e	f	g	h	i	j	k	l	m	n	o	p	q	r	s	t	科数	所占比例（%）
8	1	**1**	1	1	1	1	1	1		1	1	1	1	1	1	1	1	1	1	1	4	0.92
9	1	**1**	1	1	1	1	1	1	1	1	1		1	1	1	1	1	1	1		4	0.92
10	1	**1**	1	1	1	1	1	1	1	1	1		1	1	1	1	1	1	1	1	4	0.92
11	1	**1**	1	1	1	1										1					3	0.69
12	1	**1**	1	1	1	1	1	1	1	1	1	1	1		1	1	1	1	1	1	3	0.69
13	1	**1**			1	1	1	1	1	1	1	1	1	1	1	1	1	1	1	1	3	0.69
14	1	**1**		1	1	1	1									1					3	0.69
15	1	**1**	1	1	1	1	1	1	1		1	1	1	1	1	1	1	1	1	1	3	0.69
16		**1**	1		1	1	1	1	1	1	1	1	1	1		1	1	1	1	1	2	0.46
17		**1**								1	1										2	0.46
18	1	**1**		1	1	1	1	1	1	1	1	1	1	1		1	1	1	1		2	0.46
19	1	**1**	1	1	1	1	1	1						1	1	1	1				2	0.46
20	1	**1**	1	1	1	1	1	1		1	1	1	1	1		1	1	1	1		2	0.46
21～268	……	**1**	……	……	……	……	……	……	……	……	……	……	……	……	……	……	……	……	……	……	273	62.91
合计	409	**434**	312	330	362	400	371	320	235	281	338	237	273	333	229	396	358	298	292	201	434	100.00
所占比例（%）	94.24	**100.00**	71.89	76.04	83.41	92.17	85.48	73.73	54.15	64.75	77.88	54.61	62.90	76.73	52.76	91.24	82.49	68.66	67.28	46.31		

第四节　中亚亚界

Segment 4　Centre Asian Subkingdom

中亚亚界位于欧洲亚界的东南部，地中海亚界的东部。东北以鄂毕河的主干流额尔齐斯河、阿尔泰山为界与西伯利亚亚界相邻，东部以昆仑山北沿、帕米尔高原东沿为界与中国亚界相连，东南以印度大沙漠西沿为界与南亚亚界接壤，南临波斯湾及阿拉伯海。多高山、高原、沙漠，为典型的大陆性气候，少雨干旱。

中亚亚界昆虫共有 26 目 384 科 4 228 属，500 属以上的目有鞘翅目 Coleoptera、鳞翅目 Lepidoptera、双翅目 Diptera、半翅目 Hemiptera（表 5–25），没有石蛃目 Microcoryphia、衣鱼目 Zygentoma、螳䗛目 Mantophasmatodea、缺翅目 Zoraptera、广翅目 Megaloptera 的分布。相比其他亚界，区系丰富度贫乏，特有性也比较低下。

中亚亚界的 4 228 属昆虫共有 1 438 种分布型（表 5–26），占据第一位的是 447 属的特有属，其后是与欧洲亚界、地中海亚界、中国亚界、西伯利亚亚界的共有属，整体比较，也是与上述亚界较为密切。

表5-25　中亚亚界的昆虫区系

昆虫目名称	科数	属数	昆虫目名称	科数	属数
1. 石蛃目 Microcoryphia			17. 食毛目 Mallophaga	3	84
2. 衣鱼目 Zygentoma			18. 虱目 Anoplura	7	11
3. 蜉蝣目 Ephemeroptera	2	2	19. 缨翅目 Thysanoptera	4	31
4. 蜻蜓目 Odonata	9	20	20. 半翅目 Hemiptera	52	564
5. 襀翅目 Plecoptera	7	23	21. 广翅目 Megaloptera		
6. 蜚蠊目 Blattodea	5	39	22. 蛇蛉目 Raphidioptera	2	7
7. 等翅目 Isoptera	5	19	23. 脉翅目 Neuroptera	11	93
8. 螳螂目 Mantodea	3	5	24. 鞘翅目 Coleoptera	69	1 106
9. 蛩蠊目 Grylloblattodea	1	1	25. 捻翅目 Strepsiptera	2	2
10. 革翅目 Dermaptera	2	5	26. 长翅目 Mecoptera	2	2
11. 直翅目 Orthoptera	24	344	27. 双翅目 Diptera	52	591
12. 䗛目 Phasmatodea	4	18	28. 蚤目 Siphonaptera	8	48
13. 螳䗛目 Mantophasmatodea			29. 毛翅目 Trichoptera	17	65
14. 纺足目 Embioptera	3	6	30. 鳞翅目 Lepidoptera	36	814
15. 缺翅目 Zoraptera			31. 膜翅目 Hymenoptera	47	320
16. 啮目 Psocoptera	7	8	合计（26目）	384	4 228

表5-26　中亚亚界昆虫属级阶元的主要分布型

序号	a	b	c	d	e	f	g	h	i	j	k	l	m	n	o	p	q	r	s	t	属数	所占比例（%）
1			1																		447	10.57
2	1	1	1																		180	4.26
3		1	1																		119	2.81
4			1	1		1															103	2.44
5	1		1																		92	2.18
6			1			1															70	1.66
7	1	1	1	1																	65	1.54
8			1	1																	60	1.42
9	1		1	1		1															56	1.32
10			1	1		1	1														51	1.21
11	1	1	1	1	1	1								1							49	1.16
12	1	1	1	1	1	1															48	1.14
13	1		1	1		1								1							46	1.09
14			1			1	1	1													35	0.83
15	1	1	1	1	1	1	1							1							35	0.83
16	1		1	1		1								1							34	0.80
17	1	1	1	1		1															34	0.80
18	1	1	1	1		1								1							32	0.76
19			1			1	1														32	0.76

（续表 5-26）

序号	a	b	c	d	e	f	g	h	i	j	k	l	m	n	o	p	q	r	s	t	属数	所占比例（%）
20	1		**1**	1																	29	0.69
21～1 438	……	……	**1**	……	……	……	……	……	……	……	……	……	……	……	……	……	……	……	……	……	2 611	61.75
合计	2 603	2 157	**4 228**	2 315	1 576	2 593	1 858	544	452	958	1 083	599	435	751	253	1 648	955	542	468	232	4 228	100.00
所占比例（%）	61.57	51.02	**100.00**	54.75	37.28	61.33	43.95	12.87	10.69	22.66	25.61	14.17	10.29	17.76	5.98	38.98	22.59	12.82	11.07	5.49		

中亚亚界的 447 个特有属分别属于 16 个目，主要是鞘翅目 Coleoptera 162 属，直翅目 Orthoptera 80 属，鳞翅目 Lepidoptera 69 属，双翅目 Diptera 51 属，半翅目 Hemiptera 49 属。

本亚界的 384 科在亚界级水平上共有 227 种分布型（表 5–27），其中特有科是纺足目 Embioptera 的 Paedembiidae 和双翅目 Diptera 的 Rhagionemestriidae。

表5-27　中亚亚界昆虫科级阶元的主要分布型

序号	a	b	c	d	e	f	g	h	i	j	k	l	m	n	o	p	q	r	s	t	科数	所占比例（%）
1	1	1	**1**	1	1	1	1	1	1	1	1	1	1	1	1	1	1	1	1	1	86	22.40
2	1	1	**1**	1	1	1	1	1	1	1	1	1	1	1	1	1	1	1	1		10	2.60
3	1	1	**1**	1	1	1	1	1	1	1	1	1				1	1	1	1	1	7	1.82
4	1	1	**1**	1	1	1	1	1	1	1	1	1				1	1	1	1		7	1.82
5	1	1	**1**	1	1	1	1	1	1							1	1	1	1	1	5	1.30
6	1	1	**1**	1	1	1	1	1	1							1	1	1	1	1	5	1.30
7	1	1	**1**		1	1	1	1	1	1	1	1	1	1	1	1	1	1	1	1	4	1.04
8	1	1	**1**	1	1	1	1	1	1												4	1.04
9	1	1	**1**										1	1	1	1	1	1	1	1	4	1.04
10	1	1	**1**	1	1	1	1	1	1	1	1		1	1	1	1	1	1	1	1	4	1.04
11	1	1	**1**										1	1	1	1	1	1	1	1	3	0.78
12	1	1	**1**	1	1										1						3	0.78
13	1	1	**1**	1	1	1	1	1	1	1	1	1	1	1	1	1	1	1	1	1	3	0.78
14			**1**																		2	0.52
15	1	1	**1**	1	1	1	1			1	1		1			1	1				2	0.52
16	1	1	**1**	1	1	1	1	1		1	1	1	1	1	1	1	1	1	1	1	2	0.52
17										1	1				1	1	1				2	0.52
18	1		**1**	1	1						1	1			1	1					2	0.52
19	1	1	**1**												1						2	0.52
20	1	1	**1**	1	1	1				1						1	1	1	1	1	2	0.52
21～227	……	……	**1**	……	……	……	……	……	……	……	……	……	……	……	……	……	……	……	……	……	225	58.59
合计	354	312	**384**	319	325	367	340	283	213	248	301	217	253	296	213	352	318	265	261	182	384	100.00
所占比例（%）	92.19	81.25	**100.00**	83.07	84.64	95.59	88.54	73.70	55.47	64.58	78.39	56.51	65.89	77.08	55.47	91.67	82.81	69.01	67.97	47.40		

第四章
东古北界

Chapter 4   East Palaearctic Kingdom

东古北界包括北亚、东北亚、东亚等地，大体相当于古北区的东半部。西部以鄂毕河、帕米尔高原东沿为界与西古北界为邻，南部以喜马拉雅山脉南沿、云贵高原南沿、南岭北沿为界与印度—太平洋界为邻，总面积约 2 312 万 km²。

东古北界下辖西伯利亚亚界（Siberian Subkingdom）、东北亚亚界（Northeastern Asian Subkingdom）、中国亚界（Chinese Subkingdom）。

第一节   昆虫区系特征
Segment 1   The Characteristics of Insect Fauna

东古北界有昆虫 30 目 742 科 16 347 属（表 5–28），以鞘翅目 Coleoptera、鳞翅目 Lepidoptera、半翅目 Hemiptera、双翅目 Diptera、膜翅目 Hymenoptera 最为丰富，唯缺螳䗛目 Mantophasmatodea。本界丰富度高，特有性最低。昆虫区系与西古北界、印度—太平洋界密切，和新北界中等。三个亚界中以中国亚界丰富度最高，在 20 个亚界中也居首位。其核心区域为中国中东部。

东古北界 16 347 属昆虫在 7 个界中有 63 种分布型（表 5–29），以特有属最丰富，共 4 291 属，占总属数的 26.25%，其次是与印度—太平洋界的共有属 3 436 属，占 21.02%。东古北界与其余 6 界的关系中，以与印度—太平洋界、西古北界关系密切，与新热带界最为疏远。

表5-28　东古北界的昆虫区系

昆虫目名称	科数	属数	昆虫目名称	科数	属数
1. 石蛃目 Microcoryphia	1	9	17. 食毛目 Mallophaga	5	124
2. 衣鱼目 Zygentoma	3	10	18. 虱目 Anoplura	8	18
3. 蜉蝣目 Ephemeroptera	14	57	19. 缨翅目 Thysanoptera	5	161
4. 蜻蜓目 Odonata	21	165	20. 半翅目 Hemiptera	106	2 252
5. 襀翅目 Plecoptera	11	110	21. 广翅目 Megaloptera	2	11
6. 蜚蠊目 Blattodea	7	61	22. 蛇蛉目 Raphidioptera	2	8
7. 等翅目 Isoptera	6	39	23. 脉翅目 Neuroptera	15	116
8. 螳螂目 Mantodea	8	43	24. 鞘翅目 Coleoptera	141	4 508
9. 蛩蠊目 Grylloblattodea	1	4	25. 捻翅目 Strepsiptera	7	10
10. 革翅目 Dermaptera	9	57	26. 长翅目 Mecoptera	4	7
11. 直翅目 Orthoptera	32	608	27. 双翅目 Diptera	102	2 157
12. 蛸目 Phasmatodea	4	42	28. 蚤目 Siphonaptera	12	80
13. 螳蛸目 Mantophasmatodea			29. 毛翅目 Trichoptera	29	182
14. 纺足目 Embioptera	2	4	30. 鳞翅目 Lepidoptera	85	3 652
15. 缺翅目 Zoraptera	1	1	31. 膜翅目 Hymenoptera	73	1 687
16. 蛄目 Psocoptera	26	164	合计（30 目）	742	16 347

表5-29　东古北界昆虫属级阶元的分布型

序号	西古北界	东古北界	印度—太平洋界	非洲界	澳大利亚界	新北界	新热带界	属数	所占比例（%）
1		**1**						4 291	26.25
2		**1**	1					3 436	21.02
3	1	**1**				1		1 224	7.49
4	1	**1**						1 217	7.44
5	1	**1**	1					532	3.25
6	1	**1**	1	1	1	1	1	526	3.22
7		**1**	1		1			476	2.91
8	1	**1**	1			1		433	2.65
9		**1**	1	1				326	1.99
10	1	**1**	1	1				273	1.67
11		**1**				1		273	1.67
12		**1**	1	1	1			219	1.34
13	1	**1**	1		1	1		212	1.30
14	1	**1**	1	1	1	1		201	1.23
15	1	**1**	1	1		1		190	1.16
16	1	**1**	1	1		1	1	189	1.16
17	1	**1**	1	1	1			185	1.13
18		**1**			1			173	1.06
19		**1**	1			1		142	0.87
20	1	**1**		1		1		140	0.86
21	1	**1**		1				129	0.79
22	1	**1**			1	1		123	0.75
23	1	**1**	1		1	1	1	120	0.73

序号	西古北界	东古北界	印度—太平洋界	非洲界	澳大利亚界	新北界	新热带界	属数	所占比例（%）
24	1	**1**				1	1	117	0.72
25～63	……	**1**	……	……	……	……	……	1 200	7.33
合计	6 343	**16 347**	8 095	2 947	2 897	4 681	1 642	16 347	100.00
所占比例（%）	38.80	**100.00**	49.52	18.03	17.72	28.64	10.04		

4 291 个特有属中，除没有在纺足目 Embioptera、缺翅目 Zoraptera、广翅目 Megaloptera、长翅目 Mecoptera 出现外，26 个目均有特有属存在，鞘翅目 Coleoptera 1 343 属，鳞翅目 Lepidoptera 894 属，半翅目 Hemiptera 741 属，双翅目 Diptera 503 属，膜翅目 Hymenoptera 384 属，直翅目 Orthoptera 168 属。

东古北界 742 科昆虫共有 50 种分布型（表 5-30），7 个界都有分布的 332 个界级全布科遥遥领先。与新北界、西古北界的共有科最多，与新热带界最少。

东古北界有 13 个特有科，占总科数的 1.75%：

蜉蝣目 Ephemeroptera 的 Hexgenitidae。

蜻蜓目 Odonata 的 蟌蜓科 Epiophlebiidae。

襀翅目 Plecoptera 的 裸襀科 Scopuridae。

半翅目 Hemiptera 的 蜂蚧科 Beesoniidae、宽顶叶蝉科 Evacanthidae、扁蚜科 Hormaphidae、战蚧科 Phoenicococcidae。

鞘翅目 Coleoptera 的 皮跳甲科 Propalticidae；蚤目 Siphonaptera 的 钩鬃蚤科 Ancistropsyllidae。

鳞翅目 Lepidoptera 的 Nirinidae、原蝠蛾科 Palaeosetidae。

膜翅目 Hymenoptera 的 短翅泥蜂科 Trypoxylidae。

双翅目 Diptera 的 Rhagionemestriidae。

表5-30　东古北界昆虫科级阶元的主要分布型

序号	西古北界	东古北界	印度—太平洋界	非洲界	澳大利亚界	新北界	新热带界	科数	所占比例（%）
1	1	**1**	1	1	1	1	1	332	44.74
2	1	**1**	1		1	1		32	4.31
3	1	**1**	1	1	1	1		28	3.77
4	1	**1**				1		27	3.64
5	1	**1**	1			1		27	3.64
6	1	**1**	1			1	1	25	3.37
7	1	**1**	1		1	1	1	22	2.96
8		**1**						19	2.56
9	1	**1**		1	1	1		19	2.56
10	1	**1**			1	1		15	2.02
11	1	**1**			1	1	1	14	1.89
12		**1**						13	1.75
13		**1**	1	1	1	1		12	1.62
14～50	……	**1**	……	……	……	……	……	157	21.16
合计	623	**742**	596	496	538	642	472	742	100.00
所占比例（%）	83.96	**100.00**	80.32	66.85	72.51	86.52	63.61		

第二节 西伯利亚亚界
Segment 2 Siberian Subkingdom

西伯利亚亚界位于东古北界的北半部，包括西伯利亚、蒙古、中国东北部。东部隔白令海峡与北美亚界相望，东南部以鸭绿江、乌苏里江、阿穆尔河下游为界与东北亚亚界相邻，南部以内蒙古高原南沿为界与中国亚界接壤。地处寒带及寒温带，多高原、山地、沙漠，为大陆性气候。

西伯利亚亚界昆虫共有 27 目 459 科 5 504 属（表 5-31），500 属以上的大目有鞘翅目 Coleoptera、鳞翅目 Lepidoptera、双翅目 Diptera、半翅目 Hemiptera 及膜翅目 Hymenoptera，没有石蛃目 Microcoryphia、螳䗛目 Mantophasmatodea、纺足目 Embioptera、缺翅目 Zoraptera 的分布。20 个亚界比较，区系丰富度中等，特有性最低。

表5-31 西伯利亚亚界的昆虫区系

昆虫目名称	科数	属数	昆虫目名称	科数	属数
1. 石蛃目 Microcoryphia			17. 食毛目 Mallophaga	4	89
2. 衣鱼目 Zygentoma	1	2	18. 虱目 Anoplura	6	10
3. 蜉蝣目 Ephemeroptera	12	28	19. 缨翅目 Thysanoptera	3	23
4. 蜻蜓目 Odonata	10	44	20. 半翅目 Hemiptera	66	656
5. 襀翅目 Plecoptera	8	47	21. 广翅目 Megaloptera	2	4
6. 蜚蠊目 Blattodea	5	29	22. 蛇蛉目 Raphidioptera	2	5
7. 等翅目 Isoptera	1	1	23. 脉翅目 Neuroptera	9	45
8. 螳螂目 Mantodea	2	4	24. 鞘翅目 Coleoptera	90	1 392
9. 蛩蠊目 Grylloblattodea	1	2	25. 捻翅目 Strepsiptera	3	3
10. 革翅目 Dermaptera	5	10	26. 长翅目 Mecoptera	2	2
11. 直翅目 Orthoptera	16	151	27. 双翅目 Diptera	72	1 095
12. 䗛目 Phasmatodea	1	2	28. 蚤目 Siphonaptera	8	53
13. 螳䗛目 Mantophasmatodea			29. 毛翅目 Trichoptera	18	79
14. 纺足目 Embioptera			30. 鳞翅目 Lepidoptera	51	1 145
15. 缺翅目 Zoraptera			31. 膜翅目 Hymenoptera	47	544
16. 啮目 Psocoptera	14	39	合计（27 目）	459	5 504

西伯利亚亚界的 5 504 属昆虫在亚界级水平上共有 1 762 种分布型（表 5-32），按属数多少排序，首先是与中国亚界、东北亚亚界、南亚亚界的联系，其次是 191 属的特有属，随后是与欧洲亚界、北美亚界的联系。总体衡量，与中国亚界、欧洲亚界、东北亚亚界、北美亚界、南亚亚界较为密切。

西伯利亚亚界的 191 个特有属占本亚界属数的 3.47%，在各亚界中最低，可能与资料收集程度有关。这些特有属分属于 13 个目，主要为鞘翅目 Coleoptera 45 属，双翅目 Diptera 38 属，半翅目 Hemiptera 32 属，鳞翅目 Lepidoptera 25 属，膜翅目 Hymenoptera 24 属，其次为直翅目 Orthoptera 11 属，毛翅目 Trichoptera 9 属，最少的蜉蝣目 Ephemeroptera、襀翅目 Plecoptera、啮目 Psocoptera、食毛目 Mallophaga、缨翅目 Thysanoptera、脉翅目 Neuroptera 各 1～2 属。

表5–32　西伯利亚亚界昆虫属级阶元的主要分布型

序号	a	b	c	**d**	e	f	g	h	i	j	k	l	m	n	o	p	q	r	s	t	属数	所占比例(%)
1				**1**		1															226	4.11
2				**1**	1	1	1														206	3.74
3				**1**																	191	3.47
4				**1**		1	1														149	2.71
5	1			**1**												1					139	2.53
6				**1**	1	1															122	2.22
7	1			**1**		1										1					119	2.16
8			1	**1**		1															103	1.87
9	1			**1**		1															75	1.36
10				**1**	1	1	1	1													73	1.33
11	1			**1**																	71	1.29
12				**1**	1																66	1.20
13	1	1	1	**1**																	65	1.18
14			1	**1**																	60	1.09
15	1			**1**	1	1										1					56	1.02
16	1		1	**1**		1															56	1.02
17			1	**1**		1	1														51	0.93
18	1	1	1	**1**	1	1										1					49	0.89
19	1	1	1	**1**	1	1															48	0.87
20	1		1	**1**		1										1					46	1.84
21～1 762	……	……	……	**1**	……	……	……	……	……	……	……	……	……	……	……	……	……	……	……	……	3 533	64.19
合计	3 482	1 739	2 315	**5 504**	2 794	4 273	2 622	1 104	461	769	1 100	564	549	1 088	320	2 662	1 378	670	562	251	5 504	100.00
所占比例（%）	63.26	31.60	42.06	**100.00**	50.76	77.63	47.64	20.06	8.38	13.97	19.99	10.25	9.97	19.77	5.81	48.36	25.04	12.17	10.21	4.56		

西伯利亚亚界的459科昆虫共有301种分布型（表5–33），全是与别的亚界共有，没有特有科。

表5–33　西伯利亚亚界昆虫科级阶元的主要分布型

序号	a	b	c	**d**	e	f	g	h	i	j	k	l	m	n	o	p	q	r	s	t	科数	所占比例（%）
1	1	1	1	**1**	1	1	1	1	1	1	1	1	1	1	1	1	1	1	1	1	86	18.74
2	1	1	1	**1**	1	1	1	1	1	1	1	1	1	1	1	1	1	1	1		10	2.18
3	1	1	1	**1**	1	1	1	1	1	1	1	1	1	1		1	1	1	1	1	7	1.53
4	1	1	1	**1**	1	1	1	1	1	1	1	1	1	1		1	1	1	1		7	1.53
5	1	1	1	**1**	1	1	1	1		1	1	1	1	1		1	1	1	1	1	5	1.09
6	1	1	1	**1**	1	1	1	1		1	1	1	1	1	1	1	1	1	1		5	1.09
7	1	1	1	**1**	1	1	1	1		1	1	1	1	1	1	1	1	1	1	1	4	0.87
8	1	1	1	**1**	1	1	1	1	1	1	1		1	1	1	1	1	1	1		4	0.87
9	1	1	1	**1**	1	1	1	1	1	1	1		1	1	1	1	1	1	1	1	4	0.87
10	1	1	1	**1**	1	1										1					3	0.65

（续表 5-33）

序号	a	b	c	d	e	f	g	h	i	j	k	l	m	n	o	p	q	r	s	t	科数	所占比例（%）
11	1			1		1										1					3	0.65
12	1	1	1	1	1	1	1	1	1	1	1	1	1	1	1	1	1	1	1	1	3	0.65
13	1	1	1	1	1	1	1	1	1	1	1	1		1	1	1	1	1	1	1	3	0.65
14	1	1		1	1	1	1									1					3	0.65
15	1	1	1	1	1	1				1	1		1	1	1		1		1	1	2	0.44
16	1	1	1	1	1	1	1	1					1	1	1	1					2	0.44
17				1												1	1				2	0.44
18	1	1	1	1	1	1	1		1							1	1				2	0.44
19	1	1	1	1	1	1	1	1				1					1	1	1	1	2	0.44
20	1			1	1	1										1					2	0.49
21～301	····	····	····	1	····	····	····	····	····	····	····	····	····	····	····	····	····	····	····	····	159	34.64
合计	432	330	319	459	398	442	398	325	232	258	326	226	281	351	234	431	379	301	295	190	459	100.00
所占比例（%）	94.12	71.90	69.50	100.00	86.71	96.30	86.71	70.81	50.54	56.21	71.02	49.24	61.22	76.47	50.98	93.90	82.57	65.58	64.27	41.39		

第三节　东北亚亚界

Segment 3　Northeastern Asian Subkingdom

东北亚亚界包括环日本海的日本、朝鲜半岛、俄罗斯的乌苏里地区、库页岛。陆地只与西伯利亚亚界相连，东临浩瀚的太平洋，西隔黄海、东海与中国亚界相望。多属温带季风气候及海洋性季风气候。

东北亚亚界昆虫共有 28 目 548 属 6 008 属（表 5-34），500 属以上的大目有鞘翅目 Coleoptera、鳞翅目 Lepidoptera、双翅目 Diptera、半翅目 Hemiptera，没有螳䗛目 Mantophasmatodea、纺足目 Embioptera、

表5-34　东北亚亚界的昆虫区系

昆虫目名称	科数	属数	昆虫目名称	科数	属数
1. 石蛃目 Microcoryphia	1	4	17. 食毛目 Mallophaga	4	48
2. 衣鱼目 Zygentoma	3	7	18. 虱目 Anoplura	5	5
3. 蜉蝣目 Ephemeroptera	11	22	19. 缨翅目 Thysanoptera	4	111
4. 蜻蜓目 Odonata	14	69	20. 半翅目 Hemiptera	73	583
5. 襀翅目 Plecoptera	10	59	21. 广翅目 Megaloptera	2	5
6. 蜚蠊目 Blattodea	4	20	22. 蛇蛉目 Raphidioptera	2	4
7. 等翅目 Isoptera	4	10	23. 脉翅目 Neuroptera	10	51
8. 螳螂目 Mantodea	2	7	24. 鞘翅目 Coleoptera	122	1 884
9. 蛩蠊目 Grylloblattodea	1	3	25. 捻翅目 Strepsiptera	6	6
10. 革翅目 Dermaptera	5	9	26. 长翅目 Mecoptera	3	4

昆虫目名称	科数	属数	昆虫目名称	科数	属数
11. 直翅目 Orthoptera	25	181	27. 双翅目 Diptera	62	782
12. 䗛目 Phasmatodea	2	7	28. 蚤目 Siphonaptera	8	31
13. 螳䗛目 Mantophasmatodea			29. 毛翅目 Trichoptera	29	125
14. 纺足目 Embioptera			30. 鳞翅目 Lepidoptera	64	1 434
15. 缺翅目 Zoraptera			31. 膜翅目 Hymenoptera	53	482
16. 啮目 Psocoptera	19	55	合计（28目）	548	6 008

缺翅目 Zoraptera 的分布。20 个亚界比较，区系丰富度中等，特有性偏低。本亚界的分布记录也可能比实际情况偏低。

东北亚亚界的 6 008 属昆虫共有 1 973 种亚界级分布型（表 5–35），占据首位的是 634 属的特有属，

表5–35 东北亚亚界昆虫属级阶元的主要分布型

序号	a	b	c	d	e	f	g	h	i	j	k	l	m	n	o	p	q	r	s	t	属数	所占比例（%）
1					1																634	10.55
2					1	1															324	5.39
3					1	1	1														261	4.34
4				1	1	1															206	3.43
5					1	1	1	1													191	3.18
6				1	1																122	2.03
7	1				1																75	1.25
8				1	1	1	1	1													73	1.22
9	1				1											1					68	1.13
10				1	1																66	1.10
11	1			1	1	1										1					56	0.93
12	1	1	1	1	1											1					49	0.82
13	1	1	1	1	1	1															48	0.80
14					1											1					48	0.80
15	1			1	1	1															45	0.75
16	1			1	1											1					40	0.67
17	1				1	1										1					39	0.65
18	1	1	1	1	1	1	1									1					35	0.58
19	1			1	1											1					34	0.57
20	1				1	1															33	0.55
21~1973	……	……	……	……	1	……	……	……	……	……	……	……	……	……	……	……	……	……	……	……	3 561	59.27
合计	2 771	1 522	1 576	2 794	6 008	4 369	3 225	1 868	826	1 022	1 375	762	780	1 393	374	2 357	1 452	831	680	259	6 008	100.00
所占比例（%）	46.12	25.33	26.23	46.50	100.00	72.72	53.68	31.09	13.75	17.01	22.89	12.68	12.98	23.19	6.23	39.23	24.17	13.83	11.32	4.31		

其次是分别与中国亚界、南亚亚界、西伯利亚亚界的共有属，与欧洲亚界、北美亚界的联系不如西伯利亚亚界紧密。整体衡量，与中国亚界、南亚亚界、西伯利亚亚界、欧洲亚界联系密切。

东北亚亚界的 634 个特有属分属 18 个目，主要有鞘翅目 Coleoptera 207 属、鳞翅目 Lepidoptera 137 属、双翅目 Diptera 134 属、半翅目 Hemiptera 71 属，其次有膜翅目 Hymenoptera 及直翅目 Orthoptera 各 19 属。

本亚界的 548 科昆虫有 372 种亚界级分布型（表 5–36），特有科有 6 科：包括蜻蜓目 Odonata 的蟌蜓科 Epiophlebiidae；襀翅目 Plecoptera 的裸襀科 Scopuridae；半翅目 Hemiptera 的宽顶叶蝉科 Evacanthidae、扁蚜科 Hormaphidae；鞘翅目 Coleoptera 的皮跳甲科 Propalticidae；鳞翅目 Lepidoptera 的 Nirinidae。

表5–36　东北亚亚界昆虫科级阶元的主要分布型

序号	a	b	c	d	e	f	g	h	i	j	k	l	m	n	o	p	q	r	s	t	科数	所占比例(%)
1	1	1	1	1	**1**	1	1	1	1	1	1	1	1	1	1	1	1	1	1	1	86	15.69
2	1	1	1	1	**1**	1	1	1	1	1	1	1	1	1	1	1	1	1	1		10	1.82
3	1	1	1	1	**1**	1	1	1	1	1	1	1				1	1	1	1	1	7	1.28
4	1	1	1	1	**1**	1	1	1	1	1	1	1				1	1	1	1		7	1.28
5					**1**																6	1.09
6	1	1	1	1	**1**	1	1	1		1	1	1	1	1		1	1	1	1	1	5	0.91
7	1	1	1	1	**1**	1	1	1		1	1	1	1	1		1	1	1	1	1	5	0.91
8	1	1	1	1	**1**	1	1				1	1	1	1		1	1	1	1	1	4	0.73
9	1	1	1	1	**1**	1	1					1	1	1		1	1	1	1	1	4	0.73
10				1	**1**								1	1		1	1	1	1	1	4	0.73
11	1	1	1	1	**1**	1				1		1	1	1		1	1	1	1	1	4	0.73
12	1	1	1	1	**1**	1	1			1	1	1	1	1	1	1	1	1		1	3	0.55
13	1	1			**1**	1	1	1		1	1	1	1	1	1	1	1	1	1	1	3	0.55
14	1	1		1	**1**	1	1									1					3	0.55
15	1				**1**											1					3	0.55
16		1	1	1	**1**	1										1					3	0.55
17	1	1	1	1	**1**	1					1		1	1		1	1	1	1	1	3	0.55
18	1	1	1	1	**1**	1			1		1					1	1	1	1	1	2	0.36
19	1	1	1	1	**1**	1				1			1			1	1	1	1	1	2	0.36
20	1	1	1	1	**1**	1	1									1	1				2	0.36
21~372	……	……	……	……	**1**	……	……	……	……	……	……	……	……	……	……	……	……	……	……	……	382	69.71
合计	482	362	325	398	**548**	503	456	377	274	301	379	259	321	415	261	500	437	349	330	222	548	100.00
所占比例(%)	87.96	66.06	59.31	72.63	**100.00**	91.79	83.21	68.80	50.00	54.93	69.16	47.26	58.58	75.73	47.63	91.24	79.74	63.69	60.22	40.51		

第四节　中国亚界
Segment 4　Chinese Subkingdom

中国亚界位于西伯利亚亚界以南，包括中国中东部、西南部、青藏高原以及喜马拉雅地区。西连中亚亚界，北接西伯利亚亚界，东濒渤海、黄海、东海，南以喜马拉雅山脉南沿、云贵高原南沿、南岭山脉北沿为界与印度—太平洋相邻。本亚界自然条件复杂，东半部多平原、浅山，为亚热带、温带季风气候，向西地势逐渐增高，大陆性气候逐渐增强，直至青藏高原，属高原高寒气候。

中国亚界昆虫共有 29 目 689 科 13 829 属（表 5–37），1 000 属以上的大目有鞘翅目 Coleoptera、鳞翅目 Lepidoptera、半翅目 Hemiptera、双翅目 Diptera、膜翅目 Hymenoptera，有 7 个目在 100 ~ 1 000 属之间，缺少蛩蠊目 Grylloblattodea 及螳䗛目 Mantophasmatodea 的分布。中国亚界昆虫区系丰富度最高，特有性中等。

表5–37　中国亚界的昆虫区系

昆虫目名称	科数	属数	昆虫目名称	科数	属数
1. 石蛃目 Microcoryphia	1	7	17. 食毛目 Mallophaga	5	123
2. 衣鱼目 Zygentoma	2	7	18. 虱目 Anoplura	8	16
3. 蜉蝣目 Ephemeroptera	13	51	19. 缨翅目 Thysanoptera	5	117
4. 蜻蜓目 Odonata	20	153	20. 半翅目 Hemiptera	104	1 989
5. 襀翅目 Plecoptera	9	67	21. 广翅目 Megaloptera	2	11
6. 蜚蠊目 Blattodea	7	58	22. 蛇蛉目 Raphidioptera	2	5
7. 等翅目 Isoptera	6	39	23. 脉翅目 Neuroptera	15	104
8. 螳螂目 Mantodea	8	43	24. 鞘翅目 Coleoptera	116	3 642
9. 蛩蠊目 Grylloblattodea			25. 捻翅目 Strepsiptera	5	7
10. 革翅目 Dermaptera	9	55	26. 长翅目 Mecoptera	3	6
11. 直翅目 Orthoptera	31	523	27. 双翅目 Diptera	96	1 633
12. 䗛目 Phasmatodea	4	41	28. 蚤目 Siphonaptera	12	76
13. 螳䗛目 Mantophasmatodea			29. 毛翅目 Trichoptera	27	119
14. 纺足目 Embioptera	2	4	30. 鳞翅目 Lepidoptera	81	3 281
15. 缺翅目 Zoraptera	1	1	31. 膜翅目 Hymenoptera	69	1 497
16. 蜡目 Psocoptera	26	154	合计（29目）	689	13 829

中国亚界的 13 829 属昆虫在亚界级水平上，共有 2 915 种分布型（表 5–38），按属数多少排序，居第一位的是 2 726 属的特有属，占本亚界总属数的 19.71%，特有属数居各亚界的前列，比例居中等。其后分别是与南亚亚界、印度尼西亚亚界、东北亚亚界、西伯利亚亚界的共有属。与欧洲亚界、北美亚界的关系明显减弱。总体衡量，与本亚界密切程度依次是南亚亚界、东北亚亚界、西伯利亚亚界、欧洲亚界，与智利亚界、新西兰亚界、阿根廷亚界最为疏远。

中国亚界的 2 726 个特有属分属于 24 目，100 个以上特有属的大目依次是鞘翅目 Coleoptera 854 属、

表5-38　中国亚界昆虫属级阶元的主要分布型

序号	a	b	c	d	e	f	g	h	i	j	k	l	m	n	o	p	q	r	s	t	属数	所占比例（%）
1						1															2 726	19.71
2						1	1														1 619	11.71
3						1	1	1													556	4.02
4					1	1															326	2.36
5					1	1	1														261	1.89
6				1		1															226	1.63
7				1	1	1	1														206	1.49
8					1	1	1	1													191	1.38
9	1					1															158	1.14
10				1		1	1														149	1.08
11						1		1													135	0.98
12				1	1	1															122	0.88
13	1			1		1										1					119	0.86
14	1					1										1					116	0.84
15			1	1		1															103	0.74
16						1								1							87	0.63
17	1			1		1															75	0.54
18				1	1	1	1	1													73	0.53
19						1	1	1						1							71	0.51
20			1			1															70	0.51
21~2 915	……	……	……	……	……	1	……	……	……	……	……	……	……	……	……	……	……	……	……	……	6 440	46.57
合计	4 214	2 023	2 593	4 273	4 369	13 829	7 266	3 419	1 073	1 513	2 073	1 056	1 160	2 397	486	3 461	2 207	1 142	934	320	13 829	100.00
所占比例（%）	30.47	14.63	18.75	30.90	31.59	100.00	52.54	24.72	7.76	10.94	14.99	7.64	8.39	17.33	3.51	25.03	15.96	8.26	6.75	2.31		

半翅目 Hemiptera 534 属、鳞翅目 Lepidoptera 515 属、膜翅目 Hymenoptera 304 属、双翅目 Diptera 253 属、直翅目 Orthoptera 108 属，而纺足目 Embioptera、缺翅目 Zoraptera、广翅目 Megaloptera、捻翅目 Strepsiptera、长翅目 Mecoptera 没有特有属。

中国亚界的 689 科昆虫，科数仅次于北美亚界，与欧洲亚界、中美亚界、西澳大利亚亚界基本相当。共有 492 种亚界级科级阶元分布型（表5-39），其特有科有：

蜉蝣目 Ephemeroptera 的 Hexgenitidae。

半翅目 Hemiptera 的蜂蚧科 Beesoniidae、战蚧科 Phoenicococcidae。

蚤目 Siphonaptera 的钩鬃蚤科 Ancistropsyllidae。

鳞翅目 Lepidoptera 的原蝠蛾科 Palaeosetidae。

膜翅目 Hymenoptera 的短翅泥蜂科 Trypoxylidae。

表5-39　中国亚界昆虫科级阶元的主要分布型

序号	a	b	c	d	e	f	g	h	i	j	k	l	m	n	o	p	q	r	s	t	科数	所占比例（%）
1	1	1	1	1	1	**1**	1	1	1	1	1	1	1	1	1	1	1	1	1	1	86	12.48
2	1	1	1	1	1	**1**	1	1	1	1	1	1	1	1	1	1	1	1	1		10	1.45
3						**1**	1														10	1.45
4	1	1	1	1	1	**1**	1	1	1	1	1	1	1			1	1	1	1	1	7	1.02
5	1	1	1	1	1	**1**	1	1	1	1	1	1	1			1	1	1	1		7	1.02
6						**1**															6	0.87
7	1	1	1	1	1	**1**	1	1		1	1	1	1			1	1	1	1	1	5	0.73
8	1	1	1	1	1	**1**	1	1		1	1	1		1	1	1	1	1	1		5	0.73
9	1	1	1	1	1	**1**	1	1	1	1	1		1	1		1	1	1	1	1	4	0.58
10	1	1	1	1	1	**1**	1	1	1		1	1	1	1	1	1	1	1	1		4	0.58
11						**1**	1	1													4	0.58
12	1	1	1		1	**1**		1	1	1	1	1	1	1	1	1	1	1	1	1	4	0.58
13	1	1	1	1	1	**1**		1	1	1	1	1	1	1	1	1	1	1	1	1	4	0.58
14	1	1		1	1	**1**										1					3	0.44
15	1			1		**1**										1					3	0.44
16	1	1	1	1	1	**1**										1					3	0.44
17	1	1	1	1	1	**1**	1	1		1	1	1	1		1	1	1	1	1	1	3	0.44
18	1	1			1	**1**	1	1	1	1	1	1	1	1	1	1	1	1	1	1	3	0.44
19	1	1	1	1	1	**1**	1	1	1	1	1					1	1	1	1	1	3	0.44
20	1					**1**		1								1		1	1		2	0.29
21~492	……	……	……	……	……	**1**	……	……	……	……	……	……	……	……	……	……	……	……	……	……	513	74.46
合计	559	400	367	442	503	**689**	556	432	297	338	425	284	361	485	281	572	498	392	369	231	689	100.00
所占比例（%）	81.13	58.06	53.27	64.15	73.00	**100.00**	80.70	62.70	43.11	49.06	61.68	41.22	52.39	70.39	40.78	83.02	72.28	56.89	53.56	33.53		

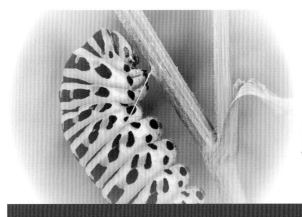

第五章
印度—太平洋界

Chapter 5　Indo–Pacific Kingdom

印度—太平洋界包括南亚、东南亚、新几内亚岛、太平洋岛屿等地，相当于植物地理区划新设的印度—太平洋界（Cox，2001）。以喜马拉雅地区南沿、云贵高原南沿、南岭北沿为界与东古北界为邻，以印度大沙漠西沿为界与西古北界为邻，总面积约 870 万 km²。本界由半岛、岛屿组成，地处热带，多属海洋性气候。

印度—太平洋界下辖南亚亚界（South Asian Subkingdom）、印度尼西亚亚界（Indonesian Subkingdom）、太平洋亚界（Pacific Subkingdom）。

第一节　昆虫区系特征
Segment 1　The Characteristics of Insect Fauna

印度—太平洋界有昆虫 29 目 659 科 15 709 属（表 5–40），以鞘翅目 Coleoptera、鳞翅目 Lepidoptera、半翅目 Hemiptera、直翅目 Orthoptera、双翅目 Diptera 最为丰富，缺少蛩蠊目 Grylloblattodea 和螳䗛目 Mantophasmatodea。本界昆虫丰富度高，特有性中等。与东古北界密切，区系相似性较高。丰富度以南亚亚界最高，特有性以印度尼西亚亚界最高。其核心区域为印度尼西亚地区。

印度—太平洋界的 15 709 属昆虫共有 64 种分布型（表 5–41），第一大分布型是本界特有属，计 5 845 属，占总属数的 37.21%；其次是与东古北界的共有属，计 3 436 属，占 21.87%；其他分布型的属

表5-40 印度—太平洋界的昆虫区系

昆虫目名称	科数	属数	昆虫目名称	科数	属数
1. 石蛃目 Microcoryphia	1	1	17. 食毛目 Mallophaga	6	97
2. 衣鱼目 Zygentoma	3	7	18. 虱目 Anoplura	8	15
3. 蜉蝣目 Ephemeroptera	11	35	19. 缨翅目 Thysanoptera	7	361
4. 蜻蜓目 Odonata	21	196	20. 半翅目 Hemiptera	100	19 06
5. 襀翅目 Plecoptera	6	42	21. 广翅目 Megaloptera	2	13
6. 蜚蠊目 Blattodea	7	154	22. 蛇蛉目 Raphidioptera	2	3
7. 等翅目 Isoptera	6	89	23. 脉翅目 Neuroptera	16	178
8. 螳螂目 Mantodea	11	52	24. 鞘翅目 Coleoptera	107	5 132
9. 蛩蠊目 Grylloblattodea			25. 捻翅目 Strepsiptera	8	26
10. 革翅目 Dermaptera	10	46	26. 长翅目 Mecoptera	2	6
11. 直翅目 Orthoptera	32	1 259	27. 双翅目 Diptera	87	1 274
12. 䗛目 Phasmatodea	8	237	28. 蚤目 Siphonaptera	10	39
13. 螳䗛目 Mantophasmatodea			29. 毛翅目 Trichoptera	31	173
14. 纺足目 Embioptera	5	13	30. 鳞翅目 Lepidoptera	68	3 165
15. 缺翅目 Zoraptera	1	1	31. 膜翅目 Hymenoptera	56	984
16. 啮目 Psocoptera	27	205	合计（29目）	659	15 709

数都在5%以下（表5-41）。本界与东古北界关系密切，与新热带界最为疏远。

5 845个特有属分别属于除石蛃目 Microcoryphia、缺翅目 Zoraptera、蛇蛉目 Raphidioptera 以外的26个目中，超过100属的目有鞘翅目 Coleoptera 2 535属，直翅目 Orthoptera 793属，鳞翅目 Lepidoptera 786属，半翅目 Hemiptera 657属，双翅目 Diptera 225属，䗛目 Phasmatodea 172属，缨翅目 Thysanoptera 166属，膜翅目 Hymenoptera 111属。

表5-41 印度—太平洋界昆虫属级阶元的主要分布型

序号	西古北界	东古北界	印度—太平洋界	非洲界	澳大利亚界	新北界	新热带界	属数	所占比例（%）
1			**1**					5 845	37.21
2		1	**1**					3 436	21.87
3			**1**		1			673	4.28
4	1	1	**1**					532	3.39
5	1	1	**1**	1	1	1	1	526	3.35
6		1	**1**		1			476	3.03
7	1	1	**1**			1		433	2.76
8		1	**1**	1				326	2.08
9	1	1	**1**	1				273	1.74
10			**1**	1				253	1.61
11		1	**1**	1	1			219	1.39
12	1	1	**1**		1	1		212	1.35
13	1	1	**1**	1				201	1.28
14	1	1	**1**	1		1		190	1.21
15	1	1	**1**	1		1	1	189	1.20

（续表 5-41）

序号	西古北界	东古北界	印度—太平洋界	非洲界	澳大利亚界	新北界	新热带界	属数	所占比例（%）
16	1	1	**1**	1	1			185	1.18
17		1	**1**			1		142	0.90
18	1	1	**1**		1	1	1	120	0.76
19	1		**1**	1				119	0.76
20	1		**1**					107	0.68
21～64	……	……	**1**	……	……	……	……	1 252	7.97
合计	3 521	8 095	**15 709**	2 989	3 255	2 987	1 566	15 709	100.00
所占比例（%）	22.41	51.53	**100.00**	19.03	20.72	19.01	9.97		

本界 659 科昆虫的界级分布型共 48 种（表 5-42），332 个界级全布科占 50.38%，广布科也占较大比重。与东古北界的关系依然最为密切，与新热带界最疏远。

本界共有 10 个特有科，在各界中最少。特有科包括：

螳螂目 Mantodea 的金螳科 Metallyticidae。

直翅目 Orthoptera 的三角翅蟋科 Trigonopterygidae。

蟖目 Psocoptera 的裸蟖科 Psilopsocidae。

虱目 Anoplura 的 Hamophthiriidae。

半翅目 Hemiptera 的壳蚧科 Conchaspididae。

鞘翅目 Coleoptera 的 Rhagophthalmidae。

纺足目 Embioptera 的 Ptilocerembiidae。

双翅目 Diptera 的 Gobryidae、Nothybidae。

鳞翅目 Lepidoptera 的 Phaudidae。

表5-42 印度—太平洋界昆虫科级阶元的主要分布型

序号	西古北界	东古北界	印度—太平洋界	非洲界	澳大利亚界	新北界	新热带界	科数	所占比例（%）
1	1	1	**1**	1	1	1	1	332	50.38
2	1	1	**1**		1	1		32	4.86
3	1	1	**1**	1		1		28	4.25
4	1	1	**1**			1		27	4.10
5	1	1	**1**	1		1	1	25	3.79
6	1		**1**		1	1	1	22	3.34
7		1	**1**					19	2.88
8		1	**1**		1			12	1.82
9		1	**1**	1	1	1	1	12	1.82
10			**1**					10	1.52
11～48	……	……	**1**	……	……	……	……	140	21.24
合计	527	596	**659**	471	502	549	445	659	100.00
所占比例（%）	79.97	90.44	**100.00**	71.47	76.18	83.31	67.53		

第二节　南亚亚界
Segment 2　South Asian Subkingdom

南亚亚界位于亚洲大陆南部，包括印度半岛、中南半岛及附近岛屿，北接中国亚界，西连中亚亚界，东濒南海，南临印度洋。平原、山地、高原、沙漠俱全，多属热带季风气候，也有亚热带草原气候及热带雨林气候。

南亚亚界昆虫共有 29 目 603 科 10 908 属（表 5–43），1 000 属以上的目有鞘翅目 Coleoptera、鳞翅目 Lepidoptera、半翅目 Hemiptera，其次是双翅目 Diptera、膜翅目 Hymenoptera、直翅目 Orthoptera，没有蛩蠊目 Grylloblattodea、螳䗛目 Mantophasmatodea 的分布。属的数量在 20 个亚界中仅次于中国亚界、中美亚界及北美亚界，居第四位，特有性中等偏下。

表5–43　南亚亚界的昆虫区系

昆虫目名称	科数	属数	昆虫目名称	科数	属数
1. 石蛃目 Microcoryphia	1	1	17. 食毛目 Mallophaga	6	94
2. 衣鱼目 Zygentoma	3	6	18. 虱目 Anoplura	8	12
3. 蜉蝣目 Ephemeroptera	11	32	19. 缨翅目 Thysanoptera	6	262
4. 蜻蜓目 Odonata	19	152	20. 半翅目 Hemiptera	97	1 441
5. 襀翅目 Plecoptera	6	39	21. 广翅目 Megaloptera	2	13
6. 蜚蠊目 Blattodea	6	91	22. 蛇蛉目 Raphidioptera	2	3
7. 等翅目 Isoptera	6	66	23. 脉翅目 Neuroptera	15	140
8. 螳螂目 Mantodea	10	46	24. 鞘翅目 Coleoptera	95	3 026
9. 蛩蠊目 Grylloblattodea			25. 捻翅目 Strepsiptera	8	17
10. 革翅目 Dermaptera	9	43	26. 长翅目 Mecoptera	2	5
11. 直翅目 Orthoptera	31	729	27. 双翅目 Diptera	72	951
12. 䗛目 Phasmatodea	7	100	28. 蚤目 Siphonaptera	9	28
13. 螳䗛目 Mantophasmatodea			29. 毛翅目 Trichoptera	28	146
14. 纺足目 Embioptera	5	12	30. 鳞翅目 Lepidoptera	60	2 481
15. 缺翅目 Zoraptera	1	1	31. 膜翅目 Hymenoptera	51	813
16. 蝎目 Psocoptera	27	158	合计（29 目）	603	10 908

南亚亚界的 10 908 属昆虫在亚界级水平上，共有 2 627 种分布型（表 5–44）。按属数多少排序，1 708 属的特有属位列第一，其后分别是与中国亚界、印度尼西亚亚界、东北亚亚界、西伯利亚亚界的共有属，整体衡量，也是与上述 4 个亚界关系密切。与智利亚界、新西兰亚界关系最疏远。

南亚亚界的 1 708 个特有属，占本亚界总属数的 15.66%。分属于 25 目，最多的目是鞘翅目 Coleoptera 608 属，半翅目 Hemiptera 247 属，直翅目 Orthoptera 235 属，鳞翅目 Lepidoptera 223 属。石蛃目 Microcoryphia、缺翅目 Zoraptera、广翅目 Megaloptera、蛇蛉目 Raphidioptera 没有特有属。

南亚亚界的 603 科昆虫，位居丰富度较高之列。在亚界级水平上共有 418 种分布型（表 5–45），有下列 3 个科是本亚界的特有科：

半翅目 Hemiptera 的壳蚧科 Conchaspididae。

鞘翅目 Coleoptera 的 Rhagophthalmidae。

纺足目 Embioptera 的 Ptilocerembiidae。

表5-44　南亚亚界昆虫属级阶元的主要分布型

序号	a	b	c	d	e	f	g	h	i	j	k	l	m	n	o	p	q	r	s	t	属数	所占比例（%）
1							1														1 708	15.66
2				1			1														1 619	14.84
3							1	1													741	6.79
4					1		1	1													556	5.10
5				1	1		1														261	2.39
6				1	1	1	1														206	1.89
7						1	1	1													191	1.75
8				1		1	1														149	1.37
9				1	1		1	1													73	0.67
10						1	1								1						71	0.65
11					1	1	1								1						59	0.54
12							1	1	1												56	0.51
13			1	1		1	1														51	0.47
14	1	1	1	1	1	1	1								1						35	0.32
15			1			1	1	1													35	0.32
16						1	1	1				1	1								33	0.30
17							1				1										33	0.30
18						1	1	1	1												33	0.30
19					1		1														33	0.30
20							1							1							32	0.29
21～2627	·····						1													·····	4 933	45.22
合计	2 471	1 638	1 858	2 622	3 225	7 266	10 908	4 309	1 195	1 721	2 121	1 150	1 141	2 148	437	2 191	1 753	1 078	876	284	10 908	100.00
所占比例（%）	22.65	15.02	17.03	24.04	29.57	66.61	100.00	39.50	10.96	15.78	19.44	10.54	10.46	19.69	4.01	20.09	16.07	9.88	8.03	2.60		

表5-45　南亚亚界昆虫科级阶元的主要分布型

序号	a	b	c	d	e	f	g	h	i	j	k	l	m	n	o	p	q	r	s	t	科数	所占比例（%）
1	1	1	1	1	1	1	1	1	1	1	1	1	1	1	1	1	1	1	1	1	86	14.26
2	1	1	1	1	1	1	1	1	1	1	1	1	1	1	1	1	1	1	1	1	10	1.66
3				1			1														10	1.66
4	1	1	1	1	1	1	1	1	1	1	1	1	1	1	1	1	1	1	1	1	7	1.16
5	1	1	1	1	1	1	1	1	1	1	1	1	1	1	1	1	1	1	1	1	7	1.16
6	1	1	1	1	1	1	1	1	1	1	1	1	1	1	1	1	1	1	1	1	5	0.83
7	1	1	1	1	1	1	1	1	1	1	1	1	1	1	1	1	1	1	1	1	5	0.83

（续表 5–45）

序号	a	b	c	d	e	f	g	h	i	j	k	l	m	n	o	p	q	r	s	t	科数	所占比例（%）
8	1	1	1	1	1	1	**1**	1	1	1	1		1	1	1	1	1	1	1	1	4	0.66
9						1	**1**	1													4	0.66
10	1	1	1	1	1	1	**1**	1		1	1	1	1	1	1	1	1	1	1	1	4	0.66
11	1	1	1	1	1	1	**1**	1	1	1	1		1	1	1	1	1	1	1		4	0.66
12	1	1	1		1	1	**1**	1	1	1	1	1	1	1	1	1	1	1	1	1	4	0.66
13							**1**	1													4	0.66
14	1	1	1	1	1	1	**1**	1	1		1	1	1	1	1	1	1	1	1	1	3	0.50
15	1	1	1	1	1	1	**1**	1	1	1	1	1	1		1	1	1	1	1	1	3	0.50
16							**1**														3	0.50
17	1	1			1	1	**1**	1	1	1	1	1	1	1	1	1	1	1	1	1	3	0.50
18	1	1		1	1	1	**1**									1					3	0.50
19	1	1	1	1	1	1	**1**	1			1					1	1	1	1	1	2	0.33
20	1	1	1	1	1	1	**1**	1			1		1	1	1	1	1	1	1		2	0.33
21～418	……	……	……	……	……	……	**1**	……	……	……	……	……	……	……	……	……	……	……	……	……	430	71.31
合计	472	371	340	398	456	556	**603**	439	296	337	408	276	342	434	264	490	454	373	358	222	603	100.00
所占比例（%）	78.28	61.53	56.38	66.00	75.62	92.21	**100.00**	72.80	49.09	55.89	67.66	45.77	56.72	71.97	43.78	81.26	75.29	61.86	59.37	36.82		

第三节　印度尼西亚亚界

Segment 3　Indonesian Subkingdom

印度尼西亚亚界位处西太平洋之中，北与南亚亚界稍有陆地连接，西濒印度洋，南望西澳大利亚亚界及东澳大利亚亚界，东望太平洋亚界。由马来半岛及面积不等的大小岛屿组成，主要有苏门答腊岛、加里曼丹岛、苏拉威西岛、新几内亚岛、爪哇岛、吕宋岛、棉兰老岛等。赤道横贯中部，全为热带海洋性气候、热带雨林气候。

印度尼西亚亚界昆虫共有 27 目 477 科 8 177 属（表 5–46）。缺少石蛃目 Microcoryphia、蛩蠊目 Grylloblattodea、螳䗛目 Mantophasmatodea 和蛇蛉目 Raphidioptera，鞘翅目 Coleoptera、鳞翅目 Lepidoptera 最为丰富，其次是直翅目 Orthoptera、半翅目 Hemiptera、双翅目 Diptera、膜翅目 Hymenoptera。在 20 个亚界中，区系丰富度中等偏上，特有性比较突出。

印度尼西亚亚界的 8 177 属昆虫共有 1 839 种亚界级分布型（表 5–47），2 496 属的特有属居于首位，其次分别是与南亚亚界、中国亚界、太平洋亚界等的共有属，整体比较，密切程度依次是南亚亚界、中国亚界、东澳大利亚亚界。

本亚界的 2 496 个特有属，分属于 22 个目，主要有鞘翅目 Coleoptera 1 147 属，直翅目 Orthoptera 385 属，鳞翅目 Lepidoptera 357 属，半翅目 Hemiptera 229 属，其次还有䗛目 Phasmatodea 95 属，双翅

目 Diptera 67 属，缨翅目 Thysanoptera 44 属，膜翅目 Hymenoptera 34 属，而纺足目 Embioptera、缺翅目 Zoraptera、食毛目 Mallophaga、广翅目 Megaloptera、长翅目 Mecoptera 没有特有属。

表5-46 印度尼西亚亚界的昆虫区系

昆虫目名称	科数	属数	昆虫目名称	科数	属数
1. 石蛃目 Microcoryphia			17. 食毛目 Mallophaga	4	31
2. 衣鱼目 Zygentoma	2	3	18. 虱目 Anoplura	6	11
3. 蜉蝣目 Ephemeroptera	5	9	19. 缨翅目 Thysanoptera	5	197
4. 蜻蜓目 Odonata	15	101	20. 半翅目 Hemiptera	66	732
5. 襀翅目 Plecoptera	4	15	21. 广翅目 Megaloptera	2	4
6. 蜚蠊目 Blattodea	5	105	22. 蛇蛉目 Raphidioptera		
7. 等翅目 Isoptera	4	58	23. 脉翅目 Neuroptera	13	99
8. 螳螂目 Mantodea	9	31	24. 鞘翅目 Coleoptera	81	2 848
9. 蛩蠊目 Grylloblattodea			25. 捻翅目 Strepsiptera	8	21
10. 革翅目 Dermaptera	8	13	26. 长翅目 Mecoptera	1	1
11. 直翅目 Orthoptera	27	753	27. 双翅目 Diptera	61	586
12. 蟾目 Phasmatodea	8	183	28. 蚤目 Siphonaptera	7	22
13. 螳蟾目 Mantophasmatodea			29. 毛翅目 Trichoptera	21	104
14. 纺足目 Embioptera	1	3	30. 鳞翅目 Lepidoptera	50	1 689
15. 缺翅目 Zoraptera	1	1	31. 膜翅目 Hymenoptera	41	449
16. 啮目 Psocoptera	22	108	合计（27目）	477	8 177

表5-47 印度尼西亚亚界昆虫属级阶元的主要分布型

序号	a	b	c	d	e	f	g	h	i	j	k	l	m	n	o	p	q	r	s	t	属数	所占比例（%）
1								1													2 496	30.52
2							1	1													741	9.06
3						1	1	1													556	6.80
4								1	1												228	2.79
5					1	1	1	1													191	2.34
6								1					1								165	2.02
7						1															135	1.65
8								1			1	1									109	1.33
9			1	1	1	1	1														73	0.89
10					1	1	1						1								71	0.87
11						1	1	1													56	0.68
12							1	1					1								47	0.57
13								1				1									44	0.54
14			1			1	1	1													35	0.43
15						1	1	1				1	1								33	0.40
16					1	1	1	1													33	0.40
17					1	1	1		1	1											31	0.38
18				1	1	1	1						1								28	0.34

（续表 5–47）

序号	a	b	c	d	e	f	g	**h**	i	j	k	l	m	n	o	p	q	r	s	t	属数	所占比例（%）
19					1	1		**1**													28	0.34
20				1		1	1	**1**													26	0.32
21 ～ 1 839	……	……	……	……	……	……	……	1	……	……	……	……	……	……	……	……	……	……	……	……	3 051	37.31
合计	1 199	933	944	1 104	1 868	3 419	4 309	**8 177**	1 450	1 339	1 499	929	1 127	1 951	361	1 201	1 163	832	703	219	8 177	100.00
所占比例（%）	14.66	11.41	11.54	13.50	22.84	41.81	52.70	**100.00**	17.73	16.38	18.33	11.36	13.78	23.86	4.41	14.69	14.22	10.17	8.60	2.68		

表5–48　印度尼西亚亚界昆虫科级阶元的主要分布型

序号	a	b	c	d	e	f	g	**h**	i	j	k	l	m	n	o	p	q	r	s	t	科数	所占比例（%）
1	1	1	1	1	1	1	1	**1**	1	1	1	1	1	1	1	1	1	1	1	1	86	18.03
2	1	1	1	1	1	1	1	**1**	1	1	1	1	1	1	1	1	1	1	1		10	2.10
3	1	1	1	1	1	1	1	**1**	1	1	1	1	1	1		1	1	1	1	1	7	1.47
4	1	1	1	1	1	1	1	**1**	1	1	1	1	1	1		1	1	1	1		7	1.47
5	1	1	1	1	1	1	1	**1**		1	1	1	1	1		1	1	1	1	1	5	1.05
6	1	1	1	1	1	1	1	**1**		1	1	1	1	1	1	1	1	1	1		5	1.05
7	1	1	1	1	1	1	1	**1**	1	1	1		1	1	1	1	1	1	1		4	0.84
8	1	1	1	1	1	1	1	**1**		1	1	1	1	1	1	1	1	1	1	1	4	0.84
9	1	1	1	1	1	1	1	**1**	1	1	1		1	1	1	1	1	1	1	1	4	0.84
10							1	**1**													4	0.84
11						1	1	**1**													4	0.84
12	1	1	1		1	1	1	**1**	1	1	1	1	1	1	1	1	1	1	1	1	4	0.84
13								**1**													3	0.63
14								**1**					1	1							3	0.63
15	1	1	1	1	1	1	1	**1**	1		1	1	1	1	1	1	1	1	1	1	3	0.63
16	1	1	1	1	1	1	1	**1**	1	1	1	1	1		1	1	1	1	1	1	3	0.63
17	1	1			1	1	1	**1**	1	1	1	1	1	1	1	1	1	1	1	1	3	0.63
18	1	1	1	1	1	1	1	**1**		1	1					1	1	1	1		2	0.42
19	1	1	1	1	1	1	1	**1**		1	1	1		1		1	1	1	1		2	0.42
20	1	1		1	1	1	1	**1**	1	1	1	1	1	1		1	1	1	1		2	0.42
21～308	……	……	……	……	……	……	……	1	……	……	……	……	……	……	……	……	……	……	……	……	312	65.41
合计	383	320	283	325	377	432	439	**477**	289	311	364	264	321	388	239	399	400	337	321	203	477	100.00
所占比例（%）	80.29	67.09	59.33	68.13	79.04	90.57	92.03	**100.00**	60.59	65.20	76.31	55.35	67.30	81.34	50.10	83.65	83.86	70.65	67.30	42.56		

本亚界的 477 科昆虫共有 308 种亚界级分布型（表 5-48），有 3 科是本亚界的特有科：

螳螂目 Mantodea 的金螳科 Metallyticidae。

双翅目 Diptera 的 Gobryidae。

鳞翅目 Lepidoptera 的 Phaudidae。

第四节　太平洋亚界
Segment 4　Pacific Subkingdom

太平洋亚界位于浩瀚的太平洋中部，西望印度尼西亚亚界、东澳大利亚亚界，南望新西兰亚界。由数不胜数的小岛组成，包括密克罗尼西亚、美拉尼西亚、波利尼西亚三大岛群，主要有新喀里多尼亚岛、维提岛、夏威夷岛、塔班岛等，全为热带海洋性气候。

太平洋亚界共有昆虫 23 目 325 科 2 560 属（表 5-49），100 属以上的有鞘翅目 Coleoptera、鳞翅目 Lepidoptera、双翅目 Diptera、半翅目 Hemiptera、直翅目 Orthoptera、膜翅目 Hymenoptera，缺少石蛃目 Microcoryphia、衣鱼目 Zygentoma、襀翅目 Plecoptera、蛩蠊目 Grylloblattodea、螳䗛目 Mantophasmatodea、广翅目 Megaloptera、蛇蛉目 Raphidioptera、长翅目 Mecoptera 的分布。本亚界的区系丰富度低下，特有性比例较为突出。

表5-49　太平洋亚界的昆虫区系

昆虫目名称	科数	属数	昆虫目名称	科数	属数
1. 石蛃目 Microcoryphia			17. 食毛目 Mallophaga	4	14
2. 衣鱼目 Zygentoma			18. 虱目 Anoplura	2	2
3. 蜉蝣目 Ephemeroptera	1	1	19. 缨翅目 Thysanoptera	4	98
4. 蜻蜓目 Odonata	5	18	20. 半翅目 Hemiptera	47	293
5. 襀翅目 Plecoptera			21. 广翅目 Megaloptera		
6. 蜚蠊目 Blattodea	5	32	22. 蛇蛉目 Raphidioptera		
7. 等翅目 Isoptera	3	13	23. 脉翅目 Neuroptera	8	33
8. 螳螂目 Mantodea	2	2	24. 鞘翅目 Coleoptera	63	878
9. 蛩蠊目 Grylloblattodea			25. 捻翅目 Strepsiptera	6	12
10. 革翅目 Dermaptera	5	7	26. 长翅目 Mecoptera		
11. 直翅目 Orthoptera	22	191	27. 双翅目 Diptera	52	306
12. 螬目 Phasmatodea	4	38	28. 蚤目 Siphonaptera	3	3
13. 螳䗛目 Mantophasmatodea			29. 毛翅目 Trichoptera	13	27
14. 纺足目 Embioptera	1	1	30. 鳞翅目 Lepidoptera	24	352
15. 缺翅目 Zoraptera	1	1	31. 膜翅目 Hymenoptera	30	188
16. 蛄目 Psocoptera	20	50	合计（23 目）	325	2 560

太平洋亚界的 2 560 属昆虫共有 1 037 种亚界级分布型（表 5–50），特有属 610 属，居于首位，其后分别是与印度尼西亚亚界、南亚亚界、中国亚界、西澳大利亚亚界的共有属。20 个亚界都有分布的全布属有 23 属，位居第 6 位。整体比较，依然是上述 4 个亚界关系密切。

表5–50　太平洋亚界昆虫属级阶元的主要分布型

序号	a	b	c	d	e	f	g	h	i	j	k	l	m	n	o	p	q	r	s	t	属数	所占比例（%）
1									**1**												610	23.83
2								1	**1**												228	8.91
3							1	1	**1**												56	2.19
4								1	**1**					1							47	1.84
5						1	1	1	**1**												33	1.29
6	1	1	1	1	1	1	1	1	**1**	1	1	1	1	1	1	1	1	1	1	1	23	0.90
7				1	1	1	1	1	**1**												23	0.90
8						1	1	1	**1**					1							21	0.82
9									**1**						1						20	0.78
10						1	1		**1**			1	1								18	0.70
11								1	**1**												17	0.66
12									**1**												15	0.59
13			1			1	1		**1**												14	0.55
14							1	1	**1**					1							13	0.51
15							1	1	**1**			1									12	0.47
16	1	1	1	1	1	1	1	1	**1**	1	1	1	1	1	1	1	1	1	1	1	11	0.43
17	1	1	1	1	1	1	1		**1**	1	1	1	1			1	1	1	1	1	10	0.39
18									**1**							1	1	1			10	0.39
19～1037	……	……	……	……	……	……	……	……	**1**	……	……	……	……	……	……	……	……	……	……	……	1 379	53.87
合计	621	485	452	461	816	1 073	1 195	1 450	**2 560**	642	729	552	611	1 016	327	729	706	536	452	174	2560	100.00
所占比例（%）	24.26	18.95	17.66	18.01	31.88	41.91	46.68	56.64	**100.00**	25.08	28.48	21.56	23.87	39.69	12.77	28.48	27.58	20.94	17.66	6.80		

本亚界的 610 个特有属占总属数的 23.83%，分属于 14 个目，主要是鞘翅目 Coleoptera 305 属，半翅目 Hemiptera 82 属，直翅目 Orthoptera 72 属，鳞翅目 Lepidoptera 45 属，双翅目 Diptera 38 属，而等翅目 Isoptera、螳螂目 Mantodea、革翅目 Dermaptera、纺足目 Embioptera、缺翅目 Zoraptera、食毛目 Mallophaga、虱目 Anoplura、捻翅目 Strepsiptera、蚤目 Siphonaptera 9 个目没有特有属。

本亚界 325 科昆虫，科数也居贫乏之列，仅高于马达加斯加亚界及智利亚界，共有 188 种亚界级分布型（表 5–51），没有特有科。

表5–51　太平洋亚界昆虫科级阶元的主要分布型

序号	a	b	c	d	e	f	g	h	i	j	k	l	m	n	o	p	q	r	s	t	科数	所占比例(%)
1	1	1	1	1	1	1	1	1	**1**	1	1	1	1	1	1	1	1	1	1	1	86	26.46
2	1	1	1	1	1	1	1	1	**1**	1	1	1	1	1	1	1	1	1	1		10	3.08
3	1	1	1	1	1	1	1	1	**1**	1	1	1	1			1	1	1	1		7	2.15
4	1	1	1	1	1	1	1	1	**1**						1	1	1	1	1	1	7	2.15
5	1	1	1	1	1	1	1	1	**1**	1	1		1	1	1	1	1	1	1	1	4	1.23
6	1	1	1	1	1	1	1	1	**1**		1	1		1	1	1	1	1	1	1	4	1.23
7	1	1	1			1			**1**					1	1	1	1	1	1	1	4	1.23
8	1	1			1	1	1	1	**1**	1		1	1	1	1	1	1	1	1	1	3	0.92
9	1	1	1	1	1	1	1	1	**1**		1	1		1	1	1	1	1	1	1	3	0.92
10	1	1	1	1	1	1	1	1	**1**	1	1	1				1	1	1	1	1	3	0.92
11	1	1	1	1	1	1	1	1	**1**	1	1		1	1		1	1	1			2	0.62
12	1	1	1	1	1	1	1	1	**1**	1		1		1		1	1				2	0.62
13	1	1	1	1	1	1	1	1	**1**		1	1		1	1	1	1	1	1	1	2	0.62
14				1	1	1	1	1	**1**	1	1	1	1	1	1	1	1	1	1	1	2	0.62
15				1	1	1	1	1	**1**		1	1		1	1	1	1	1	1	1	2	0.62
16	1	1			1	1	1	1	**1**	1	1	1	1	1	1	1	1	1	1	1	2	0.62
17		1	1			1	1	1	**1**	1	1	1		1	1	1	1	1	1	1	2	0.62
18	1	1		1	1	1	1	1	**1**	1	1	1		1		1	1	1	1		2	0.62
19～188	……	……	……	……	……	……	……	……	**1**	……	……	……	……	……	……	……	……	……	……	……	178	54.77
合计	277	235	213	232	274	297	296	289	**325**	230	262	209	239	291	207	293	290	254	246	171	325	100.00
所占比例（%）	85.23	72.30	65.53	71.38	84.31	91.38	91.08	88.92	**100**	70.77	80.83	64.56	73.54	89.54	63.69	90.15	89.23	78.15	75.69	52.62		

第六章　非洲界

Chapter 6　Afrotropical Kingdom

非洲界包括除北非外的非洲大陆及岛屿，以撒哈拉大沙漠北沿为界与西古北界为邻，与哺乳动物地理区划的非洲界及植物地理区划新设的非洲界（Cox，2001）基本相同，总面积约 2 470 万 km²。非洲界地处热带，高温、少雨水、干燥、沙漠多、高原多是其自然环境的总特点。

非洲界下辖中非亚界（Centre African Subkingdom）、南非亚界（South African Subkingdom）、马达加斯加亚界（Madagascan Subkingdom）。

第一节　昆虫区系特征
Segment 1　The Characteristics of Insect Fauna

非洲界有昆虫 27 目 604 科 10 691 属（表 5–52），以鞘翅目 Coleoptera、鳞翅目 Lepidoptera、直翅目 Orthoptera、双翅目 Diptera 最为丰富，缺少石蛃目 Microcoryphia、衣鱼目 Zygentoma、蛩蠊目 Grylloblattodea、蛇蛉目 Raphidioptera。物种丰富度较低，特有性最高。三亚界中丰富度以南非亚界为最高，特有性以马达加斯加亚界最高。其核心区域为南非地区。

非洲界 10 691 属昆虫共有 63 种界级分布型（表 5–53），第一大分布型为 6 250 属的特有属，占本界总属数的 58.46%，比例在各界中最高，其次是界级全布属，共 526 属，占将近 5%。与印度—太平洋界、

表5-52　非洲界的昆虫区系

昆虫目名称	科数	属数	昆虫目名称	科数	属数
1. 石蛃目 Microcoryphia			17. 食毛目 Mallophaga	5	21
2. 衣鱼目 Zygentoma			18. 虱目 Anoplura	11	24
3. 蜉蝣目 Ephemeroptera	14	60	19. 缨翅目 Thysanoptera	7	202
4. 蜻蜓目 Odonata	16	104	20. 半翅目 Hemiptera	73	905
5. 襀翅目 Plecoptera	3	15	21. 广翅目 Megaloptera	2	7
6. 蜚蠊目 Blattodea	5	139	22. 蛇蛉目 Raphidioptera		
7. 等翅目 Isoptera	5	122	23. 脉翅目 Neuroptera	12	205
8. 螳螂目 Mantodea	12	47	24. 鞘翅目 Coleoptera	104	3 360
9. 蛩蠊目 Grylloblattodea			25. 捻翅目 Strepsiptera	8	18
10. 革翅目 Dermaptera	9	12	26. 长翅目 Mecoptera	1	2
11. 直翅目 Orthoptera	40	1 202	27. 双翅目 Diptera	82	1 027
12. 䗛目 Phasmatodea	7	53	28. 蚤目 Siphonaptera	11	34
13. 螳䗛目 Mantophasmatodea	1	13	29. 毛翅目 Trichoptera	25	92
14. 纺足目 Embioptera	2	11	30. 鳞翅目 Lepidoptera	54	2 033
15. 缺翅目 Zoraptera	1	1	31. 膜翅目 Hymenoptera	66	861
16. 蜡目 Psocoptera	28	121	合计（27目）	604	10 691

东古北界、西古北界的关系相差无几，均密切于与新北界、澳大利亚界、新热带界的关系。

6 250个特有属分别属于除缺翅目 Zoraptera 以外的26个目。超过100属的有鞘翅目 Coleoptera 2 372属，鳞翅目 Lepidoptera 1 178属，直翅目 Orthoptera 986属，半翅目 Hemiptera 458属，双翅目 Diptera 378属，膜翅目 Hymenoptera 260属，脉翅目 Neuroptera 111属，蜚蠊目 Blattodea 106属。

表5-53　非洲界昆虫属级阶元的主要分布型

序号	西古北界	东古北界	印度—太平洋界	非洲界	澳大利亚界	新北界	新热带界	属数	所占比例（%）
1				1				6 250	58.46
2	1	1	1	1	1	1	1	526	4.92
3	1			1				394	3.69
4		1	1	1				326	3.05
5	1	1	1	1				273	2.55
6		1		1				253	2.37
7		1	1	1	1			219	2.05
8	1	1	1	1	1	1		201	1.88
9	1	1	1	1		1		190	1.78
10	1	1	1	1		1	1	189	1.77
11	1	1	1	1	1			185	1.73
12	1	1	1	1		1		140	1.31
13	1	1		1				129	1.21
14	1		1	1				119	1.11

（续表 5-53）

序号	西古北界	东古北界	印度—太平洋界	非洲界	澳大利亚界	新北界	新热带界	属数	所占比例（%）
15 ～ 63	……	……	……	1	……	……	……	1 297	12.13
合计	2 823	2 947	2 989	10 691	1 775	2 117	1 364	10 691	100.00
所占比例（%）	26.41	27.57	27.96	100.00	16.60	19.80	12.76		

非洲界 604 科昆虫，在各界中最少，共有 48 种界级分布型（表 5-54），除界级全布科 332 科遥遥领先外，32 个特有科占据第二位，依次是 4 种紧缺 1 界的"次全布科"。

32 个特有科分属于 14 个目：

蜉蝣目 Ephemeroptera 的 Dicercomyzidae、Ephemerythidae、Machadorythidae、毛蜉科 Tricorythidae。

螳螂目 Mantodea 的 Galinthiadidae，巫螳科 Sibyllidae。

革翅目 Dermaptera 的 鼠蠼科 Hemimeridae。

直翅目 Orthoptera 的 Euschmidtiidae、Lathiceridae、Lentulidae、Lithidiidae、大腹蝗科 Pneumoridae、Pyrgacrididae。

䗛目 Phasmatodea 的 Anisacanthidae、Damasippoididae。

螳䗛目 Mantophasmatodea 的 螳䗛科 Mantophasmatidae。

啮目 Psocoptera 的 Lesneiidae。

虱目 Anoplura 的 Hybophthiridae、鼹虱科 Neolinognathidae。

半翅目 Hemiptera 的 露孔蜡蝉科 Gengidae、斑蚧科 Stictococcidae。

鞘翅目 Coleoptera 的 Aulonocnemidae、淘甲科 Torridincolidae。

双翅目 Diptera 的 Leptidae。

蚤目 Siphonaptera 的 奇蚤科 Chimaeropsyllidae、剑鬃蚤科 Xiphiopsyllidae。

毛翅目 Trichoptera 的 Barbarochtho-nidae、Hydrosalpingidae、Petrothrincidae、Pisuliidae。

鳞翅目 Lepidoptera 的 金蛾科 Chrysopolomidae、绵蛾科 Eriocottidae。

螳䗛目 Mantophasmatodea 是非洲界的特有目，也是昆虫中唯一的界级特有目，分布在非洲南部。其他 30 目中，有 25 目是全界分布，另外 5 目也分别是跨 3 ～ 6 界分布；其他 6 界也都没有特有目。

表5-54　非洲界昆虫科级阶元的主要分布型

序号	西古北界	东古北界	印度—太平洋界	非洲界	澳大利亚界	新北界	新热带界	科数	所占比例（%）
1	1	1	1	1	1	1	1	332	54.97
2				1				32	5.30
3	1	1	1	1	1		1	28	4.64
4	1	1	1	1		1	1	25	4.14
5	1	1		1	1	1	1	19	3.15
6	1	1	1	1	1		1	12	1.99
7 ～ 48	……	……	……	1	……	……	……	156	25.83
合计	489	496	471	604	457	506	444	604	100.00
所占比例（%）	80.96	82.12	77.98	100.00	75.66	83.77	73.51		

第二节　中非亚界
Segment 2　Centre African Subkingdom

中非亚界位于非洲中部，东临红海、亚丁湾及印度洋，西濒几内亚湾及大西洋，北接地中海亚界，南以扎伊尔的南界、西界及肯尼亚的北界、东界为界连接南非亚界。本亚界地处热带，有临几内亚湾的平原，有刚果盆地，有世界最大的沙漠，也有非洲最高的埃塞俄比亚高原。高温、少雨、干燥是总气候特点，从热带沙漠气候、热带大陆性气候，到热带草原气候、热带季风气候、热带雨林气候，类型齐全。

中非亚界昆虫共有 25 目 380 科 5 117 属（表 5–55），以鞘翅目 Coleoptera、鳞翅目 Lepidoptera、直翅目 Orthoptera 最丰富，缺少石蛃目 Microcoryphia、衣鱼目 Zygentoma、蛩蠊目 Grylloblattodea、螳䗛目 Mantophasmatodea、广翅目 Megaloptera、蛇蛉目 Raphidioptera 的分布。20 个亚界中，区系丰富度及特有性均属中等。

表5–55　中非亚界的昆虫区系

昆虫目名称	科数	属数	昆虫目名称	科数	属数
1. 石蛃目 Microcoryphia			17. 食毛目 Mallophaga	4	7
2. 衣鱼目 Zygentoma			18. 虱目 Anoplura	9	17
3. 蜉蝣目 Ephemeroptera	9	24	19. 缨翅目 Thysanoptera	4	101
4. 蜻蜓目 Odonata	14	89	20. 半翅目 Hemiptera	37	435
5. 襀翅目 Plecoptera	1	2	21. 广翅目 Megaloptera		
6. 蜚蠊目 Blattodea	5	83	22. 蛇蛉目 Raphidioptera		
7. 等翅目 Isoptera	4	98	23. 脉翅目 Neuroptera	11	119
8. 螳螂目 Mantodea	10	32	24. 鞘翅目 Coleoptera	58	1 571
9. 蛩蠊目 Grylloblattodea			25. 捻翅目 Strepsiptera	6	15
10. 革翅目 Dermaptera	9	12	26. 长翅目 Mecoptera	1	1
11. 直翅目 Orthoptera	29	590	27. 双翅目 Diptera	47	404
12. 䗛目 Phasmatodea	2	9	28. 蚤目 Siphonaptera	7	9
13. 螳䗛目 Mantophasmatodea			29. 毛翅目 Trichoptera	17	69
14. 纺足目 Embioptera	2	9	30. 鳞翅目 Lepidoptera	37	1 041
15. 缺翅目 Zoraptera	1	1	31. 膜翅目 Hymenoptera	36	324
16. 蛄目 Psocoptera	20	55	合计（25 目）	380	5 117

中非亚界的 5 117 属昆虫共有 1 442 种亚界级分布型，1 331 属的特有属居首（表 5–56），其次分别是与南非亚界、马达加斯加亚界、地中海亚界的共有属，23 属的亚界全布属居第 9 位。整体比较，与南非亚界关系遥遥领先，其后依次是南亚亚界、中国亚界、印度尼西亚亚界与地中海亚界。

中非亚界 1 331 个特有属，占本亚界的 26.01%。分属于 21 目，主要有鞘翅目 Coleoptera 535 属，直翅目 Orthoptera 240 属，鳞翅目 Lepidoptera 235 属，半翅目 Hemiptera 106 属，而襀翅目 Plecoptera、缺翅目 Zoraptera、虱目 Anoplura、长翅目 Mecoptera 没有特有属。

表5–56　中非亚界昆虫属级阶元的主要分布型

序号	a	b	c	d	e	f	g	h	i	j	k	l	m	n	o	p	q	r	s	t	属数	所占比例（%）
1										**1**											1 331	26.01
2										**1**	1										1 062	20.75
3										**1**	1	1									194	3.79
4		1								**1**	1										83	1.62
5										**1**		1									55	1.07
6		1								**1**											54	1.06
7						1	1	1		**1**	1										31	0.61
8		1								**1**	1	1									29	0.57
9	1	1	1	1	1	1	1	1	1	**1**	1	1	1	1	1	1	1	1	1	1	23	0.45
10							1			**1**											21	0.41
11						1	1	1		**1**											19	0.37
12								1		**1**	1										17	0.33
13							1			**1**	1										17	0.33
14							1	1		**1**	1										17	0.33
15		1					1			**1**	1										16	0.31
16	1	1	1							**1**											14	0.27
17		1	1							**1**											13	0.25
18	1									**1**	1										13	0.25
19							1			**1**	1	1									13	0.25
20～1 442	……	……	……	……	……	……	……	……	……	**1**	……	……	……	……	……	……	……	……	……	……	2 095	40.94
合计	1 071	1 282	958	769	1 022	1 513	1 721	1 339	642	**5 117**	3 056	1 180	576	895	238	894	871	674	553	197	5 117	100.00
所占比例（%）	20.93	25.05	18.72	15.03	19.97	29.57	33.63	26.17	12.55	**100.00**	59.72	23.06	11.26	17.49	4.65	17.47	17.02	13.17	10.81	3.85		

本亚界的 380 科共有 219 种亚界级分布型（表 5–57）。本亚界的 2 个特有科是革翅目 Dermaptera 的鼠螋科 Hemimeridae；蚤目 Siphonaptera 的剑鬃蚤科 Xiphiopsyllidae。

表5–57　中非亚界昆虫科级阶元的主要分布型

序号	a	b	c	d	e	f	g	h	i	j	k	l	m	n	o	p	q	r	s	t	科数	所占比例（%）
1	1	1	1	1	1	1	1	1	1	**1**	1	1	1	1	1	1	1	1	1	1	86	22.63
2	1	1	1	1	1	1	1	1	1	**1**	1	1	1	1	1	1	1	1	1		10	2.63
3										**1**	1										10	2.63
4	1	1	1	1	1	1	1	1	1	**1**	1	1	1	1		1	1	1	1	1	7	1.84
5	1	1	1	1	1	1	1	1	1	**1**	1	1	1	1		1	1	1	1		7	1.84
6	1	1	1	1	1	1	1	1		**1**	1	1	1	1		1	1	1	1	1	5	1.32
7	1	1	1	1	1	1	1	1		**1**	1	1	1	1	1	1	1	1	1		5	1.32
8	1	1	1	1	1	1	1	1		**1**	1	1	1	1	1	1	1	1	1	1	4	1.05

（续表 5–57）

序号	a	b	c	d	e	f	g	h	i	j	k	l	m	n	o	p	q	r	s	t	科数	所占比例（%）
9	1	1	1		1	1		1	1	**1**	1	1	1	1	1	1	1	1	1	1	4	1.05
10	1	1	1	1	1	1	1	1	1	**1**	1	1	1	1	1	1	1	1	1	1	4	1.05
11	1	1	1	1	1	1	1	1	1	**1**	1		1	1	1	1	1	1	1	1	4	1.05
12	1	1	1		1	1	1	1	1	**1**	1	1		1	1	1	1	1	1	1	3	0.79
13	1	1	1	1	1	1	1	1	1	**1**	1	1	1		1	1	1	1	1	1	3	0.79
14	1	1		1	1	1	1	1	1	**1**	1	1	1		1	1		1	1	1	2	0.53
15	1	1			1	1	1	1	1	**1**	1	1		1	1		1	1	1	1	2	0.53
16										**1**											2	0.53
17					1	1	1			**1**	1	1	1	1							2	0.53
18		1								**1**	1										2	0.53
19	1	1	1		1	1	1	1		**1**	1				1	1		1	1	1	2	0.53
20	1	1	1	1	1	1	1			**1**	1	1						1		1	2	0.53
21～219	……	……	……	……	……	……	……	……	……	**1**	……	……	……	……	……	……	……	……	……	……	214	56.32
合计	316	281	248	258	301	338	337	311	230	**380**	340	240	251	296	195	320	322	286	274	177	380	100.00
所占比例（%）	83.16	73.95	65.26	67.89	79.21	88.95	88.68	81.84	60.53	**100.00**	89.47	63.16	66.05	77.89	51.32	84.21	84.74	75.26	72.11	46.58		

第三节　南非亚界
Segment 3　South African Subkingdom

南非亚界位于非洲南部，东临印度洋，隔莫桑比克海峡与马达加斯加亚界相望，西濒大西洋，北接中非亚界。地处热带、亚热带，多高原，多属热带草原气候，部分地区属亚热带气候或亚热带干旱气候。

南非亚界昆虫共有 27 目 525 科 6 958 属（表 5–58），主要有鞘翅目 Coleoptera、鳞翅目 Lepidoptera、双翅目 Diptera、膜翅目 Hymenoptera、直翅目 Orthoptera、半翅目 Hemiptera，缺少石蛃目 Microcoryphia、衣鱼目 Zygentoma、蛩蠊目 Grylloblattodea、蛇蛉目 Raphidioptera 的分布。20 个亚界比较，区系丰富度中等，特有性较高。

表5–58　南非亚界的昆虫区系

昆虫目名称	科数	属数	昆虫目名称	科数	属数
1. 石蛃目 Microcoryphia			17. 食毛目 Mallophaga	4	16
2. 衣鱼目 Zygentoma			18. 虱目 Anoplura	11	22
3. 蜉蝣目 Ephemeroptera	14	58	19. 缨翅目 Thysanoptera	7	139
4. 蜻蜓目 Odonata	12	68	20. 半翅目 Hemiptera	61	522
5. 襀翅目 Plecoptera	3	11	21. 广翅目 Megaloptera	2	4
6. 蜚蠊目 Blattodea	5	79	22. 蛇蛉目 Raphidioptera		
7. 等翅目 Isoptera	5	82	23. 脉翅目 Neuroptera	12	151

（续表 5–58）

昆虫目名称	科数	属数	昆虫目名称	科数	属数
8. 螳螂目 Mantodea	9	17	24. 鞘翅目 Coleoptera	96	1 999
9. 蛩蠊目 Grylloblattodea			25. 捻翅目 Strepsiptera	7	13
10. 革翅目 Dermaptera	3	3	26. 长翅目 Mecoptera	1	2
11. 直翅目 Orthoptera	31	650	27. 双翅目 Diptera	75	856
12. 䗛目 Phasmatodea	4	17	28. 蚤目 Siphonaptera	10	31
13. 螳䗛目 Mantophasmatodea	1	13	29. 毛翅目 Trichoptera	20	61
14. 纺足目 Embioptera	1	3	30. 鳞翅目 Lepidoptera	50	1 394
15. 缺翅目 Zoraptera	1	1	31. 膜翅目 Hymenoptera	53	651
16. 蛄目 Psocoptera	27	95	合计（27 目）	525	6 958

南非亚界的 6 958 属昆虫在亚界级水平上，共有 1 958 种分布型（表 5–59），按属数多少排序，2 302 属的特有属，雄踞首位。其后分别是与中非亚界、马达加斯加亚界、地中海亚界、南亚亚界的共有属。23 属的亚界全布属居第 11 位。整体比较，与本亚界关系密切的亚界依次是中非亚界、南亚亚界、中国亚界、欧洲亚界、印度尼西亚亚界。

南非亚界的 2 302 个特有属，占本亚界总属数的 33.08%。分属于 23 个目，主要有鞘翅目 Coleoptera 768 属，鳞翅目 Lepidoptera 428 属，直翅目 Orthoptera 343 属，双翅目 Diptera 243 属，半翅目 Hemiptera 152 属，膜翅目 Hymenoptera 130 属，而革翅目 Dermaptera、缺翅目 Zoraptera、食毛目 Mallophaga、捻翅目 Strepsiptera 没有特有属。

表5–59 南非亚界昆虫属级阶元的主要分布型

序号	a	b	c	d	e	f	g	h	i	j	k	l	m	n	o	p	q	r	s	t	属数	所占比例（%）
1											**1**										2 302	33.08
2										1	**1**										1 062	15.26
3										1	**1**	1									194	2.79
4											**1**	1									106	1.52
5		1								1	**1**										83	1.19
6	1										**1**										36	0.52
7							1				**1**										33	0.47
8		1				1	1				**1**										31	0.45
9						1	1	1		1	**1**										31	0.45
10		1								1	**1**	1									29	0.42
11	1	1	1	1	1	1	1	1	1	1	**1**	1	1	1	1	1	1	1	1	1	23	0.33
12							1	1			**1**										22	0.32
13											**1**			1							20	0.29
14	1	1									**1**										20	0.29
15		1									**1**										19	0.27
16											**1**										18	0.26
17						1	1	1			**1**										17	0.24

（续表 5-59）

序号	a	b	c	d	e	f	g	h	i	j	**k**	l	m	n	o	p	q	r	s	t	属数	所占比例（%）
18							1	1		1	**1**										17	0.24
19								1		1	**1**										17	0.24
20							1			1	**1**										17	0.24
21～1958	……	……	……	……	……	……	……	……	……	……	**1**	……	……	……	……	……	……	……	……	……	2 861	41.12
合计	1 638	1 427	1 083	1 100	1 375	2 073	2 121	1 499	729	3 056	**6 958**	1 338	768	1 282	335	1 460	1 244	889	778	255	6 958	100.00
所占比例（%）	23.54	20.51	15.56	15.81	19.76	29.79	30.48	21.54	10.48	43.92	**100.00**	19.23	11.04	18.42	4.81	20.98	17.88	12.78	11.18	3.66		

本亚界的 525 科昆虫共有 340 种亚界级分布型（表 5-60），86 科的亚界全布科居于首位外，第 2 位即是本亚界的特有科，共有 14 个科：

蜉蝣目 Ephemeroptera 的 Ephemerythidae。

直翅目 Orthoptera 的 Lathiceridae、Lithidiidae。

螳螂目 Mantophasmatodea 的螳螂科 Mantophasmatidae。

蜡目 Psocoptera 的 Lesneiidae。

虱目 Anoplura 的 Hybophthiridae、鼹虱科 Neolinognathidae。

半翅目 Hemiptera 的露孔蜡蝉科 Gengidae。

鞘翅目 Coleoptera 的 Aulonocnemidae、淘甲科 Torridincolidae。

双翅目 Diptera 的 Leptidae。

蚤目 Siphonaptera 的奇蚤科 Chimaeropsyllidae。

毛翅目 Trichoptera 的 Barbarochthonidae、Hydrosalpingidae。

表5-60　南非亚界昆虫科级阶元的主要分布型

序号	a	b	c	d	e	f	g	h	i	j	**k**	l	m	n	o	p	q	r	s	t	科数	所占比例（%）
1	1	1	1	1	1	1	1	1	1	1	**1**	1	1	1	1	1	1	1	1	1	86	16.38
2											**1**										14	2.67
3	1	1	1	1	1	1	1	1	1	1		1	1	1	1	1	1	1	1	1	10	1.90
4										1	**1**										10	1.90
5	1	1	1	1	1	1	1	1	1	1	**1**	1	1			1	1	1	1	1	7	1.33
6	1	1	1	1	1	1	1	1	1	1	**1**	1	1		1	1	1	1	1		7	1.33
7	1	1	1	1	1	1	1	1	1	1	**1**	1	1	1	1	1	1	1	1	1	5	0.95
8	1	1	1	1	1	1	1	1	1	1	**1**	1	1	1	1	1	1	1	1	1	5	0.95
9	1	1	1	1	1	1	1	1	1	1	**1**	1	1		1	1	1	1	1	1	4	0.76
10								1								1					4	0.76
11	1	1	1	1	1	1	1	1	1	1	**1**	1	1		1	1	1	1	1		4	0.76
12	1	1	1	1	1	1	1	1	1	1	**1**	1	1		1	1	1	1	1	1	4	0.76
13						1		1	1	1		1	1		1	1	1	1	1	1	4	0.76

（续表 5–60）

序号	a	b	c	d	e	f	g	h	i	j	k	l	m	n	o	p	q	r	s	t	科数	所占比例（%）
14	1	1	1	1	1	1	1	1	1		**1**	1	1	1	1	1	1	1	1	1	3	0.57
15	1	1	1	1	1	1	1	1	1	1	**1**	1	1		1	1	1	1	1	1	3	0.57
16	1	1			1	1	1	1	1	1	**1**	1	1	1	1	1	1	1	1	1	3	0.57
17								1			**1**										2	0.38
18					1	1	1			1	**1**	1	1	1							2	0.38
19	1	1	1	1	1	1	1	1			**1**					1	1		1	1	2	0.38
20										1	**1**	1									2	0.38
21~340	·····	·····	·····	·····	·····	·····	·····	·····	·····	·····	**1**	·····	·····	·····	·····	·····	·····	·····	·····	·····	344	65.52
合计	421	338	301	326	379	425	408	364	262	340	**525**	270	317	390	240	433	412	350	345	214	525	100.00
所占比例（%）	80.19	64.38	57.33	62.10	72.19	80.95	77.71	69.33	49.90	64.76	**100.00**	51.43	60.38	74.29	45.71	82.48	78.48	66.67	65.71	40.76		

第四节　马达加斯加亚界
Segment 4　Madagascan Subkingdom

马达加斯加亚界位于非洲的东南部，包括马达加斯加岛及附近的岛屿。与南非亚界仅隔莫桑比克海峡。地处热带，属热带海洋性气候。

本亚界昆虫共有 23 目 315 科 3 159 属（表 5–61），主要有鞘翅目 Coleoptera、鳞翅目 Lepidoptera、膜翅目 Hymenoptera、直翅目 Orthoptera、半翅目 Hemiptera、双翅目 Diptera，缺少石蛃目 Microcoryphia、衣鱼目 Zygentoma、蛩蠊目 Grylloblattodea、革翅目 Dermaptera、螳𧌑目 Mantophasmatodea、纺足目 Embioptera、蛇蛉目 Raphidioptera、长翅目 Mecoptera 的分布记载。本亚界区系丰富度低，但特有性比例很高。

表5–61　马达加斯加亚界的昆虫区系

昆虫目名称	科数	属数	昆虫目名称	科数	属数
1. 石蛃目 Microcoryphia			17. 食毛目 Mallophaga	2	2
2. 衣鱼目 Zygentoma			18. 虱目 Anoplura	2	7
3. 蜉蝣目 Ephemeroptera	1	2	19. 缨翅目 Thysanoptera	2	42
4. 蜻蜓目 Odonata	9	27	20. 半翅目 Hemiptera	45	279
5. 襀翅目 Plecoptera	2	3	21. 广翅目 Megaloptera	2	3
6. 蜚蠊目 Blattodea	5	45	22. 蛇蛉目 Raphidioptera		
7. 等翅目 Isoptera	3	23	23. 脉翅目 Neuroptera	9	68
8. 螳螂目 Mantodea	4	7	24. 鞘翅目 Coleoptera	46	935

（续表 5-61）

昆虫目名称	科数	属数	昆虫目名称	科数	属数
9. 蛩蠊目 Grylloblattodea			25. 捻翅目 Strepsiptera	3	3
10. 革翅目 Dermaptera			26. 长翅目 Mecoptera		
11. 直翅目 Orthoptera	26	328	27. 双翅目 Diptera	38	230
12. 䗛目 Phasmatodea	6	40	28. 蚤目 Siphonaptera	1	4
13. 螳䗛目 Mantophasmatodea			29. 毛翅目 Trichoptera	17	42
14. 纺足目 Embioptera			30. 鳞翅目 Lepidoptera	22	670
15. 缺翅目 Zoraptera	1	1	31. 膜翅目 Hymenoptera	52	349
16. 啮目 Psocoptera	17	49	合计（23目）	315	3 159

　　马达加斯加亚界的 3 159 属昆虫共有 1 100 种亚界级分布型（表 5-62），1 200 属的特有属雄踞首位，其次分别是与南非亚界、中非亚界、地中海亚界的共有属，23 属的亚界全布属居第 6 位。整体比较，密切相关的依次是南非亚界、中非亚界、南亚亚界。

　　本亚界的 1 200 个特有属，占总属数的 37.99%，在 20 个亚界中，仅次于新西兰亚界。这些特有属分属于 19 目。主要有鞘翅目 Coleoptera 546 属，直翅目 Orthoptera 217 属，鳞翅目 Lepidoptera 177 属，半翅目 Hemiptera 90 属，而蜉蝣目 Ephemeroptera、缺翅目 Zoraptera、食毛目 Mallophaga、捻翅目 Strepsiptera 没有特有属。

表5-62　马达加斯加亚界昆虫属级阶元的主要分布型

序号	a	b	c	d	e	f	g	h	i	j	k	l	m	n	o	p	q	r	s	t	属数	所占比例（%）
1												1									1 200	37.99
2										1	1	1									194	6.14
3										1		1									106	3.36
4								1				1									55	1.74
5		1								1	1	1									29	0.92
6	1	1	1	1	1	1	1	1	1	1	1	1	1	1	1	1	1	1	1	1	23	0.73
7							1					1									13	0.41
8							1	1				1									13	0.41
9									1	1	1	1									13	0.41
10					1	1	1		1	1	1	1									12	0.38
11							1					1									11	0.35
12	1	1	1	1	1	1	1	1	1	1	1	1	1	1		1	1	1	1		11	0.35
13	1	1	1	1	1	1	1	1	1	1	1	1	1	1		1	1	1	1		10	0.32
14~1 100	………					………						1	………						………		1 469	46.50
合计	807	732	599	564	762	1 056	1 150	929	552	1 180	1 338	3 159	449	721	205	742	704	571	464	153	3 159	100.00
所占比例（%）	25.55	23.17	18.96	17.85	24.12	33.43	36.40	29.41	17.47	37.35	42.36	100.00	14.21	22.82	6.49	23.49	22.29	18.08	14.69	4.84		

　　本亚界的 315 科昆虫，科数仅多于智利亚界，共有 170 种亚界级分布型（表 5–63）。3 个特有科是直翅目 Orthoptera 的 Pyrgacrididae；䗛目 Phasmatodea 的 Anisacanthidae、Damasippoididae。

表5–63　马达加斯加亚界昆虫科级阶元的主要分布型

序号	a	b	c	d	e	f	g	h	i	j	k	l	m	n	o	p	q	r	s	t	科数	所占比例（%）
1	1	1	1	1	1	1	1	1	1	1	1	**1**	1	1	1	1	1	1	1	1	86	27.30
2	1	1	1	1	1	1	1	1	1	1	1	**1**	1	1	1	1	1	1	1		10	3.17
3	1	1	1	1	1	1	1	1	1	1	1	**1**	1	1		1	1	1	1	1	7	2.22
4	1	1	1	1	1	1	1	1	1	1	1	**1**	1	1			1	1	1	1	7	2.22
5	1	1	1	1	1	1	1	1				**1**			1	1	1	1	1	1	5	1.59
6	1	1	1	1	1	1	1	1				**1**	1	1	1	1	1	1	1	1	5	1.59
7	1	1	1			1	1	1	1	1	1	**1**	1	1	1	1	1	1	1	1	4	1.27
8	1	1	1	1	1	1	1	1	1	1	1	**1**	1	1		1	1	1	1	1	4	1.27
9	1	1	1	1	1	1	1	1	1	1	1	**1**	1		1	1	1	1	1	1	3	0.95
10												**1**									3	0.95
11	1	1	1	1	1	1	1	1	1		1	**1**	1	1	1	1	1	1	1	1	3	0.95
12	1	1		1	1	1	1	1	1	1	1	**1**	1	1	1	1	1	1	1	1	3	0.95
13	1	1	1	1	1	1	1	1		1	1	**1**	1	1		1	1	1	1		2	0.63
14	1	1	1	1	1	1	1	1	1	1	1	**1**	1	1		1	1	1	1	1	2	0.63
15	1	1	1	1	1	1	1	1		1	1	**1**		1		1	1	1	1	1	2	0.63
16	1	1	1	1	1	1	1	1		1	1	**1**		1	1		1			1	2	0.63
17				1	1	1	1	1	1	1	1	**1**	1	1	1	1	1	1	1	1	2	0.63
18	1	1		1	1	1	1	1	1	1	1	**1**									2	0.63
19	1	1		1	1	1	1	1	1	1	1	**1**		1				1	1	1	2	0.63
20	1	1	1		1	1	1	1	1	1	1	**1**	1	1	1	1	1	1	1	1	2	0.63
21~170	……	……	……	……	……	……	……	……	……	……	……	**1**	……	……	……	……	……	……	……	……	159	50.48
合计	270	237	217	226	259	284	276	264	209	240	270	**315**	229	267	187	280	280	256	258	173	315	100.00
所占比例（%）	85.71	75.24	68.89	71.45	82.22	90.16	87.62	83.81	66.35	76.19	85.71	**100.00**	72.70	84.76	59.37	88.89	88.89	81.27	81.90	54.92		

第七章
澳大利亚界

Chapter 7　Australian Kingdom

澳大利亚界包括澳大利亚大陆、塔斯马尼亚岛、新西兰及附近岛屿，与其他界没有陆地的连接，小于动物区划的澳洲界，相当于植物区划新调整后的澳洲界，总面积约 795 万 km²。大部分处于热带、亚热带，多为大陆性气候。

下辖西澳大利亚亚界（West Australian Subkingdom）、东澳大利亚亚界（East Australian Subkingdom）、新西兰亚界（New Zealander Subkingdom）。

第一节　昆虫区系特征
Segment 1　The Characteristics of Insect Fauna

澳大利亚界有昆虫 27 目 694 科 10 394 属（表 5–64），以鞘翅目 Coleoptera、鳞翅目 Lepidoptera、半翅目 Hemiptera、双翅目 Diptera、膜翅目 Hymenoptera 最为丰富，都在 1 000 属以上，缺少蛩蠊目 Grylloblattodea、螳䗛目 Mantophasmatodea、缺翅目 Zoraptera、蛇蛉目 Raphidioptera。在各界中，物种丰富度最低，但特有性突出。三个亚界中，丰富度以东澳大利亚亚界为高，特有性以新西兰亚界最高，在 20 个亚界中也居首位。其核心区域为昆士兰地区。

澳大利亚界 10 394 属昆虫共有 63 种界级分布型（表 5–65），占据第一位的是本界特有属，计 5 898 属，

表5-64　澳大利亚界的昆虫区系

昆虫目名称	科数	属数	昆虫目名称	科数	属数
1. 石蛃目 Microcoryphia	1	3	17. 食毛目 Mallophaga	5	60
2. 衣鱼目 Zygentoma	3	6	18. 虱目 Anoplura	3	3
3. 蜉蝣目 Ephemeroptera	11	39	19. 缨翅目 Thysanoptera	6	196
4. 蜻蜓目 Odonata	16	116	20. 半翅目 Hemiptera	98	1 192
5. 襀翅目 Plecoptera	6	46	21. 广翅目 Megaloptera	2	6
6. 蜚蠊目 Blattodea	6	74	22. 蛇蛉目 Raphidioptera		
7. 等翅目 Isoptera	5	42	23. 脉翅目 Neuroptera	14	134
8. 螳螂目 Mantodea	4	22	24. 鞘翅目 Coleoptera	134	3 201
9. 蛩蠊目 Grylloblattodea			25. 捻翅目 Strepsiptera	7	20
10. 革翅目 Dermaptera	8	19	26. 长翅目 Mecoptera	5	9
11. 直翅目 Orthoptera	29	465	27. 双翅目 Diptera	106	1 181
12. 䗛目 Phasmatodea	5	56	28. 蚤目 Siphonaptera	9	20
13. 螳䗛目 Mantophasmatodea			29. 毛翅目 Trichoptera	28	145
14. 纺足目 Embioptera	3	3	30. 鳞翅目 Lepidoptera	88	2 250
15. 缺翅目 Zoraptera			31. 膜翅目 Hymenoptera	75	1 023
16. 啮目 Psocoptera	17	63	合计（27目）	694	10 394

表5-65　澳大利亚界昆虫属级阶元的主要分布型

序号	西古北界	东古北界	印度—太平洋界	非洲界	澳大利亚界	新北界	新热带界	属数	所占比例（%）
1					1			5 898	56.74
2			1		1			673	6.47
3	1	1	1	1	1	1	1	526	5.06
4		1	1		1			476	4.58
5		1	1	1	1			219	2.11
6	1	1	1		1	1		212	2.04
7	1	1	1		1	1		201	1.93
8	1	1	1	1	1			185	1.78
9		1			1			173	1.66
10	1	1			1	1		123	1.18
11		1	1		1	1	1	120	1.15
12					1	1		104	1.00
13	1				1	1		101	0.97
14～63	……	……	……	……	1	……	……	1 383	13.31
合计	2 088	2 897	3 255	1 775	10 394	2 146	1 279	10 394	100.00
所占比例（%）	20.09	27.87	31.32	17.08	100.00	20.65	12.31		

占本界总属数的56.74%，比例仅次于非洲界。与印度—太平洋界及东古北界关系密切于其余各界。

5 898个特有属分属于除虱目 Anoplura 以外的26个目，超过100属的目有鞘翅目 Coleoptera 2 008属，鳞翅目 Lepidoptera 1 248属，半翅目 Hemiptera 778属，双翅目 Diptera 522属，膜翅目 Hymenoptera 392属，直翅目 Orthoptera 351属，毛翅目 Trichoptera 103属。

澳大利亚界 694 科昆虫共有 48 种界级分布型（表 5-66），除 332 科的界级全布科外，61 科的特有科居各界之冠。

表5-66　澳大利亚界昆虫科级阶元的主要分布型

序号	西古北界	东古北界	印度—太平洋界	非洲界	澳大利亚界	新北界	新热带界	科数	所占比例（%）
1	1	1	1	1	1	1	1	332	47.84
2					1			65	9.37
3	1	1	1		1	1		32	4.61
4	1	1	1	1	1			28	4.03
5	1	1	1		1	1	1	22	3.17
6	1	1		1	1	1	1	19	2.74
7	1	1			1	1		15	2.16
8	1	1			1	1	1	14	2.02
9			1		1			12	1.73
10		1	1	1	1	1	1	12	1.73
11～48	……	……	……	……	1	……	……	143	20.61
合计	525	538	502	457	694	550	465	694	100.00
所占比例（%）	75.65	77.52	72.33	65.85	100.00	79.25	67.00		

本界的特有科分属于 14 个目，包括：

蜉蝣目 Ephemeroptera 的 Ameletopsidae、Coloburiscidae、Ichthybo-tidae、Oniscigastridae。

等翅目 Isoptera 的澳白蚁科 Mastotermitidae。

直翅目 Orthoptera 的蝼蠢科 Cooloolidae、筒蝼科 Cyclindrachetidae、蜢蠢科 Phasmodidae。

纺足目 Embioptera 的澳丝蚁科 Australembiidae。

蝤目 Psocoptera 的 Sabulopsocidae。

食毛目 Mallophaga 的袋鼠鸟虱科 Boopiidae。

半翅目 Hemiptera 的澳蝽科 Aphylidae、Cryptorhamphidae、Halimococcidae、Henicocoridae、Hyocephalidae、Idiostolidae、来氏蝽科 Lestoniidae、Myerslopiidae、涯蝽科 Omanidae、澳蚧科 Phenacoleachiidae。

鞘翅目 Coleoptera 的 Acanthocnemidae、Aclopidae、Chalcodryidae、短跗甲科 Jacobsoniidae、Lamingtoniidae、Myraboliidae、长酪甲科 Phycosecidae、Priasilphidae、Rhinorhipidae、Thanerocleridae。

长翅目 Mecoptera 的无翅蝎蛉科 Apteropanorpidae、异蝎蛉科 Choristidae。

双翅目 Diptera 的 Australimyzidae、Austroleptidae、Fergusoninidae、Helosciomyzidae、Homalocnemiidae、Huttoninidae、Ironomyiidae、Mystacinobiidae、Neminidae、Perissommatidae、Psendozidae、Rangomaramidae。

蚤目 Siphonaptera 的 Lycopsyllidae、Macrops-yllidae。

毛翅目 Trichoptera 的 Calocidae、Chathamiidae、Conoesucidae、Oeconesidae、Plectrotarsidae。

鳞翅目 Lepidoptera 的颚蛾科 Agathiphagidae、澳蛾科 Authelidae、茂蛾科 Carthaeidae、蚁蛾科 Cyclotornidae、伪木蠹蛾科 Dudgeoneidae、冠顶蛾科 Lophocoroni-dae、Oenosandridae、窄翅蛾科 Tineodidae。

膜翅目 Hymenoptera 的澳细蜂科 Austroniidae、Maamingidae、优细蜂科 Peradeniidae、纯舌蜂科 Stenotritidae、膨腹土蜂科 Thynnidae。

第二节 西澳大利亚亚界
Segment 2 West Australian Subkingdom

西澳大利亚亚界位于澳大利亚大陆的西半部，西、南濒临印度洋，北隔帝汶海、阿拉弗拉海与印度尼西亚亚界相望。地跨热带与温带，地势平缓，西部高原多为沙漠或半沙漠，东部是名为大自流盆地的平原，多属热带沙漠气候、热带草原气候、亚热带草原气候，南部为地中海气候。

西澳大利亚亚界昆虫共有 26 目 420 科 4 055 属（表 5–67），以鞘翅目 Coleoptera、鳞翅目 Lepidoptera、半翅目 Hemiptera、双翅目 Diptera、膜翅目 Hymenoptera、直翅目 Orthoptera 为主，没有石蛃目 Microcoryphia、蛩蠊目 Grylloblattodea、螳䗛目 Mantophasmatodea、缺翅目 Zoraptera、蛇蛉目 Raphidioptera 的分布。20 个亚界比较，区系丰富度及特有性均较低下。

表5-67 西澳大利亚亚界的昆虫区系

昆虫目名称	科数	属数	昆虫目名称	科数	属数
1. 石蛃目 Microcoryphia			17. 食毛目 Mallophaga	3	7
2. 衣鱼目 Zygentoma	2	2	18. 虱目 Anoplura	2	2
3. 蜉蝣目 Ephemeroptera	4	12	19. 缨翅目 Thysanoptera	5	98
4. 蜻蜓目 Odonata	12	75	20. 半翅目 Hemiptera	62	395
5. 襀翅目 Plecoptera	3	6	21. 广翅目 Megaloptera	1	2
6. 蜚蠊目 Blattodea	5	56	22. 蛇蛉目 Raphidioptera		
7. 等翅目 Isoptera	5	35	23. 脉翅目 Neuroptera	13	91
8. 螳螂目 Mantodea	4	6	24. 鞘翅目 Coleoptera	83	1 292
9. 蛩蠊目 Grylloblattodea			25. 捻翅目 Strepsiptera	7	15
10. 革翅目 Dermaptera	1	1	26. 长翅目 Mecoptera	2	2
11. 直翅目 Orthoptera	23	278	27. 双翅目 Diptera	64	351
12. 䗛目 Phasmatodea	4	24	28. 蚤目 Siphonaptera	4	6
13. 螳䗛目 Mantophasmatodea			29. 毛翅目 Trichoptera	14	44
14. 纺足目 Embioptera	1	1	30. 鳞翅目 Lepidoptera	54	957
15. 缺翅目 Zoraptera			31. 膜翅目 Hymenoptera	41	295
16. 啮目 Psocoptera	1	2	合计（26 目）	420	4 055

西澳大利亚亚界的 4 055 属昆虫在亚界级水平上，共有 1 114 种分布型（表 5–68），按属数多少排序，雄踞首位的是与东澳大利亚亚界的共有属，有 1 445 属，占本亚界总属数的 35.64%，其次是本亚界的特

表5-68 西澳大利亚亚界昆虫属级阶元的主要分布型

序号	a	b	c	d	e	f	g	h	i	j	k	l	**m**	n	o	p	q	r	s	t	属数	所占比例（%）
1													**1**	1							1 445	35.64
2													**1**								637	15.71

（续表5-68）

序号	a	b	c	d	e	f	g	h	i	j	k	l	**m**	n	o	p	q	r	s	t	属数	所占比例（%）
3								1					**1**	1							109	2.69
4													**1**	1	1						68	1.68
5							1						**1**								44	1.09
6						1	1	1					**1**	1							33	0.81
7						1							**1**	1							26	0.64
8	1	1	1	1	1	1	1	1	1	1	1	1	**1**	1	1	1	1	1	1	1	23	0.57
9							1	1					**1**	1							19	0.47
10						1	1	1					**1**	1							18	0.44
11							1						**1**	1							17	0.42
12							1	1					**1**	1							17	0.42
13					1	1							**1**	1							17	0.42
14				1	1	1							**1**	1							16	0.39
15								1					**1**	1							15	0.37
16	1												**1**	1							14	0.35
17									1				**1**	1							13	0.32
18							1	1					**1**								12	0.30
19													**1**	1			1				11	0.27
20	1	1	1	1	1	1			1			1	**1**	1		1	1	1	1	1	11	0.27
21~1 114	……	…	…	…	…	…	…	…	…	…	…	…	**1**	…	…	…	…	…	…	…	1 490	36.74
合计	789	507	435	549	780	1 160	1 141	1 127	611	576	768	449	**4 055**	3 094	381	766	681	450	404	148	4 055	100.00
所占比例（%）	19.46	12.50	10.73	13.54	19.24	28.61	28.14	27.79	15.07	14.20	18.94	11.07	**100.00**	76.30	9.40	18.89	16.79	11.10	9.96	3.65		

有属，有637属，占15.71%。以后分别是比例不大的与印度尼西亚亚界、新西兰亚界等的共有属。整体比较，与其关系密切的是东澳大利亚亚界、中国亚界、南亚亚界、印度尼西亚亚界。

西澳大利亚亚界的637个特有属，分属于17个目，主要有鞘翅目Coleoptera 239属，直翅目Orthoptera 111属，鳞翅目Lepidoptera 88属，半翅目Hemiptera 77属，而衣鱼目Zygentoma、襀翅目Plecoptera、革翅目Dermaptera、纺足目Embioptera、啮目Psocoptera、食毛目Mallophaga、虱目Anoplura、捻翅目Strepsiptera、蚤目Siphonaptera没有特有属。

本亚界的420科昆虫共有258种亚界级分布型（表5-69）。本亚界的2个特有科是等翅目Isoptera的澳白蚁科Mastotermitidae；鳞翅目Lepidoptera的茂蛾科Carthaeidae。

表5-69　西澳大利亚亚界昆虫科级阶元的主要分布型

序号	a	b	c	d	e	f	g	h	i	j	k	l	**m**	n	o	p	q	r	s	t	科数	所占比例（%）
1	1	1	1	1	1	1	1	1	1	1	1	1	**1**	1	1	1	1	1	1	1	86	20.48
2													**1**	1							11	2.62
3	1	1	1	1	1	1	1	1	1	1	1	1	**1**	1	1	1	1	1	1	1	10	2.38
4	1	1	1	1	1	1	1	1	1	1	1	1	**1**	1	1	1	1	1	1	1	7	1.67

（续表 5-69）

序号	a	b	c	d	e	f	g	h	i	j	k	l	**m**	n	o	p	q	r	s	t	科数	所占比例（%）
5	1	1	1	1	1	1	1	1	1	1	1	1	**1**		1	1	1	1	1	1	7	1.67
6	1	1	1	1	1	1				1	1	1	**1**	1		1	1	1	1	1	5	1.19
7	1	1	1	1	1	1				1	1		**1**	1	1	1	1	1	1	1	5	1.19
8	1	1	1	1	1	1	1	1	1	1	1	1	**1**	1	1	1	1	1	1	1	4	0.95
9	1	1	1	1	1	1			1	1	1	1	**1**	1	1	1	1	1	1	1	4	0.95
10	1	1	1	1	1	1				1	1	1	**1**	1	1	1	1	1	1	1	4	0.95
11	1	1			1	1	1	1	1	1	1	1	**1**	1	1	1	1	1	1	1	4	0.95
12													**1**	1	1						3	0.71
13						1							**1**	1							3	0.71
14	1	1			1	1		1		1	1		**1**		1	1	1	1	1		3	0.71
15													**1**								3	0.71
16	1	1	1										**1**			1					3	0.71
17				1	1	1				1	1		**1**	1		1	1	1	1	1	2	0.48
18													**1**								2	0.48
19	1	1		1									**1**	1		1					2	0.48
20	1	1	1	1	1	1			1	1	1		**1**			1	1	1	1		2	0.48
21～258	……	……	……	……	……	……	……	……	……	……	……	……	**1**	……	……	……	……	……	……	……	250	59.52
合计	336	273	253	281	321	361	342	321	239	251	317	229	**420**	402	232	356	343	288	286	193	420	100.00
所占比例（%）	80.00	65.00	60.24	66.90	76.43	85.95	81.43	76.43	56.90	59.76	75.48	54.52	**100.00**	95.71	55.24	85.24	81.67	68.57	68.10	45.92		

第三节　东澳大利亚亚界
Segment 3　East Australian Subkingdom

东澳大利亚亚界位于澳大利亚大陆的东半部，北隔珊瑚海与印度尼西亚亚界相望，东濒太平洋与太平洋亚界遥对，东南与新西兰亚界相间 2 200 km 的是塔斯曼海。地处热带及温带，名为大分水岭的山地、高原、台地纵贯南北。东部沿海为海洋性气候，向西大陆性气候渐增，北部为热带雨林气候及热带草原气候，向南温度渐降，成为亚热带湿润气候及亚热带草原气候，到塔斯马尼亚岛已属温带海洋性气候。

东澳大利亚亚界昆虫共有 27 目 646 科 8 547 属（表 5-70），除鞘翅目 Coleoptera、鳞翅目 Lepidoptera、半翅目 Hemiptera、双翅目 Diptera、膜翅目 Hymenoptera 5 个大目外，较大的还有直翅目 Orthoptera、缨翅目 Thysanoptera、脉翅目 Neuroptera 等，缺少蛩蠊目 Grylloblattodea、螳䗛目 Mantophasmatodea、缺翅目 Zoraptera、蛇蛉目 Raphidioptera 的分布。20 个亚界中，区系丰富度较高，特有性突出。

东澳大利亚亚界的 8 547 属昆虫，在亚界级水平上共有 2 032 种分布型（表 5-71），按属数多少排序，傲居第一的是本亚界的特有属，计 3 017 属，占本亚界总属数的 35.30%，属数仅次于中美亚界，比例次于新西兰亚界及马达加斯加亚界。其后分别是与西澳大利亚亚界、印度尼西亚亚界、新西兰亚界、中国

表5-70　东澳大利亚亚界的昆虫区系

目　名	科数	属数	目　名	科数	属数
1. 石蛃目 Microcoryphia	1	3	17. 食毛目 Mallophaga	4	59
2. 衣鱼目 Zygentoma	3	6	18. 虱目 Anoplura	2	2
3. 蜉蝣目 Ephemeroptera	7	27	19. 缨翅目 Thysanoptera	6	152
4. 蜻蜓目 Odonata	16	107	20. 半翅目 Hemiptera	93	994
5. 襀翅目 Plecoptera	5	31	21. 广翅目 Megaloptera	2	4
6. 蜚蠊目 Blattodea	6	62	22. 蛇蛉目 Raphidioptera		
7. 等翅目 Isoptera	4	39	23. 脉翅目 Neuroptera	14	110
8. 螳螂目 Mantodea	4	17	24. 鞘翅目 Coleoptera	125	2 443
9. 蛩蠊目 Grylloblattodea			25. 捻翅目 Strepsiptera	7	17
10. 革翅目 Dermaptera	8	18	26. 长翅目 Mecoptera	4	7
11. 直翅目 Orthoptera	29	310	27. 双翅目 Diptera	99	1 010
12. 䗛目 Phasmatodea	4	40	28. 蚤目 Siphonaptera	9	20
13. 螳䗛目 Mantophasmatodea			29. 毛翅目 Trichoptera	27	106
14. 纺足目 Embioptera	3	3	30. 鳞翅目 Lepidoptera	80	2 025
15. 缺翅目 Zoraptera			31. 膜翅目 Hymenoptera	70	890
16. 啮目 Psocoptera	14	45	合计（27目）	646	8 547

表5-71　东澳大利亚亚界昆虫属级阶元的主要分布型

序号	a	b	c	d	e	f	g	h	i	j	k	l	m	n	o	p	q	r	s	t	属数	所占比例（%）
1														1							3 017	35.30
2											1			1							1 445	16.91
3								1						1							165	1.93
4								1					1	1							109	1.28
5														1	1						95	1.11
6						1								1							87	1.02
7				1		1		1						1							71	0.83
8										1			1	1							68	0.80
9				1		1								1							59	0.69
10									1					1							47	0.55
11							1		1					1							47	0.55
12				1		1		1					1	1							33	0.39
13	1													1							33	0.39
14						1								1							32	0.37
15														1		1					30	0.35
16				1	1	1		1						1							28	0.33
17						1							1	1							26	0.30

序号	a	b	c	d	e	f	g	h	i	j	k	l	m	**n**	o	p	q	r	s	t	属数	所占比例（%）
18							1	1						**1**							24	0.28
19	1	1	1	1	1	1	1	1	1	1	1	1	1	**1**	1	1	1	1	1	1	23	0.27
20														**1**		1	1				22	0.26
21~2032	………												……	**1**	……				………		3 086	36.11
合计	1 640	819	751	1 088	1 393	2 396	2 148	1 951	1 016	895	1 282	721	3 094	**8 547**	686	1 644	1 410	879	743	264	8 547	100.00
所占比例（%）	19.19	9.58	8.79	12.73	16.30	28.03	25.13	22.83	11.89	10.47	15.00	8.44	36.20	**100.00**	8.03	19.23	16.50	10.28	8.69	3.09		

亚界、南亚亚界的共有属。整体比较，与其关系密切的主要是西澳大利亚亚界，其次是中国亚界、南亚亚界、印度尼西亚亚界，表现出较强的封闭性。

本亚界的 3 017 个特有属，分属于 26 目，主要有鞘翅目 Coleoptera 956 属，鳞翅目 Lepidoptera 666 属，半翅目 Hemiptera 441 属，双翅目 Diptera 307 属，膜翅目 Hymenoptera 285 属，直翅目 Orthoptera 107 属，仅虱目 Anoplura 没有特有属。

本亚界的 646 科昆虫，科数在 20 个亚界中也居前列，共有 432 种亚界级分布型（表 5-72），首位依然是 86 科的全布科，其次是本亚界的特有科，计 32 科，在 20 个亚界中居冠，与西澳大利亚亚界的共有科及与新西兰亚界的共有科，也居前列。

表5-72　东澳大利亚亚界昆虫科级阶元的主要分布型

序号	a	b	c	d	e	f	g	h	i	j	k	l	m	**n**	o	p	q	r	s	t	科数	所占比例（%）
1	1	1	1	1	1	1	1	1	1	1	1	1	1	**1**	1	1	1	1	1	1	86	13.31
2														**1**							32	4.95
3													1	**1**							11	1.70
4	1	1	1	1	1	1	1	1	1	1	1	1	1	**1**	1	1	1	1	1	1	10	1.55
5	1	1	1	1	1	1	1	1	1	1	1	1	1	**1**		1	1	1	1	1	7	1.08
6	1	1	1	1	1	1	1	1	1	1	1	1	1	**1**		1	1	1	1		7	1.08
7														**1**	1						6	0.93
8	1	1	1	1	1	1	1			1	1	1	1	**1**		1	1	1	1	1	5	0.77
9	1	1	1	1	1	1	1			1	1	1	1	**1**		1	1	1	1		5	0.77
10	1	1			1	1	1	1	1	1	1	1	1	**1**	1	1	1	1	1	1	4	0.62
11	1	1	1	1	1	1	1	1	1	1	1	1	1	**1**	1	1	1	1	1		4	0.62
12	1	1	1	1	1	1	1	1	1	1	1	1	1	**1**	1	1	1	1			4	0.62
13	1	1	1			1	1	1	1	1	1	1	1	**1**	1	1	1	1	1	1	4	0.62
14	1													**1**							4	0.62
15								1					1	**1**							3	0.46
16	1													**1**			1	1	1		3	0.46

（续表 5–72）

序号	a	b	c	d	e	f	g	h	i	j	k	l	m	**n**	o	p	q	r	s	t	科数	所占比例（%）
17	1	1	1	1	1	1	1	1	1		1	1	1	**1**	1	1	1	1	1	1	3	0.46
18													1	**1**	1						3	0.46
19	1	1			1	1	1	1	1	1	1	1	1	**1**	1	1	1	1	1	1	3	0.46
20	1	1		1	1	1	1	1	1	1	1	1		**1**	1	1	1	1	1	1	2	0.31
21～432	……	……	……	……	……	……	……	……	……	……	……	……	……	**1**	……	……	……	……	……	……	440	68.11
合计	482	333	296	351	415	485	434	388	291	296	390	267	402	**646**	296	492	467	375	362	234	646	100.00
所占比例（%）	74.61	51.55	45.82	54.33	64.24	75.08	67.18	60.06	45.05	45.82	60.37	41.33	62.23	**100.00**	45.82	76.16	72.29	58.05	56.04	36.22		

本亚界的 32 个特有科分属 12 个目：

蜉蝣目 Ephemeroptera 的 Oniscigastridae。

直翅目 Orthoptera 的蝼螽科 Cooloolidae。

纺足目 Embioptera 的澳丝蚁科 Australembiidae。

食毛目 Mallophaga 的袋鼠鸟虱科 Boopiidae。

半翅目 Hemiptera 的澳蝽科 Aphylidae、Cryptorhamphidae、Henicocoridae、Idiostolidae、涯蝽科 Omanidae。

鞘翅目 Coleoptera 的短跗甲科 Jacobsoniidae、Lamingtoniidae、Myraboliidae、Rhinorhipidae、Thanerocleridae。

长翅目 Mecoptera 的无翅蝎蛉科 Apteropanorpidae、异蝎蛉科 Choristidae。

双翅目 Diptera 的 Austroleptidae、Ironomyiidae、Neminidae、Perissommatidae、Rangomaramidae。

蚤目 Anoplura 的 Lycopsyllidae、Macropsyllidae。

毛翅目 Trichoptera 的 Plectrotarsidae。

鳞翅目 Lepidoptera 的颚蛾科 Agathiphagidae、蚁蛾科 Cyclotornidae、伪木蠹蛾科 Dudgeoneidae、冠顶蛾科 Lophocoronidae、窄翅蛾科 Tineodidae。

膜翅目 Hymenoptera 的澳细蜂科 Austroniidae、优细蜂科 Peradeniidae、膨腹土蜂科 Thynnidae。

第四节　新西兰亚界

Segment 4　New Zealander Subkingdom

新西兰亚界位于太平洋南部，包括北岛、南岛及附近小岛，西隔塔斯曼海，与东澳大利亚亚界相望，地处温带，多山地、丘陵，属温带海洋性气候，在 20 个亚界中面积最小。

新西兰亚界昆虫共有 24 目 331 科 1 610 属（表 5–73），除 100 属以上的鞘翅目 Coleoptera、双翅目 Diptera、鳞翅目 Lepidoptera、半翅目 Hemiptera、膜翅目 Hymenoptera 5 个大目外，较大的还有直翅目 Orthoptera、毛翅目 Trichoptera、蛄目 Psocoptera 等。在 20 个亚界中，区系丰富度最低，特有性最高。

表5-73　新西兰亚界的昆虫区系

昆虫目名称	科数	属数	昆虫目名称	科数	属数
1. 石蛃目 Microcoryphia	1	1	17. 食毛目 Mallophaga	1	12
2. 衣鱼目 Zygentoma			18. 虱目 Anoplura	2	2
3. 蜉蝣目 Ephemeroptera	7	10	19. 缨翅目 Thysanoptera	4	42
4. 蜻蜓目 Odonata	6	12	20. 半翅目 Hemiptera	47	180
5. 襀翅目 Plecoptera	5	18	21. 广翅目 Megaloptera	1	1
6. 蜚蠊目 Blattodea	4	10	22. 蛇蛉目 Raphidioptera		
7. 等翅目 Isoptera	2	4	23. 脉翅目 Neuroptera	7	13
8. 螳螂目 Mantodea	1	2	24. 鞘翅目 Coleoptera	54	569
9. 蛩蠊目 Grylloblattodea			25. 捻翅目 Strepsiptera	3	3
10. 革翅目 Dermaptera	4	6	26. 长翅目 Mecoptera	1	1
11. 直翅目 Orthoptera	15	50	27. 双翅目 Diptera	50	224
12. 螠目 Phasmatodea	2	11	28. 蚤目 Siphonaptera		
13. 螳䗛目 Mantophasmatodea			29. 毛翅目 Trichoptera	20	50
14. 纺足目 Embioptera			30. 鳞翅目 Lepidoptera	38	210
15. 缺翅目 Zoraptera			31. 膜翅目 Hymenoptera	41	142
16. 蛄目 Psocoptera	15	37	合计（24目）	331	1 610

新西兰亚界的 1 610 属昆虫，共有 615 种亚界级分布型（表5-74），居于首位的是 627 属的特有属，占本亚界总属数的 38.94%，比例居各亚界之冠；其次分别是与东澳大利亚亚界、西澳大利亚亚界、太平洋亚界的共有属，23 属的亚界全布属以及仅缺智利亚界的 11 属亚全布型也居前列。整体衡量，与其密切相关的主要是东澳大利亚亚界。

表5-74　新西兰亚界昆虫属级阶元的主要分布型

序号	a	b	c	d	e	f	g	h	i	j	k	l	m	n	o	p	q	r	s	t	属数	所占比例（%）
1															1						627	38.94
2														1	1						95	5.90
3												1	1		1						68	4.22
4	1	1	1	1	1	1	1	1	1	1	1	1	1	1	1	1	1	1	1	1	23	1.43
5							1								1						20	1.24
6	1	1	1	1	1	1	1	1	1	1	1	1	1	1	1	1	1	1	1	1	11	0.68
7															1					1	9	0.56
8									1						1						9	0.56
9						1									1						9	0.56
10～615															1						739	45.90
合计	480	300	253	320	374	486	437	361	327	238	335	208	381	686	1 610	498	382	272	261	163	1 610	100.00
所占比例（%）	29.81	18.63	15.71	19.88	23.23	30.19	27.14	22.42	20.31	14.78	20.81	12.92	23.66	42.61	100.00	30.93	23.73	16.89	16.21	10.12		

本亚界的 627 个特有属分属于 16 目，主要有鞘翅目 Coleoptera 305 属，鳞翅目 Lepidoptera 71 属，半翅目 Hemiptera 66 属，双翅目 Diptera 66 属，毛翅目 Trichoptera 33 属，直翅目 Orthoptera 23 属。

本亚界的 331 科昆虫有 186 种亚界级分布型（表 5–75）。共有 11 个特有科：

蜉蝣目 Ephemeroptera 的 Ichthybotidae。

蛄目 Psocoptera 的 Sabulopsocidae。

半翅目 Hemiptera 的 Halimococcidae、Myerslopiidae、澳蚧科 Phenacoleachiidae。

双翅目 Diptera 的 Homalocnemiidae、Huttoninidae、Mystacinobiidae、Pseudopomyzidae。

毛翅目 Trichoptera 的 Chathamiidae。

膜翅目 Hymenoptera 的 Maamingidae。

表5–75　新西兰亚界昆虫科级阶元的主要分布型

序号	a	b	c	d	e	f	g	h	i	j	k	l	m	n	**o**	p	q	r	s	t	科数	所占比例（%）
1	1	1	1	1	1	1	1	1	1	1	1	1	1	1	**1**	1	1	1	1	1	86	25.98
2															**1**						1	3.32
3	1	1	1	1	1	1	1	1	1	1	1	1	1	1	**1**	1	1	1	1		10	3.02
4														1	**1**						6	1.81
5	1	1	1	1	1	1	1	1		1	1	1	1	1	**1**	1	1	1	1		5	1.51
6	1	1	1	1	1	1	1	1	1	1	1		1	1	**1**	1	1	1	1	1	4	1.21
7	1	1	1	1	1	1	1	1		1	1	1	1	1	**1**	1	1	1	1	1	4	1.21
8	1	1	1	1	1	1	1	1	1	1	1		1	1	**1**	1	1	1	1		4	1.21
9	1	1	1		1	1	1	1	1	1	1	1	1	1	**1**	1	1	1	1	1	4	1.21
10	1	1	1	1	1	1	1	1	1	1	1	1	1		**1**	1	1	1	1	1	3	0.91
11	1	1			1	1	1	1	1	1	1	1	1	1	**1**	1	1	1	1	1	3	0.91
12	1	1	1	1	1	1	1	1	1		1	1	1	1	**1**	1	1	1	1	1	3	0.91
13													1	1	**1**						3	0.91
14	1	1		1	1	1	1	1	1	1	1	1		1	**1**	1	1	1	1	1	2	0.60
15									1					1	**1**					1	2	0.60
16	1													1	**1**	1	1				2	0.60
17	1	1	1	1	1	1	1	1	1		1	1	1	1	**1**	1	1	1	1		2	0.60
18					1	1	1	1	1	1	1	1	1	1	**1**	1	1	1	1	1	2	0.60
19														1	**1**				1	1	2	0.60
20	1	1	1	1	1	1	1	1						1	**1**	1	1				2	0.60
21～186	……	……	……	……	……	……	……	……	……	……	……	……	……	……	**1**	……	……	……	……	……	171	51.66
合计	276	229	213	234	261	281	264	239	207	195	240	187	232	296	**331**	287	273	232	246	184	331	100.00
所占比例（%）	83.38	69.18	64.35	70.69	78.85	84.89	79.76	72.21	62.54	58.91	72.51	56.50	70.09	89.43	**100.00**	86.71	82.48	70.09	74.32	55.59		

第八章　新北界

Chapter 8　Nearctic Kingdom

新北界包括北美、中美、加勒比海岛屿等地，相当于北美洲地域。南端与新热带界有少许的陆地连接，西北部隔白令海峡与西古北界相望，总面积约 2 422 万 km²。地跨寒带、温带及热带，气候复杂多样。

下辖北美亚界（North American Subkingdom）、中美亚界（Centre American Subkingdom）。

第一节　昆虫区系特征
Segment 1　The Characteristics of Insect Fauna

新北界有昆虫 30 目 823 科 17 683 属，以鞘翅目 Coleoptera、鳞翅目 Lepidoptera、双翅目 Diptera、膜翅目 Hymenoptera、半翅目 Hemiptera 最为丰富，唯一缺少螳䗛目 Mantophasmatodea（表 5–76）。本界丰富度最高，特有性中等。本界和新热带界的关系密切于与东古北界、西古北界的关系。所辖两个亚界丰富度均较高。其核心区域为落基山地区。

表5–76　新北界的昆虫区系

昆虫目名称	科数	属数	昆虫目名称	科数	属数
1. 石蛃目 Microcoryphia	2	9	17. 食毛目 Mallophaga	6	63
2. 衣鱼目 Zygentoma	3	6	18. 虱目 Anoplura	7	15

（续表 5–76）

昆虫目名称	科数	属数	昆虫目名称	科数	属数
3. 蜉蝣目 Ephemeroptera	19	105	19. 缨翅目 Thysanoptera	8	215
4. 蜻蜓目 Odonata	19	128	20. 半翅目 Hemiptera	99	1 914
5. 襀翅目 Plecoptera	9	92	21. 广翅目 Megaloptera	2	11
6. 蜚蠊目 Blattodea	6	99	22. 蛇蛉目 Raphidioptera	2	4
7. 等翅目 Isoptera	4	46	23. 脉翅目 Neuroptera	10	98
8. 螳螂目 Mantodea	8	40	24. 鞘翅目 Coleoptera	159	5 237
9. 蛩蠊目 Grylloblattodea	1	1	25. 捻翅目 Strepsiptera	8	12
10. 革翅目 Dermaptera	7	24	26. 长翅目 Mecoptera	5	15
11. 直翅目 Orthoptera	35	657	27. 双翅目 Diptera	130	2 630
12. 䗛目 Phasmatodea	6	66	28. 蚤目 Siphonaptera	10	73
13. 螳䗛目 Mantophasmatodea			29. 毛翅目 Trichoptera	30	204
14. 纺足目 Embioptera	6	17	30. 鳞翅目 Lepidoptera	97	3 590
15. 缺翅目 Zoraptera	1	1	31. 膜翅目 Hymenoptera	87	2 182
16. 啮目 Psocoptera	37	129	合计（30目）	823	17 683

　　新北界 17 683 属昆虫共有 64 种界级分布型（表 5–77）。第一大分布型是本界的特有属，计 7 053 属，居各界之首，占本界总属数的 39.89%；居第 2 ～ 4 位的是与新热带界、西古北界、东古北界的共有属；界级全布属 526 属，居第 5 位。可见，新北界的局域性比较突出。

　　7 053 个特有属分别属于除缺翅目 Zoraptera 以外的 29 个目，超过 100 属的有鞘翅目 Coleoptera 2 256 属，鳞翅目 Lepidoptera 1 597 属，半翅目 Hemiptera 891 属，双翅目 Diptera 874 属，膜翅目 Hymenoptera 539 属，直翅目 Orthoptera 415 属。

表5–77　新北界昆虫属级阶元的主要分布型

序号	西古北界	东古北界	印度—太平洋界	非洲界	澳大利亚界	新北界	新热带界	属数	所占比例（%）
1						1		7 053	39.89
2						1	1	3 871	21.89
3	1	1				1		1 224	6.92
4	1					1		888	5.02
5	1	1	1	1	1	1	1	526	2.97
6	1	1	1			1		433	2.45
7		1				1		273	1.54
8	1	1	1		1	1		212	1.20
9	1	1	1	1	1	1		201	1.14
10	1	1	1	1		1		190	1.07
11	1	1	1	1		1	1	189	1.07
12		1	1			1		142	0.80
13	1	1		1		1		140	0.79
14	1					1	1	133	0.75
15	1	1			1	1		123	0.70
16	1	1	1		1	1	1	120	0.68
17	1	1				1	1	117	0.66

（续表 5-77）

序号	西古北界	东古北界	印度—太平洋界	非洲界	澳大利亚界	新北界	新热带界	属数	所占比例（%）
18					1	**1**		104	0.59
19	1				1	**1**		101	0.57
20～64	……	……	……	……	……	**1**	……	1 643	9.29
合计	5 221	4 681	2 897	2 117	2 146	**17 683**	6 011	17 683	100.00
所占比例（%）	29.53	26.47	16.38	11.97	12.14	**100.00**	33.99	－	－

新北界昆虫 823 个科，共有 57 种界级分布型（表 5-78），332 科的界级全布科遥居第一位，其次是 41 科的特有科及与新热带的共有科。

新北界 41 个特有科分属于下列 12 个目：

衣鱼目 Zygentoma 的毛衣鱼科 Lepidotrichidae。

蜉蝣目 Ephemeroptera 的 Acanthametropodidae、圆裳蜉科 Baetiscidae。

直翅目 Orthoptera 的 Tanaoceridae、Xyronotidae。

䗛目 Phasmatodea 的新䗛科 Timematidae。

啮目 Psocoptera 的同啮科 Compsocidae。

虱目 Anoplura 的 Pacaroecidae。

半翅目 Hemiptera 的迷蝽科 Aenictopecheidae、Canopidae、Cyrtocoridae、Epipygidae、树蝽科 Isometopidae、Madeoveliidae、Oxycarenidae、瘤蝽科 Phymatidae、丝蝽科 Plokiophilidae。

鞘翅目 Coleoptera 的 Caridae、Diphyllostomatidae、叶角甲科 Plastoceridae、毛金龟科 Pleocomidae、Schizopodidae、邻筒蠹科 Telegeusidae。

双翅目 Diptera 的 Apystomyiidae、Bolbomyiidae、Ctenostylidae、拟网蚊科 Deuterophlebiidae、拟鹬虻科 Hilarimorphidae、Nymphomyiidae、Oreogetonidae、Ropalomeridae、Sciadoceridae。

毛翅目 Trichoptera 的 Rossianidae。

鳞翅目 Lepidoptera 的棘翅蛾科 Acanthopteroctetidae、端蛾科 Acrlophidae、Aididae、榭蛾科 Dioptidae、Doidae、丝兰蛾科 Prodoxidae、狭蛾科 Stennmatidae。

膜翅目 Hymenoptera 的小唇沙蜂科 Larridae。

表5-78　新北界昆虫科级阶元的主要分布型

序号	西古北界	东古北界	印度—太平洋界	非洲界	澳大利亚界	新北界	新热带界	科数	所占比例（%）
1	1	1	1	1	1	**1**	1	332	40.34
2						**1**		41	4.98
3						**1**	1	38	4.62
4	1	1	1		1	**1**		32	3.89
5	1	1	1	1	1	**1**	1	28	3.40
6	1	1				**1**		27	3.28
7	1	1	1			**1**		27	3.28
8	1	1	1	1		**1**	1	25	3.04
9	1	1	1		1		1	22	2.67
10	1	1		1		**1**	1	19	2.31
11	1					**1**		15	1.82

（续表5-78）

序号	西古北界	东古北界	印度—太平洋界	非洲界	澳大利亚界	新北界	新热带界	科数	所占比例（%）
12	1	1			1	**1**		15	1.82
13	1	1		1		**1**	1	14	1.70
14		1	1	1	1	**1**	1	12	1.46
15～57	……	……	……	……	……	**1**	……	176	21.39
合计	640	642	549	506	550	**823**	557	823	100.00
所占比例（%）	77.76	78.00	66.71	61.48	66.83	**100.00**	67.68		

第二节　北美亚界

Segment 2　North American Subkingdom

　　北美亚界位于新北界的北部，包括美国、加拿大及周边岛屿。东临大西洋，西临太平洋，北临北冰洋，南与中美亚界相接，西北隔白令海峡与西伯利亚亚界相望。地处温带与寒带，山脉与平原纵向相间。从寒带苔原气候逐步过渡到南端的热带气候，类型复杂。

　　北美亚界昆虫共有30目734科10 972属（表5-79），鞘翅目Coleoptera、双翅目Diptera、鳞翅目Lepidoptera、膜翅目Hymenoptera、半翅目Hemiptera 5个大目都在1 000属以上，其次还有直翅目Orthoptera、毛翅目Trichoptera、缨翅目Thysanoptera等，仅缺南非亚界所独有的螳䗛目Mantophasmatodea。本亚界区系丰富度与特有性均较高。

表5-79　北美亚界的昆虫区系

昆虫目名称	科数	属数	昆虫目名称	科数	属数
1. 石蛃目 Microcoryphia	2	8	17. 食毛目 Mallophaga	6	57
2. 衣鱼目 Zygentoma	3	6	18. 虱目 Anoplura	7	14
3. 蜉蝣目 Ephemeroptera	19	88	19. 缨翅目 Thysanoptera	8	140
4. 蜻蜓目 Odonata	12	92	20. 半翅目 Hemiptera	85	1 313
5. 襀翅目 Plecoptera	9	92	21. 广翅目 Megaloptera	2	8
6. 蜚蠊目 Blattodea	5	38	22. 蛇蛉目 Raphidioptera	2	3
7. 等翅目 Isoptera	4	19	23. 脉翅目 Neuroptera	10	65
8. 螳螂目 Mantodea	6	13	24. 鞘翅目 Coleoptera	154	3 075
9. 蛩蠊目 Grylloblattodea	1	1	25. 捻翅目 Strepsiptera	6	7
10. 革翅目 Dermaptera	4	10	26. 长翅目 Mecoptera	5	11
11. 直翅目 Orthoptera	26	258	27. 双翅目 Diptera	120	1 931
12. 䗛目 Phasmatodea	5	9	28. 蚤目 Siphonaptera	8	63
13. 螳䗛目 Mantophasmatodea			29. 毛翅目 Trichoptera	29	157
14. 纺足目 Embioptera	3	6	30. 鳞翅目 Lepidoptera	84	1 806
15. 缺翅目 Zoraptera	1	1	31. 膜翅目 Hymenoptera	82	1 614
16. 啮目 Psocoptera	26	67	合计（30目）	734	10 972

北美亚界的 10 972 属昆虫在亚界级水平上，共有 2 480 种分布型（表 5–80），按属数多少排序，居于首位的是本亚界的特有属，计 2 310 属，占总属数的 21.05%，其次分别是与中美亚界、欧洲亚界、亚马孙亚界等的共有属。整体比较，与其关系密切的主要是中美亚界、欧洲亚界，其次是中国亚界、西伯利亚亚界。

本亚界的 2 310 个特有属，分属于 26 目，主要是鞘翅目 Coleoptera 675 属，鳞翅目 Lepidoptera 510 属，半翅目 Hemiptera 351 属，双翅目 Diptera 272 属，膜翅目 Hymenoptera 153 属，直翅目 Orthoptera 110 属，而蜚蠊目 Blattodea、等翅目 Isoptera、䗛目 Phasmatodea、缺翅目 Zoraptera 没有特有属。

表5–80　北美亚界昆虫属级阶元的主要分布型

序号	a	b	c	d	e	f	g	h	i	j	k	l	m	n	o	p	q	r	s	t	属数	所占比例（%）
1																1					2 310	21.05
2																1	1				1 461	13.32
3	1															1					577	5.26
4																1	1	1	1		551	5.02
5																1	1	1			283	2.58
6	1															1	1				144	1.31
7	1			1												1					139	1.27
8																1	1		1		119	1.08
9	1			1		1										1					119	1.08
10	1					1										1					116	1.06
11																1	1	1	1	1	88	0.80
12	1			1												1					68	0.62
13						1										1					65	0.59
14	1			1	1	1										1					56	0.51
15	1					1										1	1				54	0.49
16	1	1	1	1	1	1										1					49	0.45
17				1												1					48	0.44
18	1		1	1												1					46	0.42
19	1	1														1					44	0.40
20																1		1			42	0.38
21～2480	·····															1				·····	4 593	41.86
合计	4 708	1 670	1 648	2 662	2 357	3 461	2 191	1 201	729	894	1 460	742	766	1 644	498	10 972	5 376	2 422	2 022	528	10 972	100.00
所占比例（%）	42.91	15.22	15.02	24.26	21.48	31.54	19.97	10.95	6.64	8.15	13.31	6.76	6.98	14.98	4.54	100.00	49.00	22.07	18.43	4.81		

本亚界的 734 科昆虫，科数在 20 个亚界中居首，共有 509 种亚界级分布型（表 5–81）。共有 16 个特有科：

衣鱼目 Zygentoma 的毛衣鱼科 Lepidotrichidae。

蜉蝣目 Ephemeroptera 的 Acanthametropodidae、圆裳蜉科 Baetiscidae。

半翅目 Hemiptera 的 Oxycarenidae。

鞘翅目 Coleoptera 的 Caridae、Diphyllostomatidae。

双翅目 Diptera 的 Apystomyiidae、Bolbomyiidae、拟网蚊科 Deuterophlebiidae、拟鹬虻科 Hilarimorphidae、Nymphomyiidae、Oreogetonidae、Sciadoceridae。

毛翅目 Trichoptera 的 Rossianidae。

鳞翅目 Lepidoptera 的棘翅蛾科 Acanthopterotectidae。

膜翅目 Hymenoptera 的小唇沙蜂科 Larridae。

表5-81　北美亚界昆虫科级阶元的主要分布型

序号	a	b	c	d	e	f	g	h	i	j	k	l	m	n	o	**p**	q	r	s	t	科数	所占比例（%）
1	1	1	1	1	1	1	1	1	1	1	1	1	1	1	1	**1**	1	1	1	1	86	11.72
2																**1**					16	2.18
3																**1**	1				11	1.50
4	1	1	1	1	1	1	1	1	1	1	1	1	1	1	1	**1**	1	1	1		10	1.36
5	1	1	1	1	1	1	1	1	1	1	1	1	1			**1**	1	1	1	1	7	0.95
6	1	1	1	1	1	1	1	1	1	1	1	1	1			**1**	1	1	1		7	0.95
7																**1**	1	1	1		6	0.82
8	1															**1**					6	0.82
9	1	1	1	1	1	1	1		1	1	1	1	1			**1**	1	1	1	1	5	0.68
10	1	1	1	1	1	1	1				1	1	1	1	1	**1**	1	1	1		5	0.68
11	1															**1**	1				5	0.68
12		1			1		1									**1**	1	1	1	1	4	0.54
13	1	1	1	1	1											**1**	1	1	1		4	0.54
14	1	1	1	1	1	1	1									**1**	1	1	1		4	0.54
15	1	1									1	1	1	1	1	**1**					4	0.54
16	1									1						**1**					4	0.54
17	1			1												**1**					3	0.41
18	1			1	1	1	1	1			1	1	1	1		**1**	1	1	1	1	3	0.41
19	1	1	1	1	1	1			1	1	1	1	1			**1**	1	1	1	1	3	0.41
20	1			1	1	1	1									**1**					3	0.41
21~509	……														……	**1**			……	……	538	73.30
合计	601	396	352	431	500	572	490	399	293	300	433	280	356	492	287	**734**	565	428	407	249	734	100.00
所占比例（%）	81.88	53.95	47.96	58.72	68.12	77.93	66.76	54.36	39.92	40.87	58.99	38.15	48.50	67.03	39.10	**100.00**	76.98	58.31	55.45	33.92		

第三节　中美亚界
Segment 3　Centre American Subkingdom

中美亚界位于新北界的南部，东有大西洋，西有太平洋，南、北有陆地与亚马孙亚界、北美亚界连接。地处热带，多为热带草原气候、热带雨林气候、热带海洋性气候。

中美亚界昆虫共有29目654科12 088属（表5–82），除鞘翅目Coleoptera、鳞翅目Lepidoptera、双翅目Diptera、膜翅目Hymenoptera、半翅目Hemiptera 5个大目都在1 000属以上外，较大的目还有直翅目Orthoptera、缨翅目Thysanoptera、蜡目Psocoptera、蜻蜓目Odonata，缺少蛩蠊目Grylloblattodea及螳螂目Mantophasmatodea的分布。本亚界区系丰富度及特有性都很突出。

表5–82　中美亚界的昆虫区系

昆虫目名称	科数	属数	昆虫目名称	科数	属数
1. 石蛃目 Microcoryphia	1	1	17. 食毛目 Mallophaga	4	21
2. 衣鱼目 Zygentoma	2	4	18. 虱目 Anoplura	5	9
3. 蜉蝣目 Ephemeroptera	9	37	19. 缨翅目 Thysanoptera	5	147
4. 蜻蜓目 Odonata	16	100	20. 半翅目 Hemiptera	80	1 179
5. 襀翅目 Plecoptera	3	4	21. 广翅目 Megaloptera	2	5
6. 蜚蠊目 Blattodea	5	88	22. 蛇蛉目 Raphidioptera	2	3
7. 等翅目 Isoptera	4	45	23. 脉翅目 Neuroptera	10	92
8. 螳螂目 Mantodea	7	36	24. 鞘翅目 Coleoptera	134	3 732
9. 蛩蠊目 Grylloblattodea			25. 捻翅目 Strepsiptera	8	11
10. 革翅目 Dermaptera	7	19	26. 长翅目 Mecoptera	2	6
11. 直翅目 Orthoptera	31	532	27. 双翅目 Diptera	97	1 575
12. 蟾目 Phasmatodea	6	66	28. 蚤目 Siphonaptera	8	34
13. 螳䗛目 Mantophasmatodea			29. 毛翅目 Trichoptera	18	86
14. 纺足目 Embioptera	6	14	30. 鳞翅目 Lepidoptera	72	2 597
15. 缺翅目 Zoraptera	1	1	31. 膜翅目 Hymenoptera	75	1 528
16. 蜡目 Psocoptera	34	116	合计（29目）	654	12 088

中美亚界的12 088属昆虫，在20个亚界中仅次于中国亚界，共有2 076种亚界级分布型，位列第一的是本亚界的特有属，计3 282属，居各亚界之冠（表5–83），占本亚界总属数的27.15%；其次分别是与北美亚界、亚马孙亚界、阿根廷亚界的共有属。整体比较，与其关系密切的依然是北美亚界、亚马孙亚界、阿根廷亚界，其余都较疏远。

中美亚界的3 282个特有属分属于25个目，主要有鞘翅目Coleoptera 1 109属，鳞翅目Lepidoptera 797属，双翅目Diptera 411属，半翅目Hemiptera 317属，膜翅目Hymenoptera 261属，直翅目Orthoptera 223属，而衣鱼目Zygentoma、襀翅目Plecoptera、缺翅目Zoraptera、虱目Anoplura没有特有属。

表5-83　中美亚界昆虫属级阶元的主要分布型

序号	a	b	c	d	e	f	g	h	i	j	k	l	m	n	o	p	q	r	s	t	属数	所占比例（%）
1																	1				3 282	27.15
2															1		1				1 461	12.09
3																	1	1	1		1 243	10.28
4																	1	1			991	8.20
5																1	1	1	1		551	4.56
6																	1		1		310	2.56
7																1	1	1			283	2.34
8	1															1	1				144	1.19
9																	1	1	1	1	126	1.04
10																1	1		1		119	0.98
11																1	1	1	1	1	88	0.73
12	1					1										1	1				54	0.45
13	1																1				36	0.30
14	1			1		1										1	1				32	0.26
15	1			1	1	1	1									1	1				24	0.20
16	1	1	1	1	1	1	1	1	1	1	1	1	1	1	1	1	1	1	1	1	23	0.19
17						1															23	0.19
18	1															1	1	1			23	0.19
19	1	1	1	1	1	1											1				23	0.19
20	1															1	1	1	1		22	0.18
21～2076	⋯	⋯	⋯	⋯	⋯	⋯	⋯	⋯	⋯	⋯	⋯	⋯	⋯	⋯	⋯	⋯	1	⋯	⋯	⋯	3 230	26.72
合计	2 370	1 076	955	1 378	1 452	2 207	1 753	1 163	705	871	1 244	704	681	1 410	382	5 378	12 088	4 845	3 700	633	12088	100.00
所占比例（%）	19.61	8.90	7.90	11.40	12.01	18.26	14.50	9.62	5.83	7.21	10.29	5.82	5.63	11.66	3.16	44.49	100.00	40.08	30.61	5.24		

中美亚界的654科昆虫，共有430种亚界级分布型（表5-84）。比较重要的除86个全布科外，是与亚马孙亚界、北美亚界的共有科，本亚界的特有科共有14科：

直翅目 Orthoptera 的 Xyronotidae。

啮目 Psocoptera 的同啮科 Compsocidae。

半翅目 Hemiptera 的迷蝽科 Aenictopecheidae、Canopidae、Cyrtocoridae、树蝽科 Isometopidae、Madeoveliidae、丝蝽科 Plokiophilidae。

鞘翅目 Coleoptera 的邻筒蠹科 Telegeusidae。

双翅目 Diptera 的 Ctenostylidae、Ropalomeridae。

鳞翅目 Lepidoptera 的 Aididae、榭蛾科 Dioptidae、狭蛾科 Stennmatidae。

表5-84　中美亚界昆虫科级阶元的主要分布型

序号	a	b	c	d	e	f	g	h	i	j	k	l	m	n	o	p	q	r	s	t	科数	所占比例（%）
1	1	1	1	1	1	1	1	1	1	1	1	1	1	1	1	1	**1**	1	1	1	86	13.15
2																	**1**	1			16	2.45
3																	**1**				14	2.14
4																1	**1**				11	1.68
5	1	1	1	1	1	1	1	1	1	1	1	1	1	1	1	1	**1**	1	1		10	1.53
6																	**1**	1	1		7	1.07
7	1	1	1	1	1	1	1	1	1	1	1	1		1	1	1	**1**	1	1	1	7	1.07
8	1	1	1	1	1	1	1	1	1	1	1	1	1		1	1	**1**				7	1.07
9															1		**1**	1	1		6	0.92
10															1		**1**				5	0.76
11	1	1	1	1	1	1	1	1		1	1	1	1		1		**1**	1	1	1	5	0.76
12	1	1	1	1	1	1	1			1	1	1	1	1	1		**1**	1	1	1	5	0.76
13	1	1	1		1	1	1	1	1				1				**1**	1	1	1	4	0.61
14	1	1	1	1				1	1	1			1	1	1		**1**	1	1	1	4	0.61
15	1	1	1	1	1	1	1	1	1								**1**	1	1	1	4	0.61
16	1	1	1	1	1	1	1	1									**1**	1	1	1	4	0.61
17																	**1**	1	1	1	4	0.61
18														1			**1**	1	1		3	0.46
19	1	1	1	1	1	1	1	1	1	1	1		1				**1**	1	1	1	3	0.46
20	1	1	1	1	1	1	1	1	1		1	1	1	1	1		**1**	1	1	1	3	0.46
21~430	……	……	……	……	……	……	……	……	……	……	……	……	……	……	……	……	**1**	……	……	……	446	68.20
合计	497	358	318	379	437	498	454	400	290	322	412	280	343	467	273	565	**654**	463	423	243	654	100.00
所占比例（%）	75.99	54.74	48.62	57.95	66.82	71.15	69.42	61.16	44.34	49.24	63.00	42.81	52.45	71.41	41.74	86.39	**100.00**	70.80	64.68	37.16		

第九章
新热带界

Chapter 9　Neotropical Kingdom

新热带界相当于南美洲地域。总面积约 1 797 万 km²。除由狭窄的巴拿马陆桥与新北界有所接触外，与其他各界距离甚远。环境温暖湿润，降水量充沛，多属热带雨林、热带草原气候，大陆性不显著。

新热带界下辖亚马孙亚界（Amazonian Subkingdom）、阿根廷亚界（Argentine Subkingdom）、智利亚界（Chilean Subkingdom）。

第一节　昆虫区系特征
Segment 1　The Characteristics of Insect Fauna

新热带界有昆虫 28 目 611 科 11 475 属（表 5–85），以鞘翅目 Coleoptera、鳞翅目 Lepidoptera、半翅目 Hemiptera、双翅目 Diptera、膜翅目 Hymenoptera 丰富度高，缺少蛩蠊目 Grylloblattodea、螳䗛目 Mantophasmatodea、蛇蛉目 Raphidioptera。各界之中，本界丰富度及特有性均属中等。三个亚界中，亚马孙亚界的丰富度及特有性均较突出，其核心区域为安第斯山脉北段。

新热带界的 11 475 属昆虫共有 63 种界级分布型，5 038 属的特有属居首，占全界总属数的 43.90%；其次是 3 871 属的与新北界共有的共有属，因此与新北界的关系远远密切于其余各界（表 5–86）。

5 038 个特有属分属于除石蛃目 Microcoryphia、衣鱼目 Zygentoma、缺翅目 Zoraptera、捻翅目

表5-85　新热带界的昆虫区系

昆虫目名称	科数	属数	昆虫目名称	科数	属数
1. 石蛃目 Microcoryphia	1	1	17. 食毛目 Mallophaga	6	29
2. 衣鱼目 Zygentoma	1	1	18. 虱目 Anoplura	6	14
3. 蜉蝣目 Ephemeroptera	11	61	19. 缨翅目 Thysanoptera	7	155
4. 蜻蜓目 Odonata	19	135	20. 半翅目 Hemiptera	65	1 094
5. 襀翅目 Plecoptera	8	50	21. 广翅目 Megaloptera	2	7
6. 蜚蠊目 Blattodea	5	151	22. 蛇蛉目 Raphidioptera		
7. 等翅目 Isoptera	5	81	23. 脉翅目 Neuroptera	12	124
8. 螳螂目 Mantodea	6	37	24. 鞘翅目 Coleoptera	130	3 637
9. 蛩蠊目 Grylloblattodea			25. 捻翅目 Strepsiptera	5	9
10. 革翅目 Dermaptera	7	16	26. 长翅目 Mecoptera	4	8
11. 直翅目 Orthoptera	30	999	27. 双翅目 Diptera	82	1 128
12. 䗛目 Phasmatodea	6	116	28. 蚤目 Siphonaptera	9	21
13. 螳䗛目 Mantophasmatodea			29. 毛翅目 Trichoptera	25	145
14. 纺足目 Embioptera	6	21	30. 鳞翅目 Lepidoptera	52	2 245
15. 缺翅目 Zoraptera	1	1	31. 膜翅目 Hymenoptera	68	1 052
16. 蛞目 Psocoptera	32	137	合计（28目）	611	11 475

表5-86　新热带界昆虫属级阶元的主要分布型

序号	西古北界	东古北界	印度—太平洋界	非洲界	澳大利亚界	新北界	新热带界	属数	所占比例（%）
1							1	5 038	43.90
2						1	1	3 871	33.73
3	1	1	1	1	1	1	1	526	4.58
4	1	1	1	1		1	1	189	1.65
5	1					1	1	133	1.16
6	1	1	1	1	1	1	1	120	1.05
7	1	1				1	1	117	1.02
8～63	……	……	……	……	……	……	1	1 481	12.91
合计	1 660	1 642	1 566	1 364	1 279	6 011	11 475	11 475	100.00
所占比例（%）	14.47	14.31	13.65	11.89	11.15	52.38	100.00	–	–

Strepsiptera 以外的 24 个目，主要有鞘翅目 Coleoptera 1 719 属，鳞翅目 Lepidoptera 847 属，直翅目 Orthoptera 758 属，半翅目 Hemiptera 532 属，双翅目 Diptera 348 属，膜翅目 Hymenoptera 263 属。

新热带界 611 科昆虫共有 44 种界级分布型（表5-87），除界级全布科遥居首位外，与新北界的共有科位居第 2，其后是几种亚全布科，本界特有科位列第 6。总体比较，本界与新北界的关系显著高于其余各界。

新热带界的 16 个特有科分属于 13 个目：

蜻蜓目 Odonata 的 Dicteriadidae。

襀翅目 Plecoptera 的始襀科 Diamphipnoidae。

等翅目 Isoptera 的齿白蚁科 Serritermidae。

直翅目 Orthoptera 的 Ommexechidae。

螳目 Phasmatodea 的 Agathemeridae。

纺足目 Embioptera 的 Andesembiidae。

食毛目 Mallophaga 的 毛鸟虱科 Trimenoponidae。

半翅目 Hemiptera 的 美角蝉科 Melizoderidae、甲蝽科 Vianaididae。

鞘翅目 Coleoptera 的 颈萤科 Brachypsectridae、Cavognathidae。

长翅目 Mecoptera 的 原蝎蛉科 Eomeropidae。

双翅目 Diptera 的 Evocoidae。

蚤目 Siphonaptera 的 柔蚤科 Malacopsyllidae。

膜翅目 Hymenoptera 的 Oxaeidae、毛角土蜂科 Plumariidae。

表5-87　新热带界昆虫科级阶元的主要分布型

序号	西古北界	东古北界	印度—太平洋界	非洲界	澳大利亚界	新北界	新热带界	科数	所占比例（%）
1	1	1	1	1	1	1	1	332	54.34
2						1	1	38	6.22
3	1	1	1	1		1	1	25	4.09
4	1	1	1		1	1	1	22	3.60
5	1			1		1	1	19	3.11
6							1	16	2.62
7	1	1			1	1	1	14	2.29
8		1	1	1	1	1	1	12	1.96
9 ~ 44	……	……	……	……	……	……	1	133	21.77
合计	467	472	445	444	465	557	611	611	100.00
所占比例（%）	76.43	77.25	72.83	72.67	76.10	91.16	100.00		

第二节　亚马孙亚界
Segment 2　Amazonian Subkingdom

亚马孙亚界位于新热带界的北部，东临大西洋，西濒太平洋，南接阿根廷亚界，北连中美亚界。地处热带，有高山、高原及世界最大的冲积平原，多为热带雨林气候及热带草原气候。

亚马孙亚界昆虫共有 28 目 510 科 8 315 属（表 5-88），主要有鞘翅目 Coleoptera、鳞翅目 Lepidoptera、膜翅目 Hymenoptera、直翅目 Orthoptera、双翅目 Diptera、半翅目 Hemiptera，缺少蛩蠊目 Grylloblattodea、螳䗛目 Mantophasmatodea、蛇蛉目 Raphidioptera 的分布。区系丰富度及特有性均居较高水平。

亚马孙亚界的 8 315 属昆虫，在亚界水平上，共有 1 389 种分布型（表 5-89），居于首位的是本亚界的特有属，共计 1 946 属，占本亚界总属数的 23.40%；其次是与中美亚界、阿根廷亚界的共有属；再次是与北美亚界及智利亚界的共有属，与其他亚界联系很少。

表5-88　亚马孙亚界的昆虫区系

昆虫目名称	科数	属数	昆虫目名称	科数	属数
1. 石蛃目 Microcoryphia	1	1	17. 食毛目 Mallophaga	6	22
2. 衣鱼目 Zygentoma	1	1	18. 虱目 Anoplura	6	10
3. 蜉蝣目 Ephemeroptera	10	52	19. 缨翅目 Thysanoptera	6	99
4. 蜻蜓目 Odonata	16	124	20. 半翅目 Hemiptera	56	733
5. 襀翅目 Plecoptera	3	8	21. 广翅目 Megaloptera	2	4
6. 蜚蠊目 Blattodea	5	135	22. 蛇蛉目 Raphidioptera		
7. 等翅目 Isoptera	4	65	23. 脉翅目 Neuroptera	11	85
8. 螳螂目 Mantodea	6	34	24. 鞘翅目 Coleoptera	101	2 543
9. 蛩蠊目 Grylloblattodea			25. 捻翅目 Strepsiptera	5	6
10. 革翅目 Dermaptera	7	12	26. 长翅目 Mecoptera	1	4
11. 直翅目 Orthoptera	29	788	27. 双翅目 Diptera	65	734
12. 螸目 Phasmatodea	5	103	28. 蚤目 Siphonaptera	7	13
13. 螳螸目 Mantophasmatodea			29. 毛翅目 Trichoptera	17	87
14. 纺足目 Embioptera	6	17	30. 鳞翅目 Lepidoptera	43	1 696
15. 缺翅目 Zoraptera	1	1	31. 膜翅目 Hymenoptera	61	828
16. 啮目 Psocoptera	29	110	合计（28目）	510	8 315

表5-89　亚马孙亚界昆虫属级阶元的主要分布型

序号	a	b	c	d	e	f	g	h	i	j	k	l	m	n	o	p	q	r	s	t	属数	所占比例（%）
1																		1			1 946	23.40
2																	1	1	1		1 243	14.95
3																	1	1			991	11.92
4																		1	1		913	10.98
5																1	1	1	1		551	6.63
6																1	1	1			283	3.40
7																1	1	1	1		126	1.52
8																		1	1	1	121	1.46
9																1	1	1	1	1	88	1.06
10																		1		1	45	0.54
11																1		1			42	0.51
12	1																1	1	1		23	0.28
13	1	1	1	1	1	1	1	1	1	1	1	1	1	1	1	1	1	1	1	1	23	0.28
14	1															1	1	1	1		22	0.26
15																1		1	1		13	0.16
16								1								1	1	1	1		12	0.14
17																1	1	1		1	11	0.13
18	1	1	1	1	1	1	1	1	1	1	1	1	1	1	1	1	1	1	1	1	11	0.13
19							1									1	1	1	1		11	0.13

（续表 5-89）

序号	a	b	c	d	e	f	g	h	i	j	k	l	m	n	o	p	q	r	s	t	属数	所占比例（%）
20	1	1	1	1	1	1	1	1	1	1	1	1	1	1	1		1	**1**	1	1	10	0.12
21～1389	……	……																**1**	……	……	1 830	22.01
合计	1 132	647	542	670	831	1 142	1 078	832	536	674	889	571	450	879	272	2 422	4 845	**8 315**	4 178	721	8 315	100.00
所占比例（%）	13.61	7.78	6.52	8.06	10.00	13.73	12.96	10.01	6.45	8.11	10.69	6.87	5.41	10.57	3.27	29.13	58.27	**100.00**	50.25	8.67		

　　亚马孙亚界的 1 946 个特有属，分属于 20 目，主要有鞘翅目 Coleoptera 663 属，鳞翅目 Lepidoptera 369 属，直翅目 Orthoptera 346 属，半翅目 Hemiptera 187 属，膜翅目 Hymenoptera 85 属，双翅目 Diptera 78 属，而石蛃目 Microcoryphia、衣鱼目 Zygentoma、缺翅目 Zoraptera、虱目 Anoplura、广翅目 Megaloptera、捻翅目 Strepsiptera、长翅目 Mecoptera 没有特有属。

　　本亚界的 510 科昆虫，在亚界级水平上，共有 310 种分布型（表 5-90）。属于本亚界特有科的有下列 7 科：

　　蜻蜓目 Odonata 的 Dicteriadidae。

　　等翅目 Isoptera 的齿白蚁科 Serritermidae。

　　纺足目 Embioptera 的 Andesembiidae。

　　半翅目 Hemiptera 的甲蝽科 Vianaididae。

　　鞘翅目 Coleoptera 的颈萤科 Brachypsectridae。

　　膜翅目 Hymenoptera 的 Oxaeidae、毛角土蜂科 Plumariidae。

表5-90　亚马孙亚界昆虫科级阶元的主要分布型

序号	a	b	c	d	e	f	g	h	i	j	k	l	m	n	o	p	q	r	s	t	科数	所占比例（%）
1	1	1	1	1	1	1	1	1	1	1	1	1	1	1	1	1	1	**1**	1	1	86	16.86
2																	1	**1**			16	3.14
3	1	1	1	1	1	1	1	1	1	1	1	1	1	1	1			**1**			10	1.96
4																		**1**			7	1.37
5																1	1	**1**			7	1.37
6	1	1	1	1	1	1	1	1	1	1	1	1	1	1	1			**1**	1	1	7	1.37
7	1	1	1	1	1	1	1	1	1	1	1	1	1	1	1			**1**	1		7	1.37
8																	1	**1**			6	1.18
9	1	1	1	1	1	1	1			1	1	1		1	1			**1**	1	1	5	0.98
10	1	1	1	1	1	1	1			1	1	1		1	1			**1**	1		5	0.98
11	1	1	1	1	1	1	1	1	1	1	1	1						**1**			4	0.78
12	1	1	1	1	1	1	1	1	1	1	1	1	1	1	1			**1**			4	0.78
13	1	1	1	1	1	1	1	1	1	1	1	1	1	1	1			**1**			4	0.78
14	1	1	1	1	1	1	1	1	1	1	1	1	1	1	1			**1**			4	0.78
15																	1	**1**	1	1	4	0.78

序号	a	b	c	d	e	f	g	h	i	j	k	l	m	n	o	p	q	**r**	s	t	科数	所占比例（%）
16														1		1	1	**1**	1		3	0.59
17	1	1	1	1	1	1	1	1	1	1	1	1	1	1	1	1	1	**1**	1	1	3	0.59
18	1	1	1	1	1	1	1	1	1		1	1	1	1	1	1	1	**1**	1	1	3	0.59
19	1	1		1	1	1	1	1	1		1	1	1	1	1	1	1	**1**	1	1	3	0.59
20	1			1	1									1		1	1	**1**			2	0.39
21～310	······																	**1**	······		320	62.75
合计	384	298	265	301	349	392	373	337	254	286	350	256	288	375	232	428	463	**510**	393	225	510	100.00
所占比例（%）	75.29	58.43	51.96	59.02	68.43	76.86	73.14	66.08	49.80	56.08	68.63	50.20	56.47	73.53	45.49	83.92	90.78	**100.00**	77.06	44.12		

第三节 阿根廷亚界
Segment 3　Argentine Subkingdom

阿根廷亚界位于新热带界的中部，东临大西洋，北连亚马孙亚界，西与南相连智利亚界。地处热带到温带，多高原、山地，从热带森林气候、热带草原气候逐步过渡到温带草原气候。

阿根廷亚界昆虫共有 27 目 461 科 6 695 属（表 5–91），主要有鞘翅目 Coleoptera、鳞翅目 Lepidoptera、半翅目 Hemiptera、双翅目 Diptera、膜翅目 Hymenoptera、直翅目 Orthoptera。缺少石蛃目 Microcoryphia、蛩蠊目 Grylloblattodea、螳䗛目 Mantophasmatodea、蛇蛉目 Raphidioptera 的分布。区系丰富度及特有性均居中等偏上水平。

表5–91　阿根廷亚界的昆虫区系

昆虫目名称	科数	属数	昆虫目名称	科数	属数
1. 石蛃目 Microcoryphia			17. 食毛目 Mallophaga	5	13
2. 衣鱼目 Zygentoma	1	1	18. 虱目 Anoplura	6	11
3. 蜉蝣目 Ephemeroptera	8	34	19. 缨翅目 Thysanoptera	6	109
4. 蜻蜓目 Odonata	13	54	20. 半翅目 Hemiptera	48	706
5. 襀翅目 Plecoptera	5	30	21. 广翅目 Megaloptera	2	3
6. 蜚蠊目 Blattodea	5	104	22. 蛇蛉目 Raphidioptera		
7. 等翅目 Isoptera	4	66	23. 脉翅目 Neuroptera	11	79
8. 螳螂目 Mantodea	5	12	24. 鞘翅目 Coleoptera	90	2 122
9. 蛩蠊目 Grylloblattodea			25. 捻翅目 Strepsiptera	3	6
10. 革翅目 Dermaptera	3	4	26. 长翅目 Mecoptera	2	3
11. 直翅目 Orthoptera	29	524	27. 双翅目 Diptera	62	667
12. 䗛目 Phasmatodea	6	61	28. 蚤目 Siphonaptera	5	10

（续表 5-91）

昆虫目名称	科数	属数	昆虫目名称	科数	属数
13. 螳䗛目 Mantophasmatodea			29. 毛翅目 Trichoptera	17	74
14. 纺足目 Embioptera	4	10	30. 鳞翅目 Lepidoptera	42	1 299
15. 缺翅目 Zoraptera	1	1	31. 膜翅目 Hymenoptera	56	638
16. 啮目 Psocoptera	22	54	合计（27目）	461	6 695

阿根廷亚界的 6 695 属昆虫，在亚界级水平上，共有 1 165 种分布型（表 5-92），居于首位的是本亚界的特有属，共计 1 317 属，占 19.67%。其次分别是与亚马孙亚界、中美亚界以及北美亚界、智利亚界的共有属，与其他亚界的联系很少。整体比较，也是如上顺序。

阿根廷亚界的 1 317 个特有属，分属于 21 目，主要有鞘翅目 Coleoptera 434 属，鳞翅目 Lepidoptera 251 属，半翅目 Hemiptera 210 属，直翅目 Orthoptera 131 属，双翅目 Diptera 119 属，而衣鱼目 Zygentoma、缺翅目 Zoraptera、食毛目 Mallophaga、广翅目 Megaloptera、捻翅目 Strepsiptera、长翅目 Mecoptera 6 个目没有特有属。

阿根廷亚界的 461 科昆虫，在亚界级水平上，共有 286 种分布型（表 5-93）。

本亚界只有 1 个特有科，即蚤目 Siphonaptera 的柔蚤科 Malacopsyllidae。

表5-92　阿根廷亚界昆虫属级阶元的主要分布型

序号	a	b	c	d	e	f	g	h	i	j	k	l	m	n	o	p	q	r	s	t	属数	所占比例（%）
1																			1		1 317	19.67
2																	1	1	1		1 243	18.57
3																		1	1		913	13.64
4																1	1	1	1		551	8.23
5																	1		1		310	4.63
6																			1	1	212	3.17
7																	1	1	1	1	126	1.88
8																1			1	1	121	1.81
9														1	1				1		119	1.78
10																1	1	1	1	1	88	1.31
11																1			1		44	0.66
12	1	1	1	1	1	1	1	1	1	1	1	1	1	1	1	1	1	1	1	1	23	0.34
13	1															1		1	1		22	0.33
14																1		1	1		13	0.19
15	1															1			1		13	0.19
16								1								1			1		12	0.18
17	1																		1		11	0.16
18	1	1	1	1	1	1	1	1	1	1	1	1	1	1	1	1	1	1	1		11	0.16
19						1										1			1		11	0.16
20	1	1	1	1	1	1	1	1	1	1	1	1	1	1	1	1	1	1	1	1	10	0.15
21～1 165	……																		1	……	1 525	22.78
合计	948	527	468	562	680	934	876	703	452	553	778	464	404	743	261	2 022	3 700	4 178	6 695	893	6 695	100.00
所占比例（%）	14.16	7.87	6.99	8.39	10.16	13.95	13.08	10.50	6.75	8.26	11.62	6.93	6.03	11.10	3.90	30.20	55.27	62.40	100.00	13.34		

表5-93　阿根廷亚界昆虫科级阶元的主要分布型

序号	a	b	c	d	e	f	g	h	i	j	k	l	m	n	o	p	q	r	s	t	科数	所占比例(%)
1	1	1	1	1	1	1	1	1	1	1	1	1	1	1	1	1	1	1	**1**	1	86	18.66
2	1	1	1	1	1	1	1	1	1	1	1	1	1	1	1	1	1	1	**1**		10	2.17
3	1	1	1	1	1	1	1	1	1	1	1	1	1		1	1	1		**1**	1	7	1.52
4	1	1	1	1	1	1	1	1	1	1	1	1	1		1	1	1		**1**	1	7	1.52
5																1	1		**1**		7	1.52
6															1	1	1		**1**		6	1.30
7	1	1	1	1	1	1	1	1	1	1	1	1							**1**	1	5	1.08
8	1	1	1	1	1	1	1	1	1	1	1	1	1	1		1			**1**		5	1.08
9	1	1	1	1	1	1	1		1	1		1			1	1	1		**1**		4	0.87
10	1	1	1	1	1	1	1			1					1	1	1	1	**1**	1	4	0.87
11															1	1		1	**1**	1	4	0.87
12	1	1	1	1	1	1	1	1	1		1	1	1		1	1	1		**1**		4	0.87
13	1	1		1	1	1	1	1	1		1	1	1		1	1	1		**1**	1	4	0.87
14	1	1							1		1								**1**		3	0.65
15	1																	1	**1**		3	0.65
16	1											1			1	1			**1**		3	0.65
17	1	1	1		1	1	1	1	1		1		1		1				**1**		3	0.65
18	1								1							1	1		**1**		2	0.43
19	1	1									1	1							**1**		2	0.43
20	1	1	1	1	1	1	1		1	1	1	1			1	1	1		**1**		2	0.43
21～286	·····	·····	·····	·····	·····	·····	·····	·····	·····	·····	·····	·····	·····	·····	·····	·····	·····	·····	**1**	·····	290	62.91
合计	366	292	261	295	330	369	358	321	246	274	345	258	286	362	246	407	423	393	**461**	235	461	100.00
所占比例(%)	79.39	63.34	56.62	63.99	71.58	80.04	77.66	69.63	53.36	59.44	74.84	55.97	62.04	78.52	53.36	88.29	91.76	85.25	**100.00**	50.98		

第四节　智利亚界

Segment 4　Chilean Subkingdom

智利亚界位于新热带界的南端，与阿根廷亚界紧密相连，包括智利、阿根廷南端及福克兰群岛。西临太平洋，南隔德雷克海峡与南极洲相望。本亚界北部是由安第斯山脉与海岸山脉相夹的南北狭长地带，南部是巴塔哥尼亚山脉及巴塔哥尼亚高原，北部为热带沙漠气候，中部为地中海气候，南部为温带海洋性气候。

智利亚界昆虫共有 24 目 284 科 1 669 属（表 5-94），主要有鞘翅目 Coleoptera、双翅目 Diptera、鳞翅目 Lepidoptera、膜翅目 Hymenoptera、半翅目 Hemiptera、直翅目 Orthoptera，没有石蛃目 Microcoryphia 等 7 个目的分布。20 个亚界比较，区系丰富度是与新西兰亚界相差无几的最贫乏地区，但特有性比例较高。

表5-94　智利亚界的昆虫区系

昆虫目名称	科数	属数	昆虫目名称	科数	属数
1. 石蛃目 Microcoryphia			17. 食毛目 Mallophaga	2	4
2. 衣鱼目 Zygentoma			18. 虱目 Anoplura	2	2
3. 蜉蝣目 Ephemeroptera			19. 缨翅目 Thysanoptera	5	13
4. 蜻蜓目 Odonata	8	13	20. 半翅目 Hemiptera	18	105
5. 襀翅目 Plecoptera	7	35	21. 广翅目 Megaloptera	2	5
6. 蜚蠊目 Blattodea	3	5	22. 蛇蛉目 Raphidioptera		
7. 等翅目 Isoptera	4	7	23. 脉翅目 Neuroptera	11	38
8. 螳螂目 Mantodea	1	1	24. 鞘翅目 Coleoptera	73	645
9. 蛩蠊目 Grylloblattodea			25. 捻翅目 Strepsiptera	2	2
10. 革翅目 Dermaptera	1	1	26. 长翅目 Mecoptera	4	5
11. 直翅目 Orthoptera	18	104	27. 双翅目 Diptera	32	236
12. 䗛目 Phasmatodea	6	19	28. 蚤目 Siphonaptera	3	6
13. 螳䗛目 Mantophasmatodea			29. 毛翅目 Trichoptera	19	60
14. 纺足目 Embioptera	2	2	30. 鳞翅目 Lepidoptera	19	173
15. 缺翅目 Zoraptera			31. 膜翅目 Hymenoptera	26	154
16. 啮目 Psocoptera	16	34	合计（24目）	284	1 669

智利亚界的 1 669 属昆虫，共有 427 种亚界级分布型（表 5-95），居于首位的是本亚界的特有属，计 487 属，占 29.18%。其次分别是与阿根廷亚界、亚马孙亚界、中美亚界、北美亚界的共有属。整体比较，也是如此顺序，与其他亚界联系微弱。

表5-95　智利亚界昆虫属级阶元的主要分布型

序号	a	b	c	d	e	f	g	h	i	j	k	l	m	n	o	p	q	r	s	t	属数	所占比例（%）
1																				**1**	487	29.18
2																			1	**1**	212	12.70
3																	1	1	1	**1**	126	7.55
4																		1	1	**1**	121	7.25
5															1	1	1	1	1	**1**	88	5.27
6																		1		**1**	45	2.70
7	1	1	1	1	1	1	1	1	1	1	1	1	1	1	1	1	1	1	1	**1**	23	1.38
8																1	1	1	1	**1**	11	0.66
9	1	1	1	1	1	1	1	1	1	1	1	1	1	1	1	1	1	1	1	**1**	10	0.60
10																		1		**1**	10	0.60

（续表 5-95）

序号	a	b	c	d	e	f	g	h	i	j	k	l	m	n	o	p	q	r	s	t	属数	所占比例(%)
11																1	1		1	**1**	10	0.60
12												1								**1**	9	0.54
13																1	1			**1**	9	0.54
14																1	1			**1**	8	0.48
15											1									**1**	8	0.48
16						1										1	1	1	1	**1**	6	0.36
17～427	………	……	……	……	……	……	……	……	……	……	……	……	……	……	……	……	……	……	……	**1**	486	29.12
合计	359	257	232	251	259	320	284	219	174	197	255	153	148	264	163	528	633	731	893	**1 669**	1 669	100.00
所占比例(%)	21.51	15.40	13.90	15.04	15.52	19.17	17.02	13.12	10.43	11.80	15.28	9.17	8.87	15.82	9.77	31.64	37.93	43.80	53.51	**100.00**		

智利亚界的 487 个特有属，分属于 17 目，主要有鞘翅目 Coleoptera 195 属，鳞翅目 Lepidoptera 69 属，双翅目 Diptera 49 属，毛翅目 Trichoptera 38 属，直翅目 Orthoptera 32 目，半翅目 Hemiptera 28 目。而蜚蠊目 Blattodea、等翅目 Isoptera 等 7 目没有特有属。

智利亚界的 284 科昆虫，共有 154 种亚界级分布型（表 5-96）。本亚界有 4 个特有科：

禣翅目 Plecoptera 的始禣科 Diamphipnoidae。

鞘翅目 Coleoptera 的 Cavognathidae。

长翅目 Mecoptera 的原蝎蛉科 Eomeropidae。

双翅目 Diptera 的 Evocoidae。

表5-96　智利亚界昆虫科级阶元的主要分布型

序号	a	b	c	d	e	f	g	h	i	j	k	l	m	n	o	p	q	r	s	t	科数	所占比例(%)
1	1	1	1	1	1	1	1	1	1	1	1	1	1	1	1	1	1	1	1	**1**	86	30.28
2	1	1	1	1	1	1	1	1			1	1	1			1	1	1	1	**1**	7	2.46
3	1	1	1		1	1	1	1	1	1	1	1	1	1	1	1	1	1	1	**1**	5	1.76
4	1	1	1		1	1	1	1	1	1	1	1	1	1	1	1	1	1	1	**1**	4	1.41
5																	1	1	1	**1**	4	1.41
6	1	1	1	1	1	1	1	1		1	1	1	1	1	1	1	1	1	1	**1**	4	1.41
7																				**1**	4	1.41
8	1	1	1	1	1	1	1	1			1	1	1		1	1	1	1	1	**1**	4	1.41
9	1	1		1	1	1	1	1	1	1	1	1	1	1	1	1	1	1	1	**1**	3	1.06
10	1	1		1	1	1	1	1	1	1	1	1	1	1	1	1	1	1	1	**1**	3	1.06
11	1	1	1	1	1	1	1	1	1	1	1	1	1	1	1	1	1	1	1	**1**	3	1.06
12		1	1	1	1	1	1	1	1	1	1	1	1	1	1	1	1	1	1	**1**	2	0.70
13				1	1	1	1	1	1	1	1	1	1	1	1	1	1	1	1	**1**	2	0.70

（续表 5-96）

序号	a	b	c	d	e	f	g	h	i	j	k	l	m	n	o	p	q	r	s	t	科数	所占比例（%）
14	1	1		1	1	1	1	1		1	1	1	1	1	1	1	1	1	1	**1**	2	0.70
15									1					1	1					**1**	2	0.70
16	1	1	1	1	1	1	1	1	1	1	1	1				1	1	1	1	**1**	2	0.70
17															1		1	1		**1**	2	0.70
18																			1	**1**	2	0.70
19	1	1		1	1	1	1	1			1		1	1	1	1	1	1	1	**1**	2	0.70
20	1	1		1	1	1	1	1		1	1	1		1	1	1	1	1	1	**1**	2	0.70
21～154	……	……	……	……	……	……	……	……	……	……	……	……	……	……	……	……	……	……	……	**1**	138	48.94
合计	228	201	182	190	222	231	222	203	171	177	214	173	193	234	184	249	243	225	235	**284**	284	100.00
所占比例（%）	80.28	70.77	64.08	66.90	78.17	81.34	78.17	71.48	60.21	62.32	75.35	60.92	67.96	82.39	64.79	87.68	85.56	79.23	82.75	**100.00**		

第十章 与其他生物类群的比较

Chapter 10　The Comparison with Other Living Things

　　本章由对卫生医学昆虫的分析引起（见本编第一章第六节）。世界高等植物是遵循恩格勒（Adolf Engler）的 4 界区划、塔赫他间（Takhtajan）修订的 6 界区划，还是考克斯（C. Barry Cox）建议的 5 界区划？世界高等动物是遵循华莱士（P. Wallace）的 6 界区划，还是霍尔特（B. C. Holt）更新的 11 界区划？作为昆虫学工作者，无权置喙。但我们可以以对昆虫区划的严谨态度及简便方法，以权当游戏的心态，做出剖析，结果如何，任由植物学家及高等动物学家评说。

第一节　世界脊索动物的 MSCA 分析
Segment 1　MSCA for Chordata in the World

　　脊索动物门 Chordata 是动物界中进化程度最高级的一个类群，包括头索动物亚门 Cephalochordata、尾索动物亚门 Appendiculariae 及脊椎动物亚门 Vertebrata。

　　世界脊索动物门 Chordata 共有 14 纲 146 目 3 349 科 42 267 属 120 428 种（GBIF，2017）。除去海洋种类及化石种类，本研究汇总 5 纲 74 目 613 科 6 890 属 48 881 种的分布资料（表 5–97，表 5–98）。

表5–97　供分析的世界脊索动物区系

脊索动物纲名称	目数	科数	属数	种数
两栖纲 Amphibia	3	74	539	7 381

（续表5-97）

脊索动物纲名称	目数	科数	属数	种数
鸟纲 Aves	26	190	2 355	12 026
硬骨鱼纲 Actinopterygii	16	102	1 484	11 799
哺乳纲 Mammalia	26	162	1 374	7 591
爬行纲 Reptilia	3	85	1 138	10 084
合计（5纲）	74	613	6 890	48 881

表5-98 脊索动物在各BGU的分布

地理单元（BGU）	属数	地理单元（BGU）	属数	地理单元（BGU）	属数
01 北欧	343	28 朝鲜半岛	280	56 新南威尔士	530
02 西欧	454	29 日本	343	57 维多利亚	442
03 中欧	507	30 喜马拉雅地区	644	58 塔斯马尼亚	273
04 南欧	589	31 印度半岛	872	59 新西兰	168
05 东欧	293	32 缅甸地区	776	61 加拿大东部	359
06 俄罗斯欧洲部分	298	33 中南半岛	812	62 加拿大西部	481
11 中东地区	512	34 菲律宾	610	63 美国东部山区	735
12 阿拉伯沙漠	317	35 印度尼西亚地区	1008	64 美国中部平原	809
13 阿拉伯半岛南端	329	41 北非	463	65 美国中部丘陵	728
14 伊朗高原	527	42 西非	838	66 美国西部山区	986
15 中亚地区	286	43 中非	543	67 墨西哥	1 120
16 西西伯利亚平原	163	44 刚果河流域	848	68 中美地区	971
17 东西伯利亚高原	273	45 东北非	666	69 加勒比海岛屿	510
18 乌苏里地区	221	46 东非	736	71 奥里诺科河流域	1 294
19 蒙古高原	248	47 中南非	663	72 圭亚那高原	914
20 帕米尔高原	186	48 南非	674	73 安第斯山脉北段	1 653
21 中国东北	346	49 马达加斯加地区	338	74 亚马孙平原	1 200
22 中国西北	224	50 新几内亚	570	75 巴西高原	1 259
23 中国青藏高原	212	51 太平洋岛屿	411	76 玻利维亚	932
24 中国西南	457	52 西澳大利亚	465	77 南美温带草原	1 024
25 中国南部	777	53 北澳大利亚	389	78 安第斯山脉南段	373
26 中国中东部	752	54 南澳大利亚	400	合计（属·单元）	39 427
27 中国台湾	455	55 昆士兰	548	全世界	6 890

　　6 890 属脊索动物在 67 个 BGU 中共有 39 427 个分布记录，平均丰富度为 588 属 / 单元，平均分布域为 5.72 个 BGU/ 属。对表 5-98 数据进行 MSCA 分析（图 5-19），结果显示，67 个 BGU 的总相似性系数为 0.085，在相似性系数为 0.290 的水平时，聚成 7 个大单元群，在相似性系数为 0.430 的水平时，聚成 19 个小单元群。与昆虫聚类结果相比，其不同之处是，30 号单元离开 B 大单元群聚入 C 大单元群；51 号单元离开 C 大单元群聚入 E 大单元群；69 号单元离开 F 大单元群聚入 G 大单元群；n、o 小单元群已经形成，在相似性系数为 0.430 的水平线前与 m 小单元群聚合，50 号单元独立为一个 u 小单元群。

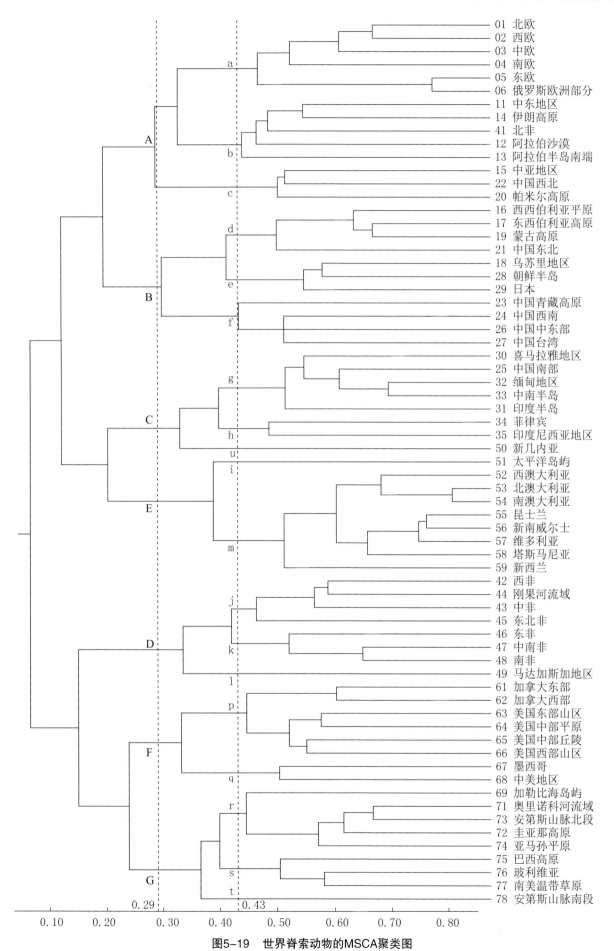

图5-19　世界脊索动物的MSCA聚类图

第二节　世界被子植物的 MSCA 分析
Segment 2　MSCA for Angiospermae in the World

被子植物 Angiospermae 包括单子叶植物和双子叶植物，又分别称百合植物门 Liliophyta 和木兰植物门 Magnoliophyta，是植物界中进化程度最高、种类最多的类群。被子植物起源自 130 Ma 前的白垩纪早期，到白垩纪晚期占据地球的统治地位。

世界被子植物 Angiospermae 有 2 门 2 纲 66 目 459 科 36 584 属 521 667 种（GBIF，2017）。除去化石类群，本研究共汇总 2 门 2 纲 66 目 454 科 13 792 属 471 283 种的分布资料（表 5–99，表 5–100）。

表5–99　世界被子植物Angiospermae区系

纲名	目数	科数	属数	种数
Liliopsida 百合纲	11	84	2 969	101 488
Magnoliopsida 木兰纲	55	370	10 823	369 795
合计	66	454	13 792	471 283

表5–100　世界被子植物Angiospermae在各BGU的分布

地理单元（BGU）	属数	地理单元（BGU）	属数	地理单元（BGU）	属数
01 北欧	2 603	28 朝鲜半岛	718	56 新南威尔士	2 212
02 西欧	2 207	29 日本	1 558	57 维多利亚	1 803
03 中欧	1 957	30 喜马拉雅地区	1 564	58 塔斯马尼亚	1 072
04 南欧	2 322	31 印度半岛	2 229	59 新西兰	1 850
05 东欧	1 013	32 缅甸地区	1 591	61 加拿大东部	1 019
06 俄罗斯欧洲部分	1 236	33 中南半岛	2 335	62 加拿大西部	1 730
11 中东地区	1 577	34 菲律宾	1 600	63 美国东部山地	2 858
12 阿拉伯沙漠	739	35 印度尼西亚地区	2 697	64 美国中部平原	2 080
13 阿拉伯半岛南端	814	41 北非	1 573	65 美国中部丘陵	1 922
14 伊朗高原	1 277	42 西非	2 555	66 美国西部山地	3 115
15 中亚地区	909	43 中非	1 805	67 墨西哥	3 414
16 西西伯利亚平原	568	44 刚果河流域	1 937	68 中美地区	2 880
17 东西伯利亚高原	770	45 东北非	1 443	69 加勒比海岛屿	1 959
18 乌苏里地区	660	46 东非	2 066	71 奥里诺科河流域	2 402
19 蒙古高原	590	47 中南非	2 156	72 圭亚那高原	1 839
20 帕米尔高原	1 102	48 南非	2 578	73 安第斯山脉北段	3 677
21 中国东北	825	49 马达加斯加地区	2 128	74 亚马逊地区	2 893
22 中国西北	622	50 新几内亚	1 994	75 巴西高原	2 955
23 中国青藏高原	655	51 太平洋岛屿	2 118	76 玻利维亚	2 534
24 中国西南	1 712	52 西澳大利亚	1 730	77 南美温带草原	2 059
25 中国南部	2 264	53 北澳大利亚	1 348	78 安第斯山脉南段	1 281

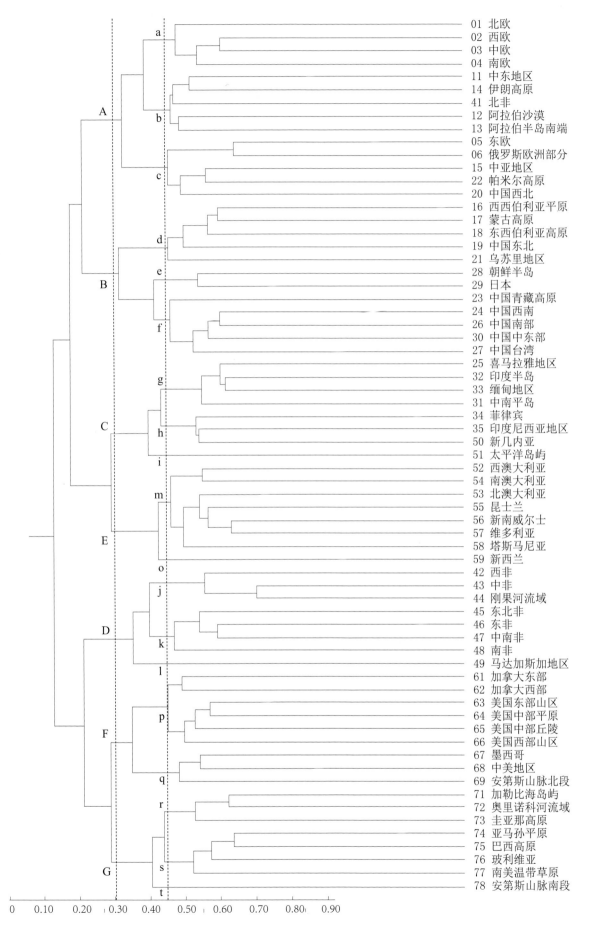

图5-20　世界被子植物的MSCA聚类图

（续表 5–100）

地理单元（BGU）	属数	地理单元（BGU）	属数	地理单元（BGU）	属数
26 中国中东部	2 264	54 南澳大利亚	1 392	合计（属·单元）	121 457
27 中国台湾	1 729	55 昆士兰	2 173	全世界	13 792

　　13 792 属被子植物在 67 个 BGU 中共有 121 457 个分布记录，平均丰富度为 1 813 属 / 单元，平均分布域为 8.81 个 BGU/ 属。对表 5–100 数据进行 MSCA 分析（图 5–20），结果显示，67 个 BGU 的总相似性系数为 0.130，在相似性系数为 0.300 的水平时，聚成 7 个大单元群，在相似性系数为 0.450 的水平时，聚成 19 个小单元群。与昆虫聚类结果相比，其不同之处是，m、n 2 个小单元群已经形成，但在水平线前聚在一起；其他大群的组成完全相同，只是大群内各 BGU 的聚类顺序有所变化。

第三节　世界子囊菌门的 MSCA 分析
Segment 3　MSCA for Ascomycota in the World

　　子囊菌门 Ascomycota 是真菌界中较高等的，也是种类最多的一个类群。

　　世界子囊菌门 Ascomycota 共计 19 纲 89 目 486 科 10 262 属 154 565 种（GBIF，2017）。除去海洋种类及化石种类，本研究共收集 16 纲 68 目 321 科 5 286 属 138 100 种的分布资料（表 5–101，表 5–102）。

表5–101　世界子囊菌门Ascomycota菌的区系

子囊菌门 Ascomycota 纲名称	目数	科数	属数	种数
星裂菌纲 Arthoniomycetes	1	4	127	3 330
刺盾炱纲 Chaetothyriomycetes	2	4	23	402
座囊菌纲 Dothideomycetes	12	64	1 244	40 243
散囊菌纲 Eurotiomycetes	10	29	408	8 918
虫囊菌纲 Laboulbeniomycetes	2	5	168	2 504
茶渍菌纲 Lecanoromycetes	11	84	1 006	33 925
锤舌菌纲 Leotiomycetes	7	25	610	14 587
李基那地衣纲 Lichinomycetes	1	4	81	860
粒毛盘菌纲 Neolectomycetes	1	1	2	6
圆盘菌纲 Orbiliomycetes	1	1	28	520
盘菌纲 Pezizomycetes	1	17	253	5 394
肺孢子菌纲 Pneumocystidomycetes	1	1	1	5
酵母菌纲 Saccharomycetes	1	14	74	747
裂殖酵母菌纲 Schizosaccharomycetes	1	1	2	21
粪壳菌纲 Sordariomycetes	15	65	1 246	26 320
外囊菌纲 Taphrinomycetes	1	2	13	318
合计（16 纲）	68	321	5 286	138 100

表5-102　世界子囊菌门Ascomycota菌在各BGU的分布

地理单元（BGU）	属数	地理单元（BGU）	属数	地理单元（BGU）	属数
01 北欧	1 386	28 朝鲜半岛	212	56 新南威尔士	354
02 西欧	1 027	29 日本	298	57 维多利亚	378
03 中欧	1 066	30 喜马拉雅地区	154	58 塔斯马尼亚	397
04 南欧	1 054	31 印度半岛	199	59 新西兰	913
05 东欧	299	32 缅甸地区	169	61 加拿大东部	607
06 俄罗斯欧洲部分	372	33 中南半岛	88	62 加拿大西部	567
11 中东地区	329	34 菲律宾	154	63 美国东部山区	620
12 阿拉伯沙漠	93	35 印度尼西亚地区	319	64 美国中部平原	398
13 阿拉伯半岛南端	136	41 北非	312	65 美国中部丘陵	301
14 伊朗高原	138	42 西非	106	66 美国西部山区	619
15 中亚地区	71	43 中非	65	67 墨西哥	631
16 西西伯利亚平原	120	44 刚果河流域	92	68 中美地区	620
17 东西伯利亚高原	161	45 东北非	84	69 加勒比海岛屿	282
18 乌苏里地区	256	46 东非	162	71 奥里诺科河流域	240
19 蒙古高原	92	47 中南非	159	72 圭亚那高原	307
20 帕米尔高原	37	48 南非	294	73 安第斯山脉北段	404
21 中国东北	106	49 马达加斯加地区	156	74 亚马孙平原	529
22 中国西北	61	50 新几内亚	349	75 巴西高原	750
23 中国青藏高原	59	51 太平洋岛屿	294	76 玻利维亚	84
24 中国西南	71	52 西澳大利亚	398	77 南美温带草原	295
25 中国南部	294	53 北澳大利亚	233	78 安第斯山脉南段	444
26 中国中东部	153	54 南澳大利亚	182	合计（属·单元）	22 204
27 中国台湾	149	55 昆士兰	455	全世界	5 286

5 286 属子囊菌在 67 个 BGU 中共有 22 204 个分布记录，平均丰富度为 331 属 / 单元，平均分布域为 4.20 个 BGU/ 属。对表 5-102 数据进行 MSCA 分析，结果显示（图 5-21），67 个 BGU 的总相似性系数为 0.114，在相似性系数为 0.220 的水平时，聚成 7 个大单元群。与昆虫聚类结果相比，其不同之处是，68 号单元离开 F 大单元群聚入 G 大单元群；半数以上小单元群已经形成，但没有统一的相似性水平线予以区分。

本章的分析是一次破天荒的尝试。虽然人们早就预期动物区系与植物区系非常相似（Cox, 2005），但还没有人迈出如此真实的第一步。诚然，"世界大同"的全面论证还需假以时日，但上述三个高级类群的分析何止只是露出东方地平线的第一缕曙光。

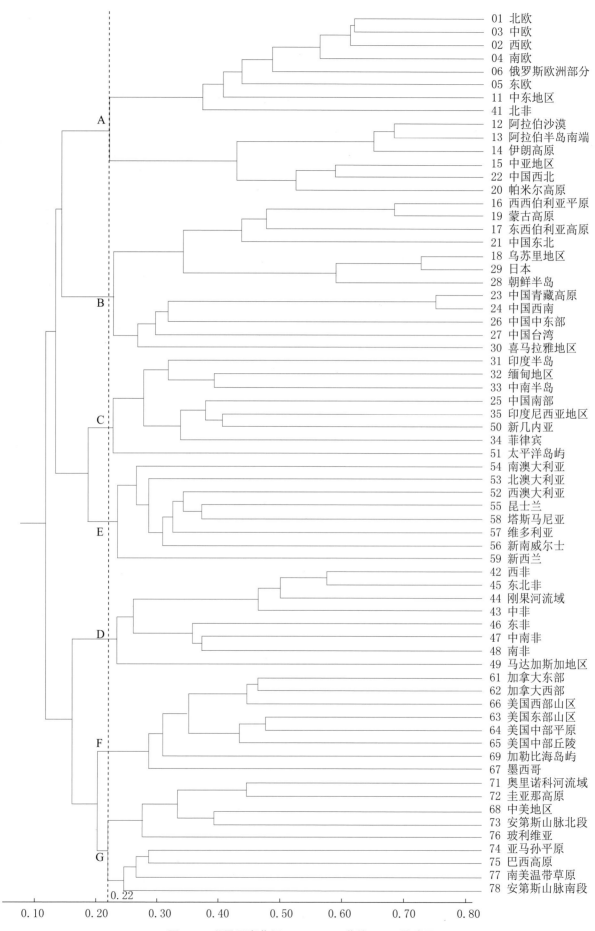

图5-21　世界子囊菌门Ascomycota菌的MSCA聚类图

第十一章
总结与讨论

Chapter 11　Summary and Discussion

一、MSCA 方法的客观性

本研究继对中国昆虫地理分布的分析之后，再次对世界昆虫的不同地域、不同类群以及世界昆虫整体分布格局进行了数十项次定量分析，准确、客观地界定了世界各地昆虫区系的数量关系，并通过与传统分析方法的对比，发现明显优于目前所应用的各种分析方法。同时经过对部分高等生物类群的分析，提升了对一直沿用的动植物地理区划系统进行定量解析与支持的可能性。相信 MSCA 方法将是推动生物地理领域从定性研究阶段进入定量研究阶段的转折点。

二、首次制定世界昆虫地理区划方案

本研究经过对世界 67 个基础地理单元的 10 万多属昆虫分布信息的分析，首次构建了世界昆虫 7 界 20 亚界的地理区划框架，从而结束了昆虫学界没有自己专业的区划方案的历史。这个方案不仅接受与支持一些昆虫学家对个别昆虫类群地理区划所提出的建议，也解释与协调了他们各自方案之间的差异。这个系统既严格遵从定量关系，又最接近现有动植物地理区划方案，便于大家记忆与使用。

三、对昆虫区系分布规律的宏观认识

昆虫由于种类繁多，个体微小，活动隐蔽，人们对其认知度比高等动物及高等植物低得多，目前还处在逐步深入、逐步完善的过程中，新的种类不断被发现，新的分布地点不断增加。接近 40% 的属局限在 1 个 BGU 内，又有接近 40% 的属仅分别在 2～5 个 BGU 内，总体上还处在点状分布阶段，平均分布域低于植物、真菌和高等动物。对于这些错综复杂的、不断变化的、似乎无章可循的海量数据，经过反复的定量分析实践，可以清晰地感觉到一些具有规律性的昆虫分布特征，这些特征与地理区划密切相关，对于理解与开展地理区划研究，具有明确方向、避免弯路、增强信心的实际意义。

1. 区系构成的稳定性：一个相对独立的地理区域的昆虫区系是各种环境因素长期作用的结果，是在不断变化的，又是相对稳定的。这种稳定性保证了这个地区昆虫区系性质的稳定性，最终保证了地理区划的稳定性。不同时期的构成是稳定的，不同生物类群的构成也是稳定的。如中国河南省目前有昆虫8 422 种，其中东亚种类最多，其次是古北种类，再次是东洋种类，广布种类最少。而该省在 1993 年以前有昆虫 3 128 种，也是东亚种类最多，依次是古北种类、东洋种类及广布种类。中国目前的 93 661 种昆虫与 20 世纪 40 年代的 20 069 种也是如此。超出昆虫纲的范围，作者曾分析过，目前世界哺乳动物5 296 种与 1876 年前华莱士（P. Wallace）时代已知哺乳动物 2 034 种的聚类结果是相同的。

2. 区系变化的连续性：昆虫种或属的分布有连续的，更有间断的，但不同地区昆虫区系组成的变化是连续的，不是间断的，地理距离愈远，变化愈大。而不同方向上变化的速率是不同的。也即一个地区的昆虫区系，只与邻近地区关系密切，距离愈远，关系愈疏远。这种不均衡的连续性是开展生物地理研究的基础。中国如此，世界也如此；昆虫如此，其他生物也如此。

3. 地理条件的约束性：由于一个地理区域的昆虫区系只与邻近地区关系最密切，地理距离愈远，关系愈疏远，这个特征使生物地理的聚类分析成为一种带约束的聚类（restrictive clustering）或称条件系统聚类（conditional hierarchical clustering），不是人们想象或期望中的"自由聚类"，这为软件分析带来限制和麻烦，也为手工计算带来便利，可以节省 90% 的无效劳动时间。这些形形色色的限制条件是聚类分析由理论走向实用将常常遇到又必须解决的关键问题之一。

4. 核心区域的凝聚力与独立性：受历史条件、自然条件、适应能力以及人为因素的影响，昆虫分布不是均匀的，形成一个个的核心区域。核心区域以其大量的共有类群（common group）凝聚邻近区域形成自己的分布区，又以自己的特有类群（endemic group）或独有类群（unique group）标志与其他分布区不同的独立性。聚集力量相等的地方是分布区的分界线。生物地理区划实际上是用聚类分析的定量方法对这些核心区域的凝聚力与独立性进行评估，准确地界定各个分布区域的地理范围。

5. 环境对昆虫及其他生物分布影响的同质性、积累性：在昆虫及其他生物漫长的进化过程中，地球板块分分合合，气候不断地冷热干湿变化，生物类群的诞生与灭绝，逐渐形成现在的分布格局。虽然它们的出现时间不同，经历的历史变迁不同，但现生生物的属级阶元大都出现在新生代，它们都经受了迄今 6 700 万年的新生代的环境影响，决定了它们的总体分布格局是相同的，也就表明环境对各类生物影响的同质性。但由于各自出现的历史时期不同，早分化的类群比晚分化的类群要多留下些生存信息于后代，主要体现在总相似性系数的差异，真菌高于植物，植物又高于动物，这表明历史时期影响的积累性。

四、期望世界生物地理区划的统一

至此，我们可以乐观地认为，待对所有生物类群分析完毕后，将会出现植物、动物、微生物分布格局"世界大同"的局面。这种大同不是原来盲目地不加分析地借用或套用，而是经过定量分析，数量关系相同下的新的大同。所有高等、低等生物都汇集在由生命能源制造者——植物所构成的分布格局的庇荫之下，享受着大自然的恩赐，又分解还原给大自然。

诚然，距离这个终极目标的实现还有待时日，昆虫部分我们只做了世界昆虫界级、亚界级及中国昆虫区级、亚区级的地理区划（表 5–103），世界其他地区的区级、亚区级区划，还有待更多学者完成。动物、植物、微生物也只做了一些高级类群的分析，其余类群也有待完成。热诚希望国内外广大学者携起手来，共同完成历史与时代赋予我们的任务。

表5-103 正待完善与统一的世界昆虫地理区划系统

界（kingdom）	亚界（subkingdom）	区（region）	亚区（subregion）
西古北界 （West Palaearctic）	欧洲亚界（European）		
	地中海亚界（Mediterranean）		
	中亚亚界（Centre Asian）		
		中国西北区 （Northwest-China）	北疆亚区
			南疆亚区
东古北界 （East Palaearctic）	西伯利亚亚界（Siberian）		
		中国东北区 （Northeast-China）	关东亚区
			内蒙古亚区
	东北亚亚界（Northeastern Asian）		
	中国亚界（Chinese）	中国华北区 （North-China）	冀晋鲁亚区
			黄土高原亚区
		中国江淮区 （Jiang-Huai of China）	黄淮亚区
			长江中游亚区
		中国华东区 （East-China）	浙闽亚区
			台湾亚区
		中国华中区 （Centre-China）	秦巴亚区
			云贵高原亚区
		中国西南区 （Southwest-China）	甘孜亚区
			丽江亚区
			墨脱亚区
		中国青藏区 （Qing-Zang of China）	青海湖亚区
			羌塘亚区
		喜马拉雅区（Himalayas）	
印度—太平洋界 (Indo-Pacific)	南亚亚界（South Asian）	中国华南区 （South-China）	滇南亚区
			粤桂亚区
			海南亚区
	印度尼西亚亚界（Indonesian）		
	太平洋亚界（Pacific）		
非洲界 (Afrotropical)	中非亚界（Centre African）		
	南非亚界（South African）		
	马达加斯加亚界（Madagascan）		
澳大利亚界 (Australian)	西澳大利亚亚界（West Australian）		
	东澳大利亚亚界（East Australian）		
	新西兰亚界（New Zealander）		
新北界 （Nearctic）	北美亚界（North American）		
	中美亚界（Centre American）		
新热带界 （Neotropical）	亚马孙亚界（Amazonian）		
	阿根廷亚界（Argentine）		
	智利亚界（Chilean）		

注： 表中浅蓝色为已划分区域，粉红色为待划分区域。

卜文俊，郑乐怡，2001. 中国动物志 昆虫纲：第二十四卷 半翅目 毛唇花蝽科 细角花蝽科 花蝽科 [M]. 北京：科学出版社.

蔡邦华，陈宁生，1964. 中国经济昆虫志：第八册 等翅目 白蚁 [M]. 北京：科学出版社.

蔡荣权，1979. 中国经济昆虫志：第十六册 鳞翅目 舟蛾科 [M]. 北京：科学出版社.

陈汉彬，安继尧，2003. 中国黑蝇（双翅目·蚋科）[M]. 北京：科学出版社：52–426.

陈家骅，杨建全，2006. 中国动物志 昆虫纲：第四十六卷 膜翅目 茧蜂科（四）（窄径茧蜂亚科）[M]. 北京：科学出版社.

陈树椿，何允恒，2008. 中国螳螂目昆虫 [M]. 北京：中国林业出版社：55–373.

陈世骧，谢蕴贞，邓国藩，1959. 中国经济昆虫志：第一册 鞘翅目 天牛科 [M]. 北京：科学出版社.

陈世骧，等，1986. 中国动物志 昆虫纲 鞘翅目 铁甲科 [M]. 北京：科学出版社.

陈学新，何俊华，马云，2004. 中国动物志 昆虫纲：第三十七卷 膜翅目 茧蜂科（二）[M]. 北京：科学出版社.

陈一心，1985. 中国经济昆虫志：第三十二册 鳞翅目 夜蛾科（四）[M]. 北京：科学出版社.

陈一心，1999. 中国动物志 昆虫纲：第十六卷 鳞翅目 夜蛾科 [M]. 北京：科学出版社.

陈一心，马文珍，2004. 中国动物志 昆虫纲：第三十五卷 革翅目 [M]. 北京：科学出版社.

陈宜瑜，陈毅峰，刘焕章，1996. 青藏高原动物地理区的地位和东部界线问题 [J]. 水生生物学报，20（2）：97–103.

丁锦华，2006. 中国动物志 昆虫纲：第四十五卷 同翅目 飞虱科 [M]. 北京：科学出版社.

丁岩钦，1994. 昆虫数学生态学 [M]. 北京：科学出版社：450–455.

范滋德，等，1988. 中国经济昆虫志：第三十七册 双翅目 花蝇科 [M]. 北京：科学出版社.

范滋德，等，1997. 中国动物志 昆虫纲：第六卷 双翅目 丽蝇科 [M]. 北京：科学出版社.

范滋德，邓耀华，2008. 中国动物志 昆虫纲：第四十九卷 双翅目 蝇科（一）[M]. 北京：科学出版社.

方承莱，1985. 中国经济昆虫志：第三十三册 鳞翅目 灯蛾科 [M]. 北京：科学出版社.

方承莱，2000. 中国动物志 昆虫纲：第十九卷 鳞翅目 灯蛾科 [M]. 北京：科学出版社.

方三阳，1993. 中国森林害虫生态地理分布 [M]. 哈尔滨：东北林业大学出版社.

葛钟麟，1966. 中国经济昆虫志：第十册 同翅目 叶蝉科 [M]. 北京：科学出版社.

葛钟麟，丁锦华，田立新，1984. 中国经济昆虫志：第二十七册 同翅目 飞虱科 [M]. 北京：科学出版社.

韩红香，薛大勇，2011. 中国动物志 昆虫纲：第五十四卷 鳞翅目 尺蛾科 尺蛾亚科 [M]. 北京：科学出版社.

韩运发，1997. 中国经济昆虫志：第五十五册 缨翅目 [M]. 北京：科学出版社.

韩微，翟盘茂，2015. 三种聚类分析方法在中国温度区划分中的应用研究 [J]. 气候与环境研究，20（1）：111–118.

何俊华，陈学新，马云，1996. 中国经济昆虫志：第五十一册 膜翅目 姬蜂科 [M]. 北京：科学出版社.

何俊华，陈学新，马云，2000. 中国动物志 昆虫纲：第十八卷 膜翅目 茧蜂科（一）[M]. 北京：科学出版社.

何俊华，许再福，2002. 中国动物志 昆虫纲：第二十九卷 膜翅目 螯蜂科 [M]. 北京：科学出版社.

何晓群，2008. 多元统计分析. 2 版 [M]. 北京：中国人民大学出版社：57–95.

洪友崇，2003. 古昆虫学的发展、存在问题与展望 [J]. 地质通报，22（2）：71–86.

黄大卫，1993. 中国经济昆虫志：第四十一册 膜翅目 金小蜂科 [M]. 北京：科学出版社.

黄大卫，肖晖，2005. 中国动物志 昆虫纲：第四十二卷 膜翅目 金小蜂科 [M]. 北京：科学出版社.

黄复生，朱世模，平正明，等，2000. 中国动物志 昆虫纲：第十七卷 等翅目 [M]. 北京：科学出版社.

黄建，1994. 中国蚜小蜂科分类 膜翅目：小蜂总科 [M]. 重庆：重庆出版社：32–279.

黄晓磊，冯磊，乔格侠，2004. 台湾与大陆蚜虫区系的相似性分析和历史渊源 [J]. 动物分类学报，29（2）：194–201.

黄晓磊，乔格侠，2010. 生物地理学的新认识及其方法在生物多样性保护中的应用 [J]. 动物分类学报，35（1）：158–164.

黄晓磊，生物地理学：研究方法及其局限性和优势 [J]. http://

blog.sciencenet.cn/blog–111883– 557906.html.

黄晓磊，生物地理学：学科发展及基本思想的演变 [J]. http://
blog.sciencenet.cn/blog–111883– 553730.html.

黄远达，2001. 中国白蚁学概论 [M]. 武汉：湖北科学技术出
版社：174–753.

江世宏，王书永，1999. 中国经济叩甲图志 [M]. 北京：中国
农业出版社：31–164.

蒋书楠，陈力，2001. 中国动物志 昆虫纲：第二十一卷 鞘
翅目 天牛科 花天牛亚科 [M]. 北京：科学出版社．

蒋书楠，蒲富基，华立中，1985. 中国经济昆虫志：第三十五
册 鞘翅目 天牛科（三）[M]. 北京：科学出版社．

李炳元，1987. 青藏高原的范围 [J]. 地理研究，6（3）：57–
63.

李法圣，2002. 中国蜡志 [M]. 北京：科学出版社：46–1743.

李法圣，2011. 中国木虱志 [M]. 北京：科学出版社：207–1715.

李鸿昌，夏凯龄，2006. 中国动物志 昆虫纲：第四十三卷
直翅目 蝗总科 斑腿蝗科 [M]. 北京：科学出版社．

李后魂，2002. 中国麦蛾（一）[M]. 天津：南开大学出版社：
43–441.

李铁生，1978. 中国经济昆虫志：第十三册 双翅目 蠓科 [M].
北京：科学出版社．

李铁生，1985. 中国经济昆虫志：第三十册 膜翅目 胡蜂总
科 [M]. 北京：科学出版社．

李铁生，1988. 中国经济昆虫志：第三十八册 双翅目 蠓科
[M]（二）. 北京：科学出版社．

梁铬球，郑哲民，1998. 中国动物志 昆虫纲：第十二卷 直
翅目 蚱总科 [M]. 北京：科学出版社．

廖定熹，李学骊，庞雄飞，等，1987. 中国经济昆虫志：第
三十四册 膜翅目 小蜂总科（一）[M]. 北京：科学出版社．

林乃铨，1994. 中国赤眼蜂分类 膜翅目：小蜂总科 [M].. 福州：
福建科学技术出版社：33–212.

刘崇乐，1963. 中国经济昆虫志：第五册 鞘翅目 瓢虫科 [M].
北京：科学出版社．

刘慎谔，1934. 中国北部和西部植物地理概论 [J]. 国立北平研
究院植物研究所丛刊，2（9）：423–451.

刘慎谔，1936. 中国南部及西南部植物地理概要 [J]. 北京生物
学杂志，1（1）：21–27.

刘友樵，白九维，1977. 中国经济昆虫志：第十一册 鳞翅目
卷蛾科（一）[M]. 北京：科学出版社．

刘友樵，李广武，2002. 中国动物志 昆虫纲：第二十七卷
鳞翅目 卷蛾科 [M]. 北京：科学出版社．

刘友樵，武春生，2006. 中国动物志 昆虫纲：第四十七卷
鳞翅目 枯叶蛾科 [M]. 北京：科学出版社．

刘新涛，刘晓光，申琪，等，2013. 合并与不合并——两个
相似性聚类分析方法的比较 [J]. 生态学报，33（11）：
3480–3487.

刘玉双，任东，2006. 襀翅目化石的研究进展 [J]. 动物分类
学报，31（4）：758–768.

柳支英，等，1986. 中国动物志 昆虫纲：第一卷 蚤目 [M].
北京：科学出版社．

陆宝麟，等，1997. 中国动物志 昆虫纲：第八、九卷 双翅
目 蚊科（上、下卷）[M]. 北京：科学出版社．

陆宝麟，吴厚永，2003. 中国重要医学昆虫分类与鉴别 [M].
郑州：河南科学技术出版社：16–639.

马世骏，1959. 中国昆虫生态地理概述 [M]. 北京：科学出版
社．

马文珍，1995. 中国经济昆虫志：第四十六册 鞘翅目 花金
龟科 斑金龟科 弯腿金龟科 [M]. 北京：科学出版社．

马忠余，薛万琦，冯炎，2002. 中国动物志 昆虫纲：第
二十六卷 双翅目 蝇科（二）棘蝇亚科（1）[M]. 北京：
科学出版社．

孟祥明，任东，刘明，等，2006. 古昆虫学研究的发展历程
简介 [J]. 昆虫知识，43（1）：134–138.

庞雄飞，毛金龙，1979. 中国经济昆虫志：第十四册 鞘翅目
瓢虫科（二）[M]. 北京：科学出版社．

蒲富基，1980. 中国经济昆虫志：第十九册 鞘翅目 天牛科
[M]. 北京：科学出版社．

乔格侠，张广学，钟铁森，2005. 中国动物志 昆虫纲：第
四十一卷 同翅目 斑蚜科 [M]. 北京：科学出版社．

钦俊德，王琛柱，2001. 论昆虫与植物的相互作用和进化的
关系 [J]. 昆虫学报，44（3）：360–365.

任东，2002. 中国中生代昆虫化石研究新进展 [J]. 昆虫学报，
45（2）：234–240.

任东，史宗冈，高太平，等，2012. 中国东北中生代昆虫化石
珍品 [M]. 北京：科学出版社：60–368.

任国栋，巴义彬，2010. 中国土壤拟步甲志：第二卷 鳖甲类
[M]. 北京：科学出版社：27–188.

任国栋，杨秀娟，2006. 中国土壤拟步甲志：第一卷 土甲类
[M]. 北京：高等教育出版社：36–202.

任国栋，于有志，1999. 中国荒漠半荒漠的拟步甲科昆虫 [M].
保定：河北大学出版社：37–146.

任树芝，1998. 中国动物志 昆虫纲：第十三卷 半翅目 异
翅亚目 姬蝽科 [M]. 北京：科学出版社．

任应党，申效诚，孙浩，等，2011. 河南昆虫、蜘蛛、蜱螨
的区系成分和分布地理研究 [J]. 华北农学报，26（1）：
204–209.

邵广昭，彭镜毅，吴文哲，2010. 台湾 2010 物种名录 [M]. 台
北：农业委员会林务局：341–643.

申效诚，2008. 学习昆虫地理学的点滴感悟//申效诚，张润志，
任应党. 昆虫分类与分布 [M]. 北京：中国农业科学技术出
版社：576–583.

申效诚，孙浩，马晓静，2010. 中国 40 000 种昆虫蜘蛛区系

的多元相似性聚类分析 [J]. Journal of Life Sciences，4（2）：35–40.

申效诚，孙浩，赵华东，2007. 中国夜蛾科昆虫的物种多样性及分布格局 [J]. 昆虫学报，50（7）：709–719.

申效诚，孙浩，赵华东，2008. 昆虫区系多元相似性分析方法 [J]. 生态学报，28（2）：849–854.

申效诚，王爱萍，2008. 昆虫区系多元相似性的简便计算方法及其贡献率 [J]. 河南农业科学（7）：67–69.

申效诚，王爱萍，张书杰，2008. 夜蛾科昆虫区系研究（Ⅱ）中国各省区夜蛾的分布及相似性分析 [J]. 华北农学报，23（5）：151–156.

申效诚，张书杰，2007. 中国夜蛾总科昆虫区系相似性分析 [J]. 科学研究月刊（12）：10–12.

申效诚，张书杰，任应党，2007. 昆虫区系的多元相似性比较 // 李典谟，吴春生，伍一军，等. 昆虫学研究动态 [M]. 北京：中国农业科学技术出版社：131–137.

申效诚，张书杰，任应党，2009 a. 基于昆虫区系的中国东部古北东洋两界的分界 [J]. Journal of Agricultural Science and Technology，3（11）：38–42.

申效诚，张书杰，任应党，2009 b. 中国昆虫区系成分构成及分布特点 [J]. Journal of Life Sciences，3（7）：19–25.

申效诚，任应党，王爱萍，等，2010. 河南昆虫、蜘蛛、蜱螨地理分布的多元相似性聚类分析 [J]. 生态学报，30（16）：4416–4426.

申效诚，刘新涛，任应党，等，2013. 中国昆虫区系的多元相似性聚类分析和地理区划 [J]. 昆虫学报，56（8）：896–906.

申效诚，张保石，张峰，等，2013. 世界蜘蛛的分布格局及其多元相似性聚类分析 [J]. 生态学报，33（21）：6795–6802.

申效诚，等，2015. 中国昆虫地理 [M]. 郑州：河南科学技术出版社.

盛茂领，申效诚，2008. 中国各省区姬蜂科昆虫的分布及多元相似性聚类分析 // 申效诚，张润志，任应党. 昆虫分类与分布 [M]. 北京：中国农业科学技术出版社：389–393.

唐觉，等，1995. 中国经济昆虫志：第四十七册 膜翅目 蚁科（一）[M]. 北京：科学出版社.

汤祊德，1992. 中国粉蚧科 [M]. 北京：中国农业科学技术出版社：17–592.

谭娟杰，王书永，周红章，2005. 中国动物志 昆虫纲：第四十卷 鞘翅目 肖叶甲科 肖叶甲亚科 [M]. 北京：科学出版社.

谭娟杰，虞佩玉，1980. 中国经济昆虫志：第十八册 鞘翅目 叶甲总科（一）[M]. 北京：科学出版社.

田立新，杨莲芳，等，1996. 中国经济昆虫志：第四十九册 毛翅目（一）小石蛾科 角石蛾科 纹石蛾科 长角石蛾

科 [M]. 北京：科学出版社.

王敏，范骁凌，2002. 中国灰蝶志 [M]. 郑州：河南科学技术出版社：1–397.

王莹，任东，梁军辉，等，2006. 中国同翅目昆虫化石 [J]. 动物分类学报，31（2）：294–303.

王保海，袁伟红，王成明，等，1992. 西藏昆虫区系及其演化 [M]. 河南科学技术出版社.

王保海，黄复生，覃荣，等，2006. 西藏昆虫分化 [M]. 河南科学技术出版社.

王平远，1980. 中国经济昆虫志：第二十一册 鳞翅目 螟蛾科 [M]. 北京：科学出版社.

王子清，1982. 中国经济昆虫志：第二十四册 同翅目 粉蚧科 [M]. 北京：科学出版社.

王子清，1994. 中国经济昆虫志：第四十三册 同翅目 蚧总科 [M]. 北京：科学出版社.

王子清，2001. 中国动物志 昆虫纲：第二十二卷 同翅目 蚧总科 粉蚧科 绒蚧科 蜡蚧科 链蚧科 盘蚧科 壶蚧科 仁蚧科 [M]. 北京：科学出版社.

王遵明，1983. 中国经济昆虫志：第二十六册 双翅目 虻科 [M]. 北京：科学出版社.

王遵明，1994. 中国经济昆虫志：第四十五册 双翅目 虻科（二）[M]. 北京：科学出版社.

汪松，解焱，2004，2005，2009. 中国物种红色名录（Ⅰ～Ⅲ）[M]. 北京：高等教育出版社.

魏美才，聂海燕，1997. 叶蜂总科昆虫生物地理研究（Ⅰ～Ⅳ）[J]. 昆虫分类学报，19（增刊）：127–157.

武春生，1997. 中国动物志 昆虫纲：第七卷 鳞翅目 祝蛾科 [M]. 北京：科学出版社.

武春生，2001. 中国动物志 昆虫纲：第二十五卷 鳞翅目 凤蝶科 [M]. 北京：科学出版社.

武春生，方承莱，2003. 中国动物志 昆虫纲：第三十一卷 鳞翅目 舟蛾科 [M]. 北京：科学出版社.

武吉华，张绅，江源，等，2004. 植物地理学 [M]. 北京：高等教育出版社：5–167.

吴厚永，等，2007. 中国动物志 昆虫纲 蚤目. 2 版 [M]. 北京：科学出版社.

吴坚，王长禄，1995. 中国蚂蚁 [M]. 北京：中国林业出版社：1–214.

吴燕如，1965. 中国经济昆虫志：第九册 膜翅目 蜜蜂总科 [M]. 北京：科学出版社.

吴燕如，1996. 中国经济昆虫志：第五十二册 膜翅目 泥蜂科 [M]. 北京：科学出版社.

吴燕如，2000. 中国动物志 昆虫纲：第二十卷 膜翅目 准蜂科 蜜蜂科 [M]. 北京：科学出版社.

吴燕如，2006. 中国动物志 昆虫纲：第四十四卷 膜翅目 切叶蜂科 [M]. 北京：科学出版社.

吴征镒，王荷生，1983，1985. 中国自然地理——植物地理（上，下）[M]. 北京：科学出版社.

吴征镒，王荷生，1983. 中国自然地理——植物地理：上册 [M]. 北京：科学出版社.

吴征镒，孙航，周浙昆，等，2011. 中国种子植物区系地理 [M]. 北京：科学出版社.

夏凯龄，等，1994. 中国动物志 昆虫纲：第四卷 直翅目 蝗总科 癞蝗科 瘤锥蝗科 锥头蝗科 [M]. 北京：科学出版社.

解焱，李典谟，JOHN M K，2002. 中国生物地理区划研究 [M]. 生态学报，22（10）：1599–1615.

徐志宏，黄建，2004. 中国介壳虫寄生蜂志 [M]. 上海：上海科学技术出版社：18–452.

薛大勇，朱弘复，1999. 中国动物志 昆虫纲：第十五卷 鳞翅目 尺蛾科 花尺蛾科 [M]. 北京：科学出版社.

薛万琦，赵建铭，1996. 中国蝇类 [M]. 沈阳：辽宁科学技术出版社：50–2034.

萧采瑜，等，1977. 中国蝽类昆虫鉴定手册：（半翅目 异翅亚目）第一册 [M]. 北京：科学出版社：14–290.

萧采瑜，任树芝，郑乐怡，等，1981. 中国蝽类昆虫鉴定手册：（半翅目 异翅亚目）第二册 [M]. 北京：科学出版社：1–561.

阎锡海，王延锋，李延清，2003. 昆虫起源、进化及其原因模糊性研究 [J]. 延安大学学报，22（1）.

杨定，刘星月，2010. 中国动物志 昆虫纲：第五十一卷 广翅目 [M]. 北京：科学出版社.

杨定，杨集昆，2004. 中国动物志 昆虫纲：第三十四卷 双翅目 舞虻总科 舞虻科 螳舞虻亚科 驼舞虻亚科 [M]. 北京：科学出版社.

杨惟义，1962. 中国经济昆虫志：第二册 半翅目 蝽科 [M]. 北京：科学出版社.

杨星科，杨集昆，李文柱，2005. 中国动物志 昆虫纲：第三十九卷 脉翅目 草蛉科 [M]. 北京：科学出版社.

姚云志，彩万志，任东，2004. 中国异翅目化石研究现状 [J]. 动物分类学报，29（1）：33–37.

易传辉，欧晓红，2002. 我国昆虫生物地理学研究进展 // 李典谟，康乐，吴钜文，等. 昆虫学创新与发展 [M]. 北京：中国科学技术出版社：543–545.

印象初，夏凯龄，等，2003. 中国动物志 昆虫纲：第三十二卷 直翅目 蝗总科 槌角蝗科 剑角蝗科 [M]. 北京：科学出版社.

殷惠芬，黄复生，李兆麟，1984. 中国经济昆虫志：第二十九册 鞘翅目 小蠹科 [M]. 北京：科学出版社.

应俊生，陈梦玲，2011. 中国植物地理 [M]. 上海：上海科学技术出版社：1–508.

殷鸿福，杨逢清，谢树成，等，2004. 生物地质学 [M]. 武汉：湖北科学技术出版社.

尤大寿，归鸿，1995. 中国经济昆虫志：第四十八册 蜉蝣目 [M]. 北京：科学出版社.

虞佩玉，王书永，杨星科，1996. 中国经济昆虫志：第五十四册 鞘翅目 叶甲总科（二）[M]. 北京：科学出版社.

虞以新，2006. 中国蠓科昆虫 [M]. 北京：军事医学科学出版社：50–1612.

袁锋，周尧，2002. 中国动物志 昆虫纲：第二十八卷 同翅目 角蝉总科 犁胸蝉科 角蝉科 [M]. 北京：科学出版社.

张广学，1999. 西北农林蚜虫志 昆虫纲 同翅目 蚜虫类 [M]. 北京：中国环境科学出版社.

张广学，乔格侠，钟铁森，等，1999. 中国动物志 昆虫纲：第十四卷 同翅目 矿蚜科 瘿绵蚜科 [M]. 北京：科学出版社.

张广学，钟铁森，1983. 中国经济昆虫志：第二十五册 同翅目 蚜虫类（一）[M]. 北京：科学出版社.

张宏达，1994. 地球植物区系分区题纲 [J]. 中山大学学报（自然科学版），33（3）：74–80.

张家诚，1991. 中国气候总论 [M]. 北京：气象出版社.

张荣组，等，1997. 中国哺乳动物分布 [M]. 北京：中国林业出版社.

张荣祖，1999. 中国动物地理 [M]. 北京：科学出版社.

张荣祖，2004. 中国动物地理 [M]. 北京：科学出版社.

张荣祖，2011. 中国动物地理 [M]. 北京：科学出版社.

张胜勇，郭宪国，2007. 蚤类昆虫及其宿主协同进化的证据探讨 [J]. 地方病通报，22（4）：81–84.

张镱锂，1998. 植物区系地理研究中的重要参数——相似性系数 [J]. 地理研究，17（4）：429–434.

张芝利，1984. 中国经济昆虫志：第二十八册 鞘翅目 金龟总科幼虫 [M]. 北京：科学出版社.

章士美，1996. 昆虫地理学概论. 南昌：江西科学技术出版社.

章士美，赵泳祥，1996. 中国农林昆虫地理分布 [M]. 北京：中国农业出版社.

章士美，等，1985. 中国经济昆虫志：第三十一册 半翅目（一）[M]. 北京：科学出版社.

章士美，等，1995. 中国经济昆虫志：第五十册 半翅目（二）[M]. 北京：科学出版社.

赵华东，申效诚，2008. 中国灯蛾科昆虫的生物地理学研究 // 申效诚，张润志，任应党. 昆虫分类与分布 [M]. 北京：中国农业科学技术出版社：381–388.

赵建铭，梁恩义，史永善，等，2001. 中国动物志 昆虫纲：第二十三卷 双翅目 寄蝇科（一）[M]. 北京：科学出版社.

赵修复，1990. 中国春蜓分类（蜻蜓目：春蜓科）[M]. 福州：福建科学技术出版社：75–428.

赵养昌，1963. 中国经济昆虫志：第四册 鞘翅目 拟步行虫科 [M]. 北京：科学出版社.

赵养昌，陈元清，1980. 中国经济昆虫志：第二十册 鞘翅目象虫科（一）[M]. 北京：科学出版社 .

赵养昌，李鸿兴，高锦亚，1982. 中国仓库害虫区系调查 [M].
北京：农业出版社 .

赵仲苓，1978. 中国经济昆虫志：第十二册　鳞翅目　毒蛾科
[M]. 北京：科学出版社 .

赵仲苓，1994. 中国经济昆虫志：第四十二册　鳞翅目　毒蛾
科（二）[M]. 北京：科学出版社 .

赵仲苓，2003. 中国动物志　昆虫纲：第三十卷　鳞翅目　毒
蛾科 [M]. 北京：科学出版社 .

赵仲苓，2004. 中国动物志　昆虫纲：第三十六卷　鳞翅目
波纹蛾科 [M]. 北京：科学出版社 .

郑乐怡，吕楠，刘国卿，等，2004. 中国动物志 昆虫纲：第
三十三卷　半翅目　盲蝽科　盲蝽亚科 [M]. 北京：科学出
版社 .

郑哲民，2005. 中国西部蚱总科志 [M]. 北京：科学出版社：
8–432.

郑哲民，夏凯龄，等，1998. 中国动物志　昆虫纲：第十卷
直翅目　蝗总科　斑翅蝗科　网翅蝗科 [M]. 北京：科学出
版社 .

中国科学院自然区划工作委员会，1959. 中国动物地理区划
与中国昆虫地理区划 [M]. 北京：科学出版社 .

周尧，1980. 中国昆虫学史 [M]. 杨凌：昆虫分类学报社 .

周尧，1994. 中国蝶类志 [M]. 郑州：河南科学技术出版社：
93–749.

周尧，2002. 周尧昆虫图集 [M]. 郑州：河南科学技术出版社 .

周尧，雷仲仁，姚渭，1997. 中国蝉科志（同翅目：蝉总科）
[M]. 香港：香港天则出版社：37–288.

周尧，路进声，黄桔，等，1985. 中国经济昆虫志：第三十六
册　同翅目　蜡蝉总科 [M]. 北京：科学出版社 .

朱弘复，陈一心，1963. 中国经济昆虫志：第三册　鳞翅目
夜蛾科（一）[M]. 北京：科学出版社 .

朱弘复，方承莱，王林瑶，1963. 中国经济昆虫志：第七册
鳞翅目　夜蛾科（三）[M]. 北京：科学出版社 .

朱弘复，王林瑶，1980. 中国经济昆虫志：第二十二册　鳞翅
目　天蛾科 [M]. 北京：科学出版社 .

朱弘复，王林瑶，1991. 中国动物志　昆虫纲：第三卷　鳞翅
目　圆钩蛾科　钩蛾科 [M]. 北京：科学出版社 .

朱弘复，王林瑶，1996. 中国动物志　昆虫纲：第五卷　鳞翅
目　蚕蛾科　大蚕蛾科　网蛾科 [M]. 北京：科学出版社 .

朱弘复，王林瑶，韩红香，2004. 中国动物志　昆虫纲：第
三十八卷　鳞翅目　蝙蝠蛾科　蝶蛾科 [M]. 北京：科学出
版社 .

朱弘复，杨集昆，陆近仁，等，1964. 中国经济昆虫志：第六
册　鳞翅目　夜蛾科（二）[M]. 北京：科学出版社 .

朱弘复，王林瑶，1997. 中国动物志　昆虫纲：第十一卷　鳞
翅目　天蛾科 [M]. 北京：科学出版社 .

邹树文，1981. 中国昆虫学史 [M]. 北京：科学出版社 .

邹钟琳，1937. 中国飞蝗之分布与气候地理之关系以及发生
地之环境 [J]. 中央农业实验所研究报告第 8 号 .

AANEN D K, EGGLETON P, ROULAND-LEFEVRE C, et
al，2002. The evolution of fungus-growing termites and their
mutualistic fungal symbionts[J]. Proceedings of the National
Academy of Sciences of the United States of America, 99 (23):
14613–15246.

ABAII M，2000. Pests of forest trees and shrubs of Iran.
Ministry of Agriculture[M]. Agricultural Research, Education
& Extension Organization, Iran：178.

ABBAZZI P，COLONNELLI E, MASUTTi L, et al，1995.
Coleoptera Polyphaga XVI (Curculionoidea)[J]//MINELLI A，
RUFFO S，LA POSTA S. Checklist delle specie della fauna
italiana[J]. Calderini, Bologna, 61[M]：1–68.

ABDOLLAHI T，JALILI-ZAND A R, MOZAFFARIAN F，
2014. A faunestic study of the leafhoppers (Hemiptera:
Auchenorrhyncha: Cicadellidae) of Ardabil province, Iran//
Proceeding of 21th congress of Iranian Plant Protection
(Orumiyeh)[M]：570.

ABDURAKHMANOV G M，NABOZHENKO M V，
2011. Keys and catalogue to darkling beetles (Coleoptera:
Tenebrionidae s. str.) of the Caucasus and south of European
part of Russia[M]. KMK Scientific Press Ltd, Moscow：361.

ACKERY P R，1973. A list of the type-specimens of *Parnassius*
(Lepidoptera: Papilionidae) in the British Museum (Natural
History)[J]. Bulletin of the British Museum (Natural History),
Entomology, 29：1–35.

ACKERY P R, SMITH C R, VANE-WRIGHT R I，1995.
Carcasson's African Butterflies: An annotated Catalogue
of the Papilionoidea and Hesperioidea of the Afrotropical
Region[M]. British Museum (Natural History), London：803.

ADAMS N E, LEWIS R E，1995. An Annotated Catalog of
Primary Types of Siphonaptera in the National Museum
of Natural History[M]. Washington, D.C：Smithsonian
Institution Press：96.

ADAMSKI D，2005. Review of *Glyphidocera* Walsingham of
Costa Rica (Lepidoptera: Gelechioidea: Lyphidoceridae)[J].
Zootaxa, 858：1–205.

ADLER P H, CROSSKER R W, 2014. World blackflies (Diptera:
Simuliidae)[J]. http://clemson.edu.

ADLER P H，CURRIE D C，WOOD D M，2004. The Black
Flies (Simuliidae) of North America[M]. Ithaca, New York：
Cornell University Press：941.

ADUSE-POKU K, BRATTSTRÖM O, KODANDARAMAIAH
U, et al，2015. Systematics and historical biogeography of

the Old World butterfly subtribe Mycalesina (Lepidoptera: Nymphalidae: Satyrinae)[J]. BMC Evolutionary Biology, 15：167.

AGUDELO A A, LOMBARDO F, JANTSCH L J，2007. Checklist of the Neotropical mantids (Insecta, Dictyoptera, Mantodea)[J]. Biota Colombiana, 8 (2): 105–158.

AGUIAR A P，2004. World catalogue of the Stephanidae (Hymenoptera: Stephanoidea)[J]. Zootaxa, 753: 1–120.

AHMAD I，1965. The Leptocorisinae (Heteroptera: Alydidae) of the world[J]. Bulletin on the British Museum (Natural History), Entomology Supplement, 5: 1–156.

AKHMETOVA L, MONTREUIL O，2010. Revision of Metadorodocia Machatschke, 1957, a genus endemic to Madagascar (Coleoptera: Scarabaeidae: Rutelinae: Adoretini)[J]. Zootaxa, 2401: 61–68.

AKINGBOHUNGBE A E, 1996. The Isometopinae (Heteroptera: Miridae) of Africa, Europe, and the Middle East[M]. Ibadan, Nigeria: Delar Tertiary Publishers: 170.

ALENCAR I D C C, AZEVEDO C O，2006. Definition of Neotropical coronatus species-group (Hymenoptera: Bethylidae, Dissomphalus) with description of thirteen new species[J]. Zootaxa, 1330 (1): 1–26.

ALEXANDER C P，1958. Geographical distribution of the net-winged midges[J]. Proc. Int. Congr. Entomol, 10 (1) : 813–828.

ALEXANDER C P, ALEXANDER M M，1970. Family Tipulidae[J]. A Catalogue of the Diptera of the Americas South of the United States, 4: 259.

ALKHATIB F, FUSU L, CRUAUD A, et al，2014. An integrative approach to species discrimination in the Eupelmus urozonuscomplex (Hymenoptera, Eupelmidae), with the description of 11 new species from the Western Palaearctic[J]. Systematic Entomology, 39: 806–862.

ALONSO-ZARAZAGA M A, LYAL C H C，1999. A World catalogue of families and genera of Curculionoidea (Insecta: Coleoptera)[M]. Entomopraxis, S.C.P., Barcelona, Spain.

AMÉDÉGNATO C, DEVRIESE H，2008. Global diversity of true and pygmy grasshoppers (Acridomorpha, Orthoptera) in freshwater[J]. Hydrobiologia, 595: 535–543.

AMENT D C, AMORIM D D S，2016. Taxonomic revision of Coniceromyia Borgmeier (Diptera: Phoridae), with the description of three new species from Brazil[J]. Zootaxa, 4086 (1): 1–87.

ANANTANARAYANAN R, SCHAEFER C W, Withers T M，et al，2005. Biology, Science Publishers, Ecology and Evolution of Gall-Inducing Arthropods[M]. Enfield, New Hampshire:Science Publishers: 572.

ANDERSEN N M，1982. The Semiaquatic Bugs (Hemiptera, Gerromorpha). Phylogeny, Adaptations, Biogeography and Classification. Entomonograph Volume 3[M]. Klampenborg, Denmark:Scandinavian Science Press: 455.

ANDERSON R F，1960. Forest and Shade Tree Entomology[M]. New York:John Wiley & Sons Inc: 428.

ANSO J, JOURDAN H, DESUTTER-GRANDCOLAS L，2016. Crickets (Insecta, Orthoptera, Grylloidea) from Southern New Caledonia, with descriptions of new taxa[J]. Zootaxa, 4 124 (1): 1–92.

ARAÚJO M X, BRAVO F，2016. Description of fourty four new species, taxonomic notes and identification key to Neotropical Trichomyia Haliday//Curtis (Diptera: Psychodidae, Trichomyiinae)[J]. Zootaxa, 4130 (1): 1–76.

ARMENT C, 2006. Stick Insects of the Continental United States and Canada: species and early studies[M].Landisville, Pennsylvania: Coachwhip Publications: 204.

ARNAUD P H J，1979. A catalog of the types of Diptera in the collection of the California Academy of Sciences[J]. Myia, 1: 1–505.

ARNAUD P，2002. Phanaeini, Dendropaemon, Tetramereia, Homalotarsus, Megatharsis, Diabroctis, Coprophanaeus, Oxysternon, Phanaeus, Sulcophanaeus. Les Coléoptères du Monde, 28[M]. Hillside Books, Canterbury: 151.

ARNETT R H, JR, 1985. American Insects. A handbook of the insects of America north of Mexico[M]. New York:Van Nostrand Reinhold Company: 850.

ARNETT R H, JR, THOMAS M C, 2001. American Beetles, Volume 1. Archostemata, Myxophaga, Adephaga, Polyphaga: Staphyliniformia[M]. CRC Press, New York: 443.

ARNETT R H, JR, THOMAS M C，et al，2002. American Beetles, Volume 2. Scarabaeoidea through Curculionoidea[M]. Boca Raton, FL: CRC Press: 861.

ARROW G J，1912. Pachypodinae, Pleocominae, Aclopinae, Glaphyrinae, Ochodaeinae, Orphninae, Idiostominae, Hybosorinae, Dynamopinae, Acanthocerinae, Troginae[M]// JUNK W. Coleopterorum Catalogus, 43. W. Junk, Berlin, Germany: 1–66.

ARROW G J，1931. Coleoptera: Lamellicornia Part 3[M]//The Fauna of British India, Including Ceylon and Burma. London: Taylor and Francis: 428.

ASAHI J, KANDA S, KAWATA M, et al, 1999. The butterflies of Sakhalin in nature[M]. Tokyo: 312.

ASCHER J, PICKERING J, 2014. Bee species and checklist (Hymenoptera: Apoidea)[J]. http://www.discoverlife.org.

ASENJO A, IRMLER U，KLIMASZEWSKI J, et al.,2013. A complete checklist with new records and geographical distribution of the rove beetles (Coleoptera, Staphylinidae) of Brazil[J]. Insecta mundi, 0277: 1–419.

ASHLOCK P D, 1967. A generic classification of the Orsillinae of the world[J]. Univ. Calif Berkeley Publ Entomol, 48: 1–82.

ASIAIN J，MÁRQUEZ J，IRMLER U, 2015. New national and state records of Neotropical Staphylinidae (Insecta: Coleoptera)[J]. Zootaxa, 3974(1): 76–92.

ASSING V, 2006. Three new species of Staphylinidae from Spain, with a new synonymy (Insecta: Coleoptera)[J]. Linzer biologische Beiträge, 38 (2): 1129–1137.

ASSING V, 2007. Four new species and additional records of Staphylinidae from Spain (Insecta: Coleoptera)[J]. Linzer biologische Beiträge, 39 (2): 761–775.

ASKEW R R，MELIKA G，PUJADE-VILLAR J，et al, 2013. Catalogue of parasitoids and inquilines in cynipid oak galls in the west Palaearctic[J]. Zootaxa, 3643 (1): 1–133.

ASHMEAD W H, 1893. Monograph of the North American Proctotrypidae[J]. Bulletin of the United States National Museum, 45: 1–472.

ASPÖCK H, 1986. The Raphidioptera of the World: A Review of Present Knowledge// GEPP J，ASPÖCK H，HÖLZEL H. Recent Research in Neuropterology[M]: 15–29.

ATKINS M D, 1963. The Cupedidae of the world[J]. Can. Entomologist, 95: 140–162.

AUKEMA B，RIEGER C，1995. Catalogue of the Heteroptera of the Palaearctic Region. Volume 1. Enicocephalomorpha, Dipsocoromorpha, Nepomorpha,Gerromorpha and Leptopodomorpha[M].Amsterdam: Netherlands Entomological Society: 222.

AUKEMA B，RIEGER C, 1996. Catalogue of the Heteroptera of the Palaearctic Region. Volume 2. Cimicomorpha I[M]. Amsterdam:Netherlands Entomological Society: 361.

AUKEMA B，RIEGER C, 1999. Catalogue of the Heteroptera of the Palaearctic Region. Volume 3. Cimicomorpha II[M]. Amsterdam: Netherlands Entomological Society: 577.

AUKEMA B，RIEGER C, 2001. Catalogue of the Heteroptera of the Palaearctic Region. Volume 4. Pentatomomorpha I[M]. Amsterdam: Netherlands Entomological Society: 436.

AUKEMA B，RIEGER C, 2006. Catalogue of the Heteroptera of the Palearctic Region. Volume 5. Pentatomomorpha II[M].Amsterdam:Netherlands Entomological Society: 550.

AUSTIN A D，DOWTON M, 2000. Hymenoptera: Evolution, Biodiversity and Biological Control[M]. Collingwood, Victoria, Australia:CSIRO Publishing: 447.

AZEVEDO C O, 1999a. Revision of the Neotropical Dissompha- lus Ashmead, 1893 (Hymenoptera, Bethylidae) with median tergal processes[J]. Arquivos de Zoologia, 35 (4): 301–394.

AZEVEDO C O，MOLIN A D，PENTEADO-DIAS A，et al, 2015. Checklist of the genera of Hymenoptera (Insecta) from Espírito Santo, Brazil[L]. Boletim do Museu de Biologia Mello Leitão (Nova Série), 37: 313–343.

BABU R，SUBRAMANIAN K A，SUPRIYA N, 2013. Endemic Odonates of India[J]. Records of the Zoological Survey of India, Occasional Paper No. 347: 1–60.

BACHMANN A O，CHANI-POSSE M，GUALA M E，et al, 2017. A catalog of the types of Staphylinidae (Insecta, Coleoptera) deposited in the Museo Argentino de Ciencias Naturales, Buenos Aires (MACN)[J]. Zootaxa, 4223 (1): 1–74.

BACK E A, 1909. The robber-flies of America north of Mexico, belonging to the subfamilies Leptogastrinae and Dasypogoninae[J]. Transactions of the American Entomological Society, 35: 137–400.

BAKE W L, 1972. Eastern Forest insects[J]. USDA Forest Service Miscellaneous Publications, 1175: 1–642.

BALIAN E V，LEVEQUE C，SEGERS H, 2008. Freshwater Animal Diversity Assessment[J]. Hydrobiologia , 595: 1–637.

BALTHASAR V, 1963. Monographie der Scarabaeidae und Aphodiidae der Palaearktischen und Orientalischen Region[M]. VerI. Tschech. Akad. Wiss., Prague: 391.

BARBER-JAMES H M，GATTOLLIAT J L，SARTORI M，et al, 2008. Global diversity of mayflies (Ephemeroptera, Insecta) in freshwater[J]. Hydrobiologia, 595: 339–350.

BARBER-JAMES H，SARTOR M，GATTOLLIAT J L，et al, 2013. World checklist of freshwater Ephemeroptera species[J]. http://www.fada. biodiversity.be/group/show/35.

BARBER-JAMES H M，SARTORI M，GATTOLLIAT J L，et al, 2013. Insecta-Ephemeroptera checklist[J]. http://fada. biodiversity.be/group/show/35.

BARRACLOUGH D A, 1992. The systematics of the Australasian Dexiini (Diptera: Tachinidae: Dexiinae) with revisions of endemic genera[J]. Invertebrate Taxonomy, 6 (5): 1127–1371.

BARTHLOTT W，LAUER W，PLACKE A, 1996. Global distribution of species diversity in vascular plants: Towards a world map of phytodiversity[M]. Erdkunde, 50: 317–327.

BAUMANN R W, 1975. Revision of the stonefly family Nemouridae (Plecoptera): A study of the world fauna at the generic level[J]. Smithsonian Contributions to Zoology, 211: 1–74.

BECCDLONI G, 2014. Cockroach species file. Version 5.0/5.0

[J]. http://www.blattodea.speciesFile.org.

BEDJANIČ M, 2002. Dragonflies collected in Sri Lanka during January and February 1995[J]. Opuscula zoologica fluminensia, 205: 1–22.

BEDJANIČ M, CONNIFF K, POORTEN N, et al, 2014. Dragonfly fauna of Sri Lanka: distribution and biology, with threat status of its endemics[M]. Pensoft Publishers, Sofia: 321.

BELCASTRO C, LARSEN T B, 2006. Butterflies as an indicator group for the conservation value of the Gola forest in Sierra Leone[J]. Report to the Gola Forest Conservation Concession Project (GFCCP): 71.

BELLAMY C L, 2003. An illustrated summary of the higher classification of the superfamily Buprestoidea (Coleoptera)[J]. Folia Heyrovskyana, Supplement, 10: 1–197.

BELLÒ C, BAVIERA C, 2011. On the Sicilian species of *Pseudomeira* Stierlin (Coleoptera: Curculionidae: Entiminae) [J]. Zootaxa, 3100: 35–68.

BELLO C, OSELLA G, BAVIERA C, 2016. A taxonomic revision of the genus *Baldorhynchus* (Di Marco & Osella, 2002) stat. n. (Coleoptera, Curculionidae, Entiminae)[J]. Zootaxa, 4070 (1): 1–101.

BELYSCHEV B F, 1961. The boundary of Palaearctic Asia on base of the distribution of Odonata[J]. Ann. Zool., 19, 437–453.

BENDERITTER E, 1914. Description d'un *Orphnidius* nouveau de Madagascar[J]. Bulletin de la Société entomologique de France: 1–291.

BENNETT A M R, 2008. Global diversity of hymenopterans (Hymenoptera; Insecta) in freshwater[J]. Hydrobiologia, 595: 529–534.

BEY-BIENKO G Y, MISTSHENKO L L, 1951. Fauna of the USSR Locusts and Grasshoppers of the U.S.S.R. and Adjacent Countries. Part 1[M]. Zoological Institute of the USSR Academy of Sciences, 38: 1–400.

BEZARK L G, 2016. New World Cerambycidae Catalog[J]. https://apps2.cdfa.ca.gov/publicApps/plant/bycidDB.

BEZARK L G, MONNÉ M A, 2013. Checklist of the Oxypeltidae, Vesperidae, Disteniidae and Cerambycidae, (Coleoptera) of the Western Hemisphere[M]. Rancho Dominguez:Bio Quip Publications: 484.

BIVAR-DE-SOUSA A, VASCONCELOS S, MENDES L F, et al, 2016. Butterflies of Guinea-Bissau: VIII. New data, new reports, corrections and biodiversity (Lepidoptera: Papilionoidea)[J]. Zootaxa, 4201 (1): 1–77.

BLACKWELDER R E, 1946. Checklist of the coleopterous insects of Mexico, Central America, the West Indies and South America. Part 4[J]. Bulletin of the United States National Museum, 185: 551–763.

BLATCHLEY W S, 1910. An illustrated descriptive catalogue of the Coleoptera or beetles (exclusive of the Rhynchophora) known to occur in Indiana—with bibliography and descriptions of new species[J]. Bulletin of the Indiana department of Geological and Natural Resources, 1: 1–1386.

BLESZYNSKI S, 1970. A revision of the world species of Chilo Zincken[J]. Bull. Brit. Mus. (Natur. Hist.) Entomol, 25(4): 99–195.

BLOOMFIELD N J, KNERR N, ENCINAS-VISO F, 2017. A comparison of network and clustering methods to detect biogeographical regions[J]. Ecography. doi: 10.1111/ecog.02596.

BOGDANOV P V, 2004. Classification of the genus *Pseudochazara* de Lesse, 1951 (Lepidoptera, Satyridae) of Central and Middle Asia[J]. Trudy Gosudarstvennogo Darvinovskogo Museya, 8: 88–181.

BOHART R M, KIMSEY L S, 1982. A synopsis of the Chrysididae in America north of Mexico[J]. Memoirs of the American Entomological Institute, 33: 1–266.

BOHART R M, MENKE A S, 1976. Sphecid wasps of the world. A generic revision[M]. Berkeley, Los Angeles, London:University of California Press: 695.

BOLTON B, 1995. A new general catalogue of the ants of the World[M]. Cambridge: Harvard University Press: 504.

BOLTON B, 2000. The ant tribe Dacetini[J]. Memoirs of the American Entomological Institute, 65: 1–1028.

BOLTON B, 2003. Synopsis and classification of Formicidae[J]. Memoirs of the American Entomological Institute, 71: 1–370.

BOLTON B, ALPER, G, WARD P S, et al, 2013. Bolton's catalogue of ants of the world[J]. http: //www.hup. harvard. edu/catalog/BOLCCD.html.

BORGMEIER T, 1969. New or little-known phorid flies, mainly of the Neotropical Region[J]. Studia Entomologica, 12: 33–132.

BORGMEIER T, PRADO A P, 1975. New or little-known phorid flies with descriptions of eight new genera (Dipt. Phoridae)[J]. Studia Entomologica, 18: 3–90.

BORKENT A, 2014. World species of Biting midges (Diptera: Ceratopogonidae)[J]. http://www.inhs.illinois.edu/files.

BOUCHARD P, GREBENNIKOV V V, SMITH A B T, et al, 2009. Biodiversity of Coleoptera// Foottit R G, Adler P. H. Insect Biodiversity: Science and Society[M]. Blackwell Publishing Ltd.: 265–301.

BOUČEk Z, 1988. Australasian Chalcidoidea (Hymenoptera). A biosystematic revision of genera of fourteen families, with a reclassification of species[M]. CAB International Institute of Entomology, Aberystwyth: The Cambrian News Ltd: 832.

BOUČEK Z，RASPLUS J Y, 1991. Illustrated key to West-Palaearctic genera of Pteromalidae (Hymenoptera: Chalcidoidea)[M]. Paris: Institut National de la Recherche Agronomique: 140.

BRAGG P E, 1998. A revision of the Heteropteryginae (Insecta: Phasmida: Bacillidae) of Borneo, with the description of a new genus and ten new species[J]. Zoologische Verhandelingen, 316: 1–135.

BRAGG P E, 2001. Phasmids of Borneo[M]. Kota Kinabalu: Natural History Publications (Borneo): 772.

BREITKREUZ L C V，OHL M，ENGEl M S, 2016. A review of the New Caledonian Arpactophilus (Hymenoptera: Crabronidae)[J]. Zootaxa, 4063 (1): 1–66.

BRIMLEY C S, 1938. The insects of North Carolina, being a list of the insects of North Carolina and their close relatives[M]. North Caroline Department of Agriculture, Division of Entomology, Raleigh: 560.

BRINDLE A, 1970. The Dermaptera of the Solomon Islands[J]. Pac. Insects, 12(3): 641–700.

BRINDLE A, 1972. Dermaptera[J]. Insects of Micronesia. Honolulu: Bishop Mus, 5(2): 97–171.

BRITTON W E, 1920. Checklist of the insects of Connecticut[J]. Connecticut State Geological and Natural History Survey Bulletin, 31: 1–397.

BROCK P B，EADES D C，OTTE D，et al, 2014. Phasmida species file. Version 5.0/5.0[J]. http://www. phasmida. speciesFile.org.

BROWER A V Z, 2011. Pronophilina Reuter 1896. Version 08 May 2011 (under construction). The Tree of Life Web Project[J]. http://tolweb.org/Pronophilina/70804.

BROWN B V, 1992. Generic revision of the Phoridae of the Nearctic Region and phylogenetic classification of Phoridae, Sciadoceridae, and Ironomyiidae (Diptera: Phoridea)[J]. Memoirs of the Entomological Society of Canada, 164: 1–114.

BROWN J W, 2005. World catalogue of insects. Volume 5 Tortricidae (Lepidoptera)[M]. Stenstrup, Denmark: Apollo Books: 741.

BROWN W L JR，KEMPF W W O F M, 1960. A world revision of the ant tribe Basicerotini[J]. Studia Entomol, 3: 161–250.

BRUNDIN L, 1972. Phylogenetics and biogeography[J]. Syst. ZooJ, 21 (1): 69–79.

BRUNDIN L, 1988. Phylogenetic biogeography//MYERS A A，GILLER P S. Analytical Biogeography[M]. London: Chapmam & Hall: 343–369.

BRUNETTI E, 1923. The fauna of British India, including Ceylon and Burma. [Vol. III.] Diptera Brachycera. Vol. II[M]. Taylor & Francis, London: 424.

BRUNKE A J，MARSHALL S A, 2011. Contributions to the faunistics and bionomics of Staphylinidae (Coleoptera) in northeastern North America: discoveries made through study of the University of Guelph Insect Collection, Ontario, Canada[J]. ZooKeys, 75: 29–68.

BUCK M，MARSHALL S A, 2006. Revision of New World Loxocera (Diptera: Psilidae), with phylogenetic redefinition of Holarctic subgenera and species groups[J]. European Journal of Entomology, 103 (1): 193–219.

BUCK M，MARSHALL S A，CHEUNG D K B, 2008. Identification atlas of the Vespidae (Hymenoptera, Aculeata) of the northeastern Nearctic region[J]. Canadian Journal of Arthropod Identification, 5: 492.

BUGLEDICH E M A, 1999. Diptera: Nematocera[J]. Zoological Catalogue of Australia, 30(1): 1–627.

BUFFON C, 1761. Histoire Natyrelle[M]. Paris: Academic Francaise.

BURCKHARDT D，OUVRARD D, 2012. A revised classification of the jumping plant-lice (Hemiptera: Psylloidea)[J]. Zootaxa, 3509 (1): 1–34.

CABRERO-SAÑUDO F J，LOBO J M, 2009. Biogeography of Aphodiinae dung beetles based on the regional composition and distribution patterns of genera[J]. Journal of Biogeography, 36(8): 1474–1492.

CALOREN D C，MARSHALL S A, 1998. A revision of the New World species of Clusiodes Coquillett (Diptera: Clusiidae)[J]. Studia Dipterologica, 5 (2): 261–321.

CAMPBELL I C, 1981. Biogeography of some Rheophilous aquatic insects in the Australian Region[J]. Aquatic Insect, 3(1): 33–43.

CAMPBELL J M，SARAZIN M J，LYONS D B, 1989. Canadian beetles (Coleoptera) injurious to crops, ornamentals, stored products, and buildings[M]. Frances Smith, Ottawa: 491.

CANDOLLE A, 1820. Essai elementaire de geographie botanique. Dictionnaire des Sciences Naturelles, Vol. 18[M]. Levrault, Strasbourg.

CANTRELL B K，CROSSKEY R W, 1989. Family Tachinidae// EVENHUIS N L. Catalog of the Diptera of the Australasian and Oceanian Regions[M]. Leiden: Bishop Museum Press, Honolulu & E.J. Brill: 733–784.

CARLQUIST S, 1966. Island Life: A Natural History of the

Islands of the World[M]. New York: Natur. Hist. Press.

CARPENTER F M, 1970. Fossil insects from Antarctica[J]. Psyche, 76: 418–425.

CARVALHO C J B, COURI M S, PONT A C, et al, 2005. A catalogue of the Muscidae (Diptera) of the Neotropical Region[J]. Zootaxa, 860: 1–282.

CARVALHO J C M, 1955. Keys to the genera of Miridae of the world (Hemiptera)[J]. Boletim do Museu Paraense Emilio Goeldi, 11 (2): 1–151.

CARVALHO J C M, 1957. Catalogue of the Miridae of the world. Part I, Cylapinae, Deraeocorinae, Bryocorinae[M]. Arquivos do Museu Nacional, Rio de Janeiro,Vol., 44: 1–158.

CARVALHO J C M, 1958. Catalogue of the Miridae of the world. Part II, Phylinae[M]. Arquivos do Museu Nacional, Rio de Janeiro, Vol., 45: 1–216.

CARVALHO J C M, 1958. Catalogue of the Miridae of the world. Part III, Orthotylinae[M]. Arquivos do Museu Nacional, Rio de Janeiro, Vol., 47: 1–161.

CARVALHO J C M. 1959. Catalogue of the Miridae of the world. Part IV,Mirinae[M]. Arquivos do Museu Nacional, Rio de Janeiro, Vol., 48: 1–384.

CARVALHO J C M, 1960. Catalogue of the Miridae of the world. Part V, Bibliography and Index[M]. Arquivos do Museu Nacional, Rio de Janeiro, Vol., 51: 1–194.

CASSIS G，SYMONDS C, 2011. Systematics, biogeography and host plant associations of the lace bug genus *Lasiacantha* Stål in Australia (Insecta: Hemiptera: Heteroptera: Tingidae) [J]. Zootaxa, 2818: 1–63.

CATLING P M，CANNINGS R A，BRUNELLE P M, 2005. An annotated checklist of the Odonata of Canada[J]. Bulletin of American Odontology, 9: 1–20.

CERDÁ F J, 1993. Valor taxonomico del complejo falico em mantidos neotropicales (Insecta: Mantodea)[J]. Boletim Entomológico Venezolano, New Series, 8 (1): 33–52.

CHAHARI H，MOULET P，OSTOVAN H, 2015. An annotaded catalog of the Iranian Cimicidae and Largidae (Hemiptera: Heteroptera) and in memorium call walter schaefer(1934–2015)[J]. Zootaxa: 4111(2) .

CHERNEY L S, 2005. Darkling beetles (Coleoptera, Tenebrionidae). Fauna of Ukraine. Vol. 19[M]. Naukova dumka, Kiev: 432.

CHEMSAK J A, 1996. Illustrated revision of the Cerambycidae of North America. Parandrinae, Spondylidinae, Aseminae, Prioninae[M]. Burbank: Wolfsgarden Books, 1: 150.

CHEN P P，NIESER N，ZETTEL H, 2005. The aquatic and semiaquatic bugs (Heteroptera: Nepomorpha & Gerromorpha) of Malesia[J]. Fauna Malesiana Handbook, 5: 1–546.

CHEN X L，KAMENEVA E P, 2007. A review of Physiphora Fallén (Diptera: Ulidiidae) from China[J]. Zootaxa, 1398: 15–28.

CHILLCOTT J G, 1960. A revision of the Nearctic species of Fanniinae[J]. Can. Entomologist, Suppl, 14: 1–295.

CHINA W E，MILLER N C E, 1959. Checklist and keys to the families and subfamilies of Hemiptera-Heteroptera[J]. Bulletin of the British Museum (Natural History) Entomology, 8: 1–45.

CHINNOCK R J, 2007. Eremophila and allied genera: a monograph of the plant family Myoporaceae[M]. Kenthurst, NSW: Rosenberg Publishing: 672.

CHOPARD L, 1951. A revision of Australian Grylloidea[J]. Records of the South Australian Museum, 9: 397–533.

CLARKE J F G, 1971. The Lepidoptera of Rapa Island. Smithson[J]. Contrib. Zool, 56: 1–282.

COCKS G, 2015. Australian Ulidiidae[J]. http://www.diptera. info/forum.

COGAN B H, 1980. Family Clusiidae//CROSSKEY R W. Catalogue of the Diptera of the Afrotropical Region[M]. British Museum (Natural History), London: [s. n.]， 636.

COLLESS D H, 1962. A new Australian genus and family of Diptera[J]. Aust. J. Zool, 10: 519–535.

COLLESS D H, 1998. Morphometrics in the genus *Amenia* and revisionary notes on the Australian Ameniinae (Diptera: Calliphoridae), with the description of eight new species[J]. Records of the Australian Museum, 50 (1): 85–123.

COLLINS S C，LARSEN T B, 2005. New species and subspecies of African butterflies//LARSEN T B. Butterflies of West Africa[M]. Svendborg: Apollo Books: 595.

COLOMBO W D，AZEVEDO C O, 2016. Review of Dissomphalus Ashmead, 1893 (Hymenoptera, Bethylidae) from Espírito Santo, Brazil, with description of twenty-one new species[J]. Zootaxa, 4143 (1): 1–84.

COLONNELLI E，MAGNANO L, 2003. A revised checklist of Italian Curculionoidea (Coleoptera). [J]Zootaxa, 337: 1–142.

Committee on Mathematical Sciences Research for DOE's Computational Biology, et al., 2015. Mathematics and 21st Century Biology[M]. Beijing : Tsinghua University Press.

COMMON I F B, 1965. A revision of the Australian Tortricini, Schoenotenini, and Chlidanotini[J]. Aust. J. Zool, 13: 613–726.

CONDAMIN M, 1973. Monographie du genre Bicyclus (Lepidoptera Satyridae)[J]. Memoire de l'Institut Fondamental d'Afrique Noire, 88: 1–324.

CONLE O V, HENNEMANN F H, PEREZ-GELABERT D E, 2008. Studies on Neotropical Phasmatodea II: Revision of the genus *Malacomorpha* Rehn, 1906, with the descriptions of seven new species (Phasmatodea: Pseudophasmatidae: Pseudophasmatinae)[J]. Zootaxa, 1748: 1–64.

COOPER B E, CUMMING J M, 2000. Diptera types in the Canadian National Collection of Insects. Part 3. Schizophora (exclusive of Tachinidae)[M]. Research Branch, Agriculture and Agri-Food Canada, Ottawa: 132.

COQUILLETT D W, 1910. The type-species of the North American genera of Diptera[J]. Proceedings of the United States National Museum, 37: 499–647.

CORBET A S, PENDLEBURY H M, ELIOT J N, 1978. The Butterflies of the Malay Peninsula[M]. Malayan Nature Society, Kuala Lumpur: 578.

COSCARÓN S, COSCARÓN-ARIAS M C, PAPAVERO N, 2008. Catalogue of Neotropical Diptera. Simuliidae[J]. Neotropical Diptera, Ribeirão Preto, 2: 1–90.

COSCARÓN S, PAPAVERO N, 2009. Catalogue of Neotropical Diptera. Tabanidae[J]. Neotropical Diptera, 16: 1–199.

COURTNEY G W, PAPE T, SKEVINGTON J H, et al, 2009. Biodiversity of Diptera//FOOTTIT R G, ADLER P H. Insect Biodiversity: Science and Society[M]. Blackwell Publishing Ltd.: 185–222.

COVER M R, RESH V H, 2008. Global diversity of dobsonflies, fishflies, and alderflies (Megaloptera; Insecta) and spongillaflies, nevrorthids, and osmylids (Neuroptera; Insecta) in freshwater[J]. Hydrobiologia, 595: 409–417.

COX C B, 1998. From generalized tracks to ocean basins-how useful is panbiogeography [J]. J. Biogeography, 25: 813–828.

COX C B, 2001. The biogeographic regions reconsidered[J]. J. Biogeography, 28: 511–523.

COX C B, 2010. Underpinning global biogeographical schemes with quantitative data[J]. Journal of Biogeography, 37: 2027–2028.

COX C B, MOORE P D, 2005. Biogeography : an ecological and evolutionary approach (Seventh edition)[M]. Blackwell Publishing Ltd.

CRANSTON P S, 2009. Insect Biodiversity of Australasian insects//FOOTTIT R G, ADLER P H. Insect Biodiversity: Science and Society[M]. Blackwell Publishing Ltd.: 83–105.

CRESPI B J, D C MORRIS, L A MOUND, 2004. Evolution of Ecological and Behavioural Diversity: Australian Acacia Thrips as Model Organisms[M]. Australian Biological Resources Study and Australian National Insect Collection, CSIRO, Canberra: 321.

CROIZAT L, 1958. Panbiogeography[M]. Caracas, published by the author.

CROSSKEY R W, 1967. A revision of the Oriental species of Palexorista Townsend[J]. Bull. Brit. Mus. (Natur. Hist.) Entomol, 21: 35–97.

CROSSKEY R W, 1973. A revisionary classification of the Rutiliini (Diptera: Tachinidae), with keys to the described species[J]. Bulletin of the British Museum (Natural History), Entomology Supplement, 19: 1–221.

CROSSKEY R W, 1980. Catalogue of the Diptera of the Afrotropical Region[M]. British Museum (Natural History), London: 1437.

CHOWN S L, CONVEY P, 2016. Antarctic Entomology[J]. Ann. Rev. Entomol, 61: 119–137.

CUMMING J M, WOOD D M, 2009. Adult morphology and terminology.//Brown, B.V., Borkent, A., Cumming, J.M., Wood, D.M. & Zumbado, M.A. (Eds.), Manual of Central American Diptera. Vol. 1[M]. Ottawa: NRC Research Press: 9–50.

CURRAN C H, 1925. Contribution to a Monograph of the American Syrphidae from North of Mexico[J]. The Kansas University Science Bulletin, 15 (1): 1–283.

CURRIE D C, ADLER P H, 2008. Global diversity of black flies (Diptera: Simuliidae) in freshwater[J]. Hydrobiologia, 595: 469–475

CURTIS N R, 2011. Biogeography of the dune insect fauna of New Zealand and Chatham Island[M]. Lincoln University, New Nealand: 230.

CZEKANOWSKI J, 1913. Zarys method statystycznych wzastosowaniu do antropologii [An outline of statistical methods applied in anthropology][M]. Warszawa: Towarzystwo Naukowe Wars-zawskie.

D'ABRERA B, 1980. Butterflies of the Afrotropical Region [M]. Melbourne: Lansdowne Editions: 593.

D'ABRERA B, 1988. Butterflies of the Neotropical Region Part V. Nymphalidae (Concl.) & Satyridae[M]. Victoria: Hill House: 198.

D'ABRERA B, 1993. Butterflies of the Holarctic region, Part III, Nymphalidae (concl.), Libytheidae, Riodinidae et Lycaenidae[M]. Victoria: 335–524.

D'ABRERA B, 1997. Butterflies of the Afrotropical Region. Part 1. Papilionidae, Pieridae, Acraeidae, Danaidae, Satyridae [M]. Melbourne & London: Hill House Publishers: 263.

D'ABRERA B, 2009. Butterflies of the Afrotropical Region. Part III. Lycaenidae, Riodinidae[M]. Melbourne, London: Hill House Publishers: 876.

DALE P J, 1985. A review of the Psylloidea (Insecta: Hemiptera) of the New Zealand subregion[D]. Auckland: PhD thesis, The University of Auckland: 627.

DANIELS G, 1989. Family Tabanidae//EVENHUIS N L.Catalog of the Diptera of the Australasian and Oceanian Regions[M]. Honolulu & E. J. Brill, Leiden: Bishop Museum Press: 277–294.

DANKS H V，DOWNES J A, 1997. Insects of theYukon[M]. Biological Survey of Canada (Terrestrial Arthropods), Ottawa, Ontario: 785.

DANKS H V，SMITH A B T, 2009. Insect biodiversity in the Nearctic Region//FOOTTIT R G，ADLER P H. Insect Biodiversity: Science and Society[M]. Blackwell Publishing Ltd.: 33–48.

DANSEREAU P, 1957. Biogeography, an Ecological Perspective [M]. New York: Ronald Press: 394.

DARILMAZ M C，SALUR A，MURÁNYI D，et al, 2016. Contribution to the knowledge of Turkish stoneflies with annotated catalogue (Insecta: Plecoptera)[J]. Zootaxa, 4074 (1): 1–74.

DARLINGTON P J JR, 1957. Zoogeography: The geographic distribution of animals[M]. New York: John Wiley; London: Chapman & Hall: 675.

DARLINGTON P J JR, 1961. Australian carabid beetles. V. Transition of wet forest fauna from New Guinea to Tasmania[J]. Psyche, 68: 1–24.

DARLINGTON P J JR, 1965. Biogeography of the Southern End of the World[M]. Cambridge: Harvard University Press: 236.

DARLINGTON P J JR, 1970. A practical criticism of Hennig-Brundin "phylogenetic systematics" and antarctic biogeography[J]. Syst. Zool, 19(1): 1–18.

DARSIE R F JR，WARD R A, 2005. Identification and Geographical Distribution of the Mosquitoes of North America, North of Mexico[M]. Second Edition. University Press of Florida: 384.

DASH S T, 2002. Species diversity and biogeography of ants (Hymenoptera: Formicidae) in louisiana, with notes on their ecology[M]. B.S., University of Delaware: 295.

DAVIES D A L, 2002. The odonate fauna of New Caledonia, including the description of a new species and a new subspecies[J]. Odonatologica, 31: 229–251.

DAVIS D R, 1978. A revision of the North American moths of the superfamily Eriocranioidea with the proposal of a new family, Acanthopteroctetidae (Lepidoptera)[J]. Smithsonian Contributions to Zoology, 251: 1–131.

DAVIS D R，STONIS J R, 2007. Biodiversity and systematics of the New World plant mining moths of the family Opostegidae (Lepidoptera: Nepticuloidea)[J]. Smithsonian Contributions to Zoology, 625: 1–212.

DE CARVALHO C J B，COURI M S，PONT A C，et al, 2005. A Catalogue of the Muscidae (Diptera) of the Neotropical Region [J]. Zootaxa, 860: 1–282.

DE FONSEKA T, 2000. The dragonflies of Sri Lanka[M]. Wildlife Heritage Trust, Colombo: 303.

DE JONG H，OOSTERBROEK P，GELHAUS J，et al, 2008. Global diversity of craneflies (Insecta, Diptera: Tipulidea or Tipulidae sensu lato) in freshwater[J]. Hydrobiologia, 595: 457–467.

DE JONG R, 1972. Systematics and geographic history of the genus *Pyrgus* in the Palaearctic region (Lepidoptera Hesperiidae)[J]. Tijdschrift voor Entomologie, 115: 1–121.

DE MEYER M, 1996. World catalogue of Pipunculidae (Diptera) [J]. Studiedocumenten van het Koninklijk Belgisch Instituut voor Natuurwetenschappen, 86: 1–127.

DE MEYER M，SKEVINGTON J H, 2000. First addition to the World Catalogue of Pipunculidae (Diptera)[J]. Entomologie, 70: 5–10.

DE SILVA WIJEYERATNE G, 2015. A naturalist's guide to the butterflies and dragonflies of Sri Lanka[M]. Oxford: John Beaufoy Publishing: 176.

DE WALT R E，MAEHR M D，NEU-BECKER U，et al, 2015. Plecoptera Species File Online Version 5.0/5.0[J]. http://Plecoptera.SpeciesFile.org.

DEANS A R, 2005. Annotated catalog of the world's ensign wasp species (Hymenoptera: Evaniidae)[J]. Contributions of the American Entomological Institute, 34: 1–164.

DEANS A R，HUBEN M, 2003. Annotated key to the ensign wasp (Hymenoptera: Evaniidae) genera of the world, with descriptions of three new genera[J]. Proceedings of the Entomological Society of Washington, 105: 859–875.

DECHAMBRE R P, 1986. Insectes coléoptères Dynastidae[M]. Faune de Madagascar, 65. Muséum national d'Histoire naturelle, Paris, France: 215.

DEEM L S, 2014. Germaptera species file. Version 5.0/5.0[J]. http://www.dermaptera.speciesFile.org.

DELY-DRASKOVITS Á, 1993. Family Anthomyiidae//SOÓS Á，PAPP L.Catalogue of Palaearctic Diptera. Vol.13. Anthomyiidae–Tachinidae[M]. Hungarian Natural History Museum, Budapest: 11–102.

DESUTTER-GRANDCOLAS L, 2009. New and little known crickets from Espiritu Santo island, Vanuatu (Insecta,

Orthoptera, Grylloidea, Pseudotrigonidium Chopard, 1915, Phaloriinae and Nemobiinae p.p.)[J]. Zoosystema, 31: 619–659.

DICKERSON R E，MERRILL E D，MCGREGOR R C，et al, 1928. Distribution of life in the Philippines[M]. Manila, Bureau of Science. Monograph, 21: 322.

DIELS L, 1895. Beitrage zur Kenntnis der Vegetation und Flora von Equador[J]. Bibl. Bot. Stuttgart, H.: 116.

DIRSCH V M, 1963. The Acridoidea of Madagascar, II. Acrididae, Acridinae[J]. Bull. Brit. Mus.(Natur.Hist.) Entomol, 13: 245–286.

DIRSCH V M, 1969. Acridoidea of the Galapagos Islands (Orthoptera)[J]. Bull. Brit. Mus. (Natur. Hist.) Entomol, 23(2): 25–51.

DISNEY R H L, 1991. Family Phoridae//SOÓS Á，PAPP L.Catalogue of Palaearctic Diptera. Vol. 7. Dolichopodidae—Platypezidae[M]. Hungarian Natural History Museum, Budapest: 143–203.

DISNEY R H L, 1994. Scuttle Flies: the Phoridae[M]. Chapman and Hall, London: 467.

DOBZHANSKY T, 1961. On the dynamics of chromosomal polymorphism in Drosophila[J]. Symp. Roy. Entomol. Soc. London, 1 : 30–42.

DOESBERG PH JR, 2004. A taxonomic revision of the family Velocipedidae Bergroth,1891 (Insecta: Heteroptera)[J]. Zoologische Verhandelingen, 347: 1–110.

DONNOR H, WILKINSON C, 1989. Nepticulidae (Insecta: Lepidoptera)[J]. Fauna of New Zealand, 16: 1–88.

DOUSTI A F，HAYAT R, 2006. A catalogue of the Syrphidae (Insecta : Doptera) of Iran[J]. J. Ent. Res. Soc., 8(3) : 5–38.

DOW R A，ORR A G, 2012. Telosticta, a new damselfly genus from Borneo and Palawan (Odonata: Zygoptera: Platystictidae)[J]. The Raffles Bulletin of Zoology, 60 (2): 361–397.

DRAKE C J，RUHOFF F A, 1965. Lacebugs of the World: A Catalog (Hemiptera: Tingidae)[M]. United States National Museum Bulletin, 213: 1–634.

DRUDE O, 1902. Der Hercynische Florenbezirk: Grundzuge der Pflenzenverbreitung//ENGLER A，DRUDE O. Die Vegetation der Erde. 6[M]. Leipzig: Engelmann.

DUBATOLOV V V，KORB S K，YAKOVLEV R V, 2016. A review of the genus Triphysa Zeller, 1858 (Lepidoptera, Saty-ridae)[J]. Biological Bulletin of Bogdan Chmelnitskiy Melitopol State Pedagogical University, 6 (1): 445–497.

DUCKHOUSE D A, 1972. Psychodidae (Diptera, Nematocera) of South Chile, subfamilies Sycoracinae and Trichomyiinae[J]. Transactions of the Royal Entomological Society of London, 124: 231–268.

DUCKHOUSE D A，LEWIS D J, 2007. Family Psychodidae//Evenhuis N L. Catalog of the Diptera of the Australasian and Oceanic Regions[M]. http://hbs.bishopmuseum.org/aocat/psychod.html.

DUFFELS J P，H TURNER, 2002. Cladistic analysis and biogeography of the cicadas of the Indo-Pacific subtribe Cosmopsaltriina (Hemiptera: Cicadoidea: Cicadidae)[J]. Systematic Entomology, 27: 235–261.

DUGDALE J S, 1994. Hepialidae (Insecta: Lepidoptera)[J]. Fauna of New Zealand, 30: 1–163.

DUNN R R，SANDERS N J，FITZPATRICK M C，et al, 2007. Global ant (Hymenoptera: Formicidae) biodiversity and biogeographya new database and its possibilities[J]. Myrmecological News, 10: 77–83.

DURAI P S S, 1987. A revision of the Dinidoridae of the world (Heteroptera: Pentatomidae)[J]. Oriental Insects, 21: 163–360.

DURANTE M V, 1976. Stratigraphy of the Carboniferous and Permian of Mongolia: Paleobotanical Evidence[J]. Tr. Sovm. Sov. Mong. Geol. Eksped, 19: 1–280.

DURDEN LA，MUSSER G G, 1994. The sucking lice (Insecta: Anoplura) of the World: A taxonomic checklist with records of mammalian host and geographical distributions[M]. American Museum of Natural History, 218: 90.

EADES D C, 2014. Polyneoptera species file. Version 5.0/5.0 [J]. http:/www.polyneopteraFile.org.

EADES D C，OTTE D，CIGLIANO M M，et al, 2014. Orthoptera species file. Version 5.0/5.0[J]. http://www. orthoptera. species File.org.

EARLY J W，MASNER L，NAUMANN I D，et al, 2001. Maamingidae, a new family of proctotrupoid wasp (Insecta: Hymenoptera) from New Zealand[J]. Invertebrate Taxonomy, 15: 341–352.

ECKWEILER W，BOZANO G C, 2011. Guide to the butterflies of the Palaearctic region. Satyrinae Part IV [M]. Omnes Artes, Milano: 102.

EDMONDS W D, 1994. Revision of Phanaeus MacLeay, a New World Genus of Scarabaeine Dung Beetles (Coleoptera: Scarabaeidae, Scarabaeinae)[J]. Serial Publication of the Natural History Museum of Los Angeles County, Contribution in Science, 443: 1–105.

EDMUNDS G F JR, 1972. Biogeography and evolution of Ephemeroptera[J]. Ann. Rev. Entomol, 17: 21–42.

EHANNO B, 1983. Le heteropteres mirides de France. Tome I. Les secteurs biogeographiques. Inventaire Faune Flore[M]. Paris: Secretariat de la Faune et de la Flore: 603.

EHANNO B, 1987. Le heteropteres mirides de France. Tome II-A: Inventaire et syntheses ecologiques[M]. Paris: Secretariat de la Faune et de la Flore: 647.

EHANNO B, 1987. Le heteropteres mirides de France. Tome II-B: Inventaire biogeographique et atlas[M]. Paris: Secretariat de la Faune et de la Flore: 649–1075.

EHRLICH P R，RAVEN P H, 1965. Butterflies and plants: A study in coevolution[J]. Evolution, 18: 586–608.

EHRMANN R, 2002. Mantodea–Gottesanbeterinnen der Welt[M]. Münster: Natur und Tier Verlag: 519.

EHRMANN R，KOÇAK A O, 2009. The Neotropical mantids (Insecta: Mantodea)[J]. CESA News, 49: 1–18.

EMILIYAMMA K G, 2014. Systematic studies on Odonata (Insecta) of southern Western Ghat[J]s. Records of the Zoological Survey of India, 114 (1): 57–87.

EMILIYAMMA K G，RADHAKRISHNAN C，PALOT M J, 2007. Odonata (Insecta) of Kerala[M]. Zoological Survey of India, Kolkata: 243.

ENGLER A, 1879. Versuch einer Entwicklungsgeschichte der Pflanzenwelt[M]. Engelmann, Leipzig.

ENGEL M S, 2000. Classification of the bee tribe Augochlorini (Hymenoptera: Halictidae)[J]. Bulletin of the American Museum of Natural History, 250: 1–89.

ENGEL M S, 2001. A monograph of the Baltic amber bees and evolution of the Apoidea (Hymenoptera)[J]. Bulletin of the American Museum of Natural History, 259: 1–192.

ERROCHDI S，EL ALAMI M，VINÇON G，et al, 2014. Contribution to the knowledge of Moroccan and Maghrebin stoneflies (Plecoptera)[J]. Zootaxa, 3838 (1): 46–76.

ERWIN T L，GERACI C J, 2009. Amazonian rainforests and their richness of coleoptera, adominant life form in the critical zone of the neotropics.//Foottit, R. G., Adler, P. H. Insect Biodiversity: Science and Society[M]. Blackwell Publishing Ltd.: 49–67.

EVANS G A, 2007. The whiteflies (Hemiptera: Aleyrodidae) of the World and their host plants and natural enemies[M]. 708. http://www. keys.lucidcentral.org/keys/y3.

EVANS H E, 1964. A synopsis of the American Bethylidae (Hymenoptera, Aculeata)[J]. Bulletin of the Museum of Comparative Zoology, 132: 1–222.

EVANS J W, 1958. Insect distribution and continental drift[J]. Continental drift, a symposium. Geol. Dep., Univ. Tasmania: 134–161.

EVANS J W, 1959. The zoogeography of some Australian insects[J]. Monogr. Biol., 8 : 150–163.

EVENHUIS N L, 1986. The genera of the Phthiriinae of Australia and the New World[M]. Honolulu: Published by the author: 57.

EVENHUIS N L, 1991. World catalog of genus-group names of bee flies (Diptera: Bombyliidae)[J]. Bishop Museum Bulletins in Entomology, 5: 1–105.

EVENHUIS N L, 1994. Catalogue of the fossil flies of the world (Insecta: Diptera)[M]. Leiden: Backhuys Publishers: 600.

EVENHUIS N L, 2002. Catalog of the Mythicomyiidae of the world (Insecta : Diptera)[M]. Bishop Museum Press.

EVENHUIS N L, 2006. Catalog of the Keroplatidae of the world (Insecta: Diptera)[J]. Bishop Museum Bulletin in Entomology, 13: 1–177.

EVENHUIS N L, 2007. The Insects and Spider Collections of the World Website[J]. http://hbs.bishopmuseum. org/codens/ densrus.html.

EVENHUIS N L, 2015. Abbreviations for insect and spider collections of the world[J]. http://hbs. bishopmuseum.org/ codens.

EVENHUIS N L, 2016. Catalog of the Diptera of the Australasian and Oceanian regions[J]. http://www.hbs. bishopmuseum.org.

EVENHUIS N L, GREATHEAD D J, 1999. World catalog of bee flies (Diptera: Bombyliidae)[M]. Leiden: Backhuys Publishers: 756.

EVENHUIS N L, GREATHEAD D J, 2003. World catalog of bee flies (Diptera: Bombyliidae)[J]. http://www.hbs. bishopmuseum.org/bombcat.

EVENHUIS N L，O'HARA J E，PAPE T，et al, 2010. Nomenclatural studies toward a world catalog of Diptera genusgroup names. Part I. André-Jean-Baptiste Robineau-Desvoidy[J]. Zootaxa, 2373 (1): 1–265.

EVENHUIS N L，PAPE T，PONT A C, 2016. Nomenclatural Studies Toward a World List of Diptera Genus-Group Names. Part V: Pierre-Justin-Marie Macquart[J]. Zootaxa, 4172 (1): 1–211.

EVENHUIS N L，PAPE T，PONT A C，et al, 2007. BioSystematics Database of World Diptera, Version 9.5[J]. http://www. diptera.org/biosys.htm.

EVENHUIS N L, PONT A C, WHITMORE D, 2015. Nomenclatural studies toward a world catalog of Diptera genusgroup names. Part IV. Charles Henry Tyler Townsend[J]. Zootaxa, 3978 (1): 1–362.

EVENHUIS N L，PONT A C, 2013. Nomenclatural studies toward a world catalog of Diptera genus-group names. Part III. Christian Rudolph Wilhelm Wiedemann[J]. Zootaxa, 3638 (1): 1–75.

EVENHUIS N L，YAO G, 2016. Review of the Oriental and

Palaearctic bee fly genus *Euchariomyia* Bigot (Diptera: Bombyliidae: Bombyliinae)[J]. Zootaxa, 4205 (3): 211–225.

FALK P, 1991. A review of the scarce and threatened flies of Great Britain (part I)[J]. Research and Survey in Nature Conservation, 39: 1–194.

FANG J Y，WANG Z H，TANG Z Y, 2009. Atlas of woody plants in China[M]. Higher Education Press, Beijing, China.

FANTI F，GHAHARI H, 2016. A checklist of the soldier beetles (Coleoptera: Elateroidea: Cantharidae) of Iran[J]. Zootaxa, 4196 (4): 529–551.

FAVREL C，HAVILL N P，MILLER G L，et al, 2015. Catalog of the adelgida of the world (Hemiptera : Adelgidae)[J]. Zookeys, 534 : 35–54.

FELICIANGELI M D, 2006. On the phlebotomine sandflies (Diptera: Psychodidae: Phlebotominae) with special reference to the species known in Venezuela[J]. Acta Biol. Venez., 26(2): 61–80.

FENNAH R G, 1969. Fulgoroidea (Homoptera) from New Caledonia and the Loyalty Islands[J]. Pac. Insects Monogr, 21: 1–116.

FERNÁNDEZ F，ANDRADE G，AMAT G, 2004. Insectos de Colombia, Vol Ⅲ [M]. Universidad Nacional de Colombia, Bogota: Colombia: 602.

FERRINGTON L C J, 2008. Global biodiversity of Scorpionflies and Hangingflies (Mecoptera) in freshwater[J]. Hydrobiologia, 595: 443–445.

FERRINGTON L C J, 2008. Global diversity of non-biting midges (Chironomidae; Insecta-Diptera) in freshwater[J]. Hydrobiologia, 595: 447–455.

FIBIGER M，LAFONTAINE J D, 2005. A review of the higher classification of the Noctuoidea (Lepidoptera) with special reference to the Holarctic fauna[J]. Esperiana, 11: 1–205.

FLEMING C A, 1962. New Zealand biogeography, a paleontologist's approach[J]. Tuatara, 10 (2): 53–108.

FOCHETTI R，DE FIGUEROA J M T, 2008. Global diversity of stoneflies (Plecoptera; Insecta) in freshwater[J]. Hydrobiologia, 595: 365–377.

FOCHETTI R，DE FIGUEROA J M T, 2008. Plecoptera, Fauna d'Italia. 43[M]. Bologna Ed. Calderini, Milano: 339.

FOLEY D H，RUEDA L M，WILKERSON R C, 2007. Insight into Global Mosquito Biogeography from Country Species Records[J]. J. Med. Entomol, 44(4): 554–567.

FOOTTIT R G，ADLER P H, 2009. Insect Biodiversity: Science and Society[M]. Blackwell Publishing Ltd.: 642.

FORSTER J R, 1778. Obervations made Diring a Voyage round the World, on Physical Geography, Natural History, and Ethnic Philosophy[M]. London: G. Robinson.

FRANK J H，AHN K J, 2011. Coastal Staphylinidae (Coleoptera): a worldwide checklist, biogeography and natural history[J]. ZooKeys, 107: 1–98.

FRANZ H, 1970. Die geographische Verbrei tung der Insekten [J]. Handb. Zool. Berlin, 4 (2): 1–111.

FREEMAN P, 1959. A study of the New Zealand Chironomidae [J]. Bull. Brit. Mus.(Natur.Hist.) Entomol., 7: 395–437.

FREEMAN P, 1961. The Chironomidae of Australia[J]. Australian J. Zool., 9: 611–737.

FRIEDMAN A L L，FREIDBERG A, 2007. The Apionidae of Israel and the Sinai Peninsula Coleoptera; Curculionoidea[J]. Israel Journal of Entomology, 37: 55–180.

FROESCHNER R C, 1960. Cydnidae of the Western Hemisphere [J]. Proceedings of the United States National Museum, 111: 337–680.

FROLOV A V，AKHMETOVA L A, 2016. Revision of the subgenus Orphnus (Phornus) (Coleoptera, Scarabaeidae, Orphninae)[J]. European Journal of Taxonomy, 241: 1–20.

FROLOV A V，MONTREUIL O，AKHMETOVA L A, 2016. Review of the Madagascan Orphninae (Coleoptera: Scarabaeidae) with a revision of the genus *Triodontus* Westwood[J]. Zootaxa, 4207 (1): 1–93.

FU Z，TODA M J，LI N N，et al, 2016. A new genus of anthophilous drosophilids, Impatiophila (Diptera, Drosophilidae): morphology, DNA barcoding and molecular phylogeny, with descriptions of thirtynine new species[J]. Zootaxa, 4120 (1): 1–100.

FURNISS R L，CAROLIN V M, 1977. Western forest insects [J]. USDA Forest Service Miscellaneous Publication, 1339: 654.

FUSU L, 2013. A revision of the Palaearctic species of Reikosiella (Hirticauda) (Hymenoptera, Eupelmidae)[J]. Zootaxa, 3636 (1): 1–34.

GAGNE R J, 1994. The Gall Midges of the Neotropical Region [M]. Ithaca, New York: Cornell University Press: 352.

GAGNE R J, 2010. Update for A catalog of the Cecidomyiidae (Diptera) of the World[J]. http://www.ars.usda. gov/sp2.

GAGNÉ R J，M JASCHHOF, 2014. A Catalog of the Cecidomyiidae (Diptera) of the World. 3rd Edition[M]. 493. hppt://ars.usda.gov.

GAIMARI S D，MATHIS W N, 2011. World Catalog and Conspectus on the Family Odiniidae (Diptera:Schizophora)[J]. MYIA, 12: 291–339.

GASKIN D E, 1970. The origins of the New Zealand fauna and flora: A review[J]. Geogr. Rev., 60 (3):414–434.

GAULD I，SITHOLE R，G'OMEZ J U, et al, 2002. The

Ichneumonidae of Costa Rica, 4[J]. Memoirs of the American Entomological Institute, 66: 1–768.

GELLER-GRIMM F, 2004. A world catalogue of the genera of the family Asilidae (Diptera)[J]. Studia Dipterologica, 10 (2): 473–526.

GHOSH S K, 2000. Neuroptera fauna of north-east India[J]. Records of the Zoological Survey of India, 184: 1–179.

GIBBS D, 2014. A world revision of the bee fly tribe Usiinae (Diptera, Bombyliidae)[J]. Zootaxa, 3799 (1): 1–85.

GIBSON G A P, 1990. Revision of the genus *Macroneura* Walker in America north of Mexico (Hymenoptera: Eupelmidae)[J]. Canadian Entomologist, 122 (9–10): 837–873.

GIBSON G A P, 1995. Parasitic wasps of the subfamily Eupelminae: classification and revision of world genera (Hymenoptera: Chalcidoidea, Eupelmidae)[J]. Memoirs on Entomology, International: 5421.

GIBSON G A P, 2005. About Chalcidoidea (Chalcid wasps)[J]. http://canacoll.org/hym/staff/gibson/chalcid.htm.

GIBSON G A P, 2011. The species of Eupelmus (Eupelmus) Dalman and Eupelmus(Episolindelia) Girault (Hymenoptera: Eupelmidae) in North America north of Mexico[J]. Zootaxa, 2951: 1–97.

GIBSON G A P，FUSU L, 2016. Revision of the Palaearctic species of *Eupelmus*(*Eupelmus*) Dalman (Hymenoptera: Chalcidoidea: Eupelmidae)[J]. Zootaxa, 4081 (1): 1–331.

GIBSON J F, SKEVINGTON J H, 2013. Phylogeny and taxonomic revision of all genera of Conopidae (Diptera) based on morphological data[J]. Zoological Journal of the Linnean Society, 167: 43–81.

GIELIS C, 2003. World Catalogue of Insects. Volume 4. Pterophoroidea and Alucitoidea (Lepidoptera)[M]. Apollo Books, Stenstrup, Denmark.

GLAW G，KÖHLER J，TOWNSEND T M，et al, 2015. Rivaling the World's smallest reptiles: discovery of miniaturized and microendemic new species of Leaf Chameleons (Brookesia) from Northern Madagascar[J]. PLoS ONE, 7 (2): e31314.

GONZÁLEZ-OROZCO C E,THORNHILL A H,KNERR N，et al, 2014. Biogeographical regions and phytogeography of the eucalypts[J]. Diversity and Distributions, 20: 46–58. doi: 10.1111/ddi.: 12129.

GOOD R, 1947. The geography of the Flowering Plants[M]. London, Longman.

GORBUNOV P Y, 2011. Macrolepidoptera of deserts and southern steppes of Western Kazakhstan[M]. Ekaterinburg: Lisitsina Press: 192.

GORBUNOV P Y, KOSTERIN O E, 2007. The butterflies (Hesperioidea and Papilionoidea) of North Asia in nature. 2[M]. Moscow: 852.

GORBUNOV P Y，OLSHVANG V N，LAGUNOV A V，et al, 1992. Butterflies of South Ural[M]. Ekaterunburg: 132.

GORDH G，MÓCZÁR L, 1990. A catalog of the world Bethylidae (Hymenoptera)[J]. Memoirs of the American Entomological Institute, 46: 1–364.

GOROCHOV A V, 1996. New and little known crickets from the collection of the Humbolt University and some other collections (Orthoptera: Grylloidea). Part 2[J]. Zoosystematica Rossica, 6: 29–90.

GRAF W，LORENZ A W，TIERNO DE FIGUEROA J M，et al, 2009. Distribution and ecological preferences of European freshwater organisms. Vol. 2. Plecoptera[M]. Sofia: Pensoft Publishers: 262.

GREBENNIKOV V V, NEWTON A F, 2009. Goodbye Scydmaenidae, or why the ant-like stone beetles should become megadiverse Staphylinidae sensu latissimo (Coleoptera)[M]. European journal of entomology, 106: 275–301.

GRESSITT J L, 1958. Zoogeography of insects[J]. Ann. Rev. Entomol, 3: 207–230.

GRESSITT J L, 1964. Pacific Basin Biogeography[M]. Honolulu: Bishop Mus.

GRESSITT J L, 1970a. Subantarctic entomology and biogeography[J]. Pac. Insects Monogr, 23: 295–374.

GRESSITT J L, 1970b. Biogeography of Laos[J]. Pac. Insects Monogr, 24: 573–626, 649–651.

GRESSITT J L, 1971. Antarctic entomology with emphasis on biogeographical aspects[J]. Pac. Insects Monogr, 25: 167–178.

GRESSITT J L, 1974. Insect geography[J]. Annu. Rev. Entomol, 19 : 293–321.

GRESSITT J L, 1991. Entomology of Antarctica[M]. Antarctic Research Series: 395.

GRESSITT J L，WEBER N A, 1959. Bibliographic introduction to Antarctic-Subantarctic entomology[J]. Pacific Insects, 1: 441–480.

GRESSITT J L，et al, 1961. Problems in the zoogeography of Pacific and Antarctic insects. Pacific Insects Monogr, 2: 1–127.

GRESSITT J L，et al, 1964. Insects of Campbell Island[J]. Pacific Insects Monogr, 7:1–400.

GREVE L, 2005. Atlas of the Clusiidae (Diptera) in Norway[J]. Insecta Norvegiae, 7: 1–27.

GRIESHUBER J, 2014. Guide to the butterflies of Palaearctic region. Pieridae II. Coliadinae[M]. Omnes Artes, Milano: 86.

GRIESHUBER J，WORTHY B，LAMAS G, 2012. The genus *Colias* Fabricius, 1807. Jan Haugum's annotated catalogue of the Old World Colias (Lepidoptera, Pieridae)[M]. Pardubice-Bad Griesbach-Caretham-Lima: Tshikolovets Publications: 438.

GRIMALDI D A, 1987. Phylogenetics and taxonomy of *Zygothrica* (Diptera: Drosophilidae)[J]. Bulletin of the American Museum of Natural History, 186: 104–268.

GRIMALDI D A, 1990. A phylogenetic, revised classification of genera in the Drosophilidae (Diptera)[J]. Bulletin of the American Museum of Natural History, 197: 1–139.

GRIMALDI D，ENGEL M S, 2005. Evolution of the Insects [M]. New York: Cambridge University Press: 755.

GROOMBRIDGE B, 1992. ed. Global Biodiversity: Status of the Earth's Living Resources[M]. London: Chapman & Hall.

GUERRIERI E，NOYES J S, 2005. Revision of the European species of Copidosoma Ratzeburg (Hymenoptera: Encyrtidae), parasitoids of caterpillars (Lepidoptera)[J]. Systematic Entomology, 30 (1): 97–174.

GUIMARÃES J H, 1971. Family Tachinidae//PAPAVERO N. A catalogue of the Diptera of the Americas South of the United States[M]. Museu de Zoologia (Universidad de São Paulo), São Paulo: 333.

GUILMETTE J E JR，HOLZAPFEL E P，TSUDA D M, 1970. Trapping of airborne insects on ships in the Pacific, Part 8[J]. Pac. Insects, 12 (2): 303–325.

HAARTO A，KERPPOLA S, 2007. Finnish hoverflies and some species in adjacent countries[M]. Keuruu: Otavan Kirjapaino Oy: 647.

HÄMÄLÄINEN M，MÜLLER R A, 1997. Synopsis of the Philippine Odonata, with lists of species recorded from forty islands[J]. Odonatologica, 26: 249–315.

HAMID A, 1975. A systematic revision of the Cyminae (Heteroptera: Lygaeidae) of the world with a discussion of the morphology, biology, phylogeny and zoogeography[J]. Entomological Society of Nigeria, Occasional Publication, 14: 1–179.

HANSON P E，GAULD I D, 2006. Hymenoptera de la Region Neotropical[J]. Memoirs of the American Entomological Institute, 77: 1–944.

HANSEN M, 1991. The hydrophiloid beetles: phylogeny, classification and a revision of the genera (Coleoptera, Hydrophiloidea)[J]. Biologiske Skrifter, Kongelige Danske Videnskabernes Selkab, 40: 1–367.

HANSEN M, 1997. Phylogeny and classifcation of the staphyliniform beetle families[J]. Biologiske Skrifter, Kongelige Danske Videnskabernes Selkab, 48: 1–339.

HARZ K, 1975. The Orthoptera of Europa (Die Orthopteren Europas). 2[M]. Dr. Junk, W., The Hague: 939.

HARZ K，KALTENBACH A, 1976. Die Orthopteren Europas III. Series Entomologica 12[M]. The Hague (Dr. W. Junk N.V.): 434.

HATCH M H, 1971. The beetles of the Pacific Northwest. Part V: Rhipiceroidea, Sternoxi, Phytophaga, Rhynchophora and Lamellicornia[J]. University of Washington, Publications in Biology, 16: 1–662.

HAUSMANN A，SCIARRETTA A，PARISI F, 2016. The Geometrinae of Ethiopia II: Tribus Hemistolini, genus *Prasinocyma* (Lepidoptera: Geometridae, Geometrinae)[J]. Zootaxa, 4065 (1): 1–63.

HAVA J，LOBL I, 2005. A World catalogue of the family Jacobsoniidae (Coleoptera)[J]. Studies and reports of District Museum Prague-East Taxonomical Series, 1 (1–2): 89–94.

HEDQVIST K J, 2003. Katalog över svenska Chalcidoidea[J]. Entomologisk Tidskrift, 124 (1–2): 73–133.

HENNEMANN F H，CONLE O V, 2008. Revision of Oriental Phasmatodea: The tribe Pharnaciini Günther, 1953, including the description of the world's longest insect, and a survey of the subfamilies and tribes (Phasmatodea: Phasmatidae)[J]. Zootaxa, 1906: 1–316.

HENNEMANN F H，CONLE O V，BROCK P D，et al, 2016. Revision of the Oriental subfamily Heteropteryginae Kirby, 1896, with a rearrangement of the family Heteropterygidae and the descriptions of five new species of *Haaniella* Kirby, 1904. (Phasmatodea: Areolatae: Heteropterygidae)[J]. Zootaxa, 4159 (1): 1–219.

HENNEMANN F H，CONLE O V，PEREZ-GELABERT D E, 2016. Studies on Neotropical Phasmatodea XVI: Revision of Haplopodini Günther, 1953 (rev. stat.), with notes on the subfamily Cladomorphinae Bradley & Galil, 1977 and the descriptions of a new tribe, four new genera and nine new species (Phasmatodea: Phasmatidae: Cladomorphinae)[J]. Zootaxa, 4128 (1): 1–211.

HENRY T J, 1997a. Cladistic analysis and revision of the stilt bug genera of the world (Heteroptera: Berytidae)[J]. Contributions of the American Entomological Institute, 30 (1): 1–100.

HENRY T J, 1997b. Monograph of the stilt bugs, or Berytidae (Heteroptera), of the Western Hemisphere[J]. Memoirs of the Entomological Society of Washington, 19: 1–149.

HENRY T J, 2009. Biodiversity of Heteroptera//FOOTTIT R G，ADLER P H. Insect Biodiversity: Science and Society. Blackwell Publishing Ltd.: 223–263.

HENRY T J，FROESCHNER R C, 1988. Catalog of the

Heteroptera or True Bugs of Canada and the Continental United States[M]. Brill, Leiden, New York: i–xix 958.

HERATY J M, 2002. A revision of the genera of Eucharitidae (Hymenoptera : Chalcidoidea) of the world[M]. American Entomological Institute: 367.

HERMAN L H，ALES S, 2001. Catalog of the Staphylinidae (Insecta: Coleoptera), 1758，to the end of the second millennium. Vol. I– VII [M]. Bulletin of the American Museum of Natural Hostory, 265: 1–4218.

HERRERA J V，PÉREZ V, 1989. Hallazgo en Chile de Stuardosatyrus williamsianus (Butler), 1868, yconsideraciones sobre-el genero (Lepidoptera: Satyridae)[J]. Acta Entomologica Chilena, 15: 171–196.

HINTON H E, 1945. A Monograph of the Beetles Associated with Stored Products[M]. British Museum, London: 443.

HODGES R W, 1983. Check List of the Lepidoptera of America North of Mexico[M]. E.W. Classey Ltd., London: 284.

HO G W C, 2013. Contribution to the knowledge of Chinese Phasmatodea II: Review of the Dataminae Rehn & Rehn, 1939 (Phasmatodea: Heteropterygidae) of China, with descriptions of one new genus and four new species[J]. Zootaxa, 3669 (3): 201–222.

HOLLAND G P, 1964. Evolution, classification, and host relationships of Siphonaptera[J]. Ann. Rev. Entomol, 9: 123–146.

HOLLIER J，MAEHR M D, 2012. An annotated catalogue of the type material of Orthoptera (Insecta) described by Carl Brunner von Wattenwyl deposited in the Muséum d'histoire naturelle in Geneva[J]. Revue suisse de Zoologie, 119 (1): 27–75.

HOLLIS D, 1984. Afrotropical jumping plant lice of the family Triozidae (Homoptera: Psylloidea)[J]. Bulletin of the British Museum (Natural History) Entomology Series, 49: 1–102.

HOLLIS D, 2004. Australian Psylloidea: Jumping Plantlice and Lerp Insects[M]. Australian Biological Resources Study, Department of the Environment and Heritage, Canberra: 216.

HOLLOWAY J D, 1969. A numerical investigation of the biogeography of the butterfly fauna of India, and its relation to continental drift[J]. Biol. J. Linn. Soc. London, 1: 373–385.

HOLLOWAY J D, 1970. The biogeographical analysis of a transect sample of the moth fauna of Mt. Kinabalu, Sabah, using numerical methods[J]. Biol. J. Linn. Soc. London, 2(4): 259–286.

HOLLOWAY J D, 1996. The Moths of Borneo: Family Geometridae, Subfamilies Oenochrominae, Desmobathrinae and Geometrinae[J]. Malayan Nature Journal, 49: 147–326.

HOLLOWAY J D，JARDINE N, 1968. Two approaches to zoogeography: A study based on the distributions of butterflies, birds and bats in the Indo-Australian area[J]. Proc. Linn. Soc. London, 179: 153–188.

HOLT B G，et al., 2013a. An update of Wallace's zoogeographic regions of the World[J]. Science, 339: 74–78.

HOLT B G，et al., 2013b, Response to Comment on "An update of Wallace's zoogeographic regions of the World"[J]. Science, 341, 343d.

HOLZAPFEL E P，HARRELL J C, 1968. Transoceanic dispersal studies of insects[J]. Pac. Insects, 10 (1): 115–153.

HOLZAPFEL E P，TSUDA D M，HARRELL J C, 1970. Trapping of air-borne insects in the AntarctIc area (Part 3)[J]. Pac. Insects, 12 (1): 133–156.

HOPKINS G H E，ROTHSCHILD M, 1953–1966. An Illustrated Catalogue of the Rothschild Collection of Fleas (Siphonaptera) in the British Museum (Natural History) with Keys and Short Descriptions for the Identification of Families, Genera, Species and Subspecies of the Order. Vol. I–V[M]. London: Brit. Mus. (Natur. Hist.): 4 vols.

HOUSTON W W K，WELLS A, 1998. Zoological catalogue of Australia. Vol. 23: Archaeognatha, Zygentoma, Blattodea, Isoptera, Mantodea, Dermaptera, Phasmatodea, Embioptera, Zoraptera[M]. Melbourne: CSIRO Publishing: 464.

HUA L Z, 2000–2006. List of Chinese insects. Vol. I–IV[M]. Sun Yat-sen university press, Guangzhou, China.

HUBBARD M D, 1990. A catalog of the order Zoraptera (Insecta)[J]. Insecta Mundi, 4(1–4): 49–66.

HUBER J T, 2009. Biodiversity of Hymenoptera//FOOTTIT R G，ADLER P H. Insect Biodiversity: Science and Society [M]. Blackwell Publishing Ltd.: 303–323.

HUEDEPOHL K E, 1985. Revision der Trachyderini (Coleoptera, Cerambycidae, Cerambycinae)[J]. Entomologischen Arbeiten aus dem Museum G. Frey, 33/34: 1–167.

HULL F M, 1962. Robber flies of the World. The genera of the family Asilidae[J]. Bulletin of the United States National Museum, 224: 1–907.

HUMBOLDT A V，BONPLAD A, 1805. Essai sur la Geographie des Plantes[M]. Paris : Levrault, Schoell.

HUNGERFORD H B, 1948. The Corixidae of the Western Hemisphere (Hemiptera)[J]. Kansas University Science Bulletin, 32: 1–827.

HURD P D J，LINSELY E G, 1972. Parasitic bees of the genus Holcopasites Ashmead (Hymenoptera: Apoidea)[J]. Smithsonian Contributions to Zoology, 114: 1–41.

ILLIES J, 1965. Phylogeny and zoogeography of the Plecoptera

[J]. Annual Review of Entomology, 10: 117–140.

INGER R F, 1999. Distribution of amphibians in southern Asia and adjacent islands//DUELLMAN W E. Distribution of amphibians in southern Asia and adjacent islands[M]. 445–482. Baltimore: Johns Hopkins University Press.

IWAN D, 2002. Catalogue of the World Platynotini (Coleoptera: Tenebrionidae)[J]. Genus, 13(2): 219–323.

JACCARD P, 1901. Distribution de la flore alpine dans le bassin des Dranses et dans quelques régions voisines[J]. Bull. Soc. Vaud. Sci. Nat., 37: 241–272.

JÄCH M A，BALKE M, 2008. Global diversity of water beetles (Coleoptera) in freshwater[J]. Hydrobiologia, 595: 419–442.

JELL P A, 2004. The Fossil Insects of Australia[J]. Mem. Queensland Museum, 50: 1–124.

JOHNSON C G, 1969. Migration and Dispersal of Insects by Flight[J]. London: Methuen: 763.

JOHNSON K P，SMITH Y S，EADES D C, 2014. Psocoptera species file. Version 5.0/5.0[J]. http：//www.psocoptera. speciesFile.org.

JOHNSON N F, 1992. Catalog of world species of Proctotrupoidea, exclusive of Platygastridae (Hymenoptera)[J]. Memoirs of the American Entomological Institute, 51: 1–825.

JOHNSON N F，MUSETTI L, 2004. Catalog of systematic literatureonthe superfamily Ceraphronoidea (Hymenoptera)[J]. Contributions of the American Entomological Institute, 33 (2): 1–149.

JOHNSON R A, 2001. Biogeography and community structure of North American seed-harvester ants[J]. Annual review of entomology, 46:1–29.

JORGENSEN L, 1921. Bier. Danmarks Fauna. Vol. 25[J]. GEC Gad, København: 264.

KALINA V, 1984. New genera and species of Palearctic Eupelmidae (Hymenoptera, Chalcidoidea)[J]. Silvaecultura Tropica et Subtropica, 10: 1–28.

KALKMAN V J，CLAUSNITZER V，DIJKSTRA K B，et al, 2008. Global diversity of dragonflies (Odonata) in freshwater [J]. Hydrobiologia, 595: 351–363.

KAMENEVA E P, 2000. Picture-winged flies (Diptera, Ulidiidae) of Palearctics (fauna, morphologyand systematics)[D]. PhD Disser-tation, I. I. Schmalhausen Institute of Zoology, National Academy of Sciences of Ukraine, Kyiv: 332.

KAMENEVA E P, 2001. Fam. Ulidiidae (Otitidae, Pterocallidae, Ortalidae)–picture-winged flies//LEHR P A. Keys to Insects of the Far East Russia. Vol. Ⅵ. Diptera and Fleas. Part 2[M]. Dal'nauka, Vladivostok: 151–165.

KAMENEVA E P，GREVE L, 2013. Fauna Europaea: Ulidiidae//

PAPE T，BEUK P. Fauna Europaea Diptera: Cyclorrhapha[M]. Fauna Europaea version 2.6.2. http://fauna.naturkundemuseumberlin de.

KAMENEVA E P，KORNEYEV V A, 2006. Myennidini, a new tribe of the subfamily Otitinae (Diptera: Ulidiidae), with discussion of the suprageneric classification of the family. Biotaxonomy of Tephritoidea[J]. Israel Journal of Entomology: 35–36, 497–586.

KAMENEVA E P，KORNEYEV V A, 2010. Order Diptera, family Ulidiidae[J]. Arthropod fauna of UAE, 3: 616–634.

KAMENEVA E P，KORNEYEV V A, 2016. Revision of the Genus Physiphora Fallén 1810 (Diptera: Ulidiidae: Ulidiinae) [J]. Zootaxa, 4087 (1): 1–88.

KARSHOLT O，RAZOWSKI J, 1996. The Lepidoptera of Europe:A Distributional Checklist[M]. Apollo Books, Stenstrup, Denmark.

KASPARYAN D R, 1990. Ichneumonidae, subfamily Tryphoninae: tribe Exenterini; subfamily Adelognathinae[J]. Fauna of the USSR: Hymenopterous Insects. Volume 3, part 2. Nauka, Leningrad: 340.

KATHRITHAMBY J, 2005. Partial list of Strepsiptera species [J]. http：//www.tolweb.org.

KEAST A，CROCKER R L，CHRISTIAN E S, 1959. Biogeography and Ecology in Australia[M]. W. Junk, den Haag: 640.

KHATRI I，WEBB M, 2010. The Deltocephalinae leafhoppers of Pakistan (Hemiptera, Cicadellidae)[J]. Zootaxa, 2365: 1–47.

KIMMINS D E, 1966. A list of odonata types described by F. C. Fraser, now in the British Museum (Natural History) [J]. Bulletin of the British Museum (Natural History), Entomology, 18 (6): 173–227.

KIMOTO S, 1966. A methodological consideration of comparison of insect faunas based on the quantitative method [J]. Esakia, 5: 1–20.

KIMSEY L S，BOHART R M, 1991. The Chrysidid Wasps of the World[M]. New York, NY: Oxford Science Publications: 652.

KIRBY W F, 1904. A synonymic catalogue of Orthoptera[M]. London : British Museum Natural History. Vol. 1.

KIRBY W F, 1910. A Synonymic Catalogue of the Orthoptera. Vol. 3[M]. Trustees of the British Museum (Nat. Hist.), London: 674.

KIRK V M，BALSBAUGH E U, 1975. A list of the beetles of South Dakota[J]. South Dakota State University Agricultural Experiment Station Technical Bulletin, 42: 1–139.

KITCHING I J，CADIOU J M, 2000. Hawkmoths of the World [M]. Lodon & Cornell University Press, Ithaca.

KLIMASZEWSKI J，J C WATT, 1997. Coleoptera: Family-group Review and Keys to Identification[M]. Fauna of New Zealand 3. Lincoln: Manaaki Whenua Press: 198.

KLOETS A B，E B KLOETS, 1959. Living Insects of the World[M]. Hamish Hamilton, London, United Kingdom.

KNIGHT K L，STONE A, 1977. A catalog of the mosquitoes of the World (Diptera: Culicidae)[M]. Entomological Society of America, Maryland: 621.

KNIGHT W J, 1968. A revision of the Holarctic genus *Dikraneura* [J].Bull, Brit, Mus, Natur, Hist,J Entomol, 21 (3): 99– 201.

KNULL J N, 1946. The long-horned beetles of Ohio (Coleoptera: Cerambycidae)[J]. Bulletin of the Ohio Biological Survey, 7 (4): 133–354.

KONSTANTINOV A S，KOROTYAEV B A，VOLKOVITSH M G, 2009. Insect biodiversity in the Palearctic Region// FOOTTIT R G，ADLER P H. Insect Biodiversity: Science and Society[M]. Blackwell Publishing Ltd.：107–162.

KORB S K, 2005. A catalogue of butterflies of the ex-USSR, with remarks on systematics and nomenclature[M]. N. Novgorod: Korb press: 158.

KORB S K, 2013. Butterflies of North Tian-Shan (Lepidoptera: Papilionoformes). Nymphalidae, Libytheidae, Riodinidae, Lycaenidae[J]. Eversmannia, Suppl, 4: 74.

KORB S K, 2015. The butterflies of Inner Tian-Shan (Lepidoptera: Papilionoformes)[J]. Eversmannia, Suppl, 6: 1–84

KORB S K，BOLSHAKOV L V, 2011. A catalogue of butterflies (Lepidoptera: Papilionoformes) of ex-USSR. Second edition, reformatted and updated[J]. Eversmannia, Suppl, 2: 1–124.

KORB S K，BOLSHAKOV L V, 2016. A systematic catalogue of butterflies of the former Soviet Union (Armenia, Azerbaijan, Belarus, Estonia, Georgia, Kyrgyzstan, Kazakhstan, Latvia, Lituania, Moldova, Russia, Tajikistan, Turkmenistan, Ukraine, Uzbekistan) with special account to their type specimens (Lepidoptera: Hesperioidea, Papilionoidea)[J]. Zootaxa, 4160 (1): 1–324.

KORMILEV N A，FROESCHNER R C, 1987. Flat bugs of the world: a synonymic list (Heteroptera: Aradidae)[J]. Entomography, 5: 1–246.

KOZLOV M V，KULLBERG,J，ZVEREV V E. 2014. Lepido-ptera of Arkhangelsk oblast of Russia: a regional checklist[J]. Entomologica Fennica, 25, 113–141.

KREFT H，JETZ W. 2010. A framework for delineating biogeographical regions based on species distributions[J]. Jounal Biogeography, 37(11):2029–2053.

KREFT H，JETZ W, 2013. Comment on "An update of Wallace's zoogeographic regions of the world"[J]. Science, 341: 343c.

KRISHNA K，GRIMALDI D A，KRISHNA V，et al, 2013. Treatise on the Isoptera of the World. Vol. 1–7[M]. American Museum of Natural History: 2704.

KRISTENSEN N P, 1998. Lepidoptera, Moths and Butterflies. Volume I. Evolution, Systematics, and Biogeography[M]. Walter de Gruyter, Berlin: 401.

KROMBEIN K V，HURD P D，SMITH D R，et al, 1979. Catalog of the Hymenoptera in America north of Mexico. Vol., 1–3[M]. Washington : Smithsonian Institution press: 2735.

KRYZHANOVSKII O L, 1961. On the zoogeographical features of the coleopterous fauna of the deserts of Turkmen S. S. R[J]. Beier. Entomol, 11: 426–445.

KUDRNA O，HARPKE A，LUX K，et al, 2011. Distribution atlas of butterflies in Europe[M]. Gesellschaft für Schmetterli-ngschutz, Halle: 576.

KUMAR R, 1974. A revision of the world Acanthsomatidae (Heteroptera: Pentatomoidea): keys to and description of subfamilies, tribes and genera, with designation of types[J]. Australian Journal of Zoology Supplement Series, 34: 1–60.

KURENTZOV A I, 1968, The centers of endemism of the insect fauna of the Far East of the USSR.//The Insect Fauna of the Soviet Far East and Its Ecology,3–10[M]. Vladivostok: Akad. Nauk.

KVIFTE G M, 2011. Biodiversity studies in Afrotropical moth flies (Diptera: Psychodidae)[M]. University of Bergen: 102.

LACROIX M, 1989. Insects, Coléoptères, Melolonthidae, 1re partie[M]. Faune de Madagascar, 73(1). Muséum national d'Histoire naturelle, Paris, France: 302.

LACROIX M, 1993. Insects, Coléoptères, Melolonthidae, 2e partie[M]. Faune de Madagascar, 73(2). Muséum national d'Histoire naturelle, Paris, France: 573.

LACROIX M, 1997. Insects, Coléoptères, Hopliidae, 1re partie [M]. Faune de Madagascar, 73 (2). Muséum national d'Histoire naturelle, Paris, France: 302.

LACROIX M, 1998. Insects, Coléoptères, Hopliidae, 2e partie [M]. Faune de Madagascar, 88(2). Muséum national d'Histoire naturelle, Paris, France: 355.

LARIVIERE M C，LAROCHELLE A, 2004. Heteroptera (Insecta: Hemiptera)[M]. Fauna of New Zealand 50. Lincoln: Manaaki Whenua Press: 330.

LARSEN T B, 2005. Butterflies of West Africa[M]. Stenstrup: Apollo Books: 595.

LAWRENCE J F, 2016. The Australian Ciidae (Coleoptera: Tenebrionoidea): A Preliminary Revision[J]. Zootaxa, 4198 (1): 1–208.

LAWRENCE J F, ŚLIPIŃSKI A, 2013. Australian Beetles. Morphology, Classification and Keys. Volume 1[M]. Collingwood, Victoria: CSIRO Publishing: 8: 561.

LEES D C, 1997. Systematics and biogeography of Madagascan mycalesine butterflies(Lepidoptera: Satyrinae)[M]. Unpubl. PhD thesis, University of London, London: 411.

LEES D C, 2016. *Heteropsis* (Nymphalidae: Satyrinae: Satyrini: Mycalesina): 19 new species from Madagascar and interim revision[J]. Zootaxa, 4118 (1): 1–97.

LEES D C, KREMEN C, RAHARITSIMBA H, 2003. Classification, diversity and endemism of the butterflies (Papilionoidea and Hesperioidea): A revised species checklist//GOODMAN S M, BENSTEAD J P. The Natural History of Madagascar[M]. Chicago: University of Chicago Press: 762–793.

LEHO T, MOHAMMAD B, SERGEI P, et al, 2014. Fungal biogeography. Global diversity and geography of soil fungi[J]. Science (New York, N.Y.), 346(6213), 1256688.

LEHR P A, 1992. Key to Insects of the Far East of the USSR. Volume 3, Beetles. Part 2[M] Nauka, St. Petersburg: 704.

LEHTINEN I, MOUND L, 2014. Thripswiki[J]. http://www. thrips.info/wiki.

LELEJ A S, 1995. Key to Insects of the Russian Far East. Volume 4, Neuropteroidea, Scorpionflies, Hymenopterans. Part 1[M]. Nauka, St. Petersburg: 606.

LELEJ A S, 2002. A Catalogue of Mutillid Wasps (Hymenoptera, Mutillidae) of the Palearctic Region[M]. Dal'nauka, Vladivostok: 171.

LENT H, WYGODZINSKY P, 1979. Revision of the Triatominae (Hemiptera, Reduviidae), and their significance as vectors of Chagas' disease[J]. Bulletin of the American Museum of Natural History, 163: 123–520.

LI W H, YANG J, YANG D, 2016. Two new species of Sphaeronemoura (Plecoptera: Nemouridae) from Oriental China[J]. Zootaxa, 4208 (3): 293–300.

LIBERT M, 2013. Révision du genre Aphnaeus Hübner (Lepidoptera, Lycaenidae)[M]. ABRI, Nairobi: 100.

LIEFTINCK M A, 1940. On some Odonata collected in Ceylon, with description of new species and larvae[J]. Ceylon Journal of Science (B), 22 (1): 79–117.

LIENHARD C, 2011. Synthesis of parts 1–10 of the additions and corrections to Lienhard & Smithers, 2002: "Psocoptera (Insecta) – world catalogue and bibliography" [M]. Natural History Museum of the city of geneva: 232.

LIENHARD C, SMITHERS C N, 2002. Psocoptera (Insecta) – World Catalogue and bibliography. [M]Natural History Museum of the City of Geneva.

LINGAFELTER S W, 2007. Illustrated key to the longhorned woodboring beetles of the eastern United States[M]. Maryland: Coleopterists Society: 206.

LINGAFELTER S W, MONNÉ M A, NEARNS E H, 2016. Online Image Database of Cerambycoid Primary Types of the Smithsonian Institution[J]. http://SmithsonianCerambycidae. com.

LINGAFELTER S W, NEARNS E H, TAVAKILIAN G L, et al, 2014. Longhorned woodboring beetles (Coleoptera: Cerambycidae and Disteniidae). Primary types of the Smithsonian Institution[M]. Washington D.C.: Smithsonian Institution Scholarly Press: 390.

LINSENMAIER W, 1959. Revision der Familie Chrysididae[J]. Mitteilungen der Schweizerischen Entomologischen Gesellschaft, 32 (1): 1–232.

LINSENMAIER W, 1985. Revision des genus *Neochrysis* Linsenmaier (Hymenoptera, Chrysididae)[J]. Entomofauna, 6 (26): 425–487.

LINSENMAIER W, 1997. Altes und Neues von den Chrysididen (Hymenoptera, Chrysididae)[J]. Entomofauna, 18 (19): 245–300.

LINSLEY E G, CHEMSAK J A, 1997. The Cerambycidae of North America. Part VIII. Bibliography, index, and host plant [J]. University of California, Publications in Entomology, 117: 534.

LINSLEY E G, USINGER R L, 1966, Insects of the Galapagos Islands[J]. Proc. Calif Acad. Sci, 33 (4): 113–196.

LLORENTE M V, PRESA J J, 1997. Los Pamphagidae de la Peninsula Iberica (Insecta: Orthoptera: Caelifera)[M]. Universidad de Murcia, Murcia: 248.

LOBL I, SMETANA A, 2004. Catalogue of Palearctic Coleoptera. Vol. 2[M]. Stenstrup, Denmark: Apollo Books: 237.

LOMBARDO F, IPPOLITO S, 2004. Revision of the species of Acanthops Serville, 1831 (Mantodea, Mantidae, Acanthopinae) with comments on their phylogeny[J]. Annals of the Entomological Society of America, 97 (6): 1076–1102.

LONSDALE O, 2014. Revision of the Old World Sobarocephala (Diptera: Clusiidae)[J]. Zootaxa, 3760 (2): 211–240.

LONSDALE O, 2016. Revision of the genus *Allometopon* Kertész (Diptera: Clusiidae)[J]. Zootaxa, 4106 (1): 1–127.

LONSDALE O, CHEUNG D K B, MARSHALL S A, 2011. Key to the World genera and North American species of Clusiidae (Diptera: Schizophora)[J]. Canadian Journal of Arthropod Identification, No. 14. http://www.biology. ualberta.ca/bsc/ejournal.

LONSDALE O, MARSHALL S A, 2007. Revision of the North American Sobarocephala (Diptera: Clusiidae, Sobarocephalinae)[J]. Journal of the Entomological Society of Ontario, 138: 65–106.

LONSDALE O, MARSHALL S A, 2012. *Sobarocephala* (Diptera: Clusiidae: Sobarocesphalinae)—Subgeneric classification and revision of the New World species[J]. Zootaxa, 3370: 1–307.

LOPATIN I K, ALEKSANDROVICH O R, KONSTANTINOV A S, 2004. Check List of Leaf-Beetles (Coleoptera, Chrysomelidae) of Eastern Europe and Northern Asia[M]. Mantis, Olsztyn: 343.

LOPES-ANDRADE C, 2008. An essay on the tribe Xylographellini (Coleoptera: Tenebrionoidea: Ciidae)[J]. Zootaxa, 1832: 1–110.

LOPES-ANDRADE C, 2011. Ciidae Leach 1819. Version 17 August 2011[J]. http://tolweb.org/ Ciidae/10303/2011/08/17.

LOPES-ANDRADE C, LAWRENCE J F, 2011. Synopsis of *Falsocis* Pic (Coleoptera, Ciidae), new species, new records and an identification key[J]. ZooKeys, 145: 59–78.

LOPES-ANDRADE C, WEBSTER R P, WEBSTER V I, et al, 2016. The Ciidae (Coleoptera) of New Brunswick, Canada: new records and new synonyms[J]. ZooKeys, 573: 339–366.

LUCENA D A A, KIMSEY L S, ALMEIDA E A B, 2016. The Neotropical cuckoo wasp genus *Ipsiura* Linsenmaier, 1959 (Hymenoptera: Chrysididae): revision of the species occurring in Brazil[J]. Zootaxa, 4165 (1): 1–71.

MAA T C, 1963. Genera and species of Hippoboscidae (Diptera): Types, synonymy, habitats and natural groupings[J]. Pac. Insects Monogr, 6: 1–186.

MAA T C, 1966. Studies in Hippoboscidae[J]. Pac, Insects Monogr, 10: 1–148.

MAA T C, 1969. Studies in Hippoboscidae[J]. Pac, Insects Monogr, 20: 1–312.

MAA T C, 1971. Studies in Batflies Part 1[J]. Pac, Insects Monogr, 28: 1–247.

MACARTHUR R H, WILSON E O, 1963. An equilibrium theory of insular zoogeography[J]. Evolution, 17: 373–387.

MACARTHUR R H, WILSON E O, 1967. The theory of island biogeography[J]. Mon. Population Biol: 203.

MACHÁČKOVÁ L, FIKÁČEK M, 2014. Catalogue of the type specimens deposited in the Department of Entomology, National Museum, Prague, Czech Republic. Polyneoptera[J]. Acta Entomologica Musei Nationalis Pragae, 54 (1): 399–450.

MACKERRAS I M, 1962. Speciation in Australia Tabanidae// Evolution of Living Organisms[J]. Melbourne: Roy, Soc, Vict. Contr: 328–358.

MADDISON D R, 2009. Hemiptera[J]. htth://tolweb.org/Hemiptera/8239.

MADSEN H B, SCHMIDT H T, RASMUSSEN C, 2016. Distriktskatalog over Danmarks bier (Hymenoptera, Apoidea)[J]. Entomologiske Meddelelser, 83: 43–70.

MAEHR M D, EADES D C, 2014. Embioptera species file[J]. Version 5.0/5.0 http://www.embioptera.speciesFile.org.

MALDONADO C J, 1990. Systematic Catalog of the Reduviidae of the World[M]. University of Puerto Rico, Mayaguez: 694.

MALENOVSKÝ I, BURCKHARDT D, 2009. A review of the Afrotropical jumping plant-lice of the Phacopteronidae (Hemiptera: Psylloidea)[J]. Zootaxa, 2086: 1–74.

MANI M S, 1989. The fauna of India and adjacent countries, Chalcidoidea (Hymenoptera. Part II.). Signiphoridae, Aphelinidae, Elasmidae, Euryischidae, Elachertidae, Entedonidae, Eulophidae, Tetrastichidae, Trichogrammatidae, Mymaridae, Host-parasite Index, Bibliography, Index[M]. Zoological Survey of India, Calcutta: 565.

MARCONDES C B, 2007. A proposal of generic and subgeneric abbreviations for phlebotomine sandflies (Diptera: Psychodidae: Phlebotominae) of the world[J]. Entomological News, 118(4): 351–356.

MARTIN J H, MOUND L A, 2007. An annotated check list of the world's whiteflies (Insecta: Hemiptera:Aleyrodidae)[J]. Zootaxa, 1492: 1–84.

MARTINS C C, ARDILA-CAMACHO A, ASPÖCK U, 2016. Neotropical osmylids (Neuroptera, Osmylidae): Three new species of Isostenosmylus Krüger, 1913, new distributional records, redescriptions, checklist and key for the Neotropical species[J]. Zootaxa, 4149 (1): 1–66.

MARTINS U R, 1971. Monografia da tribo Ibidionini (Coleoptera, Cerambycinae), Ⅵ [J]. Arq, Zool, 16 (6): 1343–1508.

MARTINS U R, 1998. Tribo Phlyctaenodini//MARTINS U R, Cerambycidae Sul–Americanos (Coleoptera) Taxonomia. Vol. 2[M]. Sociedade Brasileira de Entomologia, São Paulo: 1–29.

MARTINS U R, 1999. Tribo Eburiini//MARTINS U R, Cerambycidae Sul–Americanos (Coleoptera) Taxonomia. Vol. 3[M]. Sociedade Brasileira de Entomologia, São Paulo: 119–391

MARTINS U R, 2005. Tribo Elaphidionini//MARTINS U R, Cerambycidae Sul–Americanos (Coleoptera) Taxonomia. Vol. 7[M]. Sociedade Brasileira de Entomologia, Curitiba: 1–393.

MARTINS U R, 2006. Tribo Hexoplonini//MARTINS U R,

Cerambycidae Sul–Americanos (Coleoptera) Taxonomia. Vol. 8[M]. Sociedade Brasiliera de Entomologia, São Paulo: 21–211.

MARTINS U R, GALILEO M H M, 1998. Revisão da tribo Aerenicini Lacordaire, 1872 (Coleoptera, Cerambycidae, Lamiinae)[J]. Arquivos de Zoologia, 35 (1): 1–133.

MARTINS U R, GALILEO M H M, 1999. Tribo Hesperophanini// MARTINS U R, Cerambycidae Sul–Americanos (Coleoptera) Taxonomia. Vol. 3[M]. Sociedade Brasiliera de Entomologia, São Paulo: 1–117.

MARTINS U R, GALILEO M H M, 2007. Tribo Ibidionini, Subtribo Tropidina//MARTINS U R, Cerambycidae sul–americanos (Coleoptera) Taxonomia. Vol. 9[M]. Sociedade Brasiliera de Entomologia, Curitiba: 1–176.

MASNER L, 1976. Revisionary notes and keys to world genera of Scelionidae (Hymenoptera: Proctotrupoidea)[J]. Memoirs of the Entomological Society of Canada, 97: 1–87.

MASNER L, GARCIA J J, 2002. The genera of Diapriinae (Hymenoptera: Diapriidae) in the New World[J]. Bulletin of the American Museum of Natural History, 268: 1–138.

MASNER L, HUGGERT L, 1989. World review and keys to genera of the subfamily Inostemmatinae with reassignment of the taxa to the Platygastrinae and Sceliotrachelinae (Hymenoptera: Platygastridae)[J]. Memoirs of the Entomological Society of Canada, 147: 1–214.

MASSA B, 2012. New species, records and synonymies of West Palaearctic Pamphaginae (Orthoptera: Caelifera: Pamphagidae)[J]. Ann. Soc. Entomol. Fr., 48 (34): 371–396.

MASSA B, 2013. Pamphagidae (Orthoptera: Caelifera) of North Africa: key to genera and the annotated checklist of the species[J]. Zootaxa, 3700 (3): 435–475.

MASSA B, FONTANA P, 1998. Middle Eastern Orthoptera (Tettigoniidae and Acridoidea) preserved in Italian museums [J]. Bollettino del Museo Civico di Storia Naturale di Verona, 22: 65–104.

MASSA B, FONTANA P, 2004. Reviw of the Middle Eastern genus Prionosthenus (Orthoptera Pamphagidae)[J]. Memorie Della Societa Entomologica Italiana, 82 (2): 529–546.

MASUI A, BOZANO G C, FLORIANI A, 2011. Guide to the butterflies of the palaearctic region. Nymphalidae part IV. Subfamily Apaturinae[M]. Omnes Artes, Milano: 82.

MATHIS W N, 1997. The shore flies of the Belizean Cays (Diptera: Ephydridae)[J]. Smithsonian Contributions to Zoology, 592: 1–77.

MATHIS W N, 2008. Two new neotropical genera of the shore-fly tribe Ephydrini Zetterstedt (Diptera: Ephydridae)[J].

Zootaxa, 1874: 1–15.

MATHIS W N, BARRACLOUGH D A, 2011. World Catalog and Conspectus on the Family Diastatidae (Diptera: Schizophora) [J]. MYIA, 12: 235–266.

MATHIS W N, MARINONI L, 2016. Revision of Ephydrini Zetterstedt (Diptera: Ephydridae) from the Americas south of the United States[J]. Zootaxa, 4116 (1): 1–110.

MATHIS W N, RUNG A, KOTRBA M, 2012. A revision of the genus Planinasus Cresson (Diptera: Periscelididae)[J]. ZooKeys, 225: 1–83.

MATHIS W N, ZATWARNICKI T, 1990. A revision of the Western Palearctic species of Athyroglossa (Diptera: Ephydridae)[J]. Transactions of the American Entomological Society, 116 (1): 103–133.

MATHIS W N, ZATWARNICKI T, 1995. A world catalog of the shore flies (Diptera: Ephydridae)[J]. Memoirs on Entomology, International, 4: 1–423.

MATTINGLY P F, 1962. Towards a zoogeography of the mosquitoes[J]. Syst. Assoc. Publ., 4: 17–36

MATZ J, BROWER A V Z, 2016. The South Temperate Prono-philina (Lepidoptera: Nymphalidae: Satyrinae): a phylogenetic hypothesis, redescriptions and revisionary notes[J]. Zootaxa, 4125 (1): 1–108.

MAW H E L, FOOTTIT R G, HAMILTON K G A, et al, 2000. Checklist of the Hemiptera of Canada and Alaska[J]. NRC Research Press, Ottawa, Ontario, Canada: 220.

MCCAFFERTY W P, 1999. Biodiversity and biogeography: examples from global studies of Ephemeroptera. //Proceedings of the Symposium on Nature Conservation and Entomology in the 21st Century[M]. The Entomological Society of Korea: 3–22.

MCCLURE H E, LIM B L, WINN S E, 1967. Fauna of the dark cave, Batu Caves, Kuala Lumpur, Malaysia[J]. Pac,Insects, 9(3): 399–428.

MCKAMEY S H, 2000. Checklist of leafhopper species 1758–1955 (Hemiptera: Membracoidea: Cicadellidae and Mysssersslopiidae)[J]. 516. http://www.sel.barc.usda.gov/selhome/leafhoppers.

MCNEELY J A, MILLER K R, REID W, et al, 1990. Conserving the World's biological diversity[M]. IUCN, Gland, Switzerland.

MCPHERSON J E, 1982. The Pentatomoidea (Hemiptera) of Northeastern North America with Emphasis on the Fauna of Illinois. Carbondale, Illinois[M]. Southern Illinois University Press: 240.

MCPHERSON J E, MCPHERSON R M, 2000. Stink Bugs of

Economic Importance in America North of Mexico[M]. Boca Raton, Florida: CRC Press: 253.

MELIKA G, 2006. Gall Wasps of Ukraine. Cynipidae. Volume1 [M]. Vestnik Zoologii, Kyiv: 300.

MENKE A S, 1979. The semiaquatic and aquatic Hemiptera of California (Heteroptera: Hemiptera)[J]. Bulletin of the California Insect Survey, 21: 1–166.

MEY W，SPEIDEL W, 2008. Global diversity of butterflies (Lepidotera) in freshwater[J]. Hydrobiologia, 595: 521–528.

MICHENER C D, 2000. The Bees of the World[M]. Johns Hopkins University Press, Baltimore, Maryland.

MILLER L D, 1968. The higher classification, phylogeny and zoogeography of the Satyridae (Lepidoptera)[J]. Memoirs of the American Entomological Society, 24: 1–174.

MILLER S E, 1994. Systematics of the Neotropical moth family Dalceridae (Lepidoptera)[J]. Bulletin of the Museum of Comparative Zoology, 153: 301–495.

MILLER S E, 1996. Biogeography of Pacific insects and other terrestrial invertebrates: A status report//KEAST A，MILLER S E，The origin and evolution of Pacific island biotas[M]. Amsterdam, The Netherlands: SPB Academic Publishing: 463–475.

MIRZAYANS H, 1991. Three new genera and four new species of Orthoptera from Iran[J]. Journal of Entomological Society of Iran Suppl., 6: 1–26.

MIRZAYANS H, 1998. Insects of Iran. The list of Orthoptera in the insect collection of Plant Pests and Diseases Research Institute of Iran. Pamphagidae and Pyrgomorphidae[M]. Plant Pests and Diseases Reseach Institute, Insect Taxonomy Research Department, Entomological Publications, Tehran, 3: 40.

MISOF B，et al., 2014. Phylogenomics resolves the timing and pattern of insect evolution[J]. Science, 346 (6210)：763–767. DOI: 10.1126/science.1257570.

MODARRES A M, 1994. List of Agricultural Pests and Their Natural Enemies in Iran[M]. Mashahd: Ferdowsi University of Mashhad publication, No 147: 364.

MONN M A, 2015. Catalogue of the Cerambycidae (Coleoptera) of the Neotropical Region. Part III. Subfamilies Lepturinae, Necydalinae, Parandrinae, Prioninae, Spondylidinae and Families Oxypeltidae, Vesperidae and Disteniidae[J]. http://www.cerambyxcat.com.

MONNÉ M A，HOVORE F T, 2006. Checklist of the Cerambycidae, or longhorned wood-boring beetles, of the Western Hemisphere[M]. Rancho Dominguez: Bio Quip Publications: 394.

MONNÉ M A，MONNÉ M L, 2016. Checklist of Cerambycidae (Coleoptera) primary types of the Museu Nacional, Rio de Ja-neiro, Brazil, with a brief history of the collection [J]. Zootaxa, 4110 (1): 1–90.

MOOR F C，IVANNOV V D, 2008. Global diversity of caddisflies (Trichoptera: Insecta) in freshwater[J]. Hydrobiologia, 595: 393–407.

MORGAN F D，1984. Psylloidea of South Australia[M]. Adelaide: Government Printer: 136.

MORRIS M G，2002. True weevils (Part I). Coleoptera: Curculionidae (Subfamilies Raymondionyminae to Smicronychinae) [J]. Handbooks for the Identification of British Insects, Volume 5 Part 17b. Royal Entomological Society of London and the Field Studies Council, London,5 (17b): 149.

MORRONE J J, 2014. Parsimony analysis of endemicity (PAE) revisited[J]. Journal of Biogeography, 41: 842–854. doi: 10.1111/jbi.12251.

MORSE J C, 2009. Biodiversity of aquatic insects//FOOTTIT R G，ADLER P H. Insect Biodiversity: Science and Society [M]. Blackwell Publishing Ltd.:165–184.

MORSE J C，BARNARD P C，HOLZENTHAL K W，et al, 2011.Trichoptera World checklist[J]. http://www.entweb. clemson.edu/database/trichopt/index.htm.

MOULET P，1995. Hemipteres Coreoidea (Coreidae, Rhopalidae, Alydidae), Pyrrhocoridae, Stenocephalidae,Euro-Mediterraneens [J]. Faune de France, 81: 1–336.

MOUND L A, 1970. Thysanoptera from the Solomon Islands[J]. Bull. Brit, Mus, (Natur, Hist) Entomol, 24(4): 83–126.

MOUND L A，HALSEY S H, 1978. Whitefly of the World. A systematic catalog of the Aleyrodidae(Homoptera) with host plant and natural enemy data[M]. British Museum (Natural History)/John Wiley & Sons,Chichester: 340.

MOZAFFARIAN F，WILSON M R, 2016. A checklist of the leafhoppers of Iran (Hemiptera: Auchenorrhyncha: Cicadellidae)[J]. Zootaxa, 4062 (1): 1–63.

MUNARI L，MATHIS W H, 2010. World catalog of the family Canacidae (including Tethinidae) (Diptera)[J]. Zootaxa, 2471:1–84.

MUNROE E, 1965. Zoogeography of insect and allied groupd [J]. Annual Review of Entomology, 10: 325–344.

MUNROE E, 1968, Insects of Ontario: Geographical distribution and postglacial origin[J]. Proc. Entomol. Soc. Ontario, 99: 43–50.

MURÁNYI D, 2007. New and little–known stoneflies (Plecoptera) from Albania and the neighbouring countries[J]. Zootaxa, 1533: 1–40.

MURÁNYI D，GAMBOA M，ORCI K M, 2014. Zwickniagen. n., a new genus for the Capnia bifrons species group, with descriptions of three new species based on morphology, drumming signals and molecular genetics, and a synopsis of the West Palaearctic and Nearctic genera of Capniidae (Plecoptera)[J]. Zootaxa, 3812 (1): 1–82.

MYERS N, 1998. Global biodiversity priorities and expanded conservation policies//MACE G M，et al., Conservation in a Changing World[M]. Cambridge: Cambridge Univ. Press: 273–285.

NABOZHENKO M V, 2001. On the classification of the Tenebrionid tribe Helopini, with a review of the genera *Nalassus* Mulsant and *Odocnemis* Allard (Coleoptera, Tenebrionidae) of the European part of CIS and the Caucasus[J]. Entomological Review, 81: 909–942.

NABOZHENKO M V, 2006. A revision of the genus *Catomus* Allard, 1876 and the allied genera (Coleoptera, Tenebrionidae) from the Caucasus, Middle Asia, and China[J]. Entomological Review, 86: 1024–1072.

NABOZHENKO M，KESKIN B, 2016. Revision of the genus *Odocnemis* Allard, 1876 (Coleoptera: Tenebrionidae: Helopini) from Turkey, the Caucasus and Iran with observations on feeding habits[J]. Zootaxa, 4202: 11–97.

NEKRUTENKO Y P, 1985. The butterflies of Crimea[M]. Kiev: Naukova Dumka: 152.

NEKRUTENKO Y P, 1990. Butterflies of Caucasus[M]. Kiev: Naukova Dumka: 216.

NEKRUTENKO Y P, 2000. A catalogue of the type specimens of Palaearctic Riodinidae and Lycaenidae (Lepidoptera, Rhopalocera) deposited in the collection of the Museum für Naturkunde der Humboldt Universität zu Berlin[J]. Nota lepidopterologica, 23 (3/4): 192–352.

NEKRUTENKO Y P，TSHIKOLOVETS V V, 2005. Butterflies of Ukraine[M]. Kiev: Rayevsky Press: 232.

NEW T R, 1983. A revision of the Australian Osmylidae: Kempyninae (Insecta: Neuroptera)[J]. Australian Journal of Zoology, 31: 393–420.

NIELSEN E S，EDWARDS E D，RANGSI T V, 1996. Checklist of the Lepidoptera of Australia. Monographs on Australian Lepidoptera, Vol. 4[M]. CSIRO, Canberra,14: 529.

NIELSEN E S，ROBINSON G S, 1983. Ghost moths of southern South America[J]. Entomonograph, 4: 1–192.

NIELSEN E S，ROBINSON G S，WAGNER D L, 2000. Ghostmoths of the world: a global inventory and bibliography of the Exoporia (Mnesarchaeoidea and Hepialoidea) (Lepidoptera)[J]. Journal of Natural History, 34: 823–878.

NILSSON A N, 2013. A World catalogue of the family Dytiscidae of the diving beetles (Coleoptera, Adephaga).

Version 1.1[J]. http:// www2.emg.umu.sc/projects/biginst.

NOORT S，RASPLUS J Y, 2014. Classification of fig wasps[J]. http://www.figweb.org.

NOUE H, 1961. Geometridae[J]. Insecta Japonica, Series 1, Part, 4: 1–106.

NOYES J S, 2014. Universal Chalcidoidea Database. World Wide Web electronic publication[J]. http://www.nhm. ac.uk/chalcidoids.

O'HARA J E, 2016. World genera of the Tachinidae (Diptera) and their regional occurrence[J]. 75. http://www.nads diptera.org/tach/worldtachs/genera.

OBERPRIELER R G，ANDERSON R S，MARVALDI A E, 2014. Curculionoidea Latreille//LESCHEN R A B，BEUTEL R G. Handbook of Zoology, Arthropoda: Insecta; Coleoptera, Beetles, Volume 3: Morphology and systematics (Phytophaga)[M]. Walter de Gruyter, Berlin/Boston, 675:1802.

OKADA T, 1966. Diptera from Nepal. Cryptochaetidae, Diastatidae & Drosophilidae[J]. Bulletin of the British Museum of Natural History (Entomology, Supplement), 6: 1–129.

OLDROYD H, 1970. Studies of African Asilidae (Diptera), 1. Asilidae of the Congo Basin[J]. Bulf, Brit, Mus, (Natur,Hist.) Entomol, 24(7): 207–334.

OLMI M, 1984. A revision of the Dryinidae (Hymenoptera)[J]. Memoirs of the American Entomological Institute, 37:1–1913.

OLMI M, 1995. A revision of the world Embolemidae (Hymenoptera Chrysidoidea)[J]. Frustula Entomologica (nuova serie), 18 (19): 85–146.

ORLEDGE G M，BOOTH R G, 2006. An annotated checklist of British and Irish Ciidae with revisionary notes[J]. The Coleopterist, 15 (1): 1–16.

OSWALD J D, 2013. Neuropterida Species of the World. Version 10.0[J]. http://lacewing.tamu. edu/Species-Catalogue.

OTTE D, 1994. Orthoptera Species File 3. Grasshoppers [Acridomorpha] B. Pamphagoidea[M]. Orthopterists' Society & Academy of Natural Sciences of Philadelphia: 241.

OTTE D，ALEXANDER R D, 1983. Australian crickets[J]. Monographs of the Academy of Natural Sciences of Philadelphia, 22: 1–477.

OTTE D，ALEXANDER R D，CADE W, 1987. The Crickets of New Caledonia (Gryllidae)[J]. Proceedings of the Academy of Natural Sciences of Philadelphia, 139: 375–457.

OTTE D，SPEARMAN L，STIEWE M B D，et al, 2014. Mantodea species file. Version 5.0/5.0[J]. http://www. mantodea. speciesFile.org.

OUVRARD D, 2015. Psyl'list-The World Psylloidea Database [J].

http://www.hemiptera-databases.com/psyllist.

PAPAVERO N, 2009. Catalogue of Neotropical Diptera. Pantophthalmidae[J]. Neotropical Diptera, Ribeirão Preto, 19: 1–11.

PAPAVERO N, 2009. Catalogue of Neotropical Diptera. Asilidae[J]. Neotropical Diptera, Ribeirão Preto, 17: 1–178.

PAPAVERO N, 2009. Catalogue of Neotropical Diptera. Mydidae[J]. Neotropical Diptera, Ribeirão Preto, 14: 1–31.

PAPAVERO N，BERNARDI N, 2009. Catalogue of Neotropical Diptera. Nemestrinidae[J]. Neotropical Diptera, Ribeirão Preto, 7: 1–16.

PAPAVERO N，GUIMARÃES J H, 2009. Catalogue of Neotropical Diptera. Cuterebridae[J]. Neotropical Diptera, Ribeirão Preto, 11: 1–17.

PAPE T, 1996. Catalogue of the Sarcophagidae of the world (Insecta: Diptera)[J]. Memoirs of Entomology International, 8: 1–558.

PAPP L，DARVAS B, 2000. Contributions to a manual of Palaearctic Diptera. Volume 1. General and Applied Dipterology[M]. Science Herald, Budapest: 978.

PAPP L，MERZ B，FÖLDVÁRI M, 2006. Diptera of Thailand: A summary of the families and genera with references to the species representations[J]. Acta Zoologica Academiae Scientarum Hungaricae, 52 (2): 97–269.

PATTERSON C, 1981. Methods of paleobiogeography. // NELSON G, ROSEN D E,1981. Vicariance biogeography: A critique[M]. New York : Columbia University Press: 446–489.

PAULIAN R, 1961. Le zoogeographie de Madagascar et des iles voisines. Faune de Madagascar, Ⅷ [M]. Inst. Rech. Sci. Tananarive-Tsimbazaza: 485.

PECK S B, 2005. A checklist of the beetles of Cuba with data on distributions and bionomics (Insecta: Coleoptera)[J]. Arthropods of Florida and Neighboring Areas, 18: 1–241.

PECK S B，THOMAS M C, 1998. A distributional checklist of the beetles (Coleoptera) of Florida[J]. Arthropods of Florida and Neighboring Land Areas, 16: 1–180.

PEETERS T M J，NIEUWENHUIJSEN H，SMIT J，et al, 2012. De Nederlandse Bijen (Hymenoptera: Apidae s.l.) (Vol. 11)[M]. Leiden: Naturalis Biodiversity Center & European Invertebrate Survey: 560.

PEIXOTO F P，VILLALOBOS F，MELO A S，et al, 2017. Geographical patterns of phylogenetic beta-diversity components in terrestrial mammals[J]. Global Ecology and Biogeography, 26: 573–583. doi: 10.1111/ geb.12561.

PELHAM J P, 2012. A catalogue of the butterflies of the United States and Canada[J]. http://butterfliesofamerica.com.

PENA G L E, 1966. A preliminary attempt to divide Chile into entomofaunal regions, based on the Tenebrionidae (Coleoptera) [J]. Postilla, Peabody Mus. Natur. Hist. Yale University, 97 : 1–17.

PENNY N, 1977. Lista de Megaloptera, Neuropteras e Raphidioptera do México, América Central, Ilhas Caraíbas e América do Sul[J]. Acta Amazonica, 7 (Supplement): 1–161.

PENNY N D, 2011. World checklist of extant Mecoptera species [J]. http://www.researcharchive. calacademy.org/ research/ entomology.

PETERS W，EDMUNDS G F JR, 1970. Revision of the generic classification of the eastern Hemisphere Leptophlebiidae (Ephemeroptera)[J]. Pac. Insects, 12(1): 157–240.

PHAN Q T，KOMPIER T, 2016. A study of the genus *Protosticta* Selys, 1855, with descriptions of four new species from Vietnam (Odonata: Platystictidae)[J]. Zootaxa, 4098 (3): 529–544.

PICKERING J, 2014. Discover life: Mallophaga[J]. http：//www. discoverlife.org/mp.

PIEROTTI H，BELLÒ C, 2000. Contributi al riordinamento sistematico dei Peritelini paleartici. Ⅲ . Revisione del gen. Dolichomeira Solari, 1954 (Coleoptera Curculionidae Polydrosinae)[J]. Bollettino del Museo Civico di Storia Naturale di Verona, Botanica Zoologia, 24: 129–192.

PINTO J D，2006. A review of the New World genera of Trichogrammatidae (Hymenoptera)[J]. Journal of Hymenoptera Research, 15: 38–163.

PITKIN L, 1996. Neotropical emerald moths: a review of the genera (Lepidoptera: Geometridae, Geometrinae). Zoological Journal Linnean Society London, 118 (4): 309–440.

PLATNICK N I，2012. The World spider catalog, Versiong 12.5[M]. American Museum of Natural History.

POGUE M G，2009. Biodiversity of Lepidoptera//FOOTTIT R G，ADLER P H. Insect Biodiversity: Science and Society [M]. Blackwell Publishing Ltd., 642: 325–355.

POLHEMUS J T，POLHEMUS D A，2008. Global diversity of true bugs (Heteroptera; Insecta) in freshwater[J]. Hydrobiologia, 595: 379–391.

PONT A C，1969. Studies on Australian Muscidae (Diptera), II. A revision of the tribe Dichaetomyini Emden[J]. Bull.Brit. Mus. (Natur. Hist) Entomol, 23(6): 191–286.

PONT A C，1980. Family Muscidae//CROSSKEY R W. Catalogue of the Diptera of the Afrotropical Region[M]. British Museum (Natural History), London: 721–761.

PONT A C, 1986. Family Muscidae//SOÓS Á，PAPP L. Catalogue of Palaearctic Diptera. Vol. 11. Scathophagidae – Hypodermatidae[M]. Akadémiai Kiadó, Budapest: 57–215.

PONT A C, 1986. A Revision of the Fanniidae and Muscidae described by J. W. Meigen (Insecta: Diptera)[J]. Annalen des Naturhistorisches Museum Wien, 87B: 197–253.

PONT A C, 1997. The Muscidae and Fanniidae (Insecta, Diptera) described by C.R.W. Wiedemann[J]. Steenstrupia, 23: 87–122.

PONT A C, 2013. The Fanniidae and Muscidae (Diptera) described by Paul Stein (1852–1921)[J]. Zoosystematics and Evolution, 89: 31–166.

POOLE R W, 1989. Lepidopterorum catalogus. Fascicle 118 Noctuidae[M]. Flora & Fauna Publications, New York.

POOLE R W, GENTILI R E, 1996. Nomina Insecta Nearctica: a checklist of the insects of the North America. Vol. 3. Diptera, Lepidoptera, Siphonaptera[M]. Rockville (EUA): Entomological Information Services: 1143.

POPHAM E J, 1963. The geographical distribution of the Dermaptera[J]. Entomologist, 96: 131–144.

POPOV A, 2007. Fauna and Zoogeography of the Orthopterid Insects (Embioptera, Dermaptera, Mantodea, Blattodea, Isoptera and Orthoptera) in Bulgaria//FET V, POPOV A. Biogeography and Ecology of Bulgaria[M]. Springer, The Netherlands, 687: 233–295.

PRADO A P, PAPAVERO N, 2009. Catalogue of Neotropical Diptera. Ropalomeridae[J]. Neotropical Diptera, Ribeirão Preto, 13: 1–8.

PRICHARD J C, 1826. Researches into the Physical History of Mankind[M]. London : Sherwood, Gilbert & Piper.

PRINS W D, PRINS J D, 2005. World catalogue of insects. Volume 6 Gracillariidae (Lepidoptera)[J]. Apollo Books, Stenstrup, Denmark.

PROCHES S, 2005. The world's biogeographical regions: cluster analyses based on bat distributions[J]. Journal of Biogeography, 32(4): 607–614.

PUJADE-VILLAR J, MELIKA G, ROS-FARRÉ P, et al, 2003. Cynipid inquiline wasps of Hungary, with taxonomic notes on the western palearctic fauna (Hymenoptera: Cynipidae, Cynipinae, Synergini)[J]. Folia Entomologica Hungarica, 64: 121–170.

PUTSHKOV V G, P V PUTSHKOV, 1985. A Catalogue of the Assassin Bugs (Heteroptera, Reduviidae) of the World. Genera[M]. Moscow and Kiev: 138.

QIN T K, GULLAN P J, BEATTIE G A C, 1998. Biogeography of the wax scales (Insecta: Hemiptera: Coccidae: Ceroplastinae)[J].Journal of Biogeography, 25(1): 37–45.

QUATE L W, 1962. Psychodidae (Diptera) at the Zoological Survey of India[J].Proceedings, Hawaiian Entomological Society, 18(1): 155–188.

QUATE L W, 1965. A taxonomic study of Philippine Psychodidae (Diptera)[J]. Pacific Insects, 7: 815–902.

QUATE L W, 1999. Taxonomy of neotropical Psychodidae. (Diptera) 3. Psychodines of Barro Colorado island and San Blas, Panama[J]. Memoirs of the American Entomological Institute, 14: 409–441.

RAGGE D R, REYNOLDS W J, 1998. The songs of the grasshoppers and crickets of Western Europe[M]. Colchester, England: Harley Books: 591.

RAPOPORT E H, 1971. The geographical distribution of Neotropical and Antarctic Collembola[J]. Pac. Insects Monogr, 25: 99–118.

RASMUSSEN C, SCHMIDT H T, MADSEN H B, 2016. Distribution, phenology and host plants of Danish bees (Hymenoptera, Apoidea)[J]. Zootaxa, 4212 (1): 1–100.

RASSOUL M S A, 1976. Checklist of Iraq Natural History Museum insects collection[J]. Iraq Natural History Museum Publication, 30: 1–41.

RATTANARITHIKUL R, HARRISON B A, PANTHUSIRI P, et al, 2005. Illustrated keys to the mosquitoes of Thailand I. Background; geographic distribution; lists of genera, subgenera, and species; and a key to the genera[J]. Southeast Asian Journal of Tropical Medicine and Public Health, 36(Suppl. 1): 1–80.

REINERT J F, 1970. The zoogeography of *Aedes* (Diceromyia) Theobald[J]. J. Entomol. Soc. S. Afr., 33(1): 129–141.

REINERT J F, 2009. List of abbreviations for currently valid generic-level taxa in family Culicidae (Diptera)[J]. European Mosquito Bulletin, 27: 68–76.

RIBEIRO-COSTA C S, 2010. Catalog of the types of some families of Coleoptera (Insecta) deposited at Coleção de Entomologia Pe. J. S. Moure, Curitiba, Brazil[J]. Zootaxa, 2535: 1–34.

RICHFIELD J, 2015. Physiphora, Ulidiidae[J]. http://www.diptera.info/forum/viewthread.

RIDER D A, 2008. Pentatomoidea Home Page. North Dakota State University, Fargo[J]. http://www.ndsu.nodak.edu/ndsu/rider/Pentatomoidea/index.htm.

RODRIGUES H M, CANCELLO E M, 2016. Taxonomic revision of *Stagmatoptera* Burmeister, 1838 (Mantodea: Mantidae, Stagmatopterinae)[J]. Zootaxa, 4183 (1): 1–78.

RODRIGUES J P V, PEREIRA-COLAVITE A, MELLO R L, 2016. Catalogue of the Teratomyzidae (Diptera, Opomyzoidea) of the World[J]. Zootaxa, 4205 (3): 275–285.

ROGUET J P, 2014. Lamiaires du Monde[J]. http://lamiinae.org.

ROHACEK J，MARSHALL S A，NORRBOM A L，et al, 2001. World catalog of Sphaeroceridae (Diptera)[M]. Slezsk Zemsk Muzeum, Opava: 395.

ROLSTON L H，AALBU R L，MURRAY M J，et al, 1994. A catalog of the Tessaratomidae of the world[J]. Papua New Guinea Journal of Agriculture, Forestry and Fisheries, 36 (2): 36–108.

ROLSTON L H，RIDER D A，MURRAY M J，et al, 1996. Catalog of the Dinidoridae of the world[J]. Papua New Guinea Journal of Agriculture, Forestry and Fisheries, 39 (1): 22–101.

ROSEN B R, 1988. From fossils to earth history: applied historical biogeography//MYERS A A，GILLER P S. Analytical Geography[M]. Chapman & Hall, London: 437–481.

ROSS E S, 1966. The Embioptera of Europe and the Mediterranean region[J]. Bull. Brit. Mus. (Natur. Hist.) Entomol, 17: 273–326.

ROSS H H, 1965. The phylogeny of the leafhopper genus *Erythroneura* (Hemiptera. Cicadellidae)[J]. Zool. Beitr. Berlin (n.s.), 11: 247–270.

RUEDA L M, 2008. Global diversity of mosquitoes (Insecta: Diptera: Culicidae) in freshwater[J]. Hydrobiologia, 595: 477–487.

RUEDA M，RODRÍGUEZ M Á，HAWKINS B A, 2013. Identifying global zoogeographical regions: lessons from Wallace[J]. Jounal of Biogeography, 40(12): 2215–2225.

RUELLE J E, 1970. A revision of the termites of the genus *Macrotermes* from the Ethiopian Region[J]. Bull. Brit.Mus. (Natur. Hist.) Entomol, 24(9): 363–444.

RYCKMAN R E，SJOGREN R D, 1980. A catalogue of the Polyctenidae[J]. Bulletin of the Society of Vector Ecologists, 5: 1–22.

RYCKMAN R E，BENTLEY D G，ARCHBOLD E F, 1981. The Cimicidae of the Americas and oceanic islands, a checklist and bibliography[J]. Bulletin of the Society of Vector Ecologists, 6: 93–142.

SAMA G, 2002. Atlas of the Cerambycidae of Europe and the Mediterranean Area. Volume 1: Northern, Western, Central and Eastern Europe, British Isles and Continental Europe from France (excl. Corsica) to Scandinavia and Urals[M]. Nakladatelsví Kabourek, Zlín: 173.

SAMUELSON G A, 1967. Alticinae of the Solomon Islands[J]. Pac. Insects, 9 (1): 139–174.

SANTOS C M D, 2008. Geographical distribution of Tabanomorpha (Diptera, Brachycera): Athericidae, Austroleptidae, Oreoleptidae, Rhagionidae, and Vermileonidae[J]. EntomoBrasilis, 1: 43–50.

SANTOS T V，PINHEIRO M S B，ANDRADE A J, 2014. Catalogue of the type material of Phlebotominae (Diptera, Psychodidae) deposited in the Instituto Evandro Chagas, Brazil[J]. ZooKeys, 395: 11–21.

SANTOS-SILVA A，NEARNS E H，SWIFT I P, 2016. Revision of the American species of the genus *Prionus* Geoffroy, 1762 (Coleoptera, Cerambycidae, Prioninae, Prionini)[J]. Zootaxa, 4134 (1): 1–103.

SARGENT B J，BAUMANN R W，KONDRATIEFF B C, 1991. Zoogeographic affinities of the Nearctic stonefly fauna of Mexico[J]. Southwestern Naturalist, 36: 323–331.

SARNAT E M，MOREAU C S, 2011. Biogeography and morphological evolution in a Pacific island ant radiation[J]. Molecular ecology, 20(1):114-130.

SASAKAWA M, 2011. Oriental species of clusiid flies (Diptera: Clusiidae: Clusiinae) [J]. Zootaxa, 3038: 1–28.

SAVILOV A, 1969. Oceanic insect Halobates in the Pacific Ocean[J]. Okeanologiya, 7 (2): 325–336.

SCHLITA P Z, 1973. Insecta: Plecoptera[M[. Walter de Gruyter. Berlin.

SCHOLTZ C H，MANSELL M W, 2009. Insect biodiversity in the Afrotropical Region//FOOTTIT R G，ADLER P H. Insect Biodiversity: Science and Society[M]. Blackwell Publishing Ltd., 642: 69–82.

SCHORN M，PAULSON D, 2013. World Odonata list[J]. http://www. pugetsound. edu.

SCHUH R T, 1974. The Orthotylinae and Phylinae (Hemiptera: Miridae) of South Africa with a phylogenetic analysis of the ant-mimetic tribes of the two subfamilies for the world[J]. Entomologica Americana, 47: 1–332.

SCHUH R T, 1984. Revision of the Phylinae (Hemiptera, Miridae) of the Indo-Pacific[J]. Bulletin of the American Museum of Natural History, 177: 1–462.

SCHUH R T, 1995. Plant Bugs of the World (Insecta: Heteroptera: Miridae). Systematic Catalog, Distributions, Host List, and Bibliography[M]. New York: New York Entomological Society, 1329.

SCHUH R T, 2013. On-line syatematic catalog of plant Bugs (Insecta: Heteroptera: Miridae)[J]. http://www.research. amnh. org/catalog.

SCHUH R T，SCHWARTZ M D, 1988. Revision of the New World Pilophorini (Heteroptera: Miridae: Phylinae)[J]. Bulletin of the American Museum of Natural History, 187: 101–201.

SCHUH R T，SLATER J A, 1995. True Bugs of the World

(Hemiptera: Heteroptera). Classification and Natural History [M]. Ithaca, New York: Cornell University Press: 336.

SCHURIAN K G, 1989. Revision der Lysandra-Gruppe Genus Polyommatus Latr. (Lepidoptera: Lycaenidae)[J]. Neue entomologische Nachrichten, 24: 1–181.

SCHWARTZ M D，FOOTTIT R G, 1998. Revision of the Nearctic species of the genus *Lygus H*ahn, with a review of the Palaearctic species (Heteroptera: Miridae)[J]. Memoirs on Entomology, International, 10: 1–428.

SCLATER P L, 1858. On the general geographical distribution of the members of the class Aves[J]. J. Proc. Linn. Soc. Zool., 2: 130–145.

SCOBLE M J, 1992. The Lepidoptera[M]. Oxford: Oxford University Press: 420.

SCOBLE M J, 1999. Geometrid Moths of the World, a Catalogue [M]. Collingwood/Australia & Stenstrup/Denmark: CSIRO Publishing, Apollo Books: 1400.

SCOBLE M J，HAUSMANN A, 2007. Online list of valid and nomenclaturally available names of the Geometridae of the World[J]. http://www.herbulot.de/globalspecieslist.htm.

SCOTT J A, 1986. The Butterflies of North America: a Natural History and Field Guide[M]. Stanford University Press, Stanford: 584.

SECCOMBE A K，READY P D，HUDDLESTON L M, 1993. A Catalogue of Old World Phlebotomine Sandflies (Diptera: Psychodidae, Phlebotominae)[M]. The Natural History Museum: 60.

SEOW-CHOEN F, 2016. A taxonomic guide to the stick insects of Borneo including new genera and species[J]. Natural History Publications (Borneo) Sdn. Bhd., Kota Kinabalu: 454.

SEVGILI H，DEMIRSOY A，DURMUŞ Y, 2012. Orthoptera fauna of Kemaliye (Erzincan)[J]. Hacettepe J. Biol. & Chem., Special Issue: 317–335.

SHCHERBAKOV D E, 2008. On Permian and Triassic Insect Faunas in Relation to Biogeography and the Permian–Triassic Crisis[J]. Paleontological Journal, 42 (1): 15–31.

SILSBY J, 2001. Dragonflies of the World[M]. Natural History Museum/CSIRO.

SILVER J, 2004. World Culicidae[J]. http://www.diptera-culicidae.Ocatch.com.

SIMBERLOFF D S, 1970. Taxonomic diversity of island biotas [J]. Evolution, 24 (1): 22–47.

SIMPSON G G, 1943. Mammals and the nature continents[J]. Am. J. Sci., 241: 1.

SIMPSON G G, 1977. Too many lines: the limits of the Oriental and Australian Zoogeographic regions[J]. Proc. Am. Phil. Soc.,

121: 107–120.

SLATER J A, 1955. A revision of the subfamily Pachygronthinae of the world (Hemiptera: Lygaeidae)[J]. Philippine Journal of Science, 84: 1–160.

SLATER J A, 1964. A Catalogue of the Lygaeidae of the World. 2 Volumes[M]. University of Connecticut, Storrs: 1668.

SLATER J A, 1979. The systematics, phylogeny, and zoogeography of the Blissinae of the world (Hemiptera, Lygaeidae)[J]. Bulletin of the American Museum of Natural History, 165: 1–180.

SLATER J A，O'DONNELL J E, 1995. A Catalogue of the Lygaeidae of the World (1960–1994)[M]. New York: New York Entomological Society: 410.

SMIT F G A M, 1957. Handbooks for the identification of British insects. Vol.1 Part 16 Siphonaptera[M]. London : Royal Entomological Society of London: 99.

SMIT F G A M, 1967. New data concerning Siphonaptera of Austria[J]. Ann. Naturhistor. Mus. Wien, 70: 255–275.

SMITH C R，VANE-WRIGHT R I, 2001. A review of the afrotropical species of the genus *Graphium* (Lepidoptera: Rhopalocera: Papilionidae)[J]. Bulletin of the National History Museum of London (Entomology), 70: 503–719.

SMITH D R, 2001. World catalog of the family Aulacidae (Hymenoptera)[J]. Contributions on Entomology, International, 4: 261–291.

SMITH K G V, 1969. The Empidae of Southern Africa (Diptera) [J]. Annals of the Natal Museum, 19: 1–342.

SOBCZYK T, 2011. World Catalogue of Insects 10. Psychidae (Lepidoptera)[M]. Apollo Books, Stenstrup, Denmark.

SOCAL R R，MICHENER C D, 1958. A statistical method for evaluating systematic relationship[J]. Univ. Kans. Sci. Bull., 38: 1409.

SOKA1 R R，SNEATH P H A, 1963. Principles of Numerical Taxonomy[M]. San Francisco: W. H. Freeman: 359.

SOKOLOV I M, 2016. A taxonomic review of the anilline genus *Zeanillus* Jeannel (Coleoptera: Carabidae: Bembidiini) of New Zealand, with descriptions of seven new species, reclassification of the species, and notes on their biogeography and evolution[J]. Zootaxa, 4196 (1): 1–37.

SORPONGPAISAL W，THANASINCHAYAKUL S, 2006. Identification of some Stick and Leaf Insects, (Order Phasmida) in Thailand[J]. Kamphaengsean Academy Journal, 4 (3): 10–32.

SOUTHWOOD T R E，LESTON D, 1959. Land and water bugs of the British Isles[M]. London: Frederick Warne and Co.: 436.

SPRENSEN T, 1948. A method of establishing groups of equal

amplitude in plant sociology based on similarity of species cent and its application to analysis of the vegetation on Danish commons[J]. Biol. Skr.,5(4) :1–34.

SPRING S, 2013. Catalog of subfamily Phlebotominae[J]. http:// sandflycatalog.org.

STAINES C L, 2012. Catalog of the hispines of the World (Coleoptera: Chrysomelidae: Cassidinae)[J]. http:// entomology. si.edu.

STARK B P, BAUMANN R W, 2005. North American Stonefly (Plecoptera) complete list[J].http://www.mlbean.byu. edu/plecoptera/list.asp.

STEENIS J V, RICARDE A, VUJIĆ A, et al, 2016. Revision of the West-Palaearctic species of the tribe Cerioidini (Diptera, Syrphidae)[J]. Zootaxa, 4196 (2): 151–209.

STEVENS L, 2012. Global advans in biogeography[M]. Intech, Croatia: 371.

STONEDAHL G M, 1988. Revisionof themirinegenus Phytocoris Fallen (Heteroptera: Miridae) for western North America[J]. Bulletin of the American Museum of Natural History, 188: 1–257.

STOROZHENKO S Y, KIM T W, JEON M J, 2015. Monograph of Korean Orthoptera[M]. National Institute of Biological Resources, Incheon: 377.

SUBRAMANIAN K A, 2009. Dragonflies of India–A Field Guide[M]. Vigyan Prasar, New Delhi: 168.

SUEYOSHI M, 2006. Species diversity of Japanese Clusiidae (Diptera: Acalyptrata) with description of 12 new species[J]. Annales de la Société Entomologique de France, 42 (1): 1–26.

SVENSON G J, 2014. Revision of the Neotropical bark mantis genus Liturgusa Saussure, 1869 (Insecta, Mantodea, Liturgusini)[J]. Zookeys, 390: 1–214.

SWAINSON W, 1844. Geographical considerations in relation to the distribution of man and animals. In : Murray H. (ed) An Encyclopaedia of geography[M]. London : Longman: 247–268.

SZYMKIEWICZ D, 1934. Une contribution statistique a la geigraphie floristique[J]. Acta Soc. Bot. Pol., 11(3).

TAEGER A, BLANK S M, LISTON A D, 2010. World catalog of Symphyta (Hymenoptera)[J]. Zootaxa, 2580: 1–1064.

TAKHTAJAN A, 1978. Floristic regions of the World[M]. (University of California Press, USA. 1986).

TALAGA S, MURIENNE J, DEJEAN A, et al, 2015. Online database for mosquito (Diptera, Culicidae) occurrence records in French Guiana[J]. Zookeys, 532: 107–115.

TARNAWSKI D, 2001. A world catalogue of Ctenicerini Fleutiaux, 1936. Part II. (Coleoptera: Elateridae: Athoinae)[J]. Genus, 12 (3): 277–323.

TAYLOR G S, FAGAN-JEFFRIES E P, AUSTIN A D, 2016.

A new genus and twenty new species of Australian jumping plant-lice (Psylloidea: Triozidae) from Eremophila and Myoporum (Scrophulariaceae: Myoporeae)[J]. Zootaxa, 4073 (1): 1-84.

TAYLOR G S, JENNINGS J T, PURCELL M F, et al, 2011. A new genus and ten new species of jumping plantlice (Hemiptera: Triozidae) from Allocasuarina (Casuarinaceae) in Australia[J]. Zootaxa, 3009: 1–45.

TAYLOR R W, 1967. A monographic revision of the ant genus Ponera Latreille[J]. Pac. Insects Monogr, 13: 1–109.

TESLENKO V A, ZHILTZOVA L A, 2009. Key to the stoneflies (Insecta, Plecoptera) of Russia and adjacent countries. Imagines and nymphs[M]. Russian Academy of Sciences Far Eastern Branch, Institute of Biology and Soil Science,Vladivostok Dalnauka: 381.

THE PLANT LIST, 2013. The Plant List–A working list of all plant species (version 1.1)[J]. http://www. theplantlist. org.

THOMPSON F C, 1999. A key to the genera of the flower flies (Diptera: Syrphidae) of the Neotropical Region including descriptions of new genera and species and a glossary of taxonomic terms[J]. Contributions on Entomology, International, 3: 319–378.

THOMPSON R T, 1968. Revision o f the genus Catasarcus Schonherr[J]. Bull. Brit. Mus. (Natur. Hist.) Entomol, 22(8): 357–454.

THOMPSON W R, 1955. A catalogue of the parasites and predators of insect pests. Section 2. Host parasite catalogue, Part 3. Hosts of the Hymenoptera (Calliceratid to Evaniid)[M]. Commonwealth Agricultural Bureaux, The Commonwealth Institute of Biological Control, Ottawa, Ontario: 142.

THORNTON I W B, 1973. Psocoptera of the Galapagos Islands [J]. Pac. Insects, 15 (1): 1–57.

TJEDER B, 1966. Neuroptera-Planipennia. The Lace-wings of Southern Africa. 5. Family Chrysopidae//HANSTRÖM B, BRINCK P, RUDEBEC G.South African Animal Life. Vol. 12[M]. Swedish Natural Science Research Council, Stockholm: 228–534.

TODD E L, 1961. A Checklist of the Gelastocoridae (Hemiptera) [J]. Proceedings, Hawaiian Entomological Society, 17(3): 461–476.

TOWNES H, 1969. Zoogeography of the ichneumonid genera with only one or two species in Europe (Hymenoptera)[J]. Pol. Pismo Entomol, 39(2): 347–354.

TOWNES H, TOWNES M, 1981. A revision of the Serphidae (Hymenoptera)[J]. Memoirs of the American Entomological Institute, 32: 1–541.

TSALOLIKHIN S Y, 2001. Key to Freshwater Invertebrates of Russia and Adjacent Lands.Volume 5[M]. Nauka, St. Petersburg: 836.

TSUDA S, 2000. A Distributional List of World Odonata[M]. Private Publication, Osaka.

UDVARDY M D F, 1969. Dynamic Zoogeography, with Special Reference to Land Animals[M]. New York: Van Nostrand Reinhold: 445.

USINGER R L, 1966. Monograph of Cimicidae (Hemiptera Heteroptera)[M]. College Park: Thomas Say Found: 585.

ÜNAL M, 2016. Pamphagidae (Orthoptera: Acridoidea) from the Palaearctic Region: taxonomy, classification, keys to genera and a review of the tribe Nocarodeini I.Bolívar[J]. Zootaxa, 4206 (1): 1–223.

VAISANEN R, 1992. Biogeography of noethern European insect: province records in multivariate analysis (Saltatoria; Lepidoptera: Sesiidae; Coleoptera: Buprestidae, Cerambycidae)[J]. Ann. Zool. Fennici, 28: 57–81.

VAN T J, 2005. Global Species Database Odonata[J]. http://www.odonata.info.

VAN T J, 2009. Phylogeny and biogeography of the Platystictidae (Odonata)[D]. Ph.D. thesis, Leiden: University of Leiden: 294.

VASHCHONOK V, MEDVEDEV S, 2013. Fleas(Siphonaptera)[J]. http://www.zin.ru/Animalia/Siphonaptera.

VEEN M P, 2004. Hoverflies of Northwest Europe. Identification keys to the Syrphidae[M]. Utrecht: KNNV Publishing: 254.

VILLET M H, 2000. The stoneflies (Plecoptera) of South Africa [J]. http://www.ru.ac.za./academic/departments/ zooento/ Martin/plecoptera. html.

VLUG H J, 1995. Catalogue of the Platygastridae (Platygastroidea) of the world[J]. Hymenopterorum Catalogus (nova editio) ,19: 1–168.

VOCKEROTH J R, 1990. Revision of the Nearctic species of *Platycheirus* (Diptera, Syrphidae)[J].The Canadian Entomologist, 122: 659–766.

VOLPI L NCOSCARON M D C, 2010. Catalog of Nabidae (Hemiptera : Heteroptera) of the Naotroppical region[J]. Zootaxa, 2513: 50.

WAGNER R, BARTÁK M, BORKENT A, et al, 2008. Global diversity of dipteran families (Insecta: Diptera) in freshwater (excluding Simulidae, Culicidae, Chironomidae, Tipulidae and Tabanidae)[J]. Hydrobiologia, 595: 489–519.

WAHLBERG N, BROWER A V Z, 2006. Satyrini Boisduval 1833. Version 29 November 2006 (under construction). The Tree of Life Web Project[J]. http://tolweb.org/Satyrini/70264.

WALLACE A R, 1876. The geographical distribution of animals [M]. London: Macmillan.

WALTON D W, HOUSTON W W K, 1988, Ephemeroptera, Megaloptera, Odonata, Plecoptera, Trichoptera[J]. Zoological Catalogue of Australia, Vol. 6. Canberra, AGPS: 315.

WANG S X, 2006. Oecophoridae of China (Insecta: Lepidoptera) [M]. Beijing: Science Press: 10–243.

WARD J H, 1963. Heirarchical grouping to optimise an objective function[J]. J. Amer. Stat. Ass., 58: 236–244.

WARREN B C S, 1936. Monograph of the genus *Erebia*[J]. British Museum (Natural History), London: 407.

WATSON A, 1968. The taxonomy of the Drepanidae represented in China, with an account of their world distribution[J]. Bull. Brit. Mus. (Natur. Hist.) Entomol. Suppl., 12: 152.

WATSON J A L, O'FARRELL A F, 1991. Odonata (dragonflies and damselflies)//NAUMANN I D, CARNE P B, et al, (Eds.), The insects of Australia. 2nd Edition[M]. Melbourne: Melbourne University Press: 294–310.

WATTS D, 1971. Principles of Biogeography An Introduction to the Functional Mechanisms of Ecosystems[M]. London: McGraw-HilL: 402.

WEBB M, LIVERMORE L, LEMAITRE V, et al, 2014. Coreoidea species file. Version 5.0/5.0[J]. http://coreoidea. speciesFile. org.

WEBSTER R P, KLIMASZEWSKI J, BOURDON C, et al, 2016. Further contributions to the Aleocharinae (Coleoptera, Staphylinidae) fauna of New Brunswick and Canada including descriptions of 27 new species[J]. ZooKeys: 573: 85–216.

WEGENER A, 1915. Die Entstehung der Kontinente und Ozeane[M]. Vieweg, Brunschweig.

WHARTON R A, MARSH P M, SHARKEY M J, 1997. Manual of the New World genera of the family Braconidae (Hymenoptera)[J]. International Society of Hymenopterists, Special Publication, 1: 1–439.

WHITEHEAD D R, JONES C E, 1969. Small Islands and the Equilibrium theory of insular biogeography[J]. Evolution, 23(1): 171–179.

WHITING M F, 2002. Mecoptera is paraphyletic: multiple genes and phylogeny of Mecoptera and Siphonaptera[J]. Zoologica Scripta, 31: 93–104.

WHITTAKER R J, RIDDLE B R, HAWKINS B A, et al, 2013. The geographical distribution of life and the problem of regionalization: 100 years after Alfred Russel Wallace[J]. Jounal of Biogrography, 40(12): 2209–2214.

WICHARD W, ARENS W, EISENBEIS G, 2002. Biological Atlas of Aquatic Insects[M]. Stenstrup: Apollo Books: 339.

WILKINSON C, 1969. Some aspects of zoogeography and speciation in the genus *Teldenia* Moore[J]. J Natur. Hist., 3: 367–380.

WILLIAMS G, 2002. A taxonomic and biogeographic review of the invertebrates of the central eastern rainforest reserves of Australia (CERRA) World Heritage area and adjacent regions [J]. Technical Reports of the Australian Museum, 16: 1–208.

WILLIAMS M C, 2008. Checklist of Afrotropical Papilionoidea and Hesperioidea. 7th Edition[J]. http://www. atbutterflies. com/index. htm.

WILLIAMS P, 2003. Notes on the subfamily Bruchomyiinae (Diptera: Psychodidae)[J]. Lundiana, 4(1): 5–11.

WILSON E O, 1988. Biodiversity[M]. New Yoek: National Academic Press.

WILSON E O, SIMBERLOFF D S, 1969. Experimental zoogeography of islands: Defaunation and monitoring techniques[J]. Ecology, 50 (2): 267–278.

WILSON K D P, REELS G T, 2003. Odonata of Guangxi Zhuang Autonomous Region, China, I. Zygoptera[J]. Odonatologica, 32: 237–279.

WILTSHIRE E P, 1963. Studies on the geography of Lepidoptera, VIII. Theories of the origin of the West Palaearctic and World faunae[J]. Entomol. Record, 74: 29–39.

WOLFF M, NIHEI S S, DE CARVALHO C J B, 2016. Catalogue of Diptera of Colombia[J]. Zootaxa, 4122 (1):1–949.

WOOD S L, BRIGHT D E, 1992. A catalog of Scolytidae and Platypodidae (Coleoptera): part 2: taxonomic index (volumes A and B)[J]. Great Basin Naturalist Memoirs, 13: 1–1553.

WU C F, 1935–1941. Catalogus insectorum Sinensium[M]. Fan Memor. Inst. Biol., Peiping, China.

WYGODZINSKY P W, 1966. A monograph of the Emesinae (Reduviidae, Hemiptera)[J]. Bulletin of the American Museum of Natural History, 133: 1–614.

WYGODZINSKY P W, K SCHMIDT, 1991. Revision of the New World Enicocephalomorpha (Heteroptera)[J]. Bulletin of the American Museum of Natural History, 200: 1–265.

YANG D, ZHANG K Y, YAO G, et al, 2007. World catalog of Empididae (Insecta: Diptera)[M]. Beijing: China Agricultural University Press.

YANG D, ZHU Y J, WANG M Q, et al, 2006. World catalog of Dolichopodidae (Insecta: Diptera)[M]. Beijing, China: China Agricultural University Press.

YIN X C, SHI J P, YIN Z, 1996. A synonymic catalogue of grasshoppers and their allies of the World (Orthoptera: Caelifera)[M]. Beijing: China Forestry Publishing House.

YOUNG A D, MARSHALL S A, SKEVINGTON J H, 2016. Revision of Platycheirus Lepeletier and Serville (Diptera: Syrphidae) in the Nearctic north of Mexico[J]. Zootaxa, 4082 (1): 1–317.

YU D S, ACHTERBERG K, HORSTMANN K, 2005. World Ichneumonoidea 2004. Taxonomy, Biology, Morphology and Distribution[J]. CD/DVD. Taxapad, Vancouver, Canada. http://www.taxapad. com.

YULE C M, SENG Y H, 2004. Freshwater Invertebrates of the Malaysian Region[M]. Academy of Sciences Malaysia, Kuala Lumpur: 861.

ZEROVA M D, 1995. Parasitic Hymenoptera-Eurytominae and Eudecatominae of the Palearctic[M]. Navukova Dumka, Kiev: 456.

ZHANG Z Q, 2011. ed. Animal biodiversity: An outline of higher-level classification and survey of taxonomic richness [J]. Zootaxa, 3148: 1–237.

ZHANTIEV R D, 1976. Dermestids of the USSR Fauna[M]. Moscow: Izdateistvo Moskovskogo Universiteta: 181.

ZHILTZOVA L A, 2003. Plecoptera Gruppe Euholognatha. Fauna of Russia and Neighbouring Countries, Insecta Plecoptera. 1 (1)[M]. Russian Academy of Sciences, Zoological Institute, St. Petersburg, Nauka: 539.

ZHUZHIKOV D P, 1979. Termites of the U. S. S. R[M]. Moscow: Moscow University: 224.

ZIMIN L S, 1951. Family Muscidae (Tribes Muscini and Stomoxydini)[J]. Fauna U. S. S. R., New Series, 45: 1–286.

ZIMMERMAN E C, 1958. Insects of Hawaii, 7, Macrolepidoptera; 8, Lepidoptera: Pyraloidea[M]. Honolulu: Univ. of Hawaii-Press: 542, 456.

ZIMMERMAN E C, 1994. Australian Weevils (Coleoptera: Curculionoidea) Volume I Anthribidae to Attelabidae[J]. Australian Weevils, 1: 1–741.

ZUSKA J, 1997. Ulidiidae//CHVÁLA M. Check List of Diptera (Insecta) of the Czech and Slovak Republics[M]. Karolinum, Charles University Press, Prague.130

ZWICK P, 1977. Australian Blephariceridae (Diptera)[J]. Australian Journal of Zoology, Supplementary Series, 46: 1–121.

ZWICK P, 2000. Phylogenetic System and Zoogeography of the Plecoptera[J]. Annual Review of Entomology, 45: 709–746.

中文名称索引
Chinese Name Index

A

阿尔卑斯山羊 16
阿尔泰雪鸡 17
阿根廷亚界 373, 401, 443, 446, 448, 451, 452, 453, 454
阿勒颇松 16
桉 16
澳白蚁科 164, 428, 430
澳大利亚界 373, 416, 426, 428
澳蛾科 428
澳蚧科 428, 436
澳蜂科 428, 434
澳丝蚁科 198, 428, 434
澳细蜂科 428, 434
澳洲界 374, 375

B

巴布亚—美拉尼西亚界 374
巴拿马界 374
巴西果 11
巴西貘 11
白臂叶猴 15
白唇鹿 18
白垩纪 7, 164, 190, 201, 208, 460
白腹锦鸡 16
白蛉科 285
白马鸡 16
白眉长臂猿 15
白尾松田鼠 18
白鹇 15
白蚁科 164
白掌长臂猿 15
百合植物门 21, 460
斑蚧科 417
斑马 11
斑嘴巨 16
半翅目 3, 20, 21, 23, 34, 222, 223, 227, 228, 256, 271, 334, 382,

384 ～ 390, 392, 393, 395, 396, 398, 400 ～ 402, 404 ～ 409,
412, 413, 416 ～ 418, 420 ～ 424, 426 ～ 431, 433, 434,
436 ～ 444, 446 ～ 448, 450 ～ 452, 454, 455
瓣蟋科 187
棒角蜂科 322
保罗·贾卡德 53
鲍利安 29
北蟏亚目 156
北美亚界 373, 388, 396, 400 ～ 402, 437, 440, 441, 443, 444, 448,
452, 454
北美洲 120
北山羊 17
贝壳杉 16
被子植物 21, 460
笨蜂科 322
鼻白蚁科 164
臂金龟科 264
扁蜉科 146
扁泥甲科 266
扁形动物门 23
扁蚜科 400
滨蜉科 384, 387
冰川棘豆 17
病毒 19
哺乳纲 24
布丰定律 26
布莱恩·罗森 65
布伦丁 32
步甲科 258, 262

C

草蛉科 243
草原蝗 15
草原狼 15
草原兔尾鼠 17
草蟊科 185
侧柏 17
梣 16

拉丁学名（英文名称）索引
Latin Name（English Name）Index

H

I

J

K

L

X

Z

附录　世界昆虫科在亚界的分布
Appendix　Distribution of the Families of Insecta in Subkingdoms in the World

编号	名称	中文名称	学名	属的数量	种的数量	a	b	c	d	e	f	g	h	i	j	k	l	m	n	o	p	q	r	s	t
01	石蛃目	石蛃科	Machilidae	46	371	1	1			1	1	1									1				
01	石蛃目	光角蛃科	Meinertellidae	20	121																1	1	1	1	1
02	衣鱼目	蟨衣鱼科	Ateluridae	59	112	1	1			1		1								1			1	1	
02	衣鱼目	毛衣鱼科	Lepidotrichidae	2	2															1					
02	衣鱼目	衣鱼科	Lepismatidae	41	299	1	1		1	1	1	1	1				1	1				1	1	1	1
02	衣鱼目	光衣鱼科	Maindroniidae	1	2															1					
02	衣鱼目	土衣鱼科	Nicoletiidae	26	159	1			1	1	1	1					1	1							
02	衣鱼目		Protrinemuridae	3	6																				
03	蜉蝣目		Acanthametropodidae	2	3																1				
03	蜉蝣目		Ameletidae	2	63	1				1	1										1		1		
03	蜉蝣目		Ameletopsidae	4	7											1	1	1							
03	蜉蝣目	巨跗蜉科	Ametropodidae	3	5				1												1				
03	蜉蝣目		Arthropleidae	1	1																				
03	蜉蝣目		Australiphemeridae	3	3																				
03	蜉蝣目		Austremerellidae	1	1																				
03	蜉蝣目	四节蜉科	Baetidae	115	1 058	1	1		1	1	1	1	1	1	1	1	1	1	1	1		1	1	1	1
03	蜉蝣目	圆裳蜉科	Baetiscidae	1	15																1				
03	蜉蝣目	平脉蜉科	Behningiidae	4	8																				
03	蜉蝣目	细蜉科	Caenidae	26	237	1			1	1	1	1				1	1			1		1	1	1	1
03	蜉蝣目		Chromarcyidae	1	1																				
03	蜉蝣目		Coloburiscidae	3	8												1	1	1						
03	蜉蝣目		Coryphoridae	1	1																				
03	蜉蝣目		Dicercomyzidae	1	4										1	1									
03	蜉蝣目		Dipteromimidae	1	2																				
03	蜉蝣目	蜉蝣科	Ephemeridae	12	109	1			1	1	1					1				1					1
03	蜉蝣目		Ephemerythidae	2	8											1									
03	蜉蝣目	小蜉科	Ephemerellidae	32	242	1			1	1	1	1							1	1					
03	蜉蝣目	直蜉科	Euthyplociidae	6	15											1	1							1	1
03	蜉蝣目	扁蜉科	Heptageniidae	45	799	1			1	1	1	1	1			1	1					1	1	1	
03	蜉蝣目		Ichthybotidae	1	2															1					
03	蜉蝣目	等蜉科	Isonychiidae	1	53				1	1	1	1	1									1	1		
03	蜉蝣目		Leptohyphidae	19	177																	1	1	1	1
03	蜉蝣目	细裳蜉科	Leptophlebiidae	155	739	1			1	1	1	1	1			1		1	1	1		1	1	1	1
03	蜉蝣目		Machadorythidae	1	1										1	1									
03	蜉蝣目		Melanemerellidae	1	1																				
03	蜉蝣目	长跗蜉科	Metretopodidae	3	15	1															1				
03	蜉蝣目	新蜉科	Neoephemeridae	4	17				1			1									1				
03	蜉蝣目		Nesameletidae	4	8													1					1		

| 31目 | | 科 | | 属的数量 | 种的数量 | 亚界 | | | | | | | | | | | | | | | | | | |
编号	名称	中文名称	学名			a	b	c	d	e	f	g	h	i	j	k	l	m	n	o	p	q	r	s	t
03	蜉蝣目	寡脉蜉科	Oligoneuriidae	16	66	1										1	1				1	1	1	1	
03	蜉蝣目		Oniscigastridae	3	10														1						
03	蜉蝣目	褶缘蜉科	Palingeniidae	7	36	1																			
03	蜉蝣目	多脉蜉科	Polymitarcyidae	11	98	1		1	1	1	1	1	1				1				1	1	1	1	
03	蜉蝣目	河花蜉科	Potamanthidae	7	54	1			1	1	1	1									1				
03	蜉蝣目	鲎蜉科	Prosopistomatidae	1	25	1											1				1				
03	蜉蝣目		Rallidentidae	1	2																				
03	蜉蝣目		Sharephemeridae	1	1																				
03	蜉蝣目		Siphlaenigmatidae	1	1																				
03	蜉蝣目	短丝蜉科	Siphlonuridae	22	69	1			1	1	1	1									1	1	1		
03	蜉蝣目		Siphluriscidae	1	1																				
03	蜉蝣目		Teloganellidae	1	1																				
03	蜉蝣目		Teloganodidae	8	26								1				1								
03	蜉蝣目	毛蜉科	Tricorythidae	5	37								1	1											
03	蜉蝣目		Vietnamellidae	1	3																				
04	蜻蜓目		Aeschnidae	12	12	1				1	1						1								
04	蜻蜓目	蜓科	Aeshnidae	54	513	1	1	1	1	1	1	1	1	1	1	1	1	1	1	1	1	1	1	1	1
04	蜻蜓目		Allopetaliidae	1	2						1						1			1					
04	蜻蜓目	丽蟌科	Amphipterygidae	5	12	1					1			1			1						1	1	
04	蜻蜓目		Austropetaliidae	4	11														1						1
04	蜻蜓目	色蟌科	Calopterygidae	27	198	1	1	1		1	1	1	1			1	1	1		1	1	1	1	1	
04	蜻蜓目	犀蟌科	Chlorocyphidae	20	162	1					1	1	1		1	1					1				
04	蜻蜓目	蟌科	Coenagrionidae	109	1 233	1	1	1	1	1	1	1	1	1	1	1	1	1	1	1	1	1	1	1	1
04	蜻蜓目		Cordulegasteridae	1	1	1			1																
04	蜻蜓目	大蜓科	Cordulegastridae	10	107	1	1		1	1	1										1	1			
04	蜻蜓目		Cordulephyidae	1	1																				
04	蜻蜓目	伪蜻科	Corduliidae	54	412	1			1	1	1	1	1			1	1	1		1	1	1	1	1	1
04	蜻蜓目		Dicteriadidae	2	2																		1		
04	蜻蜓目	蜓蟌科	Epiophlebiidae	1	2						1														
04	蜻蜓目	溪蟌科	Euphaeidae	16	79	1	1		1		1	1	1												
04	蜻蜓目	春蜓科	Gomphidae	107	1 036	1	1	1	1	1	1	1		1		1	1	1	1		1	1	1	1	1
04	蜻蜓目		Heliocharitidae	2	2																				
04	蜻蜓目	歧蟌科	Hemiphlebiidae	2	2																				
04	蜻蜓目		Isostictidae	14	49									1	1		1	1							
04	蜻蜓目	丝蟌科	Lestidae	9	157	1	1	1	1	1	1	1				1	1	1		1	1	1	1	1	1
04	蜻蜓目	拟丝蟌科	Lestoideidae	3	13						1						1	1							
04	蜻蜓目	蜻科	Libellulidae	182	1 072	1	1	1	1	1	1	1	1	1	1	1	1	1	1	1	1	1	1	1	1
04	蜻蜓目	大蜻科	Macromiidae	1	20				1	1	1	1													
04	蜻蜓目	山蟌科	Megapodagrionidae	44	330					1	1	1	1	1		1		1	1		1	1	1		
04	蜻蜓目		Neopetaliidae	1	1																				
04	蜻蜓目		Perilestidae	3	19											1						1	1		
04	蜻蜓目	古蜓科	Petaluridae	7	13	1			1		1	1				1	1	1	1						1
04	蜻蜓目	扇蟌科	Platycnemididae	31	227	1	1			1	1	1		1		1	1	1					1		
04	蜻蜓目	扁蟌科	Platystictidae	7	229						1	1	1		1	1							1	1	
04	蜻蜓目	美蟌科	Polythoridae	8	60																		1	1	
04	蜻蜓目	原蟌科	Protoneuridae	29	288			1	1		1	1	1			1					1	1	1	1	
04	蜻蜓目	伪丝蟌科	Pseudolestidae	3	14							1	1												
04	蜻蜓目	畸痣蟌科	Pseudostigmatidae	7	18																		1	1	
04	蜻蜓目	综蟌科	Synlestidae	9	50							1	1					1					1	1	
04	蜻蜓目		Synthemistidae	8	51									1					1	1					
05	襀翅目	澳襀科	Austroperlidae	9	12														1	1				1	1
05	襀翅目	黑襀科	Capniidae	28	252	1	1	1	1	1	1					1	1		1	1	1			1	1
05	襀翅目	绿襀科	Chloroperlidae	17	111	1	1	1	1	1	1							1							
05	襀翅目	始襀科	Diamphipnoidae	2	5																				1
05	襀翅目	原襀科	Eustheniidae	7	24														1	1					1
05	襀翅目	纬襀科	Gripopterygidae	53	293														1	1			1	1	1
05	襀翅目	卷襀科	Leuctridae	12	368	1	1	1	1	1	1	1	1	1					1						

（续表）

31目		科		属的数量	种的数量	亚界																			
编号	名称	中文名称	学名			a	b	c	d	e	f	g	h	i	j	k	l	m	n	o	p	q	r	s	t
05	襀翅目	叉襀科	Nemouridae	19	696	1	1	1	1	1	1	1	1	1							1	1			
05	襀翅目	背襀科	Notonemouridae	24	124											1	1	1	1	1				1	1
05	襀翅目	扁襀科	Peltoperlidae	12	68				1	1	1	1					1								
05	襀翅目	襀科	Perlidae	54	1 156	1	1	1	1	1	1	1	1	1		1	1			1			1	1	1	1	1
05	襀翅目	网襀科	Perlodidae	53	336	1	1	1	1	1	1	1	1								1		1		
05	襀翅目	大襀科	Pteronarcidae	3	13				1	1							1								
05	襀翅目	裸襀科	Scopuridae	1	1				1																
05	襀翅目	刺襀科	Styloperlidae	2	10						1	1													
05	襀翅目	带襀科	Taeniopterygidae	12	116	1	1	1	1	1							1								
06	蜚蠊目	硕蠊科	Blaberidae	165	1 211	1		1	1		1	1	1	1	1	1	1	1	1	1	1	1	1	1	1
06	蜚蠊目	蜚蠊科	Blattidae	46	615	1		1	1	1	1	1	1	1	1	1	1	1	1	1	1	1	1	1	1
06	蜚蠊目	隐尾蠊科	Cryptocercidae	1	12	1		1	1	1	1	1					1								
06	蜚蠊目	姬蠊科	Bllattellidae	220	2 295	1	1	1	1	1	1	1	1	1	1	1	1	1	1	1	1	1	1	1	1
06	蜚蠊目	辉蠊科	Lamproblattidae	3	10																		1	1	1
06	蜚蠊目	蟗蠊科	Nocticolidae	9	32				1	1	1		1	1	1	1	1	1							
06	蜚蠊目	地鳖蠊科	Polyphagidae	39	221	1	1	1	1		1	1	1	1	1	1	1	1	1		1	1	1	1	
06	蜚蠊目	工蠊科	Tryonicidae	7	32							1					1	1							
07	等翅目	草白蚁科	Hodotermitidae	21	456	1	1	1		1	1	1	1	1	1	1	1	1	1	1		1	1	1	
07	等翅目	印白蚁科	Indotermitidae	1	45					1	1	1													
07	等翅目	木白蚁科	Kalotermitidae	12	315	1	1	1	1	1	1	1	1					1	1	1	1	1	1	1	
07	等翅目	澳白蚁科	Mastotermitidae	1	1													1							
07	等翅目	鼻白蚁科	Rhinotermidae	3	21			1	1				1	1											
07	等翅目	齿白蚁科	Serritermidae	2	3																		1		
07	等翅目	木鼻白蚁科	Stylotermitidae	3	6				1		1	1	1						1	1					
07	等翅目	原白蚁科	Termopsidae	2	10											1		1	1	1				1	1
07	等翅目	白蚁科	Termitidae	239	2 075			1	1		1	1	1	1	1	1	1	1	1	1		1	1	1	1
08	螳螂目		Acanthopidae	13	96							1	1									1	1	1	1
08	螳螂目	怪足螳科	Amorphoscelidae	17	115	1	1				1	1	1			1			1	1					
08	螳螂目	缺爪螳科	Chaeteessidae	1	9																		1	1	1
08	螳螂目	锥头螳科	Empusidae	10	55	1	1	1			1	1				1									
08	螳螂目	方额螳科	Eremiaphilidae	2	83	1											1								
08	螳螂目		Galinthiadiae	4	25											1	1								
08	螳螂目	花螳科	Hymenopodidae	48	328					1	1	1	1			1	1					1	1		
08	螳螂目	虹翅螳科	Iridopterygidae	45	159						1	1	1			1	1	1	1						
08	螳螂目	乳螳科	Liturgusidae	17	89							1	1	1	1	1	1				1				
08	螳螂目	螳科	Mantidae	204	1 343	1	1	1	1	1	1	1	1	1	1	1	1	1	1	1	1	1	1	1	
08	螳螂目	类螳科	Mantoididae	1	11																	1	1	1	1
08	螳螂目	金螳科	Metallyticidae	1	5									1											
08	螳螂目	巫螳科	Sibyllidae	3	21											1	1								
08	螳螂目		Terachodidae	32	261	1	1	1	1			1	1	1		1	1			1					
08	螳螂目	细足螳科	Thespidae	44	217							1				1	1	1			1	1	1	1	
08	螳螂目	扁尾螳科	Toxoderidae	17	56							1	1	1				1							
09	蛩蠊科	蛩蠊科	Grylloblattidae	5	37				1	1	1							1							
10	革翅目	肥螋科	Anisolabididae	38	388	1	1		1	1	1	1	1	1	1	1			1	1	1	1			
10	革翅目	臀螋科	Apachyidae	2	15							1	1			1			1						
10	革翅目	蝠螋科	Arixeniidae	2	5									1					1						
10	革翅目	螯螋科	Chelisochidae	15	96							1	1	1	1										
10	革翅目	丝尾螋科	Diplatyidae	8	143							1	1				1					1			
10	革翅目	球螋科	Forficulidae	68	463	1	1	1	1	1	1	1	1	1	1	1	1	1	1	1	1	1		1	1
10	革翅目	鼠螋科	Hemimeridae	2	11											1									
10	革翅目	卡螋科	Karschiellidae	2	12																				
10	革翅目	蠷螋科	Labeduridae	11	88	1	1	1	1			1				1			1		1	1			
10	革翅目	姬螋科	Labiidae	8	164	1			1							1			1			1	1		
10	革翅目	大尾螋科	Pygidicranidae	27	183		1		1													1			
10	革翅目	绵螋科	Spongiphoridae	36	343							1	1	1	1	1	1	1	1	1	1	1			
11	直翅目	蝗科	Acrididae	1 396	6 666	1	1	1	1	1	1	1	1	1	1	1	1	1	1	1	1	1	1	1	1
11	直翅目	丑螽科	Anostostomatidae	41	206						1	1	1	1	1	1	1	1	1	1	1	1	1	1	1

31目 编号	名称	中文名称	学名	属的数量	种的数量	a	b	c	d	e	f	g	h	i	j	k	l	m	n	o	p	q	r	s	t
11	直翅目	硕螽科	Bradyporidae	31	306	1		1		1	1	1	1	1	1		1	1	1			1	1		
11	直翅目	脊螽科	Choroetypidae	43	161					1	1	1	1	1											
11	直翅目	草螽科	Conocephalidae	148	1 168	1	1	1	1	1	1	1	1	1	1	1	1	1	1	1	1	1	1	1	1
11	直翅目	蝼螽科	Cooloolidae	1	4														1						
11	直翅目	筒蝼科	Cyclindrachetidae	3	16													1	1						
11	直翅目		Dericorythidae	16	163	1	1	1			1		1			1									
11	直翅目	蛣蟋科	Eneopteridae	101	645	1	1		1		1	1	1	1	1		1		1	1	1	1		1	1
11	直翅目	枕螽科	Episactidae	18	67							1													
11	直翅目	蜢科	Eumastacidae	51	240			1	1		1											1	1	1	1
11	直翅目		Euschmidtiidae	60	241											1	1	1							
11	直翅目	蟋螽科	Gryllacrididae	102	763	1	2	1		1	1	1	1	1	1	1	1	1	1	1	1	1	1	1	1
11	直翅目	蟋蟀科	Gryllidae	321	2 457	1	1	1	1	1	1	1	1	1	1	1	1	1	1	1	1	1	1	1	1
11	直翅目	貌蟋科	Gryllomorphidae	34	376	1	1	1		1	1	1	1	1	1	1	1	1	1	1	1	1	1	1	1
11	直翅目	蝼蛄科	Gryllotalpidae	9	86	1	1	1	1	1	1	1	1	1	1	1	1	1	1	1	1	1	1	1	1
11	直翅目		Lathiceridae	3	4												1								
11	直翅目		Lentulidae	38	165											1	1								
11	直翅目		Lithidiidae	3	26												1								
11	直翅目	穴螽科	Macropathidae	20	59												1	1	1	1		1	1	1	1
11	直翅目		Mastacideidae	2	8			1			1														
11	直翅目	蛩螽科	Meconematidae	36	375	1				1	1	1	1	1											
11	直翅目	纺织娘科	Mecopodidae	126	307				1																
11	直翅目	癞蟋科	Mogoplistidae	30	224	1	1		1		1	1	1	1	1								1	1	1
11	直翅目		Morabidae	42	119								1					1	1						
11	直翅目	蚁蟋科	Myrmecophilidae	6	73	1			1			1					1		1						
11	直翅目		Ommexechidae	13	33																		1	1	1
11	直翅目	癞蝗科	Pamphagidae	95	465	1	1	1	1	1	1					1	1								
11	直翅目		Pamphagodidae	4	5	1											1								
11	直翅目	蛛蟋科	Phalangopsidae	161	923	1	1		1		1	1	1	1	1		1		1	1	1	1	1	1	1
11	直翅目	露螽科	Phaneropteridae	302	1 694	1	1	1	1	1	1	1	1	1	1	1	1	1	1	1	1	1	1	1	1
11	直翅目	蟠螽科	Phasmodidae	5	30													1	1						
11	直翅目	叶螽科	Phyllophoridae	13	69								1	1	1										
11	直翅目	大腹蝗科	Pneumoridae	9	18											1	1								
11	直翅目	鸣螽科	Prophalangopsidae	5	8			1			1	1							1						
11	直翅目	蟠蜢科	Proscopiidae	29	170																	1	1	1	1
11	直翅目	拟叶螽科	Pseudophyllidae	262	1 088		1	1		1	1	1	1	1	1	1	1	1	1	1	1	1	1	1	1
11	直翅目	瓣蟋科	Pteroplistidae	9	72	1	1	1	1	1	1	1	1	1			1	1	1		1		1	1	
11	直翅目		Pyrgacrididae	1	2												1								
11	直翅目	锥头蝗科	Pyrgomorphidae	150	485	1	1	1	1	1	1	1	1	1	1	1	1	1	1	1	1	1	1	1	1
11	直翅目	驼螽科	Rhaphidophoridae	81	598	1	1	1	1	1	1	1	1	1	1	1	1	1	1	1	1	1	1	1	1
11	直翅目		Ripipterygidae	2	74																		1	1	1
11	直翅目		Romaleidae	108	454																	1	1	1	1
11	直翅目	双齿蝼蛄科	Scapteriscidae	2	29						1	1										1	1	1	1
11	直翅目	裂趾螽科	Schizodactylidae	2	15			1	1		1						1								
11	直翅目	沙螽科	Stenopelmatidae	6	39								1	1			1	1							
11	直翅目		Tanaoceridae	2	3																		1		
11	直翅目	蚱科	Tetrigidae	263	1 869	1	1	1	1	1	1	1	1	1	1	1	1	1	1	1	1	1	1	1	1
11	直翅目	螽斯科	Tettigoniidae	224	1 231	1	1	1	1	1	1	1	1	1	1	1	1	1	1	1	1	1	1	1	1
11	直翅目		Thericleidae	57	220	1										1	1								
11	直翅目	蚤蝼科	Tridactylidae	12	184	1	1		1		1	1	1	1	1		1		1	1		1	1	1	1
11	直翅目	蛉蟋科	Trigonidiidae	107	1 017	1	1	1	1	1	1	1	1	1	1	1	1	1	1	1	1	1	1	1	1
11	直翅目	三角翅蟠科	Trigonopterygidae	5	20								1	1											
11	直翅目		Tristiridae	18	25																	1		1	1
11	直翅目		Xyronotidae	2	4																1				
12	蟠目		Agathemeridae	1	8																			1	1
12	蟠目		Anisacanthidae	10	31												1								
12	蟠目		Aschiphasmatidae	16	95								1	1	1										
12	蟠目	杆蟠科	Bacillidae	19	50	1	1							1			1	1	1						

（续表）

编号	名称	中文名称	学名	属的数量	种的数量	a	b	c	d	e	f	g	h	i	j	k	l	m	n	o	p	q	r	s	t
12	螳目		Damasippoididae	2	6												1								
12	螳目		Diapheromeridae	146	1 250	1	1	1		1	1	1	1	1	1	1	1		1	1	1	1	1	1	1
12	螳目	异螳科	Heteronemiidae	13	80												1				1	1	1	1	1
12	螳目	异翅螳科	Heteropterygidae	28	107						1	1	1				1								
12	螳目	螳科	Phasmatidae	157	984	1	1	1	1	1	1	1	1	1		1	1	1			1	1	1	1	1
12	螳目	叶螳科	Phylliidae	5	51				1		1	1	1	1			1								
12	螳目		Prisopedidae	7	53				1			1	1				1					1	1	1	1
12	螳目	拟螳科	Pseudophasmatidae	60	335	1						1	1				1	1			1	1	1	1	1
12	螳目	新螳科	Timematidae	1	21																		1	1	
13	螳螂目	螳螂科	Mantophasmatidae	13	19								1												
14	纺足目		Andesembiidae	2	7																			1	
14	纺足目	缺丝蚁科	Anisembiidae	24	107																	1	1	1	1
14	纺足目		Archembiidae	2	12																	1	1	1	1
14	纺足目	澳丝蚁科	Australembiidae	1	18													1							
14	纺足目	正尾丝蚁科	Clothodidae	4	16																		1	1	
14	纺足目	丝蚁科	Embiidae	23	89	1	1	1				1	1			1	1								
14	纺足目		Embonychidae	1	1																				
14	纺足目	异尾丝蚁科	Notoligotomidae	1	2								1					1							
14	纺足目	等尾丝蚁科	Oligotomidae	6	46			1	1			1	1	1	1			1	1		1	1			
14	纺足目		Paedembiidae	2	2				1																
14	纺足目		Ptilocerembiidae	1	5								1												
14	纺足目		Scelembiidae	16	49													1					1	1	1
14	纺足目	奇丝蚁科	Teratembiidae	5	48								1								1	1	1	1	1
15	缺翅目	缺翅科	Zorotypidae	1	40						1	1	1	1	1	1						1	1	1	1
16	啮目	重啮科	Amphientomidae	25	156	1	1			1		1	1	1	1	1						1	1	1	1
16	啮目	双啮科	Amphipsocidae	22	285	1	1		1	1	1	1	1	1	1	1						1	1	1	1
16	啮目	古啮科	Archipsocidae	5	81							1	1	1		1						1	1		
16	啮目	亚啮科	Asiopsocidae	3	16	1	1		1		1											1	1		
16	啮目	单啮科	Caeceliusidae	42	808	1	1		1	1	1	1	1	1	1	1		1	1	1	1	1	1	1	1
16	啮目	枝啮科	Cladiopsocidae	1	26													1				1			
16	啮目	同啮科	Compsocidae	2	2																	1			
16	啮目	离啮科	Dasydemellidae	3	49						1											1	1		
16	啮目	斧啮科	Dolabellopsocidae	4	39						1	1										1	1		
16	啮目	外啮科	Ectopsocidae	7	230	1	1		1	1	1	1	1	1	1	1		1	1	1	1	1	1		1
16	啮目		Electrentomidae	4	8													1				1			1
16	啮目	沼啮科	Elipsocidae	34	151	1	1	1	1	1	1	1	1		1		1		1	1	1	1	1	1	1
16	啮目	上啮科	Epipsocidae	23	207	1	1		1	1	1	1	1	1	1	1		1	1	1	1	1	1	1	1
16	啮目	半啮科	Hemipsocidae	4	40																				
16	啮目	分啮科	Lachesillidae	20	354	1	1		1	1	1	1	1	1	1	1		1	1	1	1	1	1	1	1
16	啮目	鳞啮科	Lepidopsicidae	20	214	1	1		1	1	1	1	1	1	1			1	1	1	1	1	1	1	1
16	啮目		Lesneiidae	1	4													1							
16	啮目	虱啮科	Liposcelididae	10	198	1	1	1	1	1	1	1	1	1	1	1		1	1	1	1	1	1	1	1
16	啮目	羚啮科	Mesopsocidae	16	104	1	1	1	1	1	1	1	1	1		1		1				1	1		
16	啮目	耗啮科	Musapsocidae	2	9																	1	1		
16	啮目	鼠啮科	Myopsocidae	10	195	1	1		1	1	1	1	1	1	1	1		1	1	1	1	1	1	1	1
16	啮目	厚啮科	Pachytroctidae	11	92	1	1		1	1	1	1	1	1	1	1		1	1	1	1	1	1		1
16	啮目		Paracaeciliidae	5	109	1			1		1		1				1	1	1						
16	啮目	围啮科	Peripsocidae	12	345	1	1		1	1	1	1	1	1	1	1		1	1	1	1	1	1	1	1
16	啮目	美啮科	Philotarsidae	7	141	1					1	1	1	1	1	1	1		1	1	1	1	1	1	1
16	啮目	锯啮科	Prionoglarididae	5	13	1	1	1			1							1				1			
16	啮目		Protroctopsocidae	4	5	1	1															1			
16	啮目	叉啮科	Pseudocaecilllidae	37	427	1	1		1	1	1	1	1	1	1	1		1	1	1	1	1	1	1	1
16	啮目	裸啮科	Psilopsocidae	1	8							1	1	1											
16	啮目	啮科	Psocidae	88	1 317	1	1	1	1	1	1	1	1	1	1	1		1	1	1	1	1	1	1	1
16	啮目	圆啮科	Psoquillidae	8	31	1	1				1	1	1	1			1					1	1	1	1
16	啮目	跳啮科	Psyllipsocidae	6	70	1	1	1	1	1	1	1	1	1	1	1	1					1	1	1	1
16	啮目	羽啮科	Ptiloneuridae	11	61																	1	1	1	

编号	名称	中文名称	学名	属的数量	种的数量	a	b	c	d	e	f	g	h	i	j	k	l	m	n	o	p	q	r	s	t
16	蜩目		Sabulopsocidae	2	2														1						
16	蜩目	球蜩科	Sphaeropsocidae	4	19	1									1	1			1	1			1	1	1
16	蜩目		Spurostigmatidae	1	13																		1	1	
16	蜩目	狭蜩科	Stenopsocidae	4	194	1	1		1	1	1	1	1				1		1	1			1	1	1
16	蜩目	毛蜩科	Trichopsocidae	1	9	1	1										1		1				1	1	
16	蜩目	粉蜩科	Troctopsocidae	7	24					1	1	1											1	1	
16	蜩目	窃蜩科	Trogiidae	10	55	1	1			1	1			1	1	1	1	1		1		1	1	1	1
17	食毛目	袋鼠鸟虱科	Boopiidae	6	48														1						
17	食毛目	鼠鸟虱科	Gyropidae	8	90																1		1	1	1
17	食毛目	象虱科	Haematomyzidae	1	3								1			1									
17	食毛目	水鸟虱科	Laemobothriidae	1	23	1						1	1						1		1				
17	食毛目	短角鸟虱科	Menoponidae	76	1 210	1	1	1	1	1	1	1	1	1	1	1	1	1	1	1		1	1	1	1
17	食毛目	长角鸟虱科	Philopteridae	169	2 801	1	1	1	1	1	1	1	1	1	1	1	1	1	1	1		1	1	1	1
17	食毛目	鸟虱科	Ricinidae	3	44	1	1	1	1	1	1	1	1										1	1	1
17	食毛目	兽鸟虱科	Trichodectidae	20	345	1	1	1	1	1	1	1	1										1	1	1
17	食毛目	毛鸟虱科	Trimenoponidae	1	1																		1	1	
18	虱目	恩兰虱科	Enderleinellidae	5	52	1	1					1	1				1					1	1	1	1
18	虱目	血虱科	Haematopinidae	1	30	1						1	1	1					1						
18	虱目		Hamophthiriidae	1	1								1												
18	虱目	甲协虱科	Hoplopleuridae	6	157	1	1	1	1	1	1	1	1				1	1				1	1	1	1
18	虱目		Hybophthiridae	1	1									1											
18	虱目	颚虱科	Linognathidae	5	76	1	1	1	1			1	1					1	1				1	1	
18	虱目		Microthoraciidae	1	4	1			1				1										1	1	
18	虱目	鼹虱科	Neolinognathidae	1	2												1								
18	虱目		Pecaroecidae	1	1																		1	1	
18	虱目	猴虱科	Pedicinidae	1	16	1										1	1		1						
18	虱目	虱科	Pediculidae	1	18	1	1	1	1	1	1	1	1	1	1	1	1	1	1	1		1	1	1	1
18	虱目	阴虱科	Pthiriidae	1	2		1	1	1	1	1	1													
18	虱目	多板虱科	Polyplacidae	20	190	1	1	1	1	1	1						1	1				1	1	1	1
18	虱目	马虱科	Ratemiidae	1	3			1								1	1								
19	缨翅目	纹蓟马科	Aeolothripidae	23	206	1	1	1	1	1	1	1	1	1	1	1	1	1	1	1		1	1	1	1
19	缨翅目		Fauriellidae	4	5																				
19	缨翅目	异蓟马科	Heterothripidae	4	89																		1	1	1
19	缨翅目		Melanthripidae	4	67	1	1	1				1	1						1	1				1	1
19	缨翅目	大腿蓟马科	Merothripidae	3	15	1				1	1	1	1	1	1	1			1			1	1	1	1
19	缨翅目	管蓟马科	Phlaeothripidae	452	3 592	1	1	1	1	1	1	1	1	1	1	1	1	1	1	1	1	1	1	1	1
19	缨翅目		Stenurothripidae	3	6	1	1						1						1						
19	缨翅目	蓟马科	Thripidae	288	2 057	1	1	1	1	1	1	1	1	1	1	1	1	1	1	1	1	1	1	1	1
19	缨翅目		Uzelothripidae	1	1								1				1		1						
20	半翅目	峻翅蜡蝉科	Acanaloniidae	16	85	1										1	1					1	1		
20	半翅目	同蝽科	Acanthosomatidae	30	173	1		1	1	1	1						1	1	1			1	1	1	
20	半翅目	颖蜡蝉科	Achilidae	171	548	1		1	1	1	1	1					1	1				1	1	1	
20	半翅目	仄腹蜡蝉科	Achilixidae	3	25																				
20	半翅目	球蚜科	Adelgidae	10	116	1	1	1	1	1													1		
20	半翅目	仁蚧科	Aclerdidae	7	59				1	1	1	1											1		
20	半翅目	迷蝽科	Aenictopecheidae	4	6																			1	
20	半翅目	滨蝽科	Aepophilidae	1	1	1																			
20	半翅目	犁胸蝉科	Aetalionidae	6	16							1											1	1	1
20	半翅目	圆痕叶蝉科	Agalliidae	1	2													1				1			
20	半翅目	粉虱科	Aleyrodidae	162	1 542	1	1	1	1	1	1	1	1	1	1	1	1	1	1	1	1	1	1	1	1
20	半翅目	蛛缘蝽科	Alydidae	54	289	1	1	1	1	1	1	1	1	1	1	1	1	1	1	1		1	1	1	1
20	半翅目		Aneuridae	1	1																				
20	半翅目		Anoecidae	1	1																				
20	半翅目	花蝽科	Anthocoridae	58	243	1	1	1	1	1	1	1	1									1	1	1	1
20	半翅目	盖蝽科	Aphelocheiridae	1	14	1						1	1					1			1				
20	半翅目	蚜科	Aphididae	754	5 652	1	1	1	1	1	1	1	1	1	1	1	1	1	1	1	1	1	1	1	1
20	半翅目	尖胸沫蝉科	Aphrophoridae	163	912	1	1	1	1	1	1	1	1	1	1	1	1	1	1	1		1	1	1	1

世界昆虫地理

（续表）

编号	名称	中文名称	学名	属的数量	种的数量	a	b	c	d	e	f	g	h	i	j	k	l	m	n	o	p	q	r	s	t
20	半翅目	澳蝽科	Aphylidae	3	4													1							
20	半翅目	扁蝽科	Aradidae	96	428	1		1	1	1	1	1	1		1	1	1		1	1	1	1		1	
20	半翅目		Artheneidae	5	12	1		1	1		1								1		1				
20	半翅目	链蚧科	Asterolecaniidae	15	118	1	1		1		1	1	1						1						
20	半翅目	蜂蚧科	Beesoniidae	4	10						1														
20	半翅目	负子蝽科	Belostomatidae	16	48	1	1		1	1	1	1	1	1		1	1	1	1	1		1	1	1	1
20	半翅目	蹺蝽科	Berytidae	22	72	1		1	1	1	1					1	1	1		1	1			
20	半翅目	谷长蝽科	Blissidae	10	66	1		1	1	1	1	1												
20	半翅目		Caliscelidae	61	181	1	1	1	1		1	1	1	1		1		1		1	1		1	
20	半翅目	丽木虱科	Calophyidae	9	88	1	1		1	1	1	1				1			1	1	1	1	1	
20	半翅目		Canopidae	1	1																	1		
20	半翅目		Cantacaderidae	3	4																			
20	半翅目	裂木虱科	Carsidaridae	12	43			1		1		1	1	1	1						1	1	1	1
20	半翅目	栉蝽科	Ceratocombidae	4	15	1					1		1				1			1	1			
20	半翅目		Carayonemidae	4	4																			
20	半翅目	沫蝉科	Cercopidae	183	1 445	1		1	1		1	1	1	1	1	1	1	1	1	1	1	1	1	
20	半翅目	壶蚧科	Cerococcidae	14	83						1	1												
20	半翅目	叶蝉科	Cicadellidae	2 364	16 070	1	1	1	1	1	1	1	1	1	1	1	1	1	1	1	1	1	1	1	1
20	半翅目	蝉科	Cicadidae	451	3 237	1	1	1	1	1	1	1	1	1	1	1	1	1	1	1	1	1	1	1	1
20	半翅目	臭蝽科	Cimicidae	22	74	1	1	1	1	1	1	1	1	1	1				1	1	1	1		
20	半翅目	菱蜡蝉科	Cixiidae	219	2 262	1	1	1	1	1	1	1	1	1	1	1	1	1	1	1				
20	半翅目	长盾沫蝉科	Clastopteridae	3	80											1			1	1	1			
20	半翅目	蜡蚧科	Coccidae	227	1 200	1		1	1		1		1			1	1	1	1	1				
20	半翅目	束蝽科	Colobathristidae	2	7						1	1												
20	半翅目	壳蚧科	Conchaspididae	6	31						1													
20	半翅目	缘蝽科	Coreidae	448	2 554	1	1	1	1	1	1	1	1	1	1	1	1	1	1	1	1	1	1	1	1
20	半翅目	划蝽科	Corixidae	42	290	1	1	1	1	1	1	1	1	1	1	1	1	1	1	1	1	1	1	1	
20	半翅目		Cryptorhamphidae	2	4													1							
20	半翅目	土蝽科	Cydnidae	74	236	1	1	1	1	1	1	1	1	1	1	1	1	1	1	1	1	1	1	1	
20	半翅目		Cymidae	7	32	1	1		1	1	1	1						1		1				
20	半翅目		Cyrtocoridae	1	1																	1		
20	半翅目	洋红蚧科	Dactylopiidae	1	10	1	1														1	1		
20	半翅目	飞虱科	Delphacidae	410	2 075	1	1	1	1	1	1	1	1	1	1	1	1	1	1	1	1	1	1	1	
20	半翅目	袖蜡蝉科	Derbidae	198	1 547				1	1	1	1	1		1	1		1	1	1	1	1	1	1	
20	半翅目	盾蚧科	Diaspididae	581	2 606	1	1	1	1	1	1	1	1	1	1	1	1	1						
20	半翅目	象蜡蝉科	Dictyopharidae	198	783	1		1	1	1	1	1	1	1	1	1	1	1	1	1	1	1		
20	半翅目	兜蝽科	Dinidoridae	6	20				1	1	1	1	1	1	1		1		1	1				
20	半翅目	鞭蝽科	Dipsocoridae	5	15	1						1												
20	半翅目		Elektraphididae	3	10	1																		
20	半翅目	奇蝽科	Enicocephalidae	19	37						1	1	1					1		1				
20	半翅目		Epipygidae	3	5																	1	1	
20	半翅目	绒蚧科	Eriococcidae	108	597	1			1	1	1		1					1	1	1	1			
20	半翅目		Eumenotidae	1	1																			
20	半翅目	颜蜡蝉科	Eurybrachidae	40	195							1	1					1	1					
20	半翅目	宽顶叶蝉科	Evacanthidae	1	1						1													
20	半翅目	蛾蜡蝉科	Flatidae	304	1 417	1	1	1			1	1	1		1	1	1	1	1	1	1	1		
20	半翅目	蜡蝉科	Fulgoridae	146	661				1	1	1	1	1		1			1						
20	半翅目	蟾蝽科	Gelastocoridae	2	35				1	1	1	1	1	1	1	1	1	1	1	1	1	1	1	1	1
20	半翅目	露孔蜡蝉科	Gengidae	4	6												1							
20	半翅目		Geocoridae	5	73	1	1	1	1	1	1	1	1				1	1	1		1	1		
20	半翅目	黾蝽科	Gerridae	47	174	1	1		1	1	1	1	1	1	1	1	1	1	1	1	1	1	1	
20	半翅目		Halimococcidae	7	24															1				
20	半翅目	膜翅蝽科	Hebridae	17	32								1						1	1					1
20	半翅目	蚤蝽科	Helotrephidae	7	8											1			1					
20	半翅目		Henicocoridae	1	1														1					
20	半翅目		Heterogastridae	6	12	1	1	1	1	1	1	1					1		1					
20	半翅目	叶木虱科	Homotomidae	12	77	1	1	1		1	1	1	1	1	1	1	1		1			1		

526　Insect Geography of the World

（续表）

31目 编号	名称	科 中文名称	学名	属的数量	种的数量	a	b	c	d	e	f	g	h	i	j	k	l	m	n	o	p	q	r	s	t
20	半翅目	扁蚜科	Hormaphidae	1	1					1															
20	半翅目	尺蝽科	Hydrometridae	8	28	1	1			1	1	1	1			1			1			1	1	1	1
20	半翅目		Hyocephalidae	2	3													1	1						
20	半翅目	盲蜡蝉科	Hypochthonellidae	1	1																				
20	半翅目		Idiostolidae	2	3																			1	
20	半翅目	树蝽科	Isometopidae	1	1																			1	
20	半翅目	瓢蜡蝉科	Issidae	280	1 189	1		1		1	1	1	1				1		1	1		1	1	1	
20	半翅目		Joppeicidae	1	1																				
20	半翅目	红蚧科	Kermesidae	15	96	1						1	1											1	
20	半翅目	胶蚧科	Kerriidae	14	91							1	1												
20	半翅目	阔蜡蝉科	Kinnaridae	22	112			1				1	1												
20	半翅目	大红蝽科	Largidae	13	38						1	1	1				1					1	1		
20	半翅目	盘蚧科	Lecanodiaspididae	20	89							1	1												
20	半翅目	细蝽科	Leptopodidae	5	6	1	1					1	1					1							
20	半翅目	来氏蝽科	Lestoniidae	1	2													1	1						
20	半翅目	璐蜡蝉科	Lophopidae	51	167			1			1	1	1	1				1							
20	半翅目	长蝽科	Lygaeidae	240	644	1	1	1	1	1	1	1	1	1	1	1	1	1	1	1	1	1	1	1	
20	半翅目	棘沫蝉科	Machaerotidae	41	128						1	1	1					1	1						
20	半翅目	大宽黾蝽科	Macroveliidae	8	12							1	1	1				1	1						
20	半翅目		Madeoveliidae	1	1																			1	
20	半翅目		Malcidae	2	29					1	1	1													
20	半翅目	珠蚧科	Margarodidae	114	471	1	1	1	1	1	1	1	1				1	1	1	1					
20	半翅目	粒脉蜡蝉科	Meenoplidae	29	181	1	1	1	1	1	1	1	1				1								
20	半翅目		Megarididae	1	1																		1	1	
20	半翅目	美角蝉科	Melizoderidae	2	8																			1	1
20	半翅目	角蝉科	Membracidae	463	3 285	1	1	1	1	1	1	1	1	1	1	1	1	1	1	1	1	1	1	1	1
20	半翅目	水蝽科	Mesoveliidae	12	38	1			1			1	1	1				1	1			1	1	1	1
20	半翅目		Mesozoicaphididae	3	6																				
20	半翅目		Micrococcidae	3	18																				
20	半翅目	小划蝽科	Micronectidae	2	2	1											1								
20	半翅目	驼蝽科	Microphysidae	5	20	1													1						
20	半翅目	盲蝽科	Miridae	1 502	11 091	1	1	1	1	1	1	1	1	1	1	1	1	1	1	1	1	1	1	1	
20	半翅目		Monophlebidae	1	2																				
20	半翅目		Myerslopiidae	2	12														1						
20	半翅目	姬蝽科	Nabidae	26	162	1	1	1	1	1	1	1	1			1			1	1	1				
20	半翅目	潜蝽科	Naucoridae	27	119	1			1		1	1	1		1	1	1	1			1	1	1	1	
20	半翅目	蝎蝽科	Nepidae	7	36	1			1		1	1	1		1	1	1		1	1	1	1	1	1	1
20	半翅目		Nicomiidae	3	3																		1	1	
20	半翅目		Ninidae	2	5							1	1			1									
20	半翅目	娜蜡蝉科	Nogodinidae	76	338					1	1	1	1				1	1		1			1		
20	半翅目	仰蝽科	Notonectidae	9	143	1	1		1	1	1		1	1	1	1		1	1	1	1	1	1	1	1
20	半翅目	蜍蝽科	Ochteridae	2	19	1					1	1	1	1		1	1	1		1	1	1			
20	半翅目	涯蝽科	Omanidae	1	3														1						
20	半翅目	旌蚧科	Ortheziidae	24	198	1			1			1											1		
20	半翅目		Oxycarenidae	2	10																		1		
20	半翅目	长角长蝽科	Pachygronthidae	8	20					1	1	1	1				1	1		1					
20	半翅目	盲姬蝽科	Pachynomidae	1	1																		1	1	
20	半翅目	鞘喙蝉科	Peloridiidae	18	38									1					1	1					
20	半翅目	蝽科	Pentatomidae	407	1 178	1	1	1	1	1	1	1	1	1	1	1	1	1	1	1	1	1	1	1	1
20	半翅目		Phacopteronidae	5	51								1	1						1					
20	半翅目	澳蚧科	Phenacoleachiidae	1	2															1					
20	半翅目	战蚧科	Phoenicococcidae	1	1							1													
20	半翅目	短喙蝽科	Phyllocephalidae	1	1							1	1			1									
20	半翅目	根瘤蚜科	Phylloxeridae	10	74	1			1		1								1		1				
20	半翅目	瘤蝽科	Phymatidae	1	1																		1	1	
20	半翅目	皮蝽科	Piesmatidae	5	26	1			1	1		1							1	1					
20	半翅目	龟蝽科	Plataspidae	27	126	1				1	1	1	1	1	1	1	1	1		1					

（续表）

31目		科		属的数量	种的数量	亚界																			
编号	名称	中文名称	学名			a	b	c	d	e	f	g	h	i	j	k	l	m	n	o	p	q	r	s	t
20	半翅目	固蝽科	Pleidae	3	14	1			1	1	1	1		1		1		1	1		1	1	1	1	
20	半翅目	丝蝽科	Plokiophilidae	1	1																	1			
20	半翅目	寄蝽科	Polyctenidae	6	8						1	1									1			1	
20	半翅目	粉蚧科	Pseudococcidae	348	2 107	1	1	1	1	1	1	1	1	1	1	1		1	1	1	1	1			
20	半翅目	木虱科	Psyllidae	171	1 743	1	1	1	1	1	1	1				1		1	1	1	1	1	1	1	
20	半翅目	红蝽科	Pyrrhocoridae	18	67	1	1	1	1	1	1	1	1		1	1	1		1		1	1	1	1	
20	半翅目	猎蝽科	Reduvidae	292	808	1	1	1	1	1	1	1	1	1	1	1	1	1	1	1	1	1	1	1	
20	半翅目	姬缘蝽科	Rhopalidae	23	186	1	1	1	1	1	1	1	1	1	1	1		1	1		1	1	1	1	
20	半翅目		Rhyparochromidae	156	559	1	1	1	1	1	1	1	1	1	1	1	1	1	1	1	1	1	1	1	
20	半翅目	广翅腊蝉科	Ricaniidae	54	397		1			1	1	1	1	1				1	1	1					
20	半翅目	跳蝽科	Saldidae	25	164	1	1		1	1	1	1	1						1	1	1	1	1		1
20	半翅目	毛角蝽科	Schizopteridae	20	72						1	1		1					1		1				
20	半翅目	盾蝽科	Scutelleridae	53	165	1	1	1	1	1	1	1	1			1	1	1	1		1	1	1	1	
20	半翅目		Stemmocryptidae	1	2																				
20	半翅目	狭蝽科	Stenocephalidae	1	30	1	1	1			1	1	1		1	1		1					1		
20	半翅目	斑蚧科	Stictococcidae	3	15										1	1									
20	半翅目	蛩蝽科	Termitaphididae	2	3						1											1			
20	半翅目	荔蝽科	Tessavatomidae	53	228	1			1		1	1	1	1	1	1	1		1			1			
20	半翅目		Tettigarctidae	3	5	1													1						
20	半翅目	蚁蜡蝉科	Tettigometridae	24	96	1	1	1			1						1								
20	半翅目	榈蝽科	Thaumastocoridae	4	15	1										1		1	1	1				1	
20	半翅目	黑蝽科	Thyreocoridae	6	46	1					1	1					1				1	1	1	1	
20	半翅目		Tibicinidae	12	99	1	1	1		1	1	1						1	1	1	1				
20	半翅目	网蝽科	Tingidae	295	2 416	1	1	1	1	1	1	1	1		1	1	1	1	1	1	1	1	1	1	1
20	半翅目	尖翅木虱科	Triozidae	56	731	1	1	1	1	1	1	1	1	1	1		1		1	1	1	1	1	1	1
20	半翅目	扁蜡蝉科	Tropiduchidae	143	428			1		1	1	1		1	1		1		1		1	1			
20	半翅目	异尾蝽科	Urostylididae	6	12					1	1	1													
20	半翅目	宽蝽科	Veliidae	27	152	1	1		1	1	1	1	1	1		1			1	1	1	1	1	1	
20	半翅目	甲蝽科	Vianaididae	1	1																		1		
21	广翅目	齿蛉科	Corydalidae	25	285				1	1	1	1	1			1	1	1	1	1	1	1	1	1	1
21	广翅目	泥蛉科	Sialidae	8	81	1	1		1	1	1	1	1			1	1		1		1	1	1	1	1
22	蛇蛉目	盲蛇蛉科	Inocelliidae	7	48	1	1	1	1	1	1	1									1	1			
22	蛇蛉目	蛇蛉科	Raphidiidae	26	203	1	1	1	1	1	1	1									1	1			
23	脉翅目	蝶角蛉科	Ascalaphidae	95	429	1	1	1	1	1	1	1	1	1	1	1	1	1	1		1	1	1	1	
23	脉翅目	鳞蛉科	Berothidae	28	125	1	1	1			1	1	1	1	1	1	1	1	1	1	1	1	1	1	1
23	脉翅目	草蛉科	Chrysopidae	79	1 367	1	1	1	1	1	1	1	1	1	1	1	1	1	1	1	1	1	1	1	1
23	脉翅目	粉蛉科	Coniopterygidae	34	535	1	1	1	1	1	1	1	1	1	1	1	1	1	1	1	1	1	1	1	1
23	脉翅目	栉角蛉科	Dilaridae	4	71	1	1	1	1	1	1	1	1			1					1	1	1	1	1
23	脉翅目	褐蛉科	Hemerobiidae	28	453	1	1	1	1	1	1	1	1	1	1	1	1	1	1	1	1	1	1	1	1
23	脉翅目	蛾蛉科	Ithonidae	9	39						1	1	1					1	1		1	1			1
23	脉翅目	螳蛉科	Mantispidae	43	397	1	1	1	1	1	1	1	1	1	1	1	1	1	1		1	1	1	1	1
23	脉翅目	蚁蛉科	Myrmeleontidae	190	1 616	1	1	1	1	1	1	1	1	1	1	1	1	1	1	1	1	1	1	1	1
23	脉翅目	旌蛉科	Nemopteridae	35	145	1	1	1			1	1			1	1		1	1				1	1	1
23	脉翅目	泽蛉科	Neurorthidae	4	12	1	1			1	1	1							1						
23	脉翅目	细蛉科	Nymphidae	8	35								1					1	1						
23	脉翅目	溪蛉科	Osmylidae	30	204	1	1	1	1	1	1	1	1		1	1	1	1	1	1			1	1	1
23	脉翅目	蝶蛉科	Psychopsidae	6	27						1	1			1	1		1	1						
23	脉翅目	山蛉科	Rapismatidae	1	19						1	1	1												
23	脉翅目	水蛉科	Sisyridae	4	65	1	1	1	1	1	1	1	1	1	1	1	1	1	1	1	1	1	1	1	1
24	鞘翅目		Acanthocnemidae	4	7													1	1						
24	鞘翅目	毛金龟科	Aclopidae	5	29													1	1						
24	鞘翅目		Anamosynidae	10	56	1										1					1	1	1	1	
24	鞘翅目	木甲科	Aderidae	48	900	1				1	1				1			1	1		1	1			1
24	鞘翅目	沙金龟科	Aegieliidae	10	88	1			1		1										1				
24	鞘翅目	觅葬甲科	Agyrtidae	12	14	1			1	1		1									1				
24	鞘翅目		Alexiidae	1	1	1										1					1				
24	鞘翅目	两栖甲科	Amphizoidae	1	6											1					1				

编号	名称	中文名称	学名	属的数量	种的数量	a	b	c	d	e	f	g	h	i	j	k	l	m	n	o	p	q	r	s	t
24	鞘翅目	窃蠹科	Anobiidae	89	917	1	1	1	1	1	1	1	1	1	1			1	1	1	1	1	1	1	1
24	鞘翅目	蚁形甲科	Anthicidae	116	1 764	1	1	1	1	1	1	1	1	1		1		1	1	1	1	1	1	1	1
24	鞘翅目	长角象科	Anthribidae	449	3 728	1	1	1	1	1	1	1	1	1	1	1	1	1	1	1	1	1	1	1	1
24	鞘翅目	蜉金龟科	Aphodiidae	351	3 849	1	1	1	1	1	1	1	1	1	1	1	1	1	1	1	1	1	1	1	1
24	鞘翅目	梨象科	Aprionidae	49	661				1	1	1	1	1	1	1		1	1	1	1		1	1	1	
24	鞘翅目		Archeocrypticidae	9	57															1	1	1	1	1	1
24	鞘翅目		Asiocoleidae	1	5																				
24	鞘翅目		Aspidytidae	1	2																				
24	鞘翅目	卷象科	Attelabidae	369	2 876	1	1	1	1	1	1	1	1	1	1	1	1	1	1	1	1	1	1	1	1
24	鞘翅目		Aulonocnemidae	4	57											1									
24	鞘翅目	矛象科	Belidae	56	271	1	1	1	1	1	1	1	1				1	1	1	1	1			1	1
24	鞘翅目		Belohinidae	1	1																				
24	鞘翅目	毛蕈甲科	Biphyllidae	7	197	1				1	1							1		1	1				1
24	鞘翅目		Boganiidae	4	8													1	1						
24	鞘翅目		Bolboceratidae	55	665	1	1		1	1	1	1	1					1		1					
24	鞘翅目	盘胸甲科	Boridae	3	4	1				1	1							1		1					
24	鞘翅目	长蠹科	Bostrichidae	97	721	1	1	1	1	1	1	1	1	1	1			1	1		1				
24	鞘翅目		Bothrideridae	38	422	1	1				1	1	1							1					
24	鞘翅目		Brachyceridae	57	425	1	1	1	1	1	1	1	1					1		1	1	1			
24	鞘翅目	颈萤科	Brachypsectridae	1	5																			1	
24	鞘翅目	短翅甲科	Brachypteridae	8	70	1				1								1							
24	鞘翅目	三锥象科	Brentidae	508	908	1	1	1	1	1	1	1	1	1	1	1	1	1	1	1	1	1	1	1	1
24	鞘翅目	吉丁甲科	Buprestidae	565	3 313	1	1	1	1	1	1	1	1	1	1	1	1	1	1	1	1	1	1	1	1
24	鞘翅目	丸甲科	Byrrhidae	51	458	1			1	1	1							1	1		1	1			
24	鞘翅目	小花甲科	Byturidae	7	24	1	1			1	1							1	1						
24	鞘翅目	扇角甲科	Callirhipidae	9	157					1			1	1				1		1					
24	鞘翅目	花萤科	Cantharidae	163	3 384	1	1	1	1	1	1	1	1	1	1			1	1						1
24	鞘翅目	步甲科	Carabidae	2 754	25 545	1	1	1	1	1	1	1	1	1	1	1	1	1	1	1	1	1	1	1	1
24	鞘翅目		Caridae	1	1													1							
24	鞘翅目		Cavognathidae	4	5																				1
24	鞘翅目	天牛科	Cerambycidae	6 133	35 968	1	1	1	1	1	1	1	1	1	1	1	1	1	1	1	1	1	1	1	1
24	鞘翅目	树叩甲科	Cerophytidae	4	22	1														1		1			
24	鞘翅目	皮坚甲科	Cerylonidae	56	481	1				1	1	1						1	1	1					1
24	鞘翅目	花金龟科	Cetoniidae	501	4 568	1	1	1	1	1	1	1	1	1	1	1	1	1	1	1	1	1	1	1	1
24	鞘翅目		Chaetosomatidae	3	10																				
24	鞘翅目		Chalcodryidae	5	18													1	1						
24	鞘翅目	缩头甲科	Chelonariidae	2	219						1												1	1	1
24	鞘翅目	叶甲科	Chrysomelidae	2 590	21 589	1	1	1	1	1	1	1	1	1	1	1	1	1	1	1	1	1	1	1	1
24	鞘翅目		Chryptolaryngidae	24	234								1	1								1			
24	鞘翅目	木蕈甲科	Ciidae	45	637	1				1	1	1		1	1			1		1					
24	鞘翅目	拳甲科	Clambidae	6	176	1	1			1	1							1		1					
24	鞘翅目	郭公甲科	Cleridae	325	614	1	1	1	1	1	1	1	1	1	1			1		1					
24	鞘翅目		Cneoglossidae	1	9																		1	1	
24	鞘翅目	瓢虫科	Coccinellidae	567	4 882	1	1	1	1	1	1	1	1	1	1	1	1	1	1	1	1	1	1	1	1
24	鞘翅目	拟球甲科	Corylophidae	33	244	1					1							1	1	1	1				
24	鞘翅目		Crowsoniellidae	1	1																				
24	鞘翅目	隐食甲科	Cryptophagidae	66	452	1	1	1	1	1	1	1	1			1		1	1	1	1	1	1	1	1
24	鞘翅目	扁甲科	Cucujidae	16	60	1				1	1	1						1		1	1	1	1		
24	鞘翅目	长扁甲科	Cupedidae	61	134	1				1		1	1				1								1
24	鞘翅目	象甲科	Curculionidae	6 558	68 128	1	1	1	1	1	1	1	1	1	1	1	1	1	1	1	1	1	1	1	1
24	鞘翅目		Cybocephalidae	2	152						1														
24	鞘翅目	花甲科	Dascillidae	32	111	1					1							1	1	1	1				
24	鞘翅目		Dasytidae	15	362	1	1				1	1						1	1	1					
24	鞘翅目		Decliniidae	1	1																				
24	鞘翅目	皮蠹科	Dermestidae	62	1 491	1	1	1	1	1	1	1	1	1	1		1	1	1	1	1	1	1	1	1
24	鞘翅目	伪郭公甲科	Derodontidae	4	32	1					1	1													1
24	鞘翅目		Diphyllostomatidae	1	1															1					

（续表）

编号	名称	中文名称	学名	属的数量	种的数量	a	b	c	d	e	f	g	h	i	j	k	l	m	n	o	p	q	r	s	t
24	鞘翅目		Discolomatidae	18	474	1				1							1		1	1			1	1		
24	鞘翅目	稚萤科	Drilidae	10	131	1					1		1			1									
24	鞘翅目		Dryophthoridae	190	2 027	1	1	1	1	1	1	1	1	1	1	1	1	1	1	1	1	1	1	1	1
24	鞘翅目	泥甲科	Dryopidae	38	329	1	1			1	1	1				1	1	1				1	1	1	
24	鞘翅目	犀金龟科	Dynastidae	212	1 921	1	1	1	1	1	1	1	1	1	1	1	1	1	1	1	1	1	1		
24	鞘翅目	龙虱科	Dytiscidae	293	4 201	1	1	1	1	1	1	1	1	1	1	1	1	1	1	1	1	1	1	1	1
24	鞘翅目	叩甲科	Elateridae	725	12 697	1	1	1	1	1	1	1	1	1	1	1	1	1	1	1	1	1	1	1	1
24	鞘翅目	溪泥甲科	Elmidae	151	1 450	1	1	1				1	1	1	1	1		1	1		1	1	1	1	
24	鞘翅目	伪瓢虫科	Endomychidae	144	1 578	1			1	1	1	1	1	1				1	1	1		1	1		
24	鞘翅目	角胸牙甲科	Epimetopidae	1	4																	1	1		
24	鞘翅目		Erirhinidae	145	321	1	1	1	1	1	1	1	1	1	1	1	1	1			1	1	1	1	1
24	鞘翅目	大蕈甲科	Erotylidae	149	319	1	2	1	1	1	1	1	1			1	1			1	1	1	1	1	1
24	鞘翅目	臂金龟科	Euchiridae	3	16						1	1	1												
24	鞘翅目	扁腹花甲科	Eucinetidae	13	61	1				1	1							1			1	1	1		
24	鞘翅目	隐唇叩甲科	Eucnemidae	205	445	1			1	1	1	1	1			1		1			1	1	1		
24	鞘翅目	掣爪泥甲科	Eulichadidae	2	22																				
24	鞘翅目		Eurhynchidae	4	70							1						1	1						
24	鞘翅目	圆泥甲科	Georyssidae	1	2					1												1		1	
24	鞘翅目	粪金龟科	Geotrupidae	51	540	1	1	1	1	1	1	1	1				1		1	1					
24	鞘翅目		Gietellidae	1	2																				
24	鞘翅目	绒毛金龟科	Glaphyridae	20	274	1	1	1				1						1	1	1					1
24	鞘翅目		Glaresidae	2	62	1	1	1									1					1	1		1
24	鞘翅目	豉甲科	Gyrinidae	27	1 019	1	1	1	1	1	1	1			1	1		1	1		1	1	1	1	1
24	鞘翅目	沼梭甲科	Haliplidae	6	227	1		1	1	1	1					1		1			1	1	1	1	
24	鞘翅目	沟牙甲科	Helophoridae	1	63	1	1	1	1	1	1	1				1					1	1			
24	鞘翅目	蜡斑甲科	Helotidae	5	109						1	1	1			1									
24	鞘翅目	长泥甲科	Heteroceridae	16	256	1	1	1	1	1							1	1			1	1	1		
24	鞘翅目	铁甲科	Hispidae	120	2 101	1	1	1	1	1	1	1	1	1	1	1	1		1		1	1	1		
24	鞘翅目	阎甲科	Histeridae	401	4 400	1	1	1	1	1	1	1	1	1	1	1		1	1	1		1	1	1	
24	鞘翅目	驼金龟科	Hybosoridae	106	704	1				1	1	1	1	1		1		1	1			1	1		
24	鞘翅目	平唇水龟甲科	Hydraenidae	56	1 729	1	1	1	1	1	1	1				1	1	1	1		1	1	1		
24	鞘翅目	条脊甲科	Hydrochidae	1	71	1	1	1	1	1	1	1				1					1	1			
24	鞘翅目	牙甲科	Hydrophilidae	204	831	1	1	1	1	1	1	1	1	1	1	1	1	1	1	1	1	1	1	1	1
24	鞘翅目	水缨甲科	Hydroscaphidae	6	26	1						1										1	1	1	
24	鞘翅目	水甲科	Hygrobiidae	1	8	1	1					1							1	1					
24	鞘翅目	大象甲科	Ithyceridae	2	57		1	1									1								
24	鞘翅目	短跗甲科	Jacobsoniidae	3	23														1						
24	鞘翅目		Kateretidae	14	96	1					1	1										1	1		
24	鞘翅目	扁谷盗科	Laemophloeidae	39	454	1			1	1	1	1	1	1	1	1	1		1			1	1	1	
24	鞘翅目		Lamingtoniidae	1	2														1						
24	鞘翅目	萤科	Lampyridae	115	746	1			1	1	1	1	1	1			1		1			1	1		
24	鞘翅目	拟叩甲科	Languriidae	29	115	1			1	1	1	1	1									1	1		
24	鞘翅目		Lathridiidae	1	1	1					1						1		1			1	1	1	
24	鞘翅目	薪甲科	Latridiidae	49	569	1	1	1			1						1		1			1	1		1
24	鞘翅目	球蕈甲科	Leiodidae	365	1 350	1	1								1	1	1	1	1		1	1	1		
24	鞘翅目	泽甲科	Limnichidae	38	368	1			1	1	1	1	1	1	1	1			1			1	1	1	
24	鞘翅目	锹甲科	Lucanidae	365	2 878	1	1	1	1	1	1	1	1	1	1	1		1	1	1		1	1	1	
24	鞘翅目		Lutrochidae	1	13																	1	1	1	
24	鞘翅目	红萤科	Lycidae	116	493	1			1	1	1	1	1	1	1		1		1			1	1		
24	鞘翅目	筒蠹科	Lymexylidae	16	78	1				1	1	1	1				1		1			1	1		
24	鞘翅目	囊花萤科	Malachiidae	27	322	1	1	1	1	1	1				1	1			1	1					
24	鞘翅目		Mauroniscidae	5	29																				
24	鞘翅目	距甲科	Megalopodidae	31	339	1			1	1	1	1	1			1			1			1	1		
24	鞘翅目	长朽木甲科	Melandryidae	78	328	1			1												1	1	1	1	1
24	鞘翅目	芫菁科	Meloidae	126	2 480	1	1	1	1	1	1	1	1	1		1		1	1		1	1	1	1	
24	鞘翅目	鳃金龟科	Melolonthidae	875	11 807	1	1	1	1	1	1	1	1	1	1	1	1	1	1	1	1	1	1	1	
24	鞘翅目	拟花萤科	Melyridae	251	327	1	1			1	1	1	1	1	1	1		1	1			1			

31目 编号	名称	科 中文名称	学名	属的数量	种的数量	a	b	c	d	e	f	g	h	i	j	k	l	m	n	o	p	q	r	s	t
24	鞘翅目		Meruidae	1	1																				
24	鞘翅目	复变甲科	Micromalthidae	1	1	1																	1	1	
24	鞘翅目	小扁甲科	Monotomidae	32	240	1	2	1	1	1	1	1	1	1								1	1	1		1
24	鞘翅目	花蚤科	Mordellidae	128	2 357	1			1	1	1	1	1	1			1		1		1	1	1	1	1
24	鞘翅目		Murmidiidae	3	14	1														1		1	1	1	1
24	鞘翅目		Mycetaeidae	1	4	1											1			1					
24	鞘翅目	小蕈甲科	Mycetophagidae	23	151	1		1	1	1	1	1	1			1		1	1			1	1		1
24	鞘翅目		Mycteridae	29	154	1														1		1	1	1	1
24	鞘翅目		Myraboliidae	1	4																				
24	鞘翅目		Nanophyidae	20	434				1				1	1			1				1	1	1	1	1
24	鞘翅目	毛象科	Nemonychidae	80	156	1	1	1		1	1	1	1	1	1	1	1	1			1	1	1	1	1
24	鞘翅目	露尾甲科	Nitidulidae	266	919	1	1	1	1	1	1	1	1	1	1	1	1	1		1	1	1	1	1	1
24	鞘翅目	小丸甲科	Nosodendridae	1	65	1				1										1		1	1	1	1
24	鞘翅目	小粒龙虱科	Noteridae	15	256	1		1	1	1	1	1		1		1	1			1		1	1	1	1
24	鞘翅目	红金龟科	Ochodaeidae	17	145	1		1	1	1	1											1	1		
24	鞘翅目	拟天牛科	Oedemeridae	120	709	1	1	1		1	1	1		1								1	1	1	1
24	鞘翅目		Omalisidae	2	12	1																			
24	鞘翅目		Omethidae	8	23					1										1					
24	鞘翅目	眼甲科	Ommatidae	10	113	1												1					1		
24	鞘翅目	裂眼金龟科	Orphnidae	12	185	1								1		1									
24	鞘翅目	芽甲科	Orsodacnidae	3	37	1				1												1	1		
24	鞘翅目	新象甲科	Oxycorynidae	9	327							1	1								1	1		1	1
24	鞘翅目	股金龟科	Pachypodidae	1	4	1																			
24	鞘翅目	黑蜣科	Passalidae	67	804						1	1	1		1	1	1	1		1	1	1	1	1	1
24	鞘翅目	隐颚扁甲科	Passandridae	9	119								1	1		1				1	1	1	1	1	1
24	鞘翅目	姫花甲科	Phalacridae	53	660	1	1		1	1	1	1	1			1	1	1		1	1	1	1	1	1
24	鞘翅目	光萤科	Phengodidae	35	273							1	1									1	1	1	1
24	鞘翅目	皮扁甲科	Phloeostichidae	4	6	1												1							
24	鞘翅目		Phloiophilidae	1	2	1																			
24	鞘翅目	长酪甲科	Phycosecidae	1	7																	1	1		
24	鞘翅目	叶角甲科	Plastoceridae	1	23																		1	1	
24	鞘翅目	毛金龟科	Pleocomidae	3	60																		1	1	
24	鞘翅目		Priasilphidae	3	11																	1	1		
24	鞘翅目	细花萤科	Prionoceridae	3	49	1			1	1		1	1												
24	鞘翅目		Promecheilidae	5	17															1				1	
24	鞘翅目	皮跳甲科	Propalticidae	1	26						1														
24	鞘翅目		Prostomidae	2	32	1					1									1	1				
24	鞘翅目	原扁甲科	Protocucujidae	1	1															1					1
24	鞘翅目	扁泥甲科	Psephenidae	35	290	1				1	1	1	1			1	1			1		1	1	1	1
24	鞘翅目		Pterogeniidae	7	26																				
24	鞘翅目	缨甲科	Ptiliidae	90	224	1			1	1	1				1				1	1		1	1	1	
24	鞘翅目	毛泥甲科	Ptilodactylidae	20	40	1												1		1		1	1	1	
24	鞘翅目	蛛甲科	Ptinidae	170	710	1	1	1	1	1	1				1					1	1		1	1	
24	鞘翅目	赤翅甲科	Pyrochroidae	26	167	1			1	1	1									1		1	1		
24	鞘翅目	树皮甲科	Pythidae	16	97	1			1	1	1									1		1			1
24	鞘翅目		Raymondionymidar	12	114		1								1	1				1	1		1	1	1
24	鞘翅目		Rhagophthalmidae	8	50								1												
24	鞘翅目		Rhinorhipidae	1	1															1					
24	鞘翅目	羽角甲科	Rhipiceridae	7	22						1						1			1		1	1		
24	鞘翅目	大花蚤科	Rhipiphoridae	9	38	1			1	1	1	1										1	1		
24	鞘翅目		Rhynchitidae	106	622	1	1	1		1	1	1	1	1	1	1	1	1		1	1	1	1	1	1
24	鞘翅目	条脊甲科	Rhysodidae	9	32				1	1	1											1	1	1	
24	鞘翅目		Ripiphoridae	44	171	1			1				1	1						1	1	1	1	1	
24	鞘翅目	丽金龟科	Rutelidae	249	4 932	1	1	1	1	1	1	1	1	1						1	1	1	1	1	1
24	鞘翅目	角甲科	Salpingidae	48	298	1			1		1	1								1	1		1	1	1
24	鞘翅目	金龟科	Scarabaeidae	1 113	8 144	1	1	1	1	1	1	1	1	1	1	1	1	1	1	1	1	1	1	1	1
24	鞘翅目		Schizopodidae	3	7																		1	1	

（续表）

编号	名称	中文名称	学名	属的数量	种的数量	a	b	c	d	e	f	g	h	i	j	k	l	m	n	o	p	q	r	s	t
24	鞘翅目	沼甲科	Scirtidae	48	666	1			1	1	1	1				1		1	1		1	1	1	1	1
24	鞘翅目	拟花蚤科	Scraptiidae	29	112	1	1			1					1				1		1	1	1		
24	鞘翅目	苔甲科	Scydmaenidae	23	495	1			1	1	1	1	1	1		1		1	1		1	1			
24	鞘翅目	埋葬甲科	Silphidae	39	187	1	1	1	1	1	1	1	1	1		1	1	1			1	1	1	1	1
24	鞘翅目	锯谷盗科	Silvanidae	60	517	1	1	1	1	1	1	1	1	1		1	1	1	1	1	1	1	1	1	1
24	鞘翅目	短甲科	Smicripidae	1	2	1																	1	1	
24	鞘翅目	毛牙甲科	Spercheidae	1	4	1			1							1	1	1	1				1		
24	鞘翅目	扁圆甲科	Sphaeritidae	1	4	1					1							1							
24	鞘翅目		Sphaeriusidae	1	25	1												1	1		1				
24	鞘翅目	姬蕈甲科	Sphindidae	12	29	1				1									1		1	1	1		1
24	鞘翅目	隐翅甲科	Staphylinidae	3 677	12 787	1	1	1	1	1	1	1	1	1	1	1	1	1	1	1	1	1	1	1	1
24	鞘翅目		Stenotrachelidae	10	30	1				1											1				
24	鞘翅目		Synchroidae	2	2					1											1				
24	鞘翅目	长阎甲科	Synteliidae	1	4					1	1		1									1			
24	鞘翅目		Tasmosalpingidae	1	2														1						
24	鞘翅目	邻筒蠹科	Telegeusidae	2	8																	1			
24	鞘翅目	拟步甲科	Tenebrionidae	2 411	13 107	1	1	1	1	1	1	1	1	1	1	1	1	1	1	1	1	1	1	1	1
24	鞘翅目		Teredidae	5	153	1	1									1		1			1	1	1	1	
24	鞘翅目		Termitotrogidae	1	10																				
24	鞘翅目		Tetratomidae	16	112	1				1		1		1		1					1	1	1	1	
24	鞘翅目		Thanerocleridae	1	1													1							
24	鞘翅目	粗角叩甲科	Throscidae	15	77	1				1	1			1		1					1	1	1		
24	鞘翅目	淘甲科	Torridincolidae	7	31										1										
24	鞘翅目		Trachypachidae	23	58	1															1				1
24	鞘翅目	三栉牛科	Trictenotomidae	2	13						1	1													
24	鞘翅目	皮金龟科	Trogidae	12	399	1			1	1	1	1				1	1		1		1	1	1	1	1
24	鞘翅目	谷盗科	Trogossitidae	64	398	1	1		1	1	1	1	1	1	1		1	1	1	1	1				
24	鞘翅目		Ulodidae	8	16						1														1
24	鞘翅目		Zopheridae	202	1 118	1				1		1	1	1		1	1	1	1	1	1	1	1	1	1
25	捻翅目		Bahiaxenidae	1	1																				
25	捻翅目		Bohartillidae	1	1																	1	1		
25	捻翅目		Callipharixenidae	1	2							1	1												
25	捻翅目	蜉蝻科	Corioxenidae	14	47	1	1	1		1		1	1	1	1		1	1			1	1	1		
25	捻翅目	跗蝻科	Elenchidae	5	38	1				1	1	1	1			1			1	1		1	1	1	
25	捻翅目	栉蝻科	Halictophagidae	7	142	1			1		1	1	1			1	1		1		1				
25	捻翅目		Lychnocolacidae	1	26																				
25	捻翅目	原蝻科	Mengenillidae	5	18	1				1															1
25	捻翅目	蚁蝻科	Myrmecolacidae	4	114	1	1			1		1	1	1	1		1	1	1		1	1	1		
25	捻翅目	蜂蝻科	Stylopidae	6	105	1	1			1		1	1	1		1		1			1	1	1		
25	捻翅目	胡蜂蝻科	Xenidae	4	109	1				1		1	1	1	1		1	1	1		1	1	1		
26	长翅目	无翅蝎蛉科	Apteropanorpidae	1	2														1						
26	长翅目	蚊蝎蛉科	Bittacidae	18	204	1				1	1	1				1	1		1		1	1	1	1	1
26	长翅目	雪蝎蛉科	Boreidae	3	29	1		1	1										1						
26	长翅目	异蝎蛉科	Choristidae	3	8														1						
26	长翅目	原蝎蛉科	Eomeropidae	1	1																				1
26	长翅目	美蝎蛉科	Meropeidae	2	2												1		1						
26	长翅目	小蝎蛉科	Nannochoristidae	2	7															1	1			1	1
26	长翅目	拟蝎蛉科	Panorpodidae	2	19							1							1						1
26	长翅目	蝎蛉科	Panorpidae	4	397	1	1	1	1	1	1	1	1	1								1	1		
27	双翅目		Acartophthalmidae	1	5	1																1			
27	双翅目	小头虻科	Acroceridae	64	499	1	1	1	1	1		1		1		1	1	1	1		1	1	1	1	1
27	双翅目	潜蝇科	Agromyzidae	55	3 446	1	1	1	1	1	1	1	1			1	1	1			1	1		1	
27	双翅目	殊蠓科	Anisopodidae	16	197	1			1	1	1	1				1	1		1		1	1	1	1	
27	双翅目	花蝇科	Anthomyiidae	105	2 463	1	1	1	1	1	1	1	1			1	1	1			1	1	1	1	
27	双翅目	小花蝇科	Anthomyzidae	26	105	1			1	1		1					1	1			1	1			
27	双翅目		Apioceridae	4	150												1		1	1		1		1	1
27	双翅目		Apsilocephalidae	5	6														1	1	1	1			

编号	名称	中文名称	学名	属的数量	种的数量	a	b	c	d	e	f	g	h	i	j	k	l	m	n	o	p	q	r	s	t
27	双翅目		Apystomyiidae	1	1																1				
27	双翅目	食虫虻科	Asilidae	670	8 807	1	1	1	1	1	1	1	1	1	1	1	1	1	1	1	1	1	1	1	1
27	双翅目	寡脉蝇科	Asteiidae	15	158	1		1	1		1	1		1		1		1				1	1	1	
27	双翅目		Atelestidae	5	12	1															1				
27	双翅目	伪鹬虻科	Athericidae	13	118	1					1						1		1				1		
27	双翅目	角蛹蝇科	Aulacogastridae	8	22	1						1					1					1	1	1	
27	双翅目		Australimyzidae	1	10														1	1					
27	双翅目		Austroleptidae	1	8																1				
27	双翅目	极蚊科	Axymyiidae	4	8	1					1														
27	双翅目	毛蚊科	Bibionidae	20	821	1	1		1	1		1				1	1	1	1	1	1			1	1
27	双翅目	网蚊科	Blephariceridae	53	413	1		1	1	1							1						1		
27	双翅目		Bolbomyiidae	1	4																1				
27	双翅目		Bolitophilidae	3	3	1															1				
27	双翅目	蜂虻科	Bomybyliidae	239	4 498	1	1	1	1	1	1	1	1	1	1	1	1	1	1	1	1	1	1	1	1
27	双翅目	小粪蝇科	Borboridae	123	1 297	1	1	1	1	1	1	1	1	1	1	1	1	1	1	1	1	1	1	1	1
27	双翅目	蜂蝇科	Braulidae	3	8	1																			
27	双翅目	丽蝇科	Calliphoridae	199	1 931	1	1	1	1	1		1				1		1	1	1	1	1	1	1	1
27	双翅目		Camidae	5	91	1	1								1							1		1	
27	双翅目	金果蝇科	Camillidae	6	46	1											1					1			
27	双翅目	滨蝇科	Caneccidae	29	374	1	1		1	1		1					1	1				1			
27	双翅目		Canthyloscelidae	5	18	1							1									1			
27	双翅目	乌蝇科	Carnidae	5	93	1																			
27	双翅目	瘿蚊科	Cecidomyiidae	728	5 813	1	1	1	1	1	1	1	1	1	1	1	1	1	1	1	1	1	1	1	1
27	双翅目	甲蝇科	Celyphidae	8	107						1	1													
27	双翅目	蠓科	Ceratopogonidae	161	6 359	1	1	1	1	1	1	1	1	1	1	1	1	1	1	1	1	1	1	1	1
27	双翅目	斑腹蝇科	Chamaemyiidae	33	388	1	1										1					1			1
27	双翅目	幽蚊科	Chaoboridae	27	94	1			1								1					1	1	1	
27	双翅目	摇蚊科	Chironomidae	593	9 527	1	1	1	1	1	1	1	1	1	1	1	1	1	1	1	1	1	1	1	
27	双翅目		Chiropteromyzidae	1	1	1																			
27	双翅目	秆蝇科	Chloropidae	298	3 557	1	1					1		1		1		1	1	1	1		1		
27	双翅目	彩眼蝇科	Chyromyidae	8	151	1	1				1					1	1					1		1	
27	双翅目	腐木蝇科	Clusiidae	34	417	1								1	1		1					1			
27	双翅目	眼蝇科	Conopidae	78	1 020	1	1	1	1	1	1	1				1						1	1	1	
27	双翅目		Corethrellidae	3	111												1								
27	双翅目	隐芒蝇科	Cryptochetidae	3	40						1	1	1				1								
27	双翅目		Ctenostylidae	5	11																1				
27	双翅目	蚊科	Culicidae	134	2 975	1	1	1	1	1	1	1	1	1	1	1	1	1	1	1	1	1	1	1	1
27	双翅目		Curtonotidae	9	78	1											1						1	1	
27	双翅目	烛大蚊科	Cylindrotomidae	10	70	1					1	1									1				
27	双翅目	洞小粪蝇科	Cypselosomatidae	14	44	1													1				1		
27	双翅目		Cypselostomatidae	12	38	1						1							1	1			1	1	
27	双翅目	拟网蚊科	Deuterophlebiidae	1	14																1				
27	双翅目	长足寄蝇科	Dexiidae	7	173	1			1	1	1					1	1								
27	双翅目	张翅蕈蚊科	Diadocidiidae	10	45	1															1		1		
27	双翅目	细果蝇科	Diastatidae	3	47	1	1	1	1							1						1	1	1	
27	双翅目	突眼蝇科	Diopsidae	18	230				1		1	1	1												
27	双翅目	准蕈蚊科	Ditomyiidae	11	127	1													1				1		
27	双翅目	细蚊科	Dixidae	9	242	1											1						1	1	
27	双翅目	长足虻科	Dolichopodidae	226	6 894	1	1	1	1	1	1	1	1	1	1	1	1	1	1	1	1	1	1	1	1
27	双翅目	果蝇科	Drosophilidae	115	4 982	1	1	1	1	1	1	1	1			1	1		1	1	1	1	1	1	1
27	双翅目	圆头蝇科	Dryomyzidae	11	39	1					1	1													
27	双翅目	舞虻科	Empididae	179	4 968	1	1	1	1	1	1	1	1	1	1	1	1	1	1	1	1	1	1	1	1
27	双翅目	水蝇科	Ephydridae	198	2 400	1	1	1	1	1	1	1	1	1	1	1	1	1	1	1	1	1	1	1	1
27	双翅目		Evocoidae	1	2																				1
27	双翅目	厕蝇科	Fanniidae	17	401	1	1	1	1	1						1	1	1	1				1		
27	双翅目		Fergusoninidae	1	31														1	1					
27	双翅目	舌蝇科	Glossinidae	1	24	1							1	1											

（续表）

31目 编号	名称	科 中文名称	学名	属的数量	种的数量	a	b	c	d	e	f	g	h	i	j	k	l	m	n	o	p	q	r	s	t
27	双翅目		Gobryidae	1	5								1												
27	双翅目		Helcomyzidae	5	14	1															1	1			
27	双翅目	日蝇科	Heleomyzidae	111	875	1	1		1		1		1				1	1	1	1	1	1	1	1	1
27	双翅目		Helosciomyzidae	10	30												1	1							
27	双翅目		Hesperinidae	2	10															1				1	
27	双翅目		Heteromyzidae	1	11	1														1					
27	双翅目	拟鹬虻科	Hilarimorphidae	1	33															1					
27	双翅目	虱蝇科	Hippoboscidae	102	917	1	1	1	1	1	1	1	1	1	1	1	1			1	1	1	1	1	
27	双翅目		Homalocnemiidae	1	7														1						
27	双翅目		Huttoninidae	1	8														1						
27	双翅目		Inbiomyiidae	1	11																	1	1		
27	双翅目		Ironomyiidae	6	25														1						
27	双翅目		Keroplatidae	91	1 235	1			1					1	1		1			1	1	1	1	1	
27	双翅目	缟蝇科	Lauxaniidae	203	2 954	1	1	1	1	1	1	1	1			1	1	1	1	1	1	1	1	1	
27	双翅目		Leptidae	1	1												1								
27	双翅目	沼大蚊科	Limoniidae	223	10 359	1	1	1	1	1	1	1				1	1		1	1	1	1	1	1	
27	双翅目	尖尾蝇科	Lonchaeidae	20	588	1			1		1		1	1	1	1	1			1	1	1	1	1	
27	双翅目	尖翅蝇科	Lonchopteridae	7	79	1			1	1		1	1			1		1			1	1			
27	双翅目		Lygistorrhinidae	8	35										1		1				1	1			
27	双翅目		Marginidae	1	3																				
27	双翅目		Megamerinidae	5	22	1																			
27	双翅目		Mesothaumaleidae	1	1																				
27	双翅目	瘦足蝇科	Micropezidae	79	743	1			1			1	1			1					1				
27	双翅目		Microphoridae	3	52	1	1													1					
27	双翅目	叶蝇科	Milichiidae	36	346	1	1				1	1	1	1	1					1		1	1	1	
27	双翅目		Mormotomyiidae	1	2																				
27	双翅目	蝇科	Muscidae	382	6 605	1	1	1	1	1	1	1	1	1	1	1	1			1	1	1	1	1	
27	双翅目		Mycetobiidae	1	1	1																			
27	双翅目	菌蚊科	Mycetophilidae	255	4 846	1	1		1	1	1		1			1	1		1	1	1	1	1	1	1
27	双翅目	拟食虫虻科	Mydidae	67	597	1	1		1	1	1		1			1	1	1	1		1	1	1	1	1
27	双翅目		Mystacinobiidae	1	1														1						
27	双翅目		Mythicomyiidae	10	16																				
27	双翅目		Nannodastiidae	2	5																				
27	双翅目		Natalimyzidae	1	1																				
27	双翅目	网翅虻科	Nemestrinidae	37	405	1			1	1					1		1		1		1	1			1
27	双翅目		Neminidae	3	14														1						
27	双翅目	指角虻科	Neriidae	26	156					1	1		1	1							1	1			
27	双翅目		Neurochaetidae	4	32								1					1	1	1					
27	双翅目		Nothybidae	1	8						1	1													
27	双翅目	蛛蝇科	Nycteribiidae	5	112	1						1	1	1	1		1	1	1						
27	双翅目		Nymphomyiidae	3	10															1					
27	双翅目	树创蝇科	Odiniidae	15	64	1	1	1	1	1		1	1			1	1				1	1	1	1	
27	双翅目	狂蝇科	Oestridae	51	216	1		1	1		1					1	1	1	1			1		1	
27	双翅目		Opetiidae	4	9	1																			
27	双翅目	禾蝇科	Opomyzidae	4	83	1	1			1											1	1			
27	双翅目		Oreogetonidae	1	39															1					
27	双翅目		Oreoleptidae	1	1																				
27	双翅目		Otitidae	3	3	1											1				1	1	1	1	
27	双翅目	粗脉蚊科	Pachyneuridae	6	8	1				1	1									1				1	
27	双翅目	草蝇科	Pallopteridae	15	87	1					1										1	1			
27	双翅目		Pantophthalmidae	10	39																	1	1	1	
27	双翅目		Pediciidae	16	519	1			1		1									1					
27	双翅目		Pelecorhynchidae	2	49													1	1		1				
27	双翅目	树洞蝇科	Periscelididae	18	99	1															1	1	1		
27	双翅目		Perissommatidae	2	7														1						
27	双翅目		Phaeomyiidae	2	4	1																			
27	双翅目	白蛉科	Phlebotomidae	60	869	1	1	1	1	1	1	1	1	1			1	1	1	1	1		1	1	1

31目		科		属的数量	种的数量	亚界																		
编号	名称	中文名称	学名			a	b	c	d	e	f	g	h	i	j	k	l	m	n	o	p	q	r	s	t
27	双翅目	蚤蝇科	Phoridae	365	4 558	1	1	1	1	1	1	1	1	1			1	1			1	1	1	1	
27	双翅目	酪蝇科	Piophilidae	31	127	1	1	1	1		1	1				1					1	1	1		
27	双翅目	头蝇科	Pipunculidae	47	2 068	1	1		1	1	1	1	1	1	1	1		1	1		1	1	1	1	1
27	双翅目	扁足蝇科	Platypezidae	37	355	1			1			1	1				1	1			1				
27	双翅目	宽口蝇科	Platystomatidae	190	1 358	1		1	1	1	1	1	1	1	1	1		1	1		1	1			
27	双翅目		Pseudopomyzidae	1	2	1														1				
27	双翅目	茎蝇科	Psilidae	23	373	1			1	1							1				1	1		1	
27	双翅目	蛾蠓科	Psychodidae	158	3 019	1	1	1	1	1	1	1				1	1				1	1			
27	双翅目	褶蚊科	Ptychopteridae	9	100	1					1							1							
27	双翅目	蜣蝇科	Pyrgotidae	80	456			1	1	1	1	1						1			1				
27	双翅目		Rangomaramidae	11	32															1				
27	双翅目		Rhagionemestriidae	1	1				1																
27	双翅目	鹬虻科	Rhagionidae	65	1 550	1	1	1	1	1	1	1	1	1				1			1	1	1	1	
27	双翅目	鼻蝇科	Rhiniidae	54	527	1	1			1			1	1		1	1		1	1					
27	双翅目	短角寄蝇科	Rhinophoridae	51	254	1					1							1	1		1	1			
27	双翅目		Rhyphidae	1	1	1																			
27	双翅目	尸蝇科	Richardidae	1	283	1	1	1			1	1	1	1	1	1	1	1	1			1			
27	双翅目	粗股蝇科	Richardiidae	47	217	1												1				1	1	1	1
27	双翅目		Ropalomeridae	8	34																		1		
27	双翅目		Sapromyzidae	4	4	1																			
27	双翅目	麻蝇科	Sarcophagidae	613	4 763	1	1	1	1	1	1	1	1	1	1	1	1	1	1	1	1	1	1	1	1
27	双翅目	粪蝇科	Scathophagidae	78	604	1	1	1	1	1	1							1	1						
27	双翅目	粪蚊科	Scatopsidae	38	464	1												1							
27	双翅目	窗虻科	Scenopinidae	31	498	1	1				1				1	1	1	1			1	1			
27	双翅目		Sciadoceridae	1	1															1				
27	双翅目	眼蕈蚊科	Sciaridae	134	2 847	1			1	1	1			1	1			1			1	1	1	1	
27	双翅目	沼蝇科	Sciomyzidae	90	756	1	1	1	1	1	1	1				1		1		1	1	1	1	1	1
27	双翅目	鼓翅蝇科	Sepsidae	57	435	1	1	1	1	1	1						1	1	1	1	1				
27	双翅目	蚋科	Simuliidae	159	2 134	1	1	1	1	1	1	1	1	1	1	1	1	1	1	1	1	1	1	1	1
27	双翅目		Solridae	1	4																				
27	双翅目		Somatiidae	1	7																		1	1	
27	双翅目		Spaniidae	2	2																				
27	双翅目	水虻科	Stratiomyidae	431	2 904	1	1	1	1	1	1	1	1	1	1	1	1	1	1	1	1	1	1	1	1
27	双翅目	圆茎蝇科	Strongylophthalmyidae	2	12	1													1						
27	双翅目		Syringogastridae	1	10																		1	1	
27	双翅目	食蚜蝇科	Syrphidae	492	8 516	1	1	1	1	1	1	1	1	1	1	1	1	1	1	1	1	1	1	1	1
27	双翅目	虻科	Tabanidae	293	6 015	1	1	1	1	1	1	1	1	1	1	1	1	1	1	1	1	1	1	1	1
27	双翅目	寄蝇科	Tachinidae	2 684	13 307	1	1	1	1	1	1	1	1	1	1	1	1	1	1	1	1	1	1	1	1
27	双翅目		Tachiniscidae	3	3																				
27	双翅目	颈蠓科	Tanyderidae	14	63		1		1	1		1						1		1					
27	双翅目	瘦腹蝇科	Tanypezidae	9	85	1					1			1				1							
27	双翅目	实蝇科	Tephritidae	596	4 059	1	1	1	1	1	1	1	1	1	1	1	1	1	1	1	1	1	1	1	1
27	双翅目	奇蝇科	Teratomyzidae	7	9						1	1						1	1	1	1				
27	双翅目	岸蝇科	Tethinidae	14	95	1	1	1										1	1	1	1				
27	双翅目	奇蚋科	Thaumaleidae	12	199	1											1				1				
27	双翅目	剑虻科	Therevidae	146	1 348	1																			
27	双翅目	大蚊科	Tipulidae	117	5 142	1	1	1	1	1	1	1					1	1			1	1			
27	双翅目	毫蚊科	Trichoceridae	18	203	1	1										1	1							
27	双翅目	小金蝇科	Ulidiidae	144	1 426	1	1	1	1	1	1	1	1					1	1		1	1	1	1	
27	双翅目		Valeseguyidae	1	1																				
27	双翅目	穴虻科	Vermileonidae	14	78	1	1				1	1													
27	双翅目		Xenasteiidae	2	15										1					1					
27	双翅目	木虻科	Xylomyidae	12	196	1			1	1	1	1	1					1			1	1			
27	双翅目	食木虻科	Xylophagidae	20	171	1				1	1							1			1	1			
28	蚤目	钩鬃蚤科	Ancistropsyllidae	1	3						1														
28	蚤目	角叶蚤科	Ceratophyllidae	45	428	1	1	1	1	1	1	1	1	1	1	1	1	1	1		1	1	1		
28	蚤目	奇蚤科	Chimaeropsyllidae	7	29													1							

（续表）

编号	名称	中文名称	学　名	属的数量	种的数量	a	b	c	d	e	f	g	h	i	j	k	l	m	n	o	p	q	r	s	t
28	蚤目	切唇蚤科	Coptopsyllidae	1	19				1	1		1													
28	蚤目	栉眼蚤科	Ctenophthalmidae	39	406	1	1	1	1	1	1	1	1				1					1	1	1	1	1
28	蚤目	多毛蚤科	Hystrichopsylllidae	6	218	1	1	1	1	1	1	1				1	1				1	1			
28	蚤目	蝠蚤科	Ischnopsyllidae	20	126	1	1	1	1	1	1	1	1	1	1	1		1	1		1	1	1		
28	蚤目	细蚤科	Leptopsyllidae	31	263	1	1	1	1	1	1	1	1				1		1	1		1			
28	蚤目	柳氏蚤科	Liuopsyllidae	1	3						1	1													
28	蚤目		Lycopsyllidae	4	8														1						
28	蚤目		Macropsyllidae	2	3														1						
28	蚤目	柔蚤科	Malacopsyllidae	2	2																			1	
28	蚤目	蚤科	Pulicidae	22	173	1	1	1	1	1	1	1	1	1	1	1	1	1	1	1		1	1		1
28	蚤目	臀蚤科	Pygiopsyllidae	10	49							1					1			1					
28	蚤目	棒角蚤科	Rhopalopsyllidae	10	127	1											1			1	1	1	1	1	1
28	蚤目	盔冠蚤科	Stephanocireidae	9	51												1				1	1	1	1	
28	蚤目	微棒蚤科	Stivaliidae	23	117				1	1	1	1			1	1									
28	蚤目	潜蚤科	Tungidae	4	24				1	1					1	1					1	1			
28	蚤目	蠕形蚤科	Vermipsyllidae	3	42	1	1	1	1	1	1								1						
28	蚤目	剑鬃蚤科	Xiphiopsyllidae	1	8							1													
29	毛翅目		Anomalopsychidae	2	26																	1	1	1	1
29	毛翅目		Antipodoeciidae	3	14												1		1	1	1	1	1		
29	毛翅目	幻沼石蛾科	Apataniidae	20	193	1	1	1	1	1	1								1						1
29	毛翅目	弓石蛾科	Arctopsychidae	2	25	1	1		1							1	1	1							
29	毛翅目		Atriplectididae	4	6											1		1					1	1	
29	毛翅目		Barbarochthonidae	1	1							1													
29	毛翅目	贝石蛾科	Beraeidae	8	69	1	1	1		1					1	1	1				1				1
29	毛翅目	短石蛾科	Brachycentridae	12	106	1	1	1	1	1	1	1	1					1							
29	毛翅目	枝石蛾科	Calamoceratidae	12	179	1	1			1	1	1	1	1	1	1	1	1	1	1	1	1	1	1	1
29	毛翅目		Calocidae	7	23													1	1						
29	毛翅目		Chathamiidae	2	5														1						
29	毛翅目		Conoesucidae	12	42												1	1	1						
29	毛翅目	畸距石蛾科	Dipseudopsidae	6	116				1	1	1	1			1	1	1				1				
29	毛翅目	径石蛾科	Ecnomidae	9	460	1	1	1		1	1	1	1	1	1	1	1	1		1	1	1			
29	毛翅目	舌石蛾科	Glossosomatidae	28	646	1	1	1	1	1	1	1			1	1	1	1	1	1	1	1	1	1	1
29	毛翅目	瘤石蛾科	Goeridae	12	173	1	1		1	1	1	1	1				1								
29	毛翅目		Helicophidae	9	43							1							1	1	1				
29	毛翅目	钩翅石蛾科	Helicopsychidae	8	266				1						1	1	1	1	1	1	1	1	1	1	1
29	毛翅目	鳌石蛾科	Hydrobiosidae	51	398			1	1	1	1	1				1	1	1		1	1	1	1	1	1
29	毛翅目	纹石蛾科	Hydropsychidae	45	1 772	1	1	1	1	1	1	1	1	1	1	1	1	1	1	1	1	1	1	1	1
29	毛翅目	小石蛾科	Hydroptilidae	82	2 060	1	1	1	1	1	1	1	1	1	1	1	1	1	1	1	1	1	1	1	1
29	毛翅目		Hydrosalpingidae	1	1							1													
29	毛翅目		Kokiriidae	7	18								1					1	1						1
29	毛翅目	鳞石蛾科	Lepidostomatidae	6	452	1	1	1	1	1	1	1				1	1	1			1	1			
29	毛翅目	长角石蛾科	Leptoceridae	47	2 031	1	1	1	1	1	1	1	1	1	1	1	1	1	1	1	1	1	1	1	1
29	毛翅目	沼石蛾科	Limnephilidae	92	855	1	1	1	1	1	1	1	1				1			1	1	1	1	1	
29	毛翅目	准石蛾科	Limnocentropodidae	1	16				1	1	1	1													
29	毛翅目	细翅石蛾科	Molannidae	3	43	1															1				
29	毛翅目	齿角石蛾科	Odontoceridae	11	140	1				1	1	1	1				1			1	1	1	1		
29	毛翅目		Oeconesidae	6	18														1	1					
29	毛翅目		Petrothrincidae	1	14											1	1								
29	毛翅目	等翅石蛾科	Philopotamidae	19	1 107	1	1	1		1	1	1	1	1	1	1	1	1	1	1	1	1	1	1	
29	毛翅目		Philorheithridae	9	30											1	1	1	1						1
29	毛翅目	石蛾科	Phryganeidae	14	92	1	1		1	1	1	1							1						
29	毛翅目	拟石蛾科	Phryganopsychidae	1	8					1		1													
29	毛翅目		Pisuliidae	2	16							1	1	1											
29	毛翅目		Plectrotarsidae	3	5													1							
29	毛翅目	多距石蛾科	Polycentropodidae	21	930	1	1	1	1	1	1	1	1	1	1	1	1	1	1	1	1	1	1	1	1
29	毛翅目	蝶石蛾科	Psychomyiidae	8	507	1	1	1	1	1	1	1	1	1	1	1	1	1	1	1	1	1	1	1	
29	毛翅目	原石蛾科	Rhycophilidae	4	788	1	1	1	1	1	1	1	1				1		1	1	1	1			

编号	名称	中文名称	学名	属的数量	种的数量	a	b	c	d	e	f	g	h	i	j	k	l	m	n	o	p	q	r	s	t
29	毛翅目		Rossianidae	2	2																1				
29	毛翅目	毛石蛾科	Sericostomatidae	20	105	1	1	1	1	1	1	1					1	1			1		1		1
29	毛翅目	角石蛾科	Stenopsychidae	3	93			1	1	1	1	1	1		1			1	1						1
29	毛翅目		Tasimiidae	4	9							1							1	1					1
29	毛翅目	乌石蛾科	Uenoidae	7	82	1	1		1	1	1	1									1				
29	毛翅目	剑石蛾科	Xiphocentronidae	12	152		1			1	1	1	1	1			1					1	1	1	1
30	鳞翅目	棘翅蛾科	Acanthopteroctetidae	2	4																1				
30	鳞翅目	邻菜蛾科	Acrolepiidae	3	95	1			1	1	1										1				
30	鳞翅目	长角蛾科	Adelidae	13	278	1	1		1		1		1								1	1			
30	鳞翅目	端蛾科	Acrolophidae	5	287																1	1			
30	鳞翅目		Aganaidae	3	3							1	1	1			1								
30	鳞翅目	颚蛾科	Agathiphagidae	1	2																1				
30	鳞翅目	椰子蛾科	Agonoxenidae	20	101	1															1				
30	鳞翅目		Aididae	2	7																			1	
30	鳞翅目	翼蛾科	Alucitidae	11	192	1	1				1	1						1	1						
30	鳞翅目		Amphsbatidae	1	2																				
30	鳞翅目		Anomoeotidae	6	63																				
30	鳞翅目		Anomosetidae	1	1																				
30	鳞翅目	斑带蛾科	Apatelodidae	1	14																			1	1
30	鳞翅目	灯蛾科	Arctiidae	1 110	14 373	1	1	1	1	1	1	1	1			1	1	1	1	1	1	1	1	1	1
30	鳞翅目	银蛾科	Argyresthiidae	1	190	1			1	1	1										1				
30	鳞翅目		Arrhenophanidae	6	11																			1	1
30	鳞翅目	澳蛾科	Anthelidae	10	159													1	1						
30	鳞翅目		Autostichidae	5	28	1															1	1			
30	鳞翅目	欧蛾科	Axiidae	2	16	1																			
30	鳞翅目		Batrachedridae	1	131	1														1		1	1		
30	鳞翅目		Bedelliidae	1	19	1						1							1	1					
30	鳞翅目	遮颜蛾科	Blastobasidae	28	363	1	1			1	1				1						1	1			
30	鳞翅目	蚕蛾科	Bombycidae	52	482	1			1	1	1	1	1			1	1				1	1	1	1	
30	鳞翅目	短透蛾科	Brachodidae	14	160						1	1						1	1		1				
30	鳞翅目	笋纹蛾科	Brahmaeidae	7	52	1			1	1	1	1													
30	鳞翅目	颊蛾科	Bucculatricidae	2	263	1														1		1		1	
30	鳞翅目	锚纹蛾科	Callidulidae	13	79						1	1	1											1	1
30	鳞翅目	蛀果蛾科	Carposinidae	33	328	1			1	1	1	1							1	1	1		1		
30	鳞翅目	茂蛾科	Carthaeidae	1	1														1						
30	鳞翅目	蝶蛾科	Castniidae	35	346	1													1	1			1	1	
30	鳞翅目	瘿蛾科	Cecidosidae	5	18																				
30	鳞翅目		Chimabachidae	1	7	1																			
30	鳞翅目	舞蛾科	Choreutidae	19	450	1				1	1	1	1						1	1	1	1		1	
30	鳞翅目	金蛾科	Chrysopolomidae	3	17									1	1										
30	鳞翅目		Cimiliidae	1	8	1																			
30	鳞翅目	鞘蛾科	Coleophoridae	24	1 164	1			1	1	1	1								1	1	1	1	1	
30	鳞翅目	粪蛾科	Copromorphidae	21	64	1					1									1		1			
30	鳞翅目	尖蛾科	Cosmopterigidae	149	2 079	1	1		1	1	1	1			1			1	1		1	1	1	1	
30	鳞翅目	木蠹蛾科	Cossidae	131	1 384	1	1		1	1	1	1									1				1
30	鳞翅目	草螟科	Crambidae	965	13 782	1	1	1	1	1	1	1	1	1	1	1	1	1	1	1	1	1	1	1	1
30	鳞翅目		Crinopterygidae	1	1	1																			
30	鳞翅目		Ctenuchidae	1	1	1	1										1								
30	鳞翅目	蚁蛾科	Cyclotornidae	1	5														1						
30	鳞翅目	亮蛾科	Dalceridae	15	81									1	1				1	1	1	1	1		1
30	鳞翅目	榍蛾科	Dioptidae	4	4																			1	
30	鳞翅目		Doidae	2	8																		1	1	
30	鳞翅目	蓄蛾科	Douglasiidae	4	35	1	1												1			1			
30	鳞翅目	钩蛾科	Drepanidae	120	1 261	1	1		1	1	1	1	1			1					1	1	1		1
30	鳞翅目	伪木蠹蛾科	Dudgeoneidae	1	8														1						
30	鳞翅目	小潜蛾科	Elachistidae	50	1 507	1	1	1	1	1	1	1					1				1	1	1		
30	鳞翅目	桦蛾科	Endromidae	1	7	1			1		1														

（续表）

编号	名称	中文名称	学名	属的数量	种的数量	a	b	c	d	e	f	g	h	i	j	k	l	m	n	o	p	q	r	s	t
30	鳞翅目	邻蛾科	Epermeniidae	16	132	1					1	1					1	1		1					
30	鳞翅目		Epiplemidae	1	2						1												1		
30	鳞翅目		Erebidae	32	1 485	1	1	1	1	1	1	1	1	1	1	1	1		1	1		1	1		
30	鳞翅目	凤蛾科	Epicopeiidae	10	85	1			1	1	1	1													
30	鳞翅目	绵蛾科	Eriocottidae	7	92										1	1									
30	鳞翅目	毛顶蛾科	Eriocraniidae	10	40	1			1	1	1									1					
30	鳞翅目	寄蛾科	Epipyropidae	11	41						1								1	1					
30	鳞翅目	紫草蛾科	Ethmiidae	6	351	1					1	1		1			1								
30	鳞翅目	带蛾科	Eupterotidae	56	615						1	1	1	1			1	1		1					
30	鳞翅目		Galacticidae	2	21						1						1			1					
30	鳞翅目	麦蛾科	Gelechiidae	548	6 044	1	1	1	1	1	1	1	1	1			1		1	1	1	1	1	1	1
30	鳞翅目	尺蛾科	Geometridae	2 006	37 616	1	1	1	1	1	1	1	1	1	1	1	1	1	1	1	1	1	1	1	1
30	鳞翅目	雕蛾科	Glyphipterigidae	36	558	1					1			1			1	1	1	1	1		1		
30	鳞翅目	细蛾科	Gracillariidae	98	1 806	1	1	1	1	1	1	1	1	1	1	1	1	1	1	1		1			1
30	鳞翅目	广蝶科	Hedylidae	1	53																		1	1	1
30	鳞翅目	日蛾科	Heliozelidae	14	131	1												1	1	1	1				
30	鳞翅目	举肢蛾科	Heliodinidae	65	142	1							1	1				1		1					
30	鳞翅目	蝙蝠蛾科	Hepialidae	77	883	1	1	1	1	1	1	1					1			1			1		
30	鳞翅目	弄蝶科	Hesperiidae	506	7 515	1	1	1	1	1	1	1	1	1	1	1	1	1	1			1	1	1	1
30	鳞翅目		Heterobathmiidae	1	2																				
30	鳞翅目	丑蛾科	Heyerogynidae	3	12	1	1																		
30	鳞翅目	带翅蛾科	Himantopteridae	5	63									1			1	1	1						
30	鳞翅目		Holcopogonidae	9	47	1																			
30	鳞翅目	驼蛾科	Hyblaeidae	2	53				1	1	1	1		1			1	1		1					
30	鳞翅目	伊蛾科	immidae	10	249						1	1	1	1			1	1							
30	鳞翅目	穿孔蛾科	Incurvariidae	15	330	1					1	1					1		1						
30	鳞翅目		Lacturidae	3	148								1				1	1		1					
30	鳞翅目	枯叶蛾科	Lasiocampidae	199	2 651	1	1	1	1	1	1	1	1	1			1	1	1	1		1	1	1	1
30	鳞翅目	祝蛾科	Lecithoceridae	109	904	1					1	1		1			1	1	1						
30	鳞翅目	刺蛾科	Limacodidae	288	1 757	1	1		1	1	1	1	1	1	1	1	1		1	1		1	1	1	
30	鳞翅目	冠顶蛾科	Lophocoronidae	1	3												1								
30	鳞翅目	灰蝶科	Lycaenidae	507	12 913	1	1	1	1	1	1	1	1	1			1	1	1	1		1	1	1	1
30	鳞翅目	毒蛾科	Lymantriidae	256	4 212	1	1	1	1	1	1	1	1	1			1	1	1	1			1		
30	鳞翅目	潜蛾科	Lyonetiidae	29	209	1					1	1		1					1	1					
30	鳞翅目		Lypusidae	3	22	1																			
30	鳞翅目	绒蛾科	Megalopygidae	23	299																		1	1	1
30	鳞翅目	梯翅蛾科	Metachandidae	2	60						1	1													
30	鳞翅目	拟木蠹蛾科	Metarbelidae	2	22			1								1	1								
30	鳞翅目	小翅蛾科	Micropterigidae	12	178	1	1		1	1	1						1	1							
30	鳞翅目	栎蛾科	Mimallonidae	27	336																	1	1	1	1
30	鳞翅目	扇鳞蛾科	Mnesarchaeidae	2	8						1								1						
30	鳞翅目		Momphidae	15	195	1			1		1				1		1	1							
30	鳞翅目	蛉蛾科	Neopseustidae	5	13								1	1										1	1
30	鳞翅目		Neotheoridae	1	1						1														
30	鳞翅目	微蛾科	Nepticulidae	25	894	1	1	1	1	1	1	1	1	1				1	1						
30	鳞翅目		Nirinidae	1	2						1														
30	鳞翅目	夜蛾科	Noctuidae	3 331	26 994	1	1	1	1	1	1	1	1	1	1	1	1	1	1	1	1	1	1	1	1
30	鳞翅目	瘤蛾科	Nolidae	206	2 954	1	1	1	1	1	1	1	1	1			1	1	1	1		1	1	1	1
30	鳞翅目	舟蛾科	Notodontidae	754	5 655	1	1	1	1	1	1	1	1	1			1	1	1	1		1	1		
30	鳞翅目	蛱蝶科	Nymphalidae	600	24 441	1	1	1	1	1	1	1	1	1			1	1	1	1		1	1	1	1
30	鳞翅目	织蛾科	Oecophoridae	874	8 447	1	1	1	1	1	1	1	1	1			1		1	1	1	1	1	1	1
30	鳞翅目		Oenosandridae	2	9														1	1					
30	鳞翅目	茎潜蛾科	Opostegidae	3	111	1					1						1		1		1				
30	鳞翅目		Oxytenidae	3	3																		1	1	1
30	鳞翅目	原蝠蛾科	Palaeosetidae	4	6						1														
30	鳞翅目	古发蛾科	Palaephatidae	5	14												1		1					1	1
30	鳞翅目	凤蝶科	Papilionidae	39	672	1	1	1	1	1	1	1	1	1	1	1	1	1	1	1		1	1	1	1

编号	名称	中文名称	学名	属的数量	种的数量	a	b	c	d	e	f	g	h	i	j	k	l	m	n	o	p	q	r	s	t
30	鳞翅目		Peleopodidae	1	6	1				1	1										1				
30	鳞翅目		Phaudidae	1	1								1												
30	鳞翅目	粉蝶科	Pieridae	100	6 657	1	1	1	1	1	1	1	1	1	1	1	1	1	1	1	1	1	1	1	1
30	鳞翅目	菜蛾科	Plutellidae	61	411	1	1	1	1	1	1	1	1	1		1	1	1		1	1	1	1	1	
30	鳞翅目	白巢蛾科	Praydidae	2	43	1				1	1						1		1	1	1	1			
30	鳞翅目	丝兰蛾科	Prodoxidae	10	42																		1	1	
30	鳞翅目		Prototheoridae	2	16																				
30	鳞翅目	蓑蛾科	Psychidae	234	1 272	1	1	1	1	1	1	1	1	1	1	1	1	1	1	1	1	1	1		1
30	鳞翅目		Pterolonchidae	2	12	1																			
30	鳞翅目	羽蛾科	Pterophoridae	94	1 590	1	1	1	1	1	1	1	1			1	1	1		1	1	1	1	1	
30	鳞翅目	螟蛾科	Pyralidae	1 138	8 550	1	1	1	1	1	1	1	1	1	1	1	1	1	1	1	1	1	1	1	
30	鳞翅目	蚬蝶科	Riodinidae	138	2 537	1		1	1		1	1	1							1	1	1	1	1	
30	鳞翅目	玫蛾科	Roeslerstammiidae	15	50	1			1								1								
30	鳞翅目	大蚕蛾科	Satumiidae	170	3 552	1	1	1	1	1	1	1	1	1	1	1	1	1	1	1	1	1	1	1	1
30	鳞翅目		Schreckensteiniidae	4	14	1					1			1				1							
30	鳞翅目	绢蛾科	Scythrididae	16	630	1			1	1	1	1				1	1		1						
30	鳞翅目	锤角蛾科	Sematuridae	6	68																		1	1	
30	鳞翅目	透翅蛾科	Sesiidae	154	1 584	1	1	1	1	1	1	1		1			1				1				
30	鳞翅目		Simaethistidae	2	4																				
30	鳞翅目		Somabrachyidae	3	35																				
30	鳞翅目	天蛾科	Sphingidae	202	1 492	1	1	1	1	1	1	1	1	1	1	1	1			1	1		1	1	1
30	鳞翅目		Stathmopodidae	1	233	1				1	1		1				1	1	1						
30	鳞翅目	狭蛾科	Stenomatidae	1	1																	1			
30	鳞翅目		Symmocidae	49	324	1														1	1				
30	鳞翅目	网蛾科	Thyrididae	100	1 129	1	1		1	1	1	1	1	1	1	1	1		1	1	1	1	1		
30	鳞翅目	谷蛾科	Tineidae	344	2 580	1		1	1	1	1	1	1	1		1		1	1	1	1	1	1		
30	鳞翅目	窄翅蛾科	Tineodidae	11	21												1								
30	鳞翅目	冠潜蛾科	Tischeriidae	2	105	1		1			1	1								1	1				
30	鳞翅目	卷蛾科	Tortricidae	992	8 477	1	1	1	1	1	1	1	1	1	1	1	1	1	1	1	1	1	1	1	1
30	鳞翅目	燕蛾科	Uraniidae	101	959				1	1	1	1	1			1	1	1		1	1	1	1		
30	鳞翅目		Urodidae	5	62	1																1	1		
30	鳞翅目		Whalleyanidae	1	2																				
30	鳞翅目	木蛾科	Xyloryctidae	5	10						1							1	1						
30	鳞翅目	巢蛾科	Yponomeutidae	128	543	1	1		1	1	1	1	1				1								
30	鳞翅目		Ypsolophidae	5	64						1										1				
30	鳞翅目	斑蛾科	Zygaenidae	164	3 430	1	1	1	1	1	1	1				1			1	1	1	1	1		
31	膜翅目	榕小蜂科	Agaonidae	97	709	1	1					1	1			1	1		1	1		1	1		
31	膜翅目	长背泥蜂科	Ampulicidae	6	206	1	1			1	1	1	1	1	1	1	1	1	1						
31	膜翅目	杉树蜂科	Anaxyelidae	1	1			1												1					
31	膜翅目	地蜂科	Andrenidae	46	2 886	1	1	1	1	1	1	1	1			1	1	1	1	1	1	1	1	1	1
31	膜翅目	条蜂科	Anthophoridae	1	3											1	1	1							
31	膜翅目	蚜小蜂科	Aphelinidae	56	1 194	1	1	1	1	1	1	1	1					1		1	1	1	1		
31	膜翅目	蜜蜂科	Apidae	191	5 711	1	1	1	1	1	1	1	1	1	1	1	1	1	1	1	1	1	1	1	1
31	膜翅目	三节叶蜂科	Argidae	17	206	1	1	1	1	1						1	1	1					1		
31	膜翅目	举腹蜂科	Aulacidae	5	190	1				1	1								1	1	1	1			
31	膜翅目	澳细蜂科	Austroniidae	1	3														1						
31	膜翅目	肿腿蜂科	Bethylidae	50	245	1	1	1	1	1	1	1	1	1	1	1	1	1	1	1	1	1	1	1	
31	膜翅目	茸蜂科	Blasticotomidae	4	11	1				1	1														
31	膜翅目	茧蜂科	Braconidae	1 186	18 703	1	1	1	1	1	1	1	1	1	1	1	1	1	1	1	1	1	1	1	1
31	膜翅目	笨蜂科	Bradynobaenidae	3	15			1	1									1							
31	膜翅目	茎蜂科	Cephidae	24	64	1	1	1		1		1													
31	膜翅目	分盾细蜂科	Ceraphronidae	18	305	1			1				1	1									1		
31	膜翅目	小蜂科	Chalcididae	147	1 415	1	1		1	1	1	1	1					1		1			1		
31	膜翅目	长背瘿蜂科	Charipidae	2	90											1	1	1		1	1		1		
31	膜翅目	青蜂科	Chrysididae	51	353	1	1	1	1	1	1	1	1	1	1	1	1	1	1	1	1	1	1	1	1
31	膜翅目	分舌蜂科	Colletidae	73	2 531	1	1	1	1	1	1	1	1												
31	膜翅目	方头泥蜂科	Crabronidae	247	7 154	1	1	1	1	1	1	1	1	1	1	1	1	1	1	1	1	1	1	1	1

世界昆虫地理

（续表）

编号	名称	中文名称	学名	属的数量	种的数量	a	b	c	d	e	f	g	h	i	j	k	l	m	n	o	p	q	r	s	t
31	膜翅目	瘿蜂科	Cynipidae	89	364	1	1			1	1	1				1				1	1	1		1	1
31	膜翅目	锤角细蜂科	Diapriidae	132	877	1	1			1	1	1	1	1	1	1	1	1	1	1	1	1	1	1	1
31	膜翅目	松叶蜂科	Diprionidae	8	45	1			1	1	1	1								1	1				
31	膜翅目	螯蜂科	Dryinidae	48	244	1	1	1	1		1	1	1		1	1		1	1	1	1	1	1	1	1
31	膜翅目	扁股小蜂科	Elasmidae	2	195					1	1	1		1	1			1	1	1	1				
31	膜翅目	跳小蜂科	Encyrtidae	539	3 937	1	1	1	1	1	1	1	1	1			1	1		1	1	1	1	1	1
31	膜翅目	犁头蜂科	Embolemidae	1	7	1	1							1			1			1	1	1		1	1
31	膜翅目	蚁小蜂科	Eucharitidae	83	440	1			1	1	1			1	1	1			1	1					
31	膜翅目	隆脊瘿蜂科	Eucoilidae	16	31				1											1	1	1	1		
31	膜翅目	姬小蜂科	Eulophidae	419	4 732	1	1	1	1	1	1	1	1	1	1	1	1	1	1	1	1	1	1	1	1
31	膜翅目	蜾蠃科	Eumenidae	239	4 044	1	1	1	1	1	1	1	1	1	1	1	1	1	1	1	1	1	1	1	1
31	膜翅目	旋小蜂科	Eupelmidae	59	815	1		1	1	1	1		1	1	1	1		1	1	1	1	1	1	1	
31	膜翅目	广肩小蜂科	Eurytomidae	98	1 317	1		1	1	1	1		1	1	1	1		1	1	1	1	1	1	1	
31	膜翅目	旗腹蜂科	Evanidae	34	475	1	1			1	1	1	1		1		1			1	1	1			
31	膜翅目	环腹瘿蜂科	Figitidae	65	362	1	1	1		1	1		1	1		1	1			1	1	1			
31	膜翅目	蚁科	Formicidae	306	12 413	1	1	1	1	1	1	1	1	1	1	1	1	1	1	1	1	1	1	1	1
31	膜翅目	摺翅蜂科	Gasteruptiidae	3	250	1	1			1			1				1			1	1	1			
31	膜翅目	隧蜂科	Halictidae	77	4 402	1	1	1	1	1	1	1	1	1	1	1	1	1	1	1	1	1	1	1	
31	膜翅目	柄腹细蜂科	Heloridae	1	7	1					1									1	1	1	1	1	
31	膜翅目		Heterogynaidae	1	8			1									1								
31	膜翅目	枝跗瘿蜂科	Ibaliidae	3	19	1			1	1	1								1	1					
31	膜翅目	姬蜂科	Ichneumonidae	1 754	24 426	1	1	1	1	1	1	1	1	1	1	1	1	1	1	1	1	1	1	1	1
31	膜翅目		Iscopinidae	1	4	1																			
31	膜翅目	小唇沙蜂科	Larridae	1	1															1					
31	膜翅目	褶翅小蜂科	Leucospidae	4	132	1		1		1			1	1	1	1		1	1	1	1		1	1	1
31	膜翅目	锤角叶蜂科	Cimbicidae	11	64	1	1		1	1	1	1								1					
31	膜翅目	光翅瘿蜂科	Liopteridae	1	2				1	1	1						1		1		1	1	1		
31	膜翅目		Loboscelidiidae	2	6																				
31	膜翅目		Maamingidae	1	2													1							
31	膜翅目	棒角蜂科	Masaridae	17	1 223	1	1	1	1	1	1	1	1	1	1	1	1	1		1	1	1	1	1	1
31	膜翅目	切叶蜂科	Megachilidae	76	3 894	1	1	1	1	1	1	1	1	1	1	1	1	1	1	1	1	1	1	1	1
31	膜翅目	广背蜂科	Megalodontesidae	1	22	1	1	1	1	1															
31	膜翅目	长尾姬蜂科	Megalyridae	5	32	1							1				1								
31	膜翅目	大痣细蜂科	Megaspilidae	14	306	1		1			1			1			1	1	1	1	1			1	
31	膜翅目	准蜂科	Melittidae	15	187	1	1	1	1	1		1					1	1		1	1				
31	膜翅目	单刺蚁蜂科	Methochidae	1	2							1					1								
31	膜翅目	纤细蜂科	Monomachidae	1	3													1	1						
31	膜翅目	蚁蜂科	Mutillidae	97	329	1	1	1	1	1	1					1		1	1	1	1	1	1	1	1
31	膜翅目	缨小蜂科	Mymaridae	129	1 207	1		1	1		1	1	1			1	1		1	1	1	1	1	1	
31	膜翅目	异卵蜂科	Mymarommatidae	2	15	1														1		1			
31	膜翅目		Myrmosidae	1	3	1	1					1								1	1				
31	膜翅目	角胸泥蜂科	Nyssonidae	1	1							1						1		1	1	1			
31	膜翅目	刻腹小蜂科	Ormyridae	3	126	1		1									1		1	1	1				
31	膜翅目	伏牛蜂科	Orussidae	8	17	1													1	1	1	1			
31	膜翅目		Oxaeidae	1	1																		1		
31	膜翅目	扁叶蜂科	Pamphiliidae	14	71	1			1	1	1	1								1					
31	膜翅目	长腹细蜂科	Pelecinidae	1	1									1						1	1	1			
31	膜翅目	短柄泥蜂科	Pemphredonidae	1	2																				
31	膜翅目	优细蜂科	Peradeniidae	1	2													1							
31	膜翅目	筒腹叶蜂科	Pergidae	26	36								1						1	1	1	1	1	1	1
31	膜翅目	巨胸小蜂科	Perilampidae	20	253	1	1	1	1	1							1			1	1	1		1	
31	膜翅目	广腹细蜂科	Platygastridae	86	1 460	1				1	1	1	1							1	1	1	1	1	
31	膜翅目	毛角土蜂科	Plumariidae	1	23																		1		
31	膜翅目	蛛蜂科	pompilidae	230	2 812	1	1	1	1	1	1	1	1	1	1	1	1	1	1	1	1	1	1	1	1
31	膜翅目	细蜂科	Proctotrupidae	30	129	1	1	1	1	1	1	1	1	1	1	1	1			1	1	1	1	1	
31	膜翅目	金小蜂科	Pteromalidae	743	3 478	1	1	1	1	1	1	1	1	1	1	1	1	1	1	1	1	1	1	1	1
31	膜翅目	蛐蜂科	Rhopalosomatidae	4	71													1	1	1		1	1	1	1

编号	名称	中文名称	学名	属的数量	种的数量	a	b	c	d	e	f	g	h	i	j	k	l	m	n	o	p	q	r	s	t
31	膜翅目	窄腹细蜂科	Roproniidae	2	13						1										1				
31	膜翅目	多节小蜂科	Rotoitidae	2	2																				
31	膜翅目	寡毛土蜂科	Sapygidae	3	10	1	1		1												1				
31	膜翅目	缘腹细蜂科	Scelionidae	193	2 575	1	1	1	1	1	1	1	1	1	1	1	1	1	1	1	1	1	1	1	1
31	膜翅目	短节蜂科	Sclerogibbidae	4	7								1						1				1	1	
31	膜翅目	菱板蜂科	Scolebythidae	2	2												1		1		1				
31	膜翅目	土蜂科	Scoliidae	20	99	1	1	1	1	1	1	1	1	1	1	1			1	1	1	1	1	1	
31	膜翅目	瘤角蜂科	Sierolomorphidae	1	11													1							
31	膜翅目	棒小蜂科	Signiphoridae	4	72	1	1			1									1		1	1	1	1	
31	膜翅目	树蜂科	Siricidae	7	52	1	1	1	1	1	1								1	1	1				
31	膜翅目	泥蜂科	Sphecidae	55	638	1	1	1	1	1	1	1	1	1	1	1	1	1	1	1	1	1	1	1	1
31	膜翅目	纯舌蜂科	Stenotritidae	2	21														1	1					
31	膜翅目	锤腹蜂科	Stephanidae	10	35	1							1				1		1	1		1	1	1	
31	膜翅目	长斑小蜂科	Tanaostigmatidae	10	89														1			1			
31	膜翅目	叶蜂科	Tenthredinidae	274	2 035	1	1	1	1	1	1	1	1			1	1			1	1	1	1	1	1
31	膜翅目	四节金小蜂科	Tetracampidae	16	58	1			1									1		1					
31	膜翅目	膨腹土蜂科	Thynnidae	3	3														1						
31	膜翅目	钩土蜂科	Tiphiidae	59	167	1	1		1	1		1	1			1	1		1	1		1	1	1	
31	膜翅目	长尾小蜂科	Torymidae	90	961	1	1	1	1	1	1	1	1		1	1	1	1		1	1		1		
31	膜翅目	赤眼蜂科	Trichogrammatidae	102	857	1		1	1		1	1						1		1		1	1		
31	膜翅目		Trigonalyidae	13	32						1											1	1		
31	膜翅目	钩腹蜂科	Trigonalidae	2	3	1																			
31	膜翅目	短翅泥蜂科	Trypoxylidae	1	1						1														
31	膜翅目	离颚细蜂科	Vanhorniidae	2	3	1					1									1					
31	膜翅目	胡蜂科	Vespidae	119	1 948	1	1	1	1	1	1	1	1	1	1	1	1	1	1	1	1	1	1	1	1
31	膜翅目	长颈树蜂科	Xiphydriidae	9	27	1													1		1	1	1	1	
31	膜翅目	长节蜂科	Xyelidae	6	17	1		1			1										1				

世界之巅

西藏珠穆朗玛峰生物多样性

观测手册

TBIC

西藏生物保护
Tibet Biodiversity Image Conservation

罗浩 主编

北京出版集团

北京出版社